책 구입 시 드리는 혜택

❶ 전 과목 핵심 이론 동영상 강의 평생 제공
❷ 우수회원 인증 후 2016년 ~ 2018년 3개년 추가 기출문제
   (해설 포함) 제공
❸ 최근 CBT 복원 기출문제 수록

2025
개정 10판

단기완성 새로운 출제기준에 따른

토목산업기사
필기 최근 기출문제

손영선 저

꼭! 합격 하세요

전 과목 핵심 이론 동영상 강의 평생 제공 / 문제 해설을 이해하기 쉽도록 자세히 설명
우수회원 인증 후 2016년 ~ 2018년 3개년 추가 기출문제 제공
*제공되는 동영상 강의는 출제기준 변경 전 강의이니 참고 영상으로 보세요.

무료 동영상 강의 - 저자 1대1 질의응답 카페 운영

Daum 손영선의 토목기사 https://cafe.daum.net/ecivil

www.sejinbooks.kr

머리말

토목산업기사는 도로, 철도, 교량, 터널, 공항, 항만, 댐, 하천, 해안, 플랜트 등의 구조물을 건설하거나 종합적인 국토개발과 국토건설사업의 조사, 계획, 설계 및 시공 등의 업무를 수행하는데 필요한 전문적인 지식과 기술을 겸비한 인력을 양성하기 위하여 제정한 자격제도로서 1차 필기시험과 2차 실기시험으로 나누어 출제됩니다.

1차 필기시험의 연간 응시인원을 100%로 볼 때 1차 필기시험의 합격생 비율은 약 10~15% 정도이며, 2차 실기시험을 통과한 최종합격자도 필기시험 합격자와 큰 차이를 보이지 않습니다. 즉, 자격증의 취득 여부는 2차 실기시험보다는 1차 필기시험에서 좌우된다고 할 수 있겠습니다.

1차 필기시험의 출제 과목은 구조설계, 측량 및 토질, 수자원설계 등 3과목으로 어렵지 않게 공부할 수 있습니다.

그러나 모든 수험생은 **적게 공부하고, 적은 시간을 투자해서 쉽게 빨리** 자격증을 손에 넣고 싶어 합니다. 과연 가능할까요...?

가능합니다. 본 교재와 함께 지원하는 **학습시스템**이면 가능합니다.

★ 빨리 합격하는 시스템 ★

1. 빨리 쉽게 합격하기 위해서는 **핵심을 중점으로 하는 적은 내용을 반복적으로 공부**하여야 합니다.
   ☞ 이에 본 교재와 함께 핵심이론 동영상강좌를 무료로 제공하여 핵심 내용이 무엇인지 쉽게 파악할 수 있도록 구성하였습니다. 아울러 핵심이론 강좌는 반복 청강하는데 큰 부담이 없을 정도의 분량으로 최소 3회 정도 반복 청강하시길 권합니다.

2. **적게 공부하고 꾸준히 공부**하여야 합니다.
   ☞ 휴일을 제외한 평일 하루 24시간 중 십분의 일인 2시간 24분은 반드시 공부하셔야 합니다.

3. 이론과 문제풀이 등 **동일패턴으로 자연스럽게 반복**되어지는 공부를 하여야 합니다.
   ☞ 교재의 이론과 문제풀이 및 동영상 강좌는 동일 패턴으로 구성되어 있어 자연스럽게 반복되어지도록 하여 학습 효율을 극대화 하였습니다.

끝으로 이 책이 나오기까지 수고해주신 세진북스 관계자 여러분께 깊은 감사를 드리며, 본 교재는 수험생 여러분의 노력과 땀에 보답하고 여러분께 가장 사랑받는 교재가 되고자 저의 수십년간의 강의 경험을 정성껏 담았습니다. 계속해서 꾸준히 보완하고 다듬어서 대한민국의 NO.1 교재의 자리를 굳히기 위해 최선을 다하겠습니다.

저자 손영선

출제기준

1. 필기

직무분야	건설	중직무분야	토목	자격종목	토목산업기사	적용기간	2023. 1. 1. ~ 2025. 12. 31

• 직무내용 : 도로, 공항, 철도, 하천, 교량, 댐, 터널, 상하수도, 사면, 항만 및 해양시설물 등 다양한 건설사업을 계획, 설계, 시공, 관리 등을 수행하는 직무이다.

필기검정방법	객관식	문제수	60	시험시간	1시간 30분

필기과목명	출제문제수	주요항목	세부항목	세세항목
구조설계	20	1. 역학적인 개념 및 건설 구조물의 해석	1. 힘과 모멘트	1. 힘 2. 모멘트
			2. 단면의 성질	1. 단면 1차 모멘트와 도심 2. 단면 2차 모멘트 3. 단면 상승 모멘트 4. 회전반경 5. 단면계수
			3. 재료의 역학적 성질	1. 응력과 변형률 2. 탄성계수
			4. 정정구조물	1. 반력 2. 전단력 3. 휨모멘트
			5. 보의 응력	1. 휨응력 2. 전단응력
			6. 보의 처짐	1. 보의 처짐 2. 보의 처짐각 3. 기타 처짐 해법
			7. 기둥	1. 단주 2. 장주
		2. 철근콘크리트 및 강구조	1. 철근콘크리트	1. 설계일반 2. 설계하중 및 하중조합 3. 휨과 압축 4. 전단 5. 철근의 정착과 이음 6. 슬래브, 벽체, 기초, 옹벽 등의 구조물 설계
			2. 프리스트레스트 콘크리트	1. 기본개념 및 재료 2. 도입과 손실
			3. 강구조	1. 기본개념 2. 인장 및 압축부재 3. 휨부재 4. 접합 및 연결
측량 및 토질	20	1. 측량학 일반	1. 측량기준 및 오차	1. 측지학개요 2. 좌표계와 측량원점 3. 국가기준점 4. 측량의 오차와 정밀도
		2. 기준점 측량	1. 위성측위시스템 (GNSS)	1. 위성측위시스템(GNSS) 개요 2. 위성측위시스템(GNSS) 활용
			2. 삼각측량	1. 삼각측량의 개요 2. 삼각측량의 방법 3. 수평각 측정 및 조정
			3. 다각측량	1. 다각측량 개요 2. 다각측량 외업 3. 다각측량 내업
			4. 수준측량	1. 정의, 분류, 용어 2. 야장기입법 3. 교호수준측량
		3. 응용 측량	1. 지형측량	1. 지형도 표시법 2. 등고선의 일반개요 3. 등고선의 측정 및 작성 4. 공간정보의 활용
			2. 면적 및 체적 측량	1. 면적계산 2. 체적계산
			3. 노선측량	1. 노선측량 개요 및 방법(추가) 2. 중심선 및 종횡단 측량 3. 단곡선 계산 및 이용방법 4. 완화곡선의 종류 및 특성 5. 종곡선의 종류 및 특성
			4. 하천측량	1. 하천측량의 개요 2. 하천의 종횡단측량

필기과목명	출제문제수	주요항목	세부항목	세세항목
		4. 토질역학	1. 흙의 물리적 성질과 분류	1. 흙의 기본성질 2. 흙의 구성 3. 흙의 입도분포 4. 흙의 소성특성 5. 흙의 분류
			2. 흙속에서의 물의 흐름	1. 투수계수 2. 물의 2차원 흐름 3. 침투와 파이핑
			3. 지반내의 응력분포	1. 지중응력 2. 유효응력과 간극수압 3. 모관현상
			4. 흙의 압밀	1. 압밀이론 2. 압밀시험 3. 압밀도
			5. 흙의 전단강도	1. 흙의 파괴이론과 전단강도 2. 흙의 전단특성 3. 전단시험 4. 간극수압계수
			6. 토압	1. 토압의 종류 2. 토압 이론
			7. 흙의 다짐	1. 흙의 다짐특성 2. 흙의 다짐시험
			8. 사면의 안정	1. 사면의 파괴거동
		5. 기초공학	1. 기초일반	1. 기초일반 2. 기초의 종류 및 특성
			2. 지반조사	1. 시추 및 시료 채취 2. 원위치 시험 및 물리탐사
			3. 얕은기초와 깊은기초	1. 지지력 2. 침하
			4. 연약지반개량	1. 사질토 지반개량공법 2. 점성토 지반개량공법 3. 기타 지반개량공법
수자원설계	20	1. 수리학	1. 물의성질	1. 점성계수 2. 압축성 3. 표면장력 4. 증기압
			2. 정수역학	1. 압력의 정의 2. 정수압 분포 3. 정수력 4. 부력
			3. 동수역학	1. 오일러방정식과 베르누이식 2. 흐름의 구분 3. 연속방정식 4. 운동량방정식 5. 에너지 방정식
			4. 관수로	1. 마찰손실 2. 기타손실 3. 관망 해석
			5. 개수로	1. 효율적 흐름 단면 2. 비에너지 및 도수 3. 점변 부등류 4. 오리피스 및 위어
		2. 상수도계획	1. 상수도 시설 계획	1. 상수도의 구성 및 계통 2. 계획급수량의 산정 3. 수원 4. 수질기준
			2. 상수관로 시설	1. 도수, 송수계획 2. 배수, 급수계획 3. 펌프장 계획
			3. 정수장 시설	1. 정수방법 2. 정수시설 3. 배출수 처리시설
		3. 하수도계획	1. 하수도 시설계획	1. 하수도의 구성 및 계통 2. 하수의 배제방식 3. 계획하수량의 산정 4. 하수의 수질
			2. 하수관로 시설	1. 하수관로 계획 2. 펌프장 계획 3. 우수조정지 계획
			3. 하수처리장 시설	1. 하수처리 방법 2. 하수처리 시설 3. 오니(Sludge)처리 시설

출제기준

2. 실기

직무분야	건설	중직무분야	토목	자격종목	토목산업기사	적용기간	2023. 1. 1. ~ 2025. 12. 31

- **직무내용**: 도로, 공항, 철도, 하천, 교량, 댐, 터널, 상하수도, 사면, 항만 및 해양시설물 등 다양한 건설사업을 계획, 설계, 시공, 관리 등을 수행하는 직무이다.
- **수행준거**: 1. 토목시설물에 대한 기본설계, 실시설계 등의 각 설계단계에 따른 설계를 할 수 있다.
   2. 설계도면에 대한 지식을 가지고 시공 및 건설사업관리 직무를 수행할 수 있다.

실기검정방법	작업형	시험시간	3시간 정도

실기과목명	주요항목	세부항목	세세항목
토목설계 및 시공실무	1. 도로설계 도면 작성	1. 위치도 · 일반도 작성하기	1. 설계도면 작성기준에 의해 설계자의 의도를 정확히 전달하고 표현이 불확실한 부분이 최소화 되도록 설계도면을 작성할 수 있다. 2. 도로 노선에 표준이 되고 과업기준에 적합한 축척 범위로 표준횡단면도, 편경사도 등과 같은 과업특성을 파악하고 표준화된 내용을 일반도에 적용할 수 있다.
		2. 종평면도 · 횡단면도 작성하기	1. 종단면도 아래 제원표는 공통도면 작성기준의 테이블 작성규정에 따라 측점, 지반고, 계획고, 땅깎기 및 흙쌓기, 편경사, 종단곡선 및 평면곡선 정보와 기점거리 등을 기입하여 종단계획을 수립할 수 있다.
	2. 구조물 도면 작성	1. 구조물 상 · 하부구조 일반도 작성하기	1. 설계기준을 기초로 하여 주요 구조부의 치수를 결정하고 도면화 할 수 있다. 2. 각 도면별로 상호간에 불일치하는 내용이 없도록 관련 도면을 동시에 비교, 검토할 수 있다. 3. 주요 부재와 일반 부재에 대해 요구되는 구조형식 및 상세를 작성할 수 있다.
	3. 토공 도면파악	1. 기본도면 파악하기	1. 토공 도면을 확인하여 종평면도, 횡단면도, 상세도로 구분할 수 있다.
		2. 도면 기본지식 파악하기	1. 토공 도면의 기능과 용도를 파악할 수 있다. 2. 토공 도면에서 지시하는 내용을 파악할 수 있다. 3. 토공 도면에 표기된 각종 기호의 의미를 파악할 수 있다.

차례 Contents

최근 출제문제

2019년도
- 2019년 3월 3일 시행 ·········· 11
- 2019년 4월 27일 시행 ·········· 48
- 2019년 9월 21일 시행 ·········· 87

2020년도
- 2020년 6월 6일 시행 ·········· 127
- 2020년 8월 22일 시행 ·········· 165
- 2020년 9월 CBT 시행 ·········· 203

2021년도
- 2021년 3월 CBT 시행 ·········· 243
- 2021년 5월 CBT 시행 ·········· 276
- 2021년 9월 CBT 시행 ·········· 308

2022년도
- 2022년 3월 CBT 시행 ·········· 343
- 2022년 5월 CBT 시행 ·········· 382
- 2022년 9월 CBT 시행 ·········· 420

2023년도
- 2023년 3월 CBT 시행 ·········· 463
- 2023년 5월 CBT 시행 ·········· 482
- 2023년 9월 CBT 시행 ·········· 501

2024년도
- 2024년 2월 CBT 시행 ·········· 523
- 2024년 5월 CBT 시행 ·········· 545
- 2024년 7월 CBT 시행 ·········· 567

무료 동영상과 함께하는 **토목산업기사 필기**

2019

2019년 3월 3일 시행
2019년 4월 28일 시행
2019년 9월 21일 시행

무료 동영상과 함께하는
토목산업기사 필기

토목산업기사

2019년 3월 3일 시행

2023 개정된 출제기준에 의거하여 불필요한 문제는 삭제하고 3과목으로 정리함

제1과목 구조설계(응용역학+철근콘크리트 및 강구조)

1. 응용역학(역학적인 개념 및 건설 구조물의 해석)

001 그림과 같은 단면의 도심 $\bar{y}$ 는?

① 2.5cm
② 2.0cm
③ 1.5cm
④ 1.0cm

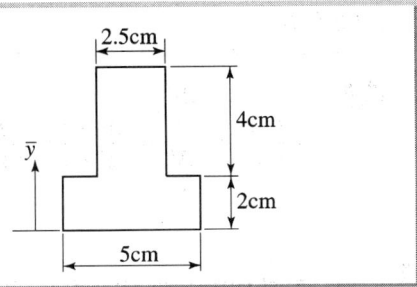

해설 문제의 도형을 기본 도형인 직사각형 세 개로 나누어 x축의 단면1차모멘트에 대한 바리뇽의 정리를 이용해 도심 $\bar{y}$ 값을 구한다.

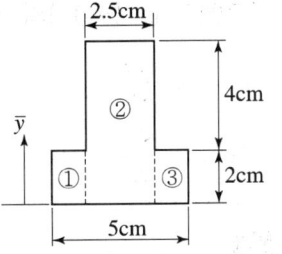

$1.25 \times 2 \times 1 + 2.5 \times 6 \times 3 + 1.25 \times 2 \times 1$
$= (1.25 \times 2 + 2.5 \times 6 + 1.25 \times 2) \times \bar{y}$ 에서

$\bar{y} = \dfrac{1.25 \times 2 \times 1 + 2.5 \times 6 \times 3 + 1.25 \times 2 \times 1}{1.25 \times 2 + 2.5 \times 6 + 1.25 \times 2} = 2.5\text{cm}$

해답 ①

002 그림과 같은 직사각형 단면에 전단력 45kN이 작용할 때 중립축에서 5cm 떨어진 $a-a$면의 전단응력은?

① 100kPa
② 700kPa
③ 1MPa
④ 1GPa

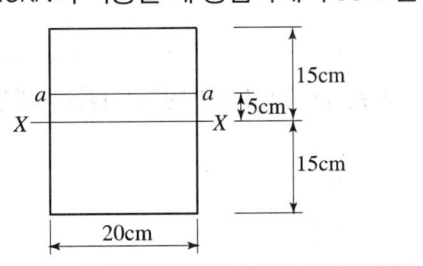

해설 ① $a-a$단면 절단 단면1차모멘트
$G = 200 \times 100 \times 100 = 2,000,000 \text{mm}^3$
② $a-a$단면 전단응력
$\tau_{aa} = \dfrac{SG}{Ib} = \dfrac{45,000 \times 2,000,000}{\dfrac{200 \times 300^3}{12} \times 200} = 1\text{MPa}$

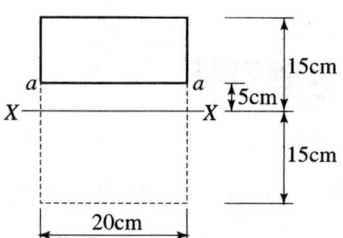

해답 ③

003
길이 2m, 지름 20mm인 봉에 20kN의 인장력을 작용시켰더니 길이가 2.10m, 지름이 19.8mm로 되었다면 포아송비는?

① 0.1 ② 0.2
③ 0.3 ④ 0.4

해설
$\nu = \dfrac{\epsilon_{가로}}{\epsilon_{세로}} = \dfrac{\dfrac{\Delta d}{d}}{\dfrac{\Delta l}{l}} = \dfrac{\Delta d \cdot l}{\Delta l \cdot d} = \dfrac{(20-19.8) \times 2000}{(2100-2000) \times 20} = 0.2$

해답 ②

004
직사각형 단면 보에 발생하는 전단응력 τ와 보에 작용하는 전단력 S, 단면 1차 모멘트 G, 단면 2차 모멘트 I, 단면의 폭 b의 관계로 옳은 것은?

① $\tau = \dfrac{GI}{Sb}$ ② $\tau = \dfrac{Sb}{GI}$
③ $\tau = \dfrac{SG}{Ib}$ ④ $\tau = \dfrac{Gb}{SI}$

해설 $\tau = 전단계수 \times 평균\ 전단응력 = \lambda \times \tau_{aver} = \lambda \dfrac{S}{A} = \dfrac{S}{Ib} G_x$

여기서, S : 전단력 λ : 전단계수
I : 단면 2차 모멘트 b : 단면폭
G : 구하고자 하는 점의 윗부분 또는 아랫부분의 중립축에 대한 단면 1차 모멘트

해답 ③

005
지름 D, 길이 l인 원형 기둥의 세장비는?

① $\dfrac{4l}{D}$ ② $\dfrac{8l}{D}$
③ $\dfrac{4D}{l}$ ④ $\dfrac{8D}{l}$

해설 $\lambda = \dfrac{l}{r_{\min}} = \dfrac{l}{D/4} = \dfrac{4l}{D}$

해답 ①

006
그림과 같은 세 개의 힘이 평형상태에 있다면 C점에서 작용하는 힘 P와 BC사이의 거리 x는?

① $P=4\text{kN}$, $x=3\text{m}$
② $P=6\text{kN}$, $x=3\text{m}$
③ $P=4\text{kN}$, $x=2\text{m}$
④ $P=6\text{kN}$, $x=2\text{m}$

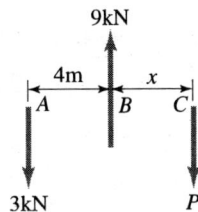

해설   세 힘이 평형 상태에 있으므로 수직력의 총합과 모멘트의 총합이 모두 0이다.
① $\Sigma V = 0$
   $-3 + 9 - P = 0$에서 $P = 6\text{kN}(\downarrow)$
② $\Sigma M_B = 0$
   $3 \times 4 = P \times x$
   $3 \times 4 = 6x$에서 $x = 2\text{m}$

해답 ④

007
그림과 같은 구조물에서 부재 AB가 받는 힘은?

① 2.00kN
② 2.15kN
③ 2.35kN
④ 2.83kN

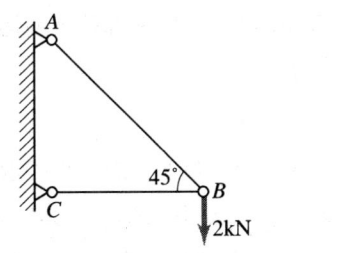

해설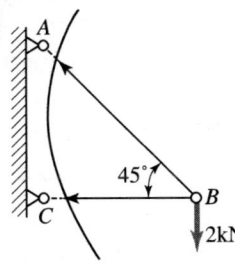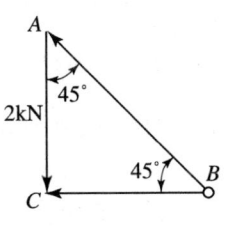

AB부재와 BC부재 모두 자른 후 두 부재 모두 인장력이 작용한다고 가정하고 라미의 정리를 이용해 부재 AB가 받는 힘의 크기를 구한다.

$\dfrac{AB}{\sin 90°} = \dfrac{2\text{kN}}{\sin 45°}$ 에서 $AB = \dfrac{2}{\sin 45°} \times \sin 90° = 2.83\text{kN}$(인장)

해답 ④

008 길이 1m, 지름 1cm의 강봉을 80kN으로 당길 때 강봉의 늘어난 길이는? (단, 강봉의 탄성계수는 2.1×10^5 MPa)

① 4.26mm ② 4.85mm
③ 5.14mm ④ 5.72mm

해설 $\Delta L = \dfrac{PL}{EA} = \dfrac{80,000 \times 1,000}{2.1 \times 10^5 \times \dfrac{\pi \times 10^2}{4}} = 4.85 \text{mm}$

해답 ②

009 밑변 12cm, 높이 15cm인 삼각형이 밑변에 대한 단면 2차 모멘트의 값은?

① 2160cm^4 ② 3375cm^4
③ 6750cm^4 ④ 10125cm^4

해설 삼각형 밑변에 대한 단면 2차모멘트의 $\dfrac{bh^3}{12}$ 값 이다.

$I_x = \dfrac{bh^3}{12} = \dfrac{12 \times 15^3}{12} = 3375 \text{cm}^4$

해답 ②

010 그림과 같은 내민보에서 A지점에서 5m 떨어진 C점의 전단력 V_C와 휨모멘트 M_C는?

① $V_C = -14$kN, $M_C = -170$kN·m
② $V_C = -18$kN, $M_C = -240$kN·m
③ $V_C = 14$kN, $M_C = -240$kN·m
④ $V_C = 18$kN, $M_C = -170$kN·m

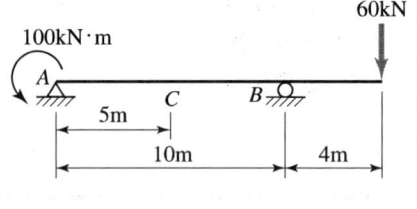

해설
① A지점의 반력
 $\Sigma M_B = 0 (\curvearrowright)$
 $V_A \times 10 - 100 + 60 \times 4 = 0$에서 $V_A = -14 \text{kN} = 14 \text{kN}(\downarrow)$
② C점의 전단력
 $V_C = V_A = -14 \text{kN}$
③ C점의 휨모멘트
 $M_C = -14 \times 5 - 100 = -170 \text{kN} \cdot \text{m}$

해답 ①

011 지름 D인 원형 단면보에 휨모멘트 M이 작용할 때 휨응력은?

① $\dfrac{16M}{\pi D^3}$ ② $\dfrac{6M}{\pi D^3}$

③ $\dfrac{32M}{\pi D^3}$ ④ $\dfrac{64M}{\pi D^3}$

해설 최대 휨응력

$$\sigma_{\max} = \dfrac{M}{Z} = \dfrac{M}{\dfrac{\pi D^3}{32}} = \dfrac{32M}{\pi D^3}$$

해답 ③

012 그림과 같은 단순보의 지점 A에서 수직반력은?

① 80kN
② 160kN
③ 200kN
④ 240kN

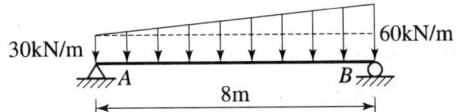

해설 등분포하중 작용시 A지점 수직반력과 삼각형 등변분포하중 작용 시 A지점 수직반력의 값을 더하여 구한다.

$$V_A = \dfrac{30 \times 8}{2} + \dfrac{(60-30) \times 8}{6} = 160\,\text{kN}$$

해답 ②

013 구조물의 단면계수에 대한 설명으로 틀린 것은?

① 차원은 길이의 3제곱이다.
② 반지름이 r인 원형 단면의 단면계수는 1개이다.
③ 비대칭 삼각형의 도심을 통과하는 x축에 대한 단면계수의 값은 2개이다.
④ 도심축에 대한 단면 2차 모멘트와 면적을 곱한 값이다.

해설 단면계수는 단면 2차모멘트를 도심에서 단면의 제일 외측까지의 거리로 나눈 값으로, 보의 단면 상하경계선에 생기는 응력을 구하여 보의 강도를 검토하는 데 이용된다.

$$Z = \dfrac{I_{X,\text{도심}}}{y}$$

여기서, $I_{X,\text{도심}}$: 도심축에 대한 단면 2차모멘트
 y : 도심축에서 최상부의 경계선 또는 최하부의 경계선까지의 거리

해답 ④

014

"동일 평면에서 한 점에 여러 개의 힘이 작용하고 있을 때, 평면의 임의 점에서의 모멘트 총합은 동일점에 대한 이들 힘의 합력 모멘트와 같다."는 정리는?

① Mohr의 정리
② Lami의 정리
③ Castigliano의 정리
④ Varignon의 정리

해설 바리뇽의 정리의 정의는 '여러 개의 평면력들의 1점에 대한 모멘트의 합은 이들 평면력의 합력이 동일 점에 대한 모멘트와 같다.'이다.

해답 ④

015

그림과 같은 내민보에서 B점의 휨모멘트는?

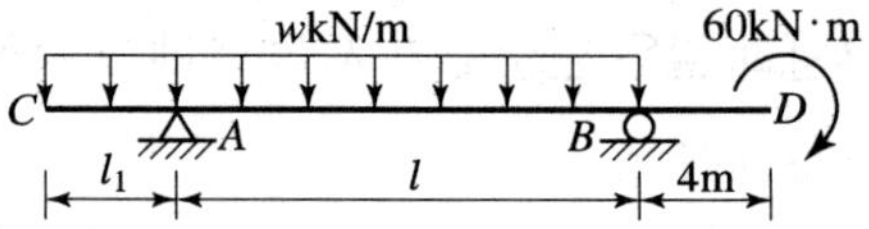

① $\dfrac{wl^2}{2}$
② wl^2
③ $-60\text{kN}\cdot\text{m}$
④ $-24\text{kN}\cdot\text{m}$

해설 B점의 휨모멘트는 우측강구면으로 구하면
$M_B = -60\,\text{kN}\cdot\text{m}$

해답 ③

016

지름 D인 원형단면의 단주 기둥에서 핵거리는?

① $\dfrac{1}{2}D$
② $\dfrac{1}{4}D$
③ $\dfrac{1}{8}D$
④ $\dfrac{1}{16}D$

해설 원형 단면의 핵거리
$x = \dfrac{D}{8}$

해답 ③

2. 철근콘크리트 및 강구조

017 철근 콘크리트의 특징에 대한 설명으로 옳지 않은 것은?
① 콘크리트는 납품 시 습식재료인 상태이므로 완성된 상태의 품질 확인이 쉽지 않다.
② 숙련공에 의해 콘크리트의 배합이나 타설이 이루어지지 않으면 요구되는 품질의 콘크리트를 얻기 어렵다.
③ 보통 재령 28일의 강도로 품질을 확보하므로 28일 후에 소정의 강도가 나타나지 않을 때 경제적, 시간적 손실을 입기 쉽다.
④ 복잡한 여러 구조를 일체적인 하나의 구조로 만드는 것이 거의 불가능하다.

해설 구조물의 임의의 형상치수로 제작이 가능하다. **해답 ④**

018 강도설계법에 의한 휨부재 설계의 기본가정으로 옳지 않은 것은?
① 콘크리트의 압축연단에서 최대 변형률은 0.003으로 가정한다.
② 철근의 응력이 설계기준항복강도 f_y 이하일 때 철근의 응력은 그 변형률에 철근의 탄성계수(E_s)를 곱한 값으로 한다.
③ 콘크리트의 압축응력분포는 일반적으로 삼각형으로 가정한다.
④ 철근과 콘크리트의 변형률은 중립축에서의 거리에 직선 비례한다.

해설 콘크리트의 압축응력 분포와 콘크리트의 변형률 사이의 관계는 직사각형, 사다리꼴, 포물선형 또는 기타 어떤 형상으로도 가정이 가능하며 강도의 예측에서 광범위한 실험의 결과와 실질적으로 일치하는 형상이어야 한다. **해답 ③**

019 기초 위에 돌출된 압축부재로서 단면의 평균최소치수에 대한 높이의 비율이 3 이하인 부재를 무엇이라 하는가?
① 단주
② 주각
③ 장주
④ 기둥

해설 그 높이가 단면 최소 치수의 3배 미만의 것은 주각(받침대, Pedestal)라고 한다. **해답 ②**

020 프리스트레스트 콘크리트(PSC)에 의한 교량 가설공법 중 교대 후방의 작업장에서 교량 상부구조를 10~30m의 블록(block)으로 제작한 후, 미리 가설된 교각의 교축방향으로 밀어내고 다음 블록을 다시 제작하고 연결하여 연속적으로 밀어내며 시공하는 공법은?

① 이동식 지보공법(MSS)
② 캔틸레버공법(FCM)
③ 동바리공법(FSM)
④ 압출공법(ILM)

해설 **압출공법**은 가설하려는 경간의 후방에서 조립된 거더를 다음 교각이나 교대까지 밀어내어 가설해 나가는 방식으로 압출하는 거더 선단에 압출 추진코(nose)를 부착한 후 연속해서 압출을 추진하여 가설하는 공법이다.

해답 ④

021 표준갈고리를 갖는 인장 이형철근의 정착길이를 구하기 위하여 기본정착길이에 곱하는 것은?

① 갈고리 철근의 단면적
② 갈고리 철근의 간격
③ 보정계수
④ 형상계수

해설 인장 이형철근 및 이형철선의 정착길이

$$l_d = l_{db} \times 보정계수 = \frac{0.6 d_b f_y}{\lambda \sqrt{f_{ck}}} \times 보정계수$$

여기서, l_{db} : 기본 정착길이

해답 ③

022 그림과 같이 PS 강선을 포물선으로 배치했을 때 PS 강선의 편심은 중앙점에서 100mm이고 양 지점에서는 0이었다. PS 강선을 3000kN으로 인장할 때 생기는 등분포 상향력은?

① 1.13kN/m
② 1.67kN/m
③ 13.3kN/m
④ 16.7kN/m

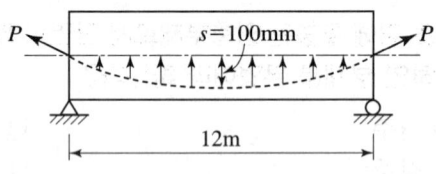

해설 프리스트레스에 의한 상향력

$$u = \frac{8Ps}{l^2} = \frac{8 \times 3,000 \times 0.1}{12^2} = 16.7 \, kN/m$$

해답 ④

023

전단철근으로 보강된 보에 사인장균열이 발생한 후, 전단철근이 항복에 이르는 동안에 단면의 내부에서 발생하는 내력의 종류가 아닌 것은?

① 사인장균열이 발생한 부분의 콘크리트가 부담하는 전단력
② 균열면과 교차된 면의 전단철근이 부담하는 전단력
③ 인장 휨철근의 다우웰작용(dowel action)에 의한 수직 내력
④ 거친 균열면의 상호 맞물림(interlocking)에 의한 내력의 수직 분력

해설 사인장 균열단면의 공칭전단력 : V_n

$V_n = V_c + V_d + V_{iy} + V_s$

여기서, V_c : 콘크리트가 부담하는 전단력(균열이 발생되지 않을 때 까지만 저항)
V_d : 인장철근의 수평연결작용(도웰작용 ; dowel action)
V_{iy} : 거치른 균열면의 맞물림력(interlocking force)에 의한 수직 내력
V_s : 전단철근이 부담하는 전단력

V_d와 V_{iy}는 그 값이 0에 가까워 일반적으로 무시한다.

해답 ①

024

강도설계법에서 단철근 직사각형 보의 균형단면 중립축 위치(c)를 구하는 식으로 옳은 것은? (단, f_y : 철근의 설계기준항복강도, f_s : 철근의 응력, d : 보의 유효깊이)

① $\dfrac{\epsilon_{cu}}{\epsilon_{cu} + \dfrac{f_y}{200,000}} d$

② $\dfrac{\epsilon_{cu}}{\epsilon_{cu} - \dfrac{f_y}{200,000}} d$

③ $\dfrac{\epsilon_{cu}}{\epsilon_{cu} + \dfrac{f_s}{200,000}} d$

④ $\dfrac{\epsilon_{cu}}{\epsilon_{cu} - \dfrac{f_s}{200,000}} d$

해설 균형단면이 되기 위한 중립축 위치(c)

$\epsilon_c : \epsilon_c + \epsilon_y = c : d$

$\epsilon_{cu} : \epsilon_{cu} + \dfrac{f_y}{E_s} = c : d$ 에서

$c = \dfrac{\epsilon_c}{\epsilon_c + \epsilon_s} d = \dfrac{\epsilon_{cu}}{\epsilon_{cu} + \dfrac{f_y}{E_s}} d = \dfrac{\epsilon_{cu}}{\epsilon_{cu} + \dfrac{f_y}{200,000}} d = \dfrac{a}{\beta_1}$

해답 ①

025
강도설계법에 의해 휨설계를 할 경우 $f_{ck}=40\text{MPa}$인 경우 β_1의 값은?

① 0.85
② 0.812
③ 0.80
④ 0.65

해설 콘크리트의 등가압축응력깊이의 비
$f_{ck}=40\text{MPa}$로 40MPa 이하이므로 $\beta_1=0.80$

해답 ③

026
단철근 직사각형 단면의 균형 철근비(ρ_b)를 이용하여 균형철근량(A_{sb})을 구하는 식은? (단, $b=$폭, $d=$유효깊이)

① $A_{sb}=\rho_b bd$
② $A_{sb}=\dfrac{\rho_b}{bd}$
③ $A_{sb}=\dfrac{\rho_b}{b-d}$
④ $A_{sb}=\dfrac{\rho_b-b}{d}$

해설 $A_{sb}=\rho_b b_w d$

해답 ①

027
그림과 같은 T형 단면의 보에서 등가직사각형 응력블록의 깊이(a)는? (단, $f_{ck}=28\text{MPa}$, $f_y=400\text{MPa}$, $A_s=3855\text{mm}^2$)

① 81mm
② 98mm
③ 108mm
④ 116mm

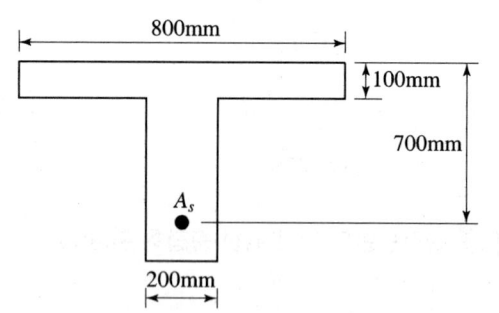

해설 T형보의 판정
$a=\dfrac{A_s f_y}{0.85 f_{ck} b}=\dfrac{3,855\times 400}{0.85\times 28\times 800}=80.987\text{mm}<t_f=100\text{mm}$ 이므로
단철근 직사각형보로 설계

해답 ①

028 그림과 같이 용접이음을 했을 경우 전단응력은?

① 78.9MPa
② 67.5MPa
③ 57.5MPa
④ 45.9MPa

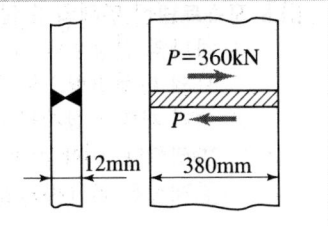

해설 $v = \dfrac{P}{\sum al} = \dfrac{360{,}000\text{N}}{12 \times 380} = 78.9\,\text{MPa}$

해답 ①

029 콘크리트구조 철근상세 설계기준에 따르면 압축부재의 축방향 철근이 D32일 때 사용할 수 있는 띠철근에 대한 설명으로 옳은 것은?

① D6 이상의 띠철근으로 둘러싸야 한다.
② D10 이상의 띠철근으로 둘러싸야 한다.
③ D13 이상의 띠철근으로 둘러싸야 한다.
④ D16 이상의 띠철근으로 둘러싸야 한다.

해설 띠철근의 지름

축방향 철근의 직경	띠 철근의 직경
D32 이하	D10 이상
D35 이상	D13 이상

해답 ②

030 단면계수가 1200cm³인 I형강에 102kN·m의 휨모멘트가 작용할 때 하연에 작용하는 휨응력은?

① 85MPa
② 92MPa
③ 102MPa
④ 120MPa

해설 $f = \dfrac{M}{I}y = \dfrac{M}{Z} = \dfrac{102{,}000{,}000}{1{,}200{,}000} = 85\,\text{MPa}$

해답 ①

031 프리스트레싱 긴장재 한 가닥만을 배치하여 1회의 긴장작업으로 프리스트레스의 도입이 끝나는 포스트텐션 방식의 프리스트레스트 콘크리트 부재에는 발생하지 않는 손실은?

① 긴장재의 마찰
② 정착장치의 활동
③ 콘크리트의 탄성수축
④ 긴장재 응력의 릴랙세이션

해설 **포스트텐션 부재의 손실량**
① 하나의 긴장재로 이루어지거나 여러 개의 긴장재를 동시에 긴장할 경우 콘크리트의 탄성변형으로 인한 응력의 손실량은 없다.
② 여러 개의 긴장재를 순차적으로 긴장할 경우 콘크리트의 탄성변형도 순차적으로 발생한다. 이때는 부착되지 않은 경우이므로 콘크리트 면적 계산시 덕트 면적을 공제시킨 콘크리트 순단면적을 사용한다.

해답 ③

032
연직하중 1800kN을 받는 독립확대기초를 정사각형으로 설계하고자 한다. 지반의 허용지지력이 200kN/m²라면 독립확대기초 1변의 길이는?
① 2m　　② 2.5m
③ 3m　　④ 3.5m

해설
① $A = \dfrac{Q}{q_a} = \dfrac{1800}{200} = 9\,\text{m}^2$
② $L = \sqrt{A} = \sqrt{9} = 3\,\text{m}$

해답 ③

033
그림과 같은 단철근보의 공칭전단강도(V_n)는? (단, 철근 D13을 수직 스터럽으로 사용하며, 스터럽 간격은 300mm, 철근 D13 1본의 단면적은 127mm², $f_{ck}=$24MPa, $f_y=$400MPa이다.)

① 232.3kN
② 262.6kN
③ 284.7kN
④ 302.5kN

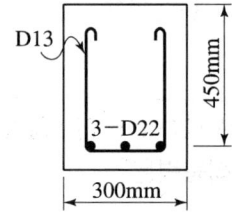

해설
① 콘크리트가 부담하는 전단강도
$V_c = \dfrac{1}{6}\lambda\sqrt{f_{ck}}\,b_w d = \dfrac{1}{6}\times 1 \times \sqrt{24}\times 300 \times 450 = 110{,}227\,\text{N}$

② 전단철근이 부담하는 전단강도
$V_s = \dfrac{d}{s}A_v f_y = \dfrac{450}{300}\times(2\times 127)\times 400 = 152{,}400\,\text{N}$

③ 공칭 전단강도
$V_n = V_c + V_s = 110{,}227 + 152{,}400 = 262{,}627\,\text{N} = 262.6\,\text{kN}$

해답 ②

034 철근콘크리트 1방향 슬래브에 대한 설명으로 틀린 것은?

① 1방향 슬래브에서는 정모멘트 철근 및 부모멘트 철근에 직각방향으로 수축·온도철근을 배치하여야 한다.
② 4변에 의해 지지되는 2방향 슬래브 중에서 단변에 대한 장변의 비가 2배를 넘으면 1방향 슬래브로 해석하며, 이 경우 일반적으로 슬래브의 장변방향을 경간으로 사용한다.
③ 슬래브의 두께는 최소 100mm 이상으로 하여야 한다.
④ 슬래브의 정모멘트 철근 및 부모멘트 철근의 중심 간격은 위험단면에서 슬래브 두께의 2배 이하 이어야 하고, 또한 300mm 이하로 하여야 한다.

해설 4변에 의해 지지되는 2방향 슬래브 중에서 단변에 대한 장변의 비가 2배를 넘으면 1방향 슬래브로서 해석하며, 이 경우 일반적으로 슬래브의 단변을 경간으로 사용한다.

해답 ②

제2과목 측량 및 토질(측량학+토질 및 기초)

1. 측량학(측량학 일반, 기준점 측량, 응용 측량)

035 반지름 500m인 단곡선에서 시단현 15m에 대한 편각은?

① 0° 51′ 34″
② 1° 4′ 27″
③ 1° 13′ 33″
④ 1° 17′ 42″

해설 시단현에 대한 편각

$$\delta_1 = \frac{l_1}{R} \times \frac{90°}{\pi} = \frac{15}{500} \times \frac{90°}{\pi} = 0°51′34″$$

해답 ①

036 다음 중 기지의 삼각점을 이용한 삼각측량의 순서로 옳은 것은?

㉠ 도상계획　㉡ 답사 및 선점　㉢ 계산 및 성과표 작성
㉣ 각관측　㉤ 조표

① ㉠ → ㉡ → ㉤ → ㉣ → ㉢
② ㉠ → ㉤ → ㉡ → ㉣ → ㉢
③ ㉡ → ㉠ → ㉤ → ㉣ → ㉢
④ ㉡ → ㉤ → ㉠ → ㉣ → ㉢

해설 삼각측량의 순서
① 도상계획 → ② 답사 및 선점 → ③ 조표 → ④ 기선 및 검기선 측량 → ⑤ 각관측 → ⑥ 수평각관측 및 편심관측 → ⑦ 삼각망의 조정 → ⑧ 변장과 삼각점의 좌표계산 → ⑨ 성과표 작성

해답 ①

037
지구자전축과 연직선을 기준으로 천체를 관측하여 경위도와 방위각을 결정하는 측량은?
① 지형측량
② 평판측량
③ 천문측량
④ 스타디아 측량

해설 천문측량은 지구자전축과 연직선을 기준으로 천체를 관측하여 경위도와 방위각 등을 구하는 측량을 말한다.

해답 ③

038
A점의 표고가 179.45m이고 B점의 표고가 223.57m이면, 축척 1 : 5000의 국가기본도에서 두 점 사이에 표시되는 주곡선 간격의 등고선 수는?
① 7개
② 8개
③ 9개
④ 10개

해설 표고 179.45m인 A점과 표고 223.57m인 B점 사이에 주곡선의 개수는 $\frac{1}{5,000}$ 지형도에서 주곡선의 간격은 5m이므로

주곡선개수 $= \frac{223.57 - 179.45}{5} + 1 = 9.824 = 9$개

[별해] $\frac{1}{5,000}$ 지형도에서 주곡선의 간격은 5m이므로 표고 179.45m 이전의 표고 175m와 223.57m 이전의 표고 220m를 이용해 주곡선의 개수를 구하면,

$\frac{220 - 175}{5} = 9$개

해답 ③

039
고속도로의 노선설계에 많이 이용되는 완화곡선은?
① 클로소이드 곡선
② 3차 포물선
③ 렘니스케이트 곡선
④ 반파장 sin 곡선

해설 클로소이드 곡선(clothoid curve)은 고속도로에 널리 이용되는 완화곡선이다.

해답 ①

040 평면직교좌표계에서 P점의 좌표가 $x=500$m, $y=1000$m이다. P점에서 Q점까지의 거리가 1500m이고 PQ측선의 방위각이 240°라면 Q점의 좌표는?

① $x=-750$m, $y=-1299$m ② $x=-750$m, $y=-299$m
③ $x=-250$m, $y=-1299$m ④ $x=-250$m, $y=-299$m

해설
1. PQ의 위거 및 경거
   ① $\overline{PQ}$의 위거 $L_{PQ} = l \times \cos$방위각 $= 1500 \times \cos 240° = -750$
   ② $\overline{PQ}$의 경거 $D_{PQ} = l \times \sin$방위각 $= 1500 \times \sin 240° = -1299$
2. B점의 좌표(합위거, 합경거)
   ① Q점의 x좌표(합위거)
      $X_Q = x_P + L_{PQ} = 500 + (-750) = -250$m
   ② Q점의 y좌표(합경거)
      $Y_Q = y_P + D_{PQ} = 1000 - 1299 = -299$m

해답 ④

041 하천의 수위표 설치 장소로 적당하지 않은 곳은?

① 수위가 교각 등의 영향을 받지 않는 곳
② 홍수시 쉽게 양수표가 유실되지 않는 곳
③ 상·하류가 곡선으로 연결되어 유속이 크지 않은 곳
④ 하상과 하안이 세굴이나 퇴적이 되지 않는 곳

해설 **수위관측소**는 상·하류 약 100m 정도의 직선인 장소가 좋다.

해답 ③

042 그림과 같은 교호수준 측량의 결과에서 B점의 표고는? (단, A점의 표고는 60m이고 관측결과의 단위는 m이다.)

① 59.35m
② 60.65m
③ 61.82m
④ 61.27m

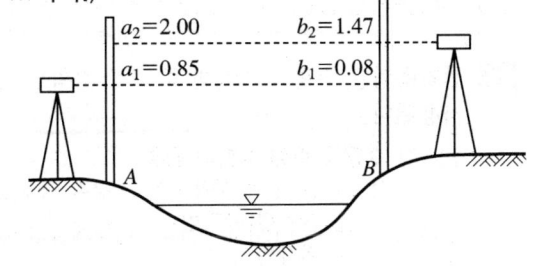

해설 ① A점과 B점의 표고차
$$H = \frac{1}{2}[(a_1 - b_1) + (a_2 - b_2)] = \frac{1}{2}[(0.85 - 0.08) + (2.00 - 1.47)] = 0.65\text{m}$$
② B점의 표고(지반고)
$H_B = H_A + H = 60 + 0.65 = 60.65$m

해답 ②

043 수준측량의 야장 기입법 중 중간점(IP)이 많을 경우 가장 편리한 방법은?
① 승강식
② 기고식
③ 횡단식
④ 고차식

해설 기고식에 의한 수준측량이란, 기준면에서 레벨(기계)까지의 높이인 기계고(기고)에 의해 미지점의 표고를 구하는 방법으로 중간점이 많을 경우에 사용하며, 완전한 검산을 할 수 없는 단점이 있다.

해답 ②

044 다각측량(traverse survey)의 특징에 대한 설명으로 옳지 않은 것은?
① 좁고 긴 선로측량에 편리하다.
② 다각측량을 통해 3차원(x, y, z) 정밀 위치를 결정한다.
③ 세부측량의 기준이 되는 기준점을 추가 설치할 경우에 편리하다.
④ 삼각측량에 비하여 복잡한 시가지 및 지형기복이 심해 시준이 어려운 지역의 측량에 적합하다.

해설 다각측량은 합위거, 합경거를 활용한 평면위치(x, y)를 결정한다.

해답 ②

045 삼각측량의 삼각점에서 행해지는 각관측 및 조정에 대한 설명으로 옳지 않은 것은?
① 한 측점의 둘레에 있는 모든 각의 합은 360°가 되어야 한다.
② 삼각망 중 어느 1변의 길이는 계산순서에 관계없이 동일해야 한다.
③ 삼각형 내각의 합은 180°가 되어야 한다.
④ 각관측 방법은 단측법을 사용하여야 한다.

해설 삼각측량은 수평각 관측법 중 가장 정확한 방법인 각관측법(조합각관측법)이 주로 사용된다.

[참고] **수평각 측정 방법의 종류**
(1) 다각측량에 사용되는 수평각 측정법
① 단측법(단각법)
② 배각법
(2) 삼각측량에 사용되는 수평각 측정법
① 방향각법(방향관측법)
② 각관측법

해답 ④

046 축척 1 : 1200 지형도상의 지역을 축척 1 : 1000로 잘못보고 면적을 계산하여 10.0m²를 얻었다면 실제면적은?

① 12.5m² ② 13.3m²
③ 13.8m² ④ 14.4m²

해설 $m_1^2 : A_1 = m_2^2 : A_2$ 에서

$A_1 = \left(\dfrac{m_1}{m_2}\right)^2 \cdot A_2 = \left(\dfrac{1,200}{1,000}\right)^2 \times 10 = 14.4\text{m}^2$

해답 ④

047 노선의 종단측량 결과는 종단면도에 표시하고 그 내용을 기록해야 한다. 이때 종단면도에 포함되지 않는 내용은?

① 지반고와 계획고의 차 ② 측점의 추가거리
③ 계획선의 경사 ④ 용지 폭

해설 종단면도 기입사항은 다음과 같다.
① 측점 ② 거리 및 누가 거리
③ 지반고 및 계획고 ④ 성토고 및 절토고
⑤ 계획선의 경사(구배)

해답 ④

048 레벨의 조정이 불완전할 경우 오차를 소거하기 위한 가장 좋은 방법은?

① 시준 거리를 길게 한다.
② 왕복측량하여 평균을 취한다.
③ 가능한 한 거리를 짧게 측량한다.
④ 전시와 후시의 거리를 같도록 측량한다.

해설 전시와 후시 거리를 같게 함으로써 제거되는 오차는 다음과 같다.
① 시준축 오차 소거 : 기포관축≠시준선(레벨 조정의 불안정으로 생기는 오차 소거) 전시와 후시거리를 같게 취하는 가장 중요한 이유이다.
② 자연적 오차 소거
  ㉠ 구차 : 지구의 곡률에 의한 오차
  ㉡ 기차 : 광선의 굴절에 의한 오차
  ㉢ 양차 : 구차와 기차의 합
③ 조준나사 작동에 의한 오차 소거

해답 ④

049

원격탐사(Remote sensing)의 정의로 가장 적합한 것은?

① 지상에서 대상물체의 전파를 발생시켜 그 반사파를 이용하여 관측하는 것
② 센서를 이용하여 지표의 대상물에서 반사 또는 방사된 전자스펙트럼을 관측하고 이들의 자료를 이용하여 대상물이나 현상에 관한 정보를 얻는 기법
③ 물체의 고유스펙트럼을 이용하여 각각의 구성성분을 지상의 레이더망으로 수집하여 처리하는 방법
④ 지상에서 찍은 중복사진을 이용하여 항공사진 측량의 처리와 같은 방법으로 판독하는 작업

해설 **원격탐사**란 지상이나 항공기 및 인공위성 등의 탑재기(platform)에 설치된 탐측기(sensor)를 이용하여 지표, 지상, 지하, 대기권 및 우주 공간의 대상들에서 반사 혹은 방사되는 전자기파를 탐지하고 이들 자료로부터 토지, 환경, 도시 및 자원에 대한 필요한 정보를 얻어 이를 해석하는 기법으로 직접적인 접근 없이 관찰 대상에 대한 정보를 보다 신속하고 광역적으로 획득할 수 있다.

해답 ②

050

양 단면의 면적이 $A_1 = 80m^2$, $A_2 = 40m^2$, 중간 단면적 $A_m = 70m^2$이다. A_1, A_2 단면 사이의 거리가 30m이면 체적은? (단, 각주 공식 사용)

① $2000m^3$
② $2060m^3$
③ $2460m^3$
④ $2640m^3$

해설 **각주 공식**(prismoidal formula)**에 의한 체적**

$$V = \frac{l}{6}(A_1 + 4A_m + A_2) = \frac{30}{6} \times (80 + 4 \times 70 + 40) = 2,000m^3$$

해답 ①

051

클로소이드의 기본식은 $A^2 = R \cdot L$이다. 이때 매개변수(parameter) A 값을 A^2으로 쓰는 이유는?

① 클로소이드의 나선형을 2차 곡선 형태로 구성하기 위하여
② 도로에서의 완화곡선(클로소이드)은 2차원이기 때문에
③ 양 변의 차원(dimension)을 일치시키기 위하여
④ A 값의 단위가 2차원이기 때문에

해설 매개변수 A 값에 제곱을 해서 A^2으로 쓰는 이유는 클로소이드 기본식의 우측변 차원(dimension)이 거리2이기 때문에 이와 단위차원을 일치시키기(양 변의 차원을 일치시키기) 위한 것이다.

해답 ③

052 어떤 거리를 같은 조건으로 5회 관측한 결과가 아래와 같다면 최확값은?

> 121.573m, 121.575m, 121.572m, 121.574m, 121.571m

① 121.572m ② 121.573m
③ 121.574m ④ 121.575m

해설 ① **경중률**(P : 무게)
경중률은 모두 동일하므로 모두다 $P=1$로 본다.
② **측선 길이의 최확값**
$$L_o = \frac{P \cdot L}{P} = 121.57 + \frac{0.003 + 0.005 + 0.002 + 0.004 + 0.001}{5} = 121.573\,m$$

해답 ②

053 그림은 레벨을 이용한 등고선 측량도이다. (a)에 알맞은 등고선의 높이는?

① 55m
② 57m
③ 58m
④ 59m

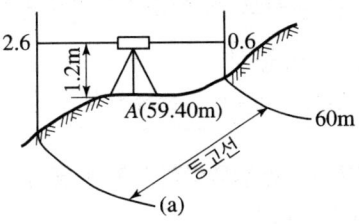

해설 ① 높이차 $h = 2.6 - 0.6 = 2.0\,m$
② (a) 등고선의 높이 $h_{(a)} = 60 - 2 = 58\,m$

해답 ③

054 트래버스 측량에서는 각관측의 정도와 거리관측의 정도가 서로 같은 정밀도로 되어야 이상적이다. 이때 각이 30″의 정밀도로 관측되었다면 각관측과 같은 정도의 거리관측 정밀도는?

① 약 1/12500 ② 약 1/10000
③ 약 1/8200 ④ 약 1/6800

해설 $\dfrac{\Delta l}{l} = \dfrac{\Delta \theta}{\rho} = \dfrac{30''}{206265''} = \dfrac{1}{6875.5} \fallingdotseq \dfrac{1}{6800}$

해답 ④

2. 토질 및 기초(토질역학, 기초공학)

055 Hazen이 제안한 균등계수가 5 이하인 균등한 모래의 투수계수(k)를 구할 수 있는 경험식으로 옳은 것은? (단, C는 상수이고, D_{10}은 유효입경이다.)

① $K = C \cdot D_{10}$ (cm/s) ② $K = C \cdot D_{10}^2$ (cm/s)
③ $K = C \cdot D_{10}^3$ (cm/s) ④ $K = C \cdot D_{10}^4$ (cm/s)

해설 Hazen 공식
$K = C \cdot D_{10}^2$ (cm/s)
여기서, C : 100~150/cm · sec
D_{10} : 유효입경(cm)

해답 ②

056 다음 중 말뚝의 정역학적 지지력공식은?

① Sander공식 ② Terzaghi공식
③ Engineering News공식 ④ Hiley공식

해설 말뚝기초의 정역학적 지지력 공식
① Terzaghi의 공식
② Meyerhof의 공식
③ Dörr의 공식
④ Dunham 공식

해답 ②

057 그림과 같은 모래지반에서 $X-X$면의 전단강도는? (단, $\phi = 30°$, $c = 0$)

① 15.6kN/m²
② 21.4kN/m²
③ 31.2kN/m²
④ 42.7kN/m²

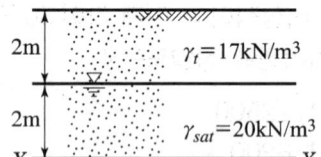

해설 ① 유효응력 $\sigma' = r_t h_1 + r_{sub} h_2 = 17 \times 2 + (20-10) \times 2 = 54 \text{kN/m}^2$
② 전단강도 $\tau_f = c + \sigma' \tan\phi = 0 + 54 \times \tan 30° = 31.2 \text{kN/m}^2$

해답 ③

058

포화단위중량이 18kN/m³인 모래지반이 있다. 이 포화 모래지반에 침투수압의 작용으로 모래가 분출하고 있다면 한계동수경사는?

① 0.8
② 1.0
③ 1.8
④ 2.0

해설 $i_c = \dfrac{\gamma_{sub}}{\gamma_w} = \dfrac{\gamma_{sat} - \gamma_w}{\gamma_w} = \dfrac{18-10}{10} = 0.8$

해답 ①

059

다음 중 동해가 가장 심하게 발생하는 토질은?

① 실트
② 점토
③ 모래
④ 콜로이드

해설 동상 받기 쉬운 흙은 실트이기 때문에 동결깊이 내에 있는 흙을 동결하지 않는 흙으로 치환하여야 한다.

해답 ①

060

압밀계수가 0.5×10^{-2}cm²/s이고, 일면배수 상태의 5m 두께 점토층에서 90% 압밀이 일어나는데 소요되는 시간은? (단, 90% 압밀도에서 시간계수(T)는 0.848)

① 2.12×10^7초
② 4.24×10^7초
③ 6.36×10^7초
④ 8.48×10^7초

해설 $t_{90} = \dfrac{0.848 \cdot d^2}{C_v} = \dfrac{0.848 \times 500^2}{0.5 \times 10^{-2}} = 4.24 \times 10^7$초

해답 ②

061

입도분포곡선에서 통과율 10%에 해당하는 입경(D_{10})이 0.005mm이고, 통과율 60%에 해당하는 입경(D_{60})이 0.025mm일 때 균등계수(C_u)는?

① 1
② 3
③ 5
④ 7

해설 $C_u = \dfrac{D_{60}}{D_{10}} = \dfrac{0.025}{0.005} = 5$

해답 ③

062

다음 그림과 같은 높이가 10m인 옹벽이 점착력이 0인 건조한 모래를 지지하고 있다. 모래의 마찰각이 36°, 단위중량이 16kN/m³일 때 전 주동토압은?

① 208kN/m
② 243kN/m
③ 332kN/m
④ 395kN/m

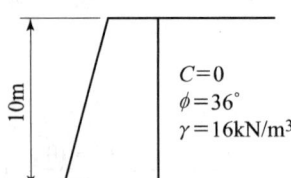

해설

① 주동토압계수
$$K_a = \tan^2\left(45° - \frac{\phi}{2}\right) = \tan^2\left(45° - \frac{36°}{2}\right) = 0.2596$$

② 주동토압
$$P_a = \frac{1}{2}\gamma H^2 K_A = \frac{1}{2} \times 16 \times 10^2 \times 0.2596 = 208\,\text{kN/m}$$

해답 ①

063

유선망을 이용하여 구할 수 없는 것은?

① 간극수압
② 침투수량
③ 동수경사
④ 투수계수

해설 유선망 작도 목적
① 침투 수량을 알 수 있다.(유선망 작도의 주된 목적)
② 임의의 점에 작용하는 간극수압을 알 수 있다.
③ 동수경사의 결정이 가능하다.
④ 파이핑(piping)에 대한 안전 검토를 할 수 있다.

해답 ④

064

다음 그림과 같은 접지압 분포를 나타내는 조건으로 옳은 것은?

① 점토지반, 강성기초
② 점토지반, 연성기초
③ 모래지반, 강성기초
④ 모래지반, 연성기초

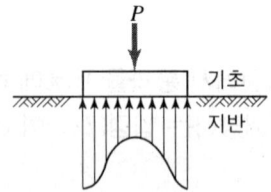

해설 점토지반에 축조된 강성기초의 접지압은 기초 모서리 부분에서 최대이다.

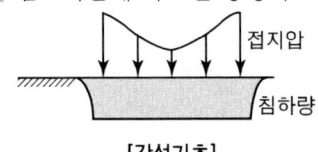

[강성기초]

해답 ①

065 진동이나 충격과 같은 동적외력의 작용으로 모래의 간극비가 감소하며 이로 인하여 간극수압이 상승하여 흙의 전단강도가 급격히 소실되어 현탁액과 같은 상태로 되는 현상은?

① 액상화 현상
② 동상 현상
③ 다일러턴시 현상
④ 틱소트로피 현상

해설 액상화 현상(liquifaction)은 느슨하고 포화된 모래지반에 지진, 발파 등의 충격하중이 작용하면 체적이 수축함에 따라 공극수압이 증가하여 유효응력이 감소되기 때문에 전단강도가 작아져 현탁액과 같은 상태로 되는 현상을 말한다.

해답 ①

066 간극비(e) 0.65, 함수비(w) 20.5%, 비중(G_s) 2.69인 사질점토의 습윤단위중량(γ_t)는?

① $1.02\,\text{g/cm}^3$
② $1.35\,\text{g/cm}^3$
③ $1.63\,\text{g/cm}^3$
④ $1.96\,\text{g/cm}^3$

해설 습윤단위중량

$$\gamma_t = \frac{G_s + S \cdot e}{1+e} \cdot \gamma_w = \frac{G_s + w \cdot G_s}{1+e} \cdot \gamma_w = \frac{2.69 + 0.205 \times 2.69}{1+0.65} \times 1 = 1.96\,\text{g/cm}^3$$

해답 ④

067 사질지반에 40cm×40cm 재하판으로 재하 시험한 결과 160kN/m²의 극한 지지력을 얻었다. 2m×2m의 기초를 설치하면 이론상 지지력은 얼마나 되겠는가?

① $160\,\text{kN/m}^2$
② $320\,\text{kN/m}^2$
③ $400\,\text{kN/m}^2$
④ $800\,\text{kN/m}^2$

해설 지지력은 사질지반일 때 재하판 폭에 비례하므로

$$q_{u\,(기초)} = q_{u\,(재하판)} \cdot \frac{B_{(기초)}}{B_{(재하판)}} = 160 \times \frac{2}{0.4} = 800\,\text{kN/m}^2$$

해답 ④

068 흙의 다짐시험에서 다짐에너지를 증가시킬 때 일어나는 변화로 옳은 것은?

① 최적함수비와 최대건조밀도가 모두 증가한다.
② 최적함수비와 최대건조밀도가 모두 감소한다.
③ 최적함수비는 증가하고 최대건조밀도는 감소한다.
④ 최적함수비는 감소하고 최대건조밀도는 증가한다.

해설 다짐에너지를 크게 할수록 최적함수비는 감소하고 최대 건조단위중량은 증가한다.

해답 ④

069
점성토 지반에 사용하는 연약지반 개량공법이 아닌 것은?
① Sand drain 공법
② 침투압 공법
③ Vibro floatation 공법
④ 생석회 말뚝 공법

해설 Vibro floatation공법은 사질토지반의 개량공법의 일종이다.

해답 ③

070
모래 치환법에 의한 흙의 밀도 시험에서 모래(표준사)는 무엇을 구하기 위해 사용되는가?
① 흙의 중량
② 시험구멍의 부피
③ 흙의 함수비
④ 지반의 지지력

해설 모래치환법(들밀도 시험, KS F 2311)에서 모래를 사용하는 이유는 시험구멍의 체적을 측정하기 위한 것이다.

해답 ②

071
어떤 포화점토의 일축압축강도(q_u)가 0.3MPa이었다. 이 흙의 점착력(c)은?
① 0.3MPa
② 0.25MPa
③ 0.2MPa
④ 0.15MPa

해설 $\phi=0$인 점토의 일축압축강도 $q_u=2c$에서

$c=\dfrac{q_u}{2}=\dfrac{0.3}{2}=0.15\text{MPa}$

[참고] $q_u=2c\tan\left(45°+\dfrac{\phi}{2}\right)=2c\tan\left(45°+\dfrac{0}{2}\right)=0.3$에서 $c=0.15\text{MPa}$

해답 ④

072
점토의 예민비(sensitivity ratio)는 다음 시험 중 어떤 방법으로 구하는가?
① 삼축압축시험
② 일축압축시험
③ 직접전단시험
④ 베인시험

해설 점토의 예민비는 일축압축시험을 통해 구한다.

$S_t=\dfrac{q_u}{q_{ur}}$

여기서, q_u : 자연상태의 일축압축강도
q_{ur} : 흐트러진 상태의 일축압축강도

해답 ②

073

연약점토지반($\phi=0$)의 단위중량이 16kN/m³, 점착력이 20kN/m²이다. 이 지반을 연직으로 2m 굴착하였을 때 연직사면의 안전율은?

① 1.5
② 2.0
③ 2.5
④ 3.0

해설 ① 직립사면의 한계고
$$H_c = 2Z_c = \frac{4c}{r_t}\tan\left(45°+\frac{\phi}{2}\right) = \frac{4\times 20}{16}\tan\left(45°+\frac{0}{2}\right) = 5\,\text{m}$$
② 안전율
$$F_s = \frac{H_c}{H} = \frac{5}{2} = 2.5$$

해답 ③

074

아래는 불교란 흙 시료를 채취하기 위한 샘플러 선단의 그림이다. 면적비(A_r)를 구하는 식으로 옳은 것은?

① $A_r = \dfrac{D_s^2 - D_e^2}{D_e^2} \times 100(\%)$

② $A_r = \dfrac{D_w^2 - D_e^2}{D_e^2} \times 100(\%)$

③ $A_r = \dfrac{D_s^2 - D_e^2}{D_w^2} \times 100(\%)$

④ $A_r = \dfrac{D_s^2 - D_e^2}{D_s^2} \times 100(\%)$

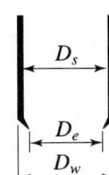

해설 면적비가 10% 이하이면 불교란 시료로 본다.
$$A_r = \frac{D_w^2 - D_e^2}{D_e^2} \times 100(\%)$$
여기서, D_w : 샘플러의 외경, D_e : 샘플러의 내경

해답 ②

제3과목 수자원설계(수리학+상하수도공학)

1. 수리학

075 부피가 5.8m³인 액체의 중량이 62.2N일 때, 이 액체의 비중은?

① 0.951 ② 1.094
③ 1.117 ④ 1.195

해설 비중 = $\dfrac{물체의\ 단위중량}{물의\ 단위중량}$ = $\dfrac{물체의\ 밀도}{물의\ 밀도}$ = $\dfrac{62.2/5.8}{1 \times 9.8}$ = 1.094

해답 ②

076 부체(浮體)의 성질에 대한 설명으로 옳지 않은 것은?

① 부양면의 단면 2차 모멘트가 가장 작은 축으로 기울어지기 쉽다.
② 부체가 평행상태일 때는 부체의 중심과 부심이 동일 직선상에 있다.
③ 경심고가 클수록 부체는 불안정하다.
④ 우력이 영(0)일 때를 중립이라 한다.

해설 경심고가 클수록 부체는 안정하다.

해답 ③

077 개수로에서 한계 수심에 대한 설명으로 옳은 것은?

① 상류로 흐를 때의 수심 ② 사류로 흐를 때의 수심
③ 최대 비에너지에 대한 수심 ④ 최소 비에너지에 대한 수심

해설 한계 수심은 일정한 유량이 흐를 때 최소의 비에너지를 갖게 하는 수심이다.

해답 ④

078 초속 25m/s, 수평면과의 각 60°로 사출된 분수가 도달하는 최대 연직 높이는?
(단, 공기 등 기타 저항은 무시한다.)

① 23.9m ② 20.8m
③ 27.6m ④ 15.8m

해설 사출된 분수가 도달하는 최대연직높이
$H = \dfrac{V^2}{2g} \sin^2\theta = \dfrac{25^2}{2 \times 9.8}(\sin 60°)^2 = 23.9\,m$

해답 ①

079 폭이 넓은 직사각형 수로에서 폭 1m당 0.5m³/s의 유량이 80cm의 수심으로 흐르는 경우에 이 흐름은? (단, 이때 동점성 계수는 0.012cm²/s이고 한계수심은 29.4cm이다.)

① 층류이며 상류
② 층류이며 사류
③ 난류이며 상류
④ 난류이며 사류

해설 ① 폭이 넓은 직사각형 단면의 경심
$R = h = 80\text{cm}$

② $h_c = 29.4\text{cm} < h = 80\text{cm}$ 이므로 상류

③ 폭 1m 당 유속 $V = \dfrac{Q}{A} = \dfrac{0.5}{1 \times 0.8} = 0.625\text{m/sec}$

④ 레이놀즈수
$R_e = \dfrac{VR}{\nu} = \dfrac{62.5\text{cm/sec} \times 80\text{cm}}{0.012} = 416667 > 500$ 이므로 난류

해답 ③

080 개수로의 흐름에서 도수 전의 Froude 수가 Fr_1일 때, 완전도수가 발생하는 조건은?

① $Fr_1 < 0.5$
② $Fr_1 = 1.0$
③ $Fr_1 = 1.5$
④ $Fr_1 > \sqrt{3.0}$

해설 완전도수는 $Fr_1 \geq \sqrt{3}$ 인 경우이다.

해답 ④

081 Darcy-Weisbach의 마찰손실 공식으로부터 Chezy의 평균유속 공식을 유도한 것으로 옳은 것은?

① $V = \dfrac{124.5}{D^{1/3}} \cdot \sqrt{RI}$
② $V = \sqrt{\dfrac{8g}{D^{1/3}}} \cdot \sqrt{RI}$
③ $V = \sqrt{\dfrac{f}{8}} \cdot \sqrt{RI}$
④ $V = \sqrt{\dfrac{8g}{f}} \cdot \sqrt{RI}$

해설 Darcy-weisbach 공식
$h_L = f \dfrac{l}{D} \dfrac{V^2}{2g}$ 에서 $V^2 = \dfrac{2gDh_L}{fl}$

여기서, $D = 4R$, $I = \dfrac{h_L}{l}$를 대입하면,

$V^2 = \dfrac{2g(4R)I}{f} = \dfrac{8g}{f} \cdot RI$ ∴ $V = \sqrt{\dfrac{8g}{f}} \cdot \sqrt{RI}$

해답 ④

082
개수로 구간에 댐을 설치했을 때 수심 h가 상류로 갈수록 등류 수심 h_0에 접근하는 수면곡선을 무엇이라 하는가?
① 저하곡선
② 배수곡선
③ 수문곡선
④ 수면곡선

해설 댐을 설치함으로 인해 상류의 수심이 등류수심에 접근하는 수면곡선을 배수곡선이라 한다.

해답 ②

083
깊은 우물(심정호)에 대한 설명으로 옳은 것은?
① 불투수층에서 50m 이상 도달한 우물
② 집수 우물 바닥이 불투수층까지 도달한 우물
③ 집수 깊이가 100m 이상인 우물
④ 집수 우물 바닥이 불투수층을 통과하여 새로운 대수층에 도달한 우물

해설 깊은 우물이란 집수정 바닥이 불투수층까지 도달한 우물을 말한다.

해답 ②

084
흐름의 연속방정식은 어떤 법칙을 기초로 하여 만들어진 것인가?
① 질량 보존의 법칙
② 에너지 보존의 법칙
③ 운동량 보존의 법칙
④ 마찰력 불변의 법칙

해설 호스나 관 등에 들어간 유체입자군은 언젠가 반드시 밖으로 나오게 되는데 이를 질량보존법칙이라 하며, 유체역학에서는 이를 연속방정식(연속의 식)이라고 한다.

해답 ①

085
오리피스의 지름이 5cm이고, 수면에서 오리피스의 중심까지가 4m인 예연 원형오리피스를 통하여 분출되는 유량은? (단, 유속계수 $C_V=0.98$, 수축계수 $C_C=0.62$이다.)
① 1.056L/s
② 2.860L/s
③ 10.56L/s
④ 28.60L/s

해설
① $Q = CA\sqrt{2gh} = C_c \cdot C_v \cdot A\sqrt{2gh} = 0.98 \times 0.62 \times \dfrac{\pi \times 0.05^2}{4} \times \sqrt{2 \times 9.8 \times 4}$
$= 0.01056 \, \text{m}^3/\text{s}$
② $0.01056 \, \text{m}^3/\text{s} \times 1000 \, \text{L/m}^3 = 10.56 \, \text{L/s}$

해답 ③

086
관수로에서 레이놀즈(Reynolds, R_e) 수에 대한 설명으로 옳지 않은 것은? (단, V : 평균유속, D : 관의 지름, ν : 유체의 동점성계수)

① 레이놀즈 수는 $\dfrac{Vd}{\nu}$로 구할 수 있다.
② $R_e > 4000$이면 층류이다.
③ 레이놀즈 수에 따라 흐름상태(난류와 층류)를 알 수 있다.
④ R_e는 무차원의 수이다.

해설 Reynolds 수는 동점성계수에 반비례한다.
$R_e = \dfrac{VD}{\nu}$ 여기서, V : 유속, D : 관경, ν : 동점성계수
① $R_e < 2,000$: 관수로의 층류
② $2,000 < R_e < 4,000$: 천이 영역, 불안정 층류(층류와 난류가 공존)
③ $R_e > 4,000$: 관수로의 난류

해답 ②

087
베르누이 정리에 관한 설명으로 옳지 않은 것은?

① $Z + \dfrac{P}{\omega} + \dfrac{V^2}{2g}$ 의 수두가 일정하다.
② 정상류이어야 하며 마찰에 의한 에너지 손실이 없는 경우에 적용된다.
③ 동수경사선이 에너지선보다 항상 위에 있다.
④ 동수경사선과 에너지선을 설명할 수 있다.

해설 ① **에너지선**은 (압력수두+위치수두+속도수두)의 점들을 연결한 선이고
② **동수경사선**은 (위치수두+압력수두)의 점들을 연결한 선이므로
③ **에너지선**은 동수경사선보다 속도수두만큼 위에 위치하게 된다.

해답 ③

088
정수압의 성질에 대한 설명으로 옳지 않은 것은?

① 정수압은 수중의 가상면에 항상 수직으로 작용한다.
② 정수압의 강도는 전 수심에 걸쳐 균일하게 작용한다.
③ 정수 중의 한 점에 작용하는 수압의 크기는 모든 방향에서 동일한 크기를 갖는다.
④ 정수압의 강도는 단위 면적에 작용하는 힘의 크기를 표시한다.

해설 정수압의 강도는 수두에 비례한다.

해답 ②

089 모세관 현상에 관한 설명으로 옳지 않은 것은?

① 모세관의 상승높이는 액체의 응집력과 액체와 관벽의 부착력에 의해 좌우된다.
② 액체의 응집력이 관 벽과의 부착력보다 크면 관내의 액체 높이는 관 밖의 액체보다 낮게 된다.
③ 모세관의 상승높이는 모세관의 지름 d에 반비례한다.
④ 모세관의 상승높이는 액체의 단위중량에 비례한다.

해설 모관 상승 높이 $h = \dfrac{4T\cos\theta}{\omega D}$ 에서
모세관 상승고 h는 단위 중량 w에 반비례한다.

해답 ④

090 관수로에서 발생하는 손실수두 중 가장 큰 것은?

① 유입손실
② 유출손실
③ 만곡손실
④ 마찰손실

해설 관수로에서의 각종 손실 중 마찰손실이 가장 크다.

해답 ④

091 그림과 같이 지름 5cm의 분류가 30m/s의 속도로 판에 수직으로 충돌하였을 때 판에 작용하는 힘은?

① 90N
② 180N
③ 720N
④ 1.81kN

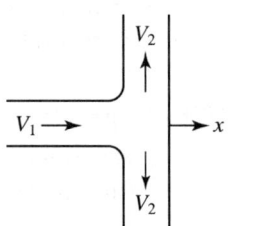

해설 ① 직각으로 충돌하는 경우

$$P = P_x = \dfrac{w}{g}Q(V_1 - V_2) = \dfrac{w}{g}Q(V_1 - 0)$$

$$= \dfrac{1}{9.8} \times \dfrac{\pi \times 0.05^2}{4} \times 30 \times (30 - 0)$$

$$= 0.18032 \text{ton}$$

② $0.18032 \text{ton} \times 1000 \text{kg/ton} \times 10 = 1,803.2\text{N} \fallingdotseq 1.803\text{kN}$

해답 ④

092 폭이 10m인 직사각형 수로에서 유량 10m³/s가 1m의 수심으로 흐를 때 한계유속은? (단, 에너지보정계수 $\alpha = 1.1$이다.)

① 3.96m/s
② 2.87m/s
③ 2.07m/s
④ 1.89m/s

해설 ① 직사각형 단면에서의 한계수심

$$h_c = \left(\frac{\alpha Q^2}{gb^2}\right)^{\frac{1}{3}} = \left(\frac{1.1 \times 10^2}{9.8 \times 10^2}\right)^{\frac{1}{3}} = 0.482\text{m}$$

② 한계수심으로 흐를 때의 유속인 한계유속

$$V_c = \sqrt{\frac{gh_c}{\alpha}} = \sqrt{\frac{9.8 \times 0.482}{1.1}} = 2.07\text{m/sec}$$

해답 ③

2. 상하수도공학(상수도계획, 하수도계획)

093 일반적인 정수처리공정과 비교할 때 침전공정이 생략된 방식으로 통상적으로 수질변화가 적고 비교적 양호한 수질에서는 일반정수처리공정에 비해 설치비 및 운영비가 적게 소요되는 여과방식은?

① 직접여과
② 내부여과
③ 급속여과
④ 표면여과

해설 **직접여과**를 채택할 때에는 다음 각 항을 따른다.
① 원수수질이 양호하고 장기적으로 안정되어 있어야 한다.
② 응집과 여과의 관리가 적절하고 충분한 수질감시가 이루어져야 한다.
③ 일반적인 정수처리공정과 비교할 때 침전공정이 생략된 방식으로 통상적으로 수질변화가 적고 비교적 양호한 수질에서는 일반정수처리공정에 비해 설치비 및 운영비가 적게 소요되며, 원수수질이 악화되는 경우에는 일반적인 응집·침전과 급속여과방식으로 대처할 수 있는 설비를 갖춘다.

해답 ①

094 자연 유하식 관로를 설치할 때, 수두를 분할하여 수압을 조절하기 위한 목적으로 설치하는 부대설비는?

① 양수정
② 분수전
③ 수로교
④ 접합정

해설 **접합정**은 물의 흐름을 원활히 하기 위하여 수로의 분기, 합류 및 관수로로 변하는 곳, 관로의 분기점, 정수압의 조정이 필요한 곳, 동수경사의 조정이 필요한 곳에 설치한다.

해답 ④

095 어느 도시의 총인구가 5만명이고, 급수인구는 4만명일 때 1년간 총급수량이 200만m³이었다. 이 도시의 급수보급률과 1인1일평균급수량은?

① 125%, 0.110m³/인·일
② 125%, 0.137m³/인·일
③ 80%, 0.110m³/인·일
④ 80%, 0.137m³/인·일

해설
① 급수보급률(%) = $\dfrac{급수인구}{급수구역\ 내\ 총인구} \times 100 = \dfrac{40,000}{50,000} \times 100 = 80\%$

② 계획 1인 1일 평균급수량 = $\dfrac{총\ 급수량}{급수인구 \times 365일} \times 보급률 = \dfrac{2,000,000}{40,000 \times 365} \times 0.8$
    $= 0.110\,\text{m}^3/\text{인}\cdot\text{일}$

해답 ④

096 활성슬러지 공정의 2차 침전지를 설계하는데 다음과 같은 기준을 사용하였다. 이 침전지의 수리학적 체류시간은? (단, 수심=5.4m, 유입수량=5000m³/d, 표면부하율=30m³/m²·d)

① 2.8시간
② 3.5시간
③ 4.3시간
④ 5.2시간

해설 표면적 부하(수면적 부하, 표면침전율)
$L_s = \dfrac{유입수량(\text{m}^3/\text{day})}{표면적(\text{m}^2)} = \dfrac{Q}{A} = \dfrac{H}{t}$ 에서

$t = \dfrac{H}{L_s} = \dfrac{5.4}{30} \times 24\,\text{hr/day} = 4.32\,시간$

해답 ③

097 맨홀의 설치장소로 적합하지 않은 것은?

① 관로의 방향이 바뀌는 곳
② 관로의 관경이 변하는 곳
③ 관로의 단차가 발생하는 곳
④ 관로의 수량변화가 적은 곳

해설 맨홀의 설치장소
① 관거의 기점
② 관거의 방향, 경사, 관경이 변화하는 장소
③ 단차(段差)가 발생하는 장소
④ 관거가 합류하는 장소
⑤ 관거의 유지관리상 필요한 장소

해답 ④

098

하수도계획에서 수질 환경기준에 준하는 배제방식, 처리방법, 시설의 취지 결정에 활용하기 위하여 필요한 조사는?

① 상수도급수현황
② 음용수의 수질기준
③ 방류수역의 허용부하량
④ 공업용수도의 현황

해설 하수도의 중요한 기능 중의 하나는 공공수역의 수질보전이므로 하수도계획에서는 방류수역의 수질환경기준을 고려하여 배제방식, 처리방법 및 방류지점의 위치 등을 결정한다.

해답 ③

099

상수도의 급수계통으로 알맞은 것은?

① 취수-도수-정수-배수-송수-급수
② 취수-도수-송수-정수-배수-급수
③ 취수-송수-정수-배수-도수-급수
④ 취수-도수-정수-송수-배수-급수

해설 **상수도 시설 계통** : 수원(집수) → 취수 → 도수 → 정수 → 송수 → 배수 → 급수

해답 ④

100

신축자재가 아닌 노출되는 관로 등에 신축이음관을 설치할 때, 몇 m마다 설치하여야 하는가?

① 5~10m
② 20~30m
③ 50~60m
④ 100~110m

해설 신축자재가 아닌 노출되는 관로 등에는 20~30m 마다 신축이음관을 설치하고, 연약지반이나 구조물과의 접합부(tie-in point) 등 부등침하의 우려가 있는 장소에는 휨성이 큰 신축이음관을 설치한다.

해답 ②

101

염소의 살균능력이 큰 것부터 순서대로 나열된 것은?

① Chloramines > OCl > HOCl
② Chloramines > HOCl > OCl
③ HOCl > Chloramines > OCl
④ HOCl > OCl > Chloramines

해설 **살균력의 세기**
오존(O_3) > 이산화염소(ClO_2) > 차아염소산($HOCl$) > 차아염소산이온(OCl^-) > 클로라민 순

해답 ④

102

하천을 수원으로 하는 경우에 하천에 직접 설치할 수 있는 취수시설과 가장 거리가 먼 것은?

① 취수탑 ② 취수틀
③ 집수매거 ④ 취수문

해설 집수매거는 하천부지의 하상 밑이나 구하천 부지 등의 땅속에 매설하여 집수기능을 갖는 관거이며 복류수나 자유수면을 갖는 지하수(자유지하수)를 취수하는 시설이다.

해답 ③

103

송수시설에 관한 설명으로 옳지 않은 것은?

① 계획송수량은 원칙적으로 계획1일최대급수량을 기준으로 한다.
② 송수는 관수로로 하는 것을 원칙으로 하되 개수로로 할 경우에는 터널 또는 수밀성의 암거로 한다.
③ 송수방식에는 정수시설·배수시설과의 수위관계, 정수장과 배수지 사이의 지형과 지세에 따라 자연유하식, 펌프가압식 및 병용식이 있다.
④ 송수관의 유속은 자연유하식인 경우에 허용 최대한도를 5.0m/s로 한다.

해설 송수관의 유속은 도수관의 유속에 준하며, 도수관의 평균유속은 자연유하식인 경우에는 허용 최대한도를 3.0m/s로 하고, 도수관의 평균 유속 최소한도는 원수를 수송하므로 모래입자 등의 침전을 방지하기 위하여 0.3m/sec 이상으로 한다.

해답 ④

104

하수도 계획 대상유역에서 분할된 각 구역별 유출계수가 표와 같을 때 전체 유역의 유출계수는?

구역	면적(km^2)	토지상태	유출계수
1	0.05	콘크리트포장	0.90
2	0.50	교외주택지역	0.35
3	0.03	아파트지역	0.60

① 0.350 ② 0.410
③ 0.447 ④ 0.534

해설
$$C = \frac{\sum C_i A_i}{\sum A_i} = \frac{C_1 A_1 + C_2 A_2 + C_3 A_3}{A_1 + A_2 + A_3} = \frac{0.90 \times 0.05 + 0.35 \times 0.50 + 0.60 \times 0.03}{0.05 + 0.50 + 0.03}$$
$$= 0.410$$

해답 ②

105 우수관로 및 합류관로의 계획우수량에 대한 유속 기준은?

① 최소 0.8m/s, 최대 3.0m/s ② 최소 0.6m/s, 최대 5.0m/s
③ 최소 0.5m/s, 최대 7.0m/s ④ 최소 0.7m/s, 최대 8.0m/s

해설 하수관의 유속

관거	최소 유속	최대 유속	비고
오수관거	0.6m/sec	3.0m/sec	이상적인 유속 : 1.0~1.8m/sec
우수관거 및 합류관거	0.8m/sec	3.0m/sec	

해답 ①

106 1인1일평균급수량의 도시조건에 따른 일반적인 경향에 대한 설명으로 옳지 않은 것은?

① 도시규모가 클수록 수량이 크다.
② 도시의 생활수준이 낮을수록 수량이 크다.
③ 기온이 높은 지방은 추운 지방보다 수량이 크다.
④ 정액급수의 수도는 계량급수의 수도보다 수량이 크다.

해설 도시의 생활수준이 높을수록 1인1일평균급수량이 크다.

해답 ②

107 침전지의 침전효율 E와 부유물 침강속도 v_o, 유입유량 Q, 침전지의 표면적 A와의 관계식을 옳게 나타낸 것은?

① $E = \dfrac{Q}{\dfrac{v_o}{A}}$ ② $E = \dfrac{v_o}{\dfrac{Q}{A}}$

③ $E = \dfrac{Q}{v_o \times A}$ ④ $E = \dfrac{v_o}{Q \times A}$

 $E = \dfrac{h}{h_0} = \dfrac{V_s \times t}{V_0 \times t} = \dfrac{V_s}{V_0} = \dfrac{V_s}{\dfrac{Q}{A}} = \dfrac{V_s A}{Q}$

해답 ②

108 하수도시설의 목적(역할)과 거리가 먼 것은?

① 공공수역의 확대   ② 생활환경의 개선
③ 수질보전 가능   ④ 침수피해 방지

해설 하수도 시설의 목적
① 하수의 배제와 이에 따른 생활환경의 개선
② 침수방지
③ 공공수역의 수질보전과 건전한 물순환의 회복
④ 지속발전 가능한 도시구축에 기여

해답 ①

109. 합류식과 분류식 하수관로의 특징에 관한 설명으로 옳지 않은 것은?

① 분류식은 합류식에 비해 오접합의 우려가 적다.
② 합류식은 분류식에 비해 우천시 처리장으로 다량의 토사유입이 있을 수 있다.
③ 합류식은 분류식에 비해 청소, 검사 등이 유리하다.
④ 분류식은 합류식에 비해 수세효과를 기대할 수 없다.

해설 오수관과 우수관으로 각각 분리하여 배제하는 방식인 분류식의 경우 우수관 및 오수관 구별이 명확하지 않는 곳에서는 오접의 가능성이 있다.

해답 ①

110. 하수처리에 관한 설명으로 옳지 않은 것은?

① 하수처리 방법은 물리적, 화학적, 생물학적 공정으로 대별할 수 있다.
② 보통침전은 응집제를 사용하는 화학적 처리 공정이다.
③ 소독은 화학적 처리공정이라 할 수 있다.
④ 생물학적 처리공정은 호기성 분해와 혐기성 분해로 대별할 수 있다.

해설 침전공정 방식에는 독립된 입자로 침전시키는 보통침전과 응집제를 사용하여 입자가 플록을 형성하여 침전시키는 약품침전으로 나누어진다.

해답 ②

111. 강우강도(intensity of rainfall)공식의 형태 중 탈보트(Talbot) 형은? (단, t는 지속기간(min)이고, a, b, m, n은 지역에 따라 다른 값을 갖는 상수이다.)

① $I = \dfrac{a}{t^n}$
② $I = \dfrac{a}{\sqrt{t}+b}$
③ $I = \dfrac{a}{t+b}$
④ $I = \dfrac{a}{t^m+b}$

 ① Sherman형 : $I = \dfrac{a}{t^n}$ ② Japanese형 : $I = \dfrac{a}{\sqrt{t}+b}$
③ Talbolt형 : $I = \dfrac{a}{t+b}$

해답 ③

112 반송슬러지 농도를 X_R, 슬러지반송비를 R이라고 할 때, 반응조 내의 MLSS 농도 X를 구하는 식은? (단, 유입수의 S_S는 무시함)

① $X = \dfrac{X_R}{(1-R)}$

② $X = \dfrac{R \times X_R}{(1+R)}$

③ $X = R \times (X_R + 1)$

④ $X = \dfrac{R \times X_R}{(1-R)}$

해설 $R = \dfrac{X}{X_R - X}$ 에서

$R(X_R - X) = X$ $\quad RX_R - RX = X$ $\quad RX_R = (1+R)X$

$\therefore X = \dfrac{R \times X_R}{(1+R)}$

해답 ②

토목산업기사

2019년 4월 27일 시행

2023 개정된 출제기준에 의거하여 불필요한 문제는 삭제하고 3과목으로 정리함

제1과목 구조설계(응용역학+철근콘크리트 및 강구조)

1. 응용역학(역학적인 개념 및 건설 구조물의 해석)

001 그림과 같은 단순보에 모멘트 하중 M_1과 M_2가 작용할 경우 C점의 휨모멘트를 구하는 식은? (단, $M_1 > M_2$)

① $\left(\dfrac{M_1 - M_2}{L}\right)x + M_1 - M_2$

② $\left(\dfrac{M_2 - M_1}{L}\right)x - M_1 + M_2$

③ $\left(\dfrac{M_1 + M_2}{L}\right)x + M_1 - M_2$

④ $\left(\dfrac{M_1 - M_2}{L}\right)x - M_1 + M_2$

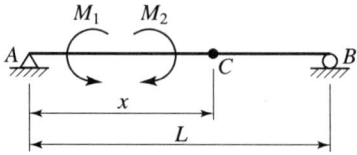

해설
① B지점의 수직반력 : $R_B = \dfrac{M_2 - M_1}{L}$

② C지점의 휨모멘트 : 우측강구면을 이용하면,

$M_C = R_B \times (L-x) = \dfrac{M_2 - M_1}{L} \times (L-x) = M_2 - M_1 - \dfrac{M_2 - M_1}{L} \times x$

$= \dfrac{M_1 - M_2}{L} x - M_1 + M_2$

해답 ④

002 그림과 같은 단면을 갖는 보에서 중립축에 대한 휨(bending)에 가장 강한 형상은? (단, 모두 동일한 재료이며 단면적이 같다.)

① 직사각형($h > b$)
② 정사각형
③ 직사각형($h < b$)
④ 원

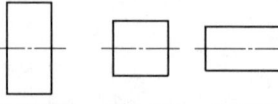

해설 동일조건의 보에 사용하고 재료의 강도도 같다면, 휨에 대한 강성은 원형보다 직사각형이 좋으며 직사각형의 단면계수의 기본식 $Z = \dfrac{I_{X,\,도심}}{y} = \dfrac{bh^2}{6}$ 에서 보면, h가 클수록 휨에 대한 강성이 좋으므로 문제에서 '직사각형($h > b$)'의 경우가 가장 휨에 대해 강하다.

해답 ①

003

그림과 같이 50kN의 힘을 왼쪽으로 10m, 오른쪽으로 15m 떨어진 두 지점에 나란히 분배하였을 때 두 힘 P_1, P_2의 값으로 옳은 것은?

① $P_1 = 10\text{kN}$, $P_2 = 40\text{kN}$
② $P_1 = 20\text{kN}$, $P_2 = 30\text{kN}$
③ $P_1 = 30\text{kN}$, $P_2 = 20\text{kN}$
④ $P_1 = 40\text{kN}$, $P_2 = 10\text{kN}$

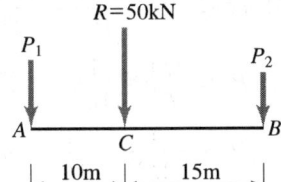

해설
① B점의 힘모멘트 값이 동일하므로
$M_B = P_1 \times 25 = 50 \times 15$ 에서, $P_1 = 30\,\text{kN}(\downarrow)$
② 힘 50kN을 두 힘으로 분해하였으므로
$P_1 + P_2 = 50\,\text{kN}$
$30 + P_2 = 50\,\text{kN}$ $P_2 = 20\,\text{kN}(\downarrow)$

해답 ③

004

보의 단면이 그림과 같고 지간이 같은 단순보에서 중앙에 집중하중 P가 작용할 경우에 처짐 y_1은 y_2의 몇 배 인가?
(단, 동일한 재료이며 단면치수만 다르다.)

① 2배
② 4배
③ 8배
④ 16배

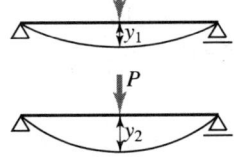 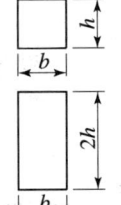

해설 단순보 중앙에 집중하중 P를 받는 단순보의 최대처짐
$$y_{중앙} = y_{\max} = \frac{PL^3}{48EI} = \frac{PL^3}{48E\dfrac{bh^3}{12}} = \frac{PL^3}{4Ebh^3}$$

① $y_1 = \dfrac{PL^3}{4Ebh^3}$

② $y_2 = \dfrac{PL^3}{4Eb(2h)^3} = \dfrac{y_1}{8}$

③ $y_1 = 8y_2$

해답 ③

005 그림과 같은 장주의 강도를 옳게 관계시킨 것은?
(단, 동질의 동단면으로 한다.)

① $A > B > C$
② $A > B = C$
③ $A = B = C$
④ $A = B < C$

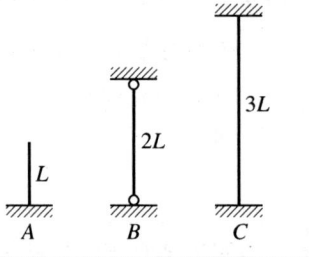

해설 좌굴하중 $P_b = \dfrac{\pi^2 EI}{l_k^2} = \dfrac{n\pi^2 EI}{l^2}$ 에서 $P_b \propto \dfrac{n}{l^2}$ 이므로

① $P_A \propto \dfrac{1/4}{L^2} = \dfrac{1}{4L^2}$ ② $P_B \propto \dfrac{1}{(2L)^2} = \dfrac{1}{4L^2}$

③ $P_C \propto \dfrac{4}{(3L)^2} = \dfrac{4}{9L^2}$ ④ $P_A = P_B < P_C$

해답 ④

006 그림과 같은 힘의 O점에 대한 모멘트는?

① 240kN·m
② 120kN·m
③ 80kN·m
④ 60kN·m

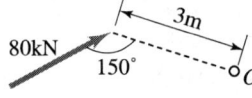

해설 모멘트는 하중과 수직거리를 곱하여 구하므로
$M_O = (80 \times \cos 60°) \times 3 = 120 \, kN \cdot m$

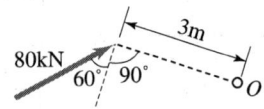

해답 ②

007 그림에 표시한 것은 단순보에 대한 전단력도이다. 이 보의 C점에 발생하는 휨모멘트는? (단, 단순보에는 회전모멘트 하중이 작용하지 않는다.)

① +420kN·m
② +380kN·m
③ +210kN·m
④ +100kN·m

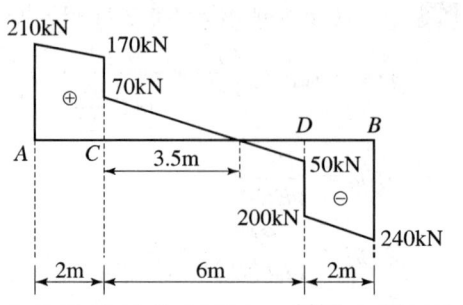

해설 C점에 발생하는 휨모멘트의 값은 전단력도의 AC구간 면적과 같으므로
$$M_C = \frac{170+210}{2} \times 2 = 380\,\text{kN}\cdot\text{m}$$

해답 ②

008
길이 10m, 단면 30cm×40cm의 단순보가 중앙에 120kN의 집중하중을 받고 있다. 이 보의 최대 휨응력은? (단, 보의 자중은 무시한다.)
① 55MPa
② 52.5MPa
③ 45MPa
④ 37.5MPa

해설 ① 최대휨모멘트
$$M_{\max} = M_{중앙} = \frac{Pl}{4} = \frac{120 \times 10}{4} = 300\,\text{kN}\cdot\text{m} = 300 \times 10^6\,\text{N}\cdot\text{mm}$$
② 최대휨응력
$$\sigma_{\max} = \frac{M_{\max}}{I}y = \frac{300 \times 10^6\,\text{N}\cdot\text{mm}}{\frac{300 \times 400^3}{12}} \times 200\,\text{mm} = 37.5\,\text{MPa}$$

해답 ④

009
그림에서 AB, BC 부재의 내력은?

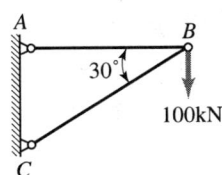

① AB 부재 : 인장 $100\sqrt{3}$ kN, BC 부재 : 압축 200kN
② AB 부재 : 인장 100kN, BC 부재 : 인장 100kN
③ AB 부재 : 인장 100kN, BC 부재 : 압축 100kN
④ AB 부재 : 압축 $100\sqrt{2}$ kN, BC 부재 : 인장 $100\sqrt{2}$ kN

해설 AB부재와 BC부재 모두 자른 후 두 부재 모두 인장력이 작용한다고 가정하고 라미의 정리를 이용해 부재 AB부재 및 BC부재가 받는 내력을 구한다.

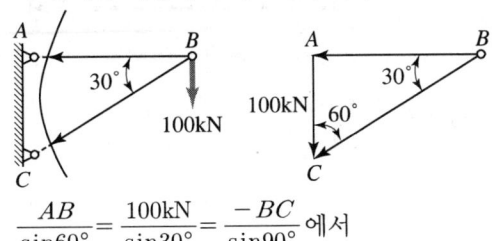

$$\frac{AB}{\sin 60°} = \frac{100\,\text{kN}}{\sin 30°} = \frac{-BC}{\sin 90°}$$ 에서

① AB부재 :
$$AB = \frac{100}{\sin 30°} \times \sin 60° = \frac{100}{\frac{1}{2}} \times \frac{\sqrt{3}}{2} = 100\sqrt{3}\,\text{kN} = 100\sqrt{3}\,\text{kN(인장)}$$

② BC부재 :
$$BC = -\frac{100}{\sin 30°} \times \sin 90° = -\frac{100}{\frac{1}{2}} \times 1 = -200\,\text{kN} = 200\,\text{kN(압축)}$$

해답 ①

010

지름 1cm인 강철봉에 80kN의 물체를 매달 때 강철봉의 길이 변화량은?
(단, 강철봉의 길이는 1.5m이고,
탄성계수 $E = 2.1 \times 10^5$ MPa 이다.)

① 7.3mm
② 8.5mm
③ 9.7mm
④ 10.9mm

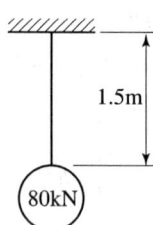

해설 ① 응력 기본식
$\sigma = E \cdot \epsilon$
$\frac{P}{A} = E \cdot \frac{\Delta L}{L}$ 에서 $\Delta L = \frac{P \cdot L}{E \cdot A}$

② $\Delta L = \frac{P \cdot L}{E \cdot A} = \frac{(80 \times 10^3) \times 1,500}{(2.1 \times 10^5) \times \left(\frac{\pi \times 10^2}{4}\right)} = 7.3\,\text{mm}$

해답 ①

011

그림과 같이 등분포하중을 받는 단순보에서 C점과 B점의 휨모멘트비 $\left(\frac{M_C}{M_B}\right)$는?

① $\frac{4}{3}$
② $\frac{3}{2}$
③ 2
④ $\frac{5}{2}$

해설 ① 지점 반력 : 대칭이므로 $R_A = R_E = \frac{wL}{2}$

② B점의 휨모멘트
좌측강구면을 이용하면,

$$M_B = R_A \times \frac{L}{4} - w \times \frac{L}{4} \times \frac{L}{8} = \frac{wL}{2} \times \frac{L}{4} - w \times \frac{L}{4} \times \frac{L}{8}$$

$$= \frac{wL^2}{8} - \frac{wL^2}{32} = \frac{3wL^2}{32}$$

③ C점의 휨모멘트 : $M_C = \frac{wL^2}{8}$

④ $\dfrac{M_C}{M_B} = \dfrac{\frac{wL^2}{8}}{\frac{3wL^2}{32}} = \dfrac{4}{3}$

해답 ①

012

그림과 같은 도형(빗금친 부분)의 X축에 대한 단면 1차 모멘트는?

① 5000cm³
② 10000cm³
③ 15000cm³
④ 20000cm³

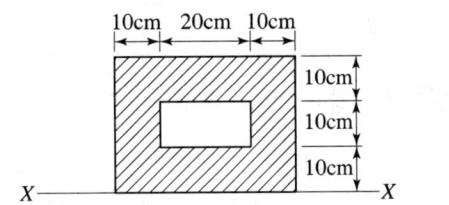

해설 X축에 대한 단면 1차모멘트는 큰 직사각형(40cm×30cm) 값에서 중앙의 작은 정사각형(20cm×10cm) 값을 빼서 구한다.

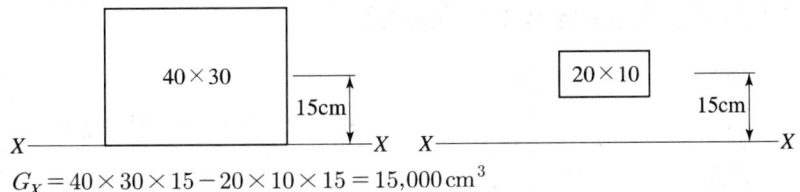

$G_X = 40 \times 30 \times 15 - 20 \times 10 \times 15 = 15,000 \, cm^3$

해답 ③

013

단면적 $A = 20cm^2$, 길이 $L = 0.5m$인 강봉에 인장력 $P = 80kN$을 가하였더니 길이가 0.1mm 늘어났다. 이 강봉의 푸아송 수 $m = 3$이라면 전단탄성계수 G는 얼마인가?

① 75000MPa
② 7500MPa
③ 25000MPa
④ 2500MPa

해설 ① 프와송 수 $m = 3$

② 탄성계수 $\sigma = \dfrac{P}{A} = E \cdot \epsilon = E \cdot \dfrac{\Delta l}{l}$ 에서

$$E = \frac{P \cdot l}{A \cdot \Delta l} = \frac{80,000 \times 500}{(20 \times 10^2) \times 0.1} = 200,000 \, MPa$$

③ 전단탄성계수

$$G = \frac{E}{2(1+\nu)} = \frac{E}{2\left(1+\frac{1}{m}\right)} = \frac{mE}{2(m+1)} = \frac{3 \times 200,000}{2 \times (3+1)} = 75,000\,\text{MPa}$$

해답 ①

014

그림과 같이 $a \times 2a$의 단면을 갖는 기둥에 편심거리 $\dfrac{a}{2}$ 만큼 떨어져서 P가 작용할 때 기둥에 발생할 수 있는 최대 압축응력은? (단, 기둥은 단주이다.)

① $\dfrac{4P}{7a^2}$ ② $\dfrac{7P}{8a^2}$

③ $\dfrac{13P}{2a^2}$ ④ $\dfrac{5P}{4a^2}$

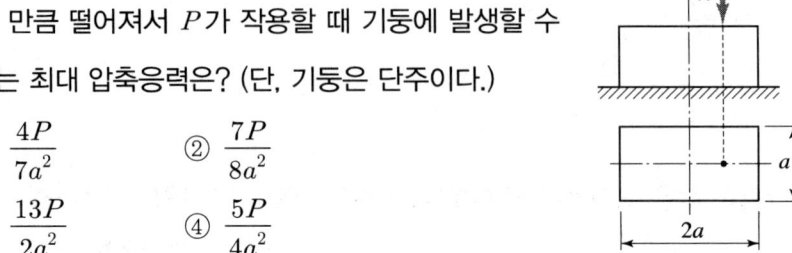

해설 최대압축응력은 하중작용 쪽 끝 변에서 발생한다.

$$\sigma_{\max} = \frac{P}{A} + \frac{M}{I}y = \frac{P}{a \times 2a} + \frac{P \times \dfrac{a}{2}}{\dfrac{a \times (2a)^3}{12}} \times a = \frac{5P}{4a^2}\,(\text{압축})$$

해답 ④

015

그림과 같은 단순보에서 최대 휨응력은?

① $\dfrac{3wl^2}{4bh}$ ② $\dfrac{3wl^2}{8bh}$

③ $\dfrac{27wl^2}{32bh^2}$ ④ $\dfrac{27wl^2}{64bh^2}$

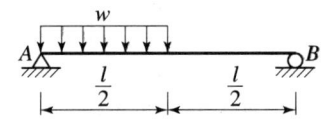

보의 단면

해설 ① A지점 반력

$$R_A = \frac{w \times \dfrac{l}{2} \times \dfrac{3l}{4}}{l} = \frac{3wl}{8}(\uparrow)$$

② 최대휨모멘트 발생 위치(A지점으로부터)

$\dfrac{3wl}{8} - w \times x = 0$에서 $x = \dfrac{3l}{8}$

③ 최대휨모멘트

$$M_{\max} = \frac{3wl}{8} \times \frac{3l}{8} - w \times \frac{3l}{8} \times \frac{3l}{16} = \frac{9wl^2}{64} - \frac{9wl^2}{128} = \frac{9wl^2}{128}$$

④ 최대 휨응력

$$\sigma_{\max} = \frac{M_{\max}}{Z_{\min}} = \frac{6M_{\max}}{b \cdot h^2} = \frac{6 \times \dfrac{9wl^2}{128}}{bh^2} = \frac{54wl^2}{128bh^2} = \frac{27wl^2}{64bh^2}$$

해답 ④

016
그림과 같은 1/4 원에서 x축에 대한 단면 1차 모멘트의 크기는?

① $\dfrac{r^3}{2}$ ② $\dfrac{r^3}{3}$

③ $\dfrac{r^3}{4}$ ④ $\dfrac{r^3}{5}$

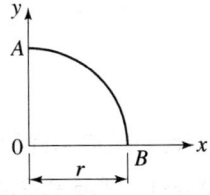

해설 단면 1차 모멘트의 일반적 계산식 $G_x = Ay_0$에 의해 구한다.

$$G_X = A \cdot y_0 = \dfrac{1}{4}\pi r^2 \times \dfrac{4r}{3\pi} = \dfrac{r^3}{3}$$

해답 ②

017
원형 단면인 보에서 최대 전단응력은 평균 전단응력의 몇 배인가?

① 1/2 ② 3/2
③ 4/3 ④ 5/3

해설 원형단면인 경우 최대 전단응력

$$\tau_{\max} \equiv \lambda \times \tau_{aver} = \dfrac{4}{3} \times \tau_{aver} = \dfrac{4}{3} \cdot \dfrac{V_{\max}}{A}$$

해답 ③

2. 철근콘크리트 및 강구조

018
보 또는 1방향슬래브는 휨균열을 제어하기 위하여 콘크리트 인장연단에 가장 가까이 배치되는 철근의 중심 간격 s를 제한하고 있다. 철근의 응력(f_s)이 210MPa이며, 휨철근의 표면과 콘크리트 표면 사이의 최소두께(c_c)가 40mm로 설계된 휨철근의 중심 간격 s는 얼마 이하여야 하는가? (단, 건조환경에 노출되는 경우는 제외한다.)

① 275 mm ② 300 mm
③ 325 mm ④ 350 mm

해설 ① 인장연단에서 가장 가까이에 위치한 철근의 응력의 근사값
$f_s = 210\text{MPa}$

② k_{cr}은 건조환경에 노출된 경우는 280, 그 외의 환경에 노출된 경우는 210이므로 210이다.

③ $s = 375\left(\dfrac{k_{cr}}{f_s}\right) - 2.5\,C_c = 375 \times \left(\dfrac{210}{210}\right) - 2.5 \times 40 = 275\text{mm}$

④ $s = 300\left(\dfrac{k_{cr}}{f_s}\right) = 300\left(\dfrac{210}{210}\right) = 300\text{mm}$

⑤ 둘 중 작은 값 275mm로 한다.

해답 ①

019

f_y =350MPa, d =500mm인 단철근 직사각형 균형보가 있다. 강도설계법에 의해 보의 압축연단에서 중립축까지의 거리는? (단, ϵ_{cu} =0.0033이며 강도설계법에 의한다.)

① 258mm ② 291mm
③ 327mm ④ 332mm

해설 $c = \dfrac{\epsilon_{cu}}{\epsilon_{cu} + \dfrac{f_y}{200,000}} d = \dfrac{0.0033}{0.0033 + \dfrac{350}{200,000}} \times 500 = 326.7\text{mm}$

해답 ③

020

폭이 400mm, 유효깊이가 600mm인 직사각형보에서 콘크리트가 부담할 수 있는 전단강도 V_c는 얼마인가? (단, 보통중량 콘크리트이며 f_{ck}는 24MPa임)

① 196kN ② 248kN
③ 326kN ④ 392kN

해설 콘크리트가 부담하는 전단강도
$V_c = \dfrac{1}{6}\lambda\sqrt{f_{ck}}\,b_w d(\text{N}) = \dfrac{1}{6} \times 1 \times \sqrt{24} \times 400 \times 600 = 195,959\text{N} = 196\text{kN}$

해답 ①

021

그림과 같이 단순 지지된 2방향 슬래브에 집중 하중 P가 작용할 때, ab 방향에 분배되는 하중은 얼마인가?

① $0.059P$
② $0.111P$
③ $0.667P$
④ $0.889P$

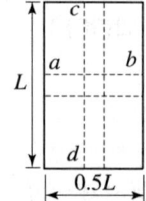

해설 $w_{ab} = w_s = \dfrac{PL^3}{L^3 + S^3} = \dfrac{PL^3}{L^3 + (0.5L)^3} = 0.889P$

해답 ④

022 강도설계법에 의해 콘크리트 구조물을 설계할 때 안전을 위해 사용하는 강도감소계수 ϕ의 값으로 옳지 않은 것은?

① 인장지배단면 : 0.85
② 포스트텐션 정착구역 : 0.85
③ 압축지배단면으로서 나선철근으로 보강된 철근콘크리트 부재 : 0.65
④ 전단력과 비틀림모멘트를 받는 부재 : 0.75

해설 압축지배 단면 중 나선 철근으로 보강된 철근콘크리트 부재의 강도감소계수는 0.70이다.

해답 ③

023 그림과 같은 띠철근 기둥의 공칭축강도(P_n)는 얼마인가? (단, f_{ck}=24MPa, f_y=300MPa, 종방향 철근의 전체 단면적 A_{st}=2027mm²이다.)

① 2145.7kN
② 2279.2kN
③ 3064.6kN
④ 3492.2kN

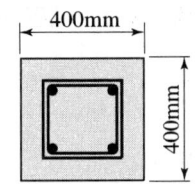

해설 띠철근 단주의 공칭 축강도
$P_n = 0.8 \cdot \{0.85 f_{ck}(A_g - A_{st}) + f_y \cdot A_{st}\}$
$= 0.8 \times \{0.85 \times 24 \times (400 \times 400 - 2,027) + 300 \times 2,027\}$
$= 3,064,599\text{N} = 3,064.6\text{kN}$

해답 ③

024 콘크리트의 크리프에 영향을 미치는 요인들에 대한 설명으로 틀린 것은?

① 물-시멘트비가 클수록 크리프가 크게 일어난다.
② 단위 시멘트량이 많을수록 크리프가 증가한다.
③ 습도가 높을수록 크리프가 증가한다.
④ 온도가 높을수록 크리프가 증가한다.

해설 상대습도가 크면 클수록 크리프는 적게 생긴다.

해답 ③

025

그림과 같은 L형강에서 단면의 순단면을 구하기 위하여 전개한 총폭(b_g)은 얼마인가?

① 250mm
② 264mm
③ 288mm
④ 300mm

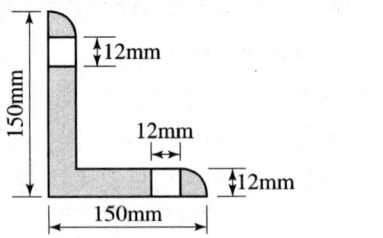

해설 $b_g = b_1 + b_2 - t = 150 + 150 - 12 = 288\text{mm}$

해답 ③

026

강도설계법에서 그림과 같은 T형보의 사선 친 플랜지 단면에 작용하는 압축력과 균형을 이루는 가상 압축철근의 단면적은 얼마인가?
(단, f_{ck}=21MPa, f_y=380MPa 임)

① 2011mm²
② 2349mm²
③ 3525mm²
④ 4021mm²

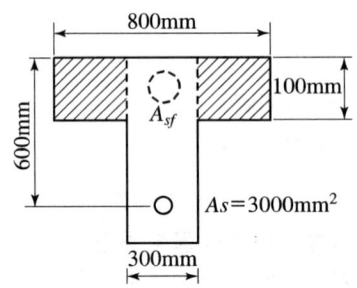

해설 $A_{sf} = \dfrac{0.85 f_{ck}(b - b_w) t_f}{f_y} = \dfrac{0.85 \times 21 \times (800 - 300) \times 100}{380} = 2,349\text{mm}^2$

해답 ②

027

흙에 접하거나 옥외의 공기에 직접 노출되는 현장치기 콘크리트로 D25 이하 철근을 사용하는 경우 최소피복두께는 얼마인가?

① 20mm
② 40mm
③ 50mm
④ 60mm

해설 흙에 접하거나 옥외의 공기에 직접 노출되는 현장치기 콘크리트로 D25 이하 철근을 사용하는 경우의 콘크리트구조기준에 의한 철근의 최소피복두께는 D25 이하에 해당하므로 50mm이다.

흙에 접하거나 옥외의 공기에 직접 노출되는 콘크리트	D29 이상	60mm
	D25 이하	50mm
	D16 이하 철근 지름 16mm 이하의 철선	40mm

해답 ③

028

PSC의 해석의 기본개념 중 아래의 보기에서 설명하는 개념은?

> 프리스트레싱의 작용과 부재에 작용하는 하중을 비기도록 하자는데 목적을 둔 개념으로 등가하중의 개념이라고 한다.

① 균등질 보의 개념 ② 내력 모멘트의 개념
③ 하중평형의 개념 ④ 변형률의 개념

해설 하중평형개념(등가하중개념)은 프리스트레싱의 작용과 부재에 작용하는 하중을 비기게 하자는데 목적을 둔 개념이다.

해답 ③

029

PS 콘크리트에서 강선에 긴장을 할 때 긴장재의 허용응력은 얼마 이하여야 하는가? (단, 긴장재의 설계기준인장강도(f_{pu})=1900MPa, 긴장재의 설계기준항복강도(f_{py})=1600MPa)

① 1440 MPa ② 1504 MPa
③ 1520 MPa ④ 1580 MPa

해설 **잭에 의한 인장응력**(긴장을 할 때 긴장재의 인장응력)
① $0.80 f_{pu} = 0.80 \times 1900 = 1,520$MPa
② $0.94 f_{py} = 0.94 \times 1600 = 1,504$MPa
③ $0.80 f_{pu}$ 또는 $0.94 f_{py}$ 중 작은 값 이하이므로 1,504MPa 이하여야 한다.

해답 ②

030

철근 콘크리트의 특징에 대한 설명으로 옳지 않은 것은?

① 내구성, 내화성이 크다.
② 형상이나 치수에 제한을 받지 않는다.
③ 보수나 개조가 용이하다.
④ 유지 관리비가 적게 든다.

해설 철근 콘크리트는 개조하기가 어렵다.

[참고] 철근콘크리트의 장점과 단점

장점	단점
① 구조물의 임의의 형상치수로 제작이 가능하다.	① 중량 과다
② 재료입수가 용이(경제적인 재료)	② 콘크리트에 균열이 발생한다.
③ 유지관리비 저렴	③ 검사하기가 어렵다.
④ 내화성이 좋다.	④ 개조하기가 어렵다.
⑤ 내구성이 좋다.	⑤ 시공이 조잡해지기 쉽다.
⑥ 내진성과 차단성이 좋다.(진동과 소음이 작다)	⑥ 부분적인 파손이 일어나기 쉽다.

해답 ③

031
강도설계법에서 보에 대한 등가깊이 a에 대하여 $a = \beta_1 c$인데 f_{ck}가 45MPa일 경우 β_1의 값은?

① 0.85
② 0.80
③ 0.653
④ 0.631

해설 콘크리트의 등가압축응력깊이의 비
f_{ck} = 45MPa로 50MPa 이하이므로 $\beta_1 = 0.80$

해답 ②

032
프리스트레스 손실 원인 중 프리스트레스를 도입할 때 즉시 손실의 원인이 되는 것은?

① 콘크리트 건조수축
② PS 강재의 릴랙세이션
③ 콘크리트 크리프
④ 정착장치의 활동

해설 프리스트레스 손실 원인
1. 프리스트레스 도입 시 : 즉시 손실
   ① 콘크리트의 탄성변형(수축)
   ② PS강재와 덕트(시스) 사이의 마찰(포스트텐션 방식에만 해당)
   ③ 정착단의 활동
2. 프리스트레스 도입 후 : 시간적 손실
   ① 콘크리트의 건조수축
   ② 콘크리트의 크리프
   ③ PS강재의 리랙세이션(Relaxation)

해답 ④

033
다음 그림에서 인장력 $P=400$kN이 작용할 때 용접이음부의 응력은 얼마인가?

① 96.2MPa
② 101.2MPa
③ 105.3MPa
④ 108.6MPa

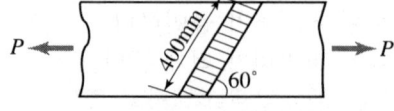

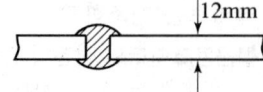

해설 $f = \dfrac{P}{\sum al} = \dfrac{400,000\text{N}}{12 \times (400 \times \sin 60°)} = 96.2\text{MPa}$

해답 ①

034 휨 부재 단면에서 인장철근에 대한 최소 철근량을 규정한 이유로 가장 옳은 것은?

① 부재의 취성파괴를 유도하기 위하여
② 사용 철근량을 줄이기 위하여
③ 콘크리트 단면을 최소화하기 위하여
④ 부재의 급작스런 파괴를 방지하기 위하여

해설 인장측 콘크리트의 취성파괴(급작스러운 파괴)를 피하기 위하여 시방서에서는 정철근의 하한치를 제한하고 있다.

해답 ④

035 철근콘크리트 구조물의 전단철근 상세에 대한 설명으로 틀린 것은?

① 스터럽의 간격은 어떠한 경우이든 400mm 이하로 하여야 한다.
② 주인장철근에 45도 이상의 각도로 설치되는 스터럽은 전단철근으로 사용할 수 있다.
③ 전단철근의 설계기준항복강도는 500MPa을 초과할 수 없다.
④ 전단철근으로 사용하는 스터럽과 기타 철근 또는 철선은 콘크리트 압축연단부터 거리 d만큼 연장하여야 한다.

해설 철근콘크리트부재에서 $V_s \leq \frac{1}{3}\lambda\sqrt{f_{ck}}\,b_w d(\text{N})$인 경우 수직 스터럽의 최대간격은 수직스터럽의 간격은 $0.5d$ 이하, 600mm 이하($s \leq \frac{d}{2}$, $s \leq 600\text{mm}$)이다.

해답 ①

제2과목 측량 및 토질(측량학+토질 및 기초)

1. 측량학(측량학 일반, 기준점 측량, 응용 측량)

036 캔트(cant) 계산에서 속도 및 반지름을 모두 2배로 하면 캔트는?

① 1/2 로 감소한다.   ② 2배로 증가한다.
③ 4배로 증가한다.   ④ 8배로 증가한다.

 캔트 공식 $C = \dfrac{SV^2}{Rg}$에서 V와 R을 2배로 하면 $C \propto \dfrac{V^2}{R} = \dfrac{2^2}{2} = 2$배로 된다.

037
도로 선형계획시 교각이 25°, 반지름 300m인 원곡선과 교각 20°, 반지름 400m인 원곡선의 외선 길이(E)의 차이는?

① 6.284m
② 7.284m
③ 2.113m
④ 1.113m

해설
① $E_1 = R_1\left(\sec\dfrac{I_1}{2} - 1\right) = 300 \times \left(\sec\dfrac{25°}{2} - 1\right) = 7.284m$

② $E_2 = R_2\left(\sec\dfrac{I_2}{2} - 1\right) = 400 \times \left(\sec\dfrac{20°}{2} - 1\right) = 6.171m$

③ 두 계획의 외선장 아치 $\Delta E = E_1 - E_2 = 7.284 - 6.171 = 1.113m$

해답 ④

038
두 점간의 고저차를 레벨에 의하여 직접 관측할 때 정확도를 향상시키는 방법이 아닌 것은?

① 표척을 수직으로 유지한다.
② 전시와 후시의 거리를 같게 한다.
③ 시준거리를 짧게 하여 레벨의 설치 횟수를 늘린다.
④ 기계가 침하되거나 교통에 방해가 되지 않는 견고한 지반을 택한다.

해설 직접수준측량의 시준거리가 너무 길면 측량을 빠르게 할 수 있으나 오차가 생길 염려가 있고, 시준거리를 너무 짧게 하면 기계를 세우는 횟수가 많아져 오차가 생기게 된다.
① **아주 높은 정확도의 수준측량** : 40m
② **보통 정확도의 수준측량** : 50~60m
③ **그 외의 수준측량** : 5~120m

해답 ③

039
다각측량에서는 측각의 정도와 거리 관측의 정도가 균형을 이루어야 한다. 거리 100m에 대한 오차가 ±2mm 일 때 이에 균형을 이루기 위한 측각의 최대 오차는?

① ±1″
② ±4″
③ ±8″
④ ±10″

해설 **방향오차와 위치오차의 관계**
$\dfrac{\Delta l}{l} = \dfrac{\Delta \theta}{\rho}$

$\dfrac{\pm 0.002}{100} = \dfrac{\Delta \theta}{206265″}$ 에서 $\Delta \theta = \pm 4″$

해답 ②

040 두 변이 각각 82m와 73m이며, 그 사이에 낀 각이 67°인 삼각형의 면적은?
① 1169m² ② 2339m²
③ 2755m² ④ 5510m²

해설 $A = \frac{1}{2}ab\sin\theta = \frac{1}{2} \times 82 \times 73 \times \sin 67° = 2,755\,\text{m}^2$

해답 ③

041 반지름 150m의 단곡선을 설치하기 위하여 교각을 측정한 값이 57° 36′ 일 때 접선장과 곡선장은?
① 접선장=82.46m, 곡선장=150.80m
② 접선장=82.46m, 곡선장=75.40m
③ 접선장=236.36m, 곡선장=75.40m
④ 접선장=236.36m, 곡선장=150.80m

해설 ① **접선장**

$$TL = R \cdot \tan\frac{I}{2} = 150 \times \tan\frac{57°36′}{2} = 82.463\,\text{m}$$

② **곡선장**

$$CL = \frac{\pi}{180°} \cdot R \cdot I = \frac{\pi}{180°} \times 150 \times 57°36′ = 150.796\,\text{m}$$

해답 ①

042 축척 1:5000의 지형도에서 두 점 A, B간의 도상거리가 24mm이었다. A점의 표고가 115m, B점의 표고가 145m이며, 두 점간은 등경사라 할 때 120m 등고선이 통과하는 지점과 A점간의 지상 수평거리는?
① 5m ② 20m
③ 60m ④ 100m

해설 ① AB의 수평거리
$D = 24 \times 5000 = 120{,}000\,\text{mm} = 120\,\text{m}$

② 비례식 $D:H = d:h$에서 $d = D \cdot \frac{h}{H} = 120 \times \frac{120-115}{145-115} = 20\,\text{m}$

해답 ②

043 GNSS 관측오차 중 주변의 구조물에 위성 신호가 반사되어 수신되는 오차를 무엇이라고 하는가?

① 다중경로 오차
② 사이클슬립 오차
③ 수신기시계 오차
④ 대류권 오차

해설 다중경로(Multipath) 오차는 GPS 위성의 신호가 수신기에 수신되기 전 건물 또는 지형 등에 의해 반사되어 수신되므로 발생되는 오차이다.

해답 ①

044 측지학을 물리학적 측지학과 기하학적 측지학으로 구분할 때, 물리학적 측지학에 속하는 것은?

① 면적의 산정
② 체적의 산정
③ 수평위치의 산정
④ 지자기 측정

해설 측지학의 종류별 측정할 수 있는 값

기하학적 측지학	물리학적 측지학
• 측지학적 3차원 위치 결정	• 지구의 형상 해석
• 사진 측정	• 지구 조석
• 길이 및 시의 결정	• 중력 측정
• 수평 위치의 결정	• 지자기 측정
• 높이의 결정	• 탄성파 측정
• 천문 측량	• 지구 극운동 및 자전운동
• 위성 측지	• 지각 변동 및 균형
• 하해 측지	• 지구의 열
• 면적 및 체적의 산정	• 대륙의 부동
• 지도 제작	• 해양의 조류

해답 ④

045 지구의 반지름이 6370km이며 삼각형의 구과량이 20″일 때 구면삼각형의 면적은?

① 1934km²
② 2934km²
③ 3934km²
④ 4934km²

해설 구과량 $\epsilon'' = \rho'' \cdot \dfrac{F}{r^2}$ 에서

$$F = \dfrac{\epsilon'' r^2}{\rho''} = \dfrac{20'' \times 6{,}370^2}{206{,}265''} = 3{,}934\text{km}^2$$

해답 ③

046
노선측량의 완화곡선에 대한 설명 중 옳지 않은 것은?
① 완화곡선의 접선은 시점에서 원호에, 종점에서 직선에 접한다.
② 완화곡선의 반지름은 시점에서 무한대, 종점에서 원곡선의 반지름(R)으로 된다.
③ 클로소이드의 조합형식에는 S형, 복합형, 기본형 등이 있다.
④ 모든 클로소이드는 닮은꼴이며, 클로소이드 요소는 길이의 단위를 가진 것과 단위가 없는 것이 있다.

해설 완화곡선의 곡선반지름은 시점에서 무한대, 종점에서 원곡선의 반지름 R로 된다. **해답 ①**

047
하천측량의 고저측량에 해당되지 않는 것은?
① 종단측량　② 유량관측
③ 횡단측량　④ 심천측량

해설 하천의 수준측량은 거리표 설치, 종단측량, 횡단측량, 심천측량으로 나눈다. **해답 ②**

048
지형도 상의 등고선에 대한 설명으로 틀린 것은?
① 등고선의 간격이 일정하면 경사가 일정한 지면을 의미한다.
② 높이가 다른 두 등고선은 절벽이나 동굴의 지형에서 교차하거나 만날 수 있다.
③ 지표면의 최대경사의 방향은 등고선에 수직한 방향이다.
④ 등고선은 어느 경우라도 도면 내에서 항상 폐합된다.

해설 등고선은 도면 안이나 밖에서 반드시 폐합되며 도중에 없어지지 않으며, 도면 내에서 등고선이 폐합하는 경우 산꼭대기(산정) 또는 분지(오목지)가 된다. **해답 ④**

049
삼각측량시 삼각망 조정의 세가지 조건이 아닌 것은?
① 각조건　② 변조건
③ 측점조건　④ 구과량조건

해설 조건식
① 측점 조건식
② 변 조건식
③ 각 조건식

해답 ④

050 삼각형 면적을 계산하기 위해 변길이를 관측한 결과, 그림과 같을 때 이 삼각형의 면적은?

① 1072.7m²
② 1235.6m²
③ 1357.9m²
④ 1435.6m²

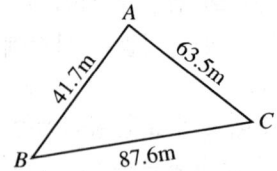

해설 삼변법에 의해

① $S = \dfrac{1}{2}(41.7 + 63.5 + 87.6) = 96.4\,\text{m}$

② $A = \sqrt{96.4 \times (96.4-41.7) \times (96.4-63.5) \times (96.4-87.6)} = 1,235.6\,\text{m}^2$

해답 ②

051 다각측량의 특징에 대한 설명으로 옳지 않은 것은?

① 삼각측량에 비하여 복잡한 시가지나 지형의 기복이 심해 시준이 어려운 지역의 측량에 적합하다.
② 도로, 수로, 철도와 같이 폭이 좁고 긴 지역의 측량에 편리하다.
③ 국가평면기준점 결정에 이용되는 측량방법이다.
④ 거리와 각을 관측하여 측점의 위치를 결정하는 측량이다.

해설 다각측량(traverse survey)은 국가 높이기준점 측량에 사용된다.

해답 ③

052 어떤 노선을 수준측량한 결과가 표와 같을 때, 측점 1, 2, 3, 4의 지반고 값으로 틀린 것은? (단위 : m)

측점	후시	전시 이기점	전시 중간점	기계고	지반고
0	3.121			126.688	123.567
1			2.586		
2	2.428	4.065			
3			0.664		
4		2.321			

① 측점 1 : 124.102m
② 측점 2 : 122.623m
③ 측점 3 : 124.374m
④ 측점 4 : 122.730m

해설 ① 측점1의 지반고
$H_1 = 126.688 - 2.586 = 124.102$m
② 측점2의 지반고
$H_2 = 126.688 - 4.065 = 122.623$m
③ 측점2~4를 측량하기 위해 옮긴 기계의 기계고
기계고 = $122.623 + 2.428 = 125.051$m
④ 측점3의 지반고
$H_3 = 125.051 - 0.664 = 124.387$m
⑤ 측점4의 지반고
$H_4 = 125.051 - 2.321 = 122.730$m

측점	후시	전시 이기점	전시 중간점	기계고	지반고
0	3.121			126.688	123.567
1			2.586		124.102
2	2.428	4.065		125.051	122.623
3			0.664		124.387
4		2.321			122.730

해답 ③

053 C점의 표고를 구하기 위해 A코스에서 관측한 표고가 83.324m, B코스에서 관측한 표고가 83.341m였다면 C점의 표고는?

① 83.341m
② 83.336m
③ 83.333m
④ 83.324m

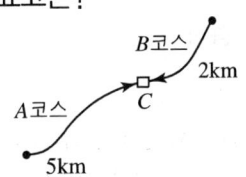

해설 ① **경중률**

직접수준측량의 경우 거리에 반비례 $\left(P \propto \dfrac{1}{L(거리)}\right)$ 하므로

$P_A : P_B = \dfrac{1}{5} : \dfrac{1}{2} = 2 : 5$

② C점 표고의 **최확값**

$H_C = \dfrac{P_A H_{AC} + P_B H_{BC}}{P_A + P_B} = \dfrac{2 \times 83.324 + 5 \times 83.341}{2+5} = 83.336$m

해답 ②

054
A점에서 출발하여 다시 A점으로 되돌아오는 다각측량을 실시하여 위거오차 20cm, 경거오차 30cm가 발생하였고, 전 측선 길이가 800m라면 다각측량의 정밀도는?

① $\dfrac{1}{1,000}$ ② $\dfrac{1}{1,730}$
③ $\dfrac{1}{2,220}$ ④ $\dfrac{1}{2,630}$

해설 폐합비(정밀도)

$$R = \dfrac{E}{\sum l} = \dfrac{\sqrt{\Delta L^2 + \Delta D^2}}{\sum l} = \dfrac{\sqrt{0.2^2 + 0.3^2}}{800} = \dfrac{1}{2,218.8} \fallingdotseq \dfrac{1}{2,220}$$

해답 ③

2. 토질 및 기초(토질역학, 기초공학)

055
흙 지반의 투수계수에 영향을 미치는 요소로 옳지 않은 것은?
① 물의 점성 ② 유효 입경
③ 간극비 ④ 흙의 비중

해설 투수계수 공식

$$K = D_s^2 \cdot \dfrac{\gamma_w}{\eta} \cdot \dfrac{e^3}{1+e} \cdot C$$

여기서, D_s : 흙입자의 입경(보통 D_{10}) γ_w : 물의 단위중량 (g/cm³)
η : 물의 점성계수(g/cm·sec) e : 공극비
C : 합성형상계수(composite shape factor)
K : 투수계수(cm/sec)

해답 ④

056
모래치환에 의한 흙의 밀도 시험 결과 파낸구멍의 부피가 1980cm³이었고 이 구멍에서 파낸 흙 무게가 3420g이었다. 이 흙의 토질시험 결과 함수비가 10%, 비중이 2.7, 최대 건조단위중량이 1.65g/cm³이었을 때 이 현장의 다짐도는?
① 약 85% ② 약 87%
③ 약 91% ④ 약 95%

해설 ① 습윤단위중량

$$\gamma_t = \dfrac{W}{V} = \dfrac{3420}{1980} = 1.727 \, g/cm^3$$

여기서, γ_t : 습윤단위중량, W : 시험구멍에서 파낸 흙의 습윤 중량

② 건조단위중량

$$\gamma_d = \frac{\gamma_t}{1+\frac{w}{100}} = \frac{1.727}{1+\frac{10}{100}} = 1.57\,\mathrm{g/cm^3}$$

여기서, γ_d : 건조단위중량

③ 현장의 다짐도

$$U = \frac{\gamma_d}{\gamma_{dmax}} \times 100 = \frac{1.57}{1.65} \times 100 = 95\%$$

해답 ④

057

어떤 흙의 전단시험 결과 $c=0.18\mathrm{MPa}$, $\phi=35°$, 토립자에 작용하는 수직응력이 $\sigma=0.36\mathrm{MPa}$일 때 전단강도는?

① 0.386MPa
② 0.432MPa
③ 0.489MPa
④ 0.633MPa

해설 전단강도

$\tau_f = c + \sigma' \tan\phi = 0.18 + 0.36 \times \tan 35° = 0.432\mathrm{MPa}$

해답 ②

058

그림에서 모래층에 분사현상이 발생되는 경우는 수두 h가 몇 cm 이상일 때 일어나는가?
(단, $G_s=2.68$, $n=60\%$이다.)

① 20.16cm
② 18.05cm
③ 13.73cm
④ 10.52cm

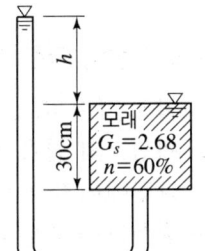

해설 모래 지반에서 유효응력이 0(zero)이 되는 곳이 분사현상이 일어나는 한계점이 된다.

① $e = \dfrac{n}{100-n} = \dfrac{60}{100-60} = 1.5$

② 안전율을 1로 보고 계산하면,

$$F_s = \frac{i_c}{i} = \frac{\dfrac{G_s-1}{1+e}}{\dfrac{h}{L}} = \frac{\dfrac{(2.68-1)}{1+1.5}}{\dfrac{h}{30}} = \frac{20.16}{h} < 1.0\text{에서 } h > 20.16\,\mathrm{cm}$$

해답 ①

059 말뚝의 부마찰력에 관한 설명 중 옳지 않은 것은?

① 말뚝이 연약지반을 관통하여 견고한 지반에 박혔을 때 발생한다.
② 지반에 성토나 하중을 가할 때 발생한다.
③ 말뚝의 타입 시 항상 발생하며 그 방향은 상향이다.
④ 지하수위 저하로 발생한다.

해설 연약지반에 말뚝을 타입한 다음, 성토와 같은 하중을 작용시켰을 때 말뚝 주위 지반의 침하량이 말뚝의 침하량보다 상대적으로 클 때 주면 마찰력이 하향으로 발생하여 하중역할을 하게 된다. 이러한 (−)의 주면 마찰력을 부마찰력이라 한다.

해답 ③

060 연약한 점토지반의 전단강도를 구하는 현장 시험방법은?

① 평판재하 시험
② 현장 CBR 시험
③ 직접전단 시험
④ 현장 베인 시험

해설 베인전단시험(vane shear test)은 10m 미만의 연약한 점토층에서 베인의 회전력에 의해 점토의 비배수 전단강도를 측정하는 시험이다.

해답 ④

061 흙의 다짐에 관한 설명 중 옳지 않은 것은?

① 최적 함수비로 다질 때 건조단위중량은 최대가 된다.
② 세립토의 함유율이 증가할수록 최적 함수비는 증대된다.
③ 다짐에너지가 클수록 최적 함수비는 커진다.
④ 점성토는 조립토에 비하여 다짐곡선의 모양이 완만하다.

해설 다짐에너지가 클수록 최적함수비(w_{opt})는 감소한다.

해답 ③

062 점성토 지반의 개량공법으로 적합하지 않은 것은?

① 샌드 드레인 공법
② 바이브로 플로테이션 공법
③ 치환 공법
④ 프리로딩 공법

해설 바이브로플로테이션(Vibro floatation)공법은 사질토지반의 개량공법의 일종이다.

해답 ②

063

그림에서 주동토압의 크기를 구한 값은? (단, 흙의 단위중량은 18kN/m³이고 내부마찰각은 30°이다.)

① 56kN/m
② 108kN/m
③ 158kN/m
④ 236kN/m

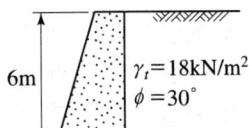

해설 ① 주동토압계수
$$K_a = \tan^2\left(45° - \frac{\phi}{2}\right) = \tan^2\left(45° - \frac{30°}{2}\right) = \frac{1}{3}$$
② 주동토압
$$P_a = \frac{1}{2}\gamma H^2 K_A = \frac{1}{2} \times 18 \times 6^2 \times \frac{1}{3} = 108\,\text{kN/m}$$

해답 ②

064

느슨하고 포화된 사질토에 지진이나 폭파, 기타 진동으로 인한 충격을 받았을 때 전단강도가 급격히 감소하는 현상은?

① 액상화 현상
② 분사 현상
③ 보일링 현상
④ 다일러턴시 현상

해설 **액상화 현상**(liquifaction)은 느슨하고 포화된 모래지반에 지진, 발파 등의 충격하중이 작용하면 체적이 수축함에 따라 공극수압이 증가하여 유효응력이 감소되기 때문에 전단강도가 작아져 현탁액과 같은 상태로 되는 현상을 말한다.

해답 ①

065

비중이 2.5인 흙에 있어서 간극비가 0.5이고 포화도가 50%이면 흙의 함수비는 얼마인가?

① 10%
② 25%
③ 40%
④ 62.5%

해설 함수비
$$w = \frac{Se}{G_s} = \frac{0.5 \times 0.5}{2.5} = 0.1 = 10\%$$

해답 ①

066 예민비가 큰 점토란 다음 중 어떠한 것을 의미하는가?

① 점토를 교란시켰을 때 수축비가 적은 시료
② 점토를 교란시켰을 때 수축비가 큰 시료
③ 점토를 교란시켰을 때 강도가 많이 감소하는 시료
④ 점토를 교란시켰을 때 강도가 증가하는 시료

해설 예민비가 큰 점토는 흙을 다시 이겼을 때 강도가 감소하는 등 공학적 성질이 좋지 않다.

해답 ③

067 표준관입시험에 관한 설명으로 옳지 않은 것은?

① 시험의 결과로 N치를 얻는다.
② (63.5 ± 0.5)kg 해머를 (76 ± 1)cm 낙하시켜 샘플러를 지반에 30cm 관입시킨다.
③ 시험결과로부터 흙의 내부마찰각 등의 공학적 성질을 추정할 수 있다.
④ 이 시험은 사질토 보다 점성토에서 더 유리하게 이용된다.

해설 표준관입시험은 원지반 시료 채취가 불가능한 사질토 지반에 대해 많이 이용되며, 점성토 지반에 대해서는 그 신뢰성이 다소 결여된다고 알려져 있다.

해답 ④

068 어떤 유선망에서 상하류면의 수두 차가 4m, 등수두면의 수가 13개, 유로의 수가 7개일 때 단위 폭 1m당 1일 침투수량은 얼마인가? (단, 투수층의 투수계수 $K=2.0\times10^{-4}$cm/s)

① 9.62×10^{-1}m³/day
② 8.0×10^{-1}m³/day
③ 3.72×10^{-1}m³/day
④ 1.83×10^{-1}m³/day

해설 ① 침투수량(q)

$$q = K \cdot H \cdot \frac{N_f}{N_d} = 2\times10^{-4}\times400\times\frac{7}{13} = 0.043\text{cm}^3/\text{sec/cm}$$

② $q = 0.043\text{cm}^3/\text{sec/cm} \times \frac{1}{10000}\frac{\text{m}^2}{\text{cm}^2} \times \frac{24\times60\times60}{1}\frac{\text{sec}}{\text{day}}$

$= 3.72\times10^{-1}\text{m}^3/\text{day}$

해답 ③

069
다음 중 얕은 기초는 어느 것인가?
① 말뚝기초 ② 피어기초
③ 확대기초 ④ 케이슨기초

해설 얕은 기초의 종류
① 독립 푸팅(확대) 기초 ② 복합 푸팅(확대) 기초
③ 캔틸레버 푸팅(확대) 기초 ④ 연속 푸팅(확대) 기초
⑤ 전면 기초

해답 ③

070
사면의 안정해석 방법에 관한 설명 중 옳지 않은 것은?
① 마찰원법은 균일한 토질지반에 적용된다.
② Fellenius 방법은 절편의 양측에 작용하는 힘의 합력은 0이라고 가정한다.
③ Bishop방법은 흙의 장기안정 해석에 유효하게 쓰인다.
④ Fellenius방법은 간극수압을 고려한 $\phi=0$ 해석법이다.

해설 Fellenius의 간편법은 절편법의 일종으로 전응력을 고려한 $\phi=0$ 해석법이며, 간극수압을 고려하는 방법은 Bishop의 간편법이다.

해답 ④

071
어떤 점토의 압밀 시험에서 압밀계수(C_v)가 2.0×10^{-3} cm²/s 라면 두께 2cm인 공시체가 압밀도 90%에 소요되는 시간은? (단, 양면배수 조건이다.)
① 5.02분 ② 7.07분
③ 9.02분 ④ 14.07분

해설 90%에 소요되는 시간 $t_{90} = \dfrac{0.848 \cdot d^2}{C_v} = \dfrac{0.848 \times \left(\dfrac{2}{2}\right)^2}{2.0 \times 10^{-3}} = 424\text{sec} = 7.07\text{min}$

해답 ②

072
흙의 동상을 방지하기 위한 대책으로 옳지 않은 것은?
① 배수구를 설치하여 지하수위를 저하시킨다.
② 지표의 흙을 화약약품으로 처리한다.
③ 포장하부에 단열층을 시공한다.
④ 모관수를 차단하기 위해 세립토층을 지하수면 위에 설치한다.

해설 모관수의 상승을 차단하기 위해 조립의 차단층을 지하수위보다 높은 위치에 설치한다.

해답 ④

073 흙의 2면 전단시험에서 전단응력을 구하려면 다음 중 어느 식이 적용되어야 하는가? (단, τ=전단응력, A=단면적, S=전단력)

① $\tau = \dfrac{S}{A}$ ② $\tau = \dfrac{S}{2A}$

③ $\tau = \dfrac{2A}{S}$ ④ $\tau = \dfrac{2S}{A}$

해설 2면전단이므로 $\tau = \dfrac{S}{2A}$

해답 ②

074 해머의 낙하고 2m, 해머의 중량 4t, 말뚝의 최종 침하량이 2cm일 때 Sander 공식을 이용하여 말뚝의 허용지지력을 구하면?

① 50t   ② 80t
③ 100t   ④ 160t

해설 Sander 공식

① 극한지지력 $R_u = \dfrac{W_h h}{S}$

② 허용지지력 $R_a = \dfrac{R_u}{F_s}(F_s=8) = \dfrac{W_h h}{8S} = \dfrac{4 \times 2}{8 \times 0.02} = 50\text{t}$

해답 ①

제3과목 수자원설계 (수리학+상하수도공학)

1. 수리학

075 액체표면에서 150cm 깊이의 점에서 압력강도가 14.25kN/m²이면 이 액체의 단위중량은?

① 9.5kN/m³   ② 10kN/m³
③ 12kN/m³   ④ 16kN/m³

해설 $P = w'h = w' \times 1.5 = 14.25\,\text{kN/m}^2$에서 $w' = \dfrac{14.25}{1.5} = 9.5\,\text{kN/m}^3$

해답 ①

076

개수로에서 발생되는 흐름 중 상류와 사류를 구분하는 기준이 되는 것은?

① Mach 수
② Froude 수
③ Manning 수
④ Reynolds 수

해설 상류와 사류의 구분 기준

상 류	한계류	사 류
$F_r < 1$	$F_r = 1$	$F_r > 1$
$h > h_c$	$h = h_c$	$h < h_c$
$V < V_c$	$V = V_c$	$V > V_c$
$I < I_c$	$I = I_c$	$I > I_c$

해답 ②

077

그림과 같은 단선관수로에서 200m 떨어진 곳에 내경 20cm 관으로 0.0628m³/s의 물을 송수하려고 한다. 두 저수지의 수면차(H)를 얼마로 유지하여야 하는가? (단, 마찰손실계수 $f=0.035$, 급확대에 의한 손실계수 $f_{se}=1.0$, 급축소에 의한 손실계수 $f_{sc}=0.5$이다.)

① 6.45m
② 5.45m
③ 7.45m
④ 8.27m

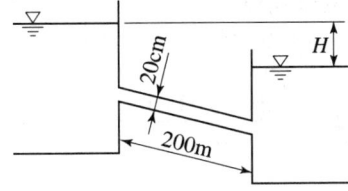

해설 관 속을 흐르는 유량 구하는 식에서

$$Q = AV = \frac{\pi D^2}{4}\sqrt{\frac{2gH}{f_{sc}+f\frac{l}{D}+f_{se}}} = \frac{\pi \times 0.2^2}{4} \times \sqrt{\frac{2 \times 9.8 \times H}{0.5 + 0.035 \times \frac{200}{0.2} + 1}}$$

$= 0.0628\,\mathrm{m^3/s}$ 에서

$H = 7.441\,\mathrm{m} ≒ 7.45\,\mathrm{m}$ 이상 수면차를 유지하여야 한다.

해답 ③

078

그림과 같은 피토관에서 A점의 유속을 구하는 식으로 옳은 것은?

① $V = \sqrt{2gh_1}$
② $V = \sqrt{2gh_2}$
③ $V = \sqrt{2gh_3}$
④ $V = \sqrt{2g(h_1+h_2)}$

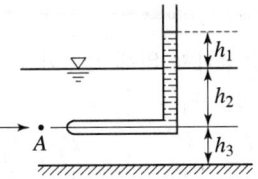

해설 피토관(직각 유리관) 사용 시 유속 $V = \sqrt{2gh_1}$

해답 ①

079
유체의 기본성질에 대한 설명으로 틀린 것은?

① 압축률과 체적탄성계수는 비례관계에 있다.
② 압력변화량과 체적변화율의 비를 체적탄성계수라 한다.
③ 액체와 기체의 경계면에 작용하는 분자인력을 표면장력이라 한다.
④ 액체 내부에서 유체분자가 상대적인 운동을 할 때 이에 저항하는 전단력이 작용하는 데, 이 성질을 점성이라 한다.

해설 물의 압축률(C_w)과 체적탄성계수(E_w)는 서로 역수의 관계가 있다.

해답 ①

080
양정이 6m일 때 4.2마력의 펌프로 0.03m³/sec를 양수했다면 이 펌프의 효율은?

① 42% ② 57%
③ 72% ④ 90%

해설 펌프의 동력

$$E = \frac{13.33\,QH}{\eta}$$

$4.2 = \dfrac{13.33 \times 0.03 \times 6}{\eta}$ 에서 $\eta = 0.5713 = 57.13\%$

해답 ②

081
그림에서 단면 ①, ②에서의 단면적, 평균유속, 압력강도를 각각 A_1, V_1, P_1, A_2, V_2, P_2라 하고, 물의 단위 중량을 w_0라 할 때, 다음 중 옳지 않은 것은? (단, $Z_1 = Z_2$이다.)

① $V_1 < V_2$
② $P_1 > P_2$
③ $A_1 \cdot V_1 = A_2 \cdot V_2$
④ $\dfrac{V_1^2}{2g} + \dfrac{P_1}{w_o} < \dfrac{V_2^2}{2g} + \dfrac{P_2}{w_o}$

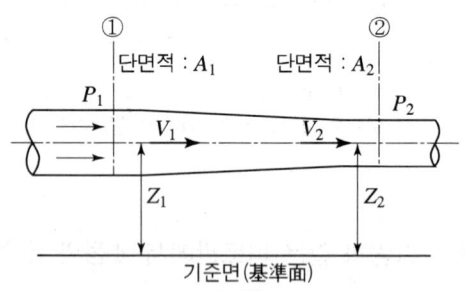

해설
① 연속방정식에 의해 $Q = A_1 V_1 = A_2 V_2$이므로
  $A_1 > A_2$, $V_1 < V_2$
② $Z_1 + \dfrac{P_1}{w_o} + \dfrac{V_1^2}{2g} = Z_2 + \dfrac{P_2}{w_o} + \dfrac{V_2^2}{2g}$에서 $Z_1 = Z_2$이므로

$\dfrac{P_1}{w_o} + \dfrac{V_1^2}{2g} = \dfrac{P_2}{w_o} + \dfrac{V_2^2}{2g}$이며, 여기에서 $V_1 < V_2$이므로 $P_1 > P_2$이어야 한다.

해답 ④

082
정상적인 흐름 내의 1개의 유선상에서 각 단면의 위치수두와 압력수두를 합한 수두를 연결한 선은?

① 총 수두(Total Head)
② 에너지선(Energy Line)
③ 유압 곡선(Pressure Curve)
④ 동수경사선(Hydraulic Grade Line)

해설 동수경사선(수두경사선)은 기준수평면에서 $\left(Z+\dfrac{P}{w}\right)$의 점들을 연결한 선이다.

여기서, $\dfrac{P}{w}$: 압력수두
Z : 위치수두

해답 ④

083
Darcy-Weisbach의 마찰손실수두 공식에 관한 내용으로 틀린 것은?

① 관의 조도에 비례한다.
② 관의 직경에 비례한다.
③ 관로의 길이에 비례한다.
④ 유속의 제곱에 비례한다.

해설 마찰손실수두는 관의 직경에 반비례한다.
$h_L = f\dfrac{l}{D}\dfrac{V^2}{2g}$ 에서 $h_L \propto \dfrac{1}{D}$

해답 ②

084
그림과 같은 용기에 물을 넣고 연직하향방향으로 가속도 α를 중력가속도만큼 작용했을 때 용기 내의 물에 작용하는 압력 P는?

① 0
② 1t/m^2
③ 2t/m^2
④ 3t/m^2

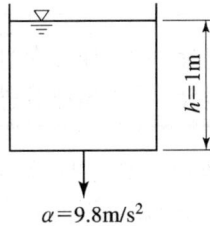

해설 연직 하향의 가속도 α의 크기가 중력가속도 g와 일치하면 압력이 $P=0$으로 되어 물 속에서는 압력이 작용하지 않는다.
$P = wh\left(1-\dfrac{\alpha}{g}\right) = wh\left(1-\dfrac{g}{g}\right) = 0$

해답 ①

085 완전유체일 때 에너지선과 기준수평관의 관계는?

① 서로 평행하다.
② 압력에 따라 변한다.
③ 위치에 따라 변한다.
④ 흐름에 따라 변한다.

해설 ① 에너지선은 (압력수두+위치수두+속도수두=$\frac{P}{\omega}+Z+\frac{V^2}{2g}$)의 점들을 연결한 선이다.
② 베르누이 정리를 적용할 수 있는 유체인 완전유체(이상유체)의 경우 수두손실이 없어 에너지선은 수평기준면과 평행하다.

해답 ①

086 내경이 300mm이고 두께가 5mm인 강관이 견딜 수 있는 최대 압력수두는? (단, 강관의 허용인장응력은 1500kg/cm²이다.)

① 300m
② 400m
③ 500m
④ 600m

해설 ① 강관이 견딜 수 있는 수압
$\sigma=\frac{p\,d}{2\,t}$에서 $p=\frac{\sigma 2t}{d}=\frac{1500\times 2\times 0.5}{30}=50\,\text{g/cm}^2$
② 50g/cm²은 수두 500m수압이다.

해답 ③

087 아래 표의 ( )안에 들어갈 알맞은 용어를 순서대로 짝지어진 것은?

흐름이 사류에서 상류로 바뀔 때에는 (㉠)을 거치고, 상류에서 사류로 바뀔 때에는 (㉡)을 거친다.

① ㉠ : 도수현상, ㉡ : 대응수심
② ㉠ : 대응수심, ㉡ : 공액수심
③ ㉠ : 도수현상, ㉡ : 지배단면
④ ㉠ : 지배단면, ㉡ : 공액수심

해설 ① 도수현상이란 사류에서 상류로 변할 때 불연속적으로 수면이 뛰는 현상으로, 도수 후에는 유속은 느려지고 물의 깊이가 갑자기 증가하며 에너지의 급격한 손실이 있다.
② 지배단면이란 상류에서 사류로 변하는 지점의 단면으로 한계수심이 생기는 단면을 말한다.

해답 ③

088

지름 20cm인, 원형 오리피스로 0.1m³/s의 유량을 유출시키려 할 때 필요한 수심은? (단, 수심은 오리피스 중심으로부터 수면까지의 높이 이며, 유량계수 $c=0.6$)

① 1.24m
② 1.44m
③ 1.56m
④ 2.00m

해설 유출수 유량 공식

$$Q = CAV_r = C_a C_v A\sqrt{2gh} = CA\sqrt{2gh}$$

$$0.1 = 0.6 \times \frac{\pi \times 0.2^2}{4} \times \sqrt{2 \times 9.8 \times h}$$ 에서 $h = 1.44m$

해답 ②

089

그림과 같은 역사이폰의 A, B, C, D점에서 압력수두를 각각 P_A, P_B, P_C, P_D라 할 때 다음 사항 중 옳지 않은 것은? (단, 점선은 동수경사선으로 가정한다.)

① $P_B < 0$
② $P_C > P_D$
③ $P_C > 0$
④ $P_A = 0$

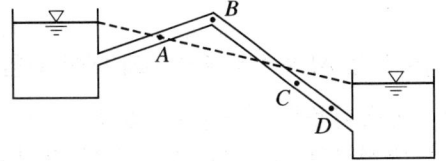

해설 동수경사선은 위치수두와 압력수두의 합으로 나타내는데 $Z_C > Z_D$이므로 $P_C < P_D$이다.

해답 ②

090

수면으로부터 3m 깊이에 한 변의 길이가 1m이고 유량계수가 0.62인 정사각형 오리피스가 설치되어 있다. 현재의 오리피스를 유량계수가 0.60이고 지름 1m인 원형 오리피스로 교체한다면, 같은 유량이 유출되기 위하여 수면을 어느 정도로 유지하여야 하는가?

① 현재의 수면과 똑같은 유지하여야 한다.
② 현재의 수면보다 1.2m 낮게 유지하여야 한다.
③ 현재의 수면보다 1.2m 높게 유지하여야 한다.
④ 현재의 수면보다 2.2m 높게 유지하여야 한다.

해설 ① 정사각형 오리피스 유량
$$Q = CA\sqrt{2gh} = 0.62 \times (1 \times 1) \times \sqrt{2 \times 9.8 \times 3}$$
② 원형 오리피스 유량
$$Q = CA\sqrt{2gh} = 0.6 \times \frac{\pi \times 1^2}{4} \times \sqrt{2 \times 9.8 \times h}$$

③ 같은 유량을 유출하므로

$0.62 \times (1 \times 1) \times \sqrt{2 \times 9.8 \times 3} = 0.6 \times \dfrac{\pi \times 1^2}{4} \times \sqrt{2 \times 9.8 \times h}$ 에서 $h = 5.19\text{m}$

④ 현재의 수면보다 $5.19 - 3 = 2.19\text{m}$ 더 높게 유지하여야 한다.

해답 ④

091
유량 1.5m³/s, 낙차 100m인 지점에서 발전할 때 이론수력은?

① 1470kW ② 1995kW
③ 2000kW ④ 2470kW

해설 이론 수력
$E = 9.8\,QH = 9.8 \times 1.5 \times 100 = 1{,}470\text{kW}$

해답 ①

2. 상하수도공학(상수도계획, 하수도계획)

092
하수관로 시설에서 분류식에 대한 설명으로 옳지 않은 것은?

① 매설비용을 절약할 수 있다.
② 안정적인 하수처리를 실시할 수 있다.
③ 모든 오수를 처리할 수 있으므로 수질개선에 효과적이다.
④ 분류식의 오수관은 유속이 빠르므로 관내에 침전물이 적게 발생한다.

해설 분류식은 오수관과 우수관을 별도로 설치해야 되므로 공사비가 많이 소요된다.

해답 ①

093
관로의 접합에 대한 설명으로 틀린 것은?

① 2개의 관로가 합류하는 경우의 중심교각은 장애물이 있을 때에는 60° 이하로 한다.
② 2개의 관로가 곡선을 갖고 합류하는 경우의 곡률반경은 내경의 3배 이하로 한다.
③ 관로의 관경이 변화하는 경우 또는 2개의 관로가 합류하는 경우의 접합방법은 원칙적으로 수면접합 또는 관정접합으로 한다.
④ 지표의 경사가 급한 경우에는 관경변화에 대한 유무에 관계없이 원칙적으로 지표의 경사에 따라서 단차접합 또는 계단접합으로 한다.

해설 2개의 관거가 합류하는 경우의 접합은 원칙적으로 수면접합 또는 관정접합으로 하며, 중심교각은 60° 이하(30~45° 이상적)로 하고, 곡선을 갖고 합류하는 경우의 곡률반경은 내경의 5배 이상으로 한다.

해답 ②

094 급수방식의 종류가 아닌 것은?

① 역류식　　　　　　　② 저수조식
③ 직결가압식　　　　　④ 직결직압식

해설 급수방식에는 직결식, 저수조식 및 직결·저수조 병용식이 있으며, 급수방식은 급수전의 높이, 수요자가 필요로 하는 수량, 수돗물의 사용용도, 수요자의 요망사항 등을 고려하여 결정한다.

해답 ①

095 유역면적이 100ha이고 유출계수가 0.70인 지역의 우수유출량은? (단, 강우강도는 3mm/min 이다.)

① $0.35\text{m}^3/\text{s}$　　　　② $0.58\text{m}^3/\text{s}$
③ $35\text{m}^3/\text{s}$　　　　　④ $58\text{m}^3/\text{s}$

해설 $Q = \dfrac{1}{360} C \cdot I \cdot A = \dfrac{1}{360} \times 0.7 \times (3 \times 60\text{min/hr}) \times 100 = 35\text{m}^3/\text{s}$

해답 ③

096 상수의 공급과정으로 옳은 것은?

① 취수 → 도수 → 정수 → 송수 → 배수 → 급수
② 취수 → 도수 → 정수 → 배수 → 송수 → 급수
③ 취수 → 송수 → 도수 → 정수 → 배수 → 급수
④ 취수 → 송수 → 배수 → 정수 → 도수 → 급수

해설 상수도 시설 계통 : 수원(집수) → 취수 → 도수 → 정수 → 송수 → 배수 → 급수

해답 ①

097 응집침전에 주로 사용되는 응집제가 아닌 것은?

① 벤토나이트(bentonite)
② 염화제2철(ferric chloride)
③ 황산제1철(ferrous sulfate)
④ 황산알루미늄(aluminium sulfate)

해설 응집제 : 황산반토(황산알루미늄), 고분자 응집제(PAC), 명반, 황산제일철, 황산제이철 등

해답 ①

098 배수면적 0.35km², 강우강도 $I=\dfrac{5200}{t+40}$ mm/h, 유입시간 7분, 유출계수 $C=0.7$, 하수관내 유속 1m/s, 하수관길이 500m인 경우 우수관의 통수 단면적은? (단, t의 단위는 [분]이고, 계획우수량은 합리식에 의함)

① 4.2m²
② 5.1m²
③ 6.4m²
④ 8.5m²

해설 ① 유달시간(T)＝유입시간(t_1)＋유하시간(t_2)
$$= t_1 + \frac{L}{v} = 7 + \frac{500}{1 \times 60} = 15.33[\min] \Rightarrow 강우지속시간(t)$$
② $I = \dfrac{5{,}200}{t(분)+40} = \dfrac{5{,}200}{15.33+40} = 93.98\text{mm/hr}$
③ $Q = \dfrac{1}{3.6}CIA = \dfrac{1}{3.6} \times 0.7 \times 93.98 \times 0.35 = 6.4\text{m}^3/\sec$
④ 통수단면적 $A_Q = \dfrac{Q}{v} = \dfrac{6.4}{1} = 6.4\text{m}^2$

해답 ③

099 하수배제 방식 중 합류식 하수관거에 대한 설명으로 옳지 않은 것은?

① 일정량 이상이 되면 우천 시 오수가 월류한다.
② 기존의 측구를 폐지할 경우 도로폭을 유효하게 이용할 수 있다.
③ 하수처리장에 유입하는 하수의 수질변동이 비교적 작다.
④ 대구경 관로가 되면 좁은 도로에서의 매설에 어려움이 있다.

해설 분류식은 합류식에 비해 유속의 변화폭이 적고 수량이 균일하며, 합류식은 하수처리장으로 유입되는 오수부하량이 크므로 처리비용이 많이 소요된다.

해답 ③

100 수원에 관한 설명 중 틀린 것은?

① 심층수는 대수층 주위의 지질에 따른 고유의 특징이 있다.
② 복류수는 어느 정도 여과된 것이므로 지표수에 비해 수질이 양호하다.
③ 천층수는 지표면에서 깊지 않은 곳에 위치하므로 지표수의 영향을 받기 쉽다.
④ 용천수는 지하수가 자연적으로 지표로 솟아나온 것으로 그 성질은 지표수와 비슷하다.

해설 용천수는 지하수가 종종 자연적으로 지표로 분출되는 것으로 그 성질도 지하수와 비슷하다.

해답 ④

101 마을 전체의 수압을 안정시키기 위해서는 급수탑 바로 밑의 관로 계기수압이 4.0kg/cm² 가 되어야 한다. 이를 만족시키기 위하여 급수탑은 관로로부터 몇 m 높이에 수위를 유지하여야 하는가?

① 25m
② 30m
③ 35m
④ 40m

해설 수압 $P=wh$에서

급수탑의 유지 수위 $h = \dfrac{P}{w} = \dfrac{4}{0.001} \dfrac{\text{kg/cm}^2}{\text{kg/cm}^3} = 4,000\text{cm} = 40\text{m}$

해답 ④

102 침전지의 침전효율을 높이기 위한 사항으로 틀린 것은?

① 침전지의 표면적을 크게 한다.
② 침전지 내 유속을 크게 한다.
③ 유입부에 정류벽을 설치한다.
④ 지(池)의 길이에 비하여 폭을 좁게 한다.

해설 침전효율은 침전시간이 길수록 좋으므로 침전지 내 유속을 작게 하여야 한다.

해답 ②

103 취수탑에 대한 설명으로 옳지 않은 것은?

① 부대설비인 관리교, 조명설비, 유목제거기, 협잡물제거설비 및 피뢰침을 설치한다.
② 하천의 경우 토사유입을 적게 하기 위하여 유입속도 15~30cm/s를 표준으로 한다.
③ 취수구 시설에 스크린, 수문 또는 수위조절판을 설치하여 일체가 되어 작동한다.
④ 취수탑의 설치 위치에서 갈수수심이 최소 2m 이상이 아니면, 계획취수량이 취수에 필요한 취수구의 설치가 곤란하다.

해설 ① 취수구 전면에 협잡물을 제거하기 위한 스크린을 설치한다.
② 각각의 취수구에는 슬루스게이트(제수문), 버터플라이 밸브 또는 제수밸브 등을 설치하며, 하천에서는 탑벽의 내측에 호소나 댐에서는 탑벽 외측에 부착하는 경우가 많다.

해답 ③

104 펌프를 선택할 때 고려해야 할 사항으로 가장 거리가 먼 것은?

① 동력 ② 양정
③ 펌프의 무게 ④ 펌프의 특성

해설 ① 배출량이 많고 비교적 고양정이며 효율이 높을 것
(펌프 용량이 클수록 효율이 높다.)
② 양정의 변동이 용이하고 효율의 저하 및 운동력의 증감에 변화가 적을 것
③ 펌프 선정시 펌프의 특성과 효율 및 동력을 고려한다.

해답 ③

105 슬러지 소각에 대한 설명으로 틀린 것은?

① 부패성이 없다.
② 위생적으로 안전하다.
③ 슬러지용적이 1/50~1/100 로 감소한다.
④ 타 처리방법에 비하여 소요부지면적이 크다.

해설 슬러지 소각은 다른 처리법에 비해 소요 부지면적이 적다.

해답 ④

106 인구 20만 도시에 계획1인1일최대급수량 500L, 급수보급률 85%를 기준으로 상수도시설을 계획할 때 도시의 계획1일최대급수량은?

① 85000m³/일 ② 100000m³/일
③ 120000m³/일 ④ 170000m³/일

해설 계획 1일 최대급수량 = 계획 1인 1일 최대급수량 × 계획 급수인구 × 보급률
$= 500L \times 10^{-3} m^3/L \times 200,000 \times 0.85$
$= 85,000 m^3/일$

해답 ①

107 토지이용도별 기초유출계수의 표준값으로 옳지 않은 것은?

① 수면 : 1.0 ② 도로 : 0.65~0.75
③ 지붕 : 0.85~0.95 ④ 공지 : 0.10~0.30

해설 토지이용도별 기초유출계수의 표준값

표면형태	유출계수	표면형태	유출계수
지 붕	0.85~0.95	공 지	0.10~0.30
도 로	0.80~0.90	잔디, 수목이 많은 공원	0.05~0.25
기타 불투수면	0.75~0.85	경사가 완만한 산지	0.20~0.40
수 면	1.00	경사가 급한 산지	0.40~0.60

해답 ②

108 관로별 계획 하수량에 대한 설명으로 옳은 것은?

① 우수관로는 계획우수량으로 한다.
② 오수관로는 계획1일최대오수량으로 한다.
③ 차집관로에서는 청천시 계획오수량으로 한다.
④ 합류식 관로는 계획1일최대오수량에 계획우수량을 합한 것으로 한다.

해설 계획하수량
1. 분류식
   ① 오수관로 : 계획시간 최대 오수량
   ② 우수관로 : 계획 우수량
2. 합류식
   ① 합류관로 : 계획시간 최대 오수량+계획우수량
   ② 차집관로 : 우천시 계획오수량(계획시간 최대 오수량의 3배 이상)

해답 ①

109 2000t/day의 하수를 처리할 수 있는 원형방사류식 침전지에서 체류시간은?
(단, 평균수심 3m, 지름 8m)

① 1.6시간　　　② 1.7시간
③ 1.8시간　　　④ 1.9시간

해설 체류시간

$$t = \frac{V}{Q} = \frac{\frac{\pi \times 8^2}{4} \times 3}{\frac{2000}{1t/m^3} \times \frac{1}{24} \frac{day}{hr}} = 1.8 hr$$

여기서, t : 체류시간[day]
V : 침전지 용적[m^3]
Q : 유입수량[m^3/day]

해답 ③

110 활성슬러지법의 변법 중 미생물에 의한 유기물 흡수와 흡수된 유기물의 산화가 별도의 처리조에서 수행되는 것은?

① 산화구법　　　② 접촉안정법
③ 장기 포기법　　④ 계단식 포기법

해설 접촉 안정법은 미생물에 의한 유기물 흡수와 흡수된 유기물의 산화가 별도의 처리조에서 수행되는 활성슬러지 변법이다.

해답 ②

111 폭 10m, 길이 25m인 장방형 침전조에 면적 100m²인 경사판 1개를 침전조 바닥에 대하여 15°의 경사로 설치하였다면, 이 침전조의 제거효율은 이론적으로 몇 % 증가하겠는가?

① 약 10.0% ② 약 20.0%
③ 약 28.6% ④ 약 38.6%

해설 ① 침강속도가 V_0보다 적은 입자의 침전 제거효율(E)

$E = \dfrac{V_s}{V_0} = \dfrac{V_s}{Q/A} = \dfrac{V_s A}{Q}$ 에서 제거효율은 표면적 A에 비례한다.

② 경사판 설치 전 침전조의 표면적
$A_H = 10 \times 25 = 250\text{m}^2$

③ 경사판 설치로 인한 침전조의 증가 표면적
$A_\theta = 100\text{m}^2 \times \cos 15° = 96.59\text{m}^2$

④ 침전 제거효율(E) 증가율은 표면적 증가율에 비례하므로

총 표면적 증가 비율 $= \dfrac{250 + 96.59}{250} \times 100 = 138.6\%$

침전 제거효율(E) 증가율은 표면적 증가율인 38.6%이다.

해답 ④

2019년 9월 21일 시행

2019년 9월 21일 시행

2023 개정된 출제기준에 의거하여 불필요한 문제는 삭제하고 3과목으로 정리함

제1과목 구조설계(응용역학+철근콘크리트 및 강구조)

1. 응용역학(역학적인 개념 및 건설 구조물의 해석)

001 다음 값 중 경우에 따라서는 부(−)의 값을 갖기도 하는 것은?

① 단면계수
② 단면 2차 반지름
③ 단면 2차 극모멘트
④ 단면 2차 상승모멘트

[해설] 단면 상승 모멘트의 값은 정(+)의 값일 때도 있고 부(−)의 값일 때도 있으며 도심축이 대칭축일 때는 그 값이 '0'이 된다.

[해답] ④

002 그림과 같이 지름이 d인 원형 단면의 $B-B$축에 대한 단면 2차 모멘트는?

① $\dfrac{3\pi d^4}{64}$
② $\dfrac{5\pi d^4}{64}$
③ $\dfrac{7\pi d^4}{64}$
④ $\dfrac{9\pi d^4}{64}$

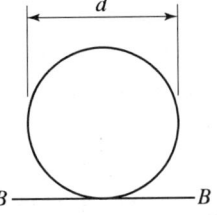

[해설] 원형의 변을 지나는 축에 대한 단면 2차모멘트는 $\dfrac{5\pi d^4}{64} = \dfrac{5\pi r^4}{4}$이다.

[해답] ②

003 지점 A에서의 수직반력의 크기는?

① 0kN
② 5kN
③ 10kN
④ 20kN

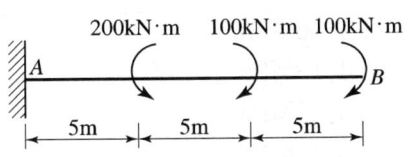

[해설] 수직하중이 없으므로 $\sum V = 0$에서 $V_A = 0$이다.

[해답] ①

004 그림과 같은 단순보에서 B점의 수직반력 R_B가 50kN까지의 힘을 받을 수 있다면 하중 80kN은 A점에서 몇 m까지 이동할 수 있는가?

① 2.823m
② 3.375m
③ 3.823m
④ 4.375m

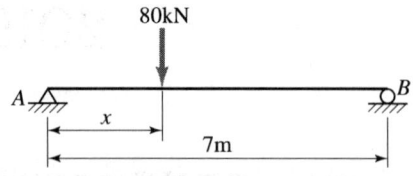

해설 집중하중의 경우 하중 P로부터 A지점까지의 거리를 a, 하중 P로부터 B지점까지의 거리를 b라고 할 때 B지점의 수직반력은 집중하중의 경우 $\sum \frac{Pa}{l}$로 구할 수 있다.
$R_B = \frac{80x}{7} = 50\text{kN}$에서 $x = \frac{50 \times 7}{80} = 4.375\text{m}$

해답 ④

005 그림과 같이 세 개의 평행력이 작용하고 있을 때 A점으로부터 합력(R)의 위치까지의 거리 x는 얼마인가?

① 2.17m
② 2.86m
③ 3.24m
④ 3.96m

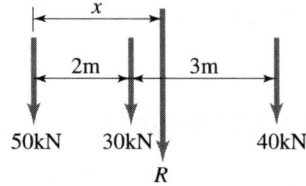

해설 먼저 수직방향의 힘을 더해 합력을 구한 다음 바리뇽의 정리를 이용해 합력의 위치를 구한다.
① $R = 50 + 30 + 40 = 120\text{kN}(\downarrow)$
② $x = \frac{30 \times 2 + 40 \times 5}{120} = 2.17\text{m}$

해답 ①

006 그림과 같은 원형 단면의 단순보가 중앙에 200kN 하중을 받을 때 최대 전단력에 의한 최대 전단응력은? (단, 보의 자중은 무시한다.)

① 1.06MPa
② 1.19MPa
③ 4.25MPa
④ 4.78MPa

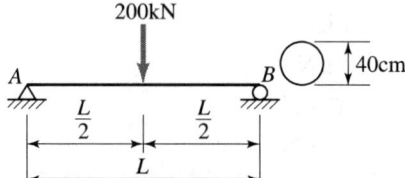

해설 ① 최대 전단력 $S_{max} = V_A = \dfrac{P}{2} = \dfrac{200}{2} = 100\text{kN}$

② 최대 전단응력 $\tau_{max} = \dfrac{4}{3} \cdot \dfrac{S_{max}}{A} = \dfrac{4}{3} \times \dfrac{100,000}{\pi \times 200^2} = 1.06\text{MPa}$

해답 ①

007
그림에서 두 힘($P_1=$50kN, $P_2=$40kN)에 대한 합력(R)의 크기와 방향(θ) 값은?

① $R=$78.10kN, $\theta=$26.3°
② $R=$78.10kN, $\theta=$28.5°
③ $R=$86.97kN, $\theta=$26.3°
④ $R=$86.97kN, $\theta=$28.5°

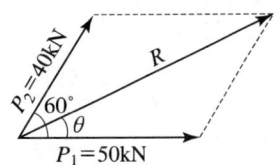

해설 ① 동일점에 작용하는 두 힘이 일정 각을 이루고 있을 때
$R = \sqrt{P_1^2 + P_2^2 + 2P_1 \cdot P_2 \cos\alpha}$ 을 사용한다.
$R = \sqrt{P_1^2 + P_2^2 + 2P_1 \cdot P_2 \cos\alpha} = \sqrt{50^2 + 40^2 + 2 \times 50 \times 40 \times \cos 60°}$
$= 78.10\text{kN}$

② $\theta = \tan^{-1}\dfrac{\Sigma V}{\Sigma H} = \tan^{-1}\dfrac{40 \times \sin 60°}{50 + 40 \times \cos 60°} = 26.3°$

해답 ①

008
그림과 같은 양단고정인 기둥의 이론적인 유효세장비(λ_c)는 약 얼마인가?

① 38
② 48
③ 58
④ 68

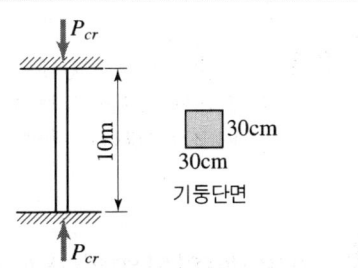

해설 ① 최소회전반경
$r_{min} = \dfrac{h}{\sqrt{12}} = \dfrac{30}{\sqrt{12}} = 8.66\text{cm}$

② 기둥의 좌굴길이 $kl = 0.5l$

③ 유효세장비 $\lambda_k = \dfrac{kl}{r_{min}} = \dfrac{0.5 \times 1000}{8.66} = 57.7 = 58$

해답 ③

009
그림과 같은 음영 부분의 단면적이 A인 단면에서 도심 y를 구한 값은?

① $\dfrac{5D}{12}$ ② $\dfrac{6D}{12}$
③ $\dfrac{7D}{12}$ ④ $\dfrac{8D}{12}$

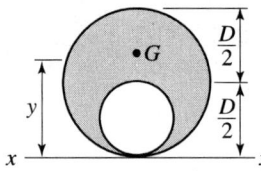

해설 원형 단면의 x축에 대한 단면 1차모멘트에 대해 바리뇽의 정리를 적용하여 도심 y값을 구한다.

$$y = \dfrac{\dfrac{\pi D^2}{4} \times \dfrac{D}{2} - \dfrac{\pi \left(\dfrac{D}{2}\right)^2}{4} \times \dfrac{D}{4}}{\dfrac{\pi D^2}{4} - \dfrac{\pi \left(\dfrac{D}{2}\right)^2}{4}} = \dfrac{7}{12}D$$

해답 ③

010
지지조건이 양단힌지인 장주의 좌굴하중이 1000kN인 경우 지점조건이 일단힌지, 타단고정으로 변경되면 이때의 좌굴하중은? (단, 재료성질 및 기하학적 형상은 동일하다.)

① 500kN ② 1000kN
③ 2000kN ④ 4000kN

해설
① 양단힌지 장주의 내력 = 1
② 일단힌지, 타단고정 장주의 내력 = 2
③ 1 : 2 = 1000kN : P에서 P = 2,000kN

해답 ③

011
어떤 재료의 탄성계수가 E, 푸아송 비가 ν일 때 이 재료의 전단 탄성계수(G)는?

① $\dfrac{E}{1+\nu}$ ② $\dfrac{E}{1-\nu}$
③ $\dfrac{E}{2(1+\nu)}$ ④ $\dfrac{E}{2(1-\nu)}$

해설 $G = \dfrac{E}{2(1+\nu)} = \dfrac{E}{2\left(1+\dfrac{1}{m}\right)} = \dfrac{mE}{2(m+1)}$

해답 ③

012

균질한 균일 단면봉이 그림과 같이 P_1, P_2, P_3의 하중을 B, C, D점에서 받고 있다. 각 구간의 거리 $a=1.0$m, $b=0.4$m, $c=0.6$m이고 $P_2=100$kN, $P_3=$ 50kN의 하중이 작용할 때 D점에서의 수직방향 변위가 일어나지 않기 위한 하중 P_1은 얼마인가?

① 240kN
② 200kN
③ 160kN
④ 130kN

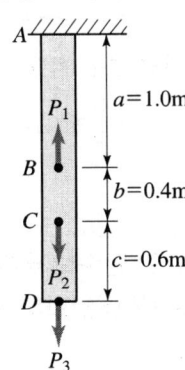

해설

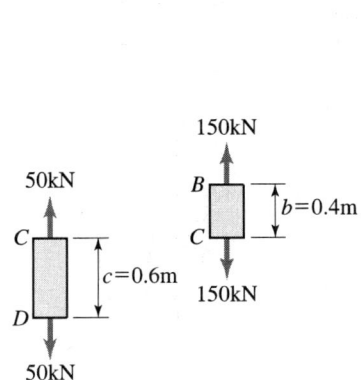 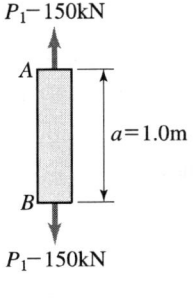

① $\Delta L_1 = \dfrac{PL_1}{EA} = \dfrac{50 \times 0.6}{EA} = \dfrac{30}{EA}$

② $\Delta L_2 = \dfrac{PL_2}{EA} = \dfrac{150 \times 0.4}{EA} = \dfrac{60}{EA}$

③ $\Delta L_3 = \dfrac{PL_3}{EA} = \dfrac{(P_1-150) \times 1.0}{EA}$

④ $\Delta L = \Delta L_1 + \Delta L_2 + \Delta L_3 = +\left(\dfrac{30}{EA}\right)+\left(\dfrac{60}{EA}\right)-\dfrac{(P_1-150)}{EA}=0$ 에서
$P_1 = 240$kN

해답 ①

013

직사각형 단면의 최대 전단응력은 평균 전단응력의 몇 배인가?

① 1.5 ② 2.0
③ 2.5 ④ 3.0

해설 직사각형단면인 경우 최대 전단응력

$$\tau_{\max} \equiv \lambda \times \tau_{aver} = \frac{3}{2} \times \tau_{aver} = \frac{3}{2} \cdot \frac{V_{\max}}{A}$$

해답 ①

014

경간(L)이 10m인 단순보에 그림과 같은 방향으로 이동하중이 작용할 때 절대 최대 휨모멘트는? (단, 보의 자중은 무시한다.)

① 45kN · m
② 52kN · m
③ 68kN · m
④ 81kN · m

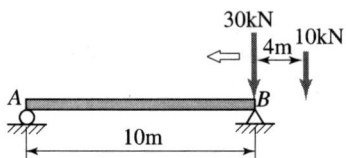

해설 ① 합력
$R = 30 + 10 = 40\text{kN}$

② 합력의 작용점
$x = \dfrac{10 \times 4}{40} = 1\text{m}$

③ 이등분점
$\bar{x} = \dfrac{x}{2} = \dfrac{1}{2} = 0.5\text{m}$

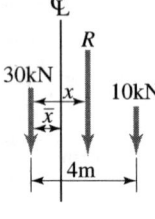

④ 이등분점과 보의 중앙점이 일치하도록 하중을 재하시킨다.
⑤ 합력과 가장 가까운 하중 30kN이 선택하중이며
   이 선택하중의 작용점에서 절대 최대 휨모멘트가 생긴다.

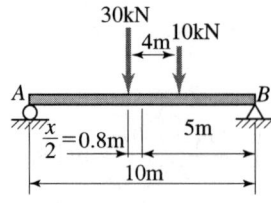

$\Sigma M_B = 0$
$V_A \times 10 - 30 \times 5.5 - 10 \times (5 - 3.5) = 0$ 에서 $V_A = 18\text{kN}(\uparrow)$

⑥ 절대 최대 휨모멘트
$M_{\text{abs} \cdot \max} = M_{3t} = 18 \times 4.5 = 81\text{kN} \cdot \text{m}$

해답 ④

015 전단력을 S, 단면 2차 모멘트를 I, 단면 1차 모멘트를 Q, 단면의 폭을 b라 할 때 전단응력도의 크기를 나타낸 식으로 옳은 것은? (단, 단면의 형상은 직사각형이다.)

① $\dfrac{Q \times S}{I \times b}$ ② $\dfrac{I \times S}{Q \times b}$

③ $\dfrac{I \times b}{Q \times S}$ ④ $\dfrac{Q \times b}{I \times S}$

해설 τ = 전단계수 × 평균 전단응력 = $\lambda \times \tau_{aver} = \lambda \dfrac{S}{A} = \dfrac{QS}{Ib}$

여기서, S : 전단력, λ : 전단계수
I : 단면 2차 모멘트, b : 단면폭
Q : 구하고자 하는 점의 윗부분 또는 아랫부분의 중립축에 대한 단면 1차 모멘트

해답 ①

2. 철근콘크리트 및 강구조

016 콘크리트의 설계기준강도가 25MPa, 철근의 항복강도가 300MPa로 설계된 부재에서 공칭지름이 25mm인 인장 이형철근의 기본정착길이는? (단, 경량콘크리트 계수 : $\lambda = 1$)

① 300mm ② 600mm
③ 900mm ④ 1200mm

해설 기본정착길이

$l_{db} = \dfrac{0.6 d_b \cdot f_y}{\sqrt{f_{ck}}} = \dfrac{0.6 \times 25 \times 300}{\sqrt{25}} = 900\text{mm}$

해답 ③

017 $f_{ck} = 28\text{MPa}$, $f_y = 400\text{MPa}$인 단철근 직사각형 보의 균형철근비는?

① 0.02148 ② 0.02516
③ 0.02874 ④ 0.03149

해설 ① $f_{ck} = 28\text{MPa}$로 40MPa 이하이므로 $\beta_1 = 0.80$

② $\rho_b = 0.85 \dfrac{f_{ck}}{f_y} \beta_1 \dfrac{\epsilon_{cu}}{\epsilon_{cu} + \dfrac{f_y}{200{,}000}} = \dfrac{0.85 \times 28 \times 0.85}{400} \times \dfrac{0.0033}{0.0033 + \dfrac{400}{200{,}000}}$

$= 0.03149$

해답 ④

018

그림과 같은 고장력 볼트 마찰이음에서 필요한 볼트 수는 몇 개 인가? (단, 볼트는 M24(= ϕ24mm), F10T를 사용하며, 마찰이음의 허용력은 56kN이다.)

① 5개
② 6개
③ 7개
④ 8개

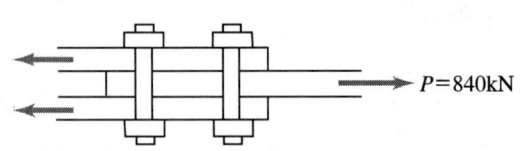

해설 ① 허용전단강도(P_s)
  2면 마찰이므로 $P_{nb} = 2 \times (v_{sa} \times A) = 2 \times 56 = 112$kN
② 볼트 수 $n = \dfrac{P}{P_{nb}} = \dfrac{840}{112} = 7.5 = 8$개

해답 ④

019

그림과 같은 직사각형 단면의 보에서 등가직사각형 응력블록의 깊이(a)는? (단, $A_s = 2382$mm², $f_y = 400$MPa, $f_{ck} = 28$MPa)

① 58.4mm
② 62.3mm
③ 66.7mm
④ 72.8mm

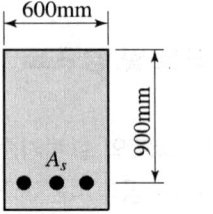

해설 등가직사각형 응력블록의 깊이
$$a = \dfrac{A_s f_y}{0.85 f_{ck} b} = \dfrac{2,382 \times 400}{0.85 \times 28 \times 600} = 66.7\text{mm}$$

해답 ③

020

프리스트레스 도입 시의 프리스트레스 손실원인이 아닌 것은?

① 정착장치의 활동
② 콘크리트의 탄성수축
③ 긴장재와 덕트 사이의 마찰
④ 콘크리트의 크리프와 건조수축

해설 프리스트레스 손실 원인
1. 프리스트레스 도입시 : 즉시 손실
  ① 콘크리트의 탄성변형(수축)
  ② PS강재와 덕트(시스) 사이의 마찰(포스트텐션 방식에만 해당)
  ③ 정착단의 활동
2. 프리스트레스 도입후 : 시간적 손실
  ① 콘크리트의 건조수축
  ② 콘크리트의 크리프
  ③ PS강재의 리랙세이션(Relaxation)

해답 ④

021 프리스트레스트 콘크리트의 원리를 설명할 수 있는 기본개념으로 옳지 않은 것은?

① 응력개념　　② 변형도개념
③ 강도개념　　④ 하중평형개념

해설 프리스트레스트 콘크리트의 기본 개념
① 균등질보 개념(응력개념법, 기존개념법)은 콘크리트에 프리스트레스를 도입하면 콘크리트가 탄성 재료로 전환된다고 생각으로 전단면 유효 응력으로 설계하는 개념이다.
② 강도개념(내력모멘트개념, C-선 개념)은 PSC를 RC와 유사한 성질로 취급하여 압축력은 콘크리트가 받고 인장력은 PS강재가 받아 두 힘의 우력이 외력에 의한 모멘트에 저항하는데 서로 결합된다고 봄으로써 극한 강도 이론에 의한 설계가 가능하다는 개념이다.
③ 하중평형개념(등가하중개념)은 프리스트레싱의 작용과 부재에 작용하는 하중을 비기게 하자는데 목적을 둔 개념이다.

해답 ②

022 다음 중 용접이음을 한 경우 용접부의 결함을 나타내는 용어가 아닌 것은?

① 필릿(fillet)　　② 크랙(crack)
③ 언더컷(under cut)　　④ 오버랩(over lap)

해설 ① 필릿(fillet)은 홈용접과 함께 용접이음의 한 형태이다.
② 용접부의 결함은 변형과 균열, 오우버랩(Over Lap), 언더커트(Under Cut), 용착금속부 형상의 불량, 슬래그의 잠입, 용접두께 부족, 다리길이의 부족, 비드(Bead), 블로 홀(blow hole, gas pocket) 등이 있다.

해답 ①

023 단철근 직사각형보에서 인장철근량이 증가하고 다른 조건은 동일할 경우 중립축의 위치는 어떻게 변하는가?

① 인장철근 쪽으로 중립축이 내려간다.
② 중립축의 위치는 철근량과는 무관하다.
③ 압축부 콘크리트 쪽으로 중립축이 올라간다.
④ 증가된 철근량에 따라 중립축이 위 또는 아래로 움직인다.

해설 증가된 인장 철근량에 따라 중립축이 인장철근 쪽으로 내려간다.

해답 ①

024
경간 10m 대칭 T형보에서 양쪽 슬래브의 중심간 거리가 2100mm, 플랜지 두께는 100mm, 복부의 폭(b_w)은 400mm일 때 플랜지의 유효폭은?

① 2500mm
② 2250mm
③ 2100mm
④ 2000mm

해설 플랜지 폭

대칭 T형보이므로
① $8t_1 + 8t_2 + b_w = 8 \times 100 + 8 \times 100 + 400 = 2,000\text{mm}$
② 보 경간의 $1/4 = \dfrac{10,000}{4} = 2,500\text{mm}$
③ 양 슬래브 중심간 거리 $= 2,100\text{mm}$
셋 중 가장 작은 값인 2,000mm를 유효폭으로 결정한다.

해답 ④

025
1방향 슬래브의 구조에 대한 설명으로 틀린 것은?

① 슬래브의 정모멘트 철근 및 부모멘트 철근의 중심 간격은 위험단면에서는 슬래브 두께의 2배 이하이어야 하고, 또한 300mm 이하로 하여야 한다.
② 1방향 슬래브에서는 정모멘트 철근 및 부모멘트 철근에 직각방향으로 수축·온도 철근을 배치하여야 한다.
③ 슬래브 끝의 단순받침부에서도 내민슬래브에 의하여 부모멘트가 일어나는 경우에는 이에 상응하는 철근을 배치하여야 한다.
④ 1방향 슬래브의 두께는 최소 150mm 이상으로 하여야 한다.

해설 1방향 슬래브의 두께는 최소 100mm 이상으로 하여야 한다.

해답 ④

026
그림과 같은 보에서 전단력과 휨모멘트만을 받는 경우 보통중량 콘크리트가 받을 수 있는 전단강도 V_c는 얼마인가?
(단, $f_{ck} = 28\text{MPa}$, $f_y = 400\text{MPa}$)

① 211.7kN
② 229.3kN
③ 248.3kN
④ 265.1kN

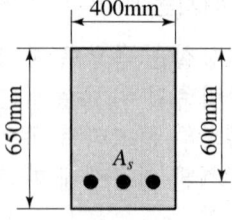

해설 콘크리트가 부담하는 전단강도

$V_c = \dfrac{1}{6}\lambda\sqrt{f_{ck}}\,b_w d\,(\text{N}) = \dfrac{1}{6} \times 1 \times \sqrt{28} \times 400 \times 600 = 211,660\text{N} = 211.7\text{kN}$

해답 ①

027
옹벽에 대한 설명으로 틀린 것은?

① 옹벽의 앞부벽은 직사각형보로 설계하여야 한다.
② 옹벽의 뒷부벽은 T형보로 설계하여야 한다.
③ 옹벽의 안정조건으로서 활동에 대한 저항력은 옹벽에 작용하는 수평력의 3배 이상이어야 한다.
④ 전도 및 지반지지력에 대한 안정조건은 만족하지만, 활동에 대한 안정조건만을 만족하지 못할 경우에는 활동방지벽 등을 설치하여 활동저항력을 증대시킬 수 있다.

해설 활동에 대한 저항력은 옹벽에 작용하는 수평력의 1.5배 이상이어야 한다.

해답 ③

028
폭 250mm, 유효깊이 500mm, 압축연단에서 중립축까지의 거리(c)가 200mm, 콘크리트의 설계기준압축강도(f_{ck})가 24MPa인 단철근 직사각형 균형보에서 공칭휨강도(M_n)는?

① 305.8kN·m
② 342.7kN·m
③ 364.3kN·m
④ 423.3kN·m

해설
① $f_{ck} = 24$MPa로 40MPa 이하이므로 $\beta_1 = 0.80$
② $a = \beta_1 c = 0.80 \times 200 = 160$mm
③ $M_n = A_s f_y \left(d - \dfrac{a}{2}\right) = 0.85 f_{ck} ab \left(d - \dfrac{a}{2}\right) = 0.85 \times 24 \times 160 \times 250 \times \left(500 - \dfrac{160}{2}\right)$
   $= 342.72 \times 10^6$N·mm $= 342.72$kN·m

해답 ②

029
철근과 콘크리트가 구조체로서 일체 거동을 하기 위한 조건으로 틀린 것은?

① 철근과 콘크리트와의 부착력이 크다.
② 철근과 콘크리트의 탄성계수가 거의 같다.
③ 철근과 콘크리트의 열팽창계수가 거의 같다.
④ 철근은 콘크리트 속에서 녹이 슬지 않는다.

해설 철근과 콘크리트의 탄성계수는 비슷하지 않으며 철근콘크리트 일체식 구조체로 성립하는 이유에도 해당하지 않는다.

[참고] 철근 콘크리트가 일체식 구조체로 성립하는 이유
① 콘크리트와 철근의 부착강도가 크다.(부착력이 크다.)
② 콘크리트 속에 묻힌 철근은 부식하지 않는다.(방청효과)
③ 콘크리트와 철근(강재)은 열에 대한 팽창계수가 거의 같다.

해답 ②

030 아래의 표에서 설명하고 있는 철근은?

> 전체 깊이가 900mm를 초과하는 휨부재 복부의 양 측면에 부재 축방향으로 배치하는 철근

① 표피철근　　② 전단철근
③ 휨철근　　　④ 배력철근

[해설] 표피철근은 전체 깊이가 900mm을 초과하는 휨 부재 복부의 양 측면에 부재 축방향으로 배치하는 철근이다.

[해답] ①

---

031 강판을 리벳 이음할 때 불규칙 배치(엇모배치)할 경우 재편의 순폭은 최초의 리벳구멍에 대하여 그 지름(d)을 빼고 다음 것에 대하여는 다음 중 어느 식을 사용하여 빼주는가? (단, g : 리벳선간거리, p : 리벳의 피치)

① $d - \dfrac{g^2}{4p}$　　② $d - \dfrac{4p^2}{g}$

③ $d - \dfrac{p^2}{4g}$　　④ $d - \dfrac{4g}{p}$

[해설] $w = d - \dfrac{p^2}{4g}$

[해답] ③

---

032 그림과 같은 단순보에서 자중을 포함하여 계수하중이 20kN/m 작용하고 있다. 이 보의 전단 위험단면에서의 전단력은?

① 100kN
② 90kN
③ 80kN
④ 70kN

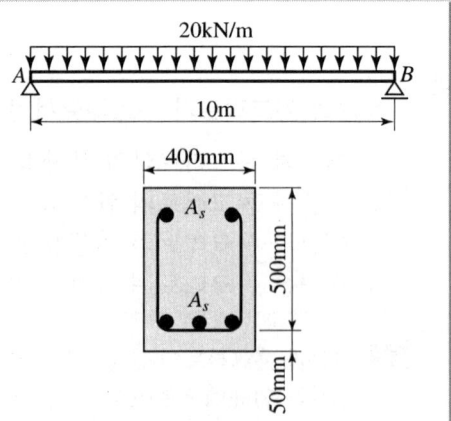

[해설] 전단에 대한 위험단면(지점으로부터 d만큼 떨어진 지점)에서의 계수전단력을 구하면 $V_u = \dfrac{w_u L}{2} - w_u d = \dfrac{20 \times 10}{2} - 20 \times 0.5 = 90\text{kN}$

[해답] ②

033

직사각형 단면 300mm×400mm인 프리텐션 부재에 550mm²의 단면적을 가진 PS강선을 단면도심에 일치하도록 배치하고 1350MPa의 인장응력이 되도록 긴장하였다. 콘크리트의 탄성변형에 따라 실제로 부재에 작용하는 유효 프리스트레스는 약 얼마인가? (단, 탄성계수비 $n=6$이다.)

① 1313MPa　　　② 1432MPa
③ 1512MPa　　　④ 1618MPa

해설 ① $P_i = f_{pi} n A_{ps} = 1,350 \times 550 = 742,500N$
② 콘크리트의 탄성변형에 의한 PS강재의 프리스트레스 감소량
$$\Delta f_P = n f_{ci} = n \frac{P_i}{A_c} = 6 \times \frac{742,500}{300 \times 400} = 37.125 MPa$$
③ 유효 프리스트레스
$f_{pe} = f_{pi} - \Delta f_p = 1,350 - 37.125 = 1,312.875 MPa$

해답 ①

제2과목 측량 및 토질(측량학+토질 및 기초)

1. 측량학(측량학 일반, 기준점 측량, 응용 측량)

034

수준측량에서 전시와 후시의 시준거리를 같게 하여 소거할 수 있는 오차는?

① 표척의 눈금읽기 오차
② 표척의 침하에 의한 오차
③ 표척의 눈금 조정 부정확에 의한 오차
④ 시준선과 기포관 축이 평행하지 않기 때문에 발생되는 오차

해설 **전시와 후시 거리를 같게 함으로써 제거되는 오차**는 다음과 같다.
① 시준축 오차 소거 : 기포관축≠시준선(레벨 조정의 불안정으로 생기는 오차 소거) 전시와 후시거리를 같게 취하는 가장 중요한 이유이다.
② 자연적 오차 소거
　㉠ 구차 : 지구의 곡률에 의한 오차
　㉡ 기차 : 광선의 굴절에 의한 오차
　㉢ 양차 : 구차와 기차의 합
③ 조준나사 작동에 의한 오차 소거

해답 ④

035
삼각점 표석에서 반석과 주석에 관한 내용 중 틀린 것은?
① 반석과 주석의 재질은 주로 금속을 이용한다.
② 반석과 주석의 십자선 중심은 동일 연직선 상에 있다.
③ 반석과 주석의 설치를 위해 인조점을 설치한다.
④ 반석과 주석의 두부상면은 서로 수평이 되도록 설치한다.

해설 삼각점 표석은 일반적으로 표주(주석)와 반석으로 재질은 화강암을 사용한다. 표주와 반석평면의 중앙에는 십자선이 새겨져 있으며 양쪽 십자선의 중심은 동일한 연직선상에 위치한다.

해답 ①

036
하천의 평균유속을 구할 때 횡단면의 연직선 내에서 일점법으로 가장 적합한 관측 위치는?
① 수면에서 수심의 2/10 되는 곳
② 수면에서 수심의 4/10 되는 곳
③ 수면에서 수심의 6/10 되는 곳
④ 수면에서 수심의 8/10 되는 곳

해설 일점법에서 평균유속이란 수면으로부터 $0.6H$에 해당되는 점에서의 유속을 구하는 방법이다.

해답 ③

037
다음 조건에 따른 C점의 높이 최확값은?

> A점에서 관측한 C점의 높이 : 243.43m
> B점에서 관측한 C점의 높이 : 243.31m
> $A \sim C$의 거리 : 5km
> $B \sim C$의 거리 : 10km

① 243.35m ② 243.37m
③ 243.39m ④ 243.41m

해설
① C점의 표고
  $H_{AC} = 243.43$m, $H_{BC} = 243.31$m
② 경중률
  직접수준측량의 경우 경중률은 거리에 반비례 $\left(P \propto \dfrac{1}{L}\right)$ 하므로
  $P_{AC} : P_{BC} = \dfrac{1}{5} : \dfrac{1}{10} = 2 : 1$
③ M점의 표고 최확값
  $H_M = \dfrac{[P \cdot H]}{[P]} = \dfrac{2 \times 243.43 + 1 \times 243.31}{2+1} = 243.39$m

해답 ③

038 축적 1 : 1000에서의 면적을 측정하였더니 도상면적이 3cm²이었다. 그런데 이 도면 전체가 가로, 세로 모두 1%씩 수축되어 있었다면 실제면적은?

① 29.4m² ② 30.6m²
③ 294m²   ④ 306m²

해설 가로, 세로 모두 1%씩 수축되었을 때의 실제면적
실제면적 = 부정면적 × $(1 \pm \alpha)^2$ = $(3 \times 1{,}000^2) \times (1+0.01)^2$
= 3,060.300cm² = 306m²

해답 ④

039 편각법에 의하여 원곡선을 설치하고자 한다. 곡선 반지름이 500m, 시단현이 12.3m일 때 시단현의 편각은?

① 36′, 27″ ② 39′, 42″
③ 42′, 17″ ④ 43′, 43″

해설 시단현에 대한 편각
$\delta_1 = \dfrac{l_1}{R} \times \dfrac{90°}{\pi} = \dfrac{12.3}{500} \times \dfrac{90°}{\pi} = 0°42′17″$

해답 ③

040 어느 지역의 측량 결과가 그림과 같다면 이 지역의 전체 토량은? (단, 각 구역의 크기는 같다.)

① 200m³
② 253m³
③ 315m³
④ 353m³

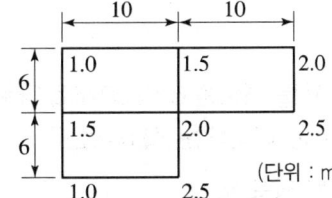

(단위 : m)

해설 ① 사용빈도에 따른 성토고
$\sum h_1 = 1.0 + 2.0 + 2.5 + 2.5 + 1.0 = 9.0$
$\sum h_2 = 1.5 + 1.5 = 3.0$
$\sum h_3 = 2.0$
② 사각형 분할 토지의 토공량
$V = \dfrac{a}{4}(\sum h_1 + 2\sum h_2 + 3\sum h_3 + 4\sum h_4) = \dfrac{10 \times 6}{4}(9 + 2 \times 3 + 3 \times 2) = 315\text{m}^3$

해답 ③

041 지형도를 작성할 때 지형 표현을 위한 원칙과 거리가 먼 것은?

① 기복을 알기 쉽게 할 것
② 표현을 간결하게 할 것
③ 정량적 계획을 엄밀하게 할 것
④ 기호 및 도식은 많이 넣어 세밀하게 할 것

해설 지형도를 작성할 때 지형 표현 원칙은 다음과 같다.
① 표현을 간결하게 하여야 한다.
② 기호 및 도식을 가급적 적게 넣어야 한다.
③ 기복을 알기 쉽게 하여야 한다.
④ 정량적 계획을 엄밀하게 하여야 한다.

해답 ④

042 그림의 등고선에서 AB의 수평거리가 40m일 때 AB의 기울기는?

① 10%
② 20%
③ 25%
④ 30%

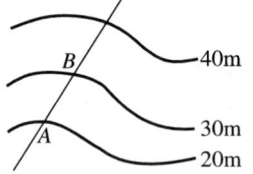

해설 기울기(경사) $i = \dfrac{H}{D} \times 100 = \dfrac{30-20}{40} \times 100 = 25\%$

해답 ③

043 지구전체를 경도를 6°씩 60개로 나누고, 위도는 8°씩 20개(남위 80°~북위 84°)로 나누어 나타내는 좌표계는?

① UPS 좌표계
② UTM 좌표계
③ 평면직각 좌표계
④ WGS 84 좌표계

해설 UTM 좌표계의 간격은 지구전체를 경도 6°마다 60지대(6°씩 60개)의 횡대로 나누고, 위도 8°마다 20지대(8°씩 20개, 남위 80°~북위 84°)의 횡대로 나누어 각 지대의 중앙자오선에 대하여 횡메르카토르도법으로 투영하여 나타낸다.

해답 ②

044 그림과 같은 도로의 횡단면도에서 AB의 수평거리는?

① 8.1m
② 12.3m
③ 14.3m
④ 18.5m

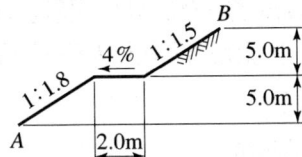

해설 AB의 수평거리 $= 5 \times 1.8 + 2 + 5 \times 1.5 = 18.5\text{m}$

해답 ④

045 위성의 배치상태에 따른 GNSS의 오차 중 단독측위(독립측위)와 관련이 없는 것은?

① GDOP
② RDOP
③ PDOP
④ TDOP

해설 RDOP(Relative Dilution Of Precision)는 상대 정밀도 저하율이다.

해답 ②

046 매개변수 $A = 100\text{m}$인 클로소이드 곡선길이 $L = 50\text{m}$에 대한 반지름은?

① 20m
② 150m
③ 200m
④ 500m

해설 클로소이드의 매개변수 $A^2 = RL$에서 $R = \dfrac{A^2}{L} = \dfrac{100^2}{50} = 200\text{m}$

여기서, A : 매개변수(m), R : 곡선반경(m), L : 곡선장(m)

해답 ③

047 수준측량에서 도로의 종단측량과 같이 중간시가 많은 경우에 현장에서 주로 사용하는 야장기입법은?

① 기고식
② 고차식
③ 승강식
④ 회귀식

해설 **기고식에 의한 수준측량**이란, 기준면에서 레벨(기계)까지의 높이인 기계고(기고)에 의해 미지점의 표고를 구하는 방법으로 중간점이 많을 경우에 사용하며, 완전한 검산을 할 수 없는 단점이 있다. 이러한 기고식에 의한 수준 측량은 주위가 잘 보이는 평지에 적합하다.

해답 ①

048

측량지역의 대소에 의한 측량의 분류에 있어서 지구의 곡률로부터 거리오차에 따른 정확도를 $1/10^7$까지 허용한다면 반지름 몇 km 이내를 평면으로 간주하여 측량할 수 있는가? (단, 지구의 곡률반지름은 6372km이다.)

① 3.49km
② 6.98km
③ 11.03km
④ 22.07km

해설 ① 평면으로 간주할 수 있는 거리(직경)
$$\frac{1}{10^7} = \frac{D^2}{12R^2} \text{ 에서 } D = \sqrt{\frac{12R^2}{m}} = \sqrt{\frac{12 \times 6372^2}{10^7}} = 6.98\text{km}$$
② 평면으로 간주할 수 있는 반지름
$$R = \frac{D}{2} = \frac{6.98}{2} = 3.49\text{km}$$

해답 ①

049

$\overline{AB}$ 측선의 방위각이 50° 30′이고 그림과 같이 각 관측을 실시하였다. $\overline{CD}$ 측선의 방위각은?

① 139° 00′
② 141° 00′
③ 151° 40′
④ 201° 40′

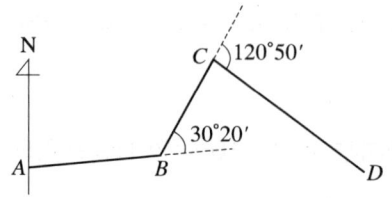

해설 ① AB측선의 방위각 $\alpha_{AB} = 50°30′$
② BC측선의 방위각 $\alpha_{BC} = \alpha_{AB} - 30°20′ = 50°30′ - 30°20′ = 20°10′$
③ CD측선의 방위각 $\alpha_{CD} = \alpha_{BC} + 120°50′ = 20°10′ + 120°50′ = 141°00′$

해답 ②

050

산지에서 동일한 각관측의 정확도로 폐합트래버스를 관측한 결과, 관측점수(n)가 11개, 각관측 오차가 1′ 15″이었다면 오차의 배분 방법으로 옳은 것은? (단, 산지의 오차한계는 $\pm 90″\sqrt{n}$을 적용한다.)

① 오차가 오차한계보다 크므로 재관측하여야 한다.
② 각의 크기에 상관없이 등분하여 배분한다.
③ 각의 크기에 반비례하여 배분한다.
④ 각의 크기에 비례하여 배분한다.

해설 ① 허용오차(산지의 오차한계)
$\pm 90″\sqrt{n} = \pm 90″\sqrt{11} = \pm 298″$
② 측각오차 1′15″(75″)로 허용오차 이내이므로 관측각의 크기에 상관없이 각 각에 균등 배분한다.

해답 ②

051 종단 및 횡단측량에 대한 설명으로 옳은 것은?

① 종단도의 종축척과 횡축척은 일반적으로 같게 한다.
② 노선의 경사도 형태를 알려면 종단도를 보면 된다.
③ 횡단측량은 종단측량보다 높은 정확도가 요구된다.
④ 노선의 횡단측량을 종단측량보다 먼저 실시하여 횡단도를 작성한다.

해설
① 종단도의 종축척과 횡축척은 서로 다르게 잡는 것이 일반적이다.
② 종단도를 보면 노선의 형태(경사도 형태)를 알 수 있으나 횡단도를 보면 알 수 없다.
③ 종단측량은 횡단측량보다 높은 정확도가 요구된다.
④ 횡단측량은 노선 위의 각 측점에서 각 노선을 직각방향으로 고저차를 측정하는 것으로 노선의 종단측량 후에 실시한다.

해답 ②

2. 토질 및 기초(토질역학, 기초공학)

052 Dunham의 공식으로, 모래의 내부마찰각(ϕ)과 관입저항치(N)와의 관계식으로 옳은 것은? (단, 토질은 입도배합이 좋고 둥근 입자이다.)

① $\phi = \sqrt{12N} + 15$
② $\phi = \sqrt{12N} + 20$
③ $\phi = \sqrt{12N} + 25$
④ $\phi = \sqrt{12N} + 30$

해설 토립자가 둥글고 입도가 양호한 경우는 $\phi = \sqrt{12N} + 20$이다.

해답 ②

053 점토층에서 채취한 시료의 압축지수(C_c)는 0.39, 간극비(e)는 1.26이다. 이 점토층 위에 구조물이 축조되었다. 축조되기 이전의 유효압력은 80kN/m², 축조된 후에 증가된 유효압력은 60kN/m²이다. 점토층의 두께가 3m일 때 압밀 침하량은 얼마인가?

① 12.6cm
② 9.1cm
③ 4.6cm
④ 1.3cm

해설
$$S_c = \Delta H = m_v \cdot \Delta\sigma \cdot H = \frac{C_c}{1+e_o} \cdot \log\left(\frac{P_o + \Delta P}{P_o}\right) \cdot H$$
$$= \frac{0.39}{1+1.26} \times \log\left(\frac{80+60}{80}\right) \times 3 = 0.126\text{m} = 12.6\text{cm}$$

해답 ①

054

포화도가 100%인 시료의 체적이 1000cm³이었다. 노건조 후에 측정한 결과, 물의 질량이 400g 이었다면 이 시료의 간극률(n)은 얼마인가?

① 15% ② 20%
③ 40% ④ 60%

해설
① $\gamma_w = \dfrac{W_w}{V_w}$ 에서 $V_w = \dfrac{W_w}{\gamma_w} = \dfrac{400\text{g}}{1\text{g/cm}^3} = 400\text{cm}^3$

② 포화도가 100%이므로 $S = \dfrac{V_w}{V_v} \times 100 = \dfrac{400}{V_v} \times 100 = 100\%$ 에서

$V_v = \dfrac{400}{100} \times 100 = 400\text{cm}^3$

③ 공극률 $n = \dfrac{V_v}{V} \times 100 = \dfrac{400}{1,000} \times 100 = 40\%$

해답 ③

055

기존 건물에 인접한 장소에 새로운 깊은 기초를 시공하고자 한다. 이때 기존 건물의 기초가 얕아 보강하는 공법 중 적당한 것은?

① 압성토 공법 ② 언더피닝 공법
③ 프리로딩 공법 ④ 치환 공법

해설 언더피닝(Under pinning) 공법은 인접된 기존구조물에 대하여 기초 부분을 신설, 개축 또는 보강하는 공법을 총칭한다.

해답 ②

056

예민비가 큰 점토란 무엇을 의미하는가?

① 다시 반죽햇을 때 강도가 증가하는 점토
② 다시 반죽했을 때 강도가 감소하는 점토
③ 입자의 모양이 날카로운 점토
④ 입자가 가늘고 긴 형태의 점토

해설 예민비가 큰 점토는 흙을 다시 이겼을 때 강도가 감소하는 등 공학적 성질이 좋지 않다.

해답 ②

057

일축압축강도가 32kN/m², 흙의 단위중량이 16kN/m³이고, $\phi=0$인 점토지반을 연직굴착 할 때 한계고는 얼마인가?

① 2.3m   ② 3.2m
③ 4.0m   ④ 5.2m

해설 **직립사면의 한계고**(연약점토지반)

$$H_c = 2Z_c = \frac{4c}{r_t}\tan\left(45° + \frac{\Phi}{2}\right) = \frac{2q_u}{r_t} = \frac{2 \times 32}{16} = 4\text{m}$$

해답 ③

058

모래치환법에 의한 흙의 밀도 시험에서 모래를 사용하는 목적은 무엇을 알기 위해서인가?

① 시험구멍의 부피   ② 시험구멍의 밑면의 지지력
③ 시험구멍에서 파낸 흙의 중량   ④ 시험구멍에서 파낸 흙의 함수상태

해설 모래치환법(들밀도 시험, KS F 2311)에서 모래를 사용하는 이유는 시험구멍의 체적을 측정하기 위한 것이다.

해답 ①

059

어느 흙 시료의 액성한계 시험결과 낙하횟수 40일 때 함수비가 48%, 낙하횟수 4일 때 함수비가 73%였다. 이때 유동지수는?

① 24.21%   ② 25.00%
③ 26.23%   ④ 27.00%

해설 **유동지수**(유동곡선의 기울기)

$$FI = \frac{w_1 - w_2}{\log N_2 - \log N_1} = \frac{w_1 - w_2}{\log \frac{N_2}{N_1}} = \frac{73 - 48}{\log \frac{40}{4}} = 25\%$$

해답 ②

060

파이핑(Piping) 현상을 일으키지 않는 동수경사(i)와 한계 동수경사(i_c)의 관계로 옳은 것은?

① $\dfrac{h}{L} > \dfrac{G_s - 1}{1 + e}$ ② $\dfrac{h}{L} < \dfrac{G_s - 1}{1 + e}$

③ $\dfrac{h}{L} > \dfrac{G_s - 1}{1 + e} \cdot \gamma_w$ ④ $\dfrac{h}{L} < \dfrac{G_s - 1}{1 + e} \cdot \gamma_w$

해설 분사현상이 일어나지 않을 조건(안전율을 1로 보는 경우)
$$i = \frac{h}{L} < i_c = \frac{G_s - 1}{1+e}$$

해답 ②

061 평판재하시험에서 재하판과 실제기초의 크기에 따른 영향, 즉 Scale effcect에 대한 설명 중 옳지 않은 것은?
① 모래지반의 지지력은 재하판의 크기에 비례한다.
② 점토지반의 지지력은 재하판의 크기와는 무관하다.
③ 모래지반의 침하량은 재하판의 크기가 커지면 어느 정도 증가하지만 비례적으로 증가하지는 않는다.
④ 점토지반의 침하량은 재하판의 크기와는 무관하다.

해설 점토지반일 때 침하량은 재하판의 폭에 비례한다.
$$S_{(기초)} = S_{(재하판)} \cdot \frac{B_{(기초)}}{B_{(재하판)}}$$

해답 ④

062 도로공사 현장에서 다짐도 95%에 대한 다음 설명으로 옳은 것은?
① 포화도 95%에 대한 건조밀도를 말한다.
② 최적함수비의 95%로 다진 건조밀도를 말한다.
③ 롤러로 다진 최대 건조밀도 100%에 대한 95%를 말한다.
④ 실내 표준다짐 시험의 최대 건조밀도의 95%의 현장시공 밀도를 말한다.

해설 다짐도
$$U = \frac{\gamma_d}{\gamma_{d\max}} \times 100(\%)$$
여기서, γ_d : 현장시공 밀도, $\gamma_{d\max}$: 실내 시험의 최대 건조밀도

해답 ④

063 압축작용(pressure action)과 반죽작용(kneading action)을 함께 가지고 있는 롤러는?
① 양족 롤러(Sheep's foot roller) ② 평활 롤러(Smooth wheel roller)
③ 진동 롤러(Vibratory roller) ④ 타이어 롤러(Tire roller)

해설 타이어 롤러(Tire Roller)는 자갈 모래 등이 많이 포함된 소성이 작은 흙이나 다짐두께가 얕은 곳에 유효한 다짐기계이며, 함수량이 낮은 사질토 다짐에는 부적합하다.

해답 ④

064 아래 그림과 같은 정수위 투수시험에서 시료의 길이는 L, 단면적은 A, t시간 동안 메스실런더에 개량된 물의 양이 Q, 수위차는 h로 일정할 때 이 시료의 투수계수는?

① $\dfrac{QL}{Aht}$

② $\dfrac{Qh}{ALt}$

③ $\dfrac{Qt}{ALh}$

④ $\dfrac{QA}{Lht}$

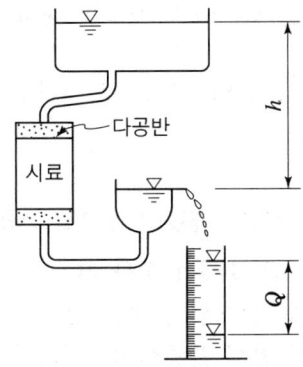

해설 정수위투수 시험은 $K = 10^{-2} \sim 10^{-3}$cm/sec의 투수계수가 큰 모래지반 적용한다.

$$K = \dfrac{Q \cdot L}{A \cdot h \cdot t}$$

해답 ①

---

065 다음 중 사질토 지반의 개량공법에 속하지 않는 것은?

① 폭파다짐공법
② 생석회 말뚝공법
③ 모래다짐 말뚝공법
④ 바이브로 플로테이션 공법

해설 생석회말뚝(chemico pile) 공법은 연약점토지반 개량공법의 일종이다.

> [참고] **1. 연약점토지반 개량공법**
> ① 치환공법
> ② pre-loading 공법(사전압밀공법)
> ③ Sand drain 공법
> ④ Paper Drain 공법(card board wicks method)
> ⑤ Pack Drain Method
> ⑥ 전기침투공법
> ⑦ 침투압공법(MAIS 공법)
> ⑧ 생석회말뚝(chemico pile) 공법
>
> **2. 사질토지반 개량공법**
> ① 다짐말뚝공법
> ② 다짐모래 말뚝공법(sand compaction pile 공법=compozer 공법)
> ③ 바이브로플로테이션(Vibroflotation) 공법
> ④ 폭파다짐공법
> ⑤ 약액주입공법
> ⑥ 전기충격공법

해답 ②

066 다음 중 흙 속의 전단강도를 감소시키는 요인이 아닌 것은?

① 공극수압의 증가
② 흙 다짐의 불충분
③ 수분 증가에 따른 점토의 팽창
④ 지반에 약액 등의 고결제를 주입

해설 지반에 고결제를 주입하면 전단강도가 증가한다.

해답 ④

067 일반적인 기초의 필요조건으로 거리가 먼 것은?

① 지지력에 대해 안정할 것
② 시공성, 경제성이 좋을 것
③ 침하가 전혀 발생하지 않을 것
④ 동해를 받지 않는 최소한의 근입깊이를 가질 것

해설 침하량이 허용치 이내에 들어야 한다.

해답 ③

068 다음 중 투수계수를 좌우하는 요인과 관계가 먼 것은?

① 포화도
② 토립자의 크기
③ 토립자의 비중
④ 토립자의 형상과 배열

해설 투수계수는 유체의 점성, 온도, 흙의 입경, 간극비, 형상, 포화도, 흙 입자의 거칠기 등의 요소에 의해 지배된다.
① $k = D_s^2 \cdot \dfrac{\gamma_w}{\mu} \cdot \dfrac{e^3}{1+e} \cdot C$
② 흙 입자의 비중은 투수계수와 관계가 없다.

해답 ③

069 다음 중 전단강도와 직접적으로 관련이 없는 것은?

① 흙의 점착력
② 흙의 내부마찰각
③ Barron의 이론
④ Mohr-Coulomb의 파괴이론

해설 Sand drain 공법에서 배수거리에 대한 영향원의 이론을 제기한 사람이 Barron으로 전단강도와 직접적인 관련이 없다.

해답 ③

070 그림과 같은 옹벽에서 전주동 토압(P_a)과 작용점의 위치(y)는 얼마인가?

① $P_a = 37$kN/m, $y = 1.21$m
② $P_a = 47$kN/m, $y = 1.79$m
③ $P_a = 47$kN/m, $y = 1.21$m
④ $P_a = 54$kN/m, $y = 1.79$m

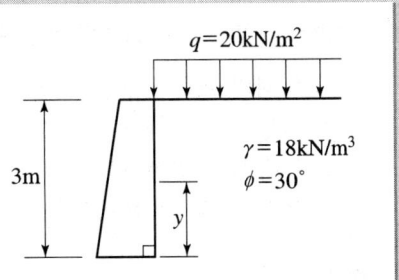

해설 ① 주동토압계수
$$K_a = \tan^2\left(45° - \frac{\phi}{2}\right) = \tan^2\left(45° - \frac{30°}{2}\right) = \frac{1}{3}$$
② 주동토압
$$P_a = P_{a1} + P_{a2} = \frac{1}{2}\gamma H^2 K_A + qHK_A$$
$$= \frac{1}{2} \times 18 \times 3^2 \times \frac{1}{3} + 20 \times 3 \times \frac{1}{3}$$
$$= 27 + 20 = 47\text{kN/m}$$
③ $P_a \cdot y = P_{a1} \cdot y_1 + P_{a2} \cdot y_2$

$47 \times y = 27 \times \frac{3}{3} + 20 \times \frac{3}{2}$ 에서 $y = \dfrac{27 \times \frac{3}{3} + 20 \times \frac{3}{2}}{47} = 1.21\text{m}$

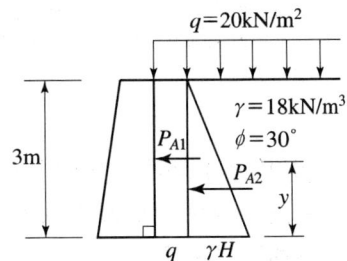

해답 ③

제3과목 수자원설계(수리학+상하수도공학)

1. 수리학

071 반지름 1.5m의 강관에 압력수두 100m의 물이 흐른다. 강재의 허용응력이 147MPa일 때 강관의 최소 두께는?

① 0.5cm
② 0.8cm
③ 1.0cm
④ 10cm

해설 ① 수두 100m의 수압 $= 10\text{kg/cm}^2 \times 0.01 \times 9.81 = 0.981\text{MPa}$
② 수두 100m의 수압에 견딜 수 있는 강관의 최소 두께
$$t = \frac{pd}{2\sigma} = \frac{0.981 \times 3,000}{2 \times 147} = 10\text{mm} = 1\text{cm}$$

해답 ③

072 에너지선에 대한 설명으로 옳은 것은?

① 유체의 흐름방향을 결정한다.
② 이상유체 흐름에서는 수평기준면과 평행하다.
③ 유량이 일정한 흐름에서는 동수경사선과 평행하다.
④ 유선 상의 각 점에서의 압력수두와 위치수두의 합을 연결한 선이다.

해설 ① 에너지선은 (압력수두+위치수두+속도수두=$\frac{P}{\omega}+Z+\frac{V^2}{2g}$)의 점들을 연결한 선이다.
② 베르누이 정리를 적용할 수 있는 유체인 완전유체(이상유체)의 경우 수두손실이 없어 에너지선은 수평기준면과 평행하다.

해답 ②

073 위어(weir) 중에서 수두변화에 따른 유량 변화가 가장 예민하여 유량이 적은 실험용 소규모 수로에 주로 사용하며, 비교적 정확한 유량측정이 필요할 경우 사용하는 것은?

① 원형 위어
② 삼각 위어
③ 사다리꼴 위어
④ 직사각형 위어

해설 ① 작은 유량을 측정할 경우 삼각위어가 효과적이며, 개수로에서 유량이 작을 때 사용된다.
② 수두변화에 따른 유량변화가 가장예민하기 때문에 유량이 적은 실험용 소규모 수로에 주로 사용한다.
③ 비교적 정확한 유량측정이 필요한 경우 사용한다.

해답 ②

074 단면적이 200cm²인 90° 굽어진 관(1/4 원의 형태)을 따라 유량 $Q=0.05$ m³/sec의 물이 흐르고 있다. 이 굽어진 면에 작용하는 힘(P)은?

① 157N
② 177N
③ 1570N
④ 1770N

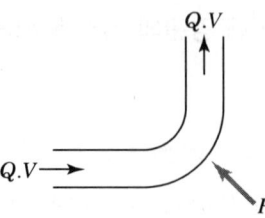

해설 ① 유속 $V=\frac{Q}{A}=\frac{0.05}{0.02}=2.5$m/sec
② x방향 힘

$$P_x = \frac{w}{g}Q(V_1 - V_2) = \frac{w}{g}Q(V - V\cos\theta) = \frac{w}{g}AV^2(1-\cos\theta)$$
$$= \frac{1}{9.8} \times 0.02 \times 2.5^2(1-\cos 90°)$$
$$= 0.0128t = 12.8kg = 125.44N$$

③ y방향 힘
$$P_y = \frac{w}{g}Q(V_1 - V_2) = \frac{w}{g}Q(0 - V\sin\theta) = -\frac{w}{g}AV^2\sin\theta$$
$$= -\frac{1}{9.8} \times 0.02 \times 2.5^2 \times \sin 90°$$
$$= 0.012755t = 12.755kg \times \frac{9.8}{1}\frac{N}{kg} = 125N$$

④ 굽어진 면에 작용하는 힘
$$P = \sqrt{P_x^2 + P_y^2} = \sqrt{125.44^2 + 125^2} = 177N$$

해답 ②

075

관수로 내의 흐름을 지배하는 주된 힘은?

① 인력 ② 중력
③ 자기력 ④ 점성력

해설 관수로는 압력(흐름 발생 원인)과 점성력(흐름에 저항)에 지배받는 흐름을 말하며, 압력은 흐름 발생의 원인이 되고 점성력은 흐름에 저항하는 힘이다.

해답 ④

076

그림과 같이 단면 ①에서 관의 지름이 0.5m, 유속이 2m/s이고, 단면 ②에서 관의 지름이 0.2m일 때 단면 ②에서의 유속은?

① 10.5m/s
② 11.5m/s
③ 12.5m/s
④ 13.5m/s

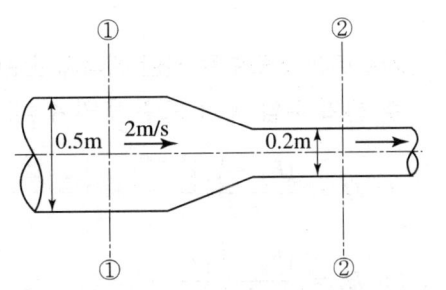

해설 $Q = A_1v_1 = A_2v_2$ 이므로 $\frac{\pi \times 0.5^2}{4} \times 2 = \frac{\pi \times 0.2^2}{4} \times v_2$ 에서 $v_2 = 12.5m/sec$

해답 ③

077
지름 0.3cm의 작은 물방울에 표면장력 $T_{15}=0.00075$N/cm가 작용할 때 물방울 내부와 외부의 압력차는?

① 30Pa
② 50Pa
③ 80Pa
④ 100Pa

해설 물방울 내부와 외부의 압력차

물방울에 작용하는 표면장력 식 $T=\dfrac{\Delta P}{4}d$에서

$$\Delta P = \dfrac{\Delta T}{d} = \dfrac{4\times\left(0.00075\times\dfrac{1}{10}\right)\text{N/mm}}{3\text{mm}} = 0.0001\text{N/mm}^2\times 10^6 = 100\text{Pa}$$

해답 ④

078
정수(靜水) 중의 한 점에 작용하는 정수압의 크기가 방향에 관계없이 일정한 이유로 옳은 것은?

① 물의 단위중량이 9.81kN/m³으로 일정하기 때문이다.
② 정수면은 수평이고 표면장력이 작용하기 때문이다.
③ 수심이 일정하여 정수압의 크기가 수심에 반비례하기 때문이다.
④ 정수압은 면에 수직으로 작용하고, 정역학적 평형방정식에 의해 모든 방향에서 크기가 같기 때문이다.

해설 정수압은 항상 임의의 면에 직각 방향으로 작용하므로 정수압의 크기는 방향에 관계없이 일정하다.

해답 ④

079
개수로에서 도수로 인한 에너지 손실을 구하는 식으로 옳은 것은? (단, h_1 : 도수 전의 수심, h_2 : 도수 후의 수심)

① $H_e = \dfrac{(h_2-h_1)^3}{h_1 h_2}$
② $H_e = \dfrac{(h_2-h_1)^3}{2h_1 h_2}$
③ $H_e = \dfrac{(h_2-h_1)^3}{3h_1 h_2}$
④ $H_e = \dfrac{(h_2-h_1)^3}{4h_1 h_2}$

해설 도수에 의한 에너지 손실

$$H_e = \dfrac{(h_2-h_1)^3}{4h_1 h_2}$$

해답 ④

080
흐름 중 상류(常流)에 대한 수식으로 옳지 않은 것은? (단, H_c : 한계수심, I_c : 한계경사, V_c : 한계유속, H : 수심, I : 수로경사, V : 유속)

① $H_c < H$
② $I_c > I$
③ $\dfrac{V}{\sqrt{gh}} > 1$
④ $V_c > V$

해설 상류와 사류의 구분 기준

상 류	한계류	사 류
$F_r < 1$	$F_r = 1$	$F_r > 1$
$h > h_c$	$h = h_c$	$h < h_c$
$V < V_c$	$V = V_c$	$V > V_c$
$I < I_c$	$I = I_c$	$I > I_c$

해답 ③

081
10m 깊이의 해수 중에서 작업하는 잠수부가 받는 계기압력은? (단, 해수의 비중은 1.025)

① 약 1기압
② 약 2기압
③ 약 3기압
④ 약 4기압

해설 10m 깊이의 계기압력은 약 1기압이다.

해답 ①

082
수축계수 0.45, 유속계수 0.92인 오리피스의 유량 계수는?

① 0.414
② 0.489
③ 0.643
④ 2.044

해설 유량계수(C) = 수축계수(C_a) × 유속계수(C_v) = 0.45 × 0.92 = 0.414

해답 ①

083
유체의 점성(viscosity)에 대한 설명으로 옳은 것은?

① 유체의 비중을 알 수 있는 척도이다.
② 동점성계수는 점성계수에 밀도를 곱한 값이다.
③ 액체의 경우 온도가 상승하면 점성도 함께 커진다.
④ 점성계수는 전단응력(τ)을 속도 경사($\dfrac{dv}{dy}$)로 나눈 값이다.

해설 **점성응력**(전단응력, 내부마찰력) $\tau = \mu \dfrac{dv}{dy}$ 에서 $\mu = \dfrac{\tau}{\dfrac{dv}{dy}}$

여기서, μ : 점성계수(점도, 점도계수)
$\dfrac{dv}{dy}$: 속도의 변화율(속도계수, 속도 기울기)

해답 ④

084
그림과 같이 지름 3m, 길이 8m인 수문에 작용하는 수평분력의 작용점까지 수심(h_C)은?

① 2.00m ② 2.12m
③ 2.34m ④ 2.43m

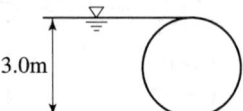

해설 $h_C = h_G + \dfrac{I_X}{h_G A} = \dfrac{3}{2} + \dfrac{\dfrac{8 \times 3^3}{12}}{\dfrac{3}{2} \times (3 \times 8)} = 2.00\text{m}$

여기서, I_X : 물체 단면의 중립축에 대한 단면2차모멘트

해답 ①

085
사다리꼴 단면인 개수로에서 수리학적으로 가장 유리한 단면의 조건은? (단, R : 경심, B : 수면 폭, h : 수심)

① $B = \dfrac{h}{2}$ ② $B = h$
③ $R = \dfrac{h}{2}$ ④ $R = h$

해설 수리학상 유리한 직사각형 단면은 $h = \dfrac{B}{2}$, $R_{\max} = \dfrac{h}{2}$ 인 단면이다.

해답 ③

086
관수로의 관망설계에서 각 분기점 또는 합류점에 유입하는 유량은 그 점에서 정지하지 않고 전부 유출하는 것으로 가정하여 관망을 해석하는 방법은?

① Manning 방법 ② Hardy-Cross 방법
③ Darcy-Weisbach 방법 ④ Ganguillet-Kutter 방법

해설 **Hardy Cross 계산법의 기본 조건**
① 각 분기점 또는 합류점에 유입하는 유량은 그 점에서 정지하지 않고 전부 유출하는 것으로 보며, 이는 유입되는 유량의 합과 유출되는 유량의 합이 동일해야 한다는

연속방정식의 조건을 의미한다. 즉, $\Sigma Q = 0$ 조건인 연속방정식을 만족한다.
② 흐름의 방향과는 관계없이 각 폐합관에서 손실수두의 합은 '0'으로 본다. 즉, $\Sigma h = 0$ 조건을 의미한다.
③ 손실은 마찰손실만 고려하고, 관의 각 부분에서 발생되는 미소손실은 무시한다.

해답 ②

087
개수로에서 파상도수가 일어나는 범위는? (단, Fr_1 : 도수 전의 Froude number)

① $Fr_1 = \sqrt{3}$
② $1 < Fr_1 < \sqrt{3}$
③ $2 > Fr_1 > \sqrt{3}$
④ $\sqrt{2} < Fr_1 < \sqrt{3}$

해설 파상도수는 $1 < Fr_1 < \sqrt{3}$ 인 경우이다.

해답 ②

088
마찰손실계수(f)가 0.03일 때 Chezy의 평균유속계수(C, $\mathrm{m}^{\frac{1}{2}}/\mathrm{s}$)는? (단, Chezy의 평균유속 $V = C\sqrt{RI}$)

① 48.1
② 51.1
③ 53.4
④ 57.4

해설 Chezy의 평균유속계수
$$C = \sqrt{\frac{8g}{f}} = \sqrt{\frac{8 \times 9.8 [\mathrm{m/s^2}]}{0.03}} = 51.1\,\mathrm{m}^{\frac{1}{2}}/\mathrm{s}$$

해답 ②

2. 상하수도공학(상수도계획, 하수도계획)

089
하천에 오수가 유입될 때 하천의 자정작용 중 최초의 분해지대에서 BOD가 감소하는 주요 원인은?

① 온도의 변화
② 탁도의 증가
③ 미생물의 번식
④ 유기물의 침전

해설 분해지대는 물이 오염되면서 최초의 분해지대에서 시작되는 단계로 세균의 수가 증가(미생물의 번식)로 BOD가 감소하게 된다.

해답 ③

090
하수도계획의 목표연도는 원칙적으로 몇 년을 기준으로 하는가?

① 5년 ② 10년
③ 15년 ④ 20년

해설 하수도계획의 목표년도는 원칙적으로 20년으로 한다.

해답 ④

091
유입하수량 30000m³/day, 유입 BOD 200mg/L, 유입 SS 150mg/L이고, BOD 제거율이 95%, SS 제거율이 90%일 경우, 유출 BOD의 농도(㉠)와 유출 SS의 농도(㉡)는?

① ㉠ : 10mg/L, ㉡ : 15mg/L
② ㉠ : 10mg/L, ㉡ : 30mg/L
③ ㉠ : 16mg/L, ㉡ : 15mg/L
④ ㉠ : 16mg/L, ㉡ : 30mg/L

해설 ① 유출 BOD 농도 = 유입 BOD 농도 × (100 − BOD제거율)
= 200mg/L × (100 − 95) = 10mg/L
② 유출 SS 농도 = 유입 SS 농도 × (100 − SS제거율)
= 150mg/L × (100 − 90) = 15mg/L

해답 ①

092
계획1인1일최대급수량 400L/(인·day), 급수보급율 95%, 인구 15만명의 도시에 급수계획을 하고자 할 때, 이 도시의 계획1일최대급수량은?

① 48450m³/day ② 57000m³/day
③ 65550m³/day ④ 72900m³/day

해설 계획 1일 최대급수량 = 계획 1인 1일 최대급수량 × 계획 급수인구 × 급수보급률
= 400L/(인·day) × 150,000인 × 0.95
= 57,000,000L/day
= 57,000m³/day

해답 ②

093
취수탑에 대한 설명으로 옳지 않은 것은?

① 최소수심이 2m 이상은 확보되어야 한다.
② 연중 수위변화의 폭이 큰 지점에는 부적합하다.
③ 취수탑의 취수구 전면에는 스크린을 설치한다.
④ 취수탑은 하천, 호소, 댐 내에 설치된 탑모양의 구조물이다.

해설 취수탑은 연간의 수위 변화가 크거나 또는 적당한 깊이에서의 취수가 요구될 때 사용한다.

해답 ②

094
하수 관정부식(crown corrosion)의 원인이 되는 물질은?

① NH_4
② H_2S
③ PO_4
④ SS

해설 관정부식의 원인물질은 황화수소(H_2S) 또는 황(S) 화합물이다.

해답 ②

095
하수처리장의 반응조에서 미생물의 고형물 체류시간(SRT)을 구할 때 무시될 수 있는 항목은?

① 생물반응조 용량
② 유출수내 SS 농도
③ 잉여찌꺼기(슬러지)량
④ 생물반응조 MLSS 농도

해설
1. 유출수내 SS(부유물질) 농도는 무시할 수 있다.
2. 고형물 체류시간(SRT) 산정시 고려항목
   ① 생물반응조 용량(부피)
   ② 유입수량
   ③ 생물반응조내 MLSS(혼합액 부유고형물) 농도
   ④ 반송슬로지 SS(부유물질)농도
   ⑤ 잉여슬러지(찌꺼기)량

해답 ②

096
침전시설과 여과시설 등을 거친 정수장의 배출수는 최종적으로 적절한 배출수 처리설비를 거쳐 방류된다. 배출수 처리에 대한 설명으로 옳지 않은 것은?

① 발생 슬러지는 위해하므로 주로 매립하고, 재활용은 제한한다.
② 재순환되는 세척배출수의 목표수질은 평균적인 원수수질과 같거나 더 양호해야 한다.
③ 슬러지처리시설은 정수처리시설에서 발생하는 슬러지를 처리하고 처분하는데 충분한 기능과 능력을 갖추어야 한다.
④ 세척배출수에서 발생된 슬러지와 정수공정의 침전슬러지는 배출수처리시설의 농축조에서 농축처리하며 그 상징수는 정수공정으로 반송하지 않는다.

해설 정수장의 배출수 처리에 있어 발생 슬러지는 주로 매립 또는 토지개량제나 퇴비 등의 비료로 재활용함이 바람직하다.

해답 ①

097
상수도관 내의 수격현상(water hammer)을 경감시키는 방안으로 적합하지 않은 것은?

① 펌프의 급정지를 피한다.
② 에어챔버(air chamber)를 설치한다.
③ 운전 중 관내 유속을 최대로 유지한다.
④ 관로에 압력 조절 탱크(surge tank)를 설치한다.

해설 관 내 유속을 저하시켜야 한다.

해답 ③

098
펌프의 임펠러 입구에서 정압이 그 수온에 상당하는 포화 증기압 이하가 되면 그 부분에 증기가 발생하거나 흡입관으로부터 공기가 흡입되어 기포가 생기는 현상은?

① Cavitation
② Positive Head
③ Specific Speed
④ Characteristic Curves

해설 **공동현상**(cavitation)이란 펌프의 임펠러 입구에서 가장 압력이 저하하게 되는데, 이때의 압력이 포화증기압 이하가 되었을 때 그 부분의 물이 증발하여 공동(空洞)을 발생하든가 흡입관으로부터 공기가 혼입해서 공동이 발생하는 현상을 말한다.

해답 ①

099
상수의 소독방법 중 염소처리와 오존처리에 대한 설명으로 옳지 않은 것은?

① 오존의 살균력은 염소보다 우수하다.
② 오존처리는 배오존처리설비가 필요하다.
③ 오존처리는 염소처리에 비하여 잔류성이 강하다.
④ 염소처리는 트리할로메탄(THM)을 생성시킬 가능성이 있다.

해설 ① 염소소독은 소독 효과가 우수하고 잔류성이 있는 것이 특징이다.
② 오존은 살균력이 아주 강하나, 소독의 잔류효과 없다.

해답 ③

100
대장균군이 오염지표로 널리 사용되는 이유로 옳은 것은?

① 검출이 어렵다.
② 검사방법이 용이하다.
③ 인체의 배설물 중에 존재하지 않는다.
④ 소화기계 병원균보다 저항력이 약하다.

해설 대장균군의 검출 의의
① 대장균은 인체에 해로운 균은 아니지만 소화기 계통의 전염병균이 대장균군과 같이 존재하기 때문에 대장균의 유무로써 다른 세균의 유무를 추정할 수 있고, 수인성 전염균 등의 병원균을 추정하는 간접 지표가 된다.
② 대장균보다 검출이 용이하고 검출속도가 빠르다.
③ 시험이 간편하며, 정확성이 보장된다.
④ 음용수 수질기준은 검수 50mL에 대하여 검출되지 않아야 한다.

해답 ②

101
현재 인구가 20만명이고 연평균 인구증가율이 4.5%인 도시의 10년 후 추정 인구는? (단, 등비급수법에 의한다.)
① 226202명
② 290000명
③ 310594명
④ 324571명

해설 $P_n = P_0(1+r)^n = 200,000 \times (1+0.045)^{10} = 310,594$명

해답 ③

102
정수시설 중 혼화지와 침전지 사이에 위치하는 설비로서 완속교반을 행하는 설비를 무엇이라고 하는가?
① 여과지
② 침사지
③ 소독설비
④ 플록형성지

해설 플록형성지는 혼화지와 침전지 사이에 위치하며, 완속교반을 행하는 설비로서 정수시설의 일종이다.

해답 ④

103
하수관로의 경사와 유속에 대한 설명으로 옳지 않은 것은?
① 관로의 경사는 하류로 갈수록 감소시켜야한다.
② 유속이 너무 크면 관로를 손상시키고 내용연수를 줄어들게 한다.
③ 오수관로의 최대유속은 계획시간최대오수량에 대하여 1.0m/s로 한다.
④ 유속을 너무 크게 하면 경사가 급하게 되어 굴착 깊이가 점차 깊어져서 시공이 곤란하고 공사비용이 증대된다.

해설 하수관의 유속

관거	최소 유속	최대 유속	비 고
오수관거	0.6m/sec	3.0m/sec	이상적인 유속 : 1.0~1.8m/sec
우수관거 및 합류관거	0.8m/sec	3.0m/sec	

해답 ③

104
계획배수량의 기준으로 옳은 것은?
① 배수구역의 계획1일평균배수량
② 배수구역의 계획1일최대배수량
③ 배수구역의 계획시간평균배수량
④ 배수구역의 계획시간최대배수량

해설 계획배수량은 원칙적으로 해당 배수구역의 계획시간최대배수량으로 한다.

해답 ④

105
하수배제방식 중 분류식과 비교하여 합류식이 갖는 특징으로 옳지 않은 것은?
① 폐쇄될 염려가 적다.
② 검사 및 수리가 비교적 쉽다.
③ 관로의 접합, 연결 등 시공이 복잡하다.
④ 강우 시 초기우수의 처리대책이 필요하다.

해설 합류식은 분류식에 비해 사설하수에 연결하기 쉬우며, 시공상 분류식보다 건설비가 적게 소요된다.

해답 ③

106
분류식에서 사용되는 중계 펌프장 시설의 계획하수량은?
① 계획1일최대오수량
② 계획1일평균오수량
③ 우천시 평균오수량
④ 계획시간최대오수량

해설 분류식 계획하수량은 계획시간최대오수량을 사용한다.

해답 ④

107
호기성 소화와 혐기성 소화를 비교할 때, 혐기성 소화에 대한 설명으로 틀린 것은?
① 처리 후 슬러지 생성량이 적다.
② 유효한 자원인 메탄이 생성된다.
③ 높은 온도를 필요로 하지 않는다.
④ 공정 영향인자에는 체류시간, 온도, pH, 독성물질, 알칼리도 등이 있다.

해설 혐기성 소화조는 소화조 내 정상적인 운전 온도는 35℃ 정도이며 이보다 온도가 저하되면 미생물의 활성이 떨어져 소화 효율이 저하된다.

해답 ③

108 계획오수량 산정에서 고려되는 것이 아닌 것은?

① 지하수량 ② 공장폐수량
③ 생활오수량 ④ 차집하수량

해설 계획오수량 = 생활오수량 + 공장폐수량 + 지하수량 + 기타배수량(농경지 하수 포함 안됨) **해답** ④

무료 동영상과 함께하는 **토목산업기사 필기**

2020

2020년 6월 6일 시행
2020년 8월 22일 시행
2020년 9월 CBT 시행

무료 동영상과 함께하는
토목산업기사 필기

토목산업기사

2020년 6월 6일 시행

2023 개정된 출제기준에 의거하여 불필요한 문제는 삭제하고 3과목으로 정리함

제1과목 구조설계(응용역학+철근콘크리트 및 강구조)

1. 응용역학(역학적인 개념 및 건설 구조물의 해석)

001 지름이 D인 원목을 직사각형 단면으로 제재하고자 한다. 휨모멘트에 대한 저항을 크게 하기 위해 최대 단면계수를 갖는 직사각형 단면을 얻으려면 적당한 폭 b는?

① $b = \dfrac{1}{2}D$ ② $b = \dfrac{1}{\sqrt{3}}D$

③ $b = \dfrac{\sqrt{3}}{2}D$ ④ $b = \sqrt{\dfrac{2}{3}}D$

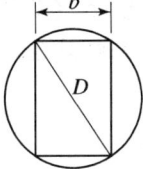

해설 지름 d인 원형 단면에서 최대 단면계수를 갖는 직사각형 단면의 b

$$b = \frac{1}{\sqrt{3}}d$$

[참고] 지름 d인 원형 단면에서 최대 단면계수를 갖는 직사각형 단면의 b

$$b = \sqrt{\frac{1}{3}}d, \quad h = \sqrt{\frac{2}{3}}d$$

002 아래 그림에서 지점 C의 반력이 영(零)이 되기 위해 B점에 작용시킬 집중하중(P)의 크기는?

① 8kN
② 10kN
③ 12kN
④ 14kN

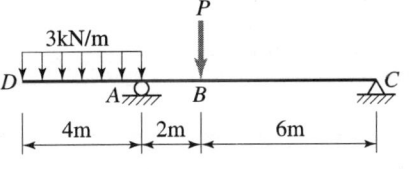

해설 $\sum M_A = 0 (\curvearrowright)$
$-(3\times 4)\times 2 + P\times 2 - V_C \times 8 = -(3\times 4)\times 2 + P\times 2 - 0\times 8$ 에서
$P = 12\text{kN}$

003

정사각형(한 변의 길이 h)의 균일한 단면을 가진 길이 L의 기둥이 견딜 수 있는 축방향 하중을 P로 할 때 다음 중 옳은 것은? (단, EI는 일정하다.)

① P는 E에 비례, h^3에 비례, L에 반비례한다.
② P는 E에 비례, h^4에 비례, L^2에 비례한다.
③ P는 E에 비례, h^4에 비례, L에 비례한다.
④ P는 E에 비례, h^4에 비례, L^2에 반비례한다.

해설

좌굴하중 $P_b = \dfrac{\pi^2 EI}{l_k^2} = \dfrac{n\pi^2 EI}{l^2} = \dfrac{n\pi^2 E \dfrac{h^4}{12}}{l^2}$ 에서

$P_b \propto E \propto h^4 \propto \dfrac{1}{l^2}$

해답 ④

004

지름이 6cm, 길이가 100cm의 둥근막대가 인장력을 받아서 0.5cm 늘어나고 동시에 지름이 0.006cm 만큼 줄었을 때 이 재료의 푸아송 비(ν)는?

① 0.2 ② 0.5
③ 2.0 ④ 5.0

해설

푸와송비 $\nu = \dfrac{\beta}{\epsilon} = \dfrac{-\Delta d/d}{\Delta l/l} = -\dfrac{\Delta dl}{\Delta ld} = -\dfrac{0.006 \times 100}{0.5 \times 6} = 0.2$

해답 ①

005

아래 그림에서 단면적이 A인 임의의 부재단면이 있다. 도심축으로부터 y_1 떨어진 축을 기준으로 한 단면 2차 모멘트의 크기가 I_{x1}일 때, 도심축으로부터 $3y_1$ 떨어진 축을 기준으로 한 단면 2차 모멘트의 크기는?

① $I_{x1} + 2Ay_1^2$
② $I_{x1} + 3Ay_1^2$
③ $I_{x1} + 4Ay_1^2$
④ $I_{x1} + 8Ay_1^2$

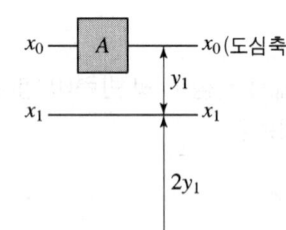

해설

$3y_1$ 떨어진 축을 기준으로 한 단면2차모멘트는 평행축 정리 $I_x = I_{도심} + A \cdot y^2$으로 구한다.

① $I_{x1} = I_{x0} + Ay_1^2$에서 $I_{x0} = I_{x1} - Ay_1^2$
② $I_{x2} = I_{x0} + A(3y_1)^2 = I_{x1} - Ay_1^2 + A(3y_1)^2 = I_{x1} - Ay_1^2 + 9Ay_1^2 = I_{x1} + 8Ay_1^2$

해답 ④

006 그림과 같은 단순보의 B지점에 모멘트가 50kN·m가 작용할 때 C점의 휨모멘트는?

① -20kN·m
② -20kN·m
③ -30kN·m
④ -30kN·m

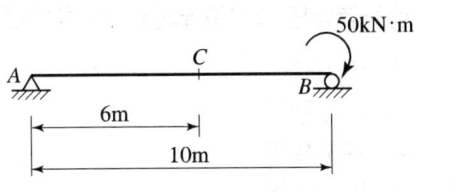

해설
① A지점의 반력 $R_A = \dfrac{M}{l} = \dfrac{50}{10} = 5$kN($\downarrow$)
② C점에서의 휨모멘트 $M_C = R_A \times 6 = -5 \times 6 = -30$kN·m

해답 ③

007 지름 D인 원형 단면보에 휨모멘트 M이 작용할 때 최대 휨응력은?

① $\dfrac{6M}{\pi D^3}$ ② $\dfrac{16M}{\pi D^3}$
③ $\dfrac{32M}{\pi D^3}$ ④ $\dfrac{64M}{\pi D^3}$

해설 최대 휨응력

$$\sigma_{\max} = \dfrac{M}{Z} = \dfrac{M}{\dfrac{\pi D^3}{32}} = \dfrac{32M}{\pi D^3}$$

해답 ③

008 그림과 같은 단면에서 직사각형 단면의 최대 전단응력은 원형단면의 최대 전단응력의 몇 배인가? (단, 두 단면적과 작용하는 전단력의 크기는 동일하다.)

① 5/6배
② 7/6배
③ 8/7배
④ 9/8배

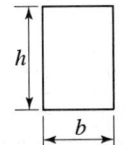 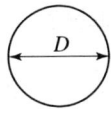

해설
① 구형단면 $\tau_{\max}(\text{중앙}) = \dfrac{3}{2}\dfrac{S}{A}$
② 원형단면 $\tau_{\max}(\text{중앙}) = \dfrac{4}{3}\dfrac{S}{A}$
③ 단면적과 전단력의 크기가 동일하므로

$$\dfrac{\text{직사각형 단면의 최대 전단응력}}{\text{원형 단면의 최대 전단응력}} = \dfrac{\dfrac{3}{2}\dfrac{S}{A}}{\dfrac{4}{3}\dfrac{S}{A}} = \dfrac{3 \times 3}{2 \times 4} = \dfrac{9}{8}$$

해답 ④

009

그림에서 C점에 얼마의 힘(P)으로 당겼더니 부재 BC에 200kN의 장력이 발생하였다면 AC에 발생하는 장력은?

① 86.6kN
② 115.5kN
③ 346.4kN
④ 400.0kN

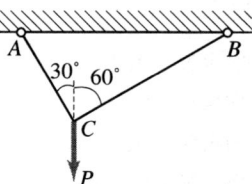

해설 끈 AC와 BC 모두를 자른 후 두 끈 모두에 인장력이 작용한다고 가정하고 라미의 정리를 이용해 AC와 BC에 작용되는 힘을 구한다.

$$\frac{AC}{\sin 120°} = \frac{P}{\sin 90°} = \frac{BC}{\sin 150°}$$

$\frac{AC}{\sin 120°} = \frac{P}{\sin 90°} = \frac{200}{\sin 150°}$ 에서 $AC = \frac{200}{\sin 150°} \sin 120° = 346.4\text{kN}$

해답 ③

010

"여러 힘이 작용할 때 임의의 한 점에 대한 모멘트의 합은 그 점에 대한 합력의 모멘트와 같다."라는 것은 무슨 정리인가?

① Lami의 정리
② Castigliano의 정리
③ Varignon의 정리
④ Mohr의 정리

해설 바리뇽의 정리의 정의는 '여러 개의 평면력들의 1점에 대한 모멘트의 합은 이들 평면력의 합력이 동일점에 대한 모멘트와 같다'이다.

해답 ③

011

단순보에 아래 그림과 같이 집중하중 P와 등분포하중 w가 작용할 때 중앙점에서의 휨모멘트는?

① $\frac{Pl}{4} + \frac{wl^2}{4}$
② $\frac{Pl}{4} + \frac{wl^2}{8}$
③ $\frac{Pl}{8} + \frac{wl^2}{8}$
④ $\frac{Pl}{4} + \frac{wl^2}{2}$

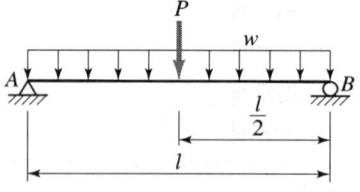

해설
① 집중하중이 중앙에 작용하는 단순보의 중앙점의 휨모멘트는 $\frac{Pl}{4}$ 이다.

② 등분포하중이 만재된 단순보의 중앙점인 중앙점의 휨모멘트는 $\frac{wl^2}{8}$ 이다.

③ 집중하중이 중앙에 작용하면서 동시에 등분포하중이 만재된 단순보의 중앙점의 휨모멘트는 $M_{중앙} = \frac{Pl}{4} + \frac{wl^2}{8}$

해답 ②

012

다음과 같은 단순보에서 최대 휨응력은? (단, 단면은 폭 300mm, 높이 400mm의 직사각형이다.)

① 15MPa
② 18MPa
③ 22MPa
④ 26MPa

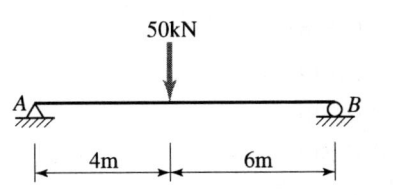

해설
① A지점 반력
$$V_A = \frac{50 \times 6}{10} = 30\text{kN}(\uparrow)$$
② 최대 휨모멘트
50kN의 수직하중 작용점에서 발생하므로
$$M_{\max} = V_A \times 4 = 30 \times 4 = 120\text{kN} \cdot \text{m}$$
③ 최대 휨응력
$$\sigma_{\max} = \frac{M_{\max}}{Z} = \frac{M_{\max}}{\frac{b \cdot h^2}{6}} = \frac{120,000,000\text{N} \cdot \text{mm}}{\frac{300 \times 400^2}{6}} = 15\text{MPa}$$

해답 ①

013

그림과 같은 단면 도형의 x, y축에 대한 단면 상승 모멘트(I_{xy})는?

① $\dfrac{bh^3}{3}$
② $\dfrac{b^3h}{3}$
③ $\dfrac{b^2h^2}{4}$
④ $\dfrac{bh^3 + b^3h}{3}$

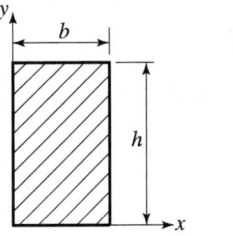

해설 직사각형 도형의 밑변을 지나는 두 축에 대한 단면 상승 모멘트
$$I_{xy} = A \cdot x_o \cdot y_o = (b \cdot h) \cdot \frac{b}{2} \cdot \frac{h}{2} = \frac{b^2h^2}{4}$$

해답 ③

014

어떤 재료의 탄성 계수(E)가 210000MPa, 푸아송 비(ν)가 0.25, 전단변형율(γ)이 0.1이라면 전단응력(τ)은?

① 8400MPa
② 4200MPa
③ 2400MPa
④ 1680MPa

해설
① $G = \dfrac{E}{2(1+\nu)} = \dfrac{210000}{2 \times (1+0.25)} = 84000\text{MPa}$
② $\tau = G \cdot r = 84000 \times 0.1 = 8400\text{MPa}$

해답 ①

015 아래 그림에서 A점으로부터 합력(R)의 작용위치(C점)까지의 거리(x)는?

① 0.8m
② 0.6m
③ 0.4m
④ 0.2m

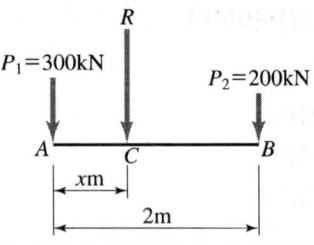

해설 바리뇽의 정리에 의해 구할 수 있다.
$R = -300 - 200 = -500\text{kN} = 500\text{kN}(\downarrow)$
$M_A(\curvearrowright\oplus) = 200 \times 2 = 500 \times x$ 에서 $x = 0.8\text{m}$

해답 ①

016 반지름 r인 원형단면의 단주에서 핵 반경 e는?

① $\dfrac{r}{2}$
② $\dfrac{r}{3}$
③ $\dfrac{r}{4}$
④ $\dfrac{r}{5}$

해설 핵반경 $k_o = e = \dfrac{Z}{A} = \dfrac{\dfrac{\pi D^3}{32}}{\dfrac{\pi D^2}{4}} = \dfrac{D}{8} = \dfrac{r}{4}$

해답 ③

2. 철근콘크리트 및 강구조

017 $b = 300\text{mm}$, $d = 500\text{mm}$인 단철근 직사각형 보에서 균형철근비(ρ_b)가 0.0285일 때, 이 보를 균형철근비로 설계한다면 철근량(A_s)은?

① 2820mm^2
② 3210mm^2
③ 4225mm^2
④ 4275mm^2

해설 $A_s = \rho_b bd = 0.0285 \times 300 \times 500 = 4275\text{mm}^2$

해답 ④

018 프리스트레스트 콘크리트에서 콘크리트의 건조수축변형률이 19×10^{-5}일 때 긴장재 인장응력의 감소량은? (단, 긴장재의 탄성계수는 2.0×10^5MPa이다.)

① 38MPa
② 41MPa
③ 42MPa
④ 45MPa

해설 $\Delta f_p = E_p \epsilon_{sh} = 2 \times 10^5 \times 19 \times 10^{-5} = 38$MPa

해답 ①

---

019 $M_u = 170$kN·m의 계수모멘트를 받는 단철근 직사각형 보에서 필요한 철근량(A_s)은 약 얼마인가? (단, 보의 폭은 300m, 유효깊이는 450mm, $f_{ck} = 28$ MPa, $f_y = 400$MPa이고, $\phi = 0.85$를 적용한다.)

① 1100mm²
② 1200mm²
③ 1300mm²
④ 1400mm²

해설
① $M_u = M_d = \phi M_n = \phi 0.85 f_{ck} ab \left(d - \dfrac{a}{2}\right)$

$170{,}000{,}000 = 0.85 \times 0.85 \times 28 \times a \times 300 \times \left(450 - \dfrac{a}{2}\right)$에서 $a = 68$mm

② $M_u = \phi A_s f_y \left(d - \dfrac{a}{2}\right)$에서 $A_s = \dfrac{M_u}{\phi f_y \left(d - \dfrac{a}{2}\right)} = \dfrac{170{,}000{,}000}{0.85 \times 400 \times \left(450 - \dfrac{68}{2}\right)}$

$= 1{,}202\text{mm}^2 \fallingdotseq 1{,}200\text{mm}^2$

해답 ②

---

020 강도설계법에서 사용되는 강도감소계수에 대한 설명으로 틀린 것은?

① 인장지배단면에 대한 강도감소계수는 0.85이다.
② 전단력에 대한 강도감소계수는 0.75이다.
③ 무근콘크리트의 휨모멘트에 대한 강도감소계수는 0.55이다.
④ 압축지배단면 중 나선철근으로 보강된 철근콘크리트 부재의 강도 감소계수는 0.65이다.

해설 압축지배단면 중 나선철근으로 보강된 철근콘크리트 부재의 강도 감소계수는 0.70이다.

해답 ④

021

그림과 같은 리벳 이음에서 허용 전단응력이 70MPa이고, 허용 지압응력이 150MPa일 때 이 리벳의 강도는? (단, 리벳 지름(d)은 22mm, 철판 두께(t)는 12mm이다.)

① 26.6kN
② 30.4kN
③ 39.6kN
④ 42.2kN

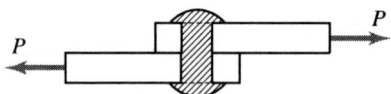

해설 ① 허용전단강도(P_s)
1면 전단이므로
$$P_s = v_{sa} \times A = v_{sa} \times \frac{\pi d^2}{4} = 70 \times \frac{\pi \times 22^2}{4} = 26,609\text{N} = 26.6\text{kN}$$
② 허용지압강도(P_b)
$$P_b = f_{ba} \times A_b = f_b \times dt = 150 \times 22 \times 12 = 39,600\text{N} = 39.6\text{kN}$$
③ 리벳 값(리벳강도, P_n)
허용전단강도(P_s)와 허용지압강도(P_b) 중 작은 값인 26.6kN이다.

해답 ①

022

강도설계법에서 설계기준압축강도(f_{ck})가 35MPa인 경우 계수 β_1의 값은? (단, 등가직사각형 응력블록의 깊이 $a = \beta_1 c$이다.)

① 0.795　　② 0.800
③ 0.823　　④ 0.850

해설 콘크리트의 등가압축응력깊이의 비
$f_{ck} = 35\text{MPa}$로 40MPa 이하이므로 $\beta_1 = 0.80$

해답 ②

023

처짐을 계산하지 않는 경우 단순 지지로 길이가 l인 1방향 슬래브의 최소 두께(h)로 옳은 것은? (단, 보통콘크리트($m_c = 2300\text{kg/m}^3$)와 설계기준항복 강도 400MPa의 철근을 사용한 부재이다.)

① $\dfrac{l}{20}$　　② $\dfrac{l}{24}$
③ $\dfrac{l}{28}$　　④ $\dfrac{l}{34}$

해설 처짐을 계산하지 않는 경우 단순지지된 1방향 슬래브의 최소 두께
$$h = \frac{l}{20}$$

해답 ①

024

아래 그림과 같은 강도설계법에 의해 설계된 복철근보에서 콘크리트의 최대변형률이 0.0033에 도달했을 때 압축철근이 항복하는 경우의 변형률(ϵ_s')은?

① 0.85×0.0033
② $\dfrac{1}{3} \times 0.0033$
③ $0.0033\left(\dfrac{c+d}{c}\right)$
④ $0.0033\left(\dfrac{c-d'}{c}\right)$

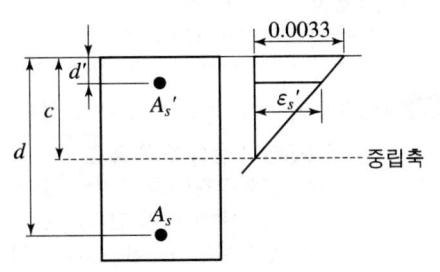

해설 복철근 직사각형보에서 콘크리트 변형률이 0.0033에 도달할 때 압축철근이 항복하기 위한 압축철근의 변형률(ϵ_s')

$\epsilon_c : \epsilon_s' = c : c-d'$, $0.0033 : \epsilon_s' = c : c-d'$

$\epsilon_s' = 0.0033 \dfrac{c-d'}{c}$

해답 ④

025

전단철근에 대한 설명으로 틀린 것은?

① 철근콘크리트 부재의 경우 주인장 철근에 45° 이상의 각도로 설치되는 스트럽을 전단철근으로 사용할 수 있다.
② 철근콘크리트 부재의 경우 주인장 철근에 30° 이상의 각도로 구부린 굽힘철근을 전단철근으로 사용할 수 있다.
③ 전단철근의 설계기준항복강도는 500MPa를 초과할 수 없다.
④ 전단철근으로 사용하는 스터럽과 기타 철근 또는 철선은 콘크리트 압축연단부터 거리 $d/2$ 만큼 연장하여야 한다.

해설 전단철근으로 사용하는 스터럽과 기타 철근 또는 철선은 콘크리트 압축연단부터 거리 d 만큼 연장하여야 한다.

해답 ④

026

아래 그림과 같은 맞대기 용접의 용접부에 생기는 인장응력은?

① 141MPa
② 180MPa
③ 200MPa
④ 223MPa

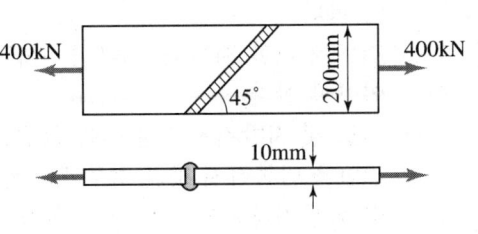

해설 $f = \dfrac{P}{\sum al} = \dfrac{400,000\text{N}}{10 \times 200} = 200\text{MPa}$

해답 ③

027 PS강재에 요구되는 일반적인 성질로 틀린 것은?

① 인장강도가 클 것
② 릴랙세이션이 작을 것
③ 늘음과 인성이 없을 것
④ 응력부식에 대한 저항성이 클 것

해설 PS강재의 경우 높은 연성과 인성이 있어야 한다.

[참고] **PS강재 품질 요구 조건**
① 고인장강도를 가져야 한다.
② 항복비가 커야 한다.
③ 릴랙세이션(Relaxation)이 작아야 한다.
④ 직선성(신직성)이 좋아야 한다.
⑤ 높은 연성과 인성이 있어야 한다.
⑥ 피로강도가 커야 한다.
⑦ 콘크리트와의 부착강도가 커야 한다.
⑧ 응력부식에 대한 저항성이 커야 한다.

해답 ③

028 프리스트레스트 콘크리트 부재의 제작과정 중 프리텐션 공법에서 필요하지 않는 것은?

① 콘크리트 치기 작업
② PS강재에 인장력을 주는 작업
③ PS강재에 준 인장력을 콘크리트 부재에 전달시키는 작업
④ PS강재와 콘크리트를 부착시키는 그라우팅 작업

해설 포스트 텐션 방식에서의 시스 속에 그라우팅을 하는 부착식과 시스 속을 그라우팅 하지 않는 미부착식이 있으며, 프리텐션에서는 그라우팅 작업이 필요하지 않다.

해답 ④

029 옹벽의 안정조건에 대한 설명으로 틀린 것은?

① 활동에 대한 저항력은 옹벽에 작용하는 수평력의 1.5배 이상이어야 한다.
② 지반에 유발되는 최대 지반반력이 지반의 허용지지력의 1.5배 이상이어야 한다.
③ 전도에 대한 저항휨모멘트는 횡토압에 의한 전도휨모멘트의 2.0배 이상이어야 한다.
④ 전도 및 지반지지력에 대한 안정조건은 만족하지만, 활동에 대한 안정조건만을 만족하지 못할 경우에는 활동방지벽 혹은 횡방향 앵커 등을 설치하여 활동저항력을 증대시킬 수 있다.

해설 지반의 허용지지력은 지반에 유발되는 최대 지반반력의 1.0배 이상이어야 한다. 즉 지반에 유발되는 최대 지반반력이 지반의 허용지지력을 초과하지 않아야 한다.

해답 ②

030 상부철근(정착길이 아래 300mm를 초과되게 굳지 않은 콘크리트를 친 수평철근)으로 사용되는 인장 이형철근의 정착길이를 구하려고 한다. $f_{ck}=21$MPa, $f_y=300$MPa을 사용한다면 상부철근으로서의 보정계수만을 사용할 때 정착길이는 얼마 이상이어야 하는가? (단, D29 철근으로 공칭지름은 28.6mm, 공칭단면 적은 642mm²이고, 보통중량콘크리트이다.)

① 1461mm
② 1123mm
③ 987mm
④ 865mm

해설
① 철근배근 위치계수(상부철근) $\alpha = 1.3$
② 인장 이형철근 및 이형철선의 정착길이

$$l_d = l_{db} \times 보정계수 = \frac{0.6 d_b f_y}{\lambda \sqrt{f_{ck}}} \times 보정계수 = \frac{0.6 \times 28.6 \times 300}{1.0 \times \sqrt{21}} \times 1.3$$
$$= 1460.4\text{mm} \geq 300\text{mm}$$

해답 ①

031 최소철근량 보다 많고 균형철근량 보다 적은 인장철근량을 가진 철근콘크리트 보가 휨에 의해 파괴되는 경우에 대한 설명으로 옳은 것은?

① 연성파괴를 한다.
② 취성파괴를 한다.
③ 사용철근량이 균형철근량 보다 적은 경우는 보로서 의미가 없다.
④ 중립축이 인장 측으로 내려오면서 철근이 먼저 항복한다.

해설 인장부 철근이 먼저 항복점(파괴)에 도달하고 그 이후 상당한 변형을 수반하면서 사전 붕괴 징후를 보이며 점진적으로 콘크리트가 파괴되는 형태인 연성파괴(인장파괴)는 과소철근보에서 일어난다. 반면, 콘크리트가 먼저 갑작스럽게 파괴되고, 사전 징후 없이 갑자기 파괴되는 형태인 취성파괴(압축파괴)는 과다철근보에서 일어난다.

해답 ①

032 보통중량골재를 사용한 콘크리트의 단위질량을 2300kg/m³으로 할 때 콘크리트의 탄성계수를 구하는 식은? (단, f_{cu} : 재령 28일에서 콘크리트의 평균압축강도이다.)

① $E_c = 8,500 \sqrt[3]{f_{cu}}$
② $E_c = 8,500 \sqrt{f_{cu}}$
③ $E_c = 10,000 \sqrt[3]{f_{cu}}$
④ $E_c = 10,000 \sqrt{f_{cu}}$

해설 $m_c = 2,300$kg/m³일 경우 콘크리트구조설계기준에 따른 콘크리트 탄성계수
$E_c = 8,500 \sqrt[3]{f_{cu}}$ (MPa)

해답 ①

033 철근콘크리트가 하나의 구조체로서 성립하는 이유로서 틀린 것은?

① 콘크리트 속에 묻힌 철근은 녹슬지 않는다.
② 철근과 콘크리트 사이의 부착강도가 크다.
③ 철근과 콘크리트의 열에 대한 팽창계수는 거의 비슷하다.
④ 철근과 콘크리트의 탄성계수는 거의 비슷하다.

해설 철근과 콘크리트의 탄성계수는 비슷하지 않으며 철근콘크리트 일체식 구조체로 성립하는 이유에도 해당하지 않는다.

해답 ④

034 깊은보(Deep beam)에 대한 설명으로 옳은 것은?

① 순경간(l_n)이 부재 깊이의 3배 이하이거나 하중이 받침부로부터 부재 깊이의 3배 거리 이내에 작용하는 보
② 순경간(l_n)이 부재 깊이의 4배 이하이거나 하중이 받침부로부터 부재 깊이의 2배 거리 이내에 작용하는 보
③ 순경간(l_n)이 부재 깊이의 5배 이하이거나 하중이 받침부로부터 부재 깊이의 4배 거리 이내에 작용하는 보
④ 순경간(l_n)이 부재 깊이의 6배 이하이거나 하중이 받침부로부터 부재 깊이의 3배 거리 이내에 작용하는 보

해설 깊은 보는 한쪽 면이 하중을 받고 반대쪽 면이 지지되어 하중과 받침부 사이에 압축대가 형성되는 구조요소로서 다음 중 하나에 해당하는 부재를 말한다.
① 순경간 l_n이 부재 깊이의 4배 이하인 부재
② 받침부 내면에서(받침부로부터) 부재 깊이의 2배 이하인 위치에 집중하중이 작용하는 경우는 집중하중과 받침부 사이의 구간

해답 ②

035 강도설계법에서 콘크리트가 부담하는 공칭전단강도를 구하는 식은? (단, 전단력과 휨모멘트만을 받는 부재이다.)

① $V_c = \dfrac{1}{6}\lambda\sqrt{f_{ck}}\,b_w d$
② $V_c = \dfrac{1}{2}\lambda\sqrt{f_{ck}}\,b_w d$
③ $V_c = \dfrac{2}{3}\lambda\sqrt{f_{ck}}\,b_w d$
④ $V_c = 3.5\lambda\sqrt{f_{ck}}\,b_w d$

해설 콘크리트가 부담하는 공칭전단강도
$$V_c = \dfrac{1}{6}\lambda\sqrt{f_{ck}}\,b_w d\,(\mathrm{N})$$

해답 ①

제2과목 측량 및 토질(측량학+토질 및 기초)

1. 측량학(측량학 일반, 기준점 측량, 응용 측량)

036 수준측량의 오차 최소화 방법으로 틀린 것은?

① 표척의 영점오차는 기계의 설치 횟수를 짝수로 세워 오차를 최소화 한다.
② 시차는 망원경의 접안경 및 대물경을 명확히 조절한다.
③ 눈금오차는 기준자와 비교하여 보정값을 정하고 온도에 대한 온도보정도 실시한다.
④ 표척 기울기에 대한 오차는 표척을 앞뒤로 흔들 때의 최대값을 읽음으로 최소화 한다.

해설 표척 기울기에 대한 오차는 표척을 앞뒤로 흔들 때의 최소값을 읽음으로 최소화 한다.

해답 ④

037 매개변수(A)가 90m인 클로소이드 곡선에서 곡선길이(L)가 30m일 때 곡선의 반지름(R)은?

① 120m   ② 150m
③ 270m   ④ 300m

해설 클로소이드의 매개변수 $A^2 = RL$에서 $R = \dfrac{A^2}{L} = \dfrac{90^2}{30} = 270\text{m}$
여기서, A : 매개변수(m), R : 곡선반경(m), L : 곡선장(m)

해답 ③

038 원곡선의 설치에서 교각이 35°, 원곡선 반지름이 500m일 때 도로 기점으로부터 곡선시점까지의 거리가 315.45m이면 도로 기점으로부터 곡선종점까지의 거리는?

① 593.38m   ② 596.88m
③ 620.88m   ④ 625.36m

해설 곡선 종점은 곡선 시점에 곡선장을 더하여 구하므로
$EC = BC + CL = BC + \dfrac{\pi}{180}RI = 315.45 + \dfrac{\pi}{180} \times 500 \times 35° = 620.88\text{m}$

해답 ③

039 어느 측선의 방위가 S60°W이고, 측선길이가 200m일 때 경거는?

① 173.2m
② 100m
③ -100m
④ -173.20m

해설 경거 $D = -S \cdot \sin 60° = -200 \times \sin 60° = -173.2m$

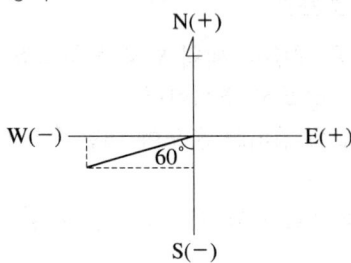

해답 ④

040 측선 AB를 기준으로 하여 C방향의 협각을 관측하였더니 257°36′37″이었다. 그런데 B점에 편위가 있어 그림과 같이 실제 관측한 점이 B'이었다면 정확한 협각은? (단, $BB' = 20cm$, ∠$B'BA = 150°$, $AB' = 2km$)

① 257°36′17″
② 257°36′27″
③ 257°36′37″
④ 257°36′47″

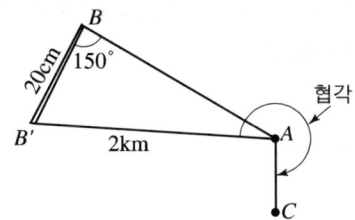

해설 ① 사인법칙에 의해
$$\frac{2000}{\sin 150°} = \frac{0.2}{\sin \theta}$$ 에서 $\theta = 0°0′10.31″ ≒ 10″$

② 정확한 협각 = 257°36′37″ - 10″ = 257°36′27″

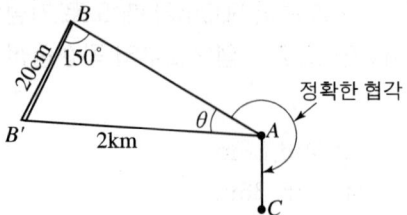

해답 ②

041 폐합 트래버스측량을 실시하여 각 측선의 경거, 위거를 계산한 결과, 측선34의 자료가 없었다. 측선34의 방위각은? (단, 폐합오차는 없는 것으로 가정한다.)

측선	위거(m)		경거(m)	
	N	S	N	S
12		2.33		8.55
23	17.87			7.03
34				
41		30.19	5.97	

① 64°10′44″
② 33°15′50″
③ 244°10′44″
④ 115°49′14″

해설 ① 위거의 합(E_L)이 '0'이 되어야 하므로
34 측선의 위거 = (2.33 + 30.19) − 17.87 = 14.65
② 경거의 합(E_D)이 '0'이 되어야 하므로
34 측선의 경거 = (8.55 + 7.03) − 5.97 = 9.61
③ 34 측선의 방위의 각
$\overline{34}$의 방위의 각 = $\tan^{-1}\left(\dfrac{E_D}{E_L}\right)$ = $\tan^{-1}\left(\dfrac{9.61}{14.65}\right)$ = 33°15′50″
④ 위거 +, 경거 +이므로 측선은 1상한에 있다.
$\overline{34}$의 방위각 = 33°15′50″

해답 ②

042 갑, 을 두 사람이 A, B 두 점간의 고저차를 구하기 위하여 왕복 수준 측량한 결과가 갑은 38.994m±0.008m, 을은 39.003m±0.004m 일 때, 두 점간 고저차의 최확값은?

① 38.995m
② 38.999m
③ 39.001m
④ 39.003m

해설 ① 경중률
경중률은 오차의 제곱에 반비례하므로
$P_A : P_B = \dfrac{1}{m_A^2} : \dfrac{1}{m_B^2} = \dfrac{1}{0.008^2} : \dfrac{1}{0.004^2} = \dfrac{1}{8^2} : \dfrac{1}{4^2} = \dfrac{1}{4} : 1 = 1 : 4$

② 2점간의 고저차에 대한 최확값
최확값 = $\dfrac{[Pl]}{[P]} = \dfrac{P_A l_A + P_B l_B}{P_A + P_B} = \dfrac{1 \times 38.994 + 4 \times 39.003}{1+4} = 39.001\text{m}$

해답 ③

043

수심 H인 하천에서 수면으로부터 수심이 $0.2H$, $0.4H$, $0.6H$, $0.8H$인 지점의 유속이 각각 0.562m/s, 0.497m/s, 0.429m/s, 0.364m/s일 때 평균유속을 구한 것이 0.463m/s이었다면 평균유속을 구한 방법으로 옳은 것은?

① 1점법
② 2점법
③ 3점법
④ 4점법

해설

① 1점법 $V_m = V_{0.6} = 0.429\text{m/s}$

② 2점법 $V_m = \dfrac{1}{2}(V_{0.2} + V_{0.8}) = \dfrac{1}{2}(0.562 + 0.364) = 0.463\text{m/s}$

③ 3점법 $V_m = \dfrac{1}{4}(V_{0.2} + 2V_{0.6} + V_{0.8}) = \dfrac{1}{4}(0.562 + 2 \times 0.429 + 0.364) = 0.446\text{m/s}$

④ 4점법 $V_m = \dfrac{1}{5}\left[(V_{0.2} + V_{0.4} + V_{0.6} + V_{0.8}) + \dfrac{1}{2}\left(V_{0.2} + \dfrac{V_{0.8}}{2}\right)\right]$

$= \dfrac{1}{5}\left[(0.562 + 0.497 + 0.429 + 0.364) + \dfrac{1}{2} \times \left(0.562 + \dfrac{0.364}{2}\right)\right]$

$= 0.4448\text{m/s}$

여기서, V_m : 평균유속
$V_{0.2}$: 수심 $0.2H$ 되는 곳의 유속
$V_{0.6}$: 수심 $0.6H$ 되는 곳의 유속
$V_{0.8}$: 수심 $0.8H$ 되는 곳의 유속

해답 ②

044

노선측량에서 노선선정을 할 때 가장 중요한 요소는?

① 곡선의 대소(大小)
② 수송량 및 경제성
③ 곡선설치의 난이도
④ 공사기일

해설 수송량과 경제성이 가장 중요한 고려 사항이다.

해답 ②

045

하천의 종단측량에서 4km 왕복측량에 대한 허용오차가 C라고 하면 8km 왕복측량의 허용오차는?

① $\dfrac{C}{2}$
② $\sqrt{2}\,C$
③ $2C$
④ $4C$

해설 $\dfrac{\sqrt{8}}{C} = \dfrac{\sqrt{16}}{x}$ 에서 $x = \dfrac{C\sqrt{16}}{\sqrt{8}} = \sqrt{2}\,C$

해답 ②

046

50m에 대해 20mm 늘어나 있는 줄자로 정사각형의 토지를 측량한 결과, 면적이 62500m² 이었다면 실제 면적은?

① 62450m²   ② 62475m²
③ 62525m²   ④ 62550m²

해설 ① 한 변의 길이
정사각형 지역이므로 $L = \sqrt{62500} = 250\text{m}$
② 실제 길이
표준척 보정(자의 특성값 보정, 정수 보정)에 의해
$$L_0 = L \pm C_0 = L\left(1 \pm \frac{\Delta l}{l}\right) = 250 \times \left(1 + \frac{0.02}{50}\right) = 250.1\text{m}$$
③ 실제 면적
$A_0 = L_0^2 = 250.1^2 = 62550\text{m}^2$

해답 ④

047

삼각점을 선점할 때의 유의사항에 대한 설명으로 틀린 것은?

① 정삼각형에 가깝도록 할 것
② 영구 보존할 수 있는 지점을 택할 것
③ 지반은 가급적 연약한 곳으로 선정할 것
④ 후속작업에 편리한 지점일 것

해설 습지와 같은 연약지반인 곳은 피해야 한다.

해답 ③

048

측량결과 그림과 같은 지역의 면적은?

① 66m²
② 80m²
③ 132m²
④ 160m²

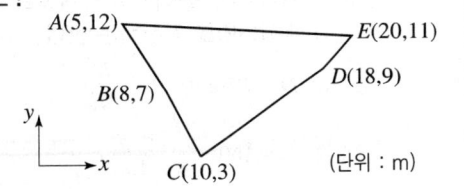

(단위 : m)

해설 ① 배면적
$2A = [5 \times 11 + 8 \times 12 + 10 \times 7 + 18 \times 3 + 20 \times 9]$
$\quad - [5 \times 7 + 8 \times 3 + 10 \times 9 + 18 \times 11 + 20 \times 12]$
$= -132\text{m}^2$
② 면적 $A = 66\text{m}^2$

해답 ①

049

삼각점으로부터 출발하여 다른 삼각점에 결합시키는 형태로써 측량결과의 검사가 가능하며 높은 정확도의 다각측량이 가능한 트래버스의 형태는?

① 결합 트래버스
② 개방 트래버스
③ 폐합 트래버스
④ 기지 트래버스

해설 결합 트래버스는 2개의 기지점을 사용하기 때문에 트래버스 측량 중에서 가장 정확도가(신뢰성이) 높다.

해답 ①

050

최소 제곱법의 원리를 이용하여 처리할 수 있는 오차는?

① 정오차
② 우연오차
③ 착오
④ 물리적 오차

해설 부정오차(우연오차)는 오차 원인이 불분명하여 주의하여도 제거할 수 없기 때문에 최소자승법이나 Gauss의 오차론에 의해 처리한다. 일반적으로 측정 횟수의 제곱근에 비례하여 보정한다.

해답 ②

051

경사가 일정한 경사지에서 두 점간의 경사거리를 관측하여 150m를 얻었다. 두 점간의 고저차가 20m이었다면 수평거리는?

① 148.3m
② 148.5m
③ 148.7m
④ 148.9m

해설 $D = \sqrt{L^2 - H^2} = \sqrt{150^2 - 20^2} = 148.7\text{m}$

[참고] 경사면이 일정할 경우 거리를 측정하여 수평거리로 환산하는 방법

$$D = L\cos\theta = L - \frac{H^2}{2L}$$
$$= 150 - \frac{20^2}{2 \times 150}$$
$$= 148.7\text{m}$$

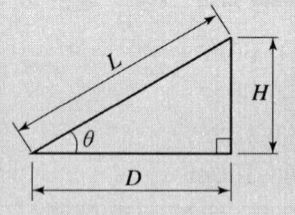

해답 ③

052

지형을 보다 자세하게 표현하기 위해 다양한 크기의 삼각망을 이용하여 수치지형을 표현하는 모델은?

① TIN
② DEM
③ DSM
④ DTM

해설 TIN(Triangulated Irregular Network)은 지형자료를 벡터형태로 나타내는 자료 모델이며, 지형표면을 서로 연결된 삼각형 면의 집합으로 나타낸다. TIN은 다양한 경로로부터 수집된 표고 자료를 가진 점(선은 점의 연속)인 질량점(mass point)으로부터 생성된다.

해답 ①

053

그림과 같이 원곡선을 설치할 때 교점(P)에 장애물이 있어 ∠ACD=150°, ∠CDB=90° 및 CD의 거리 400m를 관측하였다. C점으로부터 곡선시점(A)까지의 거리는? (단, 곡선의 반지름은 500m이다.)

① 404.15m
② 425.88m
③ 453.15m
④ 461.88m

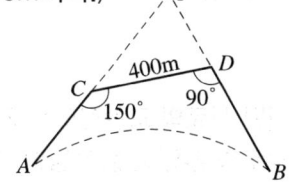

해설 ① 교각
$$I = (180° - 150°) + (180° - 90°) = 120°$$
② 접선장
$$TL = R \cdot \tan\frac{I}{2} = 500 \times \tan\frac{120°}{2} = 866.03\text{m}$$
③ CP의 거리
$$\frac{CP}{\sin 90°} = \frac{400}{\sin 60°} \text{에서 } CP = 461.88\text{m}$$
④ C점으로부터 곡선 시점 A까지의 거리
$$AC = TL - CP = 866.03 - 461.88 = 404.15\text{m}$$

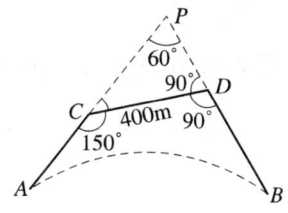

해답 ①

2. 토질 및 기초(토질역학, 기초공학)

054

그림에서 분사현상에 대한 안전율은 얼마인가? (단, 모래의 비중은 2.65, 간극비는 0.6이다.)

① 1.01
② 1.55
③ 1.86
④ 2.44

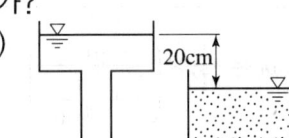

해설
$$F_s = \frac{i_c}{i} = \frac{\frac{G_s - 1}{1 + e}}{\frac{h}{L}} = \frac{\frac{2.65 - 1}{1 + 0.6}}{\frac{20}{30}} = 1.55$$

해답 ②

055
흙 속에서의 물의 흐름 중 연직유효응력의 증가를 가져오는 것은?

① 정수압상태 ② 상향흐름
③ 하향흐름 ④ 수평흐름

해설 ① 상향침투시 유효응력은 침투수압만큼 감소하고 간극수압은 침투수압만큼 증가한다.
② 하향침투시 유효응력은 침투수압만큼 증가하고 간극수압은 침투수압만큼 감소한다.

해답 ③

056
채취된 시료의 교란정도는 면적비를 계산하여 통상 면적비가 몇 % 보다 작으면 여잉토의 혼입이 불가능한 것으로 보고 흐트러지지 않는 시료로 간주하는가?

① 10% ② 13%
③ 15% ④ 20%

해설 면적비가 10% 이하이면 불교란 시료로 본다.
$$A_r = \frac{D_o^2 - D_e^2}{D_e^2} \times 100$$

해답 ①

057
아래 기호를 이용하여 현장밀도시험의 결과로부터 건조밀도(ρ_b)를 구하는 식으로 옳은 것은?

> ρ_b : 흙의 건조밀도(g/cm^3)
> V : 시험구멍의 부피(cm^3)
> m : 시험구멍에서 파낸 흙의 습윤 질량(g)
> w : 시험구멍에서 파낸 흙의 함수비(%)

① $\rho_b = \dfrac{1}{V} \times \left(\dfrac{m}{1 + \dfrac{w}{100}} \right)$ ② $\rho_b = m \times \left(\dfrac{V}{1 + \dfrac{w}{100}} \right)$

③ $\rho_b = \dfrac{1}{m} \times \left(\dfrac{V}{1 + \dfrac{w}{100}} \right)$ ④ $\rho_b = V \times \left(\dfrac{m}{1 + \dfrac{m}{100}} \right)$

해설 ① 습윤단위중량
$$\gamma_t = \frac{W}{V}$$
여기서, γ_t : 습윤단위중량, W : 시험구멍에서 파낸 흙의 습윤 중량

② 건조단위중량

$$\gamma_d = \frac{\gamma_t}{1+\frac{w}{100}}$$

여기서, γ_d : 건조단위중량

③ 건조 질량

$$m_s = \frac{m}{1+\frac{w}{100}}$$

여기서, m_s : 시험구멍에서 파낸 흙의 건조 질량, m : 습윤 질량

④ 습윤 밀도

$$\rho_t = \frac{m}{V}$$

여기서, ρ_t : 습윤 밀도

⑤ 건조 밀도

$$\rho_b = \frac{m_s}{V} = \frac{\rho_s}{1+\frac{w}{100}} = \frac{\frac{m}{V}}{1+\frac{w}{100}} = \frac{1}{V} \times \left(\frac{m}{1+\frac{w}{100}}\right)$$

해답 ①

058

점토 덩어리는 재차 물을 흡수하면 고체 – 반고체 – 소성 – 액성의 단계를 거치지 않고 물을 흡착함과 동시에 흙 입자 간의 결합력이 감소되어 액성상태로 붕괴한다. 이러한 현상을 무엇이라 하는가?

① 비화작용(Slaking)
② 팽창작용(Bulking)
③ 수화작용(Hydration)
④ 윤활작용(Lubrication)

해설 비화작용(Slaking)은 점토가 물을 흡수하여 고체-반고체-소성-액성의 단계를 거치지 않고 갑자기 붕괴(물을 흡착함과 동시에 흙 입자 간의 결합력이 감소되어 액성상태로 붕괴)되는 현상을 말한다.

해답 ①

059

Sand Drain 공법에서 U_v(연직방향의 압밀도)=0.9, U_h(수평방향의 압밀도)=0.15인 경우, 수직 및 수평방향을 고려한 압밀도(U_{vh})는 얼마인가?

① 99.15%
② 96.85%
③ 94.5%
④ 91.5%

해설 수평, 연직방향 투수를 고려한 전체적인 평균압밀도

$$U_{vh} = 1-(1-U_h)\cdot(1-U_v) = 1-(1-0.15)\times(1-0.9) = 0.915 = 91.5\%$$

여기서, U_h : 수평방향의 평균압밀도, U_v : 연직방향의 평균압밀도

해답 ④

060 평균 기온에 따른 동결지수가 520℃·days였다. 이 지방의 정수(C)가 4일 때 동결깊이는? (단, 데라다 공식을 이용한다.)

① 130.2cm ② 102.4cm
③ 91.2cm   ④ 22.8cm

해설 $Z = C\sqrt{F} = 4 \times \sqrt{520} = 91.2\text{cm}$
여기서, Z : 동결심도(cm)
C : 지역에 따른 상수(3~5)
F : 동결지수(℃·days)

해답 ③

061 비교란 점토($\phi=0$)에 대한 일축압축강도(q_n)가 36kN/m²이고 이 흙을 되비빔을 했을 때의 일축압축강도(q_{ur})가 12kN/m²이었다. 이 흙의 점착력(c_u)과 예민비(S_t)는 얼마인가?

① $c_u = 24\text{kN/m}^2$, $S_t = 0.3$
② $c_u = 24\text{kN/m}^2$, $S_t = 3.0$
③ $c_u = 18\text{kN/m}^2$, $S_t = 0.3$
④ $c_u = 18\text{kN/m}^2$, $S_t = 3.0$

해설 ① 일축압축강도
$$q_u = 2c_u \tan\left(45° + \frac{\phi}{2}\right)$$
$\phi = 0$인 점토의 일축압축강도는 $q_u = 2c_u$이므로
$$c_u = \frac{q_u}{2} = \frac{36}{2} = 18\text{kN/m}^2$$
② 점토의 예민비
$$S_t = \frac{q_u}{q_{ur}} = \frac{36}{12} = 3$$
여기서, q_u : 자연상태의 일축압축강도
q_{ur} : 흐트러진 상태의 일축압축강도

해답 ④

062 다음 기초의 형식 중 얕은 기초인 것은?

① 확대기초
② 우물통 기초
③ 공기 케이슨 기초
④ 철근콘크리트 말뚝기초

해설 얕은 기초의 종류
① 독립 푸팅(확대) 기초 ② 복합 푸팅(확대) 기초
③ 캔틸레버 푸팅(확대) 기초 ④ 연속 푸팅(확대) 기초
⑤ 전면 기초

해답 ①

063
말뚝기초의 지지력에 관한 설명으로 틀린 것은?

① 부마찰력은 아래 방향으로 작용한다.
② 말뚝선단부의 지지력과 말뚝주변 마찰력의 합이 말뚝의 지지력이 된다.
③ 점성토 지반에는 동역학적 지지력 공식이 잘 맞는다.
④ 재하시험 결과를 이용하는 것이 신뢰도가 큰 편이다.

해설 점성토 지반에는 정역학적 지지력 공식이 잘 맞는다.

해답 ③

064
10개의 무리 말뚝기초에 있어서 효율이 0.8, 단항으로 계산한 말뚝 1개의 허용지지력이 100kN일 때 군항의 허용지지력은?

① 500kN
② 800kN
③ 1000kN
④ 1250kN

해설 군항의 허용지지력 $Q_{ag} = E \cdot N \cdot Q_a = 0.8 \times 10 \times 100 = 800\text{kN}$

해답 ②

065
수직 응력이 60kN/m²이고 흙의 내부 마찰각이 45°일 때 모래의 전단강도는? (단, 점착력(c)은 0이다.)

① 24kN/m²
② 36kN/m²
③ 48kN/m²
④ 60kN/m²

해설 모래의 전단강도
$\tau_f = c + \sigma' \tan\phi = 0 + 60 \times \tan 45° = 60\text{t/m}^2$

해답 ④

066
풍화작용에 의하여 분해되어 원 위치에서 이동하지 않고 모암의 광물질을 덮고 있는 상태의 흙은?

① 호성토(Lacustrine soil)
② 충적토(Alluvial soil)
③ 빙적토(Glacial soil)
④ 잔적토(Residual soil)

해설 잔적토는 풍화작용에 의해 생성된 흙이 운반되지 않고 원래의 암반 상에 남아 토층을 형성하고 있는 흙을 말하며 잔류토라고도 한다.

해답 ④

067
아래 그림의 투수층에서 피에조미터를 꽂은 두 지점 사이의 동수경사(i)는 얼마인가? (단, 두 지점간의 수평거리는 50m이다.)

① 0.063
② 0.079
③ 0.126
④ 0.162

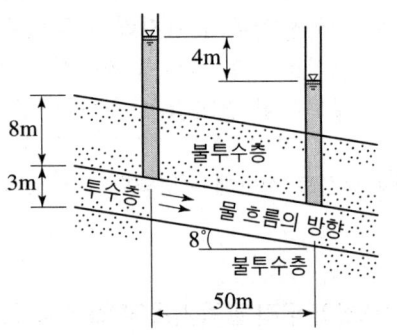

해설 ① 이동경로(L)
$$L = \frac{50\text{m}}{\cos 8°}$$
② 동수경사(i)
$$i = \frac{수두차}{이동거리} = \frac{\Delta h}{L} = \frac{4}{\frac{50}{\cos 8°}} = \frac{4 \times \cos 8°}{50} = 0.079$$

해답 ②

068
실내다짐시험 결과 최대건조단위중량이 15.6kN/m³이고, 다짐도가 95%일 때 현장의 건조단위중량은 얼마인가?

① 13.62kN/m³
② 14.82kN/m³
③ 16.01kN/m³
④ 17.43kN/m³

해설 $U = \frac{\gamma_d}{\gamma_{d\max}} \times 100(\%)$ 에서 $\gamma_d = \frac{U\gamma_{\max}}{100} = \frac{95 \times 15.6}{100} = 14.82\text{kN/m}^3$

해답 ②

069
주동토압계수를 K_a, 수동토압계수를 K_p, 정지토압계수를 K_o라 할 때 토압계수 크기의 비교로 옳은 것은?

① $K_o > K_p > K_a$
② $K_o > K_a > K_p$
③ $K_p > K_o > K_a$
④ $K_a > K_o > K_p$

해설 토압계수의 크기 비교
수동토압계수(K_p) > 정지토압계수(K_o) > 주동토압계수(K_a)

해답 ③

070 흙의 다짐에 대한 설명으로 틀린 것은?

① 건조밀도-함수비 곡선에서 최적함수비와 최대건조밀도를 구할 수 있다.
② 사질토는 점성토에 비해 흙의 건조밀도-함수비 곡선의 경사가 완만하다.
③ 최대건조밀도는 사질토일수록 크고, 점성토일수록 작다.
④ 모래질 흙은 진동 또는 진동을 동반하는 다짐방법이 유효하다.

해설 사질토는 점성토에 비해 흙의 건조밀도-함수비 곡선의 경사가 급하다.

해답 ②

071 포화점토의 비압밀 비배수 시험에 대한 설명으로 틀린 것은?

① 시공 직후의 안정 해석에 적용된다.
② 구속압력을 증대시키면 유효응력은 커진다.
③ 구속압력을 증대한 만큼 간극수압은 증대한다.
④ 구속압력의 크기에 관계없이 전단강도는 일정하다.

해설 비배수 상태이므로 구속압력을 증대시키면 증가된 만큼 과잉간극수압이 생겨 유효응력은 변화가 없게 된다.

해답 ②

제3과목 수자원설계(수리학+상하수도공학)

1. 수리학

072 동수경사선에 관한 설명으로 옳지 않은 것은?

① 항상 에너지선과 평행하다.
② 개수로 수면이 동수경사선이 된다.
③ 에너지선보다 속도수두만큼 아래에 있다.
④ 압력수두와 위치수두의 합을 연결한 선이다.

해설 ① 동수경사선은 기준 수평면에서 $\left(Z+\dfrac{P}{w}\right)$의 점들을 연결한 선으로 동수 경사선은 에너지선보다 유속수두만큼 아래에 위치한다.
② 정류 중에서 어느 단면에서나 유속과 수심이 변하지 않는 등류(등속정류)에서는 에너지선과 동수경사선이 경사선이 항상 평행하게 되는 흐름이다.

해답 ①

073

원통형의 용기에 깊이 1.5m까지는 비중이 1.35인 액체를 넣고 그 위에 2.5m의 깊이로 비중이 0.95인 액체를 넣었을 때, 밑바닥이 받는 총 압력은? (단, 물의 단위중량은 9.81kN/m³이며, 밑바닥의 지름은 2m이다.)

① 125.5kN
② 135.6kN
③ 145.5kN
④ 155.6kN

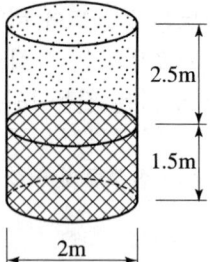

해설 원통형의 용기의 밑바닥이 받는 총 압력(전수압)
① $w_1 h_1 = (0.95 \times 9.81) \times 2.5 = 23.299 \text{kN/m}^2$
② $w_2 h_2 = (1.35 \times 9.81) \times 1.5 = 19.865 \text{kN/m}^2$
③ $P = w'hA = (w_1 h_1 + w_2 h_2)A = (23.299 + 19.865) \times \dfrac{\pi \times 2^2}{4} = 135.6 \text{kN}$

해답 ②

074

관의 단면적이 4m²인 관수로에서 물이 정지하고 있을 때 압력을 측정하니 500kPa이었고 물을 흐르게 했을 때 압력을 측정하니 420kPa이었다면, 이때 유속(V)은? (단, 물의 단위중량은 9.81kN/m³이다.)

① 10.05m/s
② 11.16m/s
③ 12.65m/s
④ 15.22m/s

해설 $\dfrac{P_1}{w} + \dfrac{V_1^2}{2g} = \dfrac{P_2}{w} + \dfrac{V_2^2}{2g}$ 에서 $\dfrac{500}{9.81} + 0 = \dfrac{420}{9.81} + \dfrac{V_2^2}{2 \times 9.8}$ 에서

$V_2 = \sqrt{\left(\dfrac{500}{9.81} - \dfrac{420}{9.81}\right) \times (2 \times 9.8)} = 12.64 \text{m/s}$

해답 ③

075

경심에 대한 설명으로 옳은 것은?

① 물이 흐르는 수로
② 물이 차서 흐르는 횡단면적
③ 유수단면적을 윤변으로 나눈 값
④ 횡단면적과 물이 접촉하는 수로벽면 및 바닥길이

해설 **경심**(동수반경, 수리반경)

$R = \dfrac{A}{P}$

여기서, R : 경심(동수반경, 수리반경), A : 통수단면적, P : 윤변(유적)

해답 ③

076

관망 문제해석에서 손실수두를 유량의 함수로 표시하여 사용할 경우 지름 D인 원형단면관에 대하여 $h_L = kQ^2$으로 표시할 수 있다. 관의 특성 제원에 따라 결정되는 상수 k의 값은? (단, f는 마찰손실계수, L은 관의 길이이며 다른 손실은 무시한다.)

① $\dfrac{0.0827f \cdot L}{D^3}$ ② $\dfrac{0.0827L \cdot D}{f}$

③ $\dfrac{0.0827f \cdot D}{L^2}$ ④ $\dfrac{0.0827f \cdot L}{D^5}$

해설 마찰손실수두 공식

$$h_L = kV^n = kQ^2 = f\frac{L}{D}\frac{V^2}{2g} = f\frac{L}{D}\left(\frac{Q}{A}\right)^2\frac{1}{2g} = f\frac{L}{D}Q^2\left(\frac{4}{\pi D^2}\right)^2\frac{1}{2 \times 9.8}$$에서

$$k = f\frac{L}{D}\left(\frac{4}{\pi D^2}\right)^2\frac{1}{2 \times 9.8} = \frac{0.0827fL}{D^5}$$

해답 ④

077

수면경사가 1/500인 직사각형 수로에 유량이 50m³/s로 흐를 때 수리상 유리한 단면의 수심(h)은? (단, Manning 공식을 이용하며, $n=0.023$)

① 0.8m   ② 1.1m
③ 2.0m   ④ 3.1m

해설 ① 직사각형 단면 수로의 수리학상 유리한 단면 조건

$h = \dfrac{B}{2}$에서 $B = 2h$

$R_{max} = \dfrac{h}{2}$ $\left(R = \dfrac{A}{P} = \dfrac{2h \times h}{h + 2h + h} = \dfrac{h}{2}\right)$

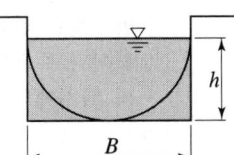

② 면적 $A = Bh = 2h \times h = 2h^2$

③ 유속 $V = \dfrac{1}{n}R^{\frac{2}{3}}I^{\frac{1}{2}} = \dfrac{1}{0.023} \times \left(\dfrac{h}{2}\right)^{\frac{2}{3}} \times \left(\dfrac{1}{500}\right)^{\frac{1}{2}}$ [m/sec]

④ 유량공식

$Q = AV = 2h^2 \times \dfrac{1}{0.023} \times \left(\dfrac{h}{2}\right)^{\frac{2}{3}} \times \left(\dfrac{1}{500}\right)^{\frac{1}{2}} = 2.45h^{\frac{8}{3}} = 50$에서 $h^{\frac{8}{3}} = 20.408$

$h = 3.1$m

해답 ④

078
지름 7cm의 연직관에 높이 1m만큼 모래를 넣었다. 이 모래위에 물을 20cm만큼 일정하게 유지하여 투수량(透水量) Q=5.0L/h를 얻었다. 모래의 투수계수(k)를 구한 값은?

① 6.495m/h　　② 649.5m/h
③ 1.083m/h　　④ 108.3m/h

해설 모래의 투수계수
$Q = kiA$에서
$$k = \frac{Q}{iA} = \frac{5\text{L/hr} \times 10^{-3}\text{m}^3/\text{L}}{\frac{1.2}{1} \times \frac{\pi \times 0.07^2}{4}} = 1.083\text{m/h}$$

해답 ③

079
위어에 있어서 수맥의 수축에 대한 일반적인 설명으로 옳지 않은 것은?

① 정수축은 광정위어에서 생기는 수축현상이다.
② 연직수축이란 면수축과 정수축을 합한 것이다.
③ 단수축은 위어의 측벽에 의해 월류폭이 수축하는 현상이다.
④ 면수축은 물의 위치에너지가 운동에너지로 변화하기 때문에 생긴다.

해설 ① 정수축(마루부 수축)은 위어 마루부의 날카로움 때문에 일어나는 수축하는 현상이다.
② 연직수축 = 정수축+면수축
③ 단수축은 위어의 측면의 날카로움 때문에 월류폭이 수축하는 현상이다.
④ 면수축은 위어의 상류 약 $2h$ 되는 곳에서부터 위어까지 계속적으로 수면강하가 일어나 축소되는 것으로 물이 위어 마루부에 접근함에 따라 유속이 가속됨으로써 위치에너지가 운동에너지로 변하기 때문에 발생한다.

해답 ①

080
폭 20m인 직사각형 단면수로에 30.6m³/s의 유량이 0.8m의 수심으로 흐를 때 Froude 수(㉠)와 흐름 상태(㉡)는?

① ㉠ : 0.683, ㉡ : 상류　　② ㉠ : 0.683, ㉡ : 사류
③ ㉠ : 1.464, ㉡ : 상류　　④ ㉠ : 1.464, ㉡ : 사류

해설 ① 유속 $V = \frac{Q}{A} = \frac{30.6}{20 \times 0.8} = 1.9125\text{m/sec}$

② 프루드수 $F_r = \frac{\alpha V}{\sqrt{gh}} = \frac{1 \times 1.9125}{\sqrt{9.8 \times 0.8}} = 0.683 < 1$이므로 상류이다.

해답 ①

081

물이 흐르고 있는 벤추리미터(Venturi meter)의 관부와 수축부에 수은을 넣은 U자형 액주계를 연결하여 수은주의 높이차 $h_m = 10cm$를 읽었다. 관부와 수축부의 압력수두의 차는? (단, 수은의 비중은 13.6이다.)

① 1.26m ② 1.36m
③ 12.35m ④ 13.35m

 $H = \dfrac{P_1 - P_2}{w} = \dfrac{(w' - w)h}{w} = \dfrac{(13.6 - 1) \times 0.1}{1} = 1.26m$

해답 ①

082

밑면적 A, 높이 H인 원주형 물체의 흘수가 h라면 물체의 단위중량 w_m은? (단, 물의 단위중량은 w_o이다.)

① $w_m = w_o \times \dfrac{H}{h}$ ② $w_m = w_o \times \dfrac{h}{H}$
③ $w_m = w_o \times \dfrac{H-h}{h}$ ④ $w_m = w_o \times \dfrac{H-h}{H}$

해설 ① 물체의 자중
$W = w_m V = w_m \times A \times H$
② 부력
$B = w_o V' = w_o \times A \times h$
여기서, B : 부력, w_o : 물의 단위중량, V' : 수중 부분의 체적
③ $W = B$
$w_m \times A \times H = w_o \times A \times h$에서 $w_m = w_o \times \dfrac{h}{H}$

해답 ②

083

모세관 현상에 대한 설명으로 옳지 않은 것은?

① 모세관의 상승높이는 액체의 단위중량에 비례한다.
② 모세관의 상승높이는 모세관의 지름에 반비례한다.
③ 모세관의 상승여부는 액체의 응집력과 액체와 관 벽의 부착력에 의해 좌우된다.
④ 액체의 응집력이 관 벽과의 부착력보다 크면 관 내액체의 높이는 관 밖보다 낮아진다.

 모관 상승 높이 $h = \dfrac{4T\cos\theta}{wD}$에서
모세관 상승고 h는 단위 중량 w에 반비례한다.

해답 ①

084
한계 수심에 관한 설명으로 옳은 것은?

① 유량이 최소이다.
② 비에너지가 최소이다.
③ Reynolds 수가 1이다.
④ Froude 수가 1보다 크다.

해설
① 한계수심에서는 유량(Q)이 최대가 된다.
② 유량이 일정할 때 비에너지가 최소가 되는 수심이 한계수심이다.

해답 ②

085
물의 성질에 대한 설명으로 옳지 않은 것은?

① 물의 점성계수는 수온이 높을수록 그 값이 커진다.
② 공기에 접촉하는 물의 표면장력은 온도가 상승하면 감소한다.
③ 내부마찰력이 큰 것은 내부마찰력이 작은 것보다 그 점성계수의 값이 크다.
④ 압력이 증가하면 물의 압축계수(C_W)는 감소하고 체적탄성계수(E_W)는 증가한다.

해설 물의 점성계수는 수온이 높을수록 작아진다.

해답 ①

086
수두(水頭)가 2m인 오리피스에서의 유량은? (단, 오리피스의 지름 10cm, 유량계수 0.76)

① $0.017 \text{m}^3/\text{s}$
② $0.027 \text{m}^3/\text{s}$
③ $0.037 \text{m}^3/\text{s}$
④ $0.047 \text{m}^3/\text{s}$

해설 유출수의 유량

$$Q = CA\sqrt{2gh} = 0.76 \times \frac{\pi \times 0.1^2}{4} \times \sqrt{2 \times 9.8 \times 2} = 0.037 \text{m}^3/\text{s}$$

해답 ③

087
개수로 내의 한 단면에 있어서 평균유속을 V, 수심을 h라 할 때, 비에너지를 표시한 것은?

① $H_e = h + \left(\dfrac{Q}{A}\right)$
② $H_e = \dfrac{V^2}{2g} + \dfrac{Q}{A}$
③ $H_e = h + \alpha \dfrac{V^2}{2g}$
④ $H_e = \dfrac{h}{b} + \alpha 2gV^2$

해설 비에너지

$$H_e = h + \alpha \frac{V^2}{2g} = h + \frac{\alpha}{2g}\left(\frac{Q}{A}\right)^2$$

해답 ③

088 어느 하천에서 H_m 되는 곳까지 양수하려고 한다. 양수량을 $Q(\text{m}^3/\text{sec})$, 모든 손실수두의 합을 $\sum h_e$, 펌프와 모터의 효율을 각각 η_1, η_2라 할 때, 펌프의 동력을 구하는 식은?

① $\dfrac{9.8Q(H+\sum h_e)}{75\eta_1\eta_2}$ [kW] ② $\dfrac{9.8Q(H+\sum h_e)}{\eta_1\eta_2}$ [kW]

③ $\dfrac{13.33Q(H+\sum h_e)}{75\eta_1\eta_2}$ [kW] ④ $\dfrac{13.33Q(H+\sum h_e)}{\eta_1\eta_2}$ [kW]

해설
$$E = 9.8\dfrac{QH}{\eta} = 9.8\dfrac{Q(H+\sum h_e)}{\eta_1\eta_2} \text{ (kW)}$$

[참고] $E = \dfrac{1000}{75}\dfrac{QH}{\eta} = 13.33\dfrac{Q(H+\sum h_L)}{\eta_1\eta_2}$ [HP]

해답 ②

---

089 단위시간에 있어서 속도변화가 V_1에서 V_2로 되며 이 때 질량 m인 유체의 밀도를 ρ라 할 때 운동량 방정식은? (단, Q : 유량, w : 유체의 단위중량, g : 중력가속도)

① $F = \dfrac{wQ}{\rho}(V_2 - V_1)$ ② $F = wQ(V_2 - V_1)$

③ $F = \dfrac{Qg}{w}(V_2 - V_1)$ ④ $F = \dfrac{w}{g}Q(V_2 - V_1)$

해설 운동량 방정식
$$F\Delta t = m(V_2 - V_1) = \dfrac{w}{g}Q(V_2 - V_1)$$

해답 ④

---

090 다음 중 베르누이의 정리를 응용한 것이 아닌 것은?

① Pitot tube ② Venturimeter
③ Pascal 의 원리 ④ Torricelli의 정리

해설 베르누이 방정식 응용
① 토리첼리의 정리(Torricelli's theorem) : 이론유속
② 피토관(Pitot tube) : 유속
③ 벤투리미터(venturimeter)
④ 오리피스

해답 ③

2. 상하수도공학(상수도계획, 하수도계획)

091 상수 원수의 수질을 검사한 결과가 다음과 같을 때, 경도(hardness)를 $CaCO_3$ 농도로 표시하면 몇 mg/L인가? (단, 분자량은 Ca : 40, Cl : 35.5, HCO_3 : 61, Mg : 24, Na : 23, SO_4 : 96, $CaCO_3$: 100)

Na^+ : 71mg/L	Ca^{++} : 98mg/L
Mg^{++} : 22mg/L	Cl^- : 89mg/L
HCO_3^- : 317mg/L	SO_4^{-2} : 25mg/L

① 336.7mg/L ② 340.1mg/L
③ 352.5mg/L ④ 370.4mg/L

해설 경도(hardness)는 칼슘과 마그네슘으로 이루어지므로 경도를 $CaCO_3$ 농도로 표시하면

① Ca^{++} 1당량 = $\frac{40}{2}$ = 20

② Mg^{++} 1당량 = $\frac{24}{2}$ = 12

③ $CaCO_3$ 1당량 = $\frac{100}{2}$ = 50

④ Ca^{++} 당량수 = $\frac{98mg/L}{20}$ = 4.9mg/L

⑤ Mg^{++} 당량수 = $\frac{22mg/L}{12}$ = 1.833mg/L

⑥ 경도 농도 = Ca^{++} 당량수 + Mg^{++} 당량수 = 4.9 + 1.833 = 6.733mg/L

⑦ 경도를 $CaCO_3$ 농도로 표시 = 경도 농도 × $CaCO_3$ 1당량
  = 6.733 × 50 = 336.65mg/L

해답 ①

092 우수조정지를 설치하는 목적으로 옳지 않은 것은?

① 유달시간의 증대 ② 유출계수의 증대
③ 첨두유량의 감소 ④ 시가지의 침수방지

해설 우수조정지 설치 목적
① 유달시간의 증대
② 유출계수의 감소
③ 첨두유량의 감소
④ 시가지의 침수방지

해답 ②

093

다음의 소독방법 중 발암물질인 THM 발생 가능성이 가장 높은 것은?

① 염소소독
② 오존소독
③ 자외선소독
④ 이산화염소소독

해설 폐수처리나 정수처리과정에서 가장 많이 사용되는 살균제인 염소는 염소의 사용으로 발암물질인 트리할로메탄(THM)의 생성은 불가피하여 트리할로메탄을 총량으로 규제하고 있다.

해답 ①

094

관로의 접합방법에 관한 설명으로 옳지 않은 것은?

① 관정접합 : 유수는 원활한 흐름이 되지만 굴착깊이가 증가되어 공사비가 증대된다.
② 관중심접합 : 수면접합과 관저접합의 중간적인 방법이나 보통 수면접합에 준용된다.
③ 수면접합 : 수리학적으로 대개 계획수위를 일치시켜 접합시키는 것으로서 양호한 방법이다.
④ 관저접합 : 수위상승을 방지하고 양정고를 줄일 수 있으나 굴착깊이가 증가되어 공사비가 증대된다.

해설 **관저접합**
① 관거의 내면 바닥이 일치되도록 접합하는 방법
② 굴착깊이를 얕게 함으로 공사비용을 줄일 수 있다.
③ 수위상승을 방지하고 양정고를 줄일 수 있어 펌프 배수지역에 적합하다.
④ 상류부에서는 동수경사선이 관정보다 높이 올라갈 우려가 있다.
⑤ 수리학적으로 불량한 방법

해답 ④

095

수두 60m의 수압을 가진 수압관의 내경이 1000mm일 때, 강관의 최소 두께는? (단, 관의 허용응력 σ_{ta}=1300kgf/cm²이다.)

① 0.12cm
② 0.15cm
③ 0.23cm
④ 0.30cm

해설 ① $p = wh = 0.001 \text{kg/cm}^3 \times 6000 \text{cm} = 6 \text{kg/cm}^2$
② 관의 두께 $t = \dfrac{pD}{2\sigma_{ta}} = \dfrac{6 \times 100}{2 \times 1300} = 0.23 \text{cm}$

여기서, t : 관의 두께(cm, mm) p : 관내 수압(kg/cm², MPa)
D : 관의 내경(cm, mm) σ_{ta} : 관의 허용인장응력(kg/cm², MPa)

해답 ③

096
하수처리 과정 중 3차 처리의 주 제거 대상이 되는 것은?
① 발암물질　　② 부유물질
③ 영양염류　　④ 유기물질

해설 3차 처리(고도처리)는 난분해성 유기물, 부유물질, 인 및 질소와 같은 부영양화 유발물질들이 제거대상이 된다.

해답 ③

097
하수도계획의 자연적 조건에 관한 조사 중 하천 및 수계현황에 관하여 조사하여야 하는 사항에 포함되는 것은?
① 지질도
② 지형도
③ 지하수위와 지반침하상황
④ 하천 및 수로의 종·횡단면도

해설 하수도계획의 자연적 조건 중 지역 연혁 및 개황 조사 사항
① 지역연혁
② 위치, 면적, 지세
③ 지형도, 지질도 및 토질조사자료
④ 지하수위 및 지반침하상황 등

해답 ④

098
염소요구량(A), 필요 잔류염소량(B), 염소주입량(C)과의 관계로 옳은 것은?
① $A = B + C$
② $C = A + B$
③ $A = B - C$
④ $C = A \times B$

해설 ① 염소요구량 농도 = 염소주입량 농도 − 잔류염소농도
② 염소주입량(C) = 염소요구량(A) + 잔류염소량(B)

해답 ②

099
계획1일평균급수량이 400L, 시간최대급수량이 25L일 때 계획1일최대급수량이 500L라면 계획 첨두율은?
① 1.2
② 1.25
③ 1.50
④ 20.0

해설 계획 첨두율 = $\dfrac{\text{계획1일 최대 급수량}}{\text{계획1일 평균 급수량}} = \dfrac{500}{400} = 1.25$

해답 ②

100 찌꺼기(슬러지)처리에 관한 일반적인 내용으로 옳지 않은 것은?

① 호기성 소화는 찌꺼기(슬러지)의 소화방법이 아니다.
② 하수 찌꺼기(슬러지)는 매우 높은 함수율과 부패성을 갖고 있다.
③ 찌꺼기(슬러지)의 기계탈수 종류로는 가압탈수기, 원심탈수기, 벨트프레스 탈수기 등이 있다.
④ 찌꺼기(슬러지)의 농축은 찌꺼기(슬러지)의 부피 감소 과정으로 찌꺼기(슬러지) 소화의 전단계 공정이다.

해설 찌꺼기(슬러지)의 처리 방법 중 생물학적 처리시설에는 호기성 처리와 혐기성 처리, 임의성(통성혐기성) 처리가 있다.

해답 ①

101 다음과 같은 수질을 가진 공장폐수를 생물학적 처리 중심으로 처리하는 경우 어떤 순서로 조합하는 것이 가장 적정한가?

- 공장폐수 수질 : pH 3.0
- SS : 3000mg/L
- BOD : 300mg/L
- COD : 900mg/L
- 질소 : 40mg/L
- 인 : 8mg/L

① 중화 → 침전 → 생물학적 처리
② 침전 → 생물학적 처리 → 중화
③ Screening → 생물학적 처리 → 침전
④ 생물학적 처리 → Screening → 중화

해설 공장폐수의 생물학적 처리 중심으로 처리하는 경우의 순서 조합
중화 → 침전 → 생물학적 처리

해답 ①

102 오수관로 설계 시 계획시간최대오수량에 대한 최소유속(㉠)과 최대유속(㉡)으로 옳은 것은?

① ㉠ : 0.1m/s, ㉡ : 0.5m/s
② ㉠ : 0.6m/s, ㉡ : 0.8m/s
③ ㉠ : 0.1m/s, ㉡ : 1.0m/s
④ ㉠ : 0.6m/s, ㉡ : 3.0m/s

해설 하수관의 유속

관거	최소 유속	최대 유속	비고
오수관거	0.6m/sec	3.0m/sec	이상적인 유속 : 1.0~1.8m/sec
우수관거 및 합류관거	0.8m/sec	3.0m/sec	

해답 ④

103 송수관로를 계획할 때에 고려 사항에 대한 설명으로 옳지 않은 것은?

① 가급적 단거리가 되어야 한다.
② 이상수압을 받지 않도록 한다.
③ 송수방식은 반드시 자연유하식으로 해야 한다.
④ 관로의 수평 및 연직방향의 급격한 굴곡은 피한다.

해설 송수방식의 선정에는 취수원에서 정수장까지의 고저 관계, 계획도수량, 노선의 입지조건, 건설비, 유지관리비 등을 종합적으로 비교·검토하여 바람직한 방식을 결정하되 자연유하식이나 펌프압송식 또는 병합식을 결정한다.

해답 ③

104 취수장에서부터 가정에 이르는 상수도계통을 올바르게 나열한 것은?

① 취수시설 → 정수시설 → 도수시설 → 송수시설 → 배수시설 → 급수시설
② 취수시설 → 도수시설 → 송수시설 → 정수시설 → 배수시설 → 급수시설
③ 취수시설 → 도수시설 → 정수시설 → 송수시설 → 배수시설 → 급수시설
④ 취수시설 → 도수시설 → 송수시설 → 배수시설 → 정수시설 → 급수시설

해설 상수도 시설 계통 : 수원(집수) → 취수 → 도수 → 정수 → 송수 → 배수 → 급수

해답 ③

105 송수시설의 계획송수량의 원칙적 기준이 되는 것은?

① 계획1일평균급수량
② 계획1일최대급수량
③ 계획시간평균급수량
④ 계획시간최대급수량

해설 계획송수량은 계획 1일 최대급수량을 기준으로 한다. 또한 누수 등의 손실량을 고려하여 10% 여유수량으로 증가시킨다.

해답 ②

106 가정하수, 공장폐수 및 우수를 혼합해서 수송하는 하수관로는?

① 우수관로(storm sewer)
② 가정하수관로(sanitary sewer)
③ 분류식 하수관로(separate sewer)
④ 합류식 하수관로(combined sewer)

해설 ① 분류식 하수도(위생적 관점에서 유리함) : 오수관과 우수관으로 각각 분리하여 배제
② 합류식 하수도(경제적 관점에서 유리함) : 하수와 우수를 동일 관거에 의하여 배제

해답 ④

107 하수도시설의 계획우수량 산정 시 고려사항 및 이에 대한 설명으로 옳은 것은?

① 도달시간 : 유입시간과 유하시간을 합한 것이다.
② 우수유출량의 산정식 : Hazen-Williams 식에 의한다.
③ 확률년수 : 원칙적으로 20년을 원칙으로 하되, 이를 넘지 않도록 한다.
④ 하상계수 : 토지이용도별 기초계수로 지역의 총괄계수를 구하는 것이 원칙이다.

해설
① 유달시간이란 어떤 지점의 강우가 하류의 계획대상이 되는 어떤 지점까지 도달하는데 필요한 시간을 말하며, 유입시간과 유하시간의 합으로 나타낸다.
유달시간(T) = 유입시간(t_1) + 유하시간(t_2)
② 우수유출량의 산정은 합리식에 의한다.
③ 우리나라 계획 우수량은 우수 배제계획에서 확률 연수는 하수관거의 경우 10~30년, 빗물펌프장의 경우 30~50년을 원칙으로 하며, 지역의 특성 또는 방재상 필요성에 따라 이보다 크게 또는 작게 정할 수 있다.
④ 유출계수는 토지이용도별 기초계수로 지역의 총괄계수를 구하는 것이 원칙이다.

해답 ①

108 수원의 구비조건으로 옳지 않은 것은?

① 수질이 양호해야 한다.
② 최대갈수기에도 계획수량의 확보가 가능해야 한다.
③ 오염 회피를 위하여 도심에서 멀리 떨어진 곳일수록 좋다.
④ 수리권의 획득이 용이하고, 건설비 및 유지관리가 경제적이어야 한다.

해설 수돗물 소비지에서 가까운 곳에 위치해야 한다.(건설비와 운영비면에서 경제적이라는 뜻이다.) 이밖에 계절적 수량·수질의 변동이 적은 곳, 가능하면 주위에 오염원이 없는 곳, 연간 수량 변동이 적은 곳, 취수 및 관리가 용이한 곳이 좋다.

해답 ③

109 하천이나 호소 또는 연안부의 모래·자갈층에 함유되는 지하수로 대체로 양호한 수질을 얻을 수 있어 그대로 수원으로 사용되기도 하는 것은?

① 복류수　　② 심층수
③ 용천수　　④ 천층수

해설 복류수
① 하천이나 호소의 바닥 또는 변두리의 자갈, 모래층에 함유되어 있는 물
② 광물질(Fe, Mn) 함유량이 적고 부유물질 함유량이 적다.
③ 수질이 양호하여 침전과정을 생략할 수 있다.

해답 ①

110 수리학적 체류시간이 4시간, 유효수심이 3.5m인 침전지의 표면부하율은?

① $8.75 \text{m}^3/\text{m}^2 \cdot \text{day}$
② $17.5 \text{m}^3/\text{m}^2 \cdot \text{day}$
③ $21.0 \text{m}^3/\text{m}^2 \cdot \text{day}$
④ $24.5 \text{m}^3/\text{m}^2 \cdot \text{day}$

해설 표면적 부하(수면적 부하, 표면침전율)

$$L_s = \frac{\text{유입수량}(\text{m}^3/\text{day})}{\text{표면적}(\text{m}^2)} = \frac{Q}{A} = \frac{H}{t} = \frac{3.5\text{m}}{4\text{hr} \times \frac{1}{24}\text{day/hr}} = 21\text{m}^3/\text{m}^2 \cdot \text{day}$$

해답 ③

토목산업기사

2020년 8월 22일 시행

2023 개정된 출제기준에 의거하여 불필요한 문제는 삭제하고 3과목으로 정리함

제1과목 구조설계(응용역학+철근콘크리트 및 강구조)

1. 응용역학(역학적인 개념 및 건설 구조물의 해석)

001 $P=120\text{kN}$의 무게를 매달은 그림과 같은 구조물에서 T_1이 받는 힘은?

① 103.9kN(인장)
② 103.9kN(압축)
③ 60kN(인장)
④ 60kN(압축)

해설 두 부재 모두 자른 후 두 부재 모두 인장력이 작용한다고 가정하고 라미의 정리를 이용해 T_1이 받는 힘을 구한다.

$$\frac{T_1(\text{인장})}{\sin 60°} = \frac{120\text{kN}}{\sin 90°}$$

$$T_1 = \frac{120\text{kN}}{\sin 90°} \times \sin 60° = 103.9\text{kN (인장)}$$

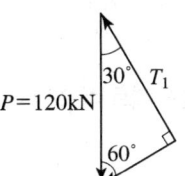

해답 ①

002 다음 중 단면계수의 단위로서 옳은 것은?

① cm
② cm^2
③ cm^3
④ cm^4

해설 단면계수는 도심축에 대한 단면 2차모멘트를 도심축에서 구하고자 하는 곳까지의 거리로 나누므로 단위(차원)는 cm^3 또는 m^3으로 단면1차모멘트와 같다.

해답 ③

003
아래 그림에서 연행 하중으로 인한 A점의 최대 수직반력(V_A)은?

① 60kN
② 50kN
③ 30kN
④ 10kN

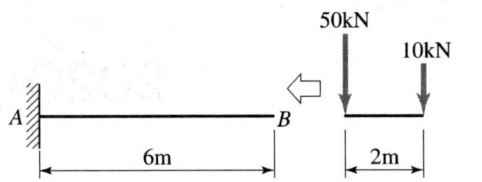

해설 A지점의 최대 수직반력은 수직 연행 하중이 모두 캔틸레버보에 작용할 때 연행 하중의 합과 같다.
$V_A = 50 + 10 = 60\text{kN}(\uparrow)$

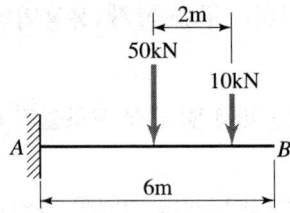

해답 ①

004
그림과 같은 게르버 보의 A점의 전단력은?

① 40kN
② 60kN
③ 120kN
④ 240kN

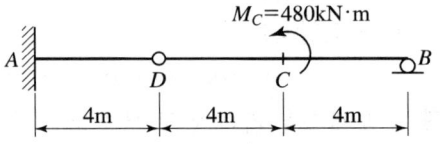

해설
① D지점의 반력
단순보 구간에서
$R_D = \dfrac{M}{L} = \dfrac{480}{8} = 60\text{kN}(\uparrow)$

② A지점의 반력
캔틸레버보 구간에서
$R_A = 60\text{kN}(\uparrow)$

③ A지점의 전단력
캔틸레버보 구간에서
$S_A = R_A = 60\text{kN}$

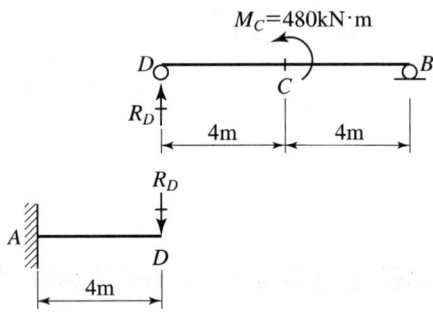

해답 ②

005
지름이 D인 원형 단면의 도심 축에 대한 단면 2차 극모멘트는?

① $\dfrac{\pi D^4}{64}$
② $\dfrac{\pi D^4}{32}$
③ $\dfrac{\pi D^4}{4}$
④ $\dfrac{\pi D^4}{2}$

해설 단면 2차극모멘트(극관성 모멘트)는 평행축 정리에 의해서 $I_p = I_P + A\rho^2 = I_x + I_y$ 의 식에 따라 단면 2차 극모멘트 I_p의 값을 구한다.

$$I_P = I_x + I_y = \frac{\pi D^4}{64} + \frac{\pi D^4}{64} = \frac{\pi D^4}{32}$$

해답 ②

006

다음 단순보에서 지점 반력을 계산한 값은?

① $R_A = 10\text{kN}$, $R_B = 10\text{kN}$
② $R_A = 14\text{kN}$, $R_B = 6\text{kN}$
③ $R_A = 1\text{kN}$, $R_B = 19\text{kN}$
④ $R_A = 19\text{kN}$, $R_B = 1\text{kN}$

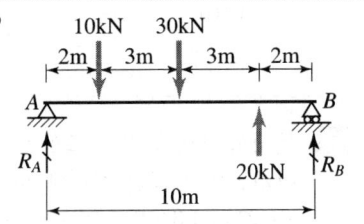

해설 ① $\Sigma H = 0$
   $H_A = 0$
② $\Sigma M_B = 0$
   $V_A \times 10 - 10 \times 8 - 30 \times 5 + 20 \times 2 = 0$에서
   $V_A = 19\text{kN}(\uparrow)$
③ $\Sigma V = 0$
   $V_A + V_B - 10 - 30 + 20 = 0$에서
   $R_B = V_B = 1\text{kN}(\uparrow)$

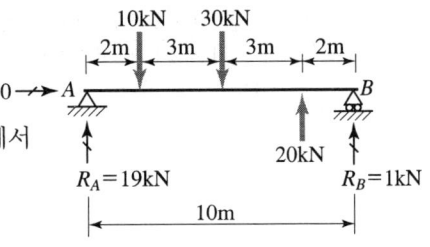

해답 ④

007

아래 그림과 같은 캔틸리베 보에서 C점의 휨모멘트는?

① $-\dfrac{wL^2}{8}$ ② $-\dfrac{5wL^2}{12}$
③ $-\dfrac{5wL^2}{24}$ ④ $-\dfrac{5wL^2}{48}$

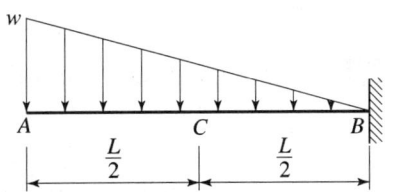

해설

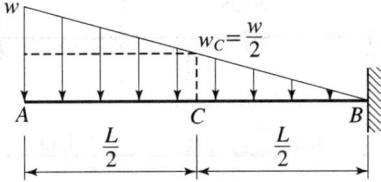

① C점의 등분포하중 크기
   $w : L = w_c : \dfrac{L}{2}$에서 $w_c = \dfrac{w}{2}$
② C점의 휨모멘트
   $M_C = -\left(\dfrac{w}{2} \times \dfrac{L}{2}\right) \times \dfrac{L}{4} - \left(\dfrac{1}{2} \times \dfrac{w}{2} \times \dfrac{L}{2}\right) \times \left(\dfrac{2}{3} \times \dfrac{L}{2}\right) = -\dfrac{5wL^2}{48}$

해답 ④

008

아래 그림과 같은 단면에서 도심의 위치($\bar{y}$)는?

① 2.21cm
② 2.64cm
③ 2.96cm
④ 3.21cm

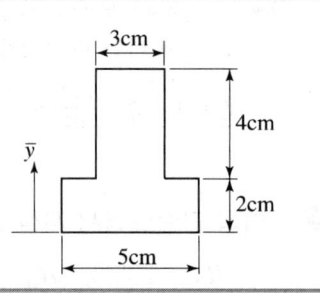

해설 문제의 도형을 기본 도형인 직사각형 세 개로 나누어 x축의 단면1차모멘트에 대한 바리농의 정리를 이용해 도심 $\bar{y}$값을 구한다.

$1 \times 2 \times 1 + 3 \times 6 \times 3 + 1 \times 2 \times 1$
$= (1 \times 2 + 3 \times 6 + 1 \times 2) \times \bar{y}$에서
$\bar{y} = \dfrac{1 \times 2 \times 1 + 3 \times 6 \times 3 + 1 \times 2 \times 1}{1 \times 2 + 3 \times 6 + 1 \times 2}$
$= 2.64\text{cm}$

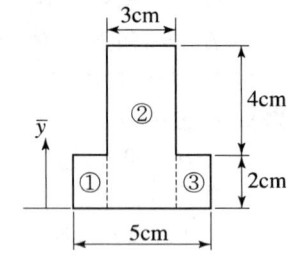

해답 ②

009

양단이 고정되어 있는 길이 10m의 강(鋼)이 15℃에서 40℃로 온도가 상승할 때 응력은? (단, $E = 2.1 \times 10^5$MPa, 선팽창계수 $\alpha = 0.00001$/℃)

① 47.5MPa
② 50.0MPa
③ 52.5MPa
④ 53.8MPa

해설 $\sigma = E\varepsilon = E\alpha\Delta t = 2.1 \times 10^5 \times 0.00001 \times (40-15) = 52.5$MPa

해답 ③

010

그림과 같은 역계에서 합력 R의 위치 x의 값은?

① 6cm
② 8cm
③ 10cm
④ 12cm

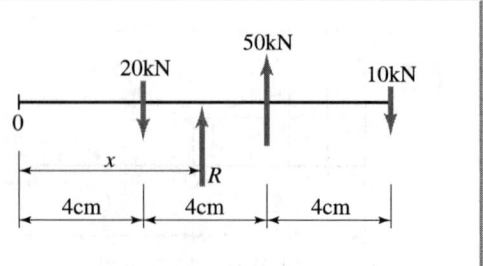

해설 먼저 수직력의 합력을 구한 후 바리농의 정리를 이용해 합력 R의 위치를 구한다.
① 합력 : $R = -20 + 50 - 10 = +20$kN($\downarrow$)
② 바리농의 정리에 의하면 $20x = -20 \times 4 + 50 \times 8 - 10 \times 12$
   $x = 10$cm

해답 ③

011

그림과 같은 30° 경사진 언덕에서 40kN의 물체를 밀어 올릴 때 필요한 힘 P는 최소 얼마 이상이어야 하는가? (단, 마찰 계수는 0.3이다.)

① 20.0kN
② 30.4kN
③ 34.6kN
④ 35.0kN

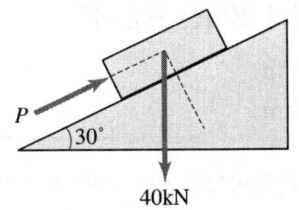

해설 경사진 언덕에서 40kN의 물체를 밀어 올리기 위해서는 밀려 올라가지 않으려는 방향으로 발생되는 마찰력과 물체가 경사면을 따라 내려가려는 힘의 합보다 더 큰 힘으로 밀어 올려야 올라간다.

① 경사면에 수직한 힘
 $N = 40 \times \cos 30° = 34.64\text{kN}$
② 경사면 아래로 내려가려는 힘
 (경사면에 수평한 힘)
 $F = 40 \times \sin 30° = 20\text{kN}$
③ 마찰력 = 마찰계수 × 수직력 = 0.3 × 34.64 = 10.392kN
④ 물체를 밀어 올리는 힘(P) > 경사면을 내려가려는 힘
 $P \geq 20 + 10.392 = 30.4\text{kN}$

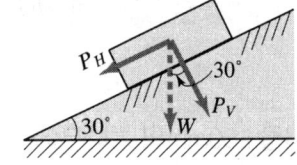

해답 ②

012

기둥의 해석 및 단주와 장주의 구분에 사용되는 세장비에 대한 설명으로 옳은 것은?

① 기둥 단면의 최소 폭을 부재의 길이로 나눈 값이다.
② 기둥 단면의 단면 2차 모멘트를 부재의 길이로 나눈 값이다.
③ 기둥 부재의 길이를 단면의 최소회전반경으로 나눈 값이다.
④ 기둥 단면의 길이를 단면 2차 모멘트로 나눈 값이다.

해설 세장비 공식

$$\lambda = \frac{l}{r_{\min}}$$

여기서, λ : 세장비, l : 부재길이, $r_{\min}$: 최소 회전반경 = $\sqrt{\dfrac{I_{\min}}{A}}$, A : 면적

 $I_{\min}$: 최소 단면 2차 모멘트

 (구형일 경우 $\dfrac{bh^3}{12}$ 에서 h를 짧은변 쪽으로 잡아 I를 구한다.)

해답 ③

013

1방향 편심을 갖는 한 변이 30cm인 정4각형 단주에서 100kN의 편심하중이 작용할 때, 단면에 인장력이 생기지 않기 위한 편심(e)의 한계는 기둥의 중심에서 얼마가 떨어진 곳인가?

① 5.0cm
② 6.7cm
③ 7.7cm
④ 8.0cm

해설 정사각형이므로 인장응력이 생기지 않기 위한 편심인 핵거리는

$$x = \frac{b}{6} = \frac{30}{6} = 5\text{cm}$$

[참고] 핵거리(x)

① 구형 : $\left(\dfrac{h}{6}, \dfrac{b}{6}\right)$ ② 원형 : $\dfrac{d}{8}$ ③ 삼각형 : $\left(\dfrac{b}{8}, \dfrac{h}{6}, \dfrac{h}{12}\right)$

해답 ①

014

지름 200mm의 통나무에 자중과 하중에 의한 9kN·m의 외력 모멘트가 작용한다면 최대 휨응력은?

① 11.5MPa
② 15.4MPa
③ 20.0MPa
④ 21.9MPa

해설 ① 단면계수

$$Z = \frac{I}{y_1} = \frac{\dfrac{\pi D^4}{64}}{\dfrac{D}{2}} = \frac{\pi D^3}{32} = \frac{\pi \times 200^3}{32} = 785{,}398.1634\text{mm}^3$$

② 최대 휨응력

$$\sigma_{\max} = \frac{M_{\max}}{Z_{\min}} = \frac{9{,}000{,}000}{785{,}398.1634} = 11.5\text{MPa}$$

해답 ①

015

단면이 150mm×150mm인 정사각형이고, 길이 1m인 강재에 120kN의 압축력을 가했더니 1mm가 줄어들었다. 이 강재의 탄성계수는?

① 5333.3MPa
② 5333.3kPa
③ 8333.3MPa
④ 8333.3kPa

해설 강재의 탄성계수

$$E = \frac{\sigma}{\epsilon} = \frac{\dfrac{P}{A}}{\dfrac{\Delta l}{l}} = \frac{Pl}{A\Delta l} = \frac{120{,}000 \times 1000}{(150 \times 150) \times 1} = 5333.3\text{MPa}$$

해답 ①

016 그림에서 최대 전단응력은?

① $\tau = \dfrac{3wL}{2bh}$

② $\tau = \dfrac{2wL}{3bh}$

③ $\tau = \dfrac{4wL}{3bh}$

④ $\tau = \dfrac{3wL}{4bh}$

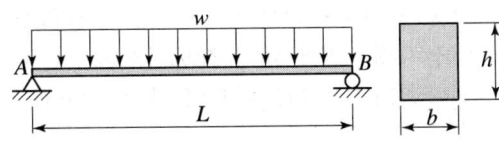

해설 ① 최대 전단력 $S_{max} = V_A = \dfrac{wL}{2}$

② 최대 전단응력 $\tau_{max} = \dfrac{3}{2}\dfrac{S_{max}}{A} = \dfrac{3}{2} \times \dfrac{wL/2}{bh} = \dfrac{3wL}{4bh}$

해답 ④

2. 철근콘크리트 및 강구조

017 강도설계법으로 부재를 설계할 때 사용하중에 하중계수를 곱한 하중을 무엇이라고 하는가?

① 작용하중
② 기준하중
③ 지속하중
④ 계수하중

해설 계수하중 = 하중계수 × 사용하중

해답 ④

018 그림과 같은 단철근 직사각형 단면보에서 등가직사각형 응력블록의 깊이(a)는? (단, f_{ck}=28MPa, f_y=350MPa이다.)

① 42mm
② 49mm
③ 52mm
④ 59mm

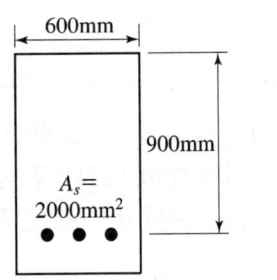

해설 등가직사각형 응력블록의 깊이

$a = \dfrac{A_s f_y}{0.85 f_{ck} b} = \dfrac{2,000 \times 350}{0.85 \times 28 \times 600} = 49.02 \text{mm}$

해답 ②

019 강도감소계수(ϕ)에 대한 설명으로 틀린 것은?

① 설계 및 시공상의 오차를 고려한 값이다.
② 하중의 종류와 조합에 따라 값이 달라진다.
③ 인장지배단면에 대한 강도감소계수는 0.85이다.
④ 전단력과 비틀림모멘트에 대한 강도감소계수는 0.75이다.

[해설] 하중의 종류와 조합에 따라 값이 달라지는 것은 하중계수이다.

해답 ②

020 철근콘크리트 부재에서 전단철근으로 사용할 수 없는 것은?

① 주인장 철근에 45°의 각도로 구부린 굽힘철근
② 주인장 철근에 45°의 각도로 설치되는 스터럽
③ 주인장 철근에 30°의 각도로 구부린 굽힘철근
④ 주인장 철근에 30°의 각도로 설치되는 스터럽

[해설] 전단철근의 종류
1. 스터럽
    ① 수직스터럽 : 주철근에 직각 방향으로 배치한 스터럽
    ② 경사스터럽 : 주철근에 45° 이상의 경사로 배치한 스터럽
2. 굽힘철근(절곡철근) : 주철근을 30° 이상의 경사로 구부린 철근
3. 전단철근의 병용 : 전단응력이 크게 작용되는 지점 부근에서 사용된다.
    ① 수직스터럽과 굽힘철근의 병용
    ② 경사스터럽과 굽힘철근의 병용
    ③ 수직스터럽과 경사스터럽을 굽힘철근과 병용
4. 용접철망 : 부재의 축에 직각으로 배치
5. 나선철근
6. 원형 띠철근
7. 후프철근

해답 ④

021 일단 정착의 포스트텐션 부재에서 정착부 활동량이 3mm 생겼다. PS 강재의 길이가 40m, 초기 인장응력이 1000MPa일 때 PS 강재의 프리스트레스의 감소량(Δf_p)은? (단, PS 강재의 탄성계수=2.0×10^5MPa이다.)

① 15MPa ② 30MPa
③ 45MPa ④ 60MPa

[해설] $\Delta f_p = E_s \epsilon = E_s \dfrac{\Delta l}{l} = 2 \times 10^5 \times \dfrac{3}{40,000} = 15\text{MPa}$

해답 ①

022
옹벽의 설계에 대한 일반적인 설명으로 틀린 것은?

① 활동에 대한 저항력은 옹벽에 작용하는 수평력의 1.5배 이상이어야 한다.
② 전도에 대한 저항휨모멘트는 횡토압에 의한 전도모멘트의 2.0배 이상이어야 한다.
③ 캔틸레버식 옹벽의 전면벽은 저판에 지지된 캔틸레버로 설계할 수 있다.
④ 뒷부벽은 직사각형보로 설계하여야 한다.

해설 **부벽식옹벽의 구조해석**
① 앞부벽 : 직사각형보로 설계
② 뒷부벽 : T형보의 복부로 설계
③ 전면벽 : 3변 지지된 2방향 슬래브로 설계할 수 있다.
④ 저판 : 정확한 방법이 사용되지 않는 한 뒷부벽 또는 앞부벽 간의 거리를 경간으로 가정하여 고정보 또는 연속보로 설계할 수 있다.

해답 ④

023
그림과 같은 경간 8m인 직사각형 단순보에 등분포하중(자중포함) $w=30$kN/m가 작용하며 PS 강재는 단면 도심에 배치되어 있다. 부재의 연단에 인장응력이 발생하지 않게 하려 할 때, PS 강재에 도입되어야 할 최소한의 긴장력(P)은?

① 1800kN
② 2400kN
③ 3600kN
④ 3100kN

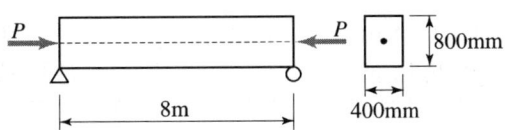

해설 $f_{하연} = \dfrac{P}{A} - \dfrac{M}{Z} = 0$에서

$$P = \frac{AM}{Z} = \frac{bh \times \left(\dfrac{wl^2}{8}\right)}{\dfrac{bh^2}{6}} = \frac{3wl^2}{4h} = \frac{3 \times 30 \times 8^2}{4 \times 0.8} = 1,800\text{kN}$$

해답 ①

024
강도설계법에 의한 나선철근 압축부재의 공칭축강도(P_n)의 값은? (단, $A_g = 160000$mm², $A_{st} = 6-D32 = 4765$mm², $f_{ck} = 22$MPa, $f_y = 350$MPa이다.)

① 3567kN
② 3885kN
③ 4428kN
④ 4967kN

해설 나선철근 단주의 공칭 축강도
$$P_n = 0.85 \cdot [0.85 f_{ck}(A_g - A_{st}) + f_y \cdot A_{st}]$$
$$= 0.85 \times [0.85 \times 22 \times (160,000 - 4,765) + 350 \times 4,765]$$
$$= 3885047.8 \text{N} = 3885 \text{kN}$$

해답 ②

025
상하 기둥 연결부에서 단면치수가 변하는 경우에 배치되는 구부린 주철근을 무엇이라 하는가?

① 옵셋굽힘철근   ② 종방향 철근
③ 횡방향 철근   ④ 연결철근

해설 기둥 연결부에서 단면 치수가 변하는 경우 관련 규정에 따라 옵셋굽힘철근을 배치하여야 한다.

해답 ①

026
전단철근이 부담하는 전단력(V_s)이 200kN일 때, D13 철근을 사용하여 수직스터럽으로 전단 보강하는 경우 배치간격은 최대 얼마 이하로 하여야 하는가? (단, D13의 단면적은 127mm², f_{ck}=28MPa, f_y=400MPa, b_w=400mm, d=600mm, 보통중량콘크리트이다.)

① 600mm   ② 300mm
③ 255mm   ④ 175mm

해설 ① 스터럽의 간격
$$V_s = \frac{V_u}{\phi} - V_c = 200\text{kN} < \left(\frac{\lambda\sqrt{f_{ck}}}{3}\right)b_w d = \left(\frac{1.0 \times \sqrt{28}}{3}\right) \times 400 \times 600 \times 10^{-3}$$
$$= 423.3 \text{kN} 이므로$$

전단철근의 간격(s)
㉠ $\frac{d}{2} = \frac{600}{2} = 300$mm 이하
㉡ 600mm 이하
㉢ 여기서 간격 s는 최솟값인 300mm 이하로 한다.

② 스터럽간격
$$s = \frac{A_v f_y d}{V_s} = \frac{(2 \times 127) \times 400 \times 600}{200,000} = 304.8\text{mm 이하}$$

③ 스터럽의 간격은
$s = 304.8$mm ≤ 300mm 이하여야 하므로 $s = 300$mm 이하

해답 ②

027
콘크리트 구조설계기준에 따른 '단면의 유효깊이'를 설명하는 것은?

① 콘크리트의 압축연단에서부터 최외단 인장철근의 도심까지의 거리
② 콘크리트의 압축연단에서부터 다단 배근된 인장철근 중 최외단 철근 도심까지의 거리
③ 콘크리트의 압축연단에서부터 모든 인장철근군의 도심까지의 거리
④ 콘크리트의 압축연단에서부터 모든 철근군의 도심까지의 거리

해설 단면의 유효깊이란 콘크리트의 압축연단에서부터 모든 인장철근군의 도심까지의 거리를 말한다.

해답 ③

028
$P=400$kN의 인장력이 작용하는 판 두께 10mm인 철판에 $\phi 19$mm인 리벳을 사용하여 접합할 때 소요 리벳 수는? (단, 허용전단응력(τ_a)은 75MPa, 허용지압응력(σ_a)은 150MPa이다.)

① 15개
② 17개
③ 19개
④ 21개

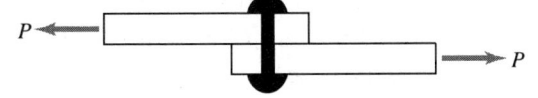

해설 ① 허용전단강도(P_s)

1면 전단이므로 $P_s = v_{sa} \times A = \tau_a \times \dfrac{\pi d^2}{4} = 75 \times \dfrac{\pi \times 19^2}{4}$
$= 21,264.7\text{N} = 21.265\text{kN}$

② 허용지압강도(P_b)
  ㉠ 두께는 10mm이다.
  ㉡ $P_b = \sigma_a \times A_b = \sigma_a \times d \times t = 150 \times 19 \times 10 = 28,500\text{N} = 28.5\text{kN}$

③ 리벳 값(리벳강도, P_n)
허용전단강도(P_s)와 허용지압강도(P_b) 중 작은 값인 21.265kN이다.

④ 리벳 수
$n = \dfrac{P}{P_n} = \dfrac{400}{21.265} = 18.8 = 19$개

해답 ③

029
강도설계법에서 단철근 직사각형 보의 균형철근비(ρ_b)는? (단, $f_{ck}=25$MPa, $f_y=400$MPa이다.)

① 0.026
② 0.030
③ 0.033
④ 0.036

해설 ① $f_{ck} = 25\text{MPa}$로 40MPa 이하이므로 $\beta_1 = 0.80$

② $\rho_b = 0.85 \dfrac{f_{ck}}{f_y} \beta_1 \dfrac{\epsilon_{cu}}{\epsilon_{cu} + \dfrac{f_y}{200,000}} = \dfrac{0.85 \times 25 \times 0.80}{400} \times \dfrac{0.0033}{0.0033 + \dfrac{400}{200,000}}$

$= 0.02646$

해답 ①

030 프리스트레스의 손실 중 시간의 경과에 의해 발생하는 것은?

① 정착단의 활동
② 콘크리트의 탄성수축
③ 강재 응력의 릴랙세이션
④ 포스트텐션 긴장재와 덕트 사이의 마찰

해설 **프리스트레스 손실 원인**
1. 프리스트레스 도입시 : 즉시 손실
    ① 콘크리트의 탄성변형(수축)
    ② PS강재와 덕트(시스) 사이의 마찰(포스트텐션 방식에만 해당)
    ③ 정착단의 활동
2. 프리스트레스 도입후 : 시간적 손실
    ① 콘크리트의 건조수축
    ② 콘크리트의 크리프
    ③ PS강재의 리랙세이션(Relaxation)

해답 ③

031 그림에 나타난 단철근 직사각형 보가 공칭 휨강도(M_n)에 도달할 때 압축 측 콘크리트가 부담하는 압축력은 약 얼마인가? (단, 철근 D22 4본의 단면적은 1548mm², $f_{ck} = 28$MPa, $f_y = 350$MPa이다.)

① 542kN
② 637kN
③ 724kN
④ 833kN

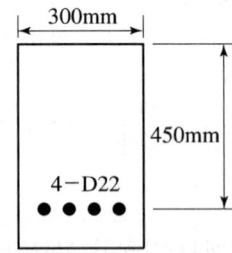

해설 $M_n = CZ = TZ$이므로
$C = T = A_s f_y = 1548 \times 350 = 541,800\text{N} = 541.8\text{kN}$

해답 ①

032

철근콘크리트 1방향 슬래브에 대한 설명으로 틀린 것은?

① 슬래브의 두께는 최소 50mm 이상으로 하여야 한다.
② 슬래브의 정모멘트 철근 및 부모멘트 철근의 중심 간격은 위험단면에서는 슬래브두께의 2배 이하이여야 하고, 또한 300mm 이하로 하여야 한다.
③ 4변에 의해 지지되는 2방향 슬래브 중에서 단변에 대한 장변의 비가 2배를 넘으면 1방향 슬래브로서 해석한다.
④ 1방향 슬래브에서는 정모멘트 철근 및 부모멘트 철근에 직각방향으로 수축·온도철근을 배치하여야 한다.

해설 1방향 슬래브의 두께는 최소 100mm 이상으로 하여야 한다.

해답 ①

033

프리스트레스하지 않는 현장치기 콘크리트에서 옥외의 공기나 흙에 직접 접하지 않는 콘크리트 벽체에서 D35 초과하는 철근의 최소 피복 두께는 얼마인가?

① 20mm ② 40mm
③ 50mm ④ 60mm

해설 옥외의 공기나 흙에 직접 접하지 않는 콘크리트(슬래브, 벽체, 장선)
① D35 초과하는 철근 : 40mm
② D35 이하인 철근 : 20mm

해답 ②

034

리벳의 허용강도를 결정하는 방법으로 옳은 것은?

① 전단강도와 압축강도로 각각 결정한다.
② 전단강도와 압축강도의 평균값으로 결정한다.
③ 전단강도와 지압강도 중 큰 값으로 한다.
④ 전단강도와 지압강도 중 작은 값으로 한다.

해설 리벳 값(리벳강도, P_n)은 허용전단강도(P_s)와 허용지압강도(P_b) 중 작은 값으로 한다.

해답 ④

035

콘크리트구조 강도설계법에서 콘크리트의 설계기준압축강도(f_{ck})가 45MPa일 때 β_1의 값은? (단, β_1은 $a = \beta_1 c$에서 사용되는 계수이다.)

① 0.714 ② 0.800
③ 0.747 ④ 0.761

해설 콘크리트의 등가압축응력깊이의 비
$f_{ck} = 45\text{MPa}$로 50MPa 이하이므로 $\beta_1 = 0.80$

해답 ②

036

아래 그림과 같은 강판에서 순폭은? (단, 강판에서의 구멍지름(d)은 25mm이다.)

① 150mm
② 175mm
③ 204mm
④ 225mm

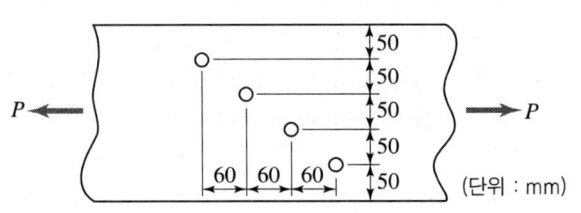

해설 폭은 모든 구멍이 연결될 때 가장 작은 값인 순폭이 되므로
$$b_n = b - d - 3w = b - d - 3\left(d - \frac{P^2}{4g}\right) = (5 \times 50) - 25 - 3 \times \left(25 - \frac{60^2}{4 \times 50}\right)$$
$$= 204\text{mm}$$

해답 ③

제2과목 측량 및 토질(측량학+토질 및 기초)

1. 측량학(측량학 일반, 기준점 측량, 응용 측량)

037

완화곡선에 대한 설명으로 옳지 않은 것은?

① 완화곡선의 반지름(R)은 시점에서 무한대이다.
② 완화곡선의 접선은 시점에서 직선에 접한다.
③ 완화곡선의 종점에 있는 캔트(cant)는 원곡선의 캔트(cant)와 같다.
④ 완화곡선의 길이(L)는 도로폭에 따라 결정된다.

해설 완화곡선의 길이는 차량의 속도와 캔트 등 여러 요소에 의해 결정된다.
$$L = \frac{N}{1,000} \cdot C = \frac{N}{1,000} \cdot \frac{SV^2}{R \cdot g} = \frac{V \cdot C}{r}$$
여기서, C : Cant N : 완화곡선 정수(300~800)
S : 궤간(레일간격) V : 차량 속도
R : 곡선반경 g : 중력가속도
r : 캔트의 시간적 변화율

해답 ④

038 교호수준측량에서 A점의 표고가 60.00m일 때, $a_1=0.75$m, $b_1=0.55$m, $a_2=1.45$m, $b_2=1.24$m이면 B점의 표고는?

① 60.205m
② 60.210m
③ 60.215m
④ 60.200m

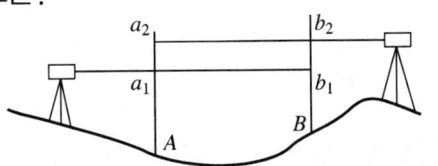

해설 ① A점과 B점의 표고차
$$H=\frac{1}{2}[(a_1-b_1)+(a_2-b_2)]=\frac{1}{2}[(0.75-0.55)+(1.45-1.24)]=0.205\text{m}$$
② B점의 지반고
$$H_B=H_A+H=60.00+0.205=60.205\text{m}$$

해답 ①

039 기지점 A로부터 기지점 B에 결합하는 트래버스측량을 실시하여 X좌표의 결합오차 +0.15m, Y좌표의 결합오차 +0.20m를 얻었다면 이 측량의 결합비는? (단, 전체 노선 거리는 2750m이다.)

① 1/18330
② 1/13750
③ 1/12000
④ 1/11000

해설 ① 폐합오차
$$E=\sqrt{\Delta L^2+\Delta D^2}=\sqrt{0.15^2+0.20^2}$$
② 폐합비(정도)
$$R=\frac{E}{\sum l}=\frac{\sqrt{\Delta L^2+\Delta D^2}}{\sum l}=\frac{\sqrt{0.15^2+0.20^2}}{2750}=\frac{1}{11,000}$$

해답 ④

040 폐합 트래버스측량에서 각 관측의 정밀도가 거리 관측의 정밀도보다 높을 때 오차를 배분하는 방법으로 옳은 것은?

① 해당 측선 길이에 비례하여 배분한다.
② 해당 측선 길이에 반비례하여 배분한다.
③ 해당 측선의 위거와 경거의 크기에 비례하여 배분한다.
④ 해당 측선의 위거와 경거의 크기에 반비례하여 배분한다.

해설 트랜싯 법칙은 각관측의 정밀도가 거리관측의 정밀도보다 높을 때 조정하는 방법으로 각 변의 위거, 경거의 크기에 비례하여 폐합 오차를 배분한다.

해답 ③

041

축척 1 : 5000 지형도(30cm×30cm)를 기초로 하여 축척이 1 : 50000인 지형도(30cm×30cm)를 제작하기 위해 필요한 축척 1 : 5000 지형도의 수는?

① 50장   ② 100장
③ 150장 ④ 200장

해설 지도 한 장의 면적은 축척분모수의 제곱에 비례하므로
$$\frac{50,000^2}{5,000^2} = 100장$$

해답 ②

042

우리나라의 노선측량에서 고속도로에 주로 이용되는 완화곡선은?

① 렘니스케이트 곡선   ② 클로소이드 곡선
③ 2차 포물선   ④ 3차 포물선

해설 완화곡선
① 3차 포물선(cubic spiral) : 철도에서 주로 사용한다.
② 클로소이드(clothoid) : 고속도로 IC에서 주로 사용한다.
③ 렘니스케이트(lemniscate) : 시가지 지하철에서 주로 사용한다.

해답 ②

043

축척 1 : 50000 지도상에서 4cm² 인 영역의 지상에서 실제면적은?

① 1km²   ② 2km²
③ 100km² ④ 200km²

해설 $\left(\dfrac{1}{m}\right)^2 = \dfrac{도상면적(A_o)}{실제\ 면적(A)}$ 에서
$A = A_0 \times 50,000^2 = 4 \times 50,000^2 = 1 \times 10^{10} \text{cm}^2 = 1\text{km}^2$

해답 ①

044

노선의 횡단측량에서 No.1+15m 측점의 절토단면적이 100m², No.2 측점의 절토단면적이 40m²일 때 두 측점 사이의 절토량은? (단, 중심말뚝간격=20m)

① 350m³   ② 700m³
③ 1,200m³ ④ 1,400m³

해설 양단면평균법에 의해
$V = \dfrac{1}{2}(A_1 + A_2) \cdot l = \dfrac{1}{2}(100 + 40) \times (20 - 5) = 350\text{m}^3$

해답 ①

045 수준측량에서 전시와 후시의 시준거리를 같게 하여 소거할 수 있는 오차는?

① 표척 눈금의 오독으로 발생하는 오차
② 표척을 연직방향으로 세우지 않아 발생하는 오차
③ 시준축이 기포관축과 평행하지 않기 때문에 발생하는 오차
④ 시차(조준의 불완전)에 의해 발생하는 오차

해설 전시와 후시의 거리를 같게 하는 것은 기계오차와 자연적 오차를 소거할 수 있기 때문이다.
① 레벨조정의 불안정으로 생기는 오차(가장 큰 영향을 주는 오차) 소거(시준축 오차 : 기포관축 ≠ 시준선)
② 자연적 오차 소거
  ㉠ 구차 : 지구의 곡률에 의한 오차이다.
  ㉡ 기차 : 광선의 굴절에 의한 오차이다.
  ㉢ 양차 : 구차와 기차의 합을 말한다.
③ 조준나사 작동에 의한 오차 소거

해답 ③

046 그림과 같이 A점에서 편심점 B'점을 시준하여 $T_{B'}$를 관측했을 때 B점의 방향각 T_B를 구하기 위한 보정량 x의 크기를 구하는 식으로 옳은 것은?

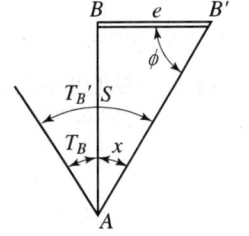

① $\rho'' \dfrac{e\sin\phi}{S}$ ② $\rho'' \dfrac{e\cos\phi}{S}$

③ $\rho'' \dfrac{S\sin\phi}{e}$ ④ $\rho'' \dfrac{S\cos\phi}{e}$

해설 B점의 방향각 T_B를 구하기 위한 보정량은 비례식에 의해 구할 수 있다.
$\dfrac{e}{\sin x} = \dfrac{S}{\sin\phi}$에서 $x = \sin^{-}\dfrac{e\sin\phi}{S} = \rho''\dfrac{e\sin\phi}{S}$

해답 ①

047 측선 $\overline{AB}$의 관측거리가 100m일 때, 다음 중 B점의 X(N)좌표 값이 가장 큰 경우는? (단, A의 좌표 $X_A=0$m, $Y_A=0$m)

① $\overline{AB}$의 방위각(α)=30° ② $\overline{AB}$의 방위각(α)=60°
③ $\overline{AB}$의 방위각(α)=90° ④ $\overline{AB}$의 방위각(α)=120°

해설 B점의 X좌표(합위거) 구하는 식 $X_B = X_A + l_{AB}\cos\alpha_{AB}$에서 $\cos\alpha_{AB}$ 값이 1이 되는 $\alpha_{AB} = 0°$에 가까울수록 X_B좌표 값이 커지므로 문제에서 $\alpha_{AB} = 30°$가 0°에 가장 가까워 값이 가장 크다.

해답 ①

048 등고선의 성질에 대한 설명으로 틀린 것은?

① 등고선은 도면 내·외에서 반드시 폐합한다.
② 최대경사 방향은 등고선과 직각방향으로 교차한다.
③ 등고선은 급경사지에서는 간격이 넓어지며, 완경사지에서는 간격이 좁아진다.
④ 등고선은 경사가 같은 곳에서는 간격이 같다.

해설 등고선은 경사가 급한 곳에서는 같은 높이 차에 따른 수평거리가 짧으므로 간격이 좁고 완만한 경사에서는 같은 높이 차에 따른 수평거리가 상대적으로 길므로 간격이 넓다.

해답 ③

049 수준측량 장비인 레벨의 기포관이 구비해야할 조건으로 가장 거리가 먼 것은?

① 유리관 질은 오랜 시간이 흘러도 내부 액체의 영향을 받지 않을 것
② 유리관의 곡률반지름이 중앙부위로갈수록 작아질 것
③ 동일 경사에 대하여 기포의 이동이 동일할 것
④ 기포의 이동이 민감할 것

해설 기포관 내면의 곡률반경이 모든 점에서 균일해야 한다.

[참고] **기포관의 구비 조건**
① 유리관 질은 장시일 변치 말아야 하며, 오랜 시간이 흘러도 내부 액체의 영향을 받지 않아야 한다.
② 기포관 내면의 곡률반경이 모든 점에서 균일해야 한다.
③ 기포의 이동이 민감해야 한다.
④ 액체는 표면장력과 점착력이 작아야 한다.
⑤ 곡률반경이 커야 한다.
⑥ 동일 경사에 대하여 기포의 이동이 동일하여야 한다.

해답 ②

050 거리측량의 허용정밀도를 $\frac{1}{10^5}$ 이라 할 때, 반지름 몇 km까지 평면으로 볼 수 있는가? (단, 지구반지름 $r = 6400$km이다.)

① 11km
② 22km
③ 35km
④ 70km

해설 ① 평면으로 간주할 수 있는 거리(직경)

$\frac{1}{10^5} = \frac{D^2}{12R^2}$ 에서 $D = \sqrt{\frac{12R^2}{m}} = \sqrt{\frac{12 \times 6400^2}{10^5}} = 70$km

② 평면으로 간주할 수 있는 반지름
$R = \dfrac{D}{2} = \dfrac{70}{2} = 35\text{km}$

051 곡선반지름 200m인 단곡선을 설치하기 위하여 그림과 같이 교각 I를 관측할 수 없어 $\angle AA'B'$, $\angle BB'A'$의 두 각을 관측하여 각각 141°40′과 90°20′의 값을 얻었다. 교각 I는? (단, A : 곡선시점, B : 곡선종점)

① 38°20′
② 38°40′
③ 89°40′
④ 128°00′

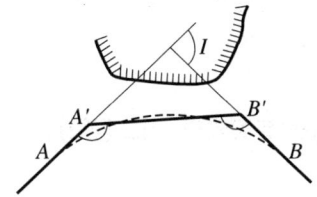

해설 $I = (180° - \angle AA'B') + (180° - \angle BB'A') = (180° - 141°40′) + (180° - 90°20′)$
$= 128°00′$

해답 ④

052 교점($I.P.$)의 위치가 기점으로부터 200.12m, 곡선반지름 200m, 교각 45°00′인 단곡선의 시단현의 길이는? (단, 측점간 거리는 20m로 한다.)

① 2.72m   ② 2.84m
③ 17.16m   ④ 17.28m

해설 ① 접선장
$TL = R \cdot \tan\dfrac{I}{2} = 200 \times \tan\dfrac{45°00′}{2} = 82.8427\text{m}$

② 곡선시점
$BC = $ 교점($I.P.$)까지의 추가 거리 $- TL = 200.12 - 82.84 = 117.28\text{m}$

③ 시단현 길이(l_1)
$l_1 = $ 앞 말뚝값 $- BC = 120 - 117.28 = 2.72\text{m}$

해답 ①

053 다음 중 기하학적 측지학에 속하지 않는 것은?

① 측지학적 3차원 위치의 결정
② 면적 및 체적의 산정
③ 길이 및 시(時)의 결정
④ 지구의 극운동과 자전 운동

해설 1. 기하학적 측지학
① 길이 및 시간의 결정
② 수평위치의 결정
③ 높이의 결정
④ 측지학의 3차원 위치결정

⑤ 천문측량　　　⑥ 위성측지
⑦ 하해측지　　　⑧ 면적 및 체적의 산정
⑨ 지도 제작(지도학)　⑩ 사진측량
2. **물리학적 측지학**
① 지구의 형상 해석　② 중력 측정
③ 지자기의 측정　　④ 탄성파의 측정
⑤ 지구의 극운동 및 자전운동　⑥ 지각변동 및 균형
⑦ 지구의 열측정　　⑧ 대륙의 부동
⑨ 해양의 조류　　　⑩ 지구의 조석측량

해답 ④

2. 토질 및 기초(토질역학, 기초공학)

054 말뚝의 재하시험 시 연약점토 지반인 경우는 말뚝 타입 후 소정의 시간이 경과한 후 말뚝재하시험을 한다. 그 이유로 옳은 것은?

① 부 마찰력이 생겼기 때문이다.
② 타입 된 말뚝에 의해 흙이 팽창되었기 때문이다.
③ 타입 시 말뚝 주변의 흙이 교란되었기 때문이다.
④ 주면 마찰력이 너무 크게 작용하였기 때문이다.

해설 말뚝 타입시 말뚝 주위의 점토지반은 교란이 되어 강도가 작아지게 된다. 그러나 점토는 시간이 경과되면서 강도가 회복되는 딕소트로피(thixotrophy) 현상이 일어나기 때문에 말뚝 재하시험은 말뚝 타입 후 20여 일이 지난 후 실시한다.

해답 ③

055 그림과 같은 파괴 포락선 중 완전 포화된 점성토에 대해 비압밀비배수 삼축압축(UU) 시험을 했을 때 생기는 파괴포락선은 어느 것인가?

① 가
② 나
③ 다
④ 라

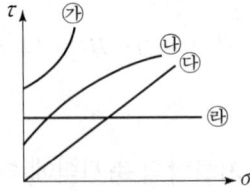

해설 완전포화된 점토의 비압밀 비배수 시험을 실시하면 $\phi=0$인 파괴포락선이 그려진다.

해답 ④

056
도로의 평판 재하 시험(KS F 2310)에서 변위계 지지대의 지지 다리 위치는 재하판 및 지지력 장치의 지지점에서 몇 m 이상 떨어져 설치하여야 하는가?

① 0.25m   ② 0.50m
③ 0.75m   ④ 1.00m

해설
① 변위계 지지대는 재하판의 침하량을 측정하는 장치로서, 변위계 부착 장치를 갖춘 길이 3m 이상의 지지보와 그 지지 다리로 구성된다.
② 지지 다리의 위치를 재하판 및 지지력 자치의 지지점(자동차 또는 트레일러의 경우는 그 차륜)에서 1m 이상 떨어져 설치할 수 있는 것으로 한다.

해답 ④

057
두께 6m의 점토층에서 시료를 채취하여 압밀시험한 결과 하중강도가 200kN/m²에서 400kN/m²으로 증가되고 간극비는 2.0에서 1.8로 감소하였다. 이 시료의 압축계수(a_v)는?

① 0.001m²/kN   ② 0.003m²/kN
③ 0.006m²/kN   ④ 0.008m²/kN

해설
$$a_v = \frac{\Delta e}{\Delta \sigma'} = \frac{e_1 - e_2}{\sigma_2' - \sigma_1'} = \frac{2.0 - 1.8}{400 - 200} = 0.001 \text{m}^2/\text{kN}$$

해답 ①

058
어떤 퇴적지반의 수평방향 투수계수가 4.0×10^{-3}cm/s, 수직방향 투수계수가 3.0×10^{-3}cm/s일 때 이 지반의 등가 등방성 투수계수는 얼마인가?

① 3.46×10^{-3}cm/s   ② 5.0×10^{-3}cm/s
③ 6.0×10^{-3}cm/s   ④ 6.93×10^{-3}cm/s

해설
$$k' = \sqrt{k_h \cdot k_v} = \sqrt{4.0 \times 10^{-3} \times 3.0 \times 10^{-3}} = 3.46 \times 10^{-3} \text{cm/s}$$

해답 ①

059
말뚝기초에서 부주면마찰력(negative skin friction)에 대한 설명으로 틀린 것은?

① 지하수위 저하로 지반이 침하될 때 발생한다.
② 지반이 압밀진행중인 연약점토 지반인 경우에 발생한다.
③ 발생이 예상되면 대책으로 말뚝주면에 역청 등으로 코팅하는 것이 좋다.
④ 말뚝주면에 상방향으로 작용하는 마찰력이다.

해설 연약지반에 말뚝을 타입한 다음, 성토와 같은 하중을 작용시켰을 때 말뚝 주위 지반의 침하량이 말뚝의 침하량보다 상대적으로 클 때 주면 마찰력이 하향으로 발생하여 하중역할을 하게 된다. 이러한 (−)의 주면 마찰력을 부마찰력이라 한다.

해답 ④

060 흙의 다짐에너지에 대한 설명으로 틀린 것은?

① 다짐에너지는 램머(Rammer)의 중량에 비례한다.
② 다짐에너지는 램머(Rammer)의 낙하고에 비례한다.
③ 다짐에너지는 시료의 체적에 비례한다.
④ 다짐에너지는 타격수에 비례한다.

해설 다짐에너지는 시료의 체적에 반비례한다.

$$E_c = \frac{W_R \cdot H \cdot N_B \cdot N_L}{V} (\text{kg} \cdot \text{cm}/\text{cm}^3)$$

여기서, W_R : Rammer 무게(kg) N_B : 다짐횟수(타격수)
N_L : 다짐층수 H : 낙하고(cm)
V : Mold의 체적(cm³)

해답 ③

061 흙의 다짐 특성에 대한 설명으로 옳은 것은?

① 다짐에 의하여 흙의 밀도와 압축성은 증가된다.
② 세립토가 조립토에 비하여 최대건조밀도가 큰 편이다.
③ 점성토를 최적함수비보다 습윤측으로 다지면 이산구조를 가진다.
④ 세립토는 조립토에 비하여 다짐 곡선의 기울기가 급하다.

해설 ① 다짐에 의하여 흙의 밀도는 증가되고 압축성은 감소된다.
② 세립토가 조립토에 비하여 최대건조밀도가 작은 편이다.
③ 점토는 최적함수비보다 습윤측에서 다지면 분산구조(입자가 서로 평행)가 되고, 건조측에서 다지면 면모구조(입자가 엉성하게 엉김)가 된다.
④ 세립토는 조립토에 비하여 다짐 곡선의 기울기가 완만하다.

해답 ③

062 주동토압을 P_A, 정지토압을 P_o, 수동토압을 P_P라 할 때 크기의 비교로 옳은 것은?

① $P_A > P_o > P_P$
② $P_P > P_A > P_o$
③ $P_o > P_A > P_P$
④ $P_P > P_o > P_A$

해설 토압의 크기 비교
수동토압(P_P) > 정지토압(P_o) > 주동토압(P_A)

해답 ④

063 통일분류법에서 실트질자갈을 표시하는 기호는?

① GW
② GP
③ GM
④ GC

해설
① 조립토의 제1문자인 자갈은 G
② 제2문자인 실트는 M
③ 시트질자갈은 GM으로 표시

해답 ③

064 흙 속의 물이 얼어서 빙층(ice lens)이 형성되기 때문에 지표면이 떠오르는 현상은?

① 연화현상
② 동상현상
③ 분사현상
④ 다일러턴시

해설
① **연화현상**이란 동결된 지반이 녹게 되면 흙의 함수비가 증가한다. 이때 배수가 불량한 지반이면 수분이 그대로 잔류하여 흙의 컨시스턴시가 변하여 지반이 연약화되어 강도가 떨어지는 현상을 말한다.
② **동상현상**이란 지반 내의 물이 결빙되면 지반 내에 렌즈형의 얼음층(ice lens)이 생성되면서 이로 인하여 지표가 융기하게 되는 현상을 말한다.
③ **분사현상**이란 물의 상향 침투시 침투수압에 의해 동수경사가 점점 커져 한계동수경사보다 커지면 흙 입자가 물과 함께 위로 솟구쳐 오르는 현상을 말한다.
④ **다일러턴시**란 전단 과정 중에 체적이 팽창하거나 감소하는 등 체적이 변하는 현상을 말한다.

해답 ②

065 포화점토에 대해 베인전단시험을 실시하였다. 베인의 지름과 높이는 각각 75mm와 150mm이고 시험 중 사용한 최대 회전 모멘트는 30N·m이다. 점성토의 비배수 전단강도(c_u)는?

① 1.62N/m^2
② 1.94N/m^2
③ 16.2kN/m^2
④ 19.4kN/m^2

해설 베인전단 시험에 의한 점착력(전단강도)

$$S = c_u = \frac{T}{\pi \cdot D^2 \cdot \left(\dfrac{H}{2} + \dfrac{D}{6}\right)} = \frac{30}{\pi \times 0.075^2 \times \left(\dfrac{0.15}{2} + \dfrac{0.075}{6}\right)}$$

$= 19402 \text{N/m}^2 = 19.4 \text{kN/m}^2$

해답 ④

066 연약지반 개량공법에서 Sand Drain 공법과 비교한 Paper Drain 공법의 특징이 아닌 것은?

① 공사비가 비싸다.
② 시공속도가 빠르다.
③ 타입 시 주변 지반 교란이 적다.
④ Drain 단면이 깊이 방향에 대해 일정하다.

해설 Sand Drain 공법에 비해 Paper Drain 공법은 얕은 심도에서 공사비가 저렴하다. **해답** ①

067 2면 직접전단시험에서 전단력이 300N, 시료의 단면적이 10cm²일 때의 전단응력은?

① 75kN/m^2
② 150kN/m^2
③ 300kN/m^2
④ 600kN/m^2

해설 2면전단이므로
$$\tau = \frac{S}{2A} = \frac{0.3}{2 \times (10 \times 10^{-4})} = 150\text{kN/m}^2$$

해답 ②

068 흙의 연경도에 대한 설명 중 틀린 것은?

① 소성지수는 액성한계와 소성한계의 차로 표시된다.
② 수축한계 시험에서 수은을 이용하여 건조토의 무게를 정한다.
③ 흙의 액성한계·소성한계 시험은 425μm체를 통과한 시료를 사용한다.
④ 소성한계는 시료를 실 모양으로 늘렸을 때, 시료가 3mm의 굵기에서 끊어질 때의 함수비를 말한다.

해설 노건조 시료의 체적을 구하기 위하여 수은을 사용한다. **해답** ②

069 사질토 지반에 있어서 강성기초의 접지압 분포에 대한 설명으로 옳은 것은?

① 기초 밑면에서의 응력은 불규칙하다.
② 기초의 중앙부에서 최대 응력이 발생한다.
③ 기초의 밑면에서는 어느 부분이나 응력이 동일하다.
④ 기초의 모서리 부분에서 최대 응력이 발생한다.

해설 사질토지반에 축조된 강성기초의 접지압은 중앙부에서 최대이다.

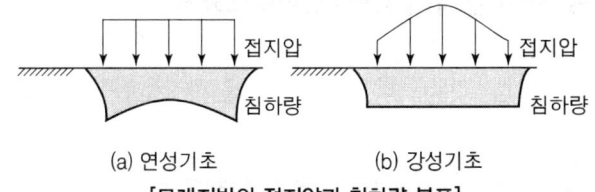

(a) 연성기초 　　　　(b) 강성기초
[모래지반의 접지압과 침하량 분포]

해답 ②

070

흙의 투수계수에 대한 설명으로 틀린 것은?

① 투수계수는 온도와는 관계가 없다.
② 투수계수는 물의 점성과 관계가 있다.
③ 흙의 투수계수는 보통 Darcy 법칙에 의하여 정해진다.
④ 모래의 투수계수는 간극비나 흙의 형상과 관계가 있다.

해설 $K = D_s^2 \cdot \dfrac{\gamma_w}{\eta} \cdot \dfrac{e^3}{1+e} \cdot C$에서 온도가 높으면 물의 점성계수($\eta$)가 감소하여 투수계수는 증가한다.

해답 ①

071

어느 모래층의 간극률이 20%, 비중이 2.65이다. 이 모래의 한계 동수경사는?

① 1.28
② 1.32
③ 1.38
④ 1.42

해설
 ① $e = \dfrac{n}{100-n} = \dfrac{20}{100-20} = 0.25$

② $i_c = \dfrac{G_s - 1}{1+e} = \dfrac{(2.65-1)}{1+0.25} = 1.32$

해답 ②

072

흙의 전단강도에 대한 설명으로 틀린 것은?

① 흙의 전단강도와 압축강도는 밀접한 관계에 있다.
② 흙의 전단강도는 입자간의 내부마찰각과 점착력으로부터 주어진다.
③ 외력이 증가하면 전단응력에 의해서 내부의 어느 면을 따라 활동이 일어나 파괴된다.
④ 일반적으로 사질토는 내부마찰각이 작고 점성토는 점착력이 작다.

해설 일반적으로 사질토는 내부마찰각이 크고 점성토는 점착력이 크다.

해답 ④

제3과목 수자원설계 (수리학+상하수도공학)

1. 수리학

073 물의 체적탄성계수 $E=2\times10^4 kg/cm^2$일 때 물의 체적을 1% 감소시키기 위해 가해야할 압력은?

① $2\times10 kg/m^2$
② $2\times10 kg/cm^2$
③ $2\times10^2 kg/m^2$
④ $2\times10^2 kg/cm^2$

해설 체적탄성계수 식 $E=\dfrac{\Delta P}{\dfrac{\Delta V}{V}}=\dfrac{\Delta P}{0.01}=2\times10^4 kg/cm^2$에서

$\Delta P = 2\times10^2 kg/cm^2$

해답 ④

074 유량 Q, 유속 V, 단면적 A, 도심거리 h_G라 할 때 충력치(M)의 값은? (단, 충력치는 비력이라고도 하며, η : 운동량 보정계수, g : 중력가속도, W : 물의 중량, w : 물의 단위중량)

① $\eta\dfrac{Q}{g}+Wh_G A$
② $\eta\dfrac{Q}{g}V+h_G A$
③ $\eta\dfrac{gV}{Q}+h_G A$
④ $\eta\dfrac{Q}{g}V+\dfrac{1}{2}w^2$

해설 $M=\eta\dfrac{Q}{g}V+h_G A = \text{const}$ 여기서, M : 충력치(비력)

해답 ②

075 $10m^3/sec$의 유량을 흐르게 할 수리학적으로 가장 유리한 직사각형 개수로 단면을 설계 할 때 개수로의 폭은? (단, Manning 공식을 이용하며, 수로경사 $i=0.001$, 조도계수 $n=0.020$이다.)

① 2.66m
② 3.16m
③ 3.66m
④ 4.16m

해설 직사각형 단면의 수리학상 유리한 단면은 $b=2h$이므로
① 경심

$$R=\dfrac{A}{P}=\dfrac{bh}{b+2h}=\dfrac{b\dfrac{b}{2}}{b+2\times\dfrac{b}{2}}=\dfrac{b}{4}$$

② 유량

$$Q = AV = (bh)\left(\frac{1}{n}R^{2/3}I^{1/2}\right) = \left(b \times \frac{b}{2}\right)\left[\frac{1}{0.02} \times \left(\frac{b}{4}\right)^{2/3} \times 0.001^{1/2}\right]$$
$$= 10\text{m}^3/\text{sec 에서}$$
$$b = 3.66\text{m}$$

해답 ③

076

투수 계수 0.5m/sec, 제외지 수위 6m, 제내지 수위 2m, 침투수가 통하는 길이 50m일 때 하천 제방 단면 1m당 누수량은?

① $0.16\text{m}^3/\text{sec}$
② $0.32\text{m}^3/\text{sec}$
③ $0.96\text{m}^3/\text{sec}$
④ $1.28\text{m}^3/\text{sec}$

해설 하천 제방 단면 1m당 누수량

$$Q = \frac{k(h_1^2 - h_2^2)}{2l} = \frac{0.5(6^2 - 2^2)}{2 \times 50} = 0.16\text{m}^3/\text{sec}$$

해답 ①

077

사이펀의 이론 중 동수경사선에서 정점부까지의 이론적 높이(㉠)와 실제 설계 시 적용하는 높이의 범위(㉡)로 옳은 것은?

① ㉠ : 7.0m, ㉡ : 5.6~6.0m
② ㉠ : 8.0m, ㉡ : 6.4~6.8m
③ ㉠ : 9.0m, ㉡ : 6.5~7.0m
④ ㉠ : 10.3m, ㉡ : 8.0~8.5m

해설 사이펀의 이론 중 동수경사선에서 정점부까지의 이론적 높이는 1기압의 수두로서 10.33m이며, 실제 설계 시 적용하는 높이는 8.0~8.5m이다.

해답 ④

078

수로폭 4m, 수심 1.5m인 직사각형 단면에서 유량이 24m³/sec일 때 Froude 수(F_r)는?

① 0.74
② 0.85
③ 1.04
④ 1.08

해설 ① 유속 $V = \dfrac{Q}{A} = \dfrac{24}{4 \times 1.5} = 4\text{m/sec}$

② 후르드수 $F_r = \dfrac{V}{\sqrt{gh}} = \dfrac{4}{\sqrt{9.8 \times 1.5}} = 1.04$

해답 ①

079 수축단면에 관한 설명으로 옳은 것은?

① 오리피스의 유출수맥에서 발생한다.
② 상류에서 사류로 변화할 때 발생한다.
③ 사류에서 상류로 변화할 때 발생한다.
④ 수축단면에서의 유속을 오리피스의 평균유속이라 한다.

해설 **수축 단면 일반**
① 수축 단면이란 오리피스의 유출수맥 중에서 최소로 축소된 단면을 말한다.
② 수축단면은 수맥의 단면적이 가장 작은 부분이다.
③ 수축단면은 오리피스 직경의 1/2 떨어진 지점에서 발생한다.

해답 ①

080 지름 D인 관을 배관할 때 마찰 손실이 elbow에 의한 손실과 같도록 직선 관을 배관한다면 직선 관의 길이는? (단, 관의 마찰손실계수 $f=0.025$, elbow에 의한 미소손실계수 $K=0.9$)

① $4D$ ② $8D$
③ $36D$ ④ $42D$

해설 ① 마찰손실수두
$$h_L = f\frac{l}{D}\frac{V^2}{2g} = 0.025 \times \frac{l}{D} \times \frac{V^2}{2g}$$
② 미소손실수두
$$h_f = \Sigma f_f \frac{V^2}{2g} = K\frac{V^2}{2g} = 0.9 \times \frac{V^2}{2g}$$
③ 마찰 손실이 elbow에 의한 손실과 같아야 하므로
$$0.025 \times \frac{l}{D} \times \frac{V^2}{2g} = 0.9 \times \frac{V^2}{2g} \text{에서 } l = \frac{0.9}{0.025}D = 36D$$

해답 ③

081 관내에 유속 V로 물이 흐르고 있을 때 밸브 등의 급격한 폐쇄 등에 의하여 유속이 줄어들면 이에 따라 관내에 압력 변화가 생기는데 이것을 무엇이라 하는가?

① 정압 ② 수격압
③ 동압력 ④ 정체압력

해설 관수로에 물이 흐르고 있을 때 밸브를 급히 잠그면 유속이 '0'이 되면서 수압이 현저히 상승하게 되고 물이 역류하면서 관 벽에 충격을 주는 압력을 수격압이라 하며 이러한 작용을 수격작용이라 한다.

해답 ②

082

그림과 같은 폭 2m의 직사각형 판에 작용하는 수압 분포도는 삼각형 분포도를 얻었는데, 이 물체에 작용하는 전수압(㉠)과 작용점의 위치(㉡)로 옳은 것은? (단, 물의 단위중량은 9.81kN/m³이며, 작용의 위치는 수면을 기준으로 한다.)

① ㉠ : 100.25kN, ㉡ : 1.7m
② ㉠ : 145.25kN, ㉡ : 3.3m
③ ㉠ : 200.25kN, ㉡ : 1.7m
④ ㉠ : 245.25kN, ㉡ : 3.3m

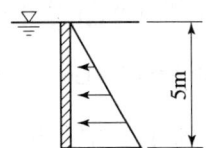

해설 ① 직사각형 판에 작용하는 전수압

$$P = wh_G A = 9.81 \times \frac{5}{2} \times (2 \times 5) = 245.25\text{kN}$$

② 전수압의 중심 위치

$$h_c = h_G + \frac{I_G}{h_G A} = \frac{5}{2} + \frac{\frac{2 \times 5^3}{12}}{\frac{5}{2} \times (2 \times 5)} = 3.3\text{m}$$

해답 ④

083

그림과 같은 작은 오리피스에서 유속은? (단, 유속계수 $C_v = 0.9$이다.)

① 8.9m/s
② 9.9m/s
③ 12.6m/s
④ 14.0m/s

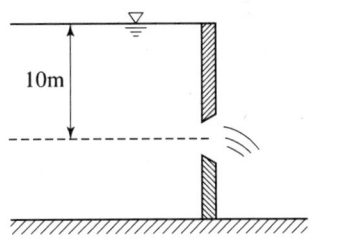

해설 $v = C_v \sqrt{2gH} = 0.9 \times \sqrt{2 \times 9.8 \times 10} = 12.6\text{m/s}$

해답 ③

084

모세관 현상에서 모세관고(h)와 관의 지름(D)의 관계로 옳은 것은?

① h는 D에 비례한다.
② h는 D^2에 비례한다.
③ h는 D^{-1}에 비례한다.
④ h는 D^{-2}에 비례한다.

해설 모관 상승고 $h = \dfrac{4T\cos\theta}{wD}$ 에서 $h \propto \dfrac{1}{d}$

h는 관 직경 d의 -1승에 비례한다.

해답 ③

085
뉴턴 유체(Newtonian fluid)에 대한 설명으로 옳은 것은?

① 물이나 공기 등 보통의 유체는 비뉴턴 유체이다.
② 각 변형률 $\left(\dfrac{dv}{dy}\right)$의 크기에 따라 선형으로 점도가 변한다.
③ 전단응력(τ)과 각 변형률 $\left(\dfrac{dv}{dy}\right)$의 관계는 원점을 지나는 직선이다.
④ 유체가 압력의 변화에 따라 밀도의 변화를 무시할 수 없는 상태가 된 유체를 의미한다.

해설 ① **점성응력**(전단응력, 내부마찰력)

$$\tau = \mu \dfrac{dv}{dy}$$

여기서, μ : 점성계수, $\dfrac{dv}{dy}$: 속도의 변화율(속도계수, 속도 기울기)

② **뉴턴 유체**(Newtonian fluid)란 위 점성응력식을 만족하는 유체로 전단응력과 속도구배와 정비례하는 관계를 갖는 유체를 말한다.

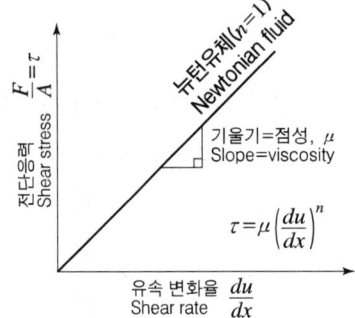

해답 ③

086
베르누이 정리를 압력의 항으로 표시할 때, 동압력(dynamic pressure) 항에 해당되는 것은?

① P
② $\dfrac{1}{2}\rho V^2$
③ $\rho g z$
④ $\dfrac{V^2}{2g}$

해설 정체압(P_t) = 동압력 + 정압력 = $\dfrac{\rho V^2}{2} + P$에서 $\dfrac{\rho V^2}{2}$는 동압력 P는 정압력이다.

해답 ②

087

집중호우로 인한 홍수 발생 시 지표수의 흐름은?

① 등류이고, 정상류이다.
② 등류이고, 비정상류이다.
③ 부등류이고, 정상류이다.
④ 부등류이고, 비정상류이다.

해설 홍수 시 하천(지표수)의 흐름은 부등류이고, 비정상류이다.

해답 ④

088

수면 아래 20m 지점의 수압으로 옳은 것은? (단, 물의 단위중량은 9.81kN/m³이다.)

① 0.1MPa
② 0.2MPa
③ 1.0MPa
④ 20MPa

해설 $P = wh = 9.81 \times 20 = 196.2 \text{kN/m}^2 = 0.1962 \text{N/mm}^2 = 0.1962 \text{MPa}$

해답 ②

089

Chezy 공식의 평균유속계수 C와 Manning 공식의 조도계수 n 사이의 관계는?

① $C = n \cdot R^{1/3}$
② $C = n \cdot R^{1/6}$
③ $C = \dfrac{1}{n} \cdot R^{1/3}$
④ $C = \dfrac{1}{n} \cdot R^{1/6}$

해설
① Chézy 공식 $V = C\sqrt{RI}$ (m/sec)
② Manning 공식 $V = \dfrac{1}{n} R^{\frac{2}{3}} I^{\frac{1}{2}}$ (m/sec)
③ $V = C\sqrt{RI} = \dfrac{1}{n} R^{\frac{2}{3}} I^{\frac{1}{2}}$ 에서 $C = \dfrac{R^{\frac{2}{3}} I^{\frac{1}{2}}}{n\sqrt{RI}} = \dfrac{1}{n} R^{\frac{2}{3} - \frac{1}{2}} = \dfrac{1}{n} R^{\frac{1}{6}}$

해답 ④

090

보통 정도의 정밀도를 필요로 하는 관수로 계산에서 마찰 이외의 손실을 무시할 수 있는 L/D의 값으로 옳은 것은? (단, L : 관의 길이, D : 관의 지름)

① 500 이상
② 1000 이상
③ 2000 이상
④ 3000 이상

해설 관의 길이가 아주 길면 마찰손실수두만 가지고 설계할 수 있으며, 이때의 관의 직경에 대한 길이의 비는 $\dfrac{L}{D} > 3,000$ 이다.

해답 ④

091 레이놀즈의 실험으로 얻은 Reynolds 수에 의해서 구별할 수 있는 흐름은?

① 층류와 난류
② 정류와 부정류
③ 상류와 사류
④ 등류와 부등류

해설 레이놀즈수(Reynold수)는 흐름이 층류인지 난류인지를 구별하는 기준값으로 쓰인다.

$$R_e = \frac{VD}{\nu}$$

여기서, V : 유속, D : 관경, ν : 동점성계수
① $R_e < 2,000$: 층류
② $2,000 < R_e < 4,000$: 천이영역, 불안정층류(층류와 난류가 공존한다.)
③ $R_e > 4,000$: 난류

해답 ①

2. 상하수도공학(상수도계획, 하수도계획)

092 취수시설 중 취수탑에 대한 설명으로 틀린 것은?

① 큰 수위변동에 대응할 수 있다.
② 지하수를 취수하기 위한 탑 모양의 구조물이다.
③ 유량이 안정된 하천에서 대량으로 취수할 때 유리하다.
④ 취수구를 상하에 설치하여 수위에 따라 좋은 수질을 선택하여 취수할 수 있다.

해설 취수탑은 하천수와 호소, 저수지수를 취수하기 위한 시설이다.

해답 ②

093 도수관에 설치되는 공기밸브에 대한 설명으로 틀린 것은?

① 공기밸브에는 보수용의 제수밸브를 설치한다.
② 매설관에 설치하는 공기밸브에는 밸브실을 설치한다.
③ 관로의 종단도상에서 상향 돌출부의 상단에 설치한다.
④ 제수밸브의 중간에 상향 돌출부가 없는 경우 낮은 쪽의 제수밸브 바로 뒤에 설치한다.

해설 **공기 밸브**(air valve)
관 내 공기를 자동적으로 배제 또는 흡입하는 시설로 배수본관의 돌출부(凸部, 철부)에 설치
① 공기밸브에는 보수용의 제수밸브를 설치한다.

② 매설관에 설치하는 공기밸브에는 밸브실을 설치하며, 밸브실의 구조는 견고하고 밸브를 관리하기 용이한 구조로 한다.
③ 관로의 종단도상에서 상향 돌출부의 상단에 설치해야 하지만 제수밸브의 중간에 상향 돌출부가 없는 경우에는 높은 쪽의 제수밸브 바로 앞에 설치한다.
④ 관경 400mm 이상의 관에는 반드시 급속공기밸브 또는 쌍구공기밸브를 설치하고, 관경 350mm 이하의 관에 대해서는 급속공기밸브 또는 단구공기밸브를 설치한다.
⑤ 한랭지에서는 적절한 동결방지대책을 강구한다.

해답 ④

094 오수관로 설계 시 기준이 되는 수량은?
① 계획오수량
② 계획1일최대오수량
③ 계획1일평균오수량
④ 계획시간최대오수량

해설 계획하수량
1. 분류식
   ① 오수관거 : 계획시간 최대 오수량
   ② 우수관거 : 계획 우수량
2. 합류식
   ① 합류관거 : 계획시간 최대 오수량+계획우수량
   ② 차집관거 : 우천시 계획오수량(계획시간 최대 오수량의 3배 이상)

해답 ④

095 함수율 98%인 슬러지를 농축하여 함수율 96%로 낮추었다. 이 때 슬러지의 부피감소율은? (단, 슬러지 비중은 1.0으로 가정한다.)
① 40%
② 50%
③ 60%
④ 70%

 $\dfrac{V_2}{V_1} = \dfrac{100 - W_1}{100 - W_2}$ $\dfrac{V_2}{V_1} = \dfrac{100 - 98}{100 - 96} = 0.5 = 50\%$

여기서, V_1, V_2 : 슬러지의 부피
W_1, W_2 : 슬러지의 함수율(%)

해답 ②

096 유역면적 100ha, 유출계수 0.6, 강우강도 2mm/min인 지역의 합리식에 의한 우수량은?
① $2m^3/s$
② $3.3m^3/s$
③ $20m^3/s$
④ $33m^3/s$

해설 합리식에 의한 우수량
$$Q = \frac{1}{360} CIA = \frac{1}{360} \times 0.6 \times (2 \times 60) \times 100 = 20 \, m^3/s$$

해답 ③

097 완속여과 방식으로 제거할 수 없는 물질은?
① 냄새   ② 맛
③ 색도   ④ 철

해설 완속여과로는 색도를 제거할 수 없으며, 색도가 높을 경우에는 색도를 제거하기 위하여 응집침전처리, 활성탄처리 또는 오존처리를 한다.

[참고] 완속여과 방식으로 제거할 수 있는 물질
① 수중의 부유물질 ② 용해성 물질 ③ 암모니아성 질소 ④ 세균
⑤ 망간 ⑥ 냄새 ⑦ 맛 ⑧ 철
⑨ 합성세제 ⑩ 페놀 등

해답 ③

098 저수조식(탱크식) 급수방식의 적용이 바람직한 경우로 옳지 않은 것은?
① 일시에 많은 수량을 사용할 경우
② 상시 일정한 급수량을 필요로 하는 경우
③ 배수관의 수압이 소요압력에 비해 부족할 경우
④ 역류에 의하여 배수관의 수질을 오염시킬 우려가 없는 경우

해설 저수조식 급수방식은 급수관으로부터 수돗물을 일단 저수조에 받아서 급수하는 방식으로, 약품을 사용하는 공장 등으로부터 역류에 의하여 배수관의 수질을 오염시킬 우려가 있는 경우에 적합하다.

[참고] **저수조식 급수방식** : 급수관으로부터 수돗물을 일단 저수조에 받아서 급수
① 배수관의 수압이 낮아 직접 급수가 불가능할 경우
② 일시에 많은 수량 또는 항상 일정한 수량을 필요로 하는 경우
③ 급수관의 고장에 따른 단수나 감수 시에도 어느 정도의 급수를 지속시킬 필요가 있을 경우
④ 배수관 수압이 과대하여 급수장치에 고장을 일으킬 염려가 있을 경우
⑤ 약품을 사용하는 공장 등으로부터 역류에 의하여 배수관의 수질을 오염시킬 우려가 있는 경우

해답 ④

099 활성슬러지법에 의한 폐수처리시 BOD 제거 기능에 대하여 가장 영향이 작은 것은?

① pH
② 온도
③ 대장균수
④ BOD 농도

해설 활성슬러지법에 의한 폐수처리시 BOD 제거에 영향 요인
① pH ② 온도 ③ DO 농도 ④ BOD 농도 등

해답 ③

100 호소의 부영양화에 관한 설명으로 틀린 것은?

① 수심이 얕은 호소에서도 발생할 수 있다.
② 수심에 따른 수온 변화가 가장 큰 원인이다.
③ 수표면에 조류가 많이 번식하여 깊은 곳에서는 DO 농도가 낮다.
④ 부영양화를 방지하기 위해서는 질소와 인 성분의 유입을 차단해야 한다.

해설 부영양화의 가장 큰 원인은 질소(N)와 인(P)의 증가 및 유입이므로 부영양화를 방지하기 위해서는 질소와 인 성분의 유입을 차단해야 한다.

해답 ②

101 취수지점의 선정 시 고려하여야 할 사항으로 옳지 않은 것은?

① 구조상의 안정을 확보할 수 있어야 한다.
② 강 하구로서 염수의 혼합이 충분하여야 한다.
③ 장래에도 양호한 수질을 확보할 수 있어야 한다.
④ 계획취수량을 안정적으로 취수할 수 있어야 한다.

해설 강 하구로서 염수의 혼합이 없어야 한다.

해답 ②

102 강우강도 $I = \dfrac{3500}{t+10}$ mm/hr, 유역면적 2.0km², 유입시간 5분, 유출계수 0.7, 하수관내 유속 1m/s일 때 관 길이 600m인 하수관에 유출되는 우수량은?

① 27.2m³/s
② 54.4m³/s
③ 272.2m³/s
④ 544.4m³/s

해설 ① 유달시간(T)=유입시간(t_1)+유하시간(t_2)=$t_1 + \dfrac{L}{v} = 5 + \dfrac{600}{1 \times 60}$

$= 15[\min] \Rightarrow$ 강우지속시간(t)

② $I = \dfrac{3,500}{t(\text{분}) + 10} = \dfrac{3,500}{15 + 10} = 140\text{mm/hr}$

③ $Q = \dfrac{1}{3.6} CIA = \dfrac{1}{3.6} \times 0.7 \times 140 \times 2 = 54.4 \text{m}^3/\text{sec}$

해답 ②

103. 정수처리에 관한 설명으로 옳지 않은 것은?

① 부유물질의 제거는 일반적으로 스크린을 이용한다.
② 세균의 제거에는 침전과 여과를 통해 거의 이루어지며 소독을 통해 완전히 처리된다.
③ 용해성물질 중에서 일부는 흡착제로 사용되는 활성탄이나 제오라이트 등으로 제거한다.
④ 용해성물질은 일반적인 여과와 침전으로 제거되지 않으므로 이를 불용해성으로 변화시켜 제거한다.

해설 고액분리의 목적으로 수중의 부유 물질과 콜로이드 물질의 제거를 위한 처리로 침전, 여과, 흡착 등이 이용된다.

해답 ①

104. 하수도설계기준의 관로시설 설계기준에 따른 관로의 최소관경으로 옳은 것은?

① 오수관로 200mm, 우수관로 및 합류관로 250mm
② 오수관로 200mm, 우수관로 및 합류관로 400mm
③ 오수관로 300mm, 우수관로 및 합류관로 350mm
④ 오수관로 350mm, 우수관로 및 합류관로 400mm

해설 **최소 관경**
① 오수관거의 최소 관경 : 200mm
② 우수관거 및 합류관거의 최소 관경 : 250mm
③ 하수시설 중 연결관의 최소 관경 : 150mm

해답 ①

105. 도시하수가 하천으로 유입할 때 하천 내에서 발생하는 변화로 틀린 것은?

① DO의 증가
② BOD의 증가
③ COD의 증가
④ 부유물의 증가

해설 **도시하수의 하천으로 유입 시 변화**
① DO의 감소
② BOD의 증가
③ COD의 증가
④ 부유물의 증가

해답 ①

106 첨두율에 관한 설명으로 옳은 것은?

① 실제 하수량을 평균 하수량으로 나눈 값이다.
② 평균 하수량을 최대 하수량으로 나눈 값이다.
③ 지선 하수관로보다 간선 하수관로가 첨두율이 크다.
④ 인구가 많은 대도시일수록 첨두율이 커진다.

해설 첨두율(peaking factor) : 하수량의 평균유량에 대한 비 $\left(\dfrac{\text{실시간 하수량}}{\text{평균 하수량}}\right)$

① 첨두율은 소구경일수록 크고 대구경일수록 작다.
② 첨두율은 인구수가 적을수록 크고 인구수가 많을수록 작다.

해답 ①

107 정수장에서 배수지로 공급하는 시설로 옳은 것은?

① 급수시설
② 도수시설
③ 배수시설
④ 송수시설

해설 송수시설이란 정수장에서 정수된 물을 배수지까지 수송하는 시설을 말한다.

해답 ④

108 급속여과에 대한 설명으로 틀린 것은?

① 여과속도는 120~150m/d를 표준으로 한다.
② 여과지 1지의 여과면적은 250m² 이상으로 한다.
③ 급속여과지의 형식에는 중력식과 압력식이 있다.
④ 탁질의 제거가 완속여과보다 우수하여 탁한 원수의 여과에 적합하다.

해설 여과지 1지의 여과면적은 150m² 이하로 한다.

해답 ②

109 유효수심이 3.2m, 체류시간이 2.7시간인 침전지의 수면적 부하는?

① 11.19m³/m²·d
② 20.25m³/m²·d
③ 28.44m³/m²·d
④ 31.22m³/m²·d

해설 $L_s = \dfrac{\text{유입수량}(m^3/day)}{\text{표면적}(m^2)} = \dfrac{Q}{A} = \dfrac{H}{t} = \dfrac{3.2}{2.7 \times \dfrac{1}{24}} = 28.44 m^3/m^2 \cdot d$

여기서, L_s : 수면적부하율[m³/m²·day]
Q : 유입수량[m³/day]
A : 침전지면적[m²]($A = B \times L$)

해답 ③

110. 하수의 배수계통(排水系統)으로 옳지 않은 것은?

① 방사식　② 연결식
③ 직각식　④ 차집식

해설 하수관거 배치방식
① 직각식 또는 수직식　② 차집식
③ 선형식(선상식)　④ 방사식
⑤ 집중식　⑥ 평행 또는 고저단식

해답 ②

111. 송수관을 자연유하식으로 설계할 때, 평균유속의 허용최대한계는?

① 1.5m/s　② 2.5m/s
③ 3.0m/s　④ 5.0m/s

해설 송수관의 유속은 도수관의 유속에 준하며, 도수관의 평균유속의 최대 및 최소 한도 : 자연유하식인 경우에는 허용 최대한도를 3.0m/s로 하고, 도수관의 평균 유속 최소 한도는 원수를 수송하므로 모래입자 등의 침전을 방지하기 위하여 0.3m/sec 이상으로 한다.

해답 ③

토목산업기사

2020년 9월 CBT 시행

2023 개정된 출제기준에 의거하여 불필요한 문제는 삭제하고 3과목으로 정리함

제1과목 구조설계(응용역학+철근콘크리트 및 강구조)

1. 응용역학(역학적인 개념 및 건설 구조물의 해석)

001 일반적인 보에서 휨모멘트에 의해 최대 휨응력이 발생되는 위치는 다음 어느 곳인가?

① 부재의 중립축에서 발생
② 부재의 상단에서만 발생
③ 부재의 하단에서만 발생
④ 부재의 상·하단에서 발생

해설 휨응력 분포도

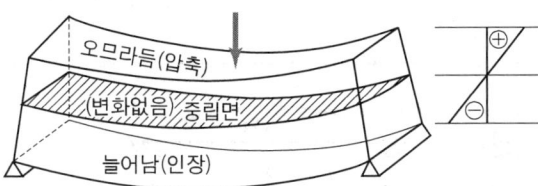

부재의 상단과 하단에서 휨모멘트에 의한 최대 휨응력이 발생한다.

해답 ④

002 그림과 같이 $a \times 2a$의 단면을 갖는 기둥에 편심거리 $\dfrac{a}{2}$만큼 떨어져서 P가 작용할 때 기둥에 발생할 수 있는 최대 압축응력은?
(단, 기둥은 단주이다.)

① $\dfrac{4P}{7a^2}$
② $\dfrac{7P}{8a^2}$
③ $\dfrac{13P}{2a^2}$
④ $\dfrac{5P}{4a^2}$

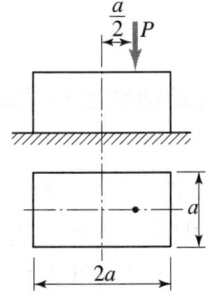

해설
$$\sigma_{\max} = \frac{P}{A} + \frac{M}{I}y = \frac{P}{a \times 2a} + \frac{P \times \frac{a}{2}}{\frac{a \times (2a)^3}{12}} \times a = \frac{5P}{4a^2} \text{(압축)}$$

해답 ④

003 30cm×50cm인 단면의 보에 60kN의 전단력이 작용할 때 이 단면에 일어나는 최대 전단응력은?
① 0.3MPa ② 0.6MPa
③ 0.9MPa ④ 1.2MPa

해설 $\tau_{\max} = 1.5 \times \frac{S}{A} = 1.5 \times \frac{60000}{300 \times 500} = 0.6\text{MPa}$

해답 ②

004 그림과 같은 연속보에서 B점의 지점 반력은?
① 50kN
② 26.7kN
③ 15kN
④ 10kN

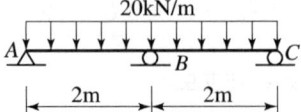

해설

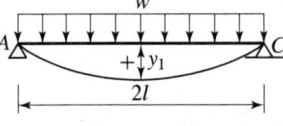

$y_1 = \dfrac{5w(2l)^4}{384EI} = \dfrac{5wl^4}{24EI}$ $\qquad y_2 = -\dfrac{R_B(2l)^3}{48EI} = -\dfrac{R_B l^3}{6EI}$

$y_B = y_1 + y_2 = 0$

$y_B = \dfrac{5wl^4}{24EI} + \left(-\dfrac{R_B l^3}{6EI}\right) = 0$에서 $R_B = \dfrac{5wl}{4} = \dfrac{5 \times 20 \times 2}{4} = 50\text{kN}(\uparrow)$

해답 ①

005 기둥의 해석 및 단주와 장주의 구분에 사용되는 세장비에 대한 설명으로 옳은 것은?
① 기둥 단면의 최소 폭을 부재의 길이로 나눈 값이다.
② 기둥 단면의 단면 2차 모멘트를 부재의 길이로 나눈 값이다.
③ 기둥 부재의 길이를 단면의 최소회전반경으로 나눈 값이다.
④ 기둥 단면의 길이를 단면 2차 모멘트로 나눈 값이다.

해설 세장비 : λ

$$\lambda = \frac{l}{r_{min}}$$

여기서, l : 부재길이, r_{min} : 최소 회전반경 = $\sqrt{\frac{I_{min}}{A}}$, A : 면적

I_{min} : 최소 단면 2차 모멘트(구형일 경우 $\frac{bh^3}{12}$에서 h를 짧은변 쪽으로 잡아 I를 구한다.)

해답 ③

006
동일 평면상에 한 점에 여러 개의 힘이 작용하고 있을 때, 여러 개의 힘의 어떤 점에 대한 모멘트의 합은 그 합력의 동일 점에 대한 모멘트와 같다는 것은 다음 중 어떤 정리인가?

① Mohr의 정리 ② Lami의 정리
③ Castigliano의 정리 ④ Varignon의 정리

해설 바리논의 정리는 여러 개의 평면력들의 1점에 대한 모멘트의 합은 이들 평면력의 합력이 그 점에 대한 모멘트와 같다는 것이다.

해답 ④

007
푸아송비(Poisson's)가 0.2일 때 푸아송수는?

① 2 ② 3
③ 5 ④ 6

해설 $\nu = -\frac{1}{m}$에서 $m = -\frac{1}{\nu} = -\frac{1}{0.2} = 5$

여기서, ν : 포아송비
m : 포아송수
- : 세로변형과 가로변형이 늘어남과 줄어듦이 반대방향이라는 것

해답 ③

008
아래 그림과 같은 단순보의 양 지점에 같은 크기의 휨모멘트(M)가 작용할 때 A점의 처짐각은? (단, R_A는 지점 A에서 발생하는 수직반력이다.)

① $\frac{R_A l}{2EI}$ ② $\frac{R_A l}{3EI}$
③ $\frac{Ml}{2EI}$ ④ $\frac{Ml}{3EI}$

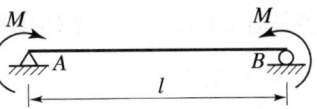

해설 $\theta_A = \frac{l}{6EI}(2M_A + M_B) = \frac{l}{6EI}(2M + M) = \frac{Ml}{2EI}$

해답 ③

009

아래 그림과 같은 삼각형에서 $x-x$축에 대한 단면 2차 모멘트는?

① 2592cm^4
② 2845cm^4
③ 3114cm^4
④ 3426cm^4

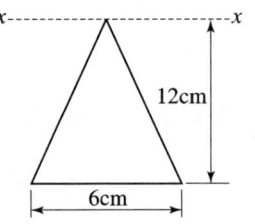

해설 $I_X = \dfrac{bh^3}{4} = \dfrac{6 \times 12^3}{4} = 2,592\text{cm}^4$

해답 ①

010

다음 삼각형(ABC) 단면에서 y축으로부터 도심까지의 거리는?

① $\dfrac{2a+b}{3}$
② $\dfrac{a+2b}{2}$
③ $\dfrac{2a+b}{2}$
④ $\dfrac{a+2b}{3}$

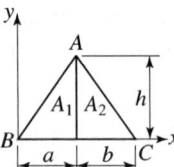

해설 $G_y = A \cdot x_0 = A_1 x_1 + A_2 x_2$ 에서

$$x_0 = \frac{(A_1 x_1 + A_2 x_2)}{A} = \frac{A_1 \times \dfrac{2a}{3} + A_2 \times \left(a + \dfrac{b}{3}\right)}{A_1 + A_2} = \frac{\dfrac{2a}{3}A_1 + aA_2 + \dfrac{b}{3}A_2}{A_1 + A_2} = \frac{2a+b}{3}$$

[별해]

$x_0 = \dfrac{\dfrac{2a}{3}A_1 + aA_2 + \dfrac{b}{3}A_2}{A_1 + A_2}$ 에서 $a=6$, $b=4$, $A_1=10$, $A_2=12$ 로 가정하면

$x_0 = \dfrac{\dfrac{2 \times 6}{3} \times 10 + 6 \times 12 + \dfrac{4}{3} \times 12}{10+12} = 5.818$

이와 가장 유사한 것이 $x_0 = \dfrac{2a+b}{3} = \dfrac{2 \times 6 + 4}{3} = 5.333$

해답 ①

011

변형률이 0.015일 때 응력이 120MPa이면 탄성계수(E)는?

① $6 \times 10^3 \text{MPa}$
② $7 \times 10^3 \text{MPa}$
③ $8 \times 10^3 \text{MPa}$
④ $9 \times 10^3 \text{MPa}$

해설 $\tan\theta = E = \dfrac{\sigma}{\epsilon} = \dfrac{120}{0.015} = 8 \times 10^3 \text{MPa}$

해답 ③

012

다음 보에서 반력 R_A는?

① 20kN(↓)
② 20kN(↑)
③ 80kN(↓)
④ 80kN(↑)

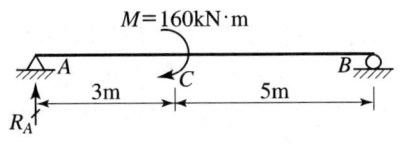

 $R_A = -\dfrac{M}{l} = -\dfrac{160}{8} = -20\text{kN} = 20\text{kN}(↓)$

해답 ①

013

아래 그림과 같은 단순보에서 최대 휨모멘트는?

① 13.8kN·m
② 10.56kN·m
③ 12.6kN·m
④ 12kN·m

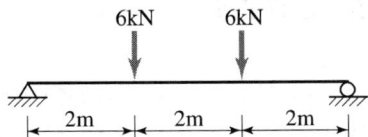

 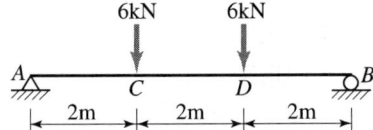

동일한 크기의 두 집중하중이 단순보에 대칭으로 작용하고 있는 경우 최대 휨모멘트는 CD구간에 동일한 크기로 작용된다.
① 대칭이므로 $V_A = V_B = 6\text{kN}(↑)$
② CD구간의 휨모멘트
 $M_C = M_{CD} = V_A \times 2 = 6 \times 2 = 12\text{kN·m}$

해답 ④

014

그림과 같은 구조물에서 부재 AB가 받는 힘의 크기는?

① 3kN
② 6kN
③ 12kN
④ 18kN

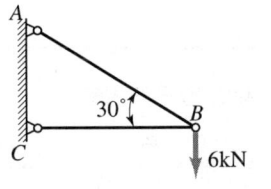

해설 $\dfrac{AB}{\sin 90°} = \dfrac{6\text{kN}}{\sin 30°}$ 에서

$AB = \dfrac{6\text{kN}}{\sin 30°} \times \sin 90°$
$= 12\text{kN}(인장)$

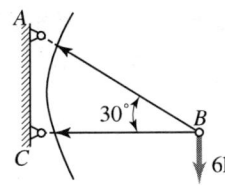 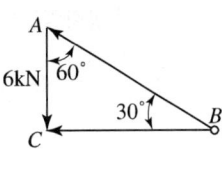

해답 ③

015 다음 설명 중 옳지 않은 것은?

① 도심축에 대한 단면 1차 모멘트는 0(零)이다.
② 주축은 서로 45° 혹은 90°를 이룬다.
③ 단면 1차 모멘트는 단면의 도심을 구할 때 사용된다.
④ 단면 2차 모멘트의 부호는 항상 (+)이다.

해설 주축은 주단면 2차 모멘트가 일어나는 축으로 서로 직교한다.
① I_{max}축   ② I_{min}축   ③ 대칭축

해답 ③

2. 철근콘크리트 및 강구조

016 경간이 6m, 폭 300mm, 유효깊이 500mm인 단철근 직사각형 단순보가 전단철근 없이 지지할 수 있는 최대 전단강도 V_u는? (단, 자중의 영향은 무시하며 f_{ck}=21MPa)

① 35.0kN   ② 43.0kN
③ 55.0kN   ④ 65.0kN

해설
① $V_c = \dfrac{1}{6}\sqrt{f_{ck}}\,b_w \cdot d = \dfrac{1}{6} \times \sqrt{21} \times 300 \times 500 = 114,564\text{N} = 114.56\text{kN}$
② $V_u = \dfrac{1}{2}\phi \cdot V_c = 0.5 \times 0.75 \times 114.56 = 42.96\text{kN}$

해답 ②

017 나선철근으로 둘러싸인 압축부재의 축방향 주철근의 최소 개수는?

① 4개   ② 6개
③ 7개   ④ 8개

해설 압축부재의 철근량 제한

구 분	띠철근 기둥	나선철근 기둥
축방향 철근비 ρ_g	1~8% (0.01~0.08)	
축방향철근의 최소 개수	직사각형 단면 : 4개 원형 단면 : 4개 삼각형 단면 : 3개	6개 (원형)
축방향 철근 지름	16mm 이상	

해답 ②

018

단면 형상은 T형보이지만 설계 계산은 직사각형보와 같이 하는 경우는?

① $b_w \leq t$
② $b_w > t$
③ $a \leq t$
④ $a > t$

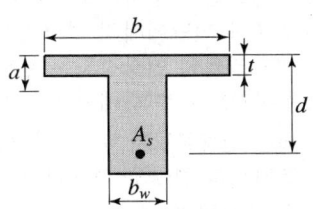

해설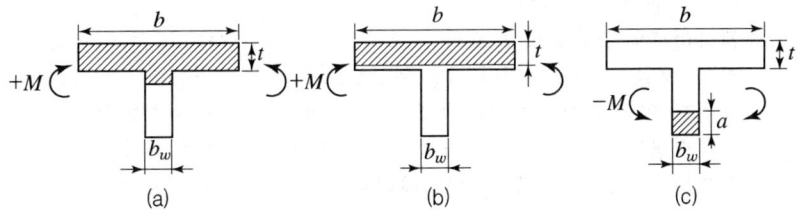

[T형 단면의 판정]

(a)번 그림($a > t$) : 정의 모멘트를 받고 있는 경우, T형보로 설계
(b)번 그림($a \leq t$) : 정의 모멘트를 받고 있는 경우, 폭을 b로 하는 직사각형보로 설계
(c)번 그림 : 부의 모멘트를 받고 있는 경우, 폭을 b_w로 하는 직사각형보로 설계

해답 ③

019

단철근 직사각형보를 균형보로 설계할 때 콘크리트의 압축측 연단에서 중립축까지의 거리가 250mm이고, 콘크리트 설계기준압축강도(f_{ck})가 38MPa이라면, 등가응력 직사각형의 깊이(a)는?

① 156mm
② 174mm
③ 200mm
④ 213mm

해설 ① 콘크리트의 등가압축응력깊이의 비
 $f_{ck} = 38\text{MPa}$로 40MPa 이하이므로 $\beta_1 = 0.80$
② $a = \beta_1 c = 0.80 \times 250 = 200\text{mm}$

해답 ③

020

강도설계법의 기본 가정 중 옳지 않은 것은?

① 휨응력 계산에서 콘크리트의 인장강도는 무시한다.
② 콘크리트의 압축응력 분포도는 사각형, 사다리꼴, 포물선 또는 기타 다른 형상으로 가정할 수 있다.
③ 철근과 콘크리트의 변형률은 중립축으로부터의 거리에 비례한다.
④ 콘크리트와 철근이 모두 후크(Hooke)의 법칙을 따른다고 가정한다.

해설 **강도설계법 설계가정**
① 변형률은 중립축으로부터의 거리에 비례한다.(훅크의 법칙 성립)
② 압축측 연단에서의 콘크리트의 최대 변형률은 0.003이다.
③ 콘크리트의 인장강도는 무시한다.
④ 항복강도 f_y 이하에서 철근의 응력은 그 변형률의 E_s배로 본다. 항복강도에 해당하는 변형률보다 더 큰 변형률에 대하여도 철근의 응력은 변형률에 관계없이 항복강도와 같다고 가정한다.
$f_s \leq f_y$일 때 $f_s = \epsilon_s E_s$
$f_s > f_y$일 때 $f_s = f_y$
⑤ 콘크리트의 압축응력 분포와 콘크리트의 변형률 사이의 관계는 직사각형, 사다리꼴, 포물선형 또는 기타 어떤 형상으로도 가정이 가능하며 강도의 예측에서 광범위한 실험의 결과와 실질적으로 일치하는 형상이어야 한다.
⑥ 직사각형으로 가정할 경우 구조설계기준에서는 $0.85f_{ck}$로 균등하게 압축연단으로부터 $a = \beta_1 c$까지 등분포된 형태로 가정해서 설계하고 있다.

해답 ④

021

복철근 단면으로 설계하는 이유에 대한 설명으로 틀린 것은?
① 처짐을 억제하여야 할 경우
② 연성을 극소화시켜야 할 경우
③ 정(+), 부(-) 모멘트가 한 단면에서 반복되는 경우
④ 보의 높이가 제한되어 단철근 단면으로는 설계모멘트를 감당할 수 없을 경우

해설 **복철근보를 사용하는 이유**
① 단면의 치수(특히 유효높이)가 제한되어 설계모멘트가 외력에 의한 작용모멘트를 견딜 수 없는 경우($M_d < M_u$)
  ㉠ 복철근보로 함으로써 저항모멘트의 증가로 보강성을 증대
  ㉡ 취성을 줄인다.
  ㉢ 연성을 키워준다.
② 정(+)·부(-)의 휨모멘트를 교대로 받는 경우
  ㉠ 정모멘트는 단철근보로도 충분하나
  ㉡ 부의 휨모멘트 작용시 복철근보로 하여 부의 휨모멘트 작용시 압축철근이 인장철근의 역할을 하도록 하여야 한다.
③ 보의 강성을 증대시키기 위해
④ 연성을 키우기 위해
⑤ 처짐을 작게 해야 하는 경우
⑥ 건조수축과 크리프의 영향을 감소시키기 위해
⑦ 비틀림모멘트를 받을 때

해답 ②

022 사용 고정하중(D)과 활하중(L)을 작용시켜서 단면에서 구한 휨모멘트는 각각 $M_D = 10\text{kN} \cdot \text{m}$, $M_L = 20\text{kN} \cdot \text{m}$이었다. 주어진 단면에 대해서 현행 콘크리트구조기준에 의거, 최대 소요강도를 구하면?

① 33kN · m ② 39.6kN · m
③ 40.8kN · m ④ 44kN · m

해설 $M_U = 1.2M_D + 1.6M_L$와 $M_U = 1.4M_D$ 둘 중 큰 값으로 하므로
① $M_U = 1.2M_D + 1.6M_L = 1.2 \times 10 + 1.6 \times 20 = 44\text{kN} \cdot \text{m}$
② $M_U = 1.4M_D = 1.4 \times 10 = 14\text{kN} \cdot \text{m}$
③ 둘 중 큰 값인 44kN · m을 한다.

해답 ④

023 단면의 폭 400mm, 보의 유효깊이 600mm, 콘크리트의 설계기준강도 25MPa로 설계된 전단철근이 있는 보가 있다. 이 보의 콘크리트가 받을 수 있는 전단력(V_c)은?

① 50kN ② 100kN
③ 150kN ④ 200kN

해설 $V_c = \dfrac{\sqrt{f_{ck}}}{6} b_w \cdot d = \dfrac{\sqrt{25}}{6} \times 400 \times 600 = 200{,}000\text{N} = 200\text{kN}$

해답 ④

024 옹벽의 안정조건 중 활동에 대한 안정에 관한 설명으로 옳은 것은?

① 활동에 대한 저항력은 옹벽에 작용하는 수평력의 1.5배 이상이어야 한다.
② 전도에 대한 저항 휨모멘트는 횡토압에 의한 전도모멘트의 1.5배 이상이어야 한다.
③ 옹벽에 작용하는 수평력은 활동에 대한 저항력의 2.0배 이상이어야 한다.
④ 횡토압에 의한 전도모멘트는 전도에 대한 저항 휨모멘트의 2.0배 이상이어야 한다.

해설 활동에 대한 안정 조건
안전율 $F_s = \dfrac{H_r}{H} = \dfrac{f(\sum W)}{H} \geq 1.5$

해답 ①

025

다음 그림과 같이 용접이음을 했을 경우 전단응력은?

① 78.9MPa
② 67.5MPa
③ 57.5MPa
④ 45.9MPa

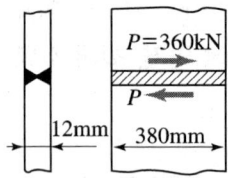

해설 $\nu = \dfrac{P}{\sum a \cdot l} = \dfrac{360{,}000}{12 \times 380} = 78.95\text{MPa}$

해답 ①

026

압축측 연단의 콘크리트 변형률이 0.003에 도달할 때, 최외단 인장철근의 순인장변형률이 0.005 이상인 단면의 강도감소계수는? (단, $f_y \leq 400\text{MPa}$이다.)

① 0.85
② 0.75
③ 0.70
④ 0.65

해설 $\epsilon_t \geq 0.005$인 경우 단, $f_y \leq 400\text{MPa}$이므로 인장지배단면으로 $\phi = 0.85$이다.

해답 ①

027

표준갈고리를 갖는 인장 이형철근의 정착길이(l_{dh})에 대한 설명으로 옳은 것은? (단, d_b : 철근의 공칭지름)

① 정착길이(l_{dh})는 항상 $8d_b$ 이상 또한 150mm 이상이어야 한다.
② 정착길이(l_{dh})는 항상 $8d_b$ 이상 또한 300mm 이상이어야 한다.
③ 정착길이(l_{dh})는 항상 $16d_b$ 이상 또한 150mm 이상이어야 한다.
④ 정착길이(l_{dh})는 항상 $16d_b$ 이상 또한 300mm 이상이어야 한다.

해설 단부에 표준갈고리가 있는 인장 이형철근의 정착길이

$l_d = l_{hb} \times$ 보정계수 $= \dfrac{0.24\beta d_b f_y}{\lambda \sqrt{f_{ck}}} \times$ 보정계수 $\geq 8d_b$ 또한 150mm

해답 ①

028

PS 강재에 요구되는 성질이 아닌 것은?

① 인장강도가 클 것
② 릴랙세이션이 적을 것
③ 취성이 좋을 것
④ 응력 부식에 대한 저항성이 클 것

해설 PS강재 품질 요구 조건
① 고인장강도를 가져야 한다.
② 항복비가 커야 한다. 항복비 = $\dfrac{\text{항복응력}}{\text{인장강도}} \times 100(\%) \geq 80\%$
③ 릴랙세이션(Relaxation)이 작아야 한다.
④ 직선성(신직성)이 좋아야 한다.
⑤ 높은 연성과 인성이 있어야 한다.
⑥ 피로강도가 커야 한다.
⑦ 콘크리트와의 부착강도가 커야 한다.
⑧ 응력부식에 대한 저항성이 커야 한다.

해답 ③

029
철근콘크리트의 1방향 슬래브에 대한 설명으로 틀린 것은?
① 마주보는 두 변에만 지지되는 슬래브는 1방향 슬래브로 설계하여야 한다.
② 4변이 지지되고 장변의 길이가 단변의 길이의 2배를 초과하는 경우 1방향 슬래브로 해석한다.
③ 슬래브의 두께는 최소 50mm 이상으로 하여야 한다.
④ 슬래브의 정모멘트 철근 및 부모멘트 철근의 중심간격은 위험단면에서는 슬래브 두께의 2배 이하이어야 하고, 또한 300mm 이하로 하여야 한다.

해설 1방향 슬래브의 두께는 최소 100mm 이상이라야 한다.

해답 ③

030
다음과 같은 단면을 갖는 프리텐션 보에 초기 긴장력 $P_i = 250\text{kN}$이 작용할 때, 콘크리트 탄성변형에 의한 프리스트레스 감소량은? (단, $n=7$이고, 보의 자중은 무시한다.)

① 24.3MPa
② 29.5MPa
③ 34.3MPa
④ 38.1MPa

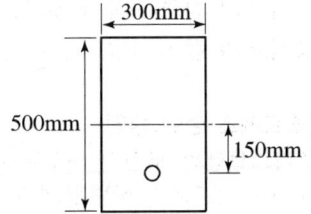

해설
$$\Delta f_p = n \cdot f_c = n\left(\dfrac{P}{A_c} + \dfrac{P \cdot e}{I}e\right)$$
$$= 7 \times \left(\dfrac{250{,}000}{300 \times 500} + \dfrac{250{,}000 \times 150}{\dfrac{300 \times 500^3}{12}} \times 150\right) = 24.3\text{MPa}$$

해답 ①

031

그림과 같은 단순보에서 자중을 포함하여 계수하중이 30kN/m 작용하고 있다. 이 보의 위험단면에서 전단력은?

① 90kN
② 115kN
③ 120kN
④ 135kN

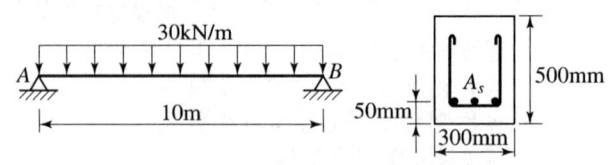

해설 위험단면의 전단력

$$V = R_A - w \cdot d = \frac{30 \times 10}{2} - 30 \times 0.5 = 135 \text{kN}$$

해답 ④

032

일반 콘크리트에서 인장철근 D22(공칭직경 : 22.2mm)를 정착시키는 데 필요한 기본 정착길이(l_{db})는? (단, f_{ck} = 28MPa, f_y = 400MPa이다.)

① 300mm
② 765mm
③ 1007mm
④ 1204mm

해설 기본 정착길이

$$l_{db} = \frac{0.6 d_b \cdot f_y}{\sqrt{f_{ck}}} = \frac{0.6 \times 22.2 \times 400}{\sqrt{28}} = 1,007 \text{mm}$$

해답 ③

033

프리스트레스의 감소 원인이 아닌 것은?

① 콘크리트의 건조수축과 크리프
② PS 강재의 항복강도
③ 콘크리트의 탄성변형
④ PS 강재의 미끄러짐과 마찰

해설 프리스트레스 손실 원인
① 프리스트레스 도입시 : 즉시 손실
  ㉠ 콘크리트의 탄성변형(수축)
  ㉡ PS강재와 시스 사이의 마찰(포스트텐션 방식에만 해당)
  ㉢ 정착단의 활동
② 프리스트레스 도입후 : 시간적 손실
  ㉠ 콘크리트의 건조수축
  ㉡ 콘크리트의 크리프
  ㉢ PS강재의 리랙세이션(Relaxation)

해답 ②

034 아래 그림과 같은 단철근 직사각형보에서 등가직사각형 응력블록의 깊이(a)는? (단, $A_s = 3176\text{mm}^2$, $f_{ck} = 28\text{MPa}$, $f_y = 400\text{MPa}$)

① 133mm
② 167mm
③ 214mm
④ 256mm

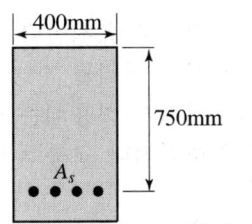

해설
$$a = \frac{A_s f_y}{0.85 f_{ck} b} = \frac{3176 \times 400}{0.85 \times 28 \times 400} = 133.44\text{mm}$$

해답 ①

제2과목 측량 및 토질(측량학+토질 및 기초)

1. 측량학(측량학 일반, 기준점 측량, 응용 측량)

035 노선측량의 순서로 옳은 것은?

① 도상 계획 – 예측 – 실측 – 공사 측량
② 예측 – 도상 계획 – 실측 – 공사 측량
③ 도상 계획 – 실측 – 예측 – 공사 측량
④ 예측 – 공사 측량 – 도상 계획 – 실측

해설 **노선측량 순서**
① 도상 계획 – 예측 – 실측 – 공사 측량
② 지형측량 → 중심선측량 → 종횡단측량 → 용지측량 → 시공측량

해답 ①

036 축척 1 : 1,000에서의 면적을 관측하였더니 도상면적이 3cm²이었다. 그런데 이 도면 전체가 가로, 세로 모두 1%씩 수축되어 있었다면 실제면적은?

① 29.4m²
② 30.6m²
③ 294m²
④ 306m²

해설 **실제면적** = 부정면적 × $(1 \pm \alpha^2)$
= $(3 \times 1{,}000^2) \times (1 + 0.01^2) = 3{,}060.300\text{cm}^2 = 306\text{m}^2$

해답 ④

037
두 점간의 고저차를 레벨에 의하여 직접 관측할 때 정확도를 향상시키는 방법이 아닌 것은?

① 표척을 수직으로 유지한다.
② 전시와 후시의 거리를 가능한 한 같게 한다.
③ 최소 가시거리가 허용되는 한 시준거리를 짧게 한다.
④ 기계가 침하되거나 교통에 방해가 되지 않는 견고한 지반을 택한다.

해설 직접수준측량의 시준거리
 ① 아주 높은 정확도의 수준측량 : 40m
 ② 보통 정확도의 수준측량 : 50~60m
 ③ 그 외의 수준측량 : 5~120m
 ④ 시준거리가 너무 길면 측량을 빠르게 할 수 있으나 오차가 생길 염려가 있다.
 ⑤ 시준거리를 너무 짧게 하면 기계를 세우는 횟수가 많아져 오차가 생기게 된다.
 ⑥ 수준측량에서 가장 적당한 시준거리는 60m이다.

해답 ③

038
측선 AB를 기선으로 삼각측량을 실시한 결과가 다음과 같을 때 측선 AC의 방위각은?

- A의 좌표(200.000m, 224.210m), B의 좌표(100.000m, 100.000m)
- $\angle A = 37°51'41''$, $\angle B = 41°41'38''$, $\angle C = 100°26'41''$

① $0°58'33''$
② $76°41'55''$
③ $180°58'33''$
④ $193°18'05''$

해설 ① AB의 거리
$$AB = \sqrt{(X_B - X_A)^2 + (Y_B - Y_A)^2}$$
$$= \sqrt{(100-200)^2 + (100-224.21)^2}$$
$$= 159.46\text{m}$$

② AC의 거리
$$\frac{AC}{\sin 41°41'38''} = \frac{159.46}{\sin 100°26'41''} \text{에서}$$
$$AC = \frac{159.46}{\sin 100°26'41''} \times \sin 41°41'38'' = 107.85\text{m}$$

③ BA의 방위
$$\tan \theta_{BA} = \frac{Y_A - Y_B}{X_A - X_B} \text{에서}$$

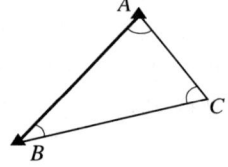

$$\theta_{BA} = \tan^{-1}\frac{Y_A - Y_B}{X_A - X_B} = \tan^{-1}\frac{224.21 - 100}{200 - 100} = 51°09'46''$$

④ BA의 방위각
합위거 합경거 부호가 모두 '+'로 1상한이므로
$\alpha_{BA} = \theta_{BA} = 51°9'46.33''$

⑤ AC의 방위각
$\alpha_{AC} = \alpha_{BA} + 180° - \angle A = 51°09'46'' + 180° - 37°51'41'' = 193°18'05''$

해답 ④

039

GPS 위성의 기하학적 배치상태에 따른 정밀도 저하율을 뜻하는 것은?

① 다중경로(multipath) ② DOP
③ A/S ④ 사이클 슬립(cycle slip)

해설 GPS도 후방교회법과 마찬가지로 기준점의 배치가 정확도에 영향을 주게 되므로 GPS의 측위 정확도의 영향을 표시하는 계수로 정밀도 저하율(DOP)이 사용된다.

해답 ②

040

도로 기점으로부터 교점까지의 거리가 850.15m이고, 접선장이 125.15m일 때 시단현의 길이는? (단, 중심말뚝 간격은 20m이다.)

① 5.15m ② 10.15m
③ 15.00m ④ 20.00m

해설 ① BC=교점(IP)까지의 추가 거리 $-TL = 850.15 - 125.15 = 725$m
② 시단현 길이(l_1)=앞 말뚝값$-BC = 740 - 725 = 15$m

해답 ③

041

원곡선 설치에 이용되는 식으로 틀린 것은? (단, R : 곡선 반지름, I : 교각[단위 : 도°])

① 접선길이 $T.L. = R\tan\frac{I}{2}$ ② 곡선길이 $C.L. = \frac{\pi}{180°}RI$

③ 중앙종거 $M = R\left(\cos\frac{I}{2} - 1\right)$ ④ 외할 $E = R\left(\sec\frac{I}{2} - 1\right)$

해설 중앙종거(M)
$M = R\left(1 - \cos\frac{I}{2}\right)$

해답 ③

042

A, B 두 사람이 어느 2점간의 고저측량을 하여 다음과 같은 결과를 얻었다면 2점간의 고저차에 대한 최확값은?

- A의 관측값 : 38.65±0.03m
- B의 관측값 : 38.58±0.02m

① 38.58m
② 38.60m
③ 38.62m
④ 38.63m

해설 ① 경중률은 오차의 제곱에 반비례한다.

$$P_A : P_B = \frac{1}{m_A^2} : \frac{1}{m_B^2} = \frac{1}{0.03^2} : \frac{1}{0.02^2} = \frac{1}{3^2} : \frac{1}{2^2} = \frac{1}{9} : \frac{1}{4} = 4 : 9$$

② 최확값 $= \frac{[Pl]}{[P]} = \frac{P_A l_A + P_B l_B}{P_A + P_B} = \frac{4 \times 38.65 + 9 \times 38.58}{4 + 9} = 38.60\text{m}$

해답 ②

043

수준측량에서 사용되는 용어에 대한 설명으로 틀린 것은?

① 전시란 표고를 구하려는 점에 세운 표척의 눈금을 읽는 것을 말한다.
② 후시란 미지점에 세운 표척의 눈금을 읽는 것을 말한다.
③ 이기점이란 전시와 후시의 연결점이다.
④ 중간점이란 전시만을 취하는 점이다.

해설 후시(B.S)란 알고 있는 점(기지점)에 세운 표척의 읽음 값을 말한다.

해답 ②

044

그림과 같은 지형도에서 저수지(빗금친 부분)의 집수면적을 나타내는 경계선으로 가장 적합한 것은?

① ①과 ③ 사이
② ①과 ② 사이
③ ②와 ③ 사이
④ ④와 ⑤ 사이

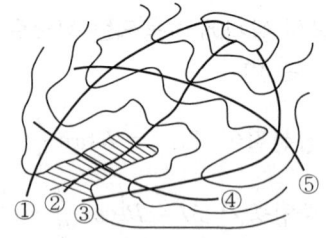

해설 지표면의 가장 높은 곳을 연결한 ㅗ선(능선, 분수선)을 경계로 집수면적을 나타낼 수 있으므로, 빗금친 부분의 저수지의 경우 저수지 외곽부 능선이 집수면적의 경계선이 된다. 그러므로 ①과 ③사이가 된다.

해답 ①

045
정확도가 가장 높으나 조정이 복잡하고 시간과 비용이 많이 요구되는 삼각망은?

① 단열 삼각망
② 개방형 삼각망
③ 유심 삼각망
④ 사변형 삼각망

해설 사변형 삼각망은 조건식의 수가 가장 많아, 시간과 비용이 많이 들며 가장 정밀도가 높아 시가지와 같은 정밀을 요하는 골조측량에 주로 이용한다.
① 조정이 복잡하고 시간과 비용이 많이 든다.
② 조건식의 수가 가장 많아 정도가 가장 높다.
③ 기선삼각망에 이용된다.

해답 ④

046
종단면도를 이용하여 유토곡선(mass curve)을 작성하는 목적과 가장 거리가 먼 것은?

① 토량의 배분
② 교통로 확보
③ 토공장비의 선정
④ 토량의 운반거리 산출

해설 **유토곡선(mass curve)의 작성 목적**
① 토량 배분
② 평균운반거리 산출
③ 토공기계의 결정

해답 ②

047
트래버스 측량에서 각 관측 결과가 허용오차 이내일 경우 오차 처리 방법으로 옳은 것은?

① 각 관측 정확도가 같을 때는 각의 크기에 관계없이 등분배한다.
② 각 관측 경중률에 관계없이 등분배한다.
③ 변 길이에 비례하여 배분한다.
④ 각의 크기에 비례하여 배분한다.

해설 각의 크기에 비례하여 배분하는 방법은 없다.

해답 ①

048
하천 단면의 유속 측정에서 수면으로부터의 깊이가 $0.2h$, $0.4h$, $0.6h$, $0.8h$인 지점의 유속이 각각 0.562m/s, 0.512m/s, 0.497m/s, 0.364m/s일 때 평균유속이 0.480m/s이었다. 이 평균유속을 구한 방법은? (단, h : 하천의 수심)

① 1점법
② 2점법
③ 3점법
④ 4점법

해설 3점법

$$V_m = \frac{1}{4}(V_{0.2} + 2V_{0.6} + V_{0.8}) = \frac{1}{4} \times (0.562 + 2 \times 0.497 + 0.364) = 0.480 \text{m/s}$$

해답 ③

049

종단 및 횡단측량에 대한 설명으로 옳은 것은?
① 종단도의 종축척과 횡축척은 일반적으로 같게 한다.
② 일반적으로 횡단측량은 종단측량보다 높은 정확도가 요구된다.
③ 노선의 경사도 형태를 알려면 종단도를 보면 된다.
④ 노선의 횡단측량을 종단측량보다 먼저 실시하여 횡단도를 작성한다.

해설 ① 종단면도의 축척은 종 1/100, 횡 1/1,000~1/10,000로 한다.
② 종단측량 실시 후 종단 측점을 중심으로 횡단측량을 실시한다.
③ 횡단측량보다 종단측량이 보다 높은 정확도가 요구된다.
④ 종단면도에서 지반고, 계획고 등의 구배(경사)를 파악할 수 있다.

해답 ③

050

다각측량에서 경거·위거를 계산해야 하는 이유로서 거리가 먼 것은?
① 오차 및 정밀도 계산
② 좌표 계산
③ 오차배분
④ 표고 계산

해설 위거와 경거를 이용하여 좌표(합위거와 합경거)를 계산한 후 이를 이용하여 트래버스의 오차와 정밀도 계산은 물론 거리 및 방위와 방위각을 계산할 수 있고, 트랜싯법칙을 이용하여 위거와 경거의 오차를 배분 조정할 수 있다.

해답 ④

051

1 : 50,000 지형도에서 표고 521.6m인 A점과 표고 317.3m인 B점 사이에 주곡선의 개수는?
① 7개
② 11개
③ 21개
④ 41개

해설 ① $\frac{1}{50,000}$ 지형도에서 주곡선의 간격은 20m
② 표고 317.3m 이전 표고 300m, 521.6m 이전 표고 520m이므로
$$\frac{520 - 300}{20} = 11 \text{개}$$

[별해]
$$\frac{521.6 - 317.3}{20} + 1 = 11.215 = 11 \text{개}$$

해답 ②

2. 토질 및 기초(토질역학, 기초공학)

052 말뚝의 허용지지력을 구하는 Sander의 공식은? (단, R_a : 허용지지력, S : 관입량,, W_H : 해머의 중량, H : 낙하고)

① $R_a = \dfrac{W_H \cdot H}{8S}$ ② $R_a = \dfrac{W_H \cdot H}{4S}$

③ $R_a = \dfrac{W_H \cdot S}{4H}$ ④ $R_a = \dfrac{W_H \cdot H}{8+S}$

해설 Sander 공식

① 극한지지력 : $R_u = \dfrac{W_h h}{S}$

② 허용지지력 : $R_a = \dfrac{R_u}{F_s}(F_s = 8) = \dfrac{W_h h}{8S}$

해답 ①

053 동해(凍害)는 흙의 종류에 따라 그 정도가 다르다. 다음 중 가장 동해가 심한 것은?

① Colloid   ② 점토
③ Silt   ④ 굵은 모래

해설 동상이 심하게 발생하는 순서 : 실트 > 점토 > 모래 > 자갈

해답 ③

054 그림과 같은 모래지반의 토질실험 결과 내부마찰각 $\phi = 30°$, 점착력 $c = 0$일 때 깊이 4m 되는 A점에서의 전단강도는? (단, 물의 단위중량은 9.81kN/m³이다.)

① 12.3kN/m²
② 16.9kN/m²
③ 21.3kN/m²
④ 27.7kN/m²

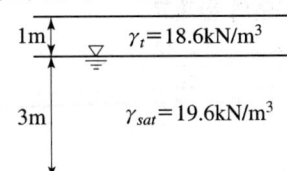

해설 ① 유효응력 $\sigma = 18.6 \times 1 + (19.6 - 9.81) \times 3 = 47.97 \text{kN/m}^2$

② 전단강도 $\tau = c + \sigma \tan\phi = 0 + 47.97 \tan 30° = 27.7 \text{kN/m}^2$

해답 ④

055 말뚝의 부마찰력에 대한 설명으로 틀린 것은?

① 말뚝이 연약지반을 관통하여 견고한 지반에 박혔을 때 발생한다.
② 지반에 성토나 하중을 가할 때 발생한다.
③ 지하수위 저하로 발생한다.
④ 말뚝의 타입 시 항상 발생하며 그 방향은 상향이다.

해설 주면마찰력은 보통 상향으로 작용하여 지지력에 가산되었으나 말뚝 주위의 지반이 말뚝보다 더 많이 침하하게 되면 주면마찰력이 하향으로 발생하여 하중역할을 하게 되는 주면마찰력을 부마찰력이라 하며, 부마찰력 발생시 말뚝의 지지력이 감소한다.

해답 ④

056 압밀계수(c_v)의 단위로서 옳은 것은?

① cm/sec
② cm^2/kg
③ kg/cm
④ cm^2/sec

해설 압밀계수(C_v)
$C_v = \dfrac{T \cdot d^2}{t}$ 이므로 단위는 cm^2/sec이다.

해답 ④

057 일축압축강도가 32kN/m², 흙의 단위중량이 16kN/m³이고, $\phi = 0$인 점토지반을 연직 굴착할 때 한계고는?

① 2.3m
② 3.2m
③ 4.0m
④ 5.2m

해설 직립사면의 한계고
$H_c = \dfrac{2q_u}{r_t} = \dfrac{2 \times 32}{16} = 4m$

해답 ③

058 정지토압 P_o, 주동토압 P_a, 수동토압 P_p의 크기 순서가 올바른 것은?

① $P_a < P_o < P_p$
② $P_o < P_p < P_a$
③ $P_o < P_a < P_p$
④ $P_p < P_o < P_a$

해설 토압의 크기 순서
수동토압(P_p) > 정지토압(P_o) > 주동토압(P_a)

해답 ①

059 내부마찰각 $\phi = 0°$인 점토에 대하여 일축압축시험을 하여 일축압축강도 $q_u = 320\text{kN/m}^2$을 얻었다면 점착력 c는?

① 120kN/m^2 ② 160kN/m^2
③ 220kN/m^2 ④ 640kN/m^2

해설 $\phi = 0$인 점토의 일축압축강도 $q_u = 2c$에서

$$c = \frac{q_u}{2} = \frac{320}{2} = 160\text{kN/m}^2$$

해답 ②

---

060 분사현상(quick sand action)에 관한 그림이 아래와 같을 때 수두차 h를 최소 얼마 이상으로 하면 모래시료에 분사 현상이 발생하겠는가? (단, 모래의 비중 2.60, 간극률 50%)

① 6cm
② 12cm
③ 24cm
④ 30cm

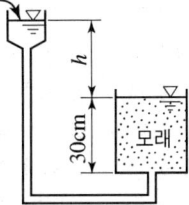

해설
① 공극비 : $e = \dfrac{n}{100-n} = \dfrac{50}{100-50} = 1$

② 한계동수경사 : $i_c = \dfrac{G_s - 1}{1 + e} = \dfrac{2.6 - 1}{1 + 1} = 0.8$

③ 동수경사 : $i = \dfrac{h}{L} = \dfrac{h}{30}$

④ 수두차 : 분사현상이 일어날 조건

$$F_s = \frac{i_c}{i} = \frac{0.8}{\frac{h}{30}} = \frac{0.8 \times 30}{h} \leq 1 \text{에서 } h \geq 24\text{cm}$$

해답 ③

---

061 흙에 대한 일반적인 설명으로 틀린 것은?

① 점성토가 교란되면 전단강도가 작아진다.
② 점성토가 교란되면 투수성이 커진다.
③ 불교란시료의 일축압축강도와 교란시료의 일축압축강도와의 비를 예민비라 한다.
④ 교란된 흙이 시간경과에 따라 강도가 회복되는 현상을 딕소트로피(thixotropy) 현상이라 한다.

해설 포화된 점성토 지반에 모래말뚝 등을 지중에 설치하면 주변 지만을 밀게 되어 교란이 일어나게 되고 교란 전보다 조밀하게 되어 투수성이 저하되어 수평방향의 압밀계수가 감소하게 된다.
① 교란 전 : 수평방향 압밀계수 > 연직방향 압밀계수
② 교란 후 : 수평방향 압밀계수 ≒ 연직방향 압밀계수

해답 ②

062
모래의 내부마찰각 ϕ와 N치와의 관계를 나타낸 Dunham의 식 $\phi = \sqrt{12N} + C$에서 상수 C의 값이 가장 큰 경우는?

① 토립자가 모나고 입도분포가 좋을 때
② 토립자가 모나고 균일한 입경일 때
③ 토립자가 둥글고 입도분포가 좋을 때
④ 토립자가 둥글고 균일한 입경일 때

해설 N, ϕ의 관계(Dunham 공식)
① 토립자가 모나고 입도가 양호 : $\phi = \sqrt{12N} + 25$
② 토립자가 모나고 입도가 불량 : $\phi = \sqrt{12N} + 20$
   토립자가 둥글고 입도가 양호 : $\phi = \sqrt{12N} + 20$
③ 토립자가 둥글고 입도가 불량 : $\phi = \sqrt{12N} + 15$

해답 ①

063
흙의 입도시험에서 얻어지는 유효입경(有效粒徑 : D_{10})이란?

① 10mm체 통과분을 말한다.
② 입도분포곡선에서 10% 통과 백분율을 말한다.
③ 입도분포곡선에서 10% 통과 백분율에 대응하는 입경을 말한다.
④ 10번체 통과 백분율을 말한다.

해설 유효입경(D_{10})은 통과중량 백분율 10%에 해당되는 입자의 지름을 말한다.

해답 ③

064
포화도 75%, 함수비 25%, 비중 2.70일 때 간극비는?

① 0.9   ② 8.1
③ 0.08   ④ 1.8

해설 $S \cdot e = w \cdot G_s$에서 $e = \dfrac{w \cdot G_s}{S} = \dfrac{25 \times 2.70}{75} = 0.9$

해답 ①

065
표준관입시험에 관한 설명으로 틀린 것은?

① 해머의 질량은 63.5kg이다.
② 낙하고는 85cm이다.
③ 표준관입시험용 샘플러를 지반에 30cm 박아 넣는 데 필요한 타격횟수를 N값이라고 한다.
④ 표준관입시험값 N은 개략적인 기초 지지력 측정에 이용되고 있다.

해설 지름 5.1cm, 길이 81cm의 중공식 샘플러를 드릴로드(drill rod)에 연결시켜 시추공 속에 넣고 처음 15cm는 교란되지 않은 원지반에 도달하도록 관입시킨 후 (63.5±0.5)kg의 해머를 (760±10)mm의 높이에서 자유낙하시켜 지반에 sampler 를 300mm 관입시키는데 필요한 타격횟수 N치를 구한다.

해답 ②

066
유선망의 특징에 관한 다음 설명 중 옳지 않은 것은?

① 각 유로의 침투수량은 같다.
② 유선과 등수두선은 서로 직교한다.
③ 유선망으로 되는 사각형은 이론상으로 정사각형이다.
④ 침투속도 및 동수경사는 유선망의 폭에 비례한다.

해설 침투속도 및 동수구배는 유선망 폭에 반비례한다.

해답 ④

067
말뚝의 평균지름이 140cm, 관입깊이 15m일 때 군말뚝의 영향을 고려하지 않아도 되는 말뚝의 최소 간격은?

① 약 3m   ② 약 5m
③ 약 7m   ④ 약 9m

해설 $D = 1.5\sqrt{\gamma L} = 1.5 \times \sqrt{0.7 \times 15} = 4.86\text{m} \fallingdotseq 5\text{m}$

해답 ②

068
여러 종류의 흙을 같은 조건으로 다짐시험을 하였을 경우 일반적으로 최적함수비가 가장 작은 흙은?

① GW   ② ML
③ SP   ④ CH

해설 조립토인 입도분포가 양호한 자갈 GW가 가장 최적함수비가 작다.

[참고] 통일분류법에 사용되는 기호

흙의 종류		제1문자	흙의 특성	제2문자	
조립토	자갈	G	입도분포 양호, 세립분 5% 이하	W	
	모래	S	입도분포 불량, 세립분 5% 이하	P	
세립토	실트	M	세립분 12% 이상, A선 아래에 위치, 소성지수 4 이하	M	조립토
	점토	C	세립분 12% 이상, A선 위에 위치, 소성지수 7 이상	C	
	유기질의 실트 및 점토	O	압축성 낮음, $w_L \le 50$	L	세립토
유기질토	이탄	Pt	압축성 높음, $w_L \ge 50$	H	

해답 ①

069

아래 그림과 같은 수중지반에서 Z 지점의 유효연직응력은?
(단, 물의 단위중량은 9.81kN/m³이다.)

① 20kN/m²
② 40kN/m²
③ 90kN/m²
④ 140kN/m²

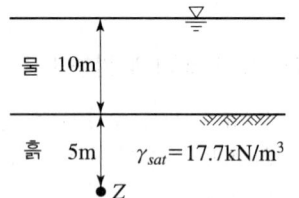

해설 유효응력

$\sigma' = r_{sub} h_2 = (17.7 - 9.81) \times 5 = 39.45 \text{kN/m}^2$

[별해] ① 전응력 : $\sigma = r_w h_1 + r_{sat} h_2 = 9.81 \times 10 + 17.7 \times 5 = 186.6 \text{kN/m}^2$

② 공극수압 : $u = r_w (h_1 + h_2) = 9.81 \times (10+5) = 147.15 \text{kN/m}^2$

③ 유효응력 : $\sigma' = \sigma - u = 186.6 - 147.15 = 39.45 \text{kN/m}^2$

해답 ②

070

충분히 다진 현장에서 모래치환법에 의해 현장밀도 실험을 한 결과 구멍에서 파낸 흙과 무게가 1536g, 함수비가 15%이었고 구멍에 채워진 단위중량이 1.70g/cm³인 표준모래의 무게가 1411g이었다. 이 현장이 95% 다짐도가 된 상태가 되려면 이 흙의 실내실험실에서 구한 최대 건조단위 중량($\gamma_{d\max}$)은?

① 1.69g/cm³
② 1.79g/cm³
③ 1.85g/cm³
④ 1.93g/cm³

해설 ① 표준모래 단위중량 $\gamma_t = \dfrac{W}{V}$ 에서 $V = \dfrac{W}{\gamma_t} = \dfrac{1,411}{1.7} = 30 \text{cm}^3$

② 젖은 흙의 단위중량 $\gamma_t = \dfrac{W}{V} = \dfrac{1,536}{830} = 1.85 \text{g/cm}^3$

③ $r_d = \dfrac{r_t}{1+\dfrac{w}{100}} = \dfrac{1.85}{1+\dfrac{15}{100}} = 1.61\,\text{g/cm}^3$

④ 다짐도 $C_d = \dfrac{\text{현장의 } \gamma_d}{\text{실내다짐시험에 의한 } \gamma_{d\max}} \times 100(\%)$

$95 = \dfrac{1.61}{r_{d\max}} \times 100(\%)$ 에서 $r_{d\max} = 1.69\,\text{g/cm}^3$

해답 ①

제3과목 수자원설계(수리학+상하수도공학)

1. 수리학

071 그림과 같은 피토관에서 A점의 유속을 구하는 식으로 옳은 것은?

① $V = \sqrt{2gh_1}$
② $V = \sqrt{2gh_2}$
③ $V = \sqrt{2gh_3}$
④ $V = \sqrt{2g(h_1+h_2)}$

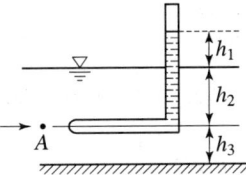

해설 피토관은 베르누이 정리를 이용하여 유속을 측정하는 기구이다.
$V = \sqrt{2gh_1}$

해답 ①

072 관수로의 마찰손실수두에 관한 설명으로 틀린 것은?

① 관의 조도에 반비례한다.
② 관수로의 길이에 정비례한다.
③ 층류에서는 레이놀즈수에 반비례한다.
④ 관내의 직경에 반비례한다.

해설
① $f = \dfrac{124.5n^2}{D^{\frac{1}{3}}}$

② $h_L = f\dfrac{l}{D}\dfrac{V^2}{2g} = \dfrac{124.5n^2}{D^{\frac{1}{3}}}\dfrac{l}{D}\dfrac{V^2}{2g}$ 에서 $h_L \propto n^2$

해답 ①

073

직사각형 단면의 개수로에 흐르는 한계유속을 표시한 것은? (단, V_c : 한계유속, h_c : 한계수심, α : 에너지보정계수)

① $V_c = \left(\dfrac{gh_c}{\alpha}\right)^{1/2}$
② $V_c = \left(\dfrac{\alpha h_c}{g}\right)^{1/2}$
③ $V_c = \left(\dfrac{\alpha h_c^2}{g}\right)^{1/3}$
④ $V_c = \left(\dfrac{gh_c^2}{\alpha}\right)^{1/3}$

해설 $V_c = \left(\dfrac{g \cdot h_c}{\alpha}\right)^{\frac{1}{2}}$

해답 ①

074

폭 3m인 직사각형 단면 수로에서 최소 비에너지가 2m일 때 발생할 수 있는 최대유량은?

① $9.83 \text{m}^3/\text{s}$
② $11.7 \text{m}^3/\text{s}$
③ $13.3 \text{m}^3/\text{s}$
④ $14.4 \text{m}^3/\text{s}$

해설
① $h_c = \dfrac{2}{3}H_e = \dfrac{2}{3} \times 2 = 1.33\text{m}$

② $h_c = \left(\dfrac{\alpha Q^2}{gb^2}\right)^{\frac{1}{3}}$

$1.33 = \left(\dfrac{Q^2}{9.8 \times 3^2}\right)^{\frac{1}{3}}$에서 $Q = Q_{\max} = 14.4 \text{m}^3/\text{sec}$

해답 ④

075

모세관 현상에 의하여 상승한 액체기둥은 어떤 힘들이 평형을 이루어서 정지상태를 유지하고 있는가?

① 부착력에 의한 상방향의 힘과 중력에 의한 하방향의 힘
② 표면장력에 의한 상방향의 힘과 중력에 의한 하방향의 힘
③ 표면장력에 의한 상방향의 힘과 응집력에 의한 하방향의 힘
④ 응집력에 의한 상방향의 힘과 부착력에 의한 하방향의 힘

해설 모세관 현상에 의하여 상승한 액체기둥은 표면장력에 의한 상방향의 힘과 중력에 의한 하방향의 힘에 의해 평형을 이루어 정지상태를 유지하게 된다.

해답 ②

076

관수로에 물이 흐르고 있을 때 유속을 구하기 위하여 적용할 수 있는 식은?

① Torricelli 정리 ② 파스칼의 원리
③ 운동량 방정식 ④ 물의 연속방정식

해설 관수로에 물을 흐를 때 유속은 연속방정식(질량보존의 법칙에서 유도)으로 구할 수 있다.
$Q = A_1 V_1 = A_2 V_2$

해답 ④

077

그림과 같은 원형관에 물이 흐를 경우 1, 2, 3 단면에 대한 설명으로 옳은 것은? (단, $D_1 = 30\text{cm}$, $D_2 = 10\text{cm}$, $D_3 = 20\text{cm}$이며 에너지손실은 없다고 가정한다.)

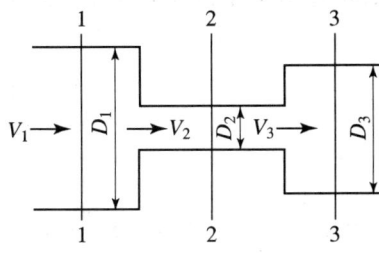

① 유속은 $V_2 > V_3 > V_1$이 되며 압력은 1단면 > 3단면 > 2단면이다.
② 유속은 $V_1 > V_3 > V_2$이 되며 압력은 2단면 > 3단면 > 1단면이다.
③ 유속은 $V_2 < V_3 < V_1$이 되며 압력은 3단면 > 1단면 > 2단면이다.
④ 1, 2, 3단면의 유속과 압력은 같다.

해설 ① 유속은 $V_2 > V_3 > V_1$
② 압력은 1단면 > 3단면 > 2단면

해답 ①

078

그림에서 곡면 AB에 작용하는 전수압의 수평분력은? (단, 곡면의 폭은 1m이고, γ는 물의 단위중량임.)

① $4.7\gamma \text{m}^3$
② $3.5\gamma \text{m}^3$
③ $3\gamma \text{m}^3$
④ $1.5\gamma \text{m}^3$

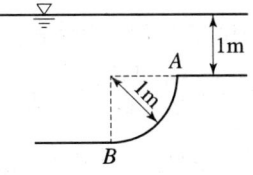

해설 $P_H = wh_G A = \gamma \times \left(1 + \dfrac{1}{2}\right) \times (1 \times 1) = 1.5\gamma \text{m}^3$

해답 ④

079

유체의 흐름이 일정한 방향이 아니고 무작위하게 3차원 방향으로 이동하면서 흐르는 흐름은?

① 층류 ② 난류
③ 정상류 ④ 등류

해설 ① **층류** : 유체입자가 흐름방향에 수직한 속도성분을 갖지 않고 서로 층을 이루면서 흐르는 흐름
② **난류** : 유체입자가 상하좌우로 불규칙하게 뒤섞여 흐트러지면서(무작위하게 3차원 방향으로 이동하면서) 흐르는 흐름

해답 ②

080

직각 삼각위어(weir)에서 월류 수심이 1m이면 유량은? (단, 유량계수 $C=0.59$이다.)

① $1.0 \text{m}^3/\text{s}$ ② $1.4 \text{m}^3/\text{s}$
③ $1.8 \text{m}^3/\text{s}$ ④ $2.2 \text{m}^3/\text{s}$

해설
$$Q = \frac{8}{15} C \tan\frac{\theta}{2} \sqrt{2g}\, h^{\frac{5}{2}} = \frac{8}{15} \times 0.59 \times \tan\frac{90°}{2} \sqrt{2 \times 9.8} \times 1^{\frac{5}{2}} = 1.4 \text{m}^3/\text{s}$$

해답 ②

081

그림과 같은 병렬관수로에서 $d_1 : d_2 = 3 : 1$, $l_1 : l_2 = 1 : 3$이며, $f_1 = f_2$일 때 $\dfrac{V_1}{V_2}$는?

① $\dfrac{1}{2}$
② 1
③ 2
④ 3

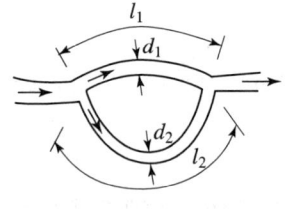

해설 ① 병렬 관수로의 손실수두는 서로 같으므로
$$h_L = f_1 \frac{l_1}{D_1} \frac{V_1^2}{2g} = f_2 \frac{l_2}{D_2} \frac{V_2^2}{2g}$$
② $\dfrac{V_1^2}{V_2^2} = \dfrac{l_2 D_1}{l_1 D_2} = \dfrac{3 \times 3}{1 \times 1} = 9$에서 $\dfrac{V_1}{V_2} = 3$

해답 ④

082

물의 밀도 ρ, 점성계수 μ, 그리고 동점성계수 ν 사이의 관계식으로 옳은 것은?

① $\rho = \dfrac{\nu}{\mu}$
② $\rho = \dfrac{\mu}{(\nu-1)}$
③ $\nu = \dfrac{\mu}{\rho}$
④ $\nu = \dfrac{\rho}{\mu}$

해설 동점성계수(ν, 1stokes = 1cm²/sec)

$\nu = \dfrac{\mu}{\rho}$

여기서, μ : 점성계수, ρ : 밀도

해답 ③

083

안지름 0.5m, 두께 20mm의 수압관이 15N/cm²의 압력을 받고 있을 때, 관벽에 작용하는 인장응력은?

① 46.8N/cm²
② 93.7N/cm²
③ 140.6N/cm²
④ 187.5N/cm²

해설 원환응력

$\sigma = \dfrac{p\,d}{2\,t} = \dfrac{15 \times 0.5}{2 \times 0.02} = 187.5\text{N/cm}^2$

해답 ④

084

사다리꼴 수로에서 수리학상 가장 경제적인 단면의 조건은? (단, R : 동수반경, B : 수면폭, H : 수심)

① $R = 2H$
② $B = 2H$
③ $R = H/2$
④ $B = H$

해설 수리학상 유리한 직사각형 단면수로

$h = \dfrac{B}{2},\ R_{\max} = \dfrac{h}{2}$

해답 ③

085

유속 20m/s, 수평면과의 각 60°로 사출된 분수가 도달하는 최대 연직높이는? (단, 공기 및 기타 저항은 무시한다.)

① 12.3m
② 13.3m
③ 14.3m
④ 15.3m

해설 $H = \dfrac{V^2}{2g}\sin^2\theta = \dfrac{20^2}{2 \times 9.8}(\sin 60°)^2 = 15.3\text{m}$

해답 ④

086 양쪽의 수위가 다른 저수지를 벽으로 차단하고 있는 상태에서 벽의 오리피스를 통하여 ①에서 ②로 물이 흐르고 있을 때 하류측에서의 유속은?

① $\sqrt{2gz_1}$
② $\sqrt{2gz_2}$
③ $\sqrt{2g(z_1-z_2)}$
④ $\sqrt{2g(z_1+z_2)}$

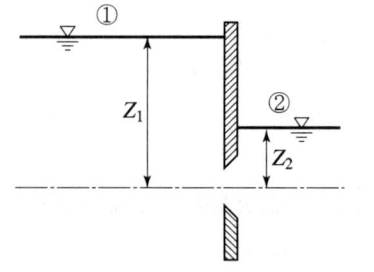

해설 $V = \sqrt{2gH} = \sqrt{2g(z_1-z_2)}$

해답 ③

087 그림과 같은 역사이펀의 A, B, C, D점에서 압력수두를 각각 P_A, P_B, P_C, P_D라 할 때 다음 사항 중 옳지 않은 것은? (단, 점선은 동수경사선으로 가정한다.)

① $P_C > P_D$
② $P_B < 0$
③ $P_C > 0$
④ $P_A = 0$

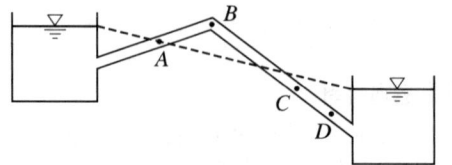

해설 $P_C < P_D$

해답 ①

088 그림과 같은 콘크리트 케이슨이 바다 물에 떠 있을 때 흘수는? (단, 콘크리트 비중은 2.4이며, 바닷물의 비중은 1.025이다.)

① $x = 2.35$m
② $x = 2.55$m
③ $x = 2.75$m
④ $x = 2.95$m

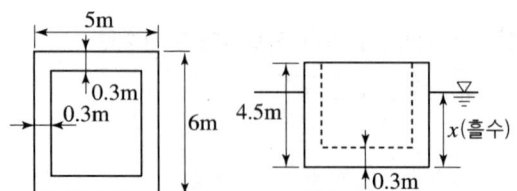

해설 $W = B$
$w_{케이슨} V_{케이슨} = w' V'$
$2.4 \times (5 \times 6 \times 4.5 - 4.4 \times 5.4 \times 4.2) = 1.025 \times (5 \times 6 \times x)$
$x = 2.75$m

해답 ③

2. 상하수도공학(상수도계획, 하수도계획)

089 상수의 소독방법 중 염소살균과 오존살균에 대한 설명으로 옳지 않은 것은?
① 오존의 살균력은 염소보다 우수하다.
② 오존살균은 배오존처리설비가 필요하다.
③ 오존살균은 염소살균에 비하여 잔류성이 강하다.
④ 염소살균은 발암물질인 트리할로메탄(THM)을 생성시킬 가능성이 있다.

해설 오존(O_3)살균은 잔류효과가 없어 비경제적이다.

해답 ③

090 하수관에서는 95% 가량 차서 흐를 때가 가득 차서 흐를 때보다 유량이 10% 가량 더 많고 이때가 최대 유량이라고 한다면 직경 200mm, 관저 기울기 0.005 인 하수관로의 최대 유량은? (단, Manning 공식을 사용하고, $n=0.013$)
① 91.8㎥/h   ② 83.5㎥/h
③ 76.4㎥/h   ④ 71.2㎥/h

해설 ① 유속

$$V = \frac{1}{n}R^{\frac{2}{3}}I^{\frac{1}{2}} = \frac{1}{0.013} \times \left(\frac{1}{4} \times 0.2\right)^{\frac{2}{3}} \times (0.005)^{\frac{1}{2}} = 0.738 \text{ m/sec}$$

② 유량

$$Q = AV = \frac{3.14 \times 0.2^2}{4} \times 0.738 = 0.0232 \text{ m}^3/\text{sec} = 83.47(\text{m}^3/\text{hr})$$

③ 하수관로의 최대 유량

$$Q_0 = Q(1+0.1) = 83.47(1+0.1) = 91.81(\text{m}^3/\text{hr})$$

해답 ①

091 하수처리장 계획 시 고려할 사항으로 옳지 않은 것은?
① 처리시설은 계획시간 최대오수량을 기준으로 하여 계획한다.
② 처리장의 부지면적은 확장 및 향후 고도처리계획 등을 예상하여 계획한다.
③ 처리장 위치는 방류수역의 물 이용상황 및 주변의 환경조건을 고려하여 정한다.
④ 처리시설은 이상수위에서도 침수되지 않는 지반고에 설치하거나 방호시설을 설치한다.

해설 하수처리장 계획시 고려사항
① 처리장은 건설비 및 유지관리비 등의 경제성, 유지관리의 난이도 및 확실성 등을

충분히 고려하여 정한다.
② 처리장위치는 방류수역의 물 이용상황 및 주변의 환경조건을 고려하여 정한다. 처리장위치는 방류수역의 이수상황 및 계획구역의 지형적 조건에 의해서 대부분 정해져 왔으나, 처리장부지의 확보는 처리장계획 또는 하수도계획전체를 좌우하는 가장 중요한 요건이 된다. 그러므로 처리장위치의 결정은 오수를 자연유하로 수집할 수 있어 건설비와 유지관리비가 경제적으로 되고 주변 환경과 조화되며, 침수피해가 없는 위치로서 신중히 검토하는 것이 필요하다.
③ 처리장의 부지면적은 장래 확장 및 향후의 고도처리계획 등을 예상하여 계획한다.
④ 처리시설은 계획 1일 최대오수량을 기준으로 하여 계획한다.
⑤ 처리시설은 이상수위에서도 침수되지 않는 지반고에 설치하거나 또는 방호시설을 설치한다.
⑥ 처리시설은 유지관리가 쉽고 확실하도록 계획하며, 주변의 환경조건에 대하여 충분히 고려한다.

해답 ①

092 하수관거시설 중 연결관에 대한 설명으로 옳지 않은 것은?

① 연결관의 경사는 1% 이상으로 한다.
② 연결관의 최소관경은 150mm로 한다.
③ 연결위치는 본관의 중심선보다 아래로 한다.
④ 본관 연결부는 본관에 대하여 60° 또는 90°로 한다.

해설 연결관

물받이와 하수관거를 연결하는 관을 연결관이라 하며 일반적으로 PE관이나 도기관이 이용된다.
① 연결관의 관경은 최소 150mm로 한다.
② 연결관의 경사는 1% 이상으로 한다.
③ 연결관은 본관에 가깝게 본관과 직각인 방향으로 설치하는데, 본관 연결부에서는 60°의 각도로 합류시켜 관내의 흐름을 좋게 하는 것이 원칙이나, 본관의 구경이 매우 큰 경우에는 직각으로 접속시켜도 좋다.
④ 연결관의 관저가 본관의 중심선보다 아래에 오면 유수에 저항이 생겨 원하는 유량이 흐르지 않게 되고, 하수본관으로부터 하수가 역류되어 슬러지가 침적하여 연결관이 폐색될 염려가 있으므로, 연결위치는 본관의 중심선보다 위쪽으로 하여야 한다.

해답 ③

093 계획취수량의 기준이 되는 것은?

① 계획시간 최대배수량
② 계획1일 평균배수량
③ 계획시간 최대급수량
④ 계획1일 최대급수량

해설 **계획 취수량**
① 계획 1일 최대급수량을 기준으로 하며, 기타 필요한 작업용수를 포함한 손실수량 등을 고려한다.
② 지하수의 침투나 누수 등을 고려하여 계획 1일 최대급수량의 10%정도 증가된 수량으로 결정한다.

해답 ④

094
계획1일 평균급수량이 400L, 시간최대급수량이 25L일 때, 계획1일 최대급수량이 500L일 경우에 계획첨두율은?

① 1.50 ② 1.25
③ 1.2   ④ 20.0

해설 계획 1일 최대급수량 = 계획 1일평균급수량 × 계획첨두율

계획 첨두율 = $\dfrac{\text{계획 1일 최대급수량}}{\text{계획 1일 평균급수량}} = \dfrac{500}{400} = 1.25$

해답 ②

095
하천에 오수가 유입될 때 하천의 자정작용 중 최초의 분해지대에서 BOD가 감소하는 주원인은?

① 유기물의 침전 ② 탁도의 증가
③ 온도의 변화   ④ 미생물의 번식

해설 **자정작용**
① 생활하수나 공장폐수로 인해 수질이 악화된 하천이나 호소가 상당 기간이 지남에 따라 수질이 서서히 양호해져서 원래의 상태로 회복되는 현상
② 하천 등의 자정작용은 미생물 등에 의한 생물학적 자정작용이 주역할을 한다.

해답 ④

096
도수관에 설치되는 공기밸브에 대한 설명 중 틀린 것은?

① 관로의 종단도 상에서 상향돌출부의 상단에 설치한다.
② 관로 중 제수밸브 사이에 공기밸브를 설치할 경우 낮은 쪽 제수밸브 바로 위에 설치한다.
③ 매설관에 설치하는 공기밸브에는 밸브실을 설치한다.
④ 공기밸브에는 보수용의 제수밸브를 설치한다.

해설 **공기밸브의 설치**는 다음 각 항에 적합하게 설치한다.
① 관로의 종단도상에서 상향 돌출부의 상단에 설치해야 하지만 제수밸브의 중간에 상향 돌출부가 없는 경우에는 높은 쪽의 제수밸브 바로 앞에 설치한다.
② 관경 400mm 이상의 관에는 반드시 급속공기밸브 또는 쌍구공기밸브를 설치하

고, 관경 350mm 이하의 관에 대해서는 급속공기밸브 또는 단구공기밸브를 설치한다.
③ 공기밸브에는 보수용의 제수밸브를 설치한다.
④ 매설관에 설치하는 공기밸브에는 밸브실을 설치하며, 밸브실의 구조는 견고하고 밸브를 관리하기 용이한 구조로 한다.
⑤ 한랭지에서는 적절한 동결방지대책을 강구한다.

해답 ②

097 활성슬러지법에 의하여 폐수를 처리할 경우 폭기조 혼합액의 MLSS가 2000mg/L이고, 이것을 30분간 정체시킨 침전슬러지량이 시료의 30%라면 슬러지지표(SVI)는?
① 50　　　　　　　　　② 100
③ 150　　　　　　　　　④ 200

해설 $SVI = \dfrac{SV[\%] \times 10^4}{MLSS[\text{mg}/l]} = \dfrac{30 \times 10^4}{2000} = 150$

해답 ③

098 취수원의 성층현상에 관한 설명으로 틀린 것은?
① 수심에 따른 수온 변화가 가장 큰 원인이다.
② 수온의 변화에 따른 물의 밀도 변화가 근본 원인이다.
③ 여름철에 두드러진 현상이다.
④ 영양염류의 유입이 원인이다.

해설 ① 성층현상은 수온 변화가 가장 큰 원인인데, 이는 수온의 변화에 따른 물의 밀도 변화가 근본원인 때문이다.
② 영양염류는 부영양화의 원인이다.

해답 ④

099 하수관거에서 관정부식(crown corrosion)의 주된 원인 물질은?
① 황화합물　　　　　　② 질소화합물
③ 철화합물　　　　　　④ 인화합물

해설 **관정부식 과정** : 최소유속보다 적을 경우 일어난다.
① 하수 내 유기물 등이 혐기성 상태에서 분해되어 생성되는 황화수소(H_2S)가(용존산소 결핍으로 박테리아가 황산염을 환원시키기 때문에 황화수소 발생)
② 하수관 내의 공기 중으로 솟아오르면 호기성 미생물에 의해서 SO_2나 SO_3가 된다.
③ 이들이 관정부(管頂部)의 물방울에 녹아서 황산(H_2SO_4)이 된다.
④ 이 황산이 콘크리트관에 함유된 철(Fe), 칼슘(Ca), 알루미늄(Al) 등과 반응하여 황산염이 되어 콘크리트관을 부식 파괴하는 현상을 관정부식이라 한다.

해답 ①

100 수원의 구비요건으로 틀린 것은?

① 수질이 좋아야 한다.
② 수량이 풍부하여야 한다.
③ 정수장보다 가능한 한 낮은 곳에 위치하여야 한다.
④ 상수 소비지에서 가까운 곳에 위치하는 것이 좋다.

해설 **수원의 구비요건**(수원 선정시 고려 사항)
① 수질 양호
② 수량 풍부
③ 가능하면 주위에 오염원이 없어야 한다.
④ 소비지로부터 가까운 곳에 위치
⑤ 계절적 수량·수질의 변동이 적은 곳
⑥ 가능하면 자연유하식을 이용할 수 있는 곳(가능한 한 높은 곳에 위치해야 한다.)
⑦ 연간 수량 변동이 적은 곳
⑧ 취수 및 관리가 용이할 것

해답 ③

101 계획우수량의 고려 사항에 관한 설명으로 틀린 것은?

① 우수유출량의 산정을 위한 합리식에서 I는 관거의 동수경사를 나타낸다.
② 하수관거의 확률년수는 10~30년을 원칙으로 한다.
③ 유달시간은 유입시간과 유하시간을 합한 것이다.
④ 총 유하시간은 관거 구간마다의 거리와 계획유량에 대한 유속으로부터 구한 구간 당 유하시간을 합계하여 구한다.

해설 **우수유출량의 산정식**(합리식)
$$Q = \frac{1}{360} C \cdot I \cdot A \text{ 또는 } Q = \frac{1}{3.6} C \cdot I \cdot A$$
여기서, Q : 최대 계획우수유출량[m³/sec]
C : 유출계수[무차원]
I : 유달시간(T) 내의 평균 강우강도[mm/hr]
A : 배수면적[ha] 또는 [km²]

해답 ①

102 상수 원수의 냄새·맛 제거에 이용되는 일반적인 방법이 아닌 것은?

① 오존 처리
② 입상활성탄 처리
③ 폭기(aeration)
④ 마이크로스트레이너(microstrainer)

해설 ① 맛과 냄새 제거는 맛과 냄새의 종류에 따라 폭기, 염소처리, 분말 또는 입상활성탄처리, 오존처리 및 오존·입상활성탄 처리를 한다.
② 여과로 조류를 제거하는 방법 중 그물눈이 작은 그물망을 친 마이크로스트레이너로 조류를 기계적으로 여과하여 제거하는 방법이 있다.

해답 ④

103 송수관의 유속에 대하여 ( )에 알맞은 수로 짝지어진 것은?

자연유하식인 경우에는 허용최대한도를 ( )m/s로 하고, 송수관의 평균유속의 최소한도는 ( )m/s로 한다.

① 3.0, 0.3
② 3.0, 0.6
③ 6.0, 0.3
④ 6.0, 0.6

해설 관의 평균유속
① 도·송수관의 평균유속의 최대한도 : 자연유하식인 경우에는 허용 최대한도를 3.0m/s로 하고, 펌프가압식인 경우에는 경제적인 관경에 대한 유속으로 한다.
② 도수관의 평균유속의 최소한도 : 원수를 수송하므로 모래입자 등의 침전을 방지하기 위하여 0.3m/sec 이상으로 한다.
③ 송수관의 평균유속의 최소한도 : 도수관의 유속에 준한다.

해답 ①

104 고도정수처리가 아닌 일반정수처리 공정에서 잘 제거되지 않는 물질은?

① 세균
② 탁도
③ 질산성 질소
④ 암모니아성 질소

해설 ① 암모니아성 질소와 질산성질소는 용해성 성분으로 불용해성 성분(탁질, 조류, 일반세균, 대장균군)을 제거하는 일반적인 여과방식(완속여과방식, 급속여과방식 및 막여과방식)으로는 충분히 제거할 수 없기 때문에 필요에 따라 고도정수처리 등의 특수처리방식을 추가하는 것을 고려해야 한다.
② 암모니아가 많으면 가까운 시일에 오염이 되었다는 뜻이고, 질산성 질소가 높을수록 오염된지 오랜시간이 경과되었다는 것을 의미한다.

해답 ③

105 슬러지의 혐기성 소화에 대한 설명으로 옳지 않은 것은?

① 온도, pH의 영향을 쉽게 받는다.
② 호기성 처리보다 분해속도가 느리다.
③ 호기성 처리에 비해 유지비가 경제적이다.
④ 정상적인 소화 시 가장 많이 발생되는 가스는 CO_2이다.

해설 **혐기성 소화법의 장점**
① 병원균을 사멸할 수 있어 위생적
② 동력 시설 없이 연속적인 처리 가능
③ 부산물로 유용한 메탄가스 생산됨
④ 유지 관리비가 적게 소요

혐기성 소화법의 단점
① 온도, pH의 영향을 쉽게 받는다.
② 호기성 처리보다 분해속도가 느리다.

해답 ④

106
하수량 40000m³/d, BOD 농도 300mg/L인 하수를 체류시간 6시간의 활성슬러지 방식인 폭기조에서 처리하여고 한다. 폭기조를 2개조 운영하려고 할 경우 1개조의 폭기조 용적은?

① 2500m³ ② 3500m³
③ 5000m³ ④ 7000m³

해설 ① 폭기조 용적
$t = \dfrac{V}{Q}$에서 $V = Q \cdot t = \left(40000 \times \dfrac{1}{24}\right) \times 6 = 10,000\text{m}^3$
② 1개조의 폭기조 용적
$\dfrac{10,000}{2} = 5,000\text{m}^3$

해답 ③

107
펌프장 설계 시 검토하여야 할 비정상 현상으로 아래에서 설명하고 있는 것은?

> 만관 내에 흐르고 있는 물의 속도가 급격히 변화하여 압력변화가 발생하는 현상이다. 이에 의한 압력상승 및 압력강하의 크기는 유속의 변화 정도, 관로 상황, 유속, 펌프의 성능 등에 따라 다르지만, 펌프, 밸브, 배관 등에 이상압력이 걸려 진동, 소음을 유발하고, 펌프 및 전동기가 역회전하는 경우도 있으므로 충분한 검토가 필요하다.

① 서징(surging) ② 캐비테이션(cavitation)
③ 수격작용(water hammer) ④ 팽화현상(bulking)

해설 수격작용이란 펌프의 관수로에서 정전에 의하여 펌프가 급정지하는 경우 관로유속의 급격한 변화에 따라 관 내 압력이 급상승이나 급하강하는 현상을 말한다.

해답 ③

108 Ripple법에 의하여 저수지 용량을 결정하려고 한다. 그림에서 필요저수용량을 표시한 구간은? (단, 직선 $\overline{AB}$, $\overline{CD}$는 $\overline{OX}$에 평행하고 누가수량차는 E가 F보다 크다.)

① ㉠
② ㉡
③ ㉢
④ ㉣

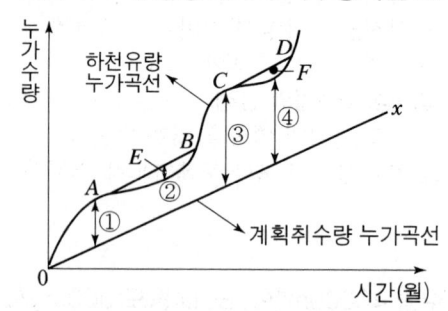

해설 가뭄 기간으로 A점에서 OX직선에 평행하게 AB직선을 긋고 여기서 최대 세로길이 E(㉡)를 구할 수 있다. 이 E(㉡)가 구하는 부족수량(필요저수용량)이다.

해답 ②

무료 동영상과 함께하는 **토목산업기사 필기**

2021

2021년 3월 CBT 시행
2021년 5월 CBT 시행
2021년 9월 CBT 시행

무료 동영상과 함께하는
토목산업기사 필기

토목산업기사

2021년 3월 CBT 시행

2023 개정된 출제기준에 의거하여 불필요한 문제는 삭제하고 3과목으로 정리함

제1과목 구조설계(응용역학+철근콘크리트 및 강구조)

1. 응용역학(역학적인 개념 및 건설 구조물의 해석)

001 단면의 성질 중에서 폭 b, 높이가 h인 직사각형 단면의 단면1차모멘트 및 단면2차모멘트에 대한 설명으로 잘못된 것은?

① 단면의 도심축을 지나는 단면1차모멘트는 0이다.

② 도심축에 대한 단면2차모멘트 $\dfrac{bh^3}{12}$ 이다.

③ 직사각형 단면의 밑변축에 대한 단면1차모멘트는 $\dfrac{bh^2}{6}$ 이다.

④ 직사각형 단면의 밑변축에 대한 단면2차모멘트는 $\dfrac{bh^3}{3}$ 이다.

해설 $G_x = (b \times h) \times \dfrac{h}{2} = \dfrac{bh^2}{2}$

해답 ③

002 그림과 같은 등분포하중에서 최대 휨모멘트가 생기는 위치에서 휨응력이 120MPa라고 하면 단면계수는?

① 350cm³ ② 400cm³
③ 450cm³ ④ 500cm³

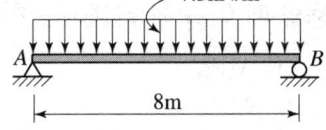

해설
① $M_{\max} = M_{중앙} = \dfrac{wl^2}{8} = \dfrac{7.5 \times 8^2}{8} = 60\text{kN} \cdot \text{m} = 60 \times 10^7 \text{N} \cdot \text{mm}$

② $\sigma_{\max} = \dfrac{M_{\max}}{Z}$ 에서 $Z = \dfrac{M_{\max}}{\sigma_{\max}}$ $Z = \dfrac{6 \times 10^7}{120} = 500,000\text{mm}^3 = 500\text{cm}^3$

해답 ④

003 평면응력을 받는 요소가 다음과 같이 응력을 받고 있다. 최대 주응력을 구하면?

① 64MPa
② 164MPa
③ 360MPa
④ 136MPa

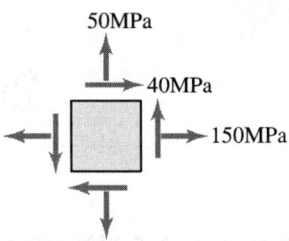

해설
$$\sigma_{max} = \frac{\sigma_x + \sigma_y}{2} + \sqrt{\left(\frac{\sigma_x - \sigma_y}{2}\right)^2 + \tau_{xy}^2} = \frac{150+50}{2} + \sqrt{\left(\frac{150-50}{2}\right)^2 + 40^2}$$
$$= 164MPa$$

해답 ②

004 그림과 같은 단면의 도심축($x-x$축)에 대한 단면2차 모멘트는?

① 15,004cm^4
② 14,004cm^4
③ 13,004cm^4
④ 12,004cm^4

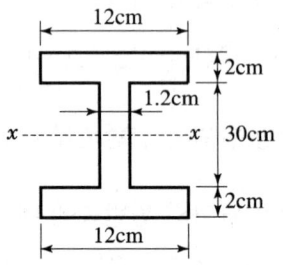

해설
$$I_x = \frac{1}{12}(BH^3 - bh^3) = \frac{1}{12}[12 \times 34^3 - 10.8 \times 30^3] = 15,004cm^4$$

해답 ①

005 폭이 300mm, 높이가 500mm인 직사각형 단면의 단순보에 전단력 60kN이 작용할 때 이 보에 발생하는 최대전단응력은?

① 0.2MPa   ② 0.4MPa
③ 0.5MPa   ④ 0.6MPa

해설
$$\tau_{max} = 1.5 \times \frac{S}{A} = 1.5 \times \frac{60000}{300 \times 500} = 0.6MPa$$

해답 ④

006
그림과 같은 캔틸레버보에서 휨모멘트에 의한 탄성변형에너지는? (단, EI는 일정하다.)

① $\dfrac{w^2 l^5}{40EI}$ ② $\dfrac{w^2 l^5}{96EI}$

③ $\dfrac{w^2 l^5}{240EI}$ ④ $\dfrac{w^2 l^5}{384EI}$

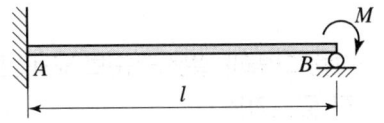

해설 등분포하중이 만재된 EI값이 일정한 캔틸레버보에 저장되는 탄성 에너지
$\dfrac{W^2 l^5}{40EI}$

해답 ①

007
다음 부정정보에서 지점 B의 수직반력은 얼마인가? (단, EI는 일정함)

① $\dfrac{M}{l}(\uparrow)$ ② $1.3\dfrac{M}{l}(\uparrow)$

③ $1.4\dfrac{M}{l}(\uparrow)$ ④ $1.5\dfrac{M}{l}(\uparrow)$

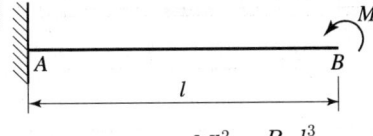

해설

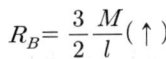

$\delta_B = \delta_{B1} + \delta_{B2} = \dfrac{Ml^2}{2EI} - \dfrac{R_B l^3}{3EI} = 0$ 에서

$R_B = \dfrac{3}{2}\dfrac{M}{l}(\uparrow)$

해답 ④

008
아래 그림과 같은 단순보에서 지점 B의 반력은?

① 34kN(↑)
② 42kN(↑)
③ 50kN(↑)
④ 60kN(↑)

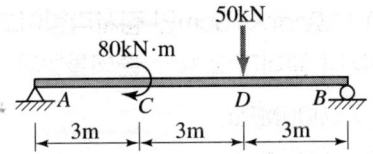

해설 $\Sigma M_A = 0$
$-V_B \times 9 + 50 \times 6 + 80 = 0$ 에서 $V_B = 42\text{kN}(\uparrow)$

해답 ②

009 동일한 재료 및 단면을 사용한 다음 기둥 중 좌굴하중이 가장 작은 기둥은?

① 양단고정의 길이가 $2L$인 기둥
② 양단힌지의 길이가 L인 기둥
③ 일단자유 타단고정의 길이가 $0.5L$인 기둥
④ 일단힌지 타단고정의 길이가 $1.5L$인 기둥

해설 좌굴하중 $P_b = \dfrac{\pi^2 EI}{l_k^2} = \dfrac{n\pi^2 EI}{l^2}$에서 $P_b \propto \dfrac{n}{l^2}$이므로

① $P_{b①} \propto \dfrac{4}{(2L)^2} = \dfrac{1}{L^2}$ ② $P_{b②} \propto \dfrac{1}{L^2}$

③ $P_{b③} \propto \dfrac{1/4}{\left(\dfrac{1}{2}L\right)^2} = \dfrac{1}{L^2}$ ④ $P_{b④} \propto \dfrac{2}{(1.5L)^2} = \dfrac{1}{1.125L^2}$

해답 ④

010 다음 그림과 같은 단순보에서 전단력이 0이 되는 점은 A점에서 얼마만큼 떨어진 곳인가?

① 3.2m
② 3.5m
③ 4.2m
④ 4.5m

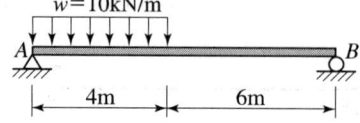

해설
① $\Sigma M_B = 0$
$V_A \times 10 - (10 \times 4) \times 8 = 0$에서 $V_A = 32\text{kN}(\uparrow)$
② 전단력이 '0'이 되는 위치가 A점으로부터 우측으로 x위치라고 하면
$S_x = 32 - 10x = 0$에서 $x = 3.2\text{m}$

해답 ①

011 단면이 10cm×10cm인 정사각형이고, 길이 1m인 강재에 100kN의 압축력을 가했더니 길이가 0.1cm 줄어들었다. 이 강재의 탄성계수는?

① 100,000MPa
② 1,000,000MPa
③ 500,000MPa
④ 5,000,000MPa

해설 강재의 탄성계수
$E = \dfrac{\sigma}{\epsilon} = \dfrac{\dfrac{P}{A}}{\dfrac{\Delta l}{l}} = \dfrac{Pl}{A\Delta l} = \dfrac{100000 \times 100000}{(100 \times 100) \times 1} = 1,000,000\text{MPa}$

해답 ②

012

오일러 좌굴하중 $P_{cr} = \dfrac{\pi^2 EI}{L^2}$를 유도할 때 가정사항 중 틀린 것은?

① 하중은 부재축과 나란하다. ② 부재는 초기 결함이 없다.
③ 양단이 핀 연결된 기둥이다. ④ 부재는 비선형 탄성재료로 되어 있다.

해설 오일러 공식 적용을 위한 가정
① 하중은 부재축과 나란하다.
② 부재는 초기 결함이 없다.
③ 부재는 선형 탄성재료로 되어 있다.
④ 양단이 핀 연결된 기둥이다.

해답 ④

013

지름 10cm, 길이 25cm인 재료에 축방향으로 인장력을 작용시켰더니 지름은 9.98cm로, 길이는 25.2cm로 변하였다. 이 재료의 푸아송(Poisson)의 비는?

① 0.25 ② 0.45
③ 0.50 ④ 0.75

해설
$$\nu = \dfrac{\varepsilon_\text{가로}}{\varepsilon_\text{세로}} = \dfrac{\dfrac{\Delta d}{d}}{\dfrac{\Delta l}{l}} = \dfrac{\Delta d \cdot l}{\Delta l \cdot d} = \dfrac{0.02 \times 25}{0.2 \times 10} = 0.25$$

해답 ①

014

그림과 같이 부재의 자유단이 옆의 벽과 1mm 떨어져 있다. 부재의 온도가 현재보다 20℃ 상승할 때 부재 내에 생기는 열응력의 크기는? (단, $E = 2,000$MPa, $\alpha = 10^{-5}/℃$)

① 0.1MPa ② 0.2MPa
③ 0.3MPa ④ 0.4MPa

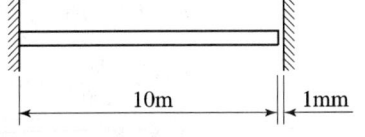

해설
① $\Delta l = l \cdot \alpha \cdot \Delta t = 1000 \times 10^{-5} \times 20 = 0.2\text{cm} = 2\text{mm}$
  1mm의 간격이 있으므로 $\Delta l = 2 - 1 = 1\text{mm}$
② $\sigma = E \cdot \epsilon = 2,000 \times \dfrac{0.1}{1,000} = 0.2\text{MPa}$

해답 ②

2. 철근콘크리트 및 강구조

015 PSC에서 프리텐션방식의 장점이 아닌 것은?
① PS강재를 곡선으로 배치하기 쉽다.
② 정착장치가 필요하지 않다.
③ 제품의 품질에 대한 신뢰도가 높다.
④ 대량 제조가 가능하다.

해설 포스트텐션방식이 긴장재의 곡선 배치가 쉽다.

해답 ①

016 아래 그림과 같은 단철근 직사각형 보에서 필요한 최소 철근량($A_{s,\,\min}$)으로 옳은 것은?
(단, f_{ck} = 28MPa, f_y = 400MPa)
① 1364mm²
② 2397mm²
③ 2582mm²
④ 3468mm²

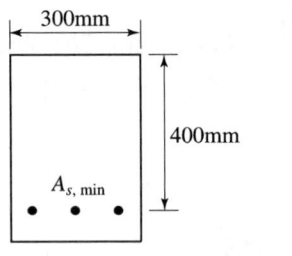

해설 ① 최소허용변형률
$f_y = 400$MPa이므로 최소허용변형률은 $\epsilon_{a,\,\min} = 0.004$이다.
② 최대철근비
$$\rho_{\max} = 0.85\frac{f_{ck}}{f_y}\beta_1\frac{0.0033}{0.0033+\epsilon_{a,\,\min}}$$
③ 최대철근량
$$A_{s\max} = \rho_{\max}bd = 0.85\frac{f_{ck}}{f_y}\beta_1\frac{0.0033}{0.0033+\epsilon_{a,\,\min}}bd$$
$$= 0.85\times\frac{28}{400}\times 0.80\times\frac{0.0033}{0.0033+0.004}\times 300\times 400$$
$$= 2{,}582\,\text{mm}^2$$

[참고] **최소허용변형률**
휨부재의 최소허용변형률은 철근 항복변형률의 2배로 한다.

철근의 설계기준 항복강도	휨부재 허용값	
	최소 허용변형률($\epsilon_{a,\,\min}$)	해당 철근비($\rho_{\max}$)
300MPa	0.004	$0.658\rho_b$
350MPa	0.004	$0.692\rho_b$
400MPa	0.004	$0.726\rho_b$
500MPa	$0.005(2\epsilon_y)$	$0.699\rho_b$
600MPa	$0.006(2\epsilon_y)$	$0.677\rho_b$

해답 ③

017

철근콘크리트부재에 고정하중 30kN/m, 활하중 50kN/m가 작용한다면 소요강도(U)는?

① 73kN/m
② 116kN/m
③ 127kN/m
④ 155kN/m

해설
① $w_u = 1.2w_D + 1.6w_L = 1.2 \times 30 + 1.6 \times 50 = 116$kN/m
② $w_u = 1.4w_D = 1.4 \times 30 = 42$kN/m
둘 중 큰 값 $w_u = 116$kN/m

해답 ②

018

강도설계법으로 부재를 설계할 때 사용하중에 하중계수를 곱한 하중을 무엇이라고 하는가?

① 하중조합
② 고정하중
③ 활하중
④ 계수하중

해설 사용하중에 하중계수를 곱한 하중은 계수하중이다.

해답 ④

019

철근콘크리트보에서 스터럽을 배근하는 이유로 가장 중요한 것은?

① 보에 작용하는 사인장응력에 의한 균열을 방지하기 위하여
② 주철근 상호의 위치를 정확하게 확보하기 위하여
③ 콘크리트의 부착을 좋게 하기 위하여
④ 압축을 받는 쪽의 좌굴을 방지하기 위하여

해설 스터럽(전단철근의 일종)은 보에 작용하는 사인장응력에 의한 균열을 방지하기 위하여 배근한다.

해답 ①

020

인장이형철근의 정착길이는 기본정착길이에 보정계수를 곱하여 산정한다. 이때 보정계수 중 철근배치 위치계수(α)의 값으로 옳은 것은? (단, 상부철근으로서 정착길이 또는 겹침이음부 아래 300mm를 초과되게 굳지 않은 콘크리트를 친 수평철근인 경우)

① 1.2
② 1.3
③ 1.4
④ 1.5

해설 철근배치 위치계수(α)
① 상부철근 : 1.3　② 기타철근 : 1.0

해답 ②

021

대칭 T형보에서 경간이 12m이고, 양쪽 슬래브의 중심간격이 1,800mm, 플랜지의 두께 120mm, 복부의 폭 300mm일 때 플랜지의 유효폭은 얼마인가?

① 1,800mm
② 2,000mm
③ 2,220mm
④ 2,600mm

해설 대칭 T형보이므로
① $8t_1 + 8t_2 + b_w = 8 \times 120 + 8 \times 120 + 300 = 2,220\text{mm}$
② 보 경간의 $1/4 = \dfrac{12,000}{4} = 3,000\text{mm}$
③ 양 슬래브 중심간 거리 $= 1,800\text{mm}$
셋 중 가장 작은 값인 1,800mm를 유효폭으로 결정한다.

해답 ①

022

경간이 12m인 캔틸레버보에서 처짐을 계산하지 않는 경우 보의 최소 두께로서 옳은 것은? (단, 보통중량콘크리트를 사용한 경우로서 f_{ck}=28MPa, f_y=400MPa이다.)

① 580mm
② 750mm
③ 1,200mm
④ 1,500mm

해설 $h = \dfrac{l}{8} = \dfrac{12,000}{8} = 1,500\text{mm}$

해답 ④

023

콘크리트의 설계기준강도 f_{ck}=35MPa, 콘크리트의 압축강도 f_c=8MPa일 때 콘크리트의 탄성변형에 의한 PS강재의 프리스트레스 감소량은? (단, n은 7)

① 40MPa
② 48MPa
③ 56MPa
④ 64MPa

해설 $\Delta f_P = n f_{ci} = 7 \times 8 = 56\text{MPa}$

해답 ③

024

강도설계법에서 f_{ck}=35MPa인 경우 β_1의 값은?

① 0.795
② 0.80
③ 0.823
④ 0.85

해설 f_{ck}=35MPa로 40MPa 이하이므로 $\beta_1 = 0.80$

해답 ②

025

그림과 같은 직사각형 단면에서 등가직사각형 응력블록의 깊이(a)는? (단, $f_{ck}=21\text{MPa}$, $f_y=400\text{MPa}$)

① 107mm
② 112mm
③ 118mm
④ 125mm

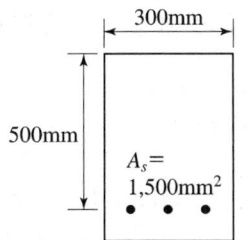

해설
$$a=\frac{A_s f_y}{0.85 f_{ck} b}=\frac{1,500\times 400}{0.85\times 21\times 300}=112\text{mm}$$

해답 ②

026

아래에서 설명하고 있는 프리스트레스트 콘크리트의 개념은?

> 콘크리트에 프리스트레스를 도입하면 콘크리트가 탄성체로 전환된다는 생각으로서, 가장 널리 통용되고 있는 PSC의 기본적인 개념이다.

① 내력모멘트의 개념
② 외력모멘트의 개념
③ 균등질 보의 개념
④ 하중평형의 개념

해설 균등질보개념은 콘크리트에 프리스트레스트를 도입하면 콘크리트가 탄성 재료로 전환된다고 생각으로 전단면 유효 응력으로 설계하는 개념이다.

해답 ③

027

직사각형 보에서 계수전단력 $V_u=70\text{kN}$을 전단철근 없이 지지하고자 할 경우 필요한 최소 유효깊이 d는 약 얼마인가? (단, $b_w=400\text{mm}$, $f_{ck}=20\text{MPa}$, $f_y=350\text{MPa}$)

① 426mm
② 587mm
③ 627mm
④ 751mm

해설 전단철근을 사용하지 않아도 되는 경우는 $\frac{1}{2}\phi\cdot V_c > V_u$

$\frac{1}{2}\phi\cdot\left(\frac{\sqrt{f_{ck}}}{6}\right)b_w\cdot d=V_u$ 에서

$$d=\frac{2V_u}{\phi\cdot(\sqrt{f_{ck}}/6)\cdot b_w}=\frac{2\times 70,000}{0.75\times(\sqrt{20}/6)\times 400}=626.1\text{mm}$$

해답 ③

028

$b_w = 300$mm, $d = 700$mm인 단철근 직사각형 보에서 균형철근량을 구하면?
(단, $f_{ck} = 21$MPa, $f_y = 240$MPa)

① 11,219mm²
② 10,219mm²
③ 9,163mm²
④ 9,134mm²

해설
① $f_{ck} = 21$MPa로 50MPa 이하이므로 $\beta_1 = 0.80$

② $A_{sb} = \rho_b(b_w d) = \dfrac{0.85 f_{ck} \beta_1}{f_y} \cdot \dfrac{\epsilon_{cu}}{\epsilon_{cu} + \dfrac{f_y}{200,000}} (b_w d)$

$= \dfrac{0.85 \times 21 \times 0.80}{240} \cdot \dfrac{0.0033}{0.0033 + \dfrac{240}{200,000}} (300 \times 700) = 9,163 \text{mm}^2$

해답 ③

029

콘크리트의 부착에 관한 설명 중 틀린 것은?

① 이형철근은 원형철근보다 부착강도가 크다.
② 약간 녹슨 철근은 부착강도가 현저히 떨어진다.
③ 콘크리트강도가 커지면 부착강도가 커진다.
④ 같은 철근량을 가질 경우 굵은 철근보다 가는 것을 여러 개 쓰는 것이 부착에 좋다.

해설 약간 슨 녹은 부착강도를 높인다.

해답 ②

030

$f_{ck} = 24$MPa, $f_y = 400$MPa일 때 인장을 받는 이형철근 D32($d_b = 31.8$mm, $A_b = 794.2$mm²)의 기본정착길이 l_{db}는?

① 1,275mm
② 1,326mm
③ 1,558mm
④ 1,742mm

해설
$l_{db} = \dfrac{0.6 d_b \cdot f_y}{\sqrt{f_{ck}}} = \dfrac{0.6 \times 31.8 \times 400}{\sqrt{24}} = 1,557.88 \text{mm} \fallingdotseq 1,558 \text{mm}$

해답 ③

031

PS강재에 요구되는 일반적인 성질로 틀린 것은?

① 인장강도가 클 것
② 항복비가 클 것
③ 직선성이 좋을 것
④ 릴랙세이션(Relaxation)이 클 것

해설 PS강재는 릴랙세이션(Relaxation)이 작아야 한다.

해답 ④

032 철근콘크리트부재에서 전단철근으로 부재축에 직각인 스터럽을 사용할 때 최대 간격은 얼마이어야 하는가? (단, d는 부재의 유효깊이이며, V_s가 $(\sqrt{f_{ck}}/3)b_w d$를 초과하지 않는 경우)

① d와 400mm 중 최솟값 이하   ② d와 600mm 중 최솟값 이하
③ $0.5d$와 400mm 중 최솟값 이하 ④ $0.5d$와 600mm 중 최솟값 이하

해설 철근콘크리트부재에서 $V_s \leq \frac{1}{3}\lambda\sqrt{f_{ck}}\,b_w d[N]$인 경우 수직 스터럽의 최대간격은 수직스터럽의 간격은 $0.5d$ 이하, 600mm 이하이다.

해답 ④

제2과목 측량 및 토질(측량학+토질 및 기초)

1. 측량학(측량학 일반, 기준점 측량, 응용 측량)

033 도로설계에 있어서 캔트(cant)의 크기가 C인 곡선의 반지름과 설계속도를 모두 2배로 증가시키면 새로운 캔트의 크기는?

① $2C$ ② $4C$
③ $\dfrac{C}{2}$ ④ $\dfrac{C}{4}$

해설 $C = \dfrac{S \cdot V^2}{gR}$ 에서 V와 R이 모두 2배로 늘어나면

$C' = \dfrac{2^2}{2} = 2$ 이므로 캔트는 2배로 되어 $C' = 2C$가 된다.

해답 ①

034 축척 1:1,000의 지형도를 이용하여 축척 1:5,000 지형도를 제작하려고 한다. 1:5,000 지형도 1장의 제작을 위해서는 1:1,000 지형도 몇 장이 필요한가?

① 5매   ② 10매
③ 20매 ④ 25매

해설 $\dfrac{5000^2}{1000^2} = 25$ 매

해답 ④

035 다음 표는 폐합트래버스 위거, 경거의 계산결과이다. 면적을 구하기 위한 CD 측선의 배횡거는?

측선	위거(m)	경거(m)
AB	+67.21	+89.35
BC	-42.12	+23.45
CD	-69.11	-45.22
DA	+44.02	-67.58

① 360.15m
② 311.23m
③ 202.15m
④ 180.38m

해설
① AB측선의 배횡거는 AB측선의 경거와 같으므로
　AB측선의 배횡거 = 89.35
② BC측선의 배횡거 = 89.35+89.35+23.45 = 202.15m
③ CD측선의 배횡거 = 202.15+23.45-45.22 = 180.35m

해답 ④

---

036 매개변수 $A=60m$인 클로소이드의 곡선길이가 30m일 때 종점에서의 곡선반지름은?

① 60m
② 90m
③ 120m
④ 150m

해설 $A^2 = RL$에서 $R = \dfrac{A^2}{L} = \dfrac{60^2}{30} = 120m$
여기서, A : 매개변수(m), R : 곡선반경(m), L : 곡선장(m)

해답 ③

---

037 하천측량 중 유속의 관측을 위하여 2점법을 사용할 때 필요한 유속은?

① 수면에서 수심의 20%와 60%인 곳의 유속
② 수면에서 수심의 20%와 80%인 곳의 유속
③ 수면에서 수심의 40%와 60%인 곳의 유속
④ 수면에서 수심의 40%와 80%인 곳의 유속

해설 **2점법에 의한 평균유속 공식**
$V = \dfrac{1}{2}(V_{0.2} + V_{0.8})$
여기서, $V_{0.2}$: 수심 $0.2H$되는 곳의 유속
　　　 $V_{0.8}$: 수심 $0.8H$되는 곳의 유속

해답 ②

038 그림과 같은 지역의 토공량은? (단, 각 구역의 크기는 동일하다.)

① 600m³
② 1,200m³
③ 1,300m³
④ 2,600m³

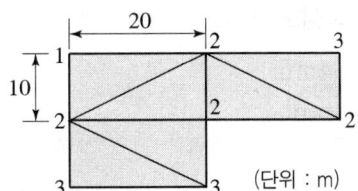

해설 $V = \dfrac{a}{3}(\Sigma h_1 + 2\Sigma h_2 + \cdots\cdots + 5\Sigma h_5 + 6\Sigma h_6)$

$= \dfrac{\frac{1}{2} \times 20 \times 10}{3} \times [3+1+3+2\times(2+3)+3\times 2+4\times(2+2)]$

$= 1,300\text{m}^3$

해답 ③

039 어떤 경사진 터널 내에서 수준측량을 실시하여 그림과 같은 결과를 얻었다. $a=$ 1.15m, $b=$1.56m, 경사거리(S)=31.69m, 연직각 $\alpha=+17°47'$일 때 두 측점 간의 고저차는?

① 5.3m
② 8.04m
③ 10.09m
④ 12.43m

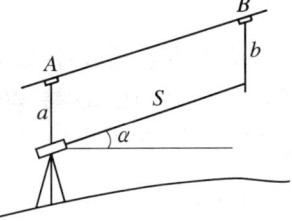

해설 $H = H_B - H_A = b + S \cdot \sin\alpha - a = 1.56 + 31.69\sin 17°47' - 1.15 = 10.09\text{m}$

해답 ③

040 표고 236.42m의 평탄지에서 거리 500m를 평균해면상의 값으로 보정하려고 할 때 보정량은? (단, 지구반지름은 6,370km로 한다.)

① −1.656cm
② −1.756cm
③ −1.856cm
④ −1.956cm

해설 **평균해수면에 대한 보정**(표고보정)

$C = \dfrac{LH}{R} = \dfrac{500 \times 236.42}{6370000} = 0.01856\text{m} = 1.856\text{cm}$

평균해수면에 대한 보정은 항상 (−)이므로 −1.856cm이다.

해답 ③

041

축척 1:600으로 평판측량을 할 때 앨리데이드의 외심거리 24mm에 의하여 생기는 외심오차는?

① 0.04mm
② 0.08mm
③ 0.4mm
④ 0.8mm

해설 $e = q \cdot M$ 에서 $q = \dfrac{e}{M} = \dfrac{24}{600} = 0.04\text{mm}$

해답 ①

042

다음 중 트래버스측량의 일반적인 순서로 옳은 것은?

① 선점 – 조표 – 수평각 및 거리관측 – 답사 – 계산
② 선점 – 조표 – 답사 – 수평각 및 거리관측 – 계산
③ 답사 – 선점 – 조표 – 수평각 및 거리관측 – 계산
④ 답사 – 조표 – 선점 – 수평각 및 거리관측 – 계산

해설 트래버스 측량의 작업순서는 다음과 같다.
계획 → 답사 → 선점 → 조표 → 관측 → 계산 및 조정 → 측점전개

해답 ③

043

삼각점 C에 기계를 세울 수 없어 B에 기계를 설치하여 $T' = 31°15'40''$를 얻었다면 T는?
(단, $e = 2.5\text{m}$, $\phi = 295°20'$, $S_1 = 1.5\text{km}$, $S_2 = 2.0\text{km}$)

① 31°14′45″
② 31°13′54″
③ 30°14′45″
④ 30°07′42″

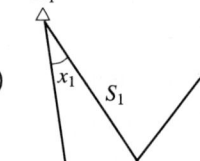

해설 ① x_1의 계산($\triangle A_1 CB$ 이용)

$\dfrac{e}{\sin x_1} = \dfrac{S_1}{\sin(360 - \phi)}$

$\dfrac{2.5}{\sin x_1} = \dfrac{1,500}{\sin(360 - 295°20')}$ 에서 $x_1 = 0°05'11''$

② x_2의 계산($\triangle A_2 CB$ 이용)

$\dfrac{e}{\sin x_2} = \dfrac{S_2}{\sin(360 - \phi + T')}$

$\dfrac{2.5}{\sin x_2} = \dfrac{2,000}{\sin(360 - 295°20' + 31°15'40'')}$ 에서 $x_2 = 0°04'16''$

③ $T + x_1 = T'' + x_2$ 에서
$T = T' + x_2 - x_1 = 31°15'40'' + 0°4'16'' - 0°5'11'' = 31°14'45''$

해답 ①

044 지형도의 등고선간격을 결정하는 데 고려하여야 할 사항과 거리가 먼 것은?
① 지형
② 축척
③ 측량목적
④ 측량거리

해설 **등고선의 간격**은 지형이나 축척, 측량 목적 등에 따라 다음 사항을 고려하여 결정한다.
① 간격은 축척의 분모수의 $\frac{1}{2,000}$ 정도로 한다.
② 간격을 좁게 취하면 지형을 정밀하게 표시할 수 있으나, 소축척에서는 지형이 너무 밀집되어 확실한 도면을 나타내기가 어렵다.
③ 지형의 변화가 많거나 완경사지 : 간격을 좁게
④ 지형의 변화가 작거나 급경사시 : 간격을 넓게
⑤ 구조물의 설계나 토공량 산출 : 간격을 좁게 잡아 정확한 값을 얻어야 한다.
⑥ 저수지 측량, 노선의 예측 : 간격을 넓게

해답 ④

---

045 토지의 면적계산에 사용되는 심프슨의 제1법칙은 그림과 같은 포물선 AMB의 면적(빗금 친 부분)을 사각형 $ABCD$ 면적의 얼마로 보고 유도한 공식인가?
① 1/2
② 2/3
③ 3/4
④ 3/8

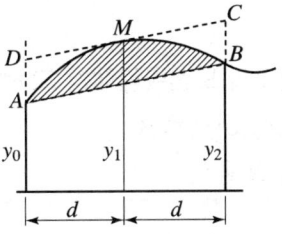

해설 심프슨의 제1법칙은 위 그림의 포물선 AMB의 면적을 사각형 $ABCD$ 면적의 2/3로 보고 유도한 공식이다.

해답 ②

---

046 500m의 거리를 50m의 줄자로 관측하였다. 줄자의 1회 관측에 의한 오차가 ±0.01m라면 전체 거리 관측값의 오차는?
① ±0.03m
② ±0.05m
③ ±0.08m
④ ±0.10m

해설 ① 측정횟수 $n = \frac{500}{50} = 10$
② 우연오차는 측정횟수(n)의 제곱근에 비례하므로
$E_2 = \pm e\sqrt{n} = \pm 0.01 \times \sqrt{10} = \pm 0.03$mm

해답 ①

047
수준측량용어 중 지반고를 구하려고 할 때 기지점에 세운 표척의 읽음을 의미하는 것은?
① 전시
② 후시
③ 표고
④ 기계고

해설 후시란 알고 있는 점(기지점)에 표척을 세워 읽는 값이다.

해답 ②

048
노선측량에서 노선을 선정할 때 유의해야 할 사항으로 옳지 않은 것은?
① 배수가 잘 되는 곳으로 한다.
② 노선 선정 시 가급적 직선이 좋다.
③ 절토 및 성토의 운반거리를 가급적 짧게 한다.
④ 가급적 성토구간이 길고 토공량이 많아야 한다.

해설 가급적 절토나 성토 구간이 짧고 토공량을 적게 하여 경제적으로 하여야 한다.

해답 ④

049
우리나라의 노선측량에서 고속도로에 주로 이용되는 완화곡선은?
① 클로소이드곡선
② 렘니스케이트곡선
③ 2차 포물선
④ 3차 포물선

해설
① **3차 포물선**(cubic spiral) : 철도에서 주로 사용한다.
② **클로소이드**(clothoid) : 고속도로 IC에서 주로 사용한다.
③ **렘니스케이트**(lemniscate) : 시가지 지하철에서 주로 사용한다.

해답 ①

2. 토질 및 기초(토질역학, 기초공학)

050
흙의 분류방법 중 통일분류법에 대한 설명으로 틀린 것은?
① #200(0.075mm)체 통과율이 50%보다 작으면 조립토이다.
② 조립토 중 #4(4.75mm)체 통과율이 50%보다 작으면 자갈이다.
③ 세립토에서 압축성의 높고 낮음을 분류할 때 사용하는 기준은 액성한계 35%이다.
④ 세립토를 여러 가지로 세분하는 데는 액성한계와 소성지수의 관계 및 범위를 나타내는 소성도표가 사용된다.

해설 세립토 구분은 액성한계 50%를 기준으로 분류한다.
① $w_L > 50\%$: H (고압축성)
② $w_L \leq 50\%$: L (저압축성)

해답 ③

051
접지압의 분포가 기초의 중앙 부분에 최대응력이 발생하는 기초형식과 지반은 어느 것인가?

① 연성기초, 점성지반 ② 연성기초, 사질지반
③ 강성기초, 점성지반 ④ 강성기초, 사질지반

해설

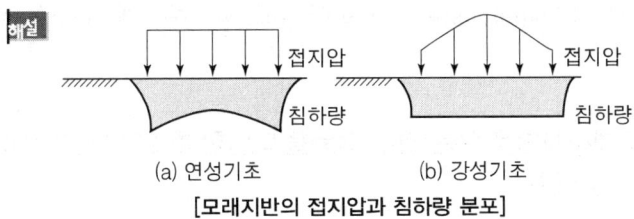

[모래지반의 접지압과 침하량 분포]

해답 ④

052
흙댐에서 상류측이 가장 위험하게 되는 경우는?

① 수위가 점차 상승할 때이다.
② 댐의 수위가 중간 정도 되었을 때이다.
③ 수위가 갑자기 내려갔을 때이다.
④ 댐 내의 흐름이 정상침투일 때이다.

해설 **흙댐의 안정**
① 상류측 사면이 가장 위험할 때
  ㉠ 시공 직후, ㉡ 수위 급강하시
② 하류측 사면이 가장 위험할 때
  ㉠ 시공 직후, ㉡ 정상 침투시

해답 ③

053
다음 중 직접기초에 속하는 것은?

① 후팅기초 ② 말뚝기초
③ 피어기초 ④ 케이슨기초

해설 **얕은 기초의 종류** : 독립 푸팅 기초, 복합 푸팅 기초, 캔틸레버 푸팅 기초, 연속 푸팅 기초, 전면 기초

해답 ①

054

다음 중 흙의 투수계수에 영향을 미치는 요소가 아닌 것은?

① 흙의 입경　　② 침투액의 점성
③ 흙의 포화도　④ 흙의 비중

해설 포화도 100%일 때 투수계수는 최대가 되며, 다음의 투수계수 공식에 의해 투수계수에 영향을 미치는 요소를 알 수 있다.

$$K = D_s^2 \cdot \frac{\gamma_w}{\eta} \cdot \frac{e^3}{1+e} \cdot C$$

여기서, D_s : 흙입자의 입경(보통 D_{10}), γ_w : 물의 단위중량 (g/cm^3)
η : 물의 점성계수(g/cm · sec), e : 공극비
C : 합성형상계수(composite shape factor), K : 투수계수(cm/sec)

해답 ④

055

연약점토지반에 말뚝재하시험을 하는 경우 말뚝을 타입한 후 20여 일이 지난 다음 재하시험을 하는 이유는?

① 말뚝 주위 흙이 압축되었기 때문
② 주면마찰력이 작용하기 때문
③ 부마찰력이 생겼기 때문
④ 타입 시 말뚝 주변의 흙이 교란되었기 때문

해설 말뚝 타입시 말뚝 주위의 점토지반은 교란되기 때문에 시간이 경과되어 점토가 강도가 회복(딕소트로피 현상)되기를 기다리기 위해서 말뚝 재하시험은 말뚝 타입 후 20여 일이 지난 후 실시한다.

해답 ④

056

점토의 예민비(sensitivity ratio)를 구하는 데 사용되는 시험방법은?

① 일축압축시험　② 삼축압축시험
③ 직접전단시험　④ 베인전단시험

해설 점토의 예민비는 일축압축시험을 통해 구한다.

$$S_t = \frac{q_u}{q_{ur}}$$

여기서, q_u : 자연상태의 일축압축강도
q_{ur} : 흐트러진 상태의 일축압축강도

해답 ①

057

점토지반에 과거에 시공된 성토제방이 이미 안정된 상태에서 홍수에 대비하기 위해 급속히 성토시공을 하고자 한다. 안정검토를 위해 지반의 강도정수를 구할 때 가장 적합한 시험방법은?

① 직접전단시험
② 압밀배수시험
③ 압밀비배수시험
④ 비압밀비배수시험

해설 이미 안정된 과거에 시공된 성토제방에 급속히 성토시공을 하고자 하는 경우는 사전압밀(Pre-loading) 후 급격한 재하시의 안정해석하는 압밀 비배수시험(CU-test)이 적합하다.

해답 ③

058

4m×6m 크기의 직사각형 기초에 100kN/m²의 등분포하중이 작용할 때 기초 아래 5m 깊이에서의 지중응력증가량을 2:1분포법으로 구한 값은?

① 14.2kN/m²
② 18.2kN/m²
③ 24.2kN/m²
④ 28.2kN/m²

해설 $\Delta \sigma_z = \dfrac{q_s \cdot B \cdot L}{(B+z) \cdot (L+z)} = \dfrac{100 \times 4 \times 6}{(4+5) \times (6+5)} = 24.2\text{kN/m}^2$

해답 ③

059

비중이 2.65, 간극률이 40%인 모래지반의 한계 동수경사는?

① 0.99
② 1.18
③ 1.59
④ 1.89

해설
① $e = \dfrac{n}{100-n} = \dfrac{40}{100-40} = 0.67$
② $i_c = \dfrac{G_s - 1}{1+e} = \dfrac{(2.65-1)}{1+0.67} = 0.99$

해답 ①

060

그림과 같은 옹벽에 작용하는 전체 주동토압을 구하면?

① 81.5kN/m
② 72.5kN/m
③ 65.5kN/m
④ 57.2kN/m

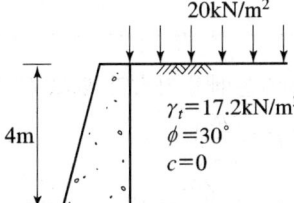
20kN/m²
4m
$\gamma_t = 17.2\text{kN/m}^3$
$\phi = 30°$
$c = 0$

해설 ① 주동토압계수
$$K_a = \tan^2\left(45° - \frac{\phi}{2}\right) = \tan^2\left(45° - \frac{30°}{2}\right) = \frac{1}{3}$$
② 주동토압
$$P_a = \frac{1}{2}\gamma H^2 K_A + qHK_A = \frac{1}{2} \times 17.2 \times 4^2 \times \frac{1}{3} + 20 \times 4 \times \frac{1}{3} = 72.5\text{kN/m}$$

해답 ②

061 실내다짐시험결과 최대건조단위무게가 15.6kN/m³이고, 다짐도가 95%일 때 현장 건조단위무게는 얼마인가?

① 13.6kN/m³
② 14.8kN/m³
③ 16.0kN/m³
④ 16.4kN/m³

해설 $C_d = \dfrac{\text{현장 } \gamma_d}{\text{실내 다짐시험 } \gamma_{d\max}} \times 100(\%)$

$95 = \dfrac{\gamma_d}{15.6} \times 100$ 에서 $\gamma_d = 14.8\text{kN/m}^3$

해답 ②

062 모래지반에 30cm×30cm크기로 재하시험을 한 결과 200kN/m²의 극한지지력을 얻었다. 3m×3m의 기초를 설치할 때 기대되는 극한지지력은?

① 1,000kN/m²
② 1,500kN/m²
③ 2,000kN/m²
④ 3,000kN/m²

해설 지지력은 모래지반일 때 재하판 폭에 비례

$q_{u(\text{기초})} = q_{u(\text{재하판})} \cdot \dfrac{B_{(\text{기초})}}{B_{(\text{재하판})}} = 200 \times \dfrac{3}{0.3} = 2,000\text{kN/m}^2$

해답 ③

063 양면배수조건일 때 일정한 양의 압밀침하가 발생하는 데 10년이 걸린다면 일면배수조건일 때 같은 침하가 발생되는 데 몇 년이나 걸리겠는가?

① 5년
② 10년
③ 30년
④ 40년

해설 압밀시간(t)은 배수거리의 제곱(H^2)에 비례하므로

$t_1 : t_2 = H^2 : \left(\dfrac{H}{2}\right)^2$

$t_1 : 10 = H^2 : \left(\dfrac{H}{2}\right)^2$ 에서 $t_1 = 40$년

해답 ④

064
점토지반에서 N치로 추정할 수 있는 사항이 아닌 것은?

① 상대밀도 ② 컨시스턴시
③ 일축압축강도 ④ 기초지반의 허용지지력

해설 점토지반에서 N치로 추정할 수 있는 사항
① 연경도(컨시스턴시)
② 일축압축강도
③ 점착력
④ 파괴에 대한 극한지지력
⑤ 파괴에 대한 허용지지력

해답 ①

065
다음 중에서 사운딩(sounding)이 아닌 것은?

① 표준관입시험(standard penetration test)
② 일축압축시험(unconfined compression test)
③ 원추관입시험(cone penetrometer test)
④ 베인시험(vane test)

해설 사운딩(Sounding) 종류
① 정적 사운딩(점성토에 유효)
  ㉠ 휴대용 원추관입시험 ㉡ 화란식 원추관입시험
  ㉢ 스웨덴식 관입시험 ㉣ 이스키미터 시험
  ㉤ 베인(Vane)전단시험
② 동적 사운딩(조립토에 유효)
  ㉠ 동적 원추관입시험 ㉡ 표준관입시험(SPT)

해답 ②

066
1m³의 포화점토를 채취하여 습윤단위무게와 함수비를 측정한 결과 각각 16.48kN/m³와 60%였다. 이 포화점토의 비중은 얼마인가? (단, 물의 단위중량은 9.81kN/m³이다.)

① 2.14 ② 2.84
③ 1.58 ④ 1.31

① $e = \dfrac{G_s \cdot w}{S} = \dfrac{G_s \times 0.6}{1} = 0.6 G_s$

② $\gamma_{sat} = \dfrac{G_s + e}{1+e}\gamma_w = \dfrac{G_s + 0.6 G_s}{1 + 0.6 G_s} \times 9.81 = 16.48 \text{kN/m}^3$ 에서 $G_s = 2.84$

해답 ②

067 흐트러진 흙을 자연상태의 흙과 비교하였을 때 잘못된 설명은?

① 투수성이 크다. ② 간극이 크다.
③ 전단강도가 크다. ④ 압축성이 크다.

해설 흐트러진 흙은 전단강도가 작아진다.

해답 ③

068 다음 중 흙의 다짐에 대한 설명으로 틀린 것은?

① 흙이 조립토에 가까울수록 최적함수비는 크다.
② 다짐에너지를 증가시키면 최적함수비는 감소한다.
③ 동일한 흙에서 다짐에너지가 클수록 다짐효과는 증대한다.
④ 최대건조단위중량은 사질토에서 크고 점성토일수록 작다.

해설 흙이 조립토에 가까울수록 최적함수비는 감소한다.

해답 ①

069 투수계수에 관한 설명으로 잘못된 것은?

① 투수계수는 수두차에 반비례한다.
② 수온이 상승하면 투수계수는 증가한다.
③ 투수계수는 일반적으로 흙의 입자가 작을수록 작은 값을 나타낸다.
④ 같은 종류의 흙에서 간극비가 증가하면 투수계수는 작아진다.

해설 간극비(e)가 증가하면 투수계수(K)는 커진다.
$$K = D_s^2 \cdot \frac{\gamma_w}{\eta} \cdot \frac{e^3}{1+e} \cdot C$$

해답 ④

제3과목 수자원설계(수리학+상하수도공학)

1. 수리학

070 폭 7.0m의 수로 중간에 폭 2.5m의 직사각형 위어를 설치하였더니 월류수심이 0.35m이었다면 이때 월류량은? (단, $C=0.63$이며, 접근유속은 무시한다.)

① $0.401\text{m}^3/\text{s}$ ② $0.439\text{m}^3/\text{s}$
③ $0.963\text{m}^3/\text{s}$ ④ $1.444\text{m}^3/\text{s}$

해설 $Q = \frac{2}{3} Cb\sqrt{2g}\, h^{\frac{3}{2}} = \frac{2}{3} \times 0.63 \times 2.5 \times \sqrt{2 \times 9.8} \times 0.35^{\frac{3}{2}} = 0.963\text{m}^3/\text{s}$

해답 ③

071 압력을 P, 물의 단위무게를 W_o라 할 때, P/W_o의 단위는?

① 시간 ② 길이
③ 질량 ④ 중량

해설 $\dfrac{P}{W_o} = \dfrac{\text{t/m}^2}{\text{t/m}^3} = \text{m}$

해답 ②

072 그림과 같이 원관이 중심축에 수평하게 놓여 있고 계기압력이 각각 0.18MPa, 0.2MPa일 때 유량은? (단, 물의 단위중량은 9.81kN/m³이다.)

① 203L/s
② 223L/s
③ 243L/s
④ 263L/s

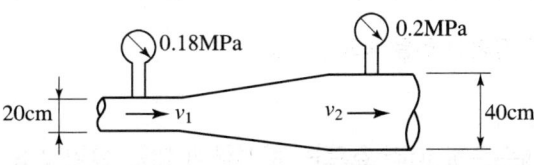

해설
① $A_1 = \dfrac{\pi \times 0.2^2}{4} = 0.031\text{m}^2$

② $A_2 = \dfrac{\pi \times 0.4^2}{4} = 0.126\text{m}^2$

③ $H = \dfrac{\Delta P}{w} = \dfrac{0.2 - 0.18}{9.81 \times 10^6} = 2039\text{mm} = 2.04\text{m}$

④ $Q = \dfrac{A_1 A_2}{\sqrt{A_2^2 - A_1^2}} \sqrt{2gH} = \dfrac{0.031 \times 0.126}{\sqrt{0.126^2 - 0.031^2}} \times \sqrt{2 \times 9.8 \times 2.04}$
$= 0.2022\text{m}^3/\text{s} = 202.2\text{L/s}$

해답 ①

073
수조 1과 수조 2를 단면적 A인 완전 수중 오리피스 2개로 연결하였다. 수조 1로부터 지속적으로 일정한 유량의 물을 수조 2로 송수할 때 두 수조의 수면차 (H)는? (단, 오리피스의 유량계수는 C이고, 접근유속수두(h_a)는 무시한다.)

① $H = \left(\dfrac{Q}{A\sqrt{2g}}\right)^2$ ② $H = \left(\dfrac{Q}{2A\sqrt{2g}}\right)^2$

③ $H = \left(\dfrac{Q}{2CA\sqrt{2g}}\right)^2$ ④ $H = \left(\dfrac{Q}{CA\sqrt{2g}}\right)^2$

해설 $Q = C(2A)\sqrt{2gH}$ 에서 $H = \left(\dfrac{Q}{2CA\sqrt{2g}}\right)^2$

해답 ③

074
지름 1m인 원형관에 물이 가득 차서 흐른다면 이때의 경심은?

① 0.25m ② 0.5m
③ 1.0m ④ 2.0m

해설 $R = \dfrac{A}{P} = \dfrac{D}{4} = \dfrac{1}{4} = 0.25\text{m}$

해답 ①

075
개수로에서 중력가속도를 g, 수심을 h로 표시할 때 장파(長波)의 전파속도는?

① $\sqrt{gh}$ ② gh
③ $\sqrt{\dfrac{h}{g}}$ ④ $\dfrac{h}{g}$

해설 장파의 전달 속도 = $\sqrt{gh}$

해답 ①

076
개수로를 따라 흐르는 한계류에 대한 설명으로 옳지 않은 것은?

① 주어진 유량에 대하여 비에너지(specific energy)가 최소이다.
② 주어진 비에너지에 대하여 유량이 최대이다.
③ 프루드(Froude)수는 1이다.
④ 일정한 유량에 대한 비력(specific force)이 최대이다.

해설 한계류
① 유량이 일정할 때 비에너지(specific energy)가 최소이다.
② 비에너지가 일정할 때 유량이 최대이다.
③ 프루드(Froude)수가 1이다.

해답 ④

077

물의 점성계수의 단위는 g/cm · s이다. 동점성계수의 단위는?

① cm^3/s
② cm/s^2
③ s/cm^2
④ cm^2/s

해설 동점성계수의 단위는 $1 stokes = 1 cm^2/sec$ 이다.

해답 ④

078

정상적인 흐름에서 한 유선상의 유체입자에 대하여 그 속도수두 $\dfrac{V^2}{2g}$, 압력수두 $\dfrac{P}{w_o}$, 위치수두 Z라면 동수경사로 옳은 것은?

① $\dfrac{V^2}{2g} + \dfrac{P}{w_o}$
② $\dfrac{V^2}{2g} + Z + \dfrac{P}{w_o}$
③ $\dfrac{V^2}{2g} + Z$
④ $\dfrac{P}{w_o} + Z$

해설 동수경사선은 기준수평면에서 $\left(Z + \dfrac{P}{w}\right)$의 점들을 연결한 선을 말한다.

해답 ④

079

원관 내 흐름이 포물선형 유속분포를 가질 때 관 중심선 상에서 유속이 V_o, 전단 응력이 τ_o, 관 벽면에서 전단응력이 τ_s, 관내의 평균유속이 V_m, 관 중심선에서 y만큼 떨어져 있는 곳의 유속이 V, 전단응력이 τ라 할 때 옳지 않은 것은?

① $V_o > V$
② $V_o = 2V_m$
③ $\tau_s = 2\tau_o$
④ $\tau_s > \tau$

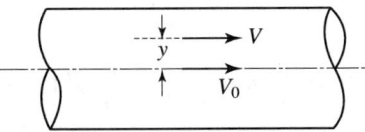

해설 전단응력의 크기 순서 : $\tau_s > \tau > \tau_o$

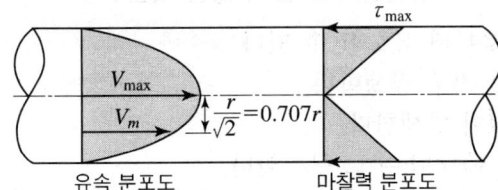

유속 분포도   마찰력 분포도

해답 ③

080 2m×2m×2m인 고가수조에 관로를 통해 유입되는 물의 유입량이 0.15L/s일 때 만수가 되기까지 걸리는 시간은? (단, 현재 고가수조의 수심은 0.5m이다.)
① 5시간 20분　　② 8시간 22분
③ 10시간 5분　　④ 11시간 7분

해설 만수가 되기까지 걸리는 시간 = $\dfrac{2 \times 2 \times 1.5}{0.15\text{L/s} \times 10^{-3}\text{m}^3/\text{L}} = 40{,}000$ 초 ≒ 11시간 7분

해답 ④

081 개수로흐름에서 수심이 1m, 유속이 3m/s이라면 흐름의 상태는?
① 사류(射流)　　② 난류(亂流)
③ 층류(層流)　　④ 상류(常流)

해설 $F_r = \dfrac{V}{\sqrt{gh}} = \dfrac{3}{\sqrt{9.8 \times 1}} = 0.96 < 1$ 이므로 흐름은 상류이다.

해답 ④

082 그림에서 판 AB에 가해지는 힘 F는? (단, ρ는 밀도)
① $Q\dfrac{V_1{}^2}{2g}$
② $\rho Q V_1$
③ $\rho Q V_1{}^2$
④ $\rho Q V_2$

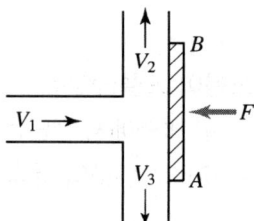

해설 $P = P_x = \dfrac{w}{g} Q(V_1 - V_2) = \dfrac{w}{g} Q(V_1 - 0) = \dfrac{w}{g} Q V_1 = \rho Q V_1 = \dfrac{w}{g} A V_1{}^2 = \rho A V_1{}^2$

해답 ②

083 도수(Hydraulic jump)현상에 관한 설명으로 옳지 않은 것은?
① 역적-운동량방정식으로부터 유도할 수 있다.
② 상류에서 사류로 급변할 경우 발생한다.
③ 도수로 인한 에너지손실이 발생한다.
④ 파상도수와 완전도수는 Froude수로 구분한다.

해설 도수란 사류에서 상류로 변할 때 불연속적으로 수면이 뛰는 현상이다.

해답 ②

084

그림과 같이 물속에 잠긴 원판에 작용하는 전수압은? (단, 무게 1kg=9.8N)

① 92.3kN
② 184.7kN
③ 369.3kN
④ 738.5kN

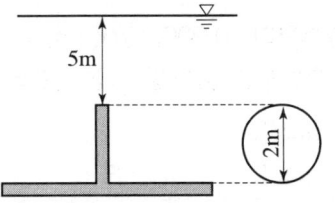

해설 $P_H = w h_G A = 9800 \times \left(5 + \dfrac{2}{2}\right) \times \dfrac{\pi \times 2^2}{4} = 184{,}726\text{N} = 184.7\text{kN}$

해답 ②

085

부체가 물 위에 떠 있을 때 부체의 중심(G)과 부심(C)의 거리($\overline{CG}$)를 e, 부심(C)과 경심(M)의 거리($\overline{CM}$)를 a, 경심(M)에서 중심(G)까지의 거리($\overline{MG}$)를 b라 할 때 부체의 안정조건은?

① $a > e$
② $a < b$
③ $b < e$
④ $b > e$

해설 부체의 안정은 $\overline{MG}(h) > 0$, $\dfrac{I_x}{V} > \overline{GC}$, $\overline{CM} > \overline{CG}$일 때 이므로 $a > e$이다.

해답 ①

086

물의 흐름에서 단면과 유속 등 유동특성이 시간에 따라 변하지 않는 흐름은?

① 층류
② 난류
③ 정상류
④ 부정류

해설 정상류는 시간에 따라 유동특성(유량, 속도, 압력, 밀도, 유적 등)이 변하지 않는 흐름이다.

해답 ③

087

레이놀즈(Reynolds)수가 1,000인 관에 대한 마찰손실계수 f의 값은?

① 0.016
② 0.022
③ 0.032
④ 0.064

해설 $f = \dfrac{64}{R_e} = \dfrac{64}{1{,}000} = 0.064$

해답 ④

2. 상하수도공학(상수도계획, 하수도계획)

088 1일 정수량이 10,000m³/d인 정수장에서 염소소독을 위하여 100kg/d를 주입한 후 잔류염소 농도를 측정하였을 때, 0.2mg/L였다면 염소요구량 농도는?
① 0.8mg/L
② 1.2mg/L
③ 9.8mg/L
④ 10.2mg/L

해설
① 염소주입량 = $\dfrac{100\text{kg/d}}{10,000\text{m}^3/\text{d}} \times 10^6 \text{mg/kg} \times 10^{-3} \text{m}^3/\text{L} = 10\text{mg/L}$
② 염소요구량 농도 = 염소주입량 농도 − 잔류염소량 농도
= 10 − 0.2 = 9.8mg/L

해답 ③

089 저수지의 유효용량을 유량누가곡선도표를 이용하여 도식적으로 구하는 방법은?
① Sherman법
② Ripple법
③ Kutter법
④ 도식적분법

해설 유량누가곡선도표에 의한 방법(Ripple법)은 매월 또는 매분기마다 하천유량 및 계획취수량을 누가하고 각각의 유량누가곡선도표를 작성하여 비교하여 저수지의 유효용량을 도식적으로 구하는 방법이다.

해답 ②

090 상수처리를 위한 침전지의 침전효율을 나타내는 지표인 표면부하율에 대한 설명으로 옳지 않은 것은?
① 표면부하율은 침전지에 유입할 유량을 침전지의 표면적으로 나눈 값이다.
② 표면부하율은 이상적인 침전지에서 유입구의 최상단으로부터 유입되어 유출구 쪽에서 침전지 바닥에 침강되는 플록의 침강속도를 뜻한다.
③ 표면부하율은 일반적으로 mm/min과 같이 속도의 차원을 가진다.
④ 제거의 기준이 되는 표면부하율은 이론적으로 침전지의 수심에 직접적인 관계가 있다.

해설 표면부하율은 침전지의 수심에 직접적인 관계가 없다.
$L_s = \dfrac{Q}{A}$
여기서, L_s : 수면적부하율[m³/m²·day]
Q : 유입수량[m³/day]
A : 침전지면적[m²]($A = B \times L$)

해답 ④

091
배수관 내에 큰 수격작용이 일어날 경우에 배수관의 손상을 방지하기 위하여 설치하는 것으로, 큰 수격작용이 일어나기 쉬운 곳에 설치하여 첨두압력을 긴급 방출함으로써 관로나 펌프를 보호하는 것은?

① 공기밸브 ② 안전밸브
③ 역지밸브 ④ 감압밸브

해설 안전 밸브는 관수로 내에 이상 수압이 발생하였을 때 관의 파열을 막기 위하여 자동적으로 물을 배출하여 관로의 안전을 도모하기 위한 밸브이다.

해답 ②

092
하수배제방식 중 분류식과 합류식에 관한 설명으로 틀린 것은?

① 분류식은 관거오접에 대한 철저한 감시가 필요하다.
② 우천 시 합류식이 분류식보다 처리장으로 토사 유입이 적다.
③ 합류식이 분류식에 비해 시공이 용이하다.
④ 분류식은 우천 시 오수를 수역으로 방류하는 일이 없으므로 수질오염 방지상 유리하다.

해설 합류식은 우천시에 처리장으로 다량의 토사가 유입하여 장기간에 걸쳐 수로바닥, 침전시 및 슬러지 소화조 등에 퇴적한다.

해답 ②

093
하수처리시설의 침사지에 대한 설명으로 옳지 않은 것은?

① 평균유속은 1.5m/s를 표준으로 한다.
② 체류시간은 30~60초를 표준으로 한다.
③ 수심은 유효수심에 모래퇴적부의 깊이를 더한 것으로 한다.
④ 오수침사지의 경우 표면부하율은 1,800m³/m² · d 정도로 한다.

해설 침사지 내 유속은 0.30m/sec를 표준으로 한다.

해답 ①

094
도시하수가 하천으로 유입할 때 하천 내에서 발생하는 변화로 틀린 것은?

① 부유물의 증가 ② COD의 증가
③ BOD의 증가   ④ DO의 증가

해설 도시하수 유입시 하천의 변화
① SS(부유물질) ② COD 증가
③ BOD 증가   ④ DO 감소

해답 ④

095
펌프의 공동현상을 방지하는 방법 중 옳지 않은 것은?

① 펌프의 설치위치를 가능한 한 낮춘다.
② 흡입관의 손실을 가능한 한 작게 한다.
③ 펌프의 회전속도를 낮게 선정한다.
④ 가용유효 흡입수두를 필요유효 흡입수두보다 작게 한다.

해설 펌프가 공동현상에 대해 안전하기 위해서는 시설상으로부터 이용 가능한 유효 흡입 수두(H_{sv})가 펌프가 필요로 하는 유효흡입수두(h_{sv})보다 커야 한다.

해답 ④

096
어느 도시의 1인 1일 BOD 배출량이 평균 50g이고, 이 도시의 인구 40,000명이라고 할 때 하수처리장으로 유입되는 BOD 부하량은?

① 800kg/d ② 2,000kg/d
③ 2,800kg/d ④ 3,000kg/d

해설 **유입 BOD 부하량** = 1인 1일 BOD 평균 배출량 × 도시 인구수
= 0.05kg/인 · day × 40,000인 = 2,000kg/d

해답 ②

097
펌프의 특성곡선은 펌프의 토출유량과 무엇의 관계를 나타낸 그래프인가?

① 양정, 비속도, 수격압력 ② 양정, 효율, 축동력
③ 양정, 손실수두, 수격압력 ④ 양정, 효율, 공동현상

해설 펌프 특성 곡선(펌프 성능 곡선)은 양정(H), 효율(η), 축동력(p)이 펌프용량(Q)의 변화에 따라 변하는 관계(축동력 요구량)를 각기의 최대 효율점에 대한 비율로 나타낸(입력과 출력) 곡선이다.

해답 ②

098
( ) 안에 들어갈 수치가 순서대로 바르게 짝지어진 것은?

침전이나 퇴적방지를 위하여 설정하는 최소허용유속은 도수관에서는 ( )m/s, 우수관에서는 ( )m/s, 오수관에서는 ( )m/s를 적용한다.

① 0.3, 0.3, 0.3 ② 0.3, 0.6, 0.6
③ 0.3, 0.8, 0.6 ④ 0.6, 0.8, 3.0

해설 침전이나 퇴적방지를 위하여 설정하는 최소허용유속은 도수관이 0.3m/s, 우수관이 0.8m/s, 오수관이 0.6m/s이다.

해답 ③

099 수원을 선택할 때 갖추어야 할 구비요건에 해당되지 않는 것은?

① 수량이 풍부하여야 한다.
② 수질이 좋아야 한다.
③ 가능한 한 낮은 곳에 위치하여야 한다.
④ 상수 소비지에서 가까운 곳에 위치하여야 한다.

해설 수원은 자연유하식을 이용할 수 있도록 가능한 한 높은 곳에 위치하는 것이 좋다.   **해답 ③**

---

100 Jar-test의 시험 목적으로 옳은 것은?

① 응집제 주입량 결정   ② 염소주입량 결정
③ 염소접촉시간 결정   ④ 총 수처리시간의 결정

해설 자 테스트(jar test) 실험을 통하여 응집제 주입량의 적정량을 결정한다.   **해답 ①**

---

101 상수의 공급과정으로 옳은 것은?

① 취수 → 도수 → 정수 → 송수 → 배수 → 급수
② 취수 → 도수 → 정수 → 배수 → 송수 → 급수
③ 취수 → 송수 → 도수 → 정수 → 배수 → 급수
④ 취수 → 송수 → 배수 → 정수 → 도수 → 급수

해설 상수도 시설 계통 : 수원 → 취수 → 도수 → 정수 → 송수 → 배수 → 급수   **해답 ①**

---

102 하수관거접합에 관한 설명으로 옳지 않은 것은?

① 2개의 관거가 합류하는 경우 두 관의 중심교각은 가급적 60° 이하로 한다.
② 지표의 경사가 급한 경우에는 원칙적으로 단차접합 또는 계단접합으로 한다.
③ 2개의 관거가 합류하는 경우의 접합방법은 관저접합을 원칙으로 한다.
④ 접속관거의 계획수위를 일치시켜 접속하는 방법을 수면접합이라 한다.

해설 2개의 관거가 합류하는 경우의 접합방법은 수면접합 또는 관정접합을 원칙으로 한다.   **해답 ③**

103 하수처리방법 중 생물학적 처리방법이 아닌 것은?

① 산화구법   ② 표준활성슬러지법
③ 접촉산화법   ④ 중화처리법

해설 중화처리법은 화학적 처리방법 중 하나이다.

해답 ④

104 유역면적 100ha, 유출계수 0.6, 강우강도 2mm/min인 지역의 합리식에 의한 우수량은?

① $20\text{m}^3/\text{s}$ ② $2\text{m}^3/\text{s}$
③ $33\text{m}^3/\text{s}$ ④ $3.3\text{m}^3/\text{s}$

해설 $Q = \dfrac{1}{360}CIA = \dfrac{1}{360} \times 0.6 \times (2 \times 60) \times 100 = 20\text{m}^3/\text{s}$

해답 ①

105 관거별 계획하수량에 대한 설명으로 옳은 것은?

① 우수관거는 계획우수량으로 한다.
② 오수관거는 계획 1일 최대오수량으로 한다.
③ 차집관거에서는 청천 시 계획오수량으로 한다.
④ 합류식 관거는 계획 1일 최대오수량에 계획우수량을 합한 것으로 한다.

해설 **계획 하수량**
① 분류식
    ㉠ 오수관거 : 계획시간 최대 오수량
    ㉡ 우수관거 : 계획 우수량
② 합류식
    ㉠ 합류관거 : 계획시간 최대 오수량+계획우수량
    ㉡ 차집관거 : 우천시 계획오수량(계획시간 최대 오수량의 3배 이상)

해답 ①

106 혐기성 소화에 의한 슬러지처리법에서 발생되는 가스성분 중 가장 많은 양을 차지하는 것은? (단, 혐기성 소화가 정상적으로 일정하게 유지될 때로 가정한다.)

① 탄산가스   ② 메탄가스
③ 유화수소   ④ 황화수소

해설 혐기성 소화에서는 유용한 부산물인 메탄가스가 생산된다.

해답 ②

107 급속여과지가 완속여과지에 비해 좋은 점이 아닌 것은?

① 많은 수량을 단기간에 처리할 수 있다.
② 부지면적을 적게 차지한다.
③ 원수 수질변화에 대처할 수 있다.
④ 시설이 단순하다.

해설 ① 완속여과방식은 유지관리가 간단하고 고도의 기술을 요구하지 않는다.
② 급속여과지는 운전과 관리에 고도의 기술이 필요하다.

해답 ④

토목산업기사

2021년 5월 CBT 시행

2023 개정된 출제기준에 의거하여 불필요한 문제는 삭제하고 3과목으로 정리함

제1과목 구조설계(응용역학+철근콘크리트 및 강구조)

1. 응용역학(역학적인 개념 및 건설 구조물의 해석)

001 다음 중 단면1차모멘트의 단위로서 옳은 것은?
① cm
② cm^2
③ cm^3
④ cm^4

해설 단면 1차 모멘트의 단위는 cm^3이다.

해답 ③

002 그림과 같은 음영 부분의 y축 도심은 얼마인가?
① x축에서 위로 5.43cm
② x축에서 위로 8.33cm
③ x축에서 위로 10.26cm
④ x축에서 위로 11.67cm

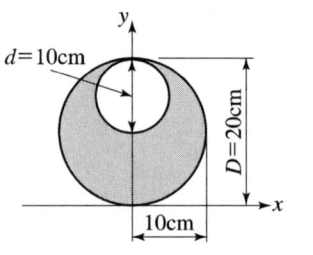

해설 $(\pi \times 10^2 - \pi \times 5^2) \times y = (\pi \times 10^2) \times 10 - (\pi \times 5^2) \times 15$ 에서

$$y = \frac{\sum A \cdot y}{\sum A} = \frac{(\pi \times 10^2) \times 10 - (\pi \times 5^2) \times 15}{(\pi \times 10^2 - \pi \times 5^2)} = 8.33cm$$

해답 ②

003 지름 d의 원형 단면인 장주가 있다. 길이가 4m일 때 세장비를 100으로 하려면 적당한 지름 d는?
① 8cm
② 10cm
③ 16cm
④ 18cm

해설 $\lambda = \dfrac{l}{r_{min}} = \dfrac{400}{D/4} = 100$ 에서 $D = 16cm$

해답 ③

004

다음 그림에서 힘들의 합력 R의 위치(x)는 몇 m인가?

① 4.5m
② 4.75m
③ 5.0m
④ 5.25m

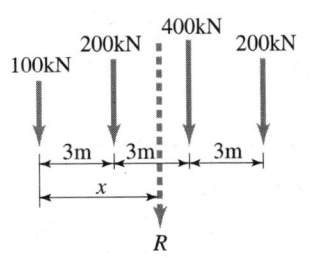

해설
① 합력 $R = 100 + 200 + 300 + 200 = 800\text{kN}(\downarrow)$
② 바리뇽의 정리에 의하면
$800 \times x = 200 \times 3 + 300 \times 6 + 200 \times 9$에서
$x = \dfrac{200 \times 3 + 300 \times 6 + 200 \times 9}{800} = \dfrac{4800}{800} = 5.25\text{m}$

해답 ④

005

단순보의 전 구간에 등분포하중이 작용할 때 지점의 반력이 20kN이었다. 등분포하중의 크기는? (단, 지간은 10m이다.)

① 1kN/m
② 3kN/m
③ 2kN/m
④ 4kN/m

해설 등분포하중이 만재된 단순보의 반력은 $\dfrac{wl}{2}$이므로

$\dfrac{w \times 10}{2} = 20\text{kN}$에서 $w = 4\text{kN/m}$

해답 ④

006

아래 그림과 같이 C점에 5kN이 수직으로 작용할 때 부재 AC의 부재력은?

① 3.04kN
② 3.12kN
③ 3.54kN
④ 3.84kN

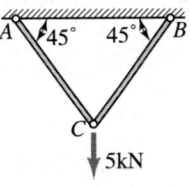

해설 $\dfrac{AC}{\sin 135°} = \dfrac{5}{\sin 90°} = \dfrac{BC}{\sin 135°}$에서 $AC = BC = \dfrac{5}{\sin 90°} \sin 135° = 3.54\text{kN}$

해답 ③

007 다음 그림과 같은 보에서 A점의 수직반력은?

① 15kN ② 18kN
③ 20kN ④ 23kN

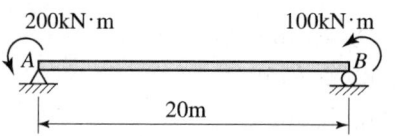

해설 평형조건식 이용
$\Sigma M_B = 0$, $V_A \times 20 - 200 - 100 = 0$에서 $V_A = 15$kN

해답 ①

008 탄성계수 $E = 2 \times 10^5$MPa이고 푸아송비 $\nu = 0.3$일 때 전단탄성계수 G는?

① 76,923MPa ② 75,137MPa
③ 73,456MPa ④ 71,020MPa

해설 $G = \dfrac{E}{2(1+\nu)} = \dfrac{2 \times 10^5}{2(1+0.3)} = 76,923.1$MPa

해답 ①

009 다음 단순보에서 B점의 반력(R_B)은?

① 90kN ② 135kN
③ 180kN ④ 215kN

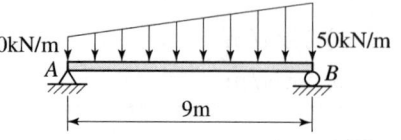

해설 $\Sigma M_A = 0$

$-V_B \times 9 + 20 \times 9 \times 4.5 + \dfrac{1}{2} \times (50-20) \times 9 \times \dfrac{2}{3} \times 9 = 0$에서 $V_A = 180$kN

해답 ③

010 그림 (A)와 같은 장주가 100kN의 하중에 견딜 수 있다면 그림 (B)의 장주가 견딜 수 있는 하중의 크기는? (단, 기둥은 등질, 등단면이다.)

① 25kN
② 200kN
③ 400kN
④ 800kN

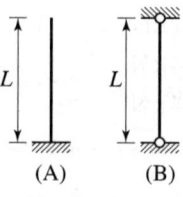

해설 ① $n_a : n_b = \dfrac{1}{4} : 1 = 1 : 4$이므로
장주 (B)가 장주 (A)가 받는 하중의 4배 하중을 받을 수 있다.
② $P_{(B)} = 4P_{(A)} = 4 \times 100 = 400$kN

해답 ③

011

그림과 같은 단순보에 등분포하중이 작용할 때 이 보의 단면에 발생하는 최대 휨응력은?

① $\dfrac{3wl^2}{64bh^2}$ ② $\dfrac{23wl^2}{64bh^2}$
③ $\dfrac{25wl^2}{64bh^2}$ ④ $\dfrac{27wl^2}{64bh^2}$

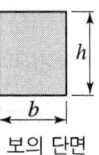
보의 단면

해설

① $R_A = \dfrac{w \times \dfrac{l}{2} \times \dfrac{3l}{4}}{l} = \dfrac{3wl}{8}\,(\uparrow)$

② 최대휨모멘트 발생 위치(A지점으로부터)
$\dfrac{3wl}{8} - w \times x = 0$에서 $x = \dfrac{3l}{8}$

③ $M_{max} = \dfrac{3wl}{8} \times \dfrac{3l}{8} - w \times \dfrac{3l}{8} \times \dfrac{3l}{16} = \dfrac{9wl^2}{64} - \dfrac{9wl^2}{128} = \dfrac{9wl^2}{128}$

④ $\sigma_{max} = \dfrac{M_{max}}{Z_{min}} = \dfrac{6M_{max}}{b \cdot h^2} = \dfrac{6 \times \dfrac{9wl^2}{128}}{bh^2} = \dfrac{54wl^2}{128bh^2} = \dfrac{27wl^2}{64bh^2}$

해답 ④

012

지름 10cm, 길이 100cm인 재료에 인장력을 작용시켰을 때 지름은 9.98cm, 길이는 100.4cm가 되었다. 이 재료의 푸아송비(ν)는?

① 0.3 ② 0.5
③ 0.7 ④ 0.9

해설

$\nu = \dfrac{\varepsilon_{가로}}{\varepsilon_{세로}} = \dfrac{\dfrac{\Delta d}{d}}{\dfrac{\Delta l}{l}} = \dfrac{\Delta d \cdot l}{\Delta l \cdot d} = \dfrac{0.02 \times 100}{0.4 \times 10} = 0.5$

해답 ②

013

30cm×40cm인 단면의 보에 90kN의 전단력이 작용할 때 이 단면에 일어나는 최대 전단응력은?

① 1.025MPa ② 1.125MPa
③ 1.225MPa ④ 1.325MPa

해설

$\tau_{max} = 1.5 \times \dfrac{S}{A} = 1.5 \times \dfrac{90000}{300 \times 400} = 1.125\text{MPa}$

해답 ②

2. 철근콘크리트 및 강구조

014 표준갈고리를 갖는 인장이형철근의 기본정착길이(l_{hb})를 구하는 식으로 옳은 것은? (단, 보통중량콘크리트를 사용하고 도막되지 않은 철근을 사용하며, d_b는 철근의 공칭직경이다.)

① $\dfrac{0.9 d_b f_y}{\sqrt{f_{ck}}}$ ② $\dfrac{0.6 d_b f_y}{\sqrt{f_{ck}}}$

③ $\dfrac{0.24 d_b f_y}{\sqrt{f_{ck}}}$ ④ $\dfrac{0.19 d_b f_y}{\sqrt{f_{ck}}}$

해설 표준 갈고리의 기본정착길이 : l_{hb}(철근의 설계기준항복강도가 400MPa인 경우)

$l_{hb} = \dfrac{0.24 \beta d_b f_y}{\lambda \sqrt{f_{ck}}}$ 에서 보통중량콘크리트이므로

β(철근도막계수)= 1.0, λ(경량콘크리트계수)= 1.0으로 보면,

$l_{hb} = \dfrac{0.24 d_b f_y}{\sqrt{f_{ck}}}$

해답 ③

015 위험 단면에서 1방향 슬래브의 정모멘트 철근 및 부모멘트 철근의 중심간격규정으로 옳은 것은?

① 슬래브두께의 2배 이하이어야 하고, 또한 300mm 이하로 하여야 한다.
② 슬래브두께의 2배 이하이어야 하고, 또한 400mm 이하로 하여야 한다.
③ 슬래브두께의 3배 이하이어야 하고, 또한 300mm 이하로 하여야 한다.
④ 슬래브두께의 3배 이하이어야 하고, 또한 400mm 이하로 하여야 한다.

해설 주철근(정철근, 부철근)의 간격
① 최대 휨모멘트가 일어나는 단면에서는 슬래브 두께의 2배 이하, 300mm 이하
② 그 밖의 단면에서는 슬래브 두께의 3배 이하, 450mm 이하

해답 ①

016 강도설계법에서 콘크리트의 설계기준압축강도(f_{ck})가 45MPa일 때 β_1의 값은? (단, β_1은 $a = \beta_1 c$에서 사용되는 계수)

① 0.714 ② 0.800
③ 0.747 ④ 0.761

해설 f_{ck}= 45MPa로 50MPa 이하이므로 $\beta_1 = 0.80$

해답 ②

017

그림과 같은 전단력 $P=300$kN이 작용하는 부재를 용접이음하고자 할 때 생기는 전단응력은?

① 96.4MPa ② 78.1MPa
③ 109.2MPa ④ 84.3MPa

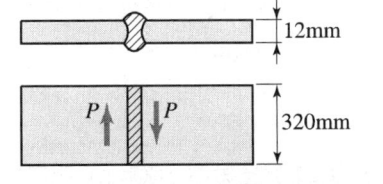

해설 $f = \dfrac{P}{\sum al} = \dfrac{300{,}000N}{12 \times 320} = 78.125$MPa

해답 ②

018

옹벽의 구조해석에서 앞부벽의 설계에 대한 설명으로 옳은 것은?

① 3변 지지된 2방향 슬래브로 설계하여야 한다.
② 저판에 지지된 캔틸레버보로 설계하여야 한다.
③ T형보로 설계하여야 한다.
④ 직사각형 보로 설계하여야 한다.

해설 부벽식옹벽에서 앞부벽은 직사각형보로 설계한다.

해답 ④

019

단철근 직사각형 보에서 $f_y = 400$MPa, $f_{ck} = 28$MPa일 때 강도설계법에 의한 균형철근비(ρ_b)는?

① 0.0432
② 0.0384
③ 0.0296
④ 0.0242

해설 ① $f_{ck} = 28$MPa로 50MPa 이하이므로 $\beta_1 = 0.80$

② $\rho_b = \dfrac{0.85 f_{ck} \beta_1}{f_y} \cdot \dfrac{\epsilon_{cu}}{\epsilon_{cu} + \dfrac{f_y}{200{,}000}} = \dfrac{0.85 \times 28 \times 0.80}{400} \cdot \dfrac{0.0033}{0.0033 + \dfrac{400}{200{,}000}}$

$= 0.0296$

해답 ③

020

아래 그림과 같은 강판에서 순폭은? (단, 강판에서의 구멍지름(d)은 25mm이다.)

① 150mm
② 175mm
③ 204mm
④ 225mm

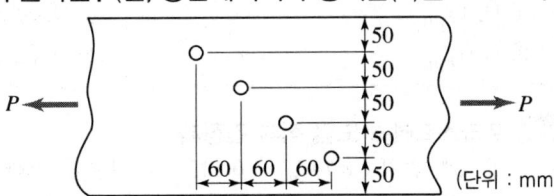

해설 순폭은 모든 구멍이 연결될 때의 폭이므로
$$b_n = b - d - 3w = b - d - 3\left(d - \frac{P^2}{4g}\right) = (5 \times 50) - 25 - 3 \times \left(25 - \frac{60^2}{4 \times 50}\right)$$
$$= 204\text{mm}$$

해답 ③

021

보의 유효높이 600mm, 복부의 폭 320mm, 플랜지의 두께 130mm, 양쪽의 슬래브의 중심 간 거리 2.5m, 보의 경간 10.4m로 설계된 대칭 T형보가 있다. 이 보의 플랜지의 유효폭은?

① 2,080mm
② 2,400mm
③ 2,500mm
④ 2,600mm

해설 대칭 T형보이므로
① $8t_1 + 8t_2 + b_w = 8 \times 130 + 8 \times 130 + 320 = 2,400\text{mm}$
② 보 경간의 $1/4 = \frac{10,400}{4} = 2,600\text{mm}$
③ 양 슬래브 중심간 거리 = 2,500mm
셋 중 가장 작은 값인 2,400mm를 유효폭으로 결정한다.

해답 ②

022

다음 중 스터럽을 쓰는 이유로 옳은 것은?

① 보의 강성(剛性)을 높이고, 사인장응력을 받게 하기 위해서
② 콘크리트의 탄성을 높이기 위하여
③ 콘크리트가 옆으로 튀어나오는 것을 방지하기 위하여
④ 철근의 조립을 위하여

해설 스터럽은 전단철근의 일종으로 보에 작용하는 사인장응력에 저항하며 보의 강성도 높여준다.

해답 ①

023

정착구와 커플러의 위치에서 프리스트레스 도입 직후 포스트텐션 긴장재의 응력은 얼마 이하로 하여야 하는가? (단, f_{pu} : 긴장재의 설계기준 인장강도)

① $0.4f_{pu}$
② $0.5f_{pu}$
③ $0.6f_{pu}$
④ $0.7f_{pu}$

해설 프리스트레스 도입 직후 긴장재
① 일반위치 : $0.74f_{pu}$와 $0.82f_{py}$ 중 작은값 이하
② 정착구와 커플러의 위치 : $0.70f_{pu}$ 이하

해답 ④

024

강도설계법에서 사용하는 용어 중 아래에서 설명하는 것은?

> 강도설계법에서 부재를 설계할 때 사용하중에 하중계수를 곱한 하중

① 계수하중　　② 공칭하중
③ 고정하중　　④ 강도감소계수

해설 계수하중 = 하중계수 × 사용하중

해답 ①

025

철근콘크리트부재에 전단철근으로 부재축에 직각으로 배치된 수직스터럽을 사용하였다. 이때 스터럽의 간격에 대한 기준으로서 옳은 것은?
(단, $V_s \leq (\sqrt{f_{ck}}/3)b_w d$인 경우)

① $0.8d$ 이상이어야 하고, 또한 600mm 이상이어야 한다.
② 50mm 이하이어야 한다.
③ $0.5d$ 이하이어야 하고, 또한 600mm 이하로 하여야 한다.
④ 600mm 이상이어야 한다.

해설 철근콘크리트부재에서 $V_s \leq \dfrac{1}{3}\lambda\sqrt{f_{ck}}\,b_w d[\text{N}]$인 경우 수직 스터럽의 최대간격은 수직스터럽의 간격은 $0.5d$ 이하, 600mm 이하이다.

해답 ③

026

그림과 같은 T형보에서 $f_{ck}=21\text{MPa}$, $f_y=400\text{MPa}$, $A_s=3,212\text{mm}^2$일 때 공칭휨강도(M_n)는?

① 463.7kN·m
② 521.6kN·m
③ 578.4kN·m
④ 613.5kN·m

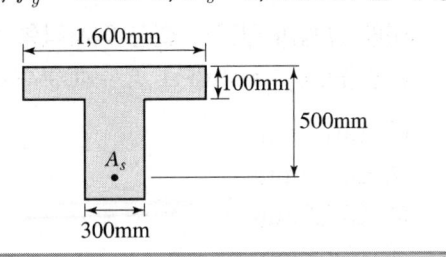

해설 ① T형보의 판정

$$a = \frac{A_s f_y}{0.85 f_{ck} b} = \frac{3,212 \times 400}{0.85 \times 21 \times 1,600} = 45\text{mm} < t_f = 180\text{mm}$$ 이므로

단철근 직사각형보로 설계

② 공칭 휨 강도

$$M_n = A_s f_y\left(d - \frac{a}{2}\right) = 3,212 \times 400 \times \left(500 - \frac{45}{2}\right)$$
$$= 613.492 \times 10^6 \text{N·mm} = 613.5\text{kN·m}$$

해답 ④

027
PSC에서 콘크리트의 응력해석에서 균열발생 전 해석상의 가정으로 옳지 않은 것은?

① 콘크리트와 PS강재 및 보강철근을 탄성체로 본다.
② RC에 적용되는 강도이론을 그대로 적용한다.
③ 콘크리트의 전단면을 유효하다고 본다.
④ 단면의 변형률은 중립축에서의 거리에 비례한다고 본다.

해설 균열발생전의 콘크리트단면 응력의 해석시 콘크리트의 전단면은 유효하다고 가정하기 때문에 인장측 콘크리트를 무시하고 계산하는 RC의 강도이론을 그대로 적용한 것으로 볼 수 없다.

해답 ②

028
다음 그림과 같은 PSC단순보에 프리스트레스 힘(P)을 4,000kN 작용했을 때 프리스트레스에 의한 상향력은?

① 40kN/m
② 64kN/m
③ 80kN/m
④ 400kN/m

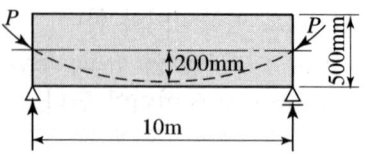

해설 $u = \dfrac{8\,Ps}{l^2} = \dfrac{8 \times 4,000 \times 0.2}{10^2} = 64\text{kN/m}$

해답 ②

029
아래 그림과 같은 단철근 직사각형 보의 압축연단에서 중립축까지의 거리(c)는? (단, $f_{ck}=21$MPa, $f_y=400$MPa, $A_s=2,500\text{mm}^2$)

① 140.1mm
② 151.4mm
③ 157.2mm
④ 164.8mm

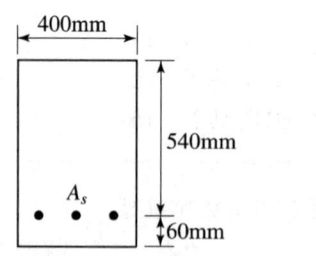

해설
① $a = \dfrac{A_s f_y}{0.85 f_{ck} b} = \dfrac{2,500 \times 400}{0.85 \times 21 \times 400} = 140.056\text{mm}$
② $c = \dfrac{a}{\beta_1} = \dfrac{140.056}{0.85} = 164.8\text{mm}$

해답 ④

030

전체 깊이가 900mm를 초과하는 휨부재복부의 양 측면에 부재축방향으로 배근하는 철근의 명칭은?

① 배력철근 ② 표피철근
③ 피복철근 ④ 연결철근

해설 보나 장선의 깊이 h가 900mm를 초과하면, 종방향 표피철근을 인장연단으로부터 $\frac{h}{2}$ 지점까지 부재 양쪽 측면을 따라 균일하게 배치하여야 한다.

해답 ②

제2과목 측량 및 토질(측량학+토질 및 기초)

1. 측량학(측량학 일반, 기준점 측량, 응용 측량)

031

교호수준측량의 결과가 그림과 같을 때 A점의 표고가 55.423m라면 B점의 표고는?

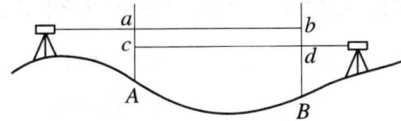

$a = 2.665\text{m}, \ b = 3.965\text{m}, \ c = 0.530\text{m}, \ d = 1.816\text{m}$

① 52.930m ② 53.281m
③ 54.130m ④ 54.137m

해설 ① A점과 B점의 표고차
$$H = \frac{1}{2}(a-b) + (c-d) = \frac{1}{2}(2.665 - 3.965) + (0.530 - 1.816) = -1.293\text{m}$$
② B점의 지반고
$H_B = H_A + H = 55.423 - 1.293 = 54.130\text{m}$

해답 ③

032
수준측량에서 전시와 후시의 시준거리를 같게 하여 소거할 수 있는 기계오차로 가장 적합한 것은?

① 거리의 부등에서 생기는 시준선의 대기 중 굴절에서 생긴 오차
② 기포관축과 시준선이 평행하지 않기 때문에 생긴 오차
③ 온도변화에 따른 기포관의 수축팽창에 의한 오차
④ 지구의 곡률에 의해서 생긴 오차

해설 전시와 후시의 거리를 같게 하는 것은 기계오차와 자연적 오차를 소거할 수 있기 때문이다.
① 레벨조정의 불안정으로 생기는 오차(가장 큰 영향을 주는 오차) 소거(시준축 오차 : 기포관축 ≠ 시준선)
② 자연적 오차 소거
  ㉠ 구차 : 지구의 곡률에 의한 오차이다.
  ㉡ 기차 : 광선의 굴절에 의한 오차이다.
  ㉢ 양차 : 구차와 기차의 합을 말한다.
③ 조준나사 작동에 의한 오차 소거

해답 ②

033
축척 1:5,000 지형도(30cm×30cm)를 기초로 하여 축척이 1:50,000인 지형도(30cm×30cm)를 제작하기 위해 필요한 축척 1:5,000 지형도의 매수는?

① 50매　　② 100매
③ 150매　　④ 200매

해설 $\dfrac{50,000^2}{5,000^2} = 100$매

해답 ②

034
삼각점의 기준점성과표가 제공하지 않는 성과는?

① 직각좌표　　② 경위도
③ 중력　　④ 표고

해설 삼각점 성과표에는 경·위도, 평면직각좌표, 표고, 진북 방위각 및 인접 삼각점에 대한 방향각과 거리 등이 기재되어 있다.

해답 ③

035

클로소이드에 대한 설명으로 옳은 것은?

① 설계속도에 대한 교통량 산정 곡선이다.
② 주로 고속도로에 사용되는 완화곡선이다.
③ 도로단면에 대한 캔트의 크기를 결정하기 위한 곡선이다.
④ 곡선길이에 대한 확폭량 결정을 위한 곡선이다.

해설 클로소이드(clothoid) 곡선은 고속도로 IC에서 주로 사용한다.

해답 ②

036

삼각형 3변의 길이가 25.0m, 40.8m, 50.6m일 때 면적은?

① 431.87m² ② 495.25m²
③ 505.49m² ④ 551.27m²

해설
 $S = \dfrac{1}{2}(25 + 40.8 + 50.6) = 58.2\text{m}$

② $A = \sqrt{58.2 \times (58.2-25) \times (58.2-40.8) \times (58.2-50.6)} = 505.49\text{m}^2$

해답 ③

037

노선의 횡단측량에서 No.1+15m 측점의 절토단면적이 100m², No.2 측점의 절토단면적이 40m²일 때 두 측점 사이의 절토량은? (단, 중심말뚝간격=20m)

① 350m³ ② 700m³
③ 1,200m³ ④ 1,400m³

해설 $V = \dfrac{1}{2}(A_1 + A_2) \cdot l = \dfrac{1}{2}(100+40) \times (20-5) = 350\text{m}^3$

해답 ①

038

원곡선을 설치하기 위한 노선측량에서 그림과 같이 장애물로 인하여 임의의 점 C, D에서 관측한 결과가 $\angle ACD = 140°$, $\angle BDC = 120°$, $\overline{CD} = 350$m이었다면 $\overline{AC}$의 거리는? (단, 곡선반지름 $R=500$m, $A=$곡선시점)

① 288.1m
② 288.8m
③ 296.2m
④ 297.8m

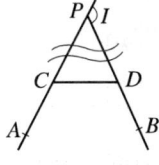

해설 $\angle PCD = 180° - \angle ACD = 180° - 140° = 40°$
$\angle CDP = 180° - \angle BDA = 180° - 120° = 60°$
$\angle CPD = 180° - \angle PCD - \angle CDP = 180° - 40° - 60° = 80°$

② 교각 $I = 180° - \angle CPD = 180° - 80° = 100°$
③ $\triangle CPD$에서 sin 법칙을 적용하면
$$\frac{350}{\sin 80°} = \frac{CP}{\sin 60°}$$에서
$$CP = \frac{350 \times \sin 60°}{\sin 80°} = 307.785 \text{m}$$
④ $T.L = R \tan \frac{I}{2} = 500 \times \tan \frac{100°}{2} = 595.877 \text{m}$
⑤ $\overline{AC} = T.L - CP = 595.877 - 307.785 = 288.092 \text{m}$

해답 ①

039 측지학에 대한 설명으로 틀린 것은?

① 평면위치의 결정이란 기준타원체의 법선이 타원체 표면과 만나는 점의 좌표, 즉 경도 및 위도를 정하는 것이다.
② 높이의 결정은 평균해수면을 기준으로 하는 것으로 직접 수준측량 또는 간접 수준측량에 의해 결정한다.
③ 천체의 고도, 방위각 및 시각을 관측하여 관측지점의 지리학적 경위도 및 방위를 구하는 것을 천문측량이라 한다.
④ 지상으로부터 발사 또는 방사된 전자파를 인공위성으로 흡수하여 해석함으로써 지구자원 및 환경을 해결할 수 있는 것을 위성측량이라 한다.

해설 GPS(Global Positioning System ; 위성측위시스템)는 NNSS의 발전형으로 인공위성을 이용한 세계위치 결정체계로 정확한 위치를 알고 있는 위성에서 발사한 전파를 수신하여 관측점까지 소요시간을 관측함으로써 관측점의 위치를 구하는 체계이다.

해답 ④

040 표는 도로중심선을 따라 20m 간격으로 종단측량을 실시한 결과이다. No.1의 계획고를 52m로 하고, -2%의 기울기로 설계한다면 No.5에서의 성토고 또는 절토고는?

측점	No.1	No.2	No.3	No.4	No.5
지반고(m)	54.50	54.75	53.30	53.12	52.18

① 성토고 1.78m
② 성토고 2.18m
③ 절토고 1.78m
④ 절토고 2.18m

해설
① No.5의 계획고 $= 52 - (5-1) \times 20 \times \frac{2}{100} = 50.4 \text{m}$
② No.5의 지반고가 계획고보다 더 높으므로 절토량이다.
No.5의 절토량 = No.5의 지반고 − No.5의 계획고
$= 52.18 \text{m} - 50.4 \text{m} = 1.78 \text{m}$ (절토고)

해답 ③

041

클로소이드 매개변수 $A=60$m이고 곡선길이 $L=50$m인 클로소이드의 곡률반지름 R은?

① 41.7m
② 54.8m
③ 72.0m
④ 100.0m

해설 $A^2 = RL$에서 $R = \dfrac{A^2}{L} = \dfrac{60^2}{50} = 72$m

해답 ③

042

그림은 편각법에 의한 트래버스측량결과이다. DE측선의 방위각은? (단, $\angle A = 48°50'40''$, $\angle B = 43°30'30''$, $\angle C = 46°50'00''$, $\angle D = 60°12'45''$)

① 139°11′10″
② 96°31′10″
③ 92°21′10″
④ 105°43′55″

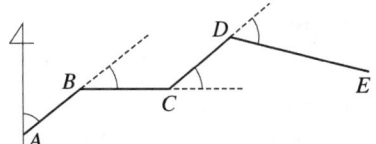

해설
① AB측선의 방위각
$\alpha_{AB} = 48°50'40''$
② BC측선의 방위각
$\alpha_{BC} = \alpha_{AB} + \angle B = 48°50'40'' + 43°30'30'' = 92°21'10''$
③ CD측선의 방위각
$\alpha_{CD} = \alpha_{BC} - \angle C = 92°21'10'' - 46°50'00'' = 45°31'10''$
④ DE측선의 방위각
$\alpha_{DE} = \alpha_{CD} - \angle D = 45°31'10'' + 60°12'45'' = 105°43'55''$

해답 ④

043

폐합트래버스에서 전 측선의 길이가 900m이고 폐합비가 1/9,000일 때 도상폐합오차는? (단, 도면의 축척 1:500)

① 0.2mm
② 0.3mm
③ 0.4mm
④ 0.5mm

해설
① 폐합오차
폐합비(정도) $= \dfrac{1}{9,000} = \dfrac{\Delta l}{\sum l} = \dfrac{\Delta l}{900}$ 에서 $\Delta l = 0.1$m
② 도상폐합오차 $= \dfrac{0.1}{500} = 0.0002$m $= 0.2$mm

해답 ①

044 수애선을 나타내는 수위로서 어느 기간 동안의 수위 중 이것보다 높은 수위와 낮은 수위의 관측 수가 같은 수위는?

① 평수위
② 평균수위
③ 지정수위
④ 평균최고수위

해설 수애선은 육지와 물과의 경계선을 말하는 것으로 평수위에 의해 정해진다.

해답 ①

045 도상에 표고를 숫자로 나타내는 방법으로 하천, 항만, 해안측량 등에서 수심측량을 하여 고저를 나타내는 경우에 주로 사용되는 것은?

① 음영법
② 등고선법
③ 영선법
④ 점고법

해설 점고법은 지표상 어느 점의 표고 또는 수심을 직접 수치로 표시하는 방법으로 산정의 높이나 하천, 연안, 항만 등의 수심을 나타내는데 이용된다.

해답 ④

046 트래버스측량의 종류 중 가장 정확도가 높은 방법은?

① 폐합트래버스
② 개방트래버스
③ 결합트래버스
④ 종합트래버스

해설 결합 트래버스는 2개의 기지점을 사용하기 때문에 트래버스 측량 중에서 가장 정확도가 높다.

해답 ③

2. 토질 및 기초(토질역학, 기초공학)

047 다짐에너지(energy)에 관한 설명 중 틀린 것은?

① 다짐에너지는 램머(Rammer)의 중량에 비례한다.
② 다짐에너지는 다짐층수에 반비례한다.
③ 다짐에너지는 시료의 부피에 반비례한다.
④ 다짐에너지는 다짐횟수에 비례한다.

해설 $E_c = \dfrac{W_R \cdot H \cdot N_B \cdot N_L}{V} [\text{kg} \cdot \text{cm}/\text{cm}^3]$

여기서, W_R : Rammer 무게(kg), N_B : 다짐횟수
N_L : 다짐층수, H : 낙하고(cm), V : Mold의 체적(cm^3)

해답 ②

048 Rod의 끝에 설치한 저항체를 땅속에 삽입하여 관입, 회전, 인발 등의 저항으로 토층의 성질을 탐사하는 것을 무엇이라 하는가?

① Sounding
② Sampling
③ Boring
④ Wash boring

해설 사운딩(Sounding)이란 Rod 선단에 설치한 저항체를 지중에 넣어 관입, 인발 및 회전 등에 대한 저항치로부터 지반의 특성을 파악하는 지반조사 방법이다.

해답 ①

049 아래 그림과 같은 옹벽에 작용하는 전 주동토압은 얼마인가?

① 162kN/m
② 172kN/m
③ 182kN/m
④ 192kN/m

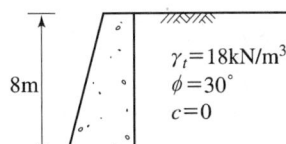

해설
① $K_a = \tan^2\left(45° - \dfrac{\phi}{2}\right) = \tan^2\left(45° - \dfrac{30°}{2}\right) = \dfrac{1}{3}$
② $P_a = \dfrac{1}{2}\gamma H^2 K_A \; P_a = \dfrac{1}{2} \times 18 \times 8^2 \times \dfrac{1}{3} = 192\text{kN/m}$

해답 ④

050 예민비가 큰 점토란?

① 입자모양이 둥근 점토
② 흙을 다시 이겼을 때 강도가 크게 증가하는 점토
③ 입자가 가늘고 긴 형태의 점토
④ 흙을 다시 이겼을 때 강도가 크게 감소하는 점토

해설 예민비가 큰 점토는 흙을 다시 이겼을 때 강도가 감소한다.

해답 ④

051 유선망에 대한 설명으로 틀린 것은?

① 유선망은 유선과 등수두선(等水頭線)으로 구성되어 있다.
② 유로를 흐르는 침투수량은 같다.
③ 유선과 등수두선은 서로 직교한다.
④ 침투속도 및 동수구배는 유선망의 폭에 비례한다.

해설 침투속도 및 동수구배는 유선망 폭에 반비례한다.

해답 ④

052

도로의 평판재하시험에서 1.25mm 침하량에 해당하는 하중강도가 0.25MPa일 때 지지력계수(K)는?

① 2MPa
② 2.5MPa
③ 3MPa
④ 3.5MPa

해설 $K = \dfrac{q}{y} = \dfrac{0.25}{0.125} = 2\text{MPa}$

해답 ①

053

주동토압을 P_a, 수동토압을 P_p, 정지토압을 P_o라고 할 때 크기의 순서는?

① $P_a > P_p > P_o$
② $P_p > P_o > P_a$
③ $P_p > P_a > P_o$
④ $P_o > P_a > P_p$

해설 토압의 크기 : 수동토압(P_p) > 정지토압(P_o) > 주동토압(P_a)

해답 ②

054

간극비(void ratio)가 0.25인 모래의 간극률(porosity)은 얼마인가?

① 20%
② 25%
③ 30%
④ 35%

해설 $n = \dfrac{e}{1+e} \times 100 = \dfrac{0.25}{1+0.25} \times 100 = 20\%$

해답 ①

055

다음 그림에서 $X-X$ 단면에 작용하는 유효응력은?

① 41.8kN/m²
② 51.4kN/m²
③ 62.4kN/m²
④ 70.7kN/m²

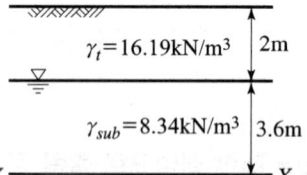

해설 $\bar{\sigma} = \gamma_t h_1 + \gamma_{sub} h_2 = 16.19 \times 2 + 8.34 \times 3.6 = 62.4\text{kN/m}^2$

해답 ③

056 다음 중 점성토지반의 개량공법으로 적합하지 않은 것은?
① 샌드드레인공법　　② 치환공법
③ 바이브로플로테이션공법　　④ 프리로딩공법

해설 바이브로플로테이션공법은 사질토지반의 개량공법의 일종이다.

해답 ③

057 통일분류법에서 실트질자갈을 표시하는 약호는?
① GW　　② GP
③ GM　　④ GC

해설 조립토의 제1문자인 자갈은 G, 제2문자인 실트는 M이므로 GM으로 표시한다.

해답 ③

058 피어기초의 수직공을 굴착하는 공법 중에서 기계에 의한 굴착공법이 아닌 것은?
① benoto공법　　② chicago공법
③ calwelde공법　　④ reverse circulation공법

해설 ① chicago공법은 인력 굴착공법의 일종이다.
② 기계굴착 공법
　㉠ Benoto 공법(All casing 공법)
　㉡ Earth drill 공법(Calwelde 공법)
　㉢ RCD 공법(Reverse Circulation Drill 공법, 역순환 공법)

해답 ②

059 어떤 시료에 대하여 일축압축시험을 실시한 결과 일축압축강도가 30kN/m²이었다. 이 흙의 점착력은? (단, 이 시료는 $\phi=0°$인 점성토이다.)
① 10kN/m²　　② 15kN/m²
③ 20kN/m²　　④ 25kN/m²

해설 $q_u = 2c\tan\left(45° + \dfrac{\phi}{2}\right) = 2c\tan\left(45° + \dfrac{0}{2}\right) = 30$에서 $c = 15\text{kN/m}^2$

해답 ②

060 다음 중 동상(凍上)현상이 가장 잘 일어날 수 있는 흙은?

① 자갈 ② 모래
③ 실트 ④ 점토

해설 동상 받기 쉬운 흙은 실트이다.

해답 ③

061 아래의 Terzaghi의 극한지지력공식에 대한 설명으로 틀린 것은?

$$q_{ult} = \alpha c N_c + \beta B \gamma_1 N_\gamma + D_f \gamma_2 N_q$$

① N_c, N_γ, N_q는 지지력계수로서 흙의 점착력으로부터 정해진다.
② 식 중 α, β는 형상계수이며, 기초의 모양에 따라 정해진다.
③ 연속기초에서 $\alpha = 1.0$이고, 원형기초에서 $\alpha = 1.3$의 값을 가진다.
④ B는 기초폭이고, D_f는 근입깊이이다.

해설 지지력계수인 N_c, N_γ, N_q는 ϕ의 함수로 점착력과는 관계없다.

해답 ①

062 포화점토지반에 대해 베인전단시험을 실시하였다. 베인의 직경은 6cm, 높이는 12cm, 흙이 전단파괴될 때 작용시킨 회전모멘트는 1.8kN·cm일 때 점착력(c_u)은?

① 1.3MPa ② 2.3MPa
③ 3.2MPa ④ 4.2MPa

해설 $S = c_u = \dfrac{T}{\pi \cdot D^2 \cdot \left(\dfrac{H}{2} + \dfrac{D}{6}\right)} = \dfrac{18000 \text{N} \cdot \text{mm}}{\pi \times 6^2 \times \left(\dfrac{120}{2} + \dfrac{60}{6}\right)} = 2.3 \text{MPa}$

해답 ②

063 두께 5m의 점토층이 있다. 압축 전의 간극비가 1.32, 압축 후의 간극비가 1.10으로 되었다면 이 토층의 압밀침하량은 약 얼마인가?

① 68cm ② 58cm
③ 52cm ④ 47cm

해설 $\Delta H = \dfrac{e_1 - e_2}{1 + e_1} H = \dfrac{1.32 - 1.10}{1 + 1.32} \times 500 = 47.4 \text{cm}$

해답 ④

064

사면의 경사각을 70°로 굴착하고 있다. 흙의 점착력 15kN/m², 단위체적중량을 18kN/m³으로 한다면 이 사면의 한계고는? (단, 사면의 경사각이 70°일 때 안정계수는 4.8이다.)

① 2.0m ② 4.0m
③ 6.0m ④ 8.0m

해설
$$H_c = \frac{N_s \cdot c}{r_t} = \frac{4.8 \times 15}{18} = 4.0\text{m}$$

해답 ②

065

점착력이 큰 지반에 강성의 기초가 놓여 있을 때 기초 바닥의 응력상태를 설명한 것 중 옳은 것은?

① 기초 밑 전체가 일정하다.
② 기초 중앙에서 최대응력이 발생한다.
③ 기초 모서리 부분에서 최대응력이 발생한다.
④ 점착력으로 인해 기초 바닥에 응력이 발생하지 않는다.

해설 점토지반에 축조된 강성기초의 접지압은 기초 모서리 부분에서 최대이다.

해답 ③

066

간극률 50%, 비중 2.50인 흙에 있어서 한계동수경사는?

① 1.25 ② 1.50
③ 0.50 ④ 0.75

해설
① $e = \dfrac{n}{100-n} = \dfrac{50}{100-50} = 1$
② $i_c = \dfrac{G_s - 1}{1+e} = \dfrac{(2.50-1)}{1+1} = 0.75$

해답 ④

제3과목 수자원설계(수리학+상하수도공학)

1. 수리학

067 그림과 같은 사다리꼴 인공수로의 유적(A)과 경심(R)은?

① $A = 27\text{m}^2$, $R = 2.64\text{m}$
② $A = 27\text{m}^2$, $R = 1.86\text{m}$
③ $A = 18\text{m}^2$, $R = 1.86\text{m}$
④ $A = 18\text{m}^2$, $R = 2.64\text{m}$

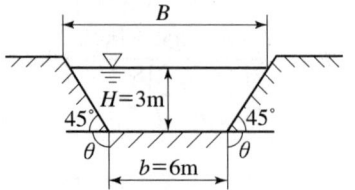

해설
① $A = \dfrac{6 + (3 + 6 + 3)}{2} \times 3 = 27\text{m}^2$

② $R = \dfrac{A}{P} = \dfrac{27}{\sqrt{3^2 + 3^2} + 6 + \sqrt{3^2 + 3^2}} = 1.86\text{m}$

해답 ②

068 수심 h가 폭 b에 비해서 매우 작아 $R \fallingdotseq h$가 될 때 Chézy 평균유속계수 C는?
(단, Manning의 평균유속공식 사용)

① $C = \dfrac{1}{n} h^{\frac{1}{3}}$
② $C = \dfrac{1}{n} h^{\frac{1}{4}}$
③ $C = \dfrac{1}{n} h^{\frac{1}{5}}$
④ $C = \dfrac{1}{n} h^{\frac{1}{6}}$

해설
$C = \dfrac{1}{n} R^{\frac{1}{6}} = \dfrac{1}{n} h^{\frac{1}{6}}$

해답 ④

069 관내의 흐름에서 레이놀즈수(Reynolds number)에 대한 설명으로 옳지 않은 것은?

① 레이놀즈수는 물의 동점성계수에 비례한다.
② 레이놀즈수가 2,000보다 작으면 층류이다.
③ 레이놀즈수가 4,000보다 크면 난류이다.
④ 레이놀즈수는 관의 내경에 비례한다.

해설 Reynolds 수
$R_e = \dfrac{VD}{\nu}$ 여기서, V : 유속, D : 관경, ν : 동점성계수

① $R_e < 2,000$: 관수로의 층류
② $2,000 < R_e < 4,000$: 천이 영역, 불안정 층류(층류와 난류가 공존)
③ $R_e > 4,000$: 관수로의 난류

해답 ①

070
삼각위어(weir)에서 $\theta = 60°$일 때 월류수심은? (단, Q : 유량, C : 유량계수, H : 위어높이)

① $\left(\dfrac{Q}{1.36C}\right)^{\frac{2}{5}}$
② $\left(\dfrac{Q}{1.36C}\right)^{\frac{5}{2}}$
③ $1.36CH^{\frac{5}{2}}$
④ $1.36CH^{\frac{2}{5}}$

해설 $Q = \dfrac{8}{15} C \sqrt{2g} \tan\dfrac{\theta}{2} H^{5/2} = \dfrac{8}{15} C \sqrt{2 \times 9.8} \tan\dfrac{60°}{2} H^{5/2}$에서

$H^{5/2} = \dfrac{Q}{1.36C}$

∴ $H = \left(\dfrac{Q}{1.36C}\right)^{\frac{2}{5}}$

해답 ①

071
유체에서 1차원 흐름에 대한 설명으로 옳은 것은?
① 면만으로는 정의될 수 없고 하나의 체적요소의 공간으로 정의되는 흐름
② 여러 개의 유선으로 이루어지는 유동면으로 정의되는 흐름
③ 유동특성이 1개의 유선을 따라서만 변화하는 흐름
④ 유동특성이 여러 개의 유선을 따라서 변화하는 흐름

해설 유체에서 유동특성이 1개의 유선을 따라서만 변화하는 흐름을 1차원 흐름이라 한다.

해답 ③

072
초속 20m/s, 수평과의 각 45°로 사출된 분수가 도달하는 최대연직높이는? (단, 공기 및 기타 저항은 무시한다.)

① 10.2m
② 11.6m
③ 15.3m
④ 16.8m

해설 $H = \dfrac{V^2}{2g} \sin^2\theta = \dfrac{20^2}{2 \times 9.8} (\sin 45°)^2 = 10.2\text{m}$

해답 ①

073 비에너지(specific energy)에 관한 설명으로 옳지 않은 것은?

① 한계류인 경우 비에너지는 최대가 된다.
② 상류인 경우 수심의 증가에 따라 비에너지가 증가한다.
③ 사류인 경우 수심의 감소에 따라 비에너지가 증가한다.
④ 어느 수로단면의 수로바닥을 기준으로 하여 측정한 단위무게의 물이 가지는 흐름의 에너지이다.

해설 한계류인 경우 유량이 일정할 때 비에너지는 최소가 된다.

해답 ①

074 오리피스에서 지름이 1cm, 수축단면(vena contracta)의 지름이 0.8cm이고, 유속계수(C_v)가 0.9일 때 유량계수(C)는?

① 0.584
② 0.720
③ 0.576
④ 0.812

해설
① **수축계수** $C_a = \dfrac{a}{A} = \dfrac{d^2}{D^2} = \dfrac{0.8^2}{1^2} = 0.64$
② **유량계수** $C = C_a \cdot C_v = 0.64 \times 0.9 = 0.576$

해답 ③

075 최적수리단면(수리학적으로 가장 유리한 단면)에 대한 설명으로 틀린 것은?

① 동수반경(경심)이 최소일 때 유량이 최대가 된다.
② 수로의 경사, 조도계수, 단면이 일정할 때 최대유량을 통수시키게 하는 가장 경제적인 단면이다.
③ 최적수리단면에서는 직사각형 수로단면이나 사다리꼴 수로단면이나 모두 동수반경이 수심의 절반이 된다.
④ 기하학적으로는 반원단면이 최적수리단면이나 시공상의 이유로 직사각형단면 또는 사다리꼴단면이 주로 사용된다.

해설 수리상 유리한 단면은 경심(동수반경)이 최대이거나, 윤변이 최소일 때 성립한다.

해답 ①

076

A저수지에서 1km 떨어진 B저수지에 유량 8m³/s를 송수한다. 저수지의 수면차를 10m로 하기 위한 관의 지름은? (단, 마찰손실만을 고려하고, 마찰손실 계수 $f=0.03$이다.)

① 2.15m
② 1.92m
③ 1.74m
④ 1.52m

해설

① $V = \dfrac{Q}{A} = \dfrac{8}{\dfrac{\pi \cdot D^2}{4}} = \dfrac{10.186}{D^2}$

② $h_L = f \dfrac{l}{D} \dfrac{V^2}{2g}$ $10 = 0.03 \times \dfrac{1,000}{D} \times \dfrac{\left(\dfrac{10.186}{D^2}\right)^2}{2 \times 9.8}$에서 $D^5 = 15.88$

∴ $D = 1.74$m

해답 ③

077

개수로의 흐름이 사류일 때를 나타내는 것은? (단, h : 수심, h_c : 한계수심, F_r : Froude수)

① $h < h_c,\ F_r < 1$
② $h < h_c,\ F_r > 1$
③ $h > h_c,\ F_r < 1$
④ $h > h_c,\ F_r > 1$

해설 사류는 $F_r > 1$, $h < h_c$, $V > V_c$, $I > I_c$일 때 해당한다.

해답 ②

078

2개의 수조를 연결하는 길이 1m의 수평관 속에 모래가 가득 차 있다. 양수조의 수위차는 0.5m이고, 투수계수가 0.01cm/s이면 모래를 통과할 때의 평균유속은?

① 0.05cm/s
② 0.0025cm/s
③ 0.005cm/s
④ 0.0075cm/s

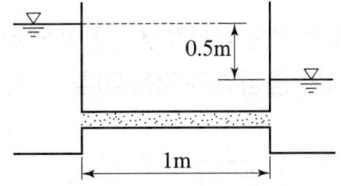

해설 $V = ki = k\dfrac{\Delta h}{l} = 0.01 \times \dfrac{50}{100} = 0.005$cm/s

해답 ③

079

관로상의 유량조절밸브나 펌프의 급조작으로 유수의 운동에너지가 압력에너지로 변환되어 관벽에 큰 압력이 작용하게 되는 현상은?

① 난류현상 ② 수격작용
③ 공동현상 ④ 도수현상

해설 관수로에 물이 흐르고 있을 때 밸브를 급히 잠그면 유속이 0이 되면서 수압이 현저히 상승하게 되고 물이 역류하면서 관벽에 충격을 주는 작용을 수격작용이라 한다. **해답 ②**

080

흐름의 상태를 나타낸 것 중 옳지 않은 것은? (단, $t=$ 시간, $l=$ 공간, $v=$ 유속)

① $\dfrac{\partial v}{\partial t}=0$ (정상류)
② $\dfrac{\partial v}{\partial t}\neq 0$ (부정류)
③ $\dfrac{\partial v}{\partial l}=0$, $\dfrac{\partial v}{\partial t}=0$ (정상등류)
④ $\dfrac{\partial v}{\partial t}\neq 0$, $\dfrac{\partial v}{\partial l}\neq 0$ (정상부등류)

해설 정상부등류는 $\dfrac{\partial v}{\partial l}\neq 0$이어야 한다. **해답 ④**

081

임의로 정한 수평기준면으로부터 유선상의 해당 지점까지의 연직거리를 의미하는 것은?

① 기준수두 ② 위치수두
③ 압력수두 ④ 속도수두

해설 위치수두는 임의의 기준수평면에서 유선상의 해당 지점까지의 연직거리를 말한다. **해답 ②**

082

그림과 같은 직사각형 평면이 연직으로 서 있을 때 그 중심의 수심을 H_G라 하면 압력의 중심위치(작용점)를 a, b, H_G로 표현한 것으로 옳은 것은?

① $H_G+\dfrac{1}{H_G\,ab}$
② $H_G+\dfrac{ab^2}{12}$
③ $H_G+\dfrac{b}{12H_G}$
④ $H_G+\dfrac{b^2}{12H_G}$

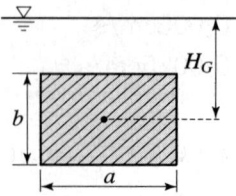

해설
$$h_C = h_G + \dfrac{I_X}{h_G A} = H_G + \dfrac{\dfrac{ab^3}{12}}{H_G ab} = H_G + \dfrac{b^2}{12H_G}$$

해답 ④

083 밑면이 7.5m×3m이고, 깊이가 4m인 빈 상자의 무게가 $4×10^5$N이다. 이 상자를 물속에 완전히 가라앉히기 위하여 상자에 넣어야 할 최소추가무게는? (단, 물의 단위무게=9,800N/m³)

① 340,000N
② 375,500N
③ 400,000N
④ 482,200N

해설 $W+P>B$
$4×10^5+P>7.5×3×4×9,800$에서 $P>482,000$N

해답 ④

084 물의 성질에 대한 설명으로 옳지 않은 것은?

① 물의 점성계수는 수온이 높을수록 작아진다.
② 동점성계수는 수온에 따라 변하며 온도가 낮을수록 그 값은 크다.
③ 물은 일정한 체적을 갖고 있으나 온도와 압력의 변화에 따라 어느 정도 팽창 또는 수축을 한다.
④ 물의 단위중량은 0℃에서 최대이고, 밀도는 4℃에서 최대이다.

해설 물의 밀도와 단위중량은 3.98℃(약 4℃)에서 최대이며 온도의 증감시 값이 작아진다.

해답 ④

2. 상하수도공학(상수도계획, 하수도계획)

085 분류식 하수관거 계통과 비교하여 합류식 하수관거 계통의 특징에 대한 설명으로 옳지 않은 것은?

① 검사 및 관리가 비교적 용이하다.
② 청천 시 관내에 오염물이 침전되기 쉽다.
③ 하수처리장에서 오수 처리비용이 많이 소요된다.
④ 오수와 우수를 별개의 관거 계통으로 건설하는 것보다 건설비용이 크게 소요된다.

해설 합류식의 경우 하수와 우수를 동일 관거에서 처리하므로 분류식보다 건설비가 적게 소요된다.

해답 ④

086 오수관거 및 우수관거의 최소관경에 대한 표준으로 옳은 것은?

① 오수관거 100mm, 우수관거 150mm
② 오수관거 150mm, 우수관거 100mm
③ 오수관거 200mm, 우수관거 250mm
④ 오수관거 250mm, 우수관거 200mm

해설 ① 오수관거의 최소 관경 : 200mm
② 우수관거 및 합류관거의 최소 관경 : 250mm
③ 하수시설 중 연결관의 최소 관경 : 150mm

해답 ③

087 다음과 같은 조건에서의 급속여과지 면적은?

[조건] ㉠ 계획급수인구 : 5,000인
㉡ 1인 1일 최대급수율 : 200L
㉢ 여과속도 : 120m/일

① $5.0m^2$
② $8.33m^2$
③ $12.5m^2$
④ $14.58m^2$

해설 $A = \dfrac{Q}{V} = \dfrac{200L/인 \cdot day \times 5,000인 \times 10^{-3}m^3/L}{120m/day} = 8.33m^2$

해답 ②

088 활성슬러지 공법으로 하수를 처리할 때 포기량을 결정하기 위한 조건으로서 가장 중요한 것은?

① 하수의 중금속 농도
② 하수의 BOD 농도
③ 하수의 탁도
④ 하수의 pH

해설 포기법은 혼합액의 산소요구량을 일정량 유지하기 위해 용존산소(DO)량을 높이고자 하는 것으로, BOD(생물학적 산소요구량) 농도에 따라 용존산소(DO)량을 정하게 된다.

해답 ②

089 계획취수량의 기준이 되는 수량으로 옳은 것은?

① 계획 1일 평균급수량
② 계획 1일 최대급수량
③ 계획시간 최대급수량
④ 계획 1일 1인 평균급수량

해설 계획취수량은 계획 1일 최대급수량을 기준으로 하며, 기타 필요한 작업용수를 포함한 손실수량 등을 고려한다.

해답 ②

090
저수지나 배수지의 용량을 구할 때 사용하는 방법으로 옳은 것은?
① 리플법(Ripple's Method)
② 합리식 방식(Rational Method)
③ 랜니법(Ranney Method)
④ 하디-크로스법(Hardy-Cross Method)

해설 유출량 누가곡선법(Ripple's method)은 하천의 유출량 누가곡선을 그려서 저수지의 용량을 산출하는 방법이다.

해답 ①

091
지반고가 50m인 지역에 하수관을 매설하려고 한다. 하수관의 지름이 300mm일 때, 최소흙두께를 고려한 관로 시점부의 관저고(관 하단부의 표고)는?
① 49.7m
② 49.5m
③ 49.0m
④ 48.7m

해설 관로 시점부의 관저고(관 하단부의 표고)
= 지반고 − (관거의 최소 흙두께 + 하수관 지름)
= 50 − (1 + 0.3) = 48.7m

해답 ④

092
상수도 배수시설에 대한 설명으로 옳은 것은?
① 계획배수량은 해당 배수구역의 계획 1일 최대급수량을 의미한다.
② 소규모의 수도 및 배수량이 적은 지역에서는 소화용수량은 무시한다.
③ 배수지에서의 배수는 펌프가압식을 원칙으로 한다.
④ 대용량 배수지 설치보다 다수의 배수지를 분산시키는 편이 안정급수 관점에서 효과적이다.

해설 ① 계획배수량은 원칙적으로 해당 배수구역의 계획시간최대배수량으로 한다.
② 소규모 상수도에서는 소화용수량의 일반배수량에 대한 비율이 크고 화재시에 소화용수를 사용한 경우에 일반급수에 지장을 주지 않아야 하므로 계획급수인구가 50,000명 이하의 소도시에서는 소화용수량을 가산해야 한다.
③ 배수방식은 배수지 등과 배수구역의 표고에 따라 자연유하식과 펌프가압식 및 병용식으로 나누어진다.
④ 지역의 특성, 배수관망의 구성 등을 고려하여 복수의 배수지를 분산 배치하거나 배수지간의 상호융통이 가능하도록 할 필요가 있다.

해답 ④

093 생물학적 처리에 주요한 역할을 하는 미생물은?

① 균류
② 박테리아
③ 원생동물
④ 조류

해설 생물학적 처리에는 박테리아가 주요한 역할을 한다.

해답 ②

094 계획우수량 산정의 고려사항으로 틀린 것은?

① 최대계획우수유출량의 산정은 합리식에 의하는 것을 원칙으로 한다.
② 유출계수는 토지이용도별 기초유출계수로부터 총괄유출계수를 구하는 것을 원칙으로 한다.
③ 하수관거의 확률연수는 10~30년, 빗물펌프장의 확률연수는 30~50년을 원칙으로 한다.
④ 최상류관거의 끝으로부터 하류관거의 어떤 지점까지의 거리를 계획유량에 대응한 유속으로 나눈 것을 유달시간으로 한다.

해설 유달시간(T)은 강우로 인한 유수가 그 유역 내의 가장 먼 지점으로부터 유역출구까지 도달하는데 소요되는 시간(min)이다.
유달시간(T) = 유입시간(t_1)+유하시간(t_2)
① 유입시간(t_1) : 유역의 가장 먼 곳에 내린 우수가 하수관거의 입구에 유입하기까지의 시간(min)
② 유하시간(t_2) : 하수관거 내에 유입된 우수가 계획 대상지점까지 흘러가는데 소요되는 시간(min)

해답 ④

095 합리식에서 사용하는 강우강도 공식에 관한 설명으로 틀린 것은?

① Talbot형 공식, Sherman형 공식 등이 이에 속한다.
② 공식 중의 정수(상수)는 지표형태에 따라 결정된다.
③ 강우지속기간의 증가에 따라 강우강도는 감소한다.
④ 임의의 지속기간에 대한 강우강도를 구하는 데 사용된다.

해설 합리식에서의 정수는 재현 기간과 지역 특성에 따라 달라진다.

해답 ②

096

성공적인 하수슬러지 퇴비화를 위한 조사사항으로 거리가 먼 것은?

① 함유된 중금속 성분 조사
② 수요량 및 용도 조사
③ CO_2 발생량 조사
④ 슬러지처리 공정에서의 첨가물 조사

해설 성공적인 하수슬러지 퇴비화를 위한 조사 항목
① 함유된 중금속 성분 조사
② 지역 특성을 고려한 수요량 예측 및 용도 조사
③ 슬러지처리 공정에서의 첨가물 조사
④ 퇴비화 시설 입지조건 조사(처리장이나 수요처와의 위치 관계, 주변 환경 등이 경제성에 큰 영향을 미치기 때문)

해답 ③

097

완속여과와 급속여과에 대한 설명으로 옳지 않은 것은?

① 완속여과는 모래층과 모래층 표면에 증식하는 미생물막에 의해 수중의 불순물을 포착하여 산화분해하는 정수방법이다.
② 급속여과는 원수 중의 현탁물질을 약품침전시킨 후 분리하는 방법이다.
③ 완속여과는 유입수의 수질이 비교적 양호한 경우에 사용할 수 있다.
④ 대규모 처리 시에는 급속여과가 적당하나 완속여과에 비해 넓은 시설면적이 필요하다.

해설 완속여과지는 여과지의 면적이 넓은 반면, 급속여과지는 여과지의 면적이 작으므로 협소한 장소에도 시공 가능하다.

해답 ④

098

펌프의 비교회전도(N_s)에 대한 설명으로 옳지 않은 것은?

① N_s가 클수록 높은 곳까지 양정할 수 있다.
② N_s가 클수록 유량은 많고 양정은 작은 펌프이다.
③ 유량과 양정이 동일하면 회전수가 클수록 N_s가 커진다.
④ N_s가 같으면 펌프의 크기에 관계없이 대체로 형식과 특성이 같다.

해설 N_s가 클수록 양정이 낮은 펌프이다.

해답 ①

099
Manning 공식의 조도계수 $n=0.012$, 동수경사가 $1/1,000$이고, 관경이 250mm일 때 유량은?

① $142\,m^3/hr$
② $92\,m^3/hr$
③ $73\,m^3/hr$
④ $53\,m^3/hr$

해설
① $V=\dfrac{1}{n}R^{\frac{2}{3}}I^{\frac{1}{2}}=\dfrac{1}{0.012}\times\left(\dfrac{0.25}{4}\right)^{\frac{2}{3}}\times\left(\dfrac{1}{1,000}\right)^{\frac{1}{2}}=0.415\,m/sec$

② $Q=AV=\dfrac{\pi\times 0.25^2}{4}\times 0.415=0.02037\,m^3/sec=73.3\,m^3/hr$

해답 ③

100
배수관에서 분기하여 각 수요자에게 먹는 물을 공급하는 것을 목적으로 하는 시설은?

① 도수시설
② 취수시설
③ 급수시설
④ 배수시설

해설 급수설비라 함은 일반 수요자에게 원수나 정수를 공급하기 위하여 설치한 배수관으로부터 분기하여 설치된 급수를 위해 필요한 기구를 말한다.

해답 ③

101
집수매거(infiltration galleries)에 대한 설명으로 옳은 것은?

① 복류수를 취수하기 위하여 지중(地中)에 매설한 유공관거 설비
② 관로의 수두를 감소시키기 위한 설비
③ 배수지의 유입수 수위 조절과 양수를 위한 설비
④ 피압지하수를 취수하기 위하여 지하의 매수층까지 삽입한 관거 설비

해설 집수매거는 복류수를 취수하기 위하여 지중에 매설한 유공관거 설비이다.

해답 ①

102
생활하수 내에서 존재하는 질소의 주요 형태는?

① N_2와 NO_3
② N_2와 NH_3
③ 유기성 질소화합물과 N_2
④ 유기성 질소화합물과 NH_3

해설 생하수 내에서 존재하는 질소는 주로 유기성 질소 화합물과 NH_3 형태로 존재한다.

해답 ④

103 상수도 정수처리의 응집-침전에 관한 설명으로 옳은 것은?

① 플록형성지 내의 교반강도는 하류로 갈수록 점차 증가시키는 것이 바람직하다.
② Jar Tester는 종침강속도(terminal velocity)를 구하는 기기이다.
③ 고분자응집제는 응집속도는 크나 pH에 의한 영향을 크게 받는다.
④ 침전지의 침전효율을 나타내는 기본적인 지표로는 표면부하율(surface loading)이 있다.

해설 표면적 부하율은 침전지의 침전효율을 나타내는 기본적인 지표이다.

해답 ④

104 상수원 선정 시 고려사항으로 옳지 않은 것은?

① 계획취수량은 평수기에 확보 가능한 수량으로 한다.
② 수리권이 확보될 수 있어야 한다.
③ 건설비 및 유지관리비가 저렴하여야 한다.
④ 장래 수도시설의 확장이 가능한 곳이 바람직하다.

해설 계획취수량은 최대갈수시에도 계획취수량의 확보가 가능해야 한다.

해답 ①

토목산업기사

2021년 9월 CBT 시행

2023 개정된 출제기준에 의거하여 불필요한 문제는 삭제하고 3과목으로 정리함

제1과목 구조설계(응용역학+철근콘크리트 및 강구조)

1. 응용역학(역학적인 개념 및 건설 구조물의 해석)

---

001 양단이 고정되어 있는 길이 10m의 강(鋼)이 15℃에서 40℃로 온도가 상승할 때 응력은? (단, $E=2.1\times10^5$MPa, 선팽창계수 $\alpha=0.00001/℃$)

① 47.5MPa
② 50MPa
③ 52.5MPa
④ 53.8MPa

해설 $\sigma = E\epsilon = E\alpha\Delta t = 2.1\times10^5\times0.00001\times(40-15) = 52.5$MPa

해답 ③

---

002 반지름 R, 길이 l인 원형 단면 기둥의 세장비는?

① $\dfrac{l}{2R}$
② $\dfrac{l}{R}$
③ $\dfrac{2l}{R}$
④ $\dfrac{3l}{R}$

해설 $\lambda = \dfrac{l}{r_{\min}} = \dfrac{l}{D/4} = \dfrac{l}{2R/4} = \dfrac{2l}{R}$

해답 ③

---

003 직사각형 단면인 단순보의 단면계수가 2,000m³이고 2×10^6kN·m의 휨모멘트가 작용할 때 이 보의 최대 휨응력은?

① 0.5MPa
② 0.7MPa
③ 0.85MPa
④ 1MPa

해설 ① $M_{\max} = 2\times10^6$kN·m $= 2\times10^{12}$kN·mm
② $\sigma_{\max} = \dfrac{M_{\max}}{Z_{\min}} = \dfrac{2\times10^{12}}{2000\times10^9} = 1$MPa

해답 ④

004 아래의 표에서 설명하는 것은?

나란한 여러 힘이 작용할 때 임의의 한 점에 대한 모멘트의 합은 그 점에 대한 합력의 모멘트와 같다.

① 바리뇽의 정리   ② 베티의 정리
③ 중첩의 원리   ④ 모어원의 정리

해설 "나란한 여러 힘이 작용할 때 임의의 한 점에 대한 모멘트의 합은 그 점에 대한 합력의 모멘트와 같다."는 바리뇽의 정리에 대한 내용이다.

해답 ①

005 다음 그림의 캔틸레버보에서 최대 휨모멘트는 얼마인가?

① $-\dfrac{1}{6}ql^2$ ② $-\dfrac{1}{2}ql^2$

③ $-\dfrac{1}{3}ql^2$ ④ $-\dfrac{5}{6}ql^2$

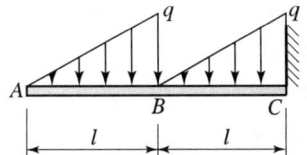

해설 문제에서 최대휨모멘트는 고정단인 C점에서 생긴다.

$M_A = -\left(\dfrac{1}{2}\times q \times l\right)\times\left(\dfrac{l}{3}+l\right)-\left(\dfrac{1}{2}\times q \times l\right)\times\left(\dfrac{l}{3}\right)=-\dfrac{ql^2}{6}-\dfrac{ql^2}{2}-\dfrac{ql^2}{6}$

$=-\dfrac{5ql^2}{6}$

해답 ④

006 그림과 같은 게르버보의 C점에서의 휨모멘트값은?

① $-6.4\text{kN}\cdot\text{m}$
② $-8.0\text{kN}\cdot\text{m}$
③ $-9.6\text{kN}\cdot\text{m}$
④ $-14.4\text{kN}\cdot\text{m}$

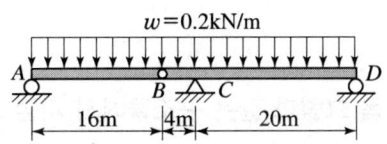

해설 ① 단순보 구간에서 $R_B = \dfrac{0.2\times 16}{2} = 1.6\text{kN}$

② 내민보 구간에서 $M_C = -1.6\times 4 - 0.2\times 4\times 2 = -8\text{kN}\cdot\text{m}$

해답 ②

007 반지름이 r인 원형 단면의 단주에서 도심에서의 핵거리 e는?

① $\dfrac{r}{2}$ ② $\dfrac{r}{4}$

③ $\dfrac{r}{6}$ ④ $\dfrac{r}{8}$

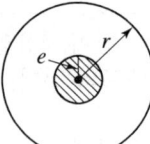

해설 $x = \dfrac{D}{8} = \dfrac{2r}{8} = \dfrac{r}{4}$

해답 ②

008 아래 그림과 같이 60°의 각도를 이루는 두 힘 P_1, P_2가 작용할 때 합력 R의 크기는?

① 7kN
② 8kN
③ 9kN
④ 10kN

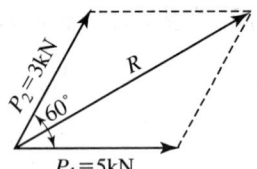

해설 $R = \sqrt{P_1^2 + P_2^2 + 2P_1 \cdot P_2 \cos\alpha} = \sqrt{5^2 + 3^2 + 2 \times 5 \times 3 \times \cos 60°} = 7\text{kN}$

해답 ①

009 다음 중 단면1차모멘트와 같은 차원을 갖는 것은?

① 단면2차모멘트   ② 회전반경
③ 단면상승모멘트   ④ 단면계수

해설 단면계수의 단위(차원)는 cm^3 또는 m^3으로 단면1차모멘트와 같다.

해답 ④

010 다음 그림과 같은 구조물에서 지점 A에서의 수직반력의 크기는?

① 20kN
② 25kN
③ 30kN
④ 35kN

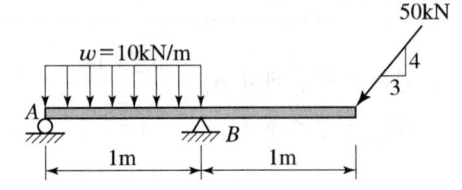

해설 $\Sigma M_B = 0$으로

$V_A \times 1 - 10 \times 1 \times \dfrac{1}{2} + \left(50 \times \dfrac{4}{5}\right) \times 1 = 0$에서 $V_A = -35\text{kN} = 35\text{kN}(\downarrow)$

해답 ④

011

단면적 1000mm²인 원형 단면의 봉이 20kN의 인장력을 받을 때 변형률(ϵ)은? (단, 탄성계수(E)=2×10⁵MPa)

① 0.0001
② 0.0002
③ 0.0003
④ 0.0004

해설 응력 기본식 $\sigma = E \cdot \epsilon$

$\dfrac{P}{A} = E \cdot \epsilon$ 에서 $\epsilon = \dfrac{P}{E \cdot A} = \dfrac{20,000}{(2 \times 10^5) \times 1000} = 0.0001$

해답 ①

012

다음 그림과 같은 단순보의 중앙에 집중하중이 작용할 때 단면에 생기는 최대 전단응력은 얼마인가?

① 0.10MPa
② 0.15MPa
③ 0.20MPa
④ 0.25MPa

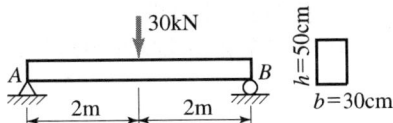

해설
① $S_{\max} = V_A = \dfrac{P}{2} = \dfrac{30}{2} = 15\text{kN}$

② $\tau_{\max} = \dfrac{3}{2} \dfrac{S_{\max}}{A} = \dfrac{3}{2} \times \dfrac{15,000}{300 \times 500} = 0.15\text{MPa}$

해답 ②

013

그림에서 음영된 삼각형 단면의 X축에 대한 단면2차모멘트는 얼마인가?

① $\dfrac{bh^3}{4}$
② $\dfrac{bh^3}{5}$
③ $\dfrac{bh^3}{6}$
④ $\dfrac{bh^3}{8}$

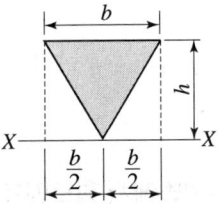

해설 $I_X = \dfrac{bh^3}{4}$

해답 ①

2. 철근콘크리트 및 강구조

014 다음 중에서 프리스트레스 감소의 원인으로 거리가 먼 것은?

① 콘크리트의 건조수축과 크리프 ② 콘크리트의 탄성변형
③ PS강재의 릴랙세이션 ④ PS강재의 항복점강도

해설 프리스트레스 손실 원인
① 프리스트레스 도입시 : 즉시 손실
  ㉠ 콘크리트의 탄성변형(수축)
  ㉡ PS강재와 덕트(시스) 사이의 마찰(포스트텐션 방식에만 해당)
  ㉢ 정착단의 활동
② 프리스트레스 도입 후 : 시간적 손실
  ㉠ 콘크리트의 건조수축
  ㉡ 콘크리트의 크리프
  ㉢ PS강재의 리랙세이션(Relaxation)

해답 ④

015 그림과 같은 인장을 받은 표준갈고리에서 정착길이란 어느 것을 말하는가?

① A
② B
③ C
④ D

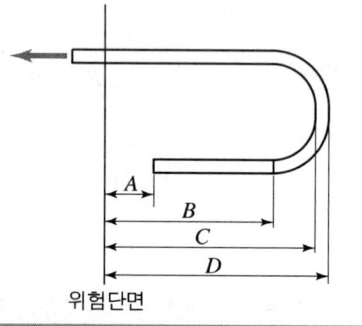

해설 정착길이는 구부러진 부분 바깥면부터 위험단면까지의 길이이므로 D이다.

해답 ④

016 강도설계법에서 휨모멘트 또는 휨모멘트와 축력을 동시에 받는 부재의 콘크리트 압축연단의 극한변형률은 얼마로 가정하는가? (단, f_{ck}는 40MPa 이하인 경우이다.)

① 0.0011 ② 0.0022
③ 0.0033 ④ 0.0044

해설 콘크리트의 압축연단에서 최대 변형률은 ϵ_{cu}로 가정하며, f_{ck}가 40MPa 이하인 경우 ϵ_{cu}는 0.0033이다.

해답 ③

017

강도설계에서 $f_{ck}=24$MPa, $f_y=280$MPa를 사용하는 직사각형 단철근보의 균형철근비는?

① 0.028
② 0.034
③ 0.041
④ 0.056

해설
① $f_{ck}=24$MPa로 50MPa 이하이므로 $\beta_1=0.80$
② $\rho_b = \dfrac{0.85 f_{ck} \beta_1}{f_y} \cdot \dfrac{\epsilon_{cu}}{\epsilon_{cu} + \dfrac{f_y}{200,000}} = \dfrac{0.85 \times 24 \times 0.80}{280} \cdot \dfrac{0.0033}{0.0033 + \dfrac{280}{200,000}}$
$= 0.041$

해답 ③

018

나선철근으로 보강된 철근콘크리트부재의 강도감소계수(ϕ)는 얼마인가? (단, 압축지배 단면인 경우)

① 0.80
② 0.75
③ 0.70
④ 0.65

해설 **압축지배단면의 강도감소계수(ϕ)**
① 나선철근으로 보강된 철근콘크리트 부재 : 0.70
② 그 외의 철근콘크리트 부재 : 0.65

해답 ③

019

다음 중 강도설계법의 장·단점을 설명한 것으로 틀린 것은?

① 파괴에 대한 안전도의 확보가 허용응력설계법보다 확실하다.
② 하중계수에 의하여 하중의 특성을 설계에 반영할 수 있다.
③ 서로 다른 재료의 특성을 설계에 합리적으로 반영할 수 있다.
④ 사용성 확보를 위해서 별도로 검토해야 하는 등 설계과정이 다소 복잡하다.

해설 강도설계법은 서로 다른 재료의 특징을 설계에 합리적으로 반영하기 어렵다.

해답 ③

020

보의 단면이 300×500mm인 직사각형이고, 1개당 100mm²의 단면적을 가지는 PS강선 6개를 강선군의 도심과 부재단면의 도심축이 일치하도록 배치된 프리텐션 PC보가 있다. 강선의 초기 긴장력이 1,000MPa일 때 콘크리트의 탄성변형에 의한 프리스트레스의 감소량은? (단, $n=6$)

① 42MPa
② 36MPa
③ 30MPa
④ 24MPa

해설
$$\Delta f_P = n f_{ci} = n \frac{P_i}{A_c} = n \frac{f_{pi} n A_{ps}}{A_c} = 6 \times \frac{1,000 \times 6 \times 100}{300 \times 500} = 24 \text{MPa}$$

해답 ④

021
보에 작용하는 계수전단력 $V_u = 50\text{kN}$을 콘크리트만으로 지지할 경우 필요한 유효깊이 d의 최소값은 약 얼마인가? (단, $b_w = 350\text{mm}$, $f_{ck} = 22\text{MPa}$, $f_y = 400\text{MPa}$)

① 326mm
② 488mm
③ 532mm
④ 550mm

해설 전단철근을 사용하지 않아도 되는 경우는 $\frac{1}{2}\phi \cdot V_c > V_u$ 일 때 이므로

$\frac{1}{2}\phi \cdot (\sqrt{f_{ck}}/6) b_w \cdot d = V_u$ 에서

$d = \dfrac{2 V_u}{\phi \cdot (\sqrt{f_{ck}}/6) \cdot b_w} = \dfrac{2 \times 50,000}{0.75 \times (\sqrt{22}/6) \times 350} = 487.3\text{mm}$

해답 ②

022
아래에서 설명하는 철근은?

> 보의 주철근을 둘러싸고 이에 직각되게 또는 경사지게 배치한 복부보강근으로서 전단력 및 비틀림모멘트에 저항하도록 배치한 보강철근

① 주철근
② 온도철근
③ 배력철근
④ 스터럽

해설 수직 및 경사 스터럽에 대한 설명이다.

해답 ④

023
강도설계법으로 보를 설계할 때 고정하중과 활하중이 각각 80kN/m, 100kN/m 이라면 하중계수 및 하중조합을 고려한 설계하중은?

① 180kN/m
② 214kN/m
③ 256kN/m
④ 282kN/m

해설
① $w_u = 1.2 w_D + 1.6 w_L = 1.2 \times 80 + 1.6 \times 100 = 256\text{kN/m}$
② $w_u = 1.4 w_D = 1.4 \times 80 = 112\text{kN/m}$
둘 중 큰 값 $w_u = 256\text{kN/m}$

해답 ③

024

다음은 프리스트레스트 콘크리트에서 프리텐션방식과 포스트텐션방식의 장점을 열거한 것이다. 옳지 않은 것은?

① 프리텐션방식은 일반적으로 공장에서 제조되므로 제품의 품질에 대한 신뢰도가 높다.
② 프리텐션방식은 PS강재를 곡선으로 배치하기가 쉬워서 대형 부재의 제작에도 적합하다.
③ 프리텐션방식은 같은 모양과 치수의 프리캐스트부재를 대량으로 제조할 수 있다.
④ 포스트텐션방식은 프리캐스트 PSC부재의 결합과 조립에 편리하게 이용된다.

해설 포스트텐션(Post-tension)방식이 긴장재의 곡선 배치가 쉽다.

해답 ②

025

그림과 같이 인장력을 받는 두 강판을 볼트로 연결할 경우 발생할 수 있는 파괴모드(failure mode)가 아닌 것은?

① 볼트의 전단파괴
② 볼트의 인장파괴
③ 볼트의 지압파괴
④ 강판의 지압파괴

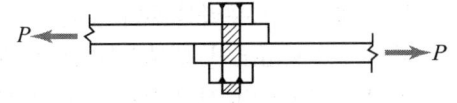

해설 접합된 강판의 파괴 모드

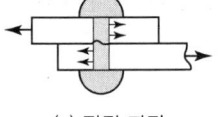 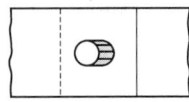 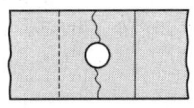
(a) 전단 파괴   (b) 지압 파괴(압괴)   (c) 모재의 인장 파괴

해답 ②

026

그림과 같은 리벳이음에서 허용전단응력이 70MPa이고 허용지압응력이 150MPa일 때 이 리벳의 강도는? (단, 리벳지름 $d=22mm$, 철판두께 $t=12mm$)

① 26.6kN
② 30.4kN
③ 39.6kN
④ 42.2kN

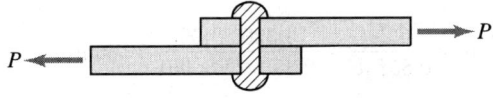

해설 ① 허용전단강도(P_s)

1면 전단이므로 $P_s = v_{sa} \times A = v_{sa} \times \dfrac{\pi d^2}{4} = 70 \times \dfrac{\pi \times 22^2}{4} = 26.609\text{N} = 26.6\text{kN}$

② 허용지압강도(P_b)

$P_b = f_{ba} \times A_b = f_b \times dt = 150 \times 22 \times 12 = 39{,}600\text{N} = 39.6\text{kN}$

③ 리벳 값(리벳강도 ; P_n)

둘 중 작은 값인 26.6kN이다.

해답 ①

027

아래 그림과 같은 T형보에 정모멘트가 작용할 때 다음 설명 중 옳은 것은? (단, f_{ck}=24MPa, f_y=400MPa, A_s=5,000mm²)

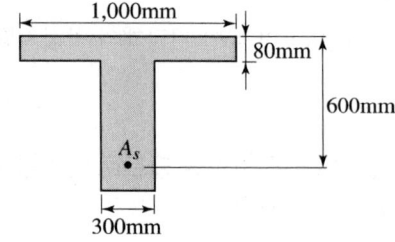

① 등가직사각형 응력블록의 깊이(a)가 80mm인 복철근보로 설계한다.
② 폭이 1,000mm인 직사각형 보로 설계한다.
③ 폭이 300mm인 직사각형 보로 설계한다.
④ T형보로 설계한다.

해설 $a = \dfrac{A_s f_y}{0.85 f_{ck} b} = \dfrac{5{,}000 \times 400}{0.85 \times 24 \times 1{,}000} = 98\text{mm} > t_f = 80\text{mm}$ 이므로 T형보로 설계

해답 ④

028

b_w=400mm, d=600mm인 단철근 직사각형 보에 A_s=3,320m²인 철근을 일렬로 배치했을 때 직사각형 응력블록의 깊이(a)는? (단, f_{ck}=21MPa, f_y=400MPa)

① 186mm ② 194mm
③ 201mm ④ 213mm

해설 $a = \dfrac{A_s f_y}{0.85 f_{ck} b} = \dfrac{3{,}320 \times 400}{0.85 \times 28 \times 400} = 186\text{mm}$

해답 ①

029

아래 그림과 같은 띠철근기둥에서 띠철근으로 D10(공칭지름 9.5mm) 및 축방향 철근으로 D32(공칭지름 31.8mm)의 철근을 사용할 때 띠철근의 최대 수직간격은?

① 450mm
② 456mm
③ 500mm
④ 509mm

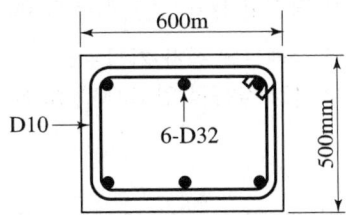

해설 띠철근의 수직 간격
① 단면 최소 치수 이하=500mm 이하
② 축방향 철근 지름의 16배 이하=31.8×16=808.8mm 이하
③ 띠철근 지름의 48배 이하=9.5×48=456mm 이하
이 중 가장 작은 값인 456mm 이하

해답 ②

030

철근콘크리트부재설계에서 강도감소계수(ϕ)를 사용하는 이유에 해당하지 않는 것은?

① 설계방정식을 적용 중 계산오차 및 오류에 대비한 여유
② 재료강도와 치수가 변동할 수 있으므로 부재의 강도저하확률에 대비
③ 부정확한 설계방정식에 대비한 여유
④ 구조물에서 차지하는 부재의 중요도 등을 반영

해설 강도감소계수를 사용하는 이유
① 재료 품질의 변동으로 인한 부재의 강도저하확률에 대비
② 구조 및 부재의 중요도 등을 반영
③ 설계 계산의 불확실량에 대비한 여유
④ 시공상 단면 치수 오차(시공 기술 등에 관련된 다소 불리한 오차)에 따른 강도저하확률에 대비
⑤ 시험 오차에서 오는 재료차에 대비

해답 ①

031

경간 $l=10$m인 대칭 T형보에서 양쪽 슬래브의 중심간격 2,100mm, 플랜지의 두께 $t=100$mm, 플랜지가 있는 부재의 복부폭 $b_w=400$mm일 때 플랜지의 유효폭은 얼마인가?

① 2,000mm
② 2,100mm
③ 2,300mm
④ 2,500mm

해설 대칭 T형보이므로
① $8t_1 + 8t_2 + b_w = 8 \times 100 + 8 \times 100 + 400 = 2,000\text{mm}$
② 보 경간의 $1/4 = \dfrac{10,000}{4} = 2,500\text{mm}$
③ 양 슬래브 중심간 거리 $= 2,100\text{mm}$
셋 중 가장 작은 값인 2,000mm를 유효폭으로 결정한다.

해답 ①

032
아래 그림과 같은 단순보에서 등가직사각형 응력블록의 깊이(a)가 152.94mm 이었다면 최외단 인장철근의 순인장변형률(ϵ_t)은? (단, $f_{ck} = 28\text{MPa}$, $f_y = 400\text{MPa}$)

① 0.0035
② 0.004
③ 0.0045
④ 0.005

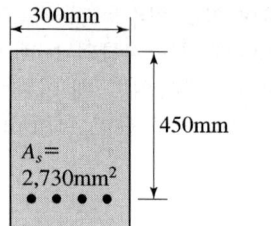

해설
① $a = 152.94\text{mm}$
② $f_{ck} = 28\text{MPa}$로 40MPa 이하이므로 $\beta_1 = 0.80$
③ $c = \dfrac{a}{\beta_1} = \dfrac{152.94}{0.80} = 191.175\text{mm}$
④ $0.0033 : \epsilon_t = c : d - c$ 에서
$\epsilon_t = 0.0033\dfrac{d-c}{c} = 0.0033 \times \dfrac{450 - 191.175}{191.175} = 0.0045 < 0.005$로 변화구간단면이다.

해답 ③

제2과목 측량 및 토질(측량학+토질 및 기초)

1. 측량학(측량학 일반, 기준점 측량, 응용 측량)

033 등고선의 특성에 대한 설명으로 틀린 것은?

① 등고선은 분수선과 직교하고 계곡선과는 평행하다.
② 동굴이나 절벽에서는 교차할 수 있다.
③ 동일 등고선 상의 모든 점은 표고가 같다.
④ 등고선은 도면 내외에서 폐합하는 폐곡선이다.

[해설] 등고선은 능선 또는 계곡선과 직각으로 만난다.

해답 ①

034 수준측량에 관한 설명으로 옳지 않은 것은?

① 전·후시의 표척 간 거리는 등거리로 하는 것이 좋다.
② 왕복관측을 대신하여 2대의 기계로 동일 표척을 관측하는 것이 좋다.
③ 왕복관측 도중에 관측자를 바꾸지 않는 것이 좋다.
④ 표척을 앞뒤로 서서히 움직여 최소눈금을 읽는 것이 좋다.

[해설] 수준측량은 반드시 왕복측량을 하는 것을 원칙으로 하며, 동일한 기계를 사용하지 않을 경우 기계 자체로 인한 오차를 보정할 수 없다.

해답 ②

035 B.M.에서 P점까지의 고저를 관측하는데 10km인 A코스, 12km인 B코스로 각각 수준측량하여 A코스의 결과 표고는 62.324m, B코스의 결과 표고는 62.341m이었다. P점 표고의 최확값은?

① 62.341m ② 62.338m
③ 62.332m ④ 62.324m

[해설] ① 직접수준측량의 경우 경중률은 거리에 반비례$\left(P \propto \dfrac{1}{L}\right)$하므로

$$P_A : P_B = \dfrac{1}{10} : \dfrac{1}{12} = 12 : 10 = 6 : 5$$

② 두 점간 고저차의 최확값

$$H = \dfrac{[P \cdot H]}{[P]} = \dfrac{6 \times 62.324 + 5 \times 62.341}{6+5} = 62.332m$$

해답 ③

036 토적곡선(mass curve)을 작성하는 목적으로 옳지 않은 것은?

① 토량의 운반거리 산출   ② 토공기계 선정
③ 토량의 배분   ④ 중심선 설치

해설 토적곡선 작성 목적(구할 수 있는 사항)
① 토량 분배   ② 운반토량 산출
③ 평균운반거리 산출   ④ 운반거리에 의한 토공기계 선정
⑤ 시공 방법의 산출   ⑥ 토취장, 토사장의 위치 결정

해답 ④

037 삼각측량을 통해 단일삼각망의 내각을 측정하여 다음과 같은 각을 얻었다. 각 내각의 최확값은?

- $\angle A = 32°13'29''$ • $\angle B = 55°32'19''$ • $\angle C = 92°14'30''$

① $\angle A=32°13'24''$, $\angle B=55°32'12''$, $\angle C=92°14'24''$
② $\angle A=32°13'23''$, $\angle B=55°32'12''$, $\angle C=92°14'25''$
③ $\angle A=32°13'23''$, $\angle B=55°32'13''$, $\angle C=92°14'24''$
④ $\angle A=32°13'24''$, $\angle B=55°32'13''$, $\angle C=92°14'23''$

해설 ① 각오차 $w = \angle A + \angle B + \angle C - 180° = 0°0'18''$

② 조정량 $= -\dfrac{W}{3} = -\dfrac{18''}{3} = -6''$

각 각에 $-6''$씩 조정한다.

③ $\angle A = 32°13'29'' - 6'' = 32°13'23''$
$\angle B = 55°32'19'' - 6 = 55°32'13''$
$\angle C = 92°14'30'' - 6'' = 92°14'24''$

해답 ③

038 축척 1:50,000 지형도에서 A점에서 B점까지의 도상거리가 50mm이고, A점의 표고가 200m, B점의 표고가 10m라고 할 때 이 사면의 경사는?

① 1/18.4   ② 1/20.5
③ 1/22.3   ④ 1/13.2

해설 ① A점과 B점의 표고차 $h = 200 - 10 = 190$m
② 1/50,000 실제길이는 $D = l \times m = 0.05 \times 50,000 = 2,500$m
③ 경사도 $= \dfrac{h}{D} = \dfrac{190}{2,500} = \dfrac{1}{13.2}$

해답 ④

039 교점(I.P)는 도로의 기점에서 187.94m의 위치에 있고 곡선반지름 250m, 교각 43°57′20″인 단곡선의 접선길이는?

① 87.046m ② 100.894m
③ 287.834m ④ 350.447m

해설 $T.L = R\tan\dfrac{I}{2} = 250 \times \tan\dfrac{43°57'20''}{2} = 100.894m$

해답 ②

040 노선의 완화곡선으로써 3차 포물선이 주로 사용되는 곳은?

① 고속도로 ② 일반철도
③ 시가지전철 ④ 일반도로

해설 완화곡선
① 3차 포물선 : 철도에서 주로 사용한다.
② 클로소이드 : 고속도로 IC에서 주로 사용한다.
③ 렘니스케이트 : 시가지 지하철에서 주로 사용한다.

해답 ②

041 터널의 양 끝단의 기준점 A, B를 포함해서 트래버스측량 및 수준측량을 실시한 결과가 아래와 같을 때 AB 간의 경사거리는?

- 기준점 A의 (X, Y, H)
  (330,123.45m, 250,243.89m, 100.12m)
- 기준점 B의 (X, Y, H)
  (330,342.12m, 250,567.34m, 120.08m)

① 290.94m ② 390.94m
③ 490.94m ④ 590.94m

해설 ① AB의 수평거리
$D_{AB} = \sqrt{(X_B - X_A)^2 + (Y_B - Y_A)^2}$
$= \sqrt{(330,342.12 - 330,123.45)^2 + (250,567.34 - 250,243.89)^2}$
$= 390.43m$
② A점과 B점 간의 표고차
$h = 120.08 - 100.12 = 19.96m$
③ AB 간의 경사거리
$L_{AB} = \sqrt{D_{AB}^2 + h^2} = \sqrt{390.43^2 + 19.96^2} = 390.94m$

해답 ②

042

장애물로 인하여 P, Q점에서 관측이 불가능하여 간접측량한 결과 $AB=225.85$m이었다면 이때 PQ의 거리는? (단, ∠$PAB=79°36'$, ∠$QAB=35°31'$, ∠$PBA=34°17'$, ∠$QBA=82°05'$)

① 179.46m
② 177.98m
③ 178.65m
④ 180.61m

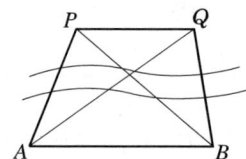

해설 ① AP거리
㉠ ∠$BPA = 180° - 79°36' - 34°17' = 66°07'$
㉡ $\dfrac{AP}{\sin 34°17'} = \dfrac{AB}{\sin 66°07'}$ 에서 $AP = \dfrac{225.85 \times \sin 34°17'}{\sin 66°07'} = 139.132$m

② AQ의 거리
㉠ ∠$AQB = 180° - 35°31' - 82°05' = 62°24'$
㉡ $\dfrac{AQ}{\sin 82°05'} = \dfrac{AB}{\sin 66°24'}$ 에서 $BQ = \dfrac{225.85 \times \sin 82°05'}{\sin 62°24'} = 252.42$m

③ PQ의 거리
㉠ ∠$PAQ = 79°36' - 35°31' = 44°05'$
㉡ $PQ = \sqrt{AP^2 + AQ^2 - 2 \cdot AP \cdot AQ \cdot \cos \angle PAQ}$
$= \sqrt{139.132^2 + 252.42^2 - 2 \times 139.13 \times 252.42 \times \cos 44°05'}$
$= 180.6$m

해답 ④

043

지오이드에 대한 설명으로 옳은 것은?
① 육지 및 해저의 굴곡을 평균값으로 정한 면이다.
② 평균해수면을 육지 내부까지 연장했을 때의 가상적인 곡면이다.
③ 육지와 해양의 지평면을 말한다.
④ 회전타원체와 같을 것으로 지구형상이 되는 곡면이다.

해설 지오이드는 평균해수면을 육지 내부까지 연장하여 지구를 둘러싼 가상 곡면을 말한다.

해답 ②

044

하천측량을 실시할 경우 수애선의 기준이 되는 것은?
① 고수위
② 평수위
③ 갈수위
④ 홍수위

해설 수애선은 육지와 물과의 경계선을 말하는 것으로 평수위에 의해 정해진다.

해답 ②

045
도로의 노선측량에서 종단면도에 나타나지 않는 항목은?

① 각 관측점에서의 계획고
② 각 관측점의 기점으로부터의 누적거리
③ 지반고와 계획고에 대한 성토, 절토량
④ 각 관측점의 지반고

해설 종단면도 기입사항은 다음과 같다.
① 측점   ② 거리 및 누가 거리
③ 지반고 및 계획고   ④ 성토고 및 절토고
⑤ 계획선의 구배

해답 ③

046
시간과 경비가 많이 들고 조건식수가 많아 조정이 복잡하지만 정확도가 높은 삼각망은?

① 단열삼각망   ② 유심삼각망
③ 사변형삼각망   ④ 단삼각형

해설 사변형 삼각망
① 조정이 복잡하고 시간과 비용이 많이 든다.
② 조건식의 수가 가장 많아 정도가 가장 높다.
③ 기선삼각망에 이용된다.
④ 지천의 합류점이나 분류점에서 위치를 정확히 결정 할 때 사용한다.

해답 ③

047
그림과 같은 지역의 면적은?

① 246.5m²
② 268.4m²
③ 275.2m²
④ 288.9m²

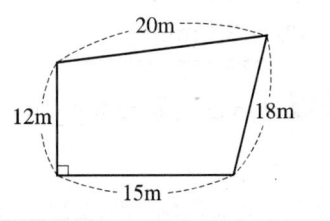

해설
① 삼사법에 의해 $A_1 = \dfrac{1}{2}(12 \times 15) = 90\text{m}^2$
② 삼변법에 의해
   ㉠ $a = \sqrt{12^2 + 15^2} = 19.21\text{m}$
   ㉡ $s = \dfrac{19.21 + 18 + 20}{2} = 28.6\text{m}$
   ㉢ $A_2 = \sqrt{s(s-a)(s-b)(s-c)}$
       $= \sqrt{(28.6)(28.6-19.2)(28.6-18)(28.6-20)} = 156.5$
③ $A = A_1 + A_2 = 246.5\text{m}^2$

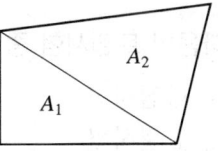

해답 ①

048
유속측량장소의 선정 시 고려하여야 할 사항으로 옳지 않은 것은?

① 가급적 수위의 변화가 뚜렷한 곳이어야 한다.
② 직류부로서 흐름과 하상경사가 일정하여야 한다.
③ 수위변화에 횡단형상이 급변하지 않아야 한다.
④ 관측장소의 상·하류의 유로가 일정한 단면을 갖고 있으며 관측이 편리하여야 한다.

해설 관측 시 교각이나 기타 구조물에 의하여 수위에 영향을 받지 않아야 한다.

해답 ①

049
도로와 철도의 노선 선정 시 고려해야 할 사항에 대한 설명으로 옳지 않은 것은?

① 성토를 절토보다 많게 해야 한다.
② 가급적 급경사노선은 피하는 것이 좋다.
③ 기존 시설물의 이전비용 등을 고려한다.
④ 건설비·유지비가 적게 드는 노선이어야 한다.

해설 가능한 한 절토량과 성토량을 같게 하여 경제적으로 하여야 한다.

해답 ①

050
1회 관측에서 ±3mm의 우연오차가 발생하였다. 10회 관측하였을 때의 우연오차는?

① ±3.3mm
② ±0.3mm
③ ±9.5mm
④ ±30.2mm

해설 $E_2 = \pm e\sqrt{n} = \pm 3 \times \sqrt{10} = \pm 9.5\text{mm}$

해답 ③

2. 토질 및 기초(토질역학, 기초공학)

051
다음의 토질시험 중 투수계수를 구하는 시험이 아닌 것은?

① 다짐시험
② 변수두 투수시험
③ 압밀시험
④ 정수두 투수시험

해설 투수계수 구하는 시험은 정수위투수 시험, 변수위투수 시험, 압밀 시험이 있다.

해답 ①

052 미세한 모래와 실트가 작은 아치를 형성한 고리모양의 구조로써 간극비가 크고, 보통의 정적하중을 지탱할 수 있으나 무거운 하중 또는 충격하중을 받으면 흙구조가 부서지고 큰 침하가 발생되는 흙의 구조는?

① 면모구조
② 벌집구조
③ 분산구조
④ 단립구조

해설 봉소구조(벌집구조)는 흙 입자가 서로 접촉 위치를 지키려는 힘에 의해 아치(arch)를 형성하한 고리모양의 구조로서 충격과 진동에 약하다.

해답 ②

053 압밀에 걸리는 시간을 구하는데 관계가 없는 것은?

① 배수층의 길이
② 압밀계수
③ 유효응력
④ 시간계수

해설
$$t = \frac{T \cdot d^2}{C_v}$$
여기서, t : 압밀시간, d : 배수거리, T : 시간계수, C_v : 압밀계수

해답 ③

054 다음 중 얕은 기초는?

① Footing기초
② 말뚝기초
③ Caisson기초
④ Pier기초

해설 **얕은 기초의 종류** : 독립 푸팅 기초, 복합 푸팅 기초, 캔틸레버 푸팅 기초, 연속 푸팅 기초, 전면 기초

해답 ①

055 유선망을 작도하는 주된 목적은?

① 침하량의 결정
② 전단강도의 결정
③ 침투수량의 결정
④ 지지력의 결정

해설 **유선망 작도 목적**
① 침투 수량을 알 수 있다.
② 임의의 점에 작용하는 간극수압을 알 수 있다.
③ 동수경사의 결정이 가능하다.
④ 파이핑(piping)에 대한 안전 검토를 할 수 있다.

해답 ③

056 절편법에 의한 사면의 안정해석 시 가장 먼저 결정되어야 할 사항은?

① 가상활동면
② 절편의 중량
③ 활동면상의 점착력
④ 활동면상의 내부마찰각

해설 **절편법**(분할법)은 먼저 임의의 가상 활동면을 가정하여, 활동면의 흙을 여러 개의 절편으로 나누어 각 절편에 작용하는 힘을 구하여 절편에 대한 안전율을 결정하는 방법이다.

해답 ①

057 다음 중 지지력이 약한 지반에서 가장 적합한 기초형식은?

① 독립확대기초
② 전면기초
③ 복합확대기초
④ 연속확대기초

해설 전면기초는 모든 기둥이나 받침을 하나의 연속된 확대기초로 지지하도록 만든 기초로 기초 지반이 연약한 경우에 가장 적합한 기초형식이다.

해답 ②

058 랭킨토압론의 가정으로 틀린 것은?

① 흙은 비압축성이고 균질이다.
② 지표면은 무한히 넓다.
③ 흙은 입자 간의 마찰에 의하여 평형조건을 유지한다.
④ 토압은 지표면에 수직으로 작용한다.

해설 토압은 지표면에 평행하게 작용한다.

해답 ④

059 점토지반에서 직경 30cm의 평판재하시험결과 300kN/m²의 압력이 작용할 때 침하량이 5mm라면 직경 1.5m의 실제 기초에 300kN/m²의 하중이 작용할 때 침하량의 크기는?

① 2mm
② 5mm
③ 14mm
④ 25mm

해설 **점토지반의 침하량은 재하판 폭에 비례**

$$S_{(기초)} = S_{(재하판)} \cdot \frac{B_{(기초)}}{B_{(재하판)}} = 5 \times \frac{1.5}{0.3} = 25\text{mm}$$

해답 ④

060 흙을 다지면 기대되는 효과로 거리가 먼 것은?

① 강도 증가
② 투수성 감소
③ 과도한 침하 방지
④ 함수비 감소

해설 다짐 효과
① 흙의 전단강도를 증가시켜 사면 안정성을 개선한다.
② 부착력이 증대하고 투수성이 감소한다.
③ 압축성이 감소되므로 지반의 침하가 감소한다.
④ 지반의 흡수성이 감소한다.
⑤ 상대밀도가 증가하므로 단위중량이 증대된다.
⑥ 동상, 팽창, 수축 등을 감소시킨다.

해답 ④

061 흙의 일축압축시험에 관한 설명 중 틀린 것은?

① 내부마찰각이 적은 점토질의 흙에 주로 적용된다.
② 축방향으로만 압축하여 흙을 파괴시키는 것이므로 $\sigma_3 = 0$일 때의 삼축압축시험이라고 할 수 있다.
③ 압밀비배수(CU)시험조건이므로 시험이 비교적 간단하다.
④ 흙의 내부마찰각 ϕ는 공시체 파괴면과 최대주응력면 사이에 이루는 각 θ를 측정하여 구한다.

해설 일축압축시험은 $\sigma_3 = 0$인 상태의 삼축압축시험으로 UU-test(비압밀비배수시험) 조건이다.

해답 ③

062 다음 그림에서 점토 중앙단면에 작용하는 유효압력은? (단, 물의 단위중량은 9.81kN/m³이다.)

① 12kN/m²
② 25kN/m²
③ 28kN/m²
④ 44kN/m²

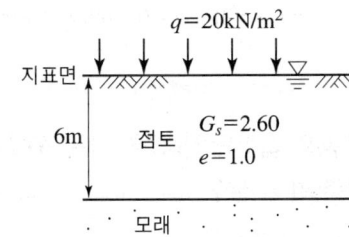

해설
① $\gamma_{sat} = \dfrac{G_s + e}{1+e}\gamma_w = \dfrac{2.6+1.0}{1+1.0} \times 9.81 = 17.658\text{kN/m}^3$

② $\overline{\sigma} = q + \gamma_{sub} h_{\text{점토 중앙단면}} = 20 + (17.658 - 9.81) \times \dfrac{6}{2} = 43.544\text{kN/m}^2$

해답 ④

063

얕은기초의 근입심도를 깊게 하면 일반적으로 기초지반의 지지력은?

① 증가한다.
② 감소한다.
③ 변화가 없다.
④ 증가할 수도 있고, 감소할 수도 있다.

해설 극한지지력은 근입깊이 D_f가 깊어지면 증가한다.

해답 ①

064

전단시험법 중 간극수압을 측정하여 유효응력으로 정리하면 압밀배수시험(CD-test)과 거의 같은 전단상수를 얻을 수 있는 시험법은?

① 비압밀비배수시험(UU-test)
② 직접전단시험
③ 압밀비배수시험(CU-test)
④ 일축압축시험(q_u-test)

해설 압밀 비배수 전단시험(CU-test 또는 $\overline{CU}$-test)은 시간이 너무 많이 소요되는 압밀 배수 전단시험(CD-test)대신 거의 같은 전단상수 값을 얻을 수 있기 때문에 대체가 가능하다.

해답 ③

065

그림과 같은 지반에서 깊이 5m 지점에서의 전단강도는? (단, 내부마찰각은 35°, 점착력은 0, γ_w는 9.81kN/m³이다.)

① 31kN/m²
② 37kN/m²
③ 44kN/m²
④ 62kN/m²

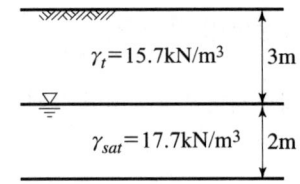

해설
① $\sigma' = r_t h_1 + r_{sub} h_2 = 15.7 \times 3 + (17.7 - 9.81) \times 2 = 62.88 \text{kN/m}^2$
② $\tau_f = c + \sigma' \tan\phi = 0 + 62.88 \times \tan 35° = 44 \text{kN/m}^2$

해답 ③

066

어떤 흙의 습윤단위중량(γ_t)은 20kN/m³이고, 함수비는 18%이다. 이 흙의 건조단위중량(γ_d)은?

① 16.26kN/m³
② 16.95kN/m³
③ 17.67kN/m³
④ 18.58kN/m³

해설 $\gamma_d = \dfrac{\gamma_t}{1+\dfrac{w}{100}} = \dfrac{20}{1+\dfrac{18}{100}} = 16.95 \text{kN/m}^3$

해답 ②

067
흙의 다짐에 대한 설명으로 틀린 것은?

① 사질토의 최대건조단위중량은 점성토의 최대건조단위중량보다 크다.
② 점성토의 최적함수비는 사질토의 최적함수비보다 크다.
③ 영공기 간극곡선은 다짐곡선과 교차할 수 없고 항상 다짐곡선의 우측에만 위치한다.
④ 유기질성분을 많이 포함할수록 흙의 최대건조단위중량과 최적함수비는 감소한다.

해설 유기질성분을 많이 포함할수록 흙의 최대건조단위중량은 감소하고 최적함수비는 증가한다.

해답 ④

068
동수경사(i)의 차원은?

① 무차원이다.
② 길이의 차원을 갖는다.
③ 속도의 차원을 갖는다.
④ 면적과 같은 차원이다.

해설 $i = \dfrac{수두차}{이동거리} = \dfrac{\Delta h}{L}$ 이므로 단위가 없어, 무차원이다.

해답 ①

069
rod에 붙인 어떤 저항체를 지중에 넣어 타격관입, 인발 및 회전할 때의 저항으로 흙의 전단강도 등을 측정하는 원위치시험을 무엇이라 하는가?

① 보링(boring)
② 사운딩(sounding)
③ 시료채취(sampling)
④ 비파괴시험(NDT)

해설 사운딩(Sounding)이란 Rod 선단에 설치한 저항체를 지중에 넣어 관입, 인발 및 회전 등에 대한 저항치로부터 지반의 특성을 파악하는 지반조사 방법이다.

해답 ②

070
다음 시험 중 흐트러진 시료를 이용한 시험은?

① 전단강도시험
② 압밀시험
③ 투수시험
④ 애터버그한계시험

해설 애터버그한계시험은 No.40체 통과한 시료(교란시료)를 사용하여 실시한다.

해답 ④

제3과목 수자원설계(수리학+상하수도공학)

1. 수리학

071 초속 V_o의 사출수가 도달하는 수평 최대거리는?

① 최대연직높이의 1.2배이다.　② 최대연직높이의 1.5배이다.
③ 최대연직높이의 2.0배이다.　④ 최대연직높이의 3.0배이다.

해설 수평 최대거리는 최대 연직높이의 2배이다.

해답 ③

072 관망의 유량을 계산하는 방법인 Hardy – Cross의 방법에서 가정조건이 아닌 것은?

① 분기점에서 유입하는 유량은 그 점에서 정지하지 않고 전부 유출한다.
② 각 폐합관에서 시계방향 또는 반시계방향으로 흐르는 관로의 손실수두의 합은 0이다.
③ 합류점에 유입하는 유량은 그 점에서 정지하지 않고 전부 유출한다.
④ 보정유량 ΔQ는 크기와 상관없이 균등하게 배분하여 유량을 결정한다.

해설 Hardy Cross 계산법 가정 조건
① 각 분기점 또는 합류점에 유입하는 유량은 그 점에서 정지하지 않고 전부 유출한다. 이 조건은 $\Sigma Q=0$ 조건인 연속방정식을 의미한다.
② 각 폐합관에서 손실수두의 합은 흐름의 방향에 관계없이 0이다.
③ 손실은 마찰손실만 고려한다.(관의 각 부분에서 발생되는 미소손실은 무시한다)

해답 ④

073 다음 설명 중 옳지 않은 것은?

① 유선이란 임의순간에 각 점의 속도벡터에 접하는 곡선이다.
② 유관이란 개방된 곡선을 통과하는 유선으로 이루어진 평면을 말한다.
③ 흐름이 층류일 때 뉴턴의 점성법칙을 적용할 수 있다.
④ 정상류란 한 점에서 흐름의 특성이 시간에 따라 변하지 않는 흐름이다.

해설 유관이란 유체 내부에 한 개의 폐곡선을 생각하여 그 곡선상의 각 점에서 유선을 그리면 유선은 일종의 경계면을 형성하는 하나의 가상적인 관을 말한다.

해답 ②

074

그림과 같이 단면적이 A_1, A_2인 두 관이 연결되어 있고 관내 두 점의 수두차가 H일 때 유량을 계산하는 식은?

① $Q = \dfrac{A_1 - A_2}{\sqrt{A_1^2 - A_2^2}} \sqrt{2gH}$

② $Q = \dfrac{A_1 \cdot A_2}{\sqrt{A_1^2 + A_2^2}} \sqrt{2gH}$

③ $Q = \dfrac{A_1 - A_2}{\sqrt{A_1^2 + A_2^2}} \sqrt{2gH}$

④ $Q = \dfrac{A_1 \cdot A_2}{\sqrt{A_1^2 - A_2^2}} \sqrt{2gH}$

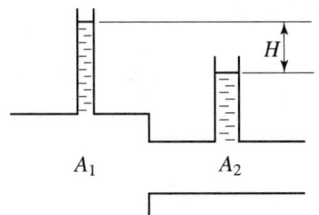

해설 $Q = \dfrac{A_1 A_2}{\sqrt{A_1^2 - A_2^2}} \sqrt{2gH}$

해답 ④

075

동수경사선(hydraulic grade line)에 대한 설명으로 옳은 것은?

① 위치수두를 연결한 선이다.
② 속도수두와 위치수두를 합해 연결한 선이다.
③ 압력수두와 위치수두를 합해 연결한 선이다.
④ 전수두를 연결한 선이다.

해설 동수경사선(수두경사선)은 기준수평면에서 $\left(Z(\text{위치수두}) + \dfrac{P}{w}(\text{압력수두})\right)$의 점들을 연결한 선이다.

해답 ③

076

그림과 같은 수중 오리피스에서 오리피스단면적이 30cm²일 때 유출량은? (단, 유량계수 $C=0.6$)

① 13.7L/s
② 12.5L/s
③ 10.2L/s
④ 8.0L/s

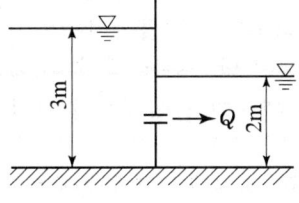

해설 $Q = Ca\sqrt{2gh} = 0.6 \times 30 \times \sqrt{2 \times 980 \times (300-200)} = 7,969 \text{cm}^3/\text{s} = 8.0\text{L/s}$

해답 ④

077

길이 130m인 관로에서 양단의 압력수두차가 8m가 되도록 하고 0.3m³/s의 물을 송수하기 위한 관의 직경은? (단, 관로의 마찰손실계수는 0.03이다)

① 43.0cm ② 32.5cm
③ 30.3cm ④ 25.4cm

해설

① $V = \dfrac{Q}{A} = \dfrac{0.3}{\dfrac{\pi \cdot D^2}{4}} = \dfrac{0.382}{D^2}$

② $h_L = f \dfrac{l}{D} \dfrac{V^2}{2g}$

$8 = 0.03 \times \dfrac{130}{D} \times \dfrac{\left(\dfrac{0.382}{D^2}\right)^2}{2 \times 9.8}$ 에서 $D^5 = 0.00363$ ∴ $D = 0.325\mathrm{m} = 32.5\mathrm{cm}$

해답 ②

078

유체 내부 임의의 점(x, y, z)에서의 시간 t에 대한 속도성분을 각각 u, v, w로 표시할 때 정류이며 비압축성인 유체에 대한 연속방정식으로 옳은 것은? (단, ρ는 유체의 밀도이다.)

① $\dfrac{\partial u}{\partial x} + \dfrac{\partial v}{\partial y} + \dfrac{\partial w}{\partial z} = 0$

② $\dfrac{\partial \rho u}{\partial x} + \dfrac{\partial \rho v}{\partial y} + \dfrac{\partial \rho w}{\partial z} = 0$

③ $\dfrac{\partial \rho}{\partial t} + \rho \left(\dfrac{\partial u}{\partial x} + \dfrac{\partial v}{\partial y} + \dfrac{\partial w}{\partial z}\right) = 0$

④ $\dfrac{\partial \rho}{\partial t} + \dfrac{\partial (\rho u)}{\partial x} + \dfrac{\partial (\rho v)}{\partial y} + \dfrac{\partial (\rho w)}{\partial z} = 0$

해설 압축성 유체일 때 정류의 연속방정식

$\dfrac{\partial \rho}{\partial t} = 0$ 이므로 $\dfrac{\partial (\rho u)}{\partial x} + \dfrac{\partial (\rho v)}{\partial y} + \dfrac{\partial (\rho w)}{\partial z} = 0$

해답 ①

079

물의 점성계수(coefficient of viscosity)에 대한 설명 중 옳은 것은?

① 수온에는 관계없이 점성계수는 일정하다.
② 점성계수와 동점성계수는 반비례한다.
③ 수온이 낮을수록 점성계수는 크다.
④ 4℃에서의 점성계수가 가장 크다.

해설 점성은 물체가 외력에 대해 계속해서 연속적으로 저항하는 성질로서 수온이 낮을수록 크다.

해답 ③

080 한계류에 대한 설명으로 옳은 것은?

① 유속의 허용한계를 초과하는 흐름
② 유속과 장파의 전파속도의 크기가 동일한 흐름
③ 유속이 빠르고 수심이 작은 흐름
④ 동압력이 정압력보다 큰 흐름

해설 한계류는 유속과 장파의 전파속도의 크기가 동일한 흐름이다.

해답 ②

081 원형 관수로의 흐름에서 레이놀즈수(Re)를 유량 Q, 지름 d 및 동점성계수 ν의 함수로 표시한 것으로 옳은 것은?

① $Re = \dfrac{4Q}{\pi d\nu}$ ② $Re = \dfrac{Q}{4\pi d\nu}$

③ $Re = \dfrac{\pi\nu}{Qd}$ ④ $Re = \dfrac{\pi d}{\nu Q}$

해설 ① $V = \dfrac{Q}{A} = \dfrac{Q}{\dfrac{\pi \cdot d^2}{4}} = \dfrac{4Q}{\pi d^2}$ ② $Re = \dfrac{Vd}{\nu} = \dfrac{\dfrac{4Q}{\pi d^2} \times d}{\nu} = \dfrac{4Q}{\pi d\nu}$

해답 ①

082 개수로의 흐름에서 등류의 흐름일 때 옳은 것은?

① 유속은 점점 빨라진다. ② 유속은 점점 늦어진다.
③ 유속은 일정하게 유지된다. ④ 유속은 0이다.

해설 등류란 정류 중에서 어느 단면에서나 유속과 수심이 변하지 않는 흐름을 말한다.

해답 ③

083 오리피스에서 유출되는 실제 유량을 계산하기 위한 수축계수 C_a로 옳은 것은? (단, a_0 : 수축단면의 단면적, a : 오리피스의 단면적, V : 실제 유속, V_0 : 이론 유속)

① $\dfrac{a}{a_0}$ ② $\dfrac{V_0}{V}$

③ $\dfrac{a_0}{a}$ ④ $\dfrac{V}{V_0}$

해설 수축계수 $C_a = \dfrac{a_o}{a}$

해답 ③

084
콘크리트 직사각형 수로폭이 8m, 수심이 6m일 때 Chézy의 공식에서 유속계수 (C)의 값은? (단, Manning의 조도계수 $n=0.014$이다.)

① 79　② 83
③ 87　④ 92

해설
① $R = \dfrac{A}{P} = \dfrac{8 \times 6}{6+8+6} = 2.4\text{m}$

② $C = \dfrac{1}{n} R^{\frac{1}{6}} = \dfrac{1}{0.014} \times 2.4^{\frac{1}{6}} = 83$

해답 ②

085
수압 98kPa(1kg/cm²)을 압력수두로 환산한 값으로 옳은 것은?

① 1m　② 10m
③ 100m　④ 1,000m

해설 압력수두 $= \dfrac{P}{w} = \dfrac{10\text{t/m}^2}{1\text{t/m}^3} = 10\text{m}$

해답 ②

086
부체(浮體)가 불안정해지는 조건에 대한 설명으로 옳은 것은?

① 부양면에 대한 단면 1차 모멘트가 클수록
② 부양면에 대한 단면 1차 모멘트가 작을수록
③ 부양면에 대한 단면 2차 모멘트가 클수록
④ 부양면에 대한 단면 2차 모멘트가 작을수록

해설 부체의 불안정 조건
$\overline{MG}(h) < 0$, $\dfrac{I_X}{V} < \overline{GC}$, $\overline{CM} < \overline{CG}$

해답 ④

087
개수로의 수면기울기가 1/1,200이고 경심 0.85m, Chezy의 유속계수 56일 때 평균유속은?

① 1.19m/s　② 1.29m/s
③ 1.39m/s　④ 1.49m/s

해설 $V = C\sqrt{RI} = 56 \times \sqrt{0.85 \times \dfrac{1}{1,200}} = 1.49\text{m/s}$

해답 ④

2. 상하수도공학(상수도계획, 하수도계획)

088 하천이나 호소에서 부영양화(eutrophication)의 주된 원인물질은?
① 질소 및 인
② 탄소 및 유황
③ 중금속
④ 염소 및 질산화물

해설 부영양화는 질소(N)와 인(P)으로 인해 발생한다.

해답 ①

089 관거접합방법 중 다른 방법에 비해 흐름은 원활하나 하류의 굴착깊이가 커지는 접합방법은?
① 관정접합
② 수면접합
③ 관중심접합
④ 관저접합

해설 관정접합은 관거의 내면 상부를 일치시키는 방식으로 매설깊이를 증대시킴으로서 공사비가 증대된다.

해답 ①

090 도수시설에 관한 설명으로 옳지 않은 것은?
① 수로의 형식은 관수로식과 개수로식이 있지만, 펌프가압식에서는 관수로식을 채택한다.
② 도수관의 노선은 관로가 항상 동수경사선 이하가 되도록 설정하고 항상 정압이 되도록 계획한다.
③ 자연유하식 도수관인 경우에는 평균유속의 최소 한계를 0.3m/s로 한다.
④ 수질오염의 관점으로는 개수로가 관수로보다 더 유리하다.

해설 오염될 확률은 개방되어 있는 개수로가 관수로보다 높다.

해답 ④

091 유량이 1,000m³/day이고 BOD가 100mg/L인 폐수를 유효용량 200m³인 포기조에서 처리할 경우 BOD용적부하는?
① 0.5kg/m³ · day
② 5.0kg/m³ · day
③ 10.0kg/m³ · day
④ 12.5kg/m³ · day

해설 ① BOD 용적 부하(kgBOD/m³ · d)
$= \dfrac{1일\ BOD\ 유입량(kgBOD/d)}{폭기조\ 용적(m^3)} = \dfrac{하수량 \times 하수의\ BOD}{폭기조\ 부피}$

$$= \frac{1{,}000 \text{m}^3/\text{day} \times 100 \text{mg/L}}{200 \text{m}^3} = 500 \text{mg}/(\text{L} \cdot \text{day})$$

② $500 \text{mg}/(\text{L} \cdot \text{day}) \times 10^{-6} \text{kg/mg} \times 10^3 \text{L/m}^3 = 0.5 \text{kg}/(\text{m}^3 \cdot \text{day})$

해답 ①

092 슬러지의 안정화목적으로 거리가 먼 것은?
① 병원균의 감소
② 함수율의 감소
③ 악취의 제거
④ 부패 억제, 감소 또는 제거

해설 함수율의 감소는 슬러지의 부피를 감소시켜 취급이 용이하도록 하기 위함이다.

해답 ②

093 유역면적 2km², 유출계수 0.6인 어느 지역에서 2시간 동안에 70mm의 호우가 내렸다. 합리식에 의한 이 지역의 우수유출량은?
① 10.5m³/s
② 11.7m³/s
③ 42.0m³/s
④ 70.0m³/s

해설 $Q = \frac{1}{3.6} CIA = \frac{1}{3.6} \times 0.6 \times \frac{70}{2} \times 2 = 11.7 \text{m}^3/\text{s}$

해답 ②

094 다음 중 완속여과지에 비하여 급속여과지의 장점이 아닌 것은?
① 여과속도가 빠르다.
② 부지면적이 적게 소요된다.
③ 원수가 고농도의 현탁물일 때 유리하다.
④ 주로 미생물에 의한 제거효과가 뚜렷하다.

해설 급속여과지에 비해 완속여과지의 경우 미생물에 의한 제거효과가 뚜렷하다.

해답 ④

095 상수를 처리한 후에 치아의 충치를 예방하기 위해 주입할 수 있으며 원수 중에 과량으로 존재하면 반상치(반점치) 등을 일으키므로 제거하여야 하는 물질은?
① 염소
② 불소
③ 산소
④ 비소

해설 불소는 상수도에 적당량을 함유하면 충치를 예방할 수 있으나, 다량이 함유되면 반상치(반점치)를 일으킨다.

해답 ②

096 우수관거 및 합류관거의 최소관경(A)과 관거의 최소흙두께(B)로 옳게 짝지어진 것은?

① $A=200$mm, $B=0.5$m
② $A=250$mm, $B=1$m
③ $A=200$mm, $B=1$m
④ $A=250$mm, $B=0.5$m

해설 관거의 최소흙두께는 원칙적으로 1m로 하며, 우수관거 및 합류관거의 최소 관경은 250mm이고, 오수관거의 최소 관경은 200mm이다.

해답 ②

097 그림과 같은 활성슬러지변법은?

① 계단식 폭기법
② 장기폭기법
③ 접촉안정법
④ 산화구법

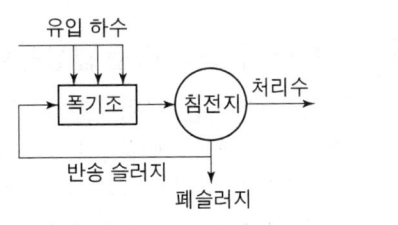

해설 그림은 계단식 폭기법에 해당한다.

해답 ①

098 분류식과 합류식 하수배제방식의 특징으로 틀린 것은?

① 일반적으로 합류식의 관경이 분류식보다 크다.
② 분류식은 우수관과 오수관으로 구분된다.
③ 합류식은 초기 우수의 일부를 처리장으로 운송하여 처리한다.
④ 분류식은 완전한 우수처리가 가능하다.

해설 분류식은 우수 초기에 오염도가 비교적 큰 노면배수가 우수관거를 통해 공공수역으로 직접 방류되는 등 완전한 우수처리가 어려워 하천을 오염시킨다.

해답 ④

099 다음 중 BOD값이 크게 나타나는 경우는?

① 영양염류가 풍부한 경우
② DO농도가 큰 경우
③ 유기물질이 많은 경우
④ 미생물이 활성화되어 있는 경우

해설 **생물화학적 산소요구량**(BOD)은 수중의 미생물이 호기성 상태에서 유기물을 분해하여 안정화시키는 데 요구되는 산소량으로 유기물질이 많은 경우 BOD값이 커진다.

해답 ③

100 계획취수량의 결정에 대한 설명으로 옳은 것은?

① 계획 1일 평균급수량에 10% 정도 증가된 수량으로 결정한다.
② 계획 1일 최대급수량에 10% 정도 증가된 수량으로 결정한다.
③ 계획 1일 평균급수량에 30% 정도 증가된 수량으로 결정한다.
④ 계획 1일 최대급수량에 30% 정도 증가된 수량으로 결정한다.

해설 계획취수량은 지하수의 침투나 누수 등을 고려하여 계획 1일 최대급수량의 10%정도 증가된 수량으로 결정한다.

해답 ②

101 관거별 계획하수량을 결정할 때 고려하여야 할 사항으로 틀린 것은?

① 오수관거는 계획시간 최대오수량으로 한다.
② 우수관거는 계획우수량으로 한다.
③ 합류식 관거는 계획 1일 최대오수량에 계획우수량을 합한 것으로 한다.
④ 차집관거는 우천시 계획오수량으로 한다.

해설 합류식 관거의 계획하수량은 계획시간 최대 오수량에 계획우수량을 합한 것으로 한다.

해답 ③

102 펌프에 연결된 관로에서 압력강하에 따른 부압 발생을 방지하기 위한 방법이 아닌 것은?

① 펌프에 플라이휠(fly-wheel)을 붙여 펌프의 관성을 증가시켜 급격한 압력강하를 완화한다.
② 펌프토출측 관로에 조압수조(conventional surge tank)를 설치한다.
③ 압력수조(air-chamber)를 설치한다.
④ 관내 유속을 크게 한다.

해설 **부압 발생의 방지법**
① 펌프에 플라이휠(fly-wheel)을 붙인다.
② 토출측 관로에 표준형 조압수조(conventional surge tank)를 설치한다.
③ 토출측 관로에 한방향형 조압수조(one-way surge tank)를 설치한다.
④ 압력수조(air-chamber)를 설치한다.

해답 ④

103 하수관거의 길이가 1.8km인 하수관거 내에서 우수가 1.5m/s의 유속으로 흐르고 유입시간이 8분일 때 유달시간은?

① 18분
② 20분
③ 28분
④ 38분

해설 유달시간(T)=유입시간(t_1)+유하시간$(t_2)=t_1+\dfrac{L}{v}=8+\dfrac{1,800}{1.5\times60}=28\min$

해답 ③

104 파괴점염소처리(또는 불연속점염소처리)에 대한 설명 중 틀린 것은?

① 염소를 주입하여 생성된 클로라민을 모두 파괴하고 유리잔류염소로 소독하는 방법이다.
② 파괴점(breakpoint)은 염소요구량이 소비되고 나서 유리잔류염소가 존재하기 시작하는 점을 말한다.
③ 유리잔류염소는 살균력이 강하여 소독효과를 충분히 달성할 수가 있다.
④ 파괴점염소소독을 할 경우 THM 등의 소독부산물 생성을 방지할 수 있다.

해설 염소 사용 시 발암물질인 트리할로메탄(THM)의 생성은 불가피하기 때문에 트리할로메탄을 총량으로 규제하고 있다.

해답 ④

105 취수시설 중 취수탑에 대한 설명으로 틀린 것은?

① 큰 수위변동에 대응할 수 있다.
② 지하수를 취수하기 위한 탑모양의 구조물이다.
③ 취수구를 상하에 설치하여 수위에 따라 좋은 수질을 선택하여 취수할 수 있다.
④ 유량이 안정된 하천에서 대량으로 취수할 때 유리하다.

해설 취수탑은 하천수 및 호소, 저수지수를 취수하기 위한 시설이다.

해답 ②

106 BOD가 94.8mg/L인 오수 5m³/h를 유량이 50m³/h인 하천에 방류한 결과 BOD가 14.1mg/L가 되었다. 오수가 유입되기 이전의 하천BOD는?

① 2.0mg/L
② 4.0mg/L
③ 6.0mg/L
④ 8.0mg/L

해설 $C_m = \dfrac{Q_1 C_1 + Q_2 C_2}{Q_1 + Q_2} = \dfrac{94.8 \times 5 + C_2 \times 50}{5 + 50} = 14.1 \text{mg/L}$ 에서
$C_2 = 6.0 \text{mg/L}$

해답 ③

107 송수관을 자연유하식으로 설계할 때 평균유속의 허용최대한계는?
① 1.5m/s
② 2.5m/s
③ 3.0m/s
④ 5.0m/s

해설 도·송수관의 평균유속의 최대한도는 자연유하식인 경우 허용 최대한도를 3.0m/s로 하고, 펌프가압식인 경우는 경제적인 관경에 대한 유속으로 한다.

해답 ③

무료 동영상과 함께하는 **토목산업기사 필기**

2022

2022년 3월 CBT 시행
2022년 5월 CBT 시행
2022년 9월 CBT 시행

무료 동영상과 함께하는
토목산업기사 필기

2022년 3월 CBT 시행

2023 개정된 출제기준에 의거하여 불필요한 문제는 삭제하고 3과목으로 정리함

제1과목 구조설계(응용역학+철근콘크리트 및 강구조)

1. 응용역학(역학적인 개념 및 건설 구조물의 해석)

001 그림과 같은 구조물에서 BC 부재가 받는 힘은 얼마인가?
① 18kN
② 24kN
③ 37.5kN
④ 50kN

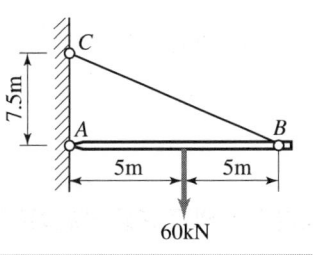

해설 힌지에서의 모멘트는 '0'이므로
$$M_A = 60 \times 5 - V_{BC} \times 10$$
$$= 60 \times 5 - T_{BC} \times \frac{7.5}{\sqrt{7.5^2 + 10^2}} \times 10$$
$$= 0 \text{에서}$$
$$T_{BC} = 50\text{kN}(\text{인장})$$

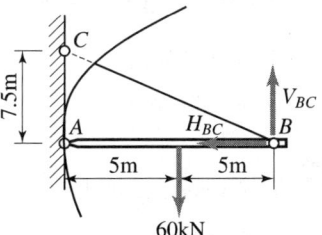

해답 ④

002 다음 중 단면계수의 단위로서 옳은 것은?
① cm
② cm^2
③ cm^3
④ cm^4

해설 단면계수의 단위차원은 L^3이므로 cm^3이다.

해답 ③

003

그림과 같이 반원의 도심을 지나는 X축에 대한 단면2차모멘트의 값은?

① 4.89cm^4
② 6.89cm^4
③ 8.89cm^4
④ 10.89cm^4

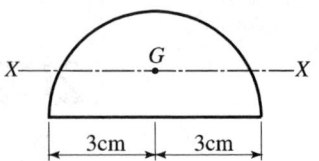

해설 ① 반원의 도심
$$y = \frac{4r}{3\pi}$$
② 반원 밑면에 대한 단면2차모멘트
$$I_{밑면} = I_{원형도심} \cdot \frac{1}{2} = \frac{\pi \cdot (2r)^4}{64} \times \frac{1}{2} = \frac{\pi \cdot r^4}{8}$$
③ 반원 도심축에 대한 단면2차모멘트
$$I_X = I_{밑면} - A \cdot y^2 = \frac{\pi \cdot r^4}{8} - \frac{\pi \cdot r^2}{2} \times \left(\frac{4r}{3\pi}\right)^2 = \frac{\pi \times 3^4}{8} - \frac{\pi \times 3^2}{2} \times \left(\frac{4 \times 3}{3 \times \pi}\right)^2$$
$$= 8.89\text{cm}^4$$

해답 ③

004

직경 3cm의 강봉을 70kN로 잡아당길 때 막대기의 직경이 줄어드는 양은? (단, 푸아송비 $\nu = \frac{1}{4}$, 탄성계수 $E = 2 \times 10^5 \text{MPa}$)

① 0.003715cm
② 0.004715cm
③ 0.0003715cm
④ 0.004715cm

해설 ① $\sigma = E \cdot \varepsilon_{세로}$에서 $\varepsilon_{세로} = \frac{\sigma}{E}$

② 푸아송비
$$\nu = \frac{\varepsilon_{가로}}{\varepsilon_{세로}} = \frac{\frac{\Delta_d}{d}}{\frac{\sigma}{E}} = \frac{\Delta_d \cdot E}{d \cdot \sigma} \text{에서}$$

$$\Delta_d = \frac{d \cdot \sigma \cdot \nu}{E} = \frac{30 \times \frac{70000}{\frac{\pi \times 30^2}{4}} \times \frac{1}{4}}{2 \times 10^5} = 0.003715\text{mm} = 0.0003715\text{cm}$$

해답 ③

005

그림과 같은 사각형 단면을 가지는 기둥의 핵 면적은?

① $\dfrac{bh}{9}$
② $\dfrac{bh}{18}$
③ $\dfrac{bh}{16}$
④ $\dfrac{bh}{36}$

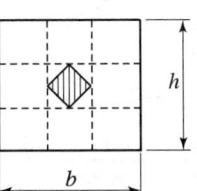

해설
① 핵거리
$$x=\dfrac{h}{6},\ y=\dfrac{b}{6}$$
② 핵폭
$$2x=\dfrac{h}{3},\ 2y=\dfrac{b}{3}$$
③ 핵면적
$$\dfrac{h}{3}\times\dfrac{b}{3}\times\dfrac{1}{2}=\dfrac{bh}{18}$$

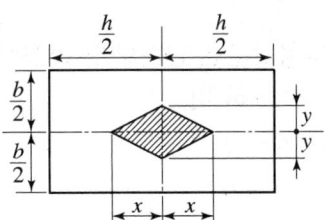

해답 ②

006

길이 6m인 단순보에 그림과 같이 집중하중 70kN, 20kN이 작용할 때 최대 휨모멘트는 얼마인가?

① 105kN·m
② 80kN·m
③ 75kN·m
④ 70kN·m

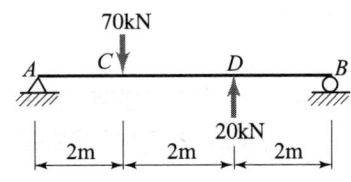

해설
① 반력
㉠ $\sum M_B = 0$ ↶
  $V_A \times 6 - 70 \times 4 + 20 \times 2 = 0$ 에서
  $V_A = 40\text{kN}(\uparrow)$
㉡ $\sum V = 0(\uparrow +)$
  $V_A - 70 + 20 + V_B = 0$ 에서
  $V_B = 10\text{kN}(\uparrow)$
② 최대 휨모멘트
단순보에 집중하중이 작용하는 경우
최대 휨모멘트는 대부분 최대의 집중하중 아래에서 생긴다.
$M_{\max} = M_C = V_A \times 2 = 40 \times 2 = 80\text{kN}\cdot\text{m}$

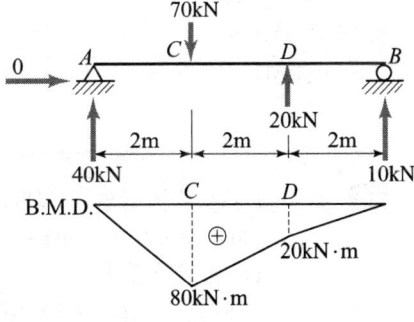

해답 ②

007 지름 2cm, 길이 1m, 탄성계수 1000MPa의 철선에 무게 0.1kN의 물건을 매달았을 때 철선의 늘어나는 양은?

① 0.32mm
② 0.73mm
③ 1.07mm
④ 1.34mm

해설 $\Delta_l = \dfrac{P \cdot l}{A \cdot E} = \dfrac{100 \times 1000}{\dfrac{\pi \times 20^2}{4} \times 1000} = 0.32\text{mm}$

해답 ①

008 다음과 같은 단순보에 모멘트하중이 작용할 때 지점 B에서의 수직반력은? [단, (−)는 하향]

① 50kN
② −50kN
③ 100kN
④ −100kN

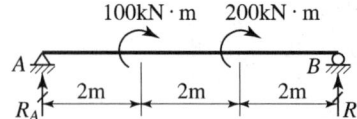

해설 $\Sigma M_A = 0 \curvearrowright$
$100 + 200 - V_B \times 6 = 0$ 에서
$V_B = 50\text{kN}(\uparrow)$

해답 ①

009 그림과 같은 직사각형 단면에 전단력 $S = 45\text{kN}$가 작용할 때 중립축에서 5cm 떨어진 $a-a$면에서의 전단응력은?

① 0.7MPa
② 0.8MPa
③ 0.9MPa
④ 1.0MPa

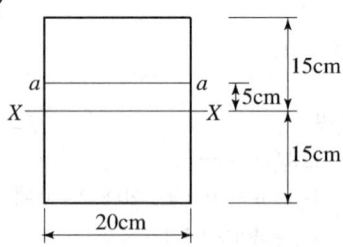

해설 ① a−a단면 절단 단면1차모멘트
$G = 20 \times 10 \times 10 = 2,000\text{cm}^3 = 2 \times 10^6 \text{mm}^3$
② a−a단면 전단응력
$\tau_{aa} = \dfrac{SG}{Ib} = \dfrac{45{,}000 \times 2 \times 10^6}{\dfrac{200 \times 300^3}{12} \times 200} = 1\text{MPa}$

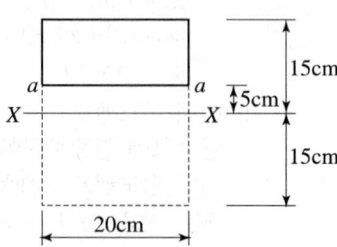

해답 ④

010 탄성계수 E와 전단탄성계수 G의 관계를 옳게 표시한 식은? (단, ν는 Poisson's 비, m은 Poisson's수이다.)

① $E = \dfrac{G}{2(1+\nu)}$ ② $E = 2(1+\nu)G$

③ $E = \dfrac{2G}{1+m}$ ④ $E = 0.5(1+m)G$

해설 $G = \dfrac{E}{2(1+\nu)}$에서 $E = 2(1+\nu)G$

해답 ②

011 다음 중 지점(support)의 종류에 해당되지 않는 것은?

① 이동지점 ② 자유지점
③ 회전지점 ④ 고정지점

해설 지점과 반력
① 이동지점(roller support) : 수직반력만 발생
② 회전지점(hinged support) : 수직반력과 수평반력 발생
③ 고정지점(fixed support) : 수직반력과 수평반력 및 휨모멘트 반력 발생

해답 ②

012 그림 (A)와 같은 장주가 100kN의 하중에 견딜 수 있다면 (B)의 장주가 견딜 수 있는 하중의 크기는? (단, 기둥은 등질, 등단면이다.)

① 25kN
② 200kN
③ 400kN
④ 800kN

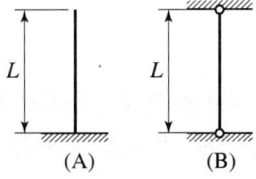
(A) (B)

해설 ① 내력
$n_a : n_b = \dfrac{1}{4} : 1 = 1 : 4$이므로
장주 B가 장주 A가 받는 하중의 4배 하중을 받을 수 있다.
② $P_{(B)} = 4P_{(A)} = 4 \times 100 = 400\text{kN}$

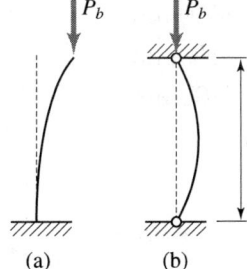
(a) (b)

해답 ③

013 반지름 r인 원형 단면 보에 휨모멘트 M이 작용할 때 최대 휨응력은?

① $\dfrac{64M}{\pi r^3}$
② $\dfrac{32M}{\pi r^3}$
③ $\dfrac{4M}{\pi r^3}$
④ $\dfrac{M}{\pi r^3}$

해설 $\sigma_{\max} = \dfrac{M_{\max}}{Z_{\min}} = \dfrac{M}{\dfrac{\pi D^3}{32}} = \dfrac{M}{\dfrac{\pi(2r)^3}{32}} = \dfrac{4M}{\pi r^3}$

해답 ③

2. 철근콘크리트 및 강구조

014 그림과 같은 단철근 직사각형 단면보에서 등가직사각형 응력블록의 깊이(a)는? (단, $f_y = 350$MPa, $f_{ck} = 28$MPa)

① 42mm
② 49mm
③ 52mm
④ 59mm

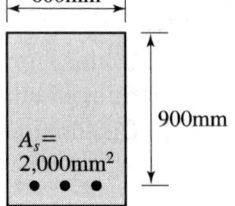

해설 $a = \dfrac{A_s f_y}{0.85 f_{ck} b} = \dfrac{2,000 \times 350}{0.85 \times 28 \times 600} = 49\text{mm}$

해답 ②

015 그림과 같은 독립확대기초에서 전단에 대한 위험단면의 둘레길이는 얼마인가? (단, 2방향 작용에 의하여 펀칭전단이 발생하는 경우)

① 1600mm
② 2800mm
③ 3600mm
④ 4800mm

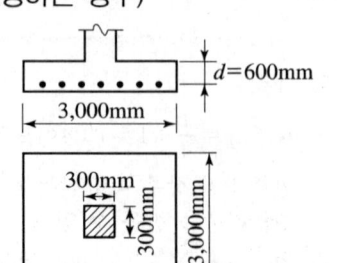

해설 4주변장의 합 : b'
$b' = 4B = 4(t+d) = 4 \times (300+600) = 3,600\text{mm}$

해답 ③

016 복철근 단면으로 설계해야 할 경우를 설명한 것으로 틀린 것은?

① 구조물의 연성을 극대화시킬 필요가 있을 때
② 정(+), 부(−) 모멘트를 번갈아가며 받을 때
③ 처짐을 극소화시켜야 할 때
④ 균형보 개념으로 계산된 보의 유효깊이가 실제 설계된 보의 유효깊이보다 작을 때

해설 **복철근보를 사용하는 이유**
① 단면의 치수(특히 유효높이)가 제한되어 설계모멘트가 외력에 의한 작용모멘트를 견딜 수 없는 경우($M_d < M_u$)
　㉠ 복철근보로 함으로써 저항모멘트의 증가로 보강성을 증대
　㉡ 취성을 줄인다.
　㉢ 연성을 키워준다.
② 정(+)·부(−)의 휨모멘트를 교대로 받는 경우
　㉠ 정모멘트는 단철근보로도 충분하나
　㉡ 부의 휨모멘트 작용 시 복철근보로 하여 부의 휨모멘트 작용 시 압축철근이 인장철근의 역할을 하도록 하여야 한다.
③ 보의 강성을 증대시키기 위해
④ 연성을 키우기 위해
⑤ 처짐을 작게 해야 하는 경우
⑥ 건조수축과 크리프의 영향을 감소시키기 위해
⑦ 비틀림모멘트를 받을 때

압축철근 사용 효과
① 지속하중에 의한 장기처짐(총처짐)을 감소시킨다.
② 연성을 증가시켜 모멘트 재분배가 가능하게 한다.
③ 철근의 조립을 쉽게 할 수 있다.

해답 ④

017 다음 철근 중 철근콘크리트 부재의 전단철근으로 사용할 수 없는 것은?

① 주인장 철근에 45°의 각도로 설치되는 스터럽
② 주인장 철근에 30°의 각도로 설치되는 스터럽
③ 주인장 철근에 30°의 각도로 구부린 굽힘철근
④ 주인장 철근에 45°의 각도로 구부린 굽힘철근

해설 **전단철근의 종류**
① 스터럽
　㉠ 수직 스터럽 : 주철근에 직각 방향으로 배치한 스터럽
　㉡ 경사 스터럽 : 주철근에 45° 이상의 경사로 배치한 스터럽
② 굽힘철근(절곡철근) : 주철근을 30° 이상의 경사로 구부린 철근

③ 전단철근의 병용 : 전단응력이 크게 작용되는 지점 부근에서 사용된다.
　㉠ 수직 스터럽과 굽힘철근의 병용
　㉡ 경사 스터럽과 굽힘철근의 병용
　㉢ 수직 스터럽과 경사 스터럽을 굽힘철근과 병용
④ 용접철망 : 부재의 축에 직각으로 배치
⑤ 나선철근
⑥ 원형 띠철근
⑦ 후프 철근

해답 ②

018

f_{ck}=27MPa, f_y=400MPa로 만들어지는 보에서 인장이형철근으로 D29(공칭지름 28.6mm)를 사용한다면 기본정착길이는? (단, 사용한 콘크리트는 보통중량 콘크리트이다.)

① 1321mm
② 1387mm
③ 1423mm
④ 1486mm

해설 $l_{db} = \dfrac{0.6\, d_b f_y}{\lambda \sqrt{f_{ck}}} = \dfrac{0.6 \times 28.6 \times 400}{1 \times \sqrt{27}} = 1,321\,\text{mm}$

해답 ①

019

전체 깊이가 900mm를 초과하는 휨부재 복부의 양 측면에 부재 축방향으로 배치하는 철근은?

① 수직 스터럽
② 표피철근
③ 배력철근
④ 옵셋굽힘철근

해설 보나 장선의 깊이 h가 900mm를 초과하면, 종방향 표피철근을 인장연단으로부터 $h/2$ 지점까지 부재 양쪽 측면을 따라 균일하게 배치하여야 한다.

해답 ②

020

철근의 이음에 대한 설명으로 틀린 것은?

① 이음이 부재의 한 단면에 집중되도록 하는 것이 좋다.
② 철근은 이어대지 않는 것을 원칙으로 한다.
③ 최대 인장응력이 작용하는 곳에서는 이음을 하지 않는 것이 좋다.
④ D35를 초과하는 철근은 겹침이음할 수 없다.

해설 ① 철근이음은 한 단면에 집중되지 않게 해야 한다.
② 최대 인장응력이 일어나는 곳(최대 휨모멘트 발생지점=위험단면)은 이음을 두지 않아야 한다.

해답 ①

021

강도설계법에서의 기본 가정을 설명한 것으로 틀린 것은?

① 철근과 콘크리트의 변형률은 중립축으로부터의 거리에 비례한다.
② 항복강도 f_y 이하에서의 철근의 응력은 그 변형률의 E_s 배로 한다.
③ 콘크리트의 인장강도는 휨계산에서 무시한다.
④ 콘크리트의 응력은 변형률에 탄성계수 E_c를 곱한 것으로 한다.

해설 강도설계법 설계가정
① 변형률은 중립축으로부터의 거리에 비례한다. 깊은보 설계시 비선형 변형률 분포를 고려하여야 하며, 이때 대신 스트럿-타이 모델을 적용할 수 있다.
② 휨모멘트 또는 휨모멘트와 축력을 동시에 받는 부재의 콘크리트 압축연단의 극한변형률은 콘크리트의 설계기준압축강도가 40MPa 이하인 경우에는 0.0033으로 가정하며, 40MPa을 초과하는 경우에는 매 10MPa의 강도 증가에 대하여 0.0001씩 감소시킨다. 콘크리트의 설계기준압축강도가 90MPa을 초과하는 경우에는 성능실험을 통한 조사연구에 의하여 콘크리트 압축연단의 극한변형률을 선정하고 근거를 명시하여야 한다.
③ 콘크리트의 인장강도는 철근콘크리트 부재 단면의 축강도와 휨강도 계산에서 무시할 수 있다.
④ $f_s \leq f_y$일 때 $f_s = \varepsilon_s E_s$, $f_s > f_y$일 때 $f_s = f_y$
⑤ 콘크리트의 압축응력 분포와 콘크리트의 변형률 사이의 관계는 직사각형, 사다리꼴, 포물선형 또는 강도의 예측에서 광범위한 실험의 결과와 실질적으로 일치하는 어떤 형상으로도 가정할 수 있다.
⑥ 포물선-직선 형상의 응력-변형률 관계에 의하여 콘크리트에 작용하는 압축응력의 평균값은 $\alpha(0.85f_{ck})$로, 압축연단으로부터 합력의 작용위치는 중립축 깊이 c에 대한 β의 비율로 나타낸다.

해답 ④

022

그림과 같은 지간 6m인 단순보의 직사각형 단면에 계수하중 $w = 30$kN/m이 작용한다. 하연의 콘크리트 응력이 0이 될 때 PS강재에 작용하는 긴장력은? (단, PS강재는 단면의 도심에 위치함.)

① 1654kN
② 1957kN
③ 2025kN
④ 3152kN

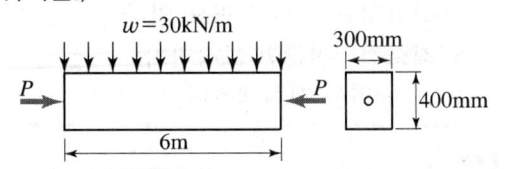

해설
$$f_{c하연} = \frac{P}{A} - \frac{M}{I} y$$

$$y = \frac{P}{0.3 \times 0.4} - \frac{\frac{30 \times 6^2}{8}}{\frac{0.3 \times 0.4^3}{12}} \times 0.2 = 0 \text{에서 } P = 2,025\text{kN}$$

해답 ③

023

길이 10m의 PS강선을 인장대에서 긴장 정착할 때 인장력의 감소량은 얼마인가? (단, 프리텐션 방식을 사용하며 긴장장치의 활동량은 $\Delta l = 3$mm이고, 긴장재의 단면적 $A_p = 5$mm², $E_p = 2.0 \times 10^5$MPa이다.)

① 200N
② 300N
③ 400N
④ 500N

해설

$\Delta f_p = \dfrac{\Delta P}{A_p} = E_p \varepsilon = E_p \dfrac{\Delta l}{l}$ 에서

$\Delta P = E_p \dfrac{\Delta l}{l} A_p = 2.0 \times 10^5 \times \dfrac{3}{10,000} \times 5 = 300$N

해답 ②

024

다음 필릿 용접의 전단응력은 얼마인가?

① 67.7MPa
② 70.7MPa
③ 72.7MPa
④ 75.7MPa

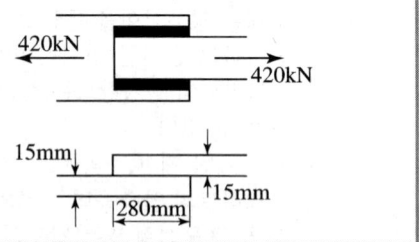

해설

$v = \dfrac{P}{\Sigma al} = \dfrac{P}{0.707s \times 2l} = \dfrac{420,000}{0.707 \times 15 \times 2 \times 280} = 70.7$MPa

해답 ②

025

전단설계에서 계수전단력이 87kN이고 이때 이를 지지할 철근콘크리트 보의 설계전단강도 $\phi V_c = 120$kN이라면 전단설계에 필요한 사항으로 옳은 것은?

① 실험에 의하여 보강의 필요 유무를 결정한다.
② 전단철근 보강이 필요 없다.
③ 최소전단철근만 보강한다.
④ 보 단면을 재설계한다.

해설

$\dfrac{1}{2}\phi V_c = 60$kN $< V_u = 87$kN $\leq \phi V_c = 120$kN이므로
최소전단철근 규정을 적용하여야 한다.

해답 ③

026
다음 프리스트레스의 손실 원인 중 프리스트레스 도입 후 시간의 경과에 따라 생기는 것은?

① 마찰
② 정착단의 활동
③ 콘크리트의 탄성수축
④ 콘크리트의 크리프

해설 프리스트레스 손실 원인
① 프리스트레스 도입 시 : 즉시 손실
  ㉠ 콘크리트의 탄성변형(수축)
  ㉡ PS 강재와 시스 사이의 마찰(포스트텐션 방식에만 해당)
  ㉢ 정착단의 활동
② 프리스트레스 도입 후 : 시간적 손실
  ㉠ 콘크리트의 건조수축
  ㉡ 콘크리트의 크리프
  ㉢ PS 강재의 릴랙세이션(relaxation)

해답 ④

027
강도설계법에서 강도감소계수(ϕ)를 사용하는 목적으로 틀린 것은?

① 구조 해석할 때의 가정 및 계산의 단순화로 인해 야기될지 모르는 초과하중의 영향에 대비하기 위해서
② 재료 강도와 치수가 변동할 수 있으므로 부재의 강도 저하 확률에 대비한 여유를 위해서
③ 부정확한 설계 방정식에 대비한 여유를 위해서
④ 주어진 하중조건에 대한 부재의 연성도와 소요 신뢰도를 반영하기 위해서

해설 초과하중의 영향에 대비하기 위해서는 하중계수를 사용한다.

해답 ①

028
고정하중 10kN/m, 활하중 20kN/m의 등분포하중을 받는 경간 10m의 단순지지보에서 하중계수와 하중조합을 고려한 계수모멘트는?

① 325kN · m
② 430kN · m
③ 485kN · m
④ 550kN · m

해설 ① 계수하중
  ㉠ $w_u = 1.2w_D + 1.6w_L = 1.2 \times 10 + 1.6 \times 20 = 44$ kN/m
  ㉡ $w_u = 1.4 \times 10 = 14$ kN/m
  ㉢ 둘 중 큰 값인 44kN/m를 계수하중으로 한다.
② 계수모멘트
  $$M_u = \frac{w_u l^2}{8} = \frac{44 \times 10^2}{8} = 550 \text{kN} \cdot \text{m}$$

해답 ④

029

그림에 나타난 직사각형 단철근 보에서 전단철근이 부담하는 전단력(V_s)은 약 얼마인가? [단, 철근 D13을 수직 스터럽(stirrup)으로 사용하며, 스터럽 간격은 200mm이다. 철근 D13 1본의 단면적은 127mm², f_{ck}=28MPa, f_y=350MPa]

① 125kN
② 150kN
③ 200kN
④ 250kN

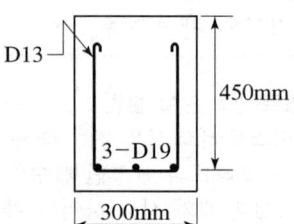

해설 전단철근이 부담하는 전단강도

$$V_s = nA_vf_y = \frac{d}{s}A_vf_u = \frac{450}{200} \times (2 \times 127) \times 350 = 200,025\text{N} = 200\text{kN}$$

해답 ③

030

아래 그림과 같은 단철근 직사각형 보의 균형철근비 ρ_b의 값은? (단, f_{ck}=21MPa, f_y=280MPa이다.)

① 0.0358
② 0.0437
③ 0.0524
④ 0.0614

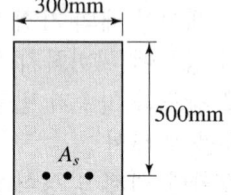

해설 ① f_{ck} = 21MPa < 50MPa이므로 $\beta_1 = 0.80$
② f_{ck} = 21MPa < 40MPa이므로 $\epsilon_{cu} = 0.0033$
③ 단철근 직사각형보의 균형철근비(ρ_b)

$$\rho_b = \eta 0.85 \frac{f_{ck}}{f_y}\beta_1 \frac{\epsilon_{cu}}{\epsilon_{cu}+\frac{f_y}{200000}} = 1 \times 0.85 \times \frac{21}{280} \times 0.80 \times \frac{0.0033}{0.0033+\frac{280}{200000}}$$

$$= 0.0358$$

해답 ①

031

강도설계법에서 보에 대한 등가직사각형 응력블록의 깊이 $a = \beta_1 c$에서 f_{ck}가 38MPa일 경우 β_1의 값은?

① 0.717
② 0.766
③ 0.80
④ 0.815

해설 f_{ck} = 38MPa < 50MPa이므로 $\beta_1 = 0.80$

해답 ③

032

위험단면에서 1방향 슬래브의 정모멘트 철근 및 부모멘트 철근의 중심 간격 규정으로 옳은 것은?

① 슬래브 두께의 2배 이하이어야 하고, 또한 300mm 이하로 하여야 한다.
② 슬래브 두께의 2배 이하이어야 하고, 또한 400mm 이하로 하여야 한다.
③ 슬래브 두께의 3배 이하이어야 하고, 또한 300mm 이하로 하여야 한다.
④ 슬래브 두께의 3배 이하이어야 하고, 또한 400mm 이하로 하여야 한다.

해설 슬래브
① 주철근(정철근, 부철근) 중심간격
  ㉠ 최대 휨모멘트 발생 단면 : 슬래브 두께의 2배 이하, 300mm 이하
  ㉡ 기타 단면 : 슬래브 두께의 3배 이하, 450mm 이하
② 수축 및 온도철근(배력 철근) : 슬래브 두께의 5배 이하, 450mm 이하

해답 ①

033

아래 그림과 같은 강판에서 순폭은? [단, 강판에서의 구멍 지름(d)은 25mm이다.] (단위 : mm)

① 150mm
② 175mm
③ 204mm
④ 225mm

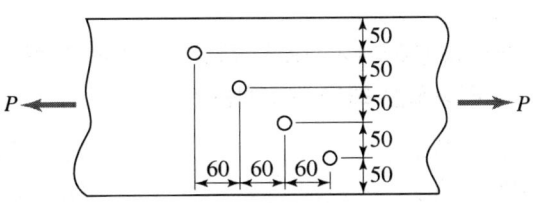

해설
① $w = d' - \dfrac{p^2}{4g} = 25 - \dfrac{60^2}{4 \times 50} = 7$
② 순폭
$b_n = b_g - d' - 3w = (5 \times 50) - 25 - 3 \times 7$
$= 204\text{mm}$

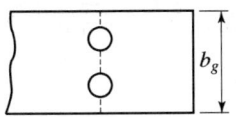

해답 ③

제2과목 측량 및 토질(측량학+토질 및 기초)

1. 측량학(측량학 일반, 기준점 측량, 응용 측량)

034 반지름 35km 이내 지역을 평면으로 가정하여 측량했을 경우 거리관측값의 정밀도는? (단, 지구 반지름은 6,370km이다.)

① 약 $\dfrac{1}{10^4}$ 　② 약 $\dfrac{1}{10^5}$
③ 약 $\dfrac{1}{10^6}$ 　④ 약 $\dfrac{1}{10^7}$

해설 $\dfrac{d-D}{D} = \dfrac{D^2}{12r^2} = \dfrac{(2\times35)^2}{12\times6,370^2} = \dfrac{1}{99,372} \fallingdotseq \dfrac{1}{100,000}$

해답 ②

035 노선의 길이가 2.5km인 결합 트래버스 측량에서 폐합비를 1/2,500로 제한할 때 허용되는 최대 폐합차는?

① 0.2m 　② 0.4m
③ 0.5m 　④ 1.0m

해설 $\dfrac{1}{2500} = \dfrac{\Delta l}{\sum l} = \dfrac{\Delta l}{2,500}$ 에서 $\Delta l = 1\text{m}$

해답 ④

036 수준측량에서 담장 PQ가 있어, P점에서 표척을 QP방향으로 거꾸로 세워 아래 그림과 같은 결과를 얻었다. A점의 표고 $H_A = 51.25\text{m}$일 때 B점의 표고는?

① 50.32m
② 52.18m
③ 53.30m
④ 55.36m

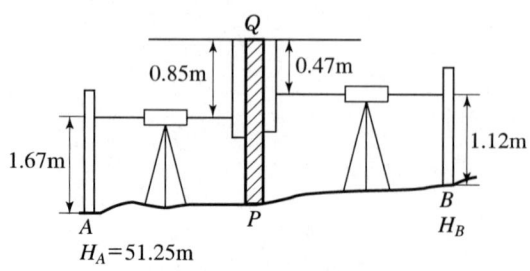

해설 $H_B = 51.25 + 1.67 + 0.85 - 0.47 - 1.12 = 52.18\text{m}$

해답 ②

037

클로소이드의 기본식은 $A^2 = R \cdot L$을 사용한다. 이때 매개변수(parameter) A값을 A^2으로 쓰는 이유는?

① 클로소이드의 나선형을 2차 곡선 형태로 구성하기 위하여
② 도로에서의 완화곡선(클로소이드)은 2차원이기 때문에
③ 양 변의 차원(dimension)을 일치시키기 위하여
④ A값의 단위가 2차원이기 때문에

해설 클로소이드의 기본식에서 매개변수 A값을 A^2으로 쓰는 이유는 우측변의 차원(dimension)이 거리²이므로 이와 단위를 일치시키기 위한 것이다. 즉, 양 변의 차원을 일치시키기 위해서 A^2을 쓰는 것이다.

해답 ③

038

한 변이 36m인 정삼각형(△ABC)의 면적을 BC변에 평행한 선($\overline{de}$)으로 면적비 $m : n = 1 : 1$로 분할하기 위한 $\overline{Ad}$의 거리는?

① 18.0m
② 21.0m
③ 25.5m
④ 27.5m

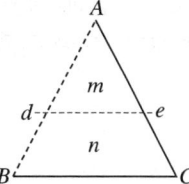

해설 $Ad = AB\sqrt{\dfrac{m}{m+n}} = 36 \times \sqrt{\dfrac{1}{1+1}} = 25.5\text{m}$

해답 ③

039

어떤 노선을 수준측량하여 기고식 야장을 작성하였다. 측점 1, 2, 3, 4의 지반고 값으로 틀린 것은?

(단위 : m)

측점	후시	전시 이기점	전시 중간점	기계고	지반고
0	3.121			126.688	123.567
1			2.586		
2	2.428	4.065			
3			0.664		
4		2.321			

① 측점 1 : 124.102m
② 측점 2 : 122.623m
③ 측점 3 : 124.384m
④ 측점 4 : 122.730m

해설
① $H_1 = 126.688 - 2.586 = 124.102m$
② $H_2 = 126.688 - 4.065 = 122.623m$
③ 2점 기계고 $= 122.623 + 2.428 = 125.051m$
④ $H_3 = 125.051 - 0.664 = 124.387m$
⑤ $H_4 = 125.051 - 2.321 = 122.730m$

측점	후시	전시 이기점	전시 중간점	기계고	지반고
0	3.121			126.688	123.567
1			2.586		124.102
2	2.428	4.065		125.051	122.623
3			0.664		124.387
4		2.321			122.730

해답 ③

040
평야지대의 어느 한 측점에서 중간 장애물이 없는 21km 떨어진 어떤 측점을 시준할 때 어떤 측점에 세울 측표의 최소 높이는 얼마 이상이어야 하는가? (단, 기차는 무시하고, 지구 곡률 반지름은 6,370km이다.)

① 5m　　② 15m
③ 25m　　④ 35m

해설 구차 $e1 = +\dfrac{D^2}{2R} = \dfrac{21^2}{2 \times 6,370} = 0.035km = 35m$

해답 ④

041
트래버스 측량을 한 전체 연장이 2.5km이고 위거오차가 +0.48m, 경거오차가 −0.36m이었다면 폐합비는?

① 1/1,167　　② 1/2,167
③ 1/3,167　　④ 1/4,167

해설 폐합비 $R = \dfrac{E}{\sum l} = \dfrac{\sqrt{\Delta L^2 + \Delta D^2}}{\sum l} = \dfrac{\sqrt{0.48^2 + (-0.36)^2}}{2,500} = \dfrac{1}{4,167}$

해답 ④

042
지형측량 방법 중 기준점 측량에 해당되지 않는 것은?

① 수준측량　　② 삼각측량
③ 트래버스측량　　④ 스타디아측량

해설 스타디아 측량(stadia surveying)은 스타디아선 사이에 끼인 표척의 길이와 연직각을 읽어서 표척까지의 거리 및 기계점과 표척 사이의 고저차를 간접적으로 측정하는 매우 간단한 방법으로 정밀도가 낮아 정밀도를 필요로 하지 않는 경우에 평판측량과 함께 사용하면 대단히 능률적이나, 정밀을 필요로 하는 측량에서는 적당하지 않다.

해답 ④

043 사변형 삼각망은 보통 어느 측량에 사용되는가?

① 하천조사측량을 하기 위한 골조측량
② 광대한 지역의 지형도를 작성하기 위한 골조측량
③ 복잡한 지형측량을 하기 위한 골조측량
④ 시가지와 같은 정밀을 필요로 하는 골조측량

해설 조건식의 수가 가장 많아, 시간과 비용이 많이 들며 가장 정밀도가 높아 시가지와 같은 정밀을 요하는 골조측량에 주로 이용한다.

해답 ④

044 축척이 1 : 25,000인 지형도 1매를 1 : 5,000 축척으로 재편집할 때 제작되는 지형도의 매수는?

① 25매
② 20매
③ 15매
④ 10매

해설 지형도 매수 $= \dfrac{25{,}000^2}{5{,}000^2} = 25$매

해답 ①

045 캔트(cant)의 크기가 C인 곡선에서 곡선반지름과 설계속도를 모두 2배로 하면 새로운 캔트의 크기는?

① $\dfrac{1}{2}C$
② $2C$
③ $4C$
④ $8C$

해설 캔트

$C = \dfrac{SV^2}{Rg}$ 에서

R과 V를 모두 2배로 하면 $\dfrac{V^2}{R} = \dfrac{2^2}{2} = 2$로서 캔트는 2배가 된다.

해답 ②

046

노선 중심선에 따른 횡단측량 결과, 1km+360m 지점은 흙깎기 면적 15m²으로 계산되었다. 양단면평균법을 사용한 두 지점간의 토량은?

① 흙깎기 토량 49.4m³
② 흙깎기 토량 494m³
③ 흙쌓기 토량 350m³
④ 흙쌓기 토량 494m³

해설 양단면평균법

흙쌓기 토량을 '+', 흙깎기 토량을 '-'로 하면,

$V = \frac{1}{2}(A_1 + A_2) \cdot l = \frac{1}{2} \times [50 + (-15)] \times 20 = 350\text{m}^3$

해답 ③

047

교점(I.P.)의 위치가 기점으로부터 추가거리 325.18m이고, 곡선반지름(R) 200m, 교각(I) 41°00′인 단곡선을 편각법으로 설치하고자 할 때, 곡선시점(B.C.)의 위치는? (단, 중심말뚝 간격은 20m이다.)

① No.3+14.777m
② No.4+5.223m
③ No.12+10.403m
④ No.13+9.596m

해설 ① 접선길이

$TL = R \cdot \tan\frac{I}{2} = 200 \times \tan\frac{41°}{2} = 74.777\text{m}$

② 곡선시점
B.C. = I.P. - T.L. = 325.18 - 74.777 = 250.403m

③ B.C. 측점번호 = NO.12+10.403m

해답 ③

048

$R=80$m, $L=20$m인 클로소이드의 종점 좌표를 단위클로소이드 표에서 찾아보니 $x=0.499219$, $y=0.020810$이었다면 실제 X, Y좌표는?

① $X=19.969$m, $Y=0.832$m
② $X=9.984$m, $Y=0.416$m
③ $X=39.936$m, $Y=1.665$m
④ $X=798.750$m, $Y=33.296$m

해설 ① $A^2 = RL$에서 $A = \sqrt{RL} = \sqrt{80 \times 20} = 40$
② $X = xA = 0.499219 \times 40 = 19.969$m
③ $Y = yA = 0.020810 \times 40 = 0.832$m

해답 ①

049 하천측량에서 평균유속을 구하기 위한 방법에 대한 설명으로 옳지 않은 것은? (단, 수면에서 수심의 20%, 40%, 60%, 80% 되는 곳의 유속을 각각 $V_{0.2}$, $V_{0.4}$, $V_{0.6}$, $V_{0.8}$이라 한다.)

① 1점법은 $V_{0.6}$을 평균유속으로 취하는 방법이다.
② 2점법은 $V_{0.2}$, $V_{0.6}$을 산술평균하여 평균유속으로 취하는 방법이다.
③ 3점법은 $\frac{1}{4}(V_{0.2} + V_{0.6} + V_{0.8})$로 계산하여 평균유속으로 취하는 방법이다.
④ 4점법은 $\frac{1}{5}\left[(V_{0.2} + V_{0.4} + V_{0.6} + V_{0.8}) + \frac{1}{2}\left(V_{0.2} + \frac{V_{0.8}}{2}\right)\right]$로 계산하여 평균유속으로 취하는 방법이다.

해설 평균유속 계산 방법
① 1점법
$$V_m = V_{0.6}$$
② 2점법
$$V = \frac{1}{2}(V_{0.2} + V_{0.8})$$
③ 3점법
$$V_m = \frac{1}{4}(V_{0.2} + 2V_{0.6} + V_{0.8})$$
여기서, V_m : 평균유속
$V_{0.2}$: 수심 $0.2H$ 되는 곳의 유속
$V_{0.6}$: 수심 $0.6H$ 되는 곳의 유속
$V_{0.8}$: 수심 $0.8H$ 되는 곳의 유속
④ 4점법
$$V_m = \frac{1}{5}\left[(V_{0.2} + V_{0.4} + V_{0.6} + V_{0.8}) + \frac{1}{2}\left(V_{0.2} + \frac{V_{0.8}}{2}\right)\right]$$
여기서, $V_{0.4}$: 수심 $0.4H$ 되는 곳의 유속

해답 ②

050 방대한 지역의 측량에 적합하며 동일 측점수에 대하여 포괄면적이 가장 넓은 삼각망은?

① 유심 삼각망
② 사변형 삼각망
③ 단열 삼각망
④ 복합 삼각망

해설 **유심 삼각망** : 넓은 지역의 측량에 이용
① 동일 측점에 비해 포함면적이 가장 넓다.
② 넓은 지역에 적합하다.

해답 ①

2. 토질 및 기초(토질역학, 기초공학)

051 어떤 점토 사면에 있어서 안정계수가 4이고, 단위중량이 $1.5t/m^3$, 점착력이 $0.15kg/cm^2$일 때 한계고는?

① 4m
② 2.3m
③ 2.5m
④ 5m

해설 한계고 $H_c = \dfrac{N_s \cdot c}{r_t} = \dfrac{4 \times 1.5t/m^2}{1.5t/m^3} = 4m$

해답 ①

052 흙의 건조단위중량이 $1.60g/cm^3$이고 비중이 2.64인 흙의 간극비는?

① 0.42
② 0.60
③ 0.65
④ 0.64

해설 $e = \dfrac{G_s \cdot \gamma_w}{\gamma_d} - 1 = \dfrac{2.64 \times 1}{1.6} - 1 = 0.65$

해답 ③

053 다음의 흙 중에서 2차 압밀량이 가장 큰 흙은?

① 모래
② 점토
③ Silt
④ 유기질토

해설 유기질토는 동식물의 사체의 부식물이 많이 함유된 흙으로 함수량이 크고 고압축성인 경우가 많아 유기물 함량이 많은 경우 2차 압밀이 문제가 된다. 일반적으로 흙의 유기물 함량이 2~4% 정도가 되면 공학적 성질에 문제를 일으킨다.

해답 ④

054 다음 중 얕은 기초는?

① Footing 기초
② 말뚝기초
③ Caisson 기초
④ Pier 기초

해설 ① 얕은 기초(직접 기초)란 $\dfrac{D_f}{B} \leq 1$인 기초를 말하며 독립 푸팅, 복합 푸팅, 캔틸레버 푸팅, 연속 푸팅, 전면 기초(Mat 기초)가 있다.
② 깊은 기초란 $\dfrac{D_f}{B} > 1$인 기초를 말하며 말뚝 기초, 피어 기초, 케이슨 기초가 있다.

해답 ①

055 주동토압계수를 K_A, 수동토압계수를 K_p, 정지토압계수를 K_o라 할 때 그 크기의 순서로 옳은 것은?

① $K_A > K_o > K_p$
② $K_p > K_o > K_A$
③ $K_o > K_A > K_p$
④ $K_o > K_p > K_A$

해설 ① 토압의 크기 순서
수동토압(P_p) > 정지토압(P_o) > 주동토압(P_a)
② 토압계수의 크기 순서
수동토압계수(K_p) > 정지토압계수(K_o) > 주동토압계수(K_a)

해답 ②

056 다음 투수층에서 피에조미터를 꽂은 두 지점 사이의 동수경사(i)는 얼마인가? (단, 두 지점간의 수평거리는 50m이다.)

① 0.063
② 0.079
③ 0.126
④ 0.162

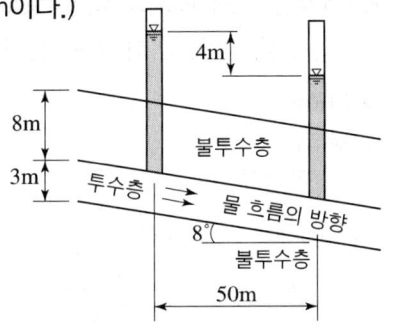

해설 ① 물의 이동거리 $L = \dfrac{50}{\cos 8°} = 50.49\text{m}$

② 동수경사 $i = \dfrac{\Delta h}{L} = \dfrac{4}{50.49} = 0.079$

해답 ②

057 도로지반의 평판재하실험에서 1.25mm 침하될 때 하중강도가 0.25MPa일 때 지지력계수 K는?

① 0.2MPa
② 2MPa
③ 0.1MPa
④ 1MPa

해설 지반반력계수

$K = \dfrac{q}{y} = \dfrac{0.25}{0.125} = 2\text{MPa}$

여기서, K : 지지력 계수[MPa]
  q : 침하량 y[cm]일 때의 하중강도[MPa]
  y : 침하량(콘크리트 포장인 경우 0.125cm가 표준)

해답 ②

058

평판재하 시험이 끝나는 조건에 대한 설명으로 잘못된 것은?

① 침하량이 15mm에 달할 때
② 하중강도가 현장에서 예상되는 최대 접지압을 초과할 때
③ 하중강도가 그 지반의 항복점을 넘을 때
④ 완전히 침하가 멈출 때

해설 평판재하시험 종료 조건
① 침하량이 15mm에 달한 경우
② 하중강도가 그 지반의 항복점을 넘는 경우
③ 하중강도가 현장에서 예상되는 최대접지 압력을 초과하는 경우

해답 ④

059

현장에서 채취한 흐트러지지 않은 포화 점토시료에 대해 일축압축강도 q_u = 0.08MPa의 값을 얻었다. 이 흙의 점착력은?

① 0.02MPa
② 0.025MPa
③ 0.03MPa
④ 0.04MPa

해설 $q_u = 2c \tan\left(45° + \dfrac{\phi}{2}\right)$ 에서

$$c = \dfrac{q_u}{2\tan\left(45° + \dfrac{\phi}{2}\right)} = \dfrac{0.08}{2 \times \tan\left(45° + \dfrac{0°}{2}\right)} = 0.04\text{MPa}$$

[참고] $\phi = 0$인 점토의 일축압축강도는 $q_u = 2c$이다.

해답 ④

060

전단응력을 증가시키는 외적 요인이 아닌 것은?

① 간극수압의 증가
② 지진, 발파의 충격
③ 인장응력에 의한 균열의 발생
④ 함수량 증가에 의한 단위중량 증가

해설

전단응력 증대 원인	전단강도 감소 원인
① 외력 작용	① 흡수에 의한 점토지반 팽창
② 함수비 증가로 흙의 단위중량 증가	② 간극수압 증가
③ 굴착으로 인한 균열 발생	③ 흙 다짐 불충분
④ 인장응력에 의한 인장균열 발생	④ 수축, 팽창, 인장으로 인한 미세 균열
⑤ 지진, 폭파 등으로 인한 진동	⑤ 불안정한 흙 속에 발생하는 변형
⑥ 자연 또는 인공에 의해 지하공동 형성	⑥ 동결된 흙이나 아이스렌즈의 융해
⑦ 균열 내의 물 유입으로 수압 증가	⑦ 느슨한 사질토의 진동

해답 ①

061 다음 그림과 같은 sampler에서 면적비는 얼마인가? (단, D_s=7.2cm, D_e=7.0cm, D_w=7.5cm)

① 5.9%
② 12.7%
③ 5.8%
④ 14.8%

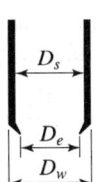

해설 $A_r = \dfrac{D_0^2 - D_e^2}{D_e^2} \times 100 = \dfrac{7.5^2 - 7.0^2}{7.0^2} \times 100 = 14.8\%$

여기서, D_0 : 샘플러의 외경
D_e : 샘플러의 내경

해답 ④

062 어떤 점성토에 수직응력 4MPa를 가하여 전단시켰다. 전단면상의 공극수압이 1MPa이고 유효응력에 대한 점착력, 내부마찰각이 각각 0.02MPa, 20°이면 전단강도는?

① 0.64MPa
② 1.04MPa
③ 1.11MPa
④ 1.84MPa

해설 $\tau_f = c + \sigma' \tan\phi = 0.02 + (4-1) \times \tan 20° = 1.11\text{MPa}$

여기서, τ_f : 전단강도
c : 흙의 점착력(cohesion of soil)
σ' : 유효수직응력
ϕ : 흙의 내부마찰각(angle of internal friction)

해답 ③

063 함수비 20%의 자연상태의 흙 2,400g을 함수비 25%로 하고자 한다면 추가해야 할 물의 양은?

① 100g
② 120g
③ 400g
④ 500g

해설 함수비가 변화함에 따라 물의 중량 W_w와 전체중량 W는 변하지만 흙 입자만의 중량 W_s는 변하지 않는다.
① 흙 입자만의 중량
$W_s = \dfrac{W}{1+\dfrac{w}{100}} = \dfrac{2,400}{1+\dfrac{20}{100}} = 2,000\text{g}$

② 함수비 20%일 때의 물의 중량
$W_{w(20\%)} = W - W_s = 2,400 - 2,000 = 400g$

③ 함수비 25%일 때의 물의 중량
함수비가 변해도 흙 입자만의 중량 W_s는 변하지 않으므로
함수비 $w = \dfrac{W_w}{W_s} \times 100 = \dfrac{W_w}{2,000} \times 100 = 25\%$에서
$W_{w(25\%)} = \dfrac{25}{100} \times 2,000 = 500g$

④ 가해야 할 물의 양
가해야 할 물의 양 $= W_{w(25\%)} - W_{w(20\%)} = 500 - 400 = 100g$

해답 ①

064

어느 흙댐의 동수구배가 0.8, 흙의 비중이 2.65, 함수비 40%인 포화토인 경우 분사현상에 대한 안전율은?

① 0.8
② 1.0
③ 1.2
④ 1.4

해설 ① 간극비(e)
$S \cdot e = w \cdot G_s$에서
$e = \dfrac{w \cdot G_s}{S} = \dfrac{40 \times 2.65}{100} = 1.06$

② 한계동수경사(i_c)
$i_c = \dfrac{\gamma_{sub}}{\gamma_w} = \dfrac{G_s - 1}{1 + e} = \dfrac{2.65 - 1}{1 + 1.06} = 0.8$

③ 안전율
$F_s = \dfrac{i_c}{i} = \dfrac{0.8}{0.8} = 1$

해답 ②

065

그림과 같이 2개층으로 구성된 지반에 대해 수평방향으로 등가투수계수는?

① 3.89×10^{-4} cm/sec
② 7.78×10^{-4} cm/sec
③ 1.57×10^{-3} cm/sec
④ 3.14×10^{-3} cm/sec

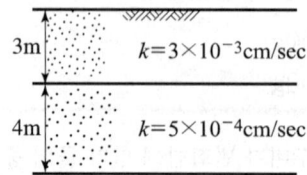

해설 수평방향 평균투수계수(K_h)
$K_h = \dfrac{1}{H}(K_1 \cdot H_1 + K_2 \cdot H_2) = \dfrac{1}{700}(3 \times 10^{-3} \times 300 + 5 \times 10^{-4} \times 400)$
$= 1.57 \times 10^{-3}$ cm/sec

해답 ③

066 다음 중 점성토 지반의 개량공법으로 부적당한 것은?

① 치환 공법
② Sand drain 공법
③ 바이브로 플로테이션 공법
④ 다짐모래말뚝 공법

해설 **점성토 지반 개량공법**: 치환, 압밀, 탈수에 의한다.
① 치환공법: ㉠ 기계적 굴착치환 ㉡ 폭파치환 ㉢ 강제치환 ㉣ 동치환 공법
② 강제 압밀공법: ㉠ Preloading 공법(여성토 공법) ㉡ 압성토 공법
③ 탈수공법: ㉠ Sand Drain Method ㉡ Paper Drain Method
④ 배수공법: ㉠ Well Point Method ㉡ Deep Well Method
⑤ 고결공법: ㉠ 생석회말뚝공법 ㉡ 소결공법 ㉢ 전기침투압(강제배수공법의 일종) ㉣ 전기화학·용융공법
⑥ JSP(Jumbo Special Pile)

사질토 지반 개량공법: 진동, 충격에 의한다.
① 진동다짐공법[바이브로 플로테이션(Vibroflotation) 공법]
② 다짐말뚝공법
③ 폭파다짐공법
④ 전기충격공법
⑤ 약액주입
⑥ 동압밀공법(동다짐공법)
⑦ 다짐 모래 말뚝 공법(Compozer 공법)

해답 ③

067 다짐에 대한 설명으로 틀린 것은?

① 조립토은 세립토보다 최적함수비가 작다.
② 조립토는 세립토보다 최대건조밀도가 높다.
③ 조립토는 세립토보다 다짐곡선의 기울기가 급하다.
④ 다짐에너지가 클수록 최대건조밀도는 낮아진다.

해설 다짐에너지를 크게 할수록 최적함수비는 감소하고 최대건조단위중량은 증가한다.

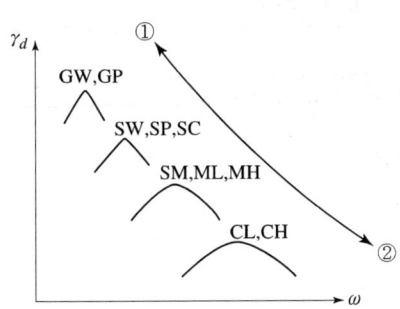

①방향일수록	조립토 양입도 다짐에너지가 커진다. 다짐곡선의 기울기가 급해진다. 최대건조단위중량이 증가한다. 최적함수비가 감소한다.
②방향일수록	세립토 빈입도 다짐에너지가 작아진다. 다짐곡선의 기울기가 완만해진다. 최대건조단위중량이 감소한다. 최적함수비가 증가한다.

해답 ④

068
10개의 무리말뚝 기초에 있어서 효율이 0.8, 단항으로 계산한 말뚝 1개의 허용지지력이 100kN일 때 군항의 허용지지력은?

① 500kN
② 800kN
③ 1000kN
④ 1250kN

해설 군항의 허용지지력
$R_{ag} = ENR_a = 0.8 \times 10 \times 100 = 800\text{kN}$

해답 ②

069
다음 중 얕은 기초의 지지력에 영향을 미치지 않는 것은?

① 지반의 경사
② 기초의 깊이
③ 기초의 두께
④ 기초의 형상

해설 얕은 기초는 구조물의 하중을 기초가 놓이는 지반 상에 전달하는 것으로 기초가 직접 하중에 저항하지 않으므로 기초의 두께가 기초의 지지력에 영향을 미치지는 않는다.

해답 ③

제3과목 수자원설계(수리학+상하수도공학)

1. 수리학

070
유량 14.13m³/s를 송수하기 위하여 안지름 3m의 주철관 980m를 설치할 경우, 적당한 관로의 경사는? (단, $f = 0.03$)

① 1/600
② 1/490
③ 1/200
④ 1/100

해설
$Q = A \cdot V = A \cdot C\sqrt{RI} = \dfrac{\pi \cdot D^2}{4} \cdot \sqrt{\dfrac{8g}{f}} \sqrt{\dfrac{D}{4} \cdot I}$

$14.13 = \dfrac{\pi \times 3^2}{4} \times \sqrt{\dfrac{8 \times 9.8}{0.03}} \sqrt{\dfrac{3}{4} \cdot I}$ 에서

$I = 0.002038747637 ≒ \dfrac{1}{490}$

해답 ②

071
정류에 대한 설명으로 옳지 않은 것은?
① 어느 단면에서 지속적으로 유속이 균일해야 한다.
② 흐름의 상태가 시간에 관계없이 일정하다.
③ 유선과 유적선이 일치한다.
④ 유선에 따라 유속이 일정하게 변한다.

해설 정류(정상류)는 시간에 따라 유동특성(유량, 속도, 압력, 밀도, 유적 등)이 변하지 않는 흐름을 말한다.

해답 ④

072
유관(stream tube)에 대한 설명으로 옳은 것은?
① 한 개의 유선(流線)으로 이루어지는 관을 말한다.
② 어떤 폐곡선(閉曲線)을 통과하는 여러 개의 유선으로 이루어지는 관을 말한다.
③ 개방된 곡선을 통과하는 유선으로 이루어지는 평면을 말한다.
④ 임의의 여러 유선으로 이루어지는 유동체를 말한다.

해설 유관(stream tube)은 유체 내부에 한 개의 폐곡선을 생각하여 그 곡선상의 각 점에서 유선을 그리면 유선은 일종의 경계면을 형성하여 하나의 관 모양이 되며 이러한 가상적인 관을 말한다.

해답 ②

073
그림과 같이 직경 8cm 분류가 35m/s의 속도로 관의 벽면에 부딪힌 후 최초의 흐름 방향에서 150° 수평방향 변화를 하였다. 관의 벽면이 최초의 흐름 방향으로 10m/s의 속도로 이동할 때, 관벽면에 작용하는 힘은? (단, 무게 1kg=9.8N)

① 3.6kN
② 5.4kN
③ 6.1kN
④ 8.5kN

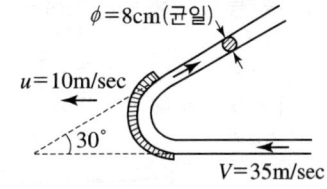

해설 물이 벽에 가한 힘

① $P_x = \dfrac{w}{g}Q(V_{1x} - V_{2x}) = \dfrac{1}{9.8} \times \left(\dfrac{\pi \times 0.08^2}{4} \times (35-10)\right) \times [25 - (-25\cos 30°)]$
   $= 0.598\text{tf}$

② $P_y = \dfrac{w}{g}Q(V_{1y} - V_{2y}) = \dfrac{1}{9.8} \times \left(\dfrac{\pi \times 0.08^2}{4} \times (35-10)\right) \times [0 - (-25\sin 30°)]$
   $= 0.160\text{tf}$

③ $P = \sqrt{P_x^2 + P_y^2} = \sqrt{0.598^2 + 0.160^2} = 0.619\text{kg} \times \dfrac{9.8\text{N}}{1\text{kg}} = 6.1\text{kN}$

해답 ③

074

다음의 비력(M)곡선에서 한계수심을 나타내는 것은?

① h_1
② h_2
③ h_3
④ $h_3 - h_1$

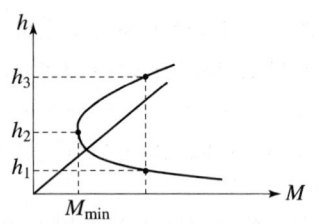

[해설] 한계수심 $h_c = h_2$

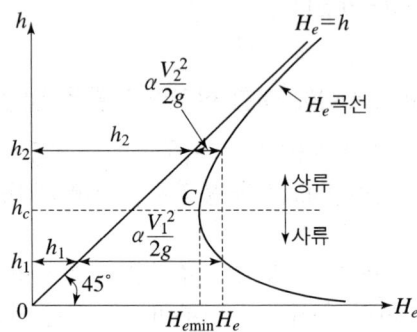

[해답] ②

075

다음 중 사류의 조건이 아닌 것은? (단, h_c : 한계수심, V_c : 한계유속, I_c : 한계경사, F_r : Froude Number, h : 수심, V : 유속, I : 경사)

① $F_r > 1$
② $h < h_c$
③ $V > V_c$
④ $I < I_c$

[해설]

상 류	한계류	사 류
$F_r < 1$	$F_r = 1$	$F_r > 1$
$h > h_c$	$h = h_c$	$h < h_c$
$V < V_c$	$V = V_c$	$V > V_c$
$I < I_c$	$I = I_c$	$I > I_c$

[해답] ④

076

수면 아래 30m 지점의 압력을 수은주 높이로 표시한 것으로 옳은 것은? (단, 수은의 비중=13.596)

① 0.285m
② 2.21m
③ 22.1m
④ 28.5m

[해설] $P = wh$ 이므로
$1 \times 30 = 13.596 \times h$ 에서 $h = 2.21\text{m}$

[해답] ②

077

내경 2cm의 관 내를 수온 20℃의 물이 25cm/s의 유속으로 흐를 때 흐름의 상태는? (단, 20℃의 동점성 계수는 0.01cm²/s이다.)

① 사류
② 상류
③ 층류
④ 난류

해설 $R_e = \dfrac{V \cdot D}{\nu} = \dfrac{25 \times 2}{0.01} = 5,000 > 4,000$ 이므로 난류이다.

[참고]
- $R_e < 2,000$: 층류($R_{ec} = 2,000$)
- $2,000 < R_e < 4,000$: 천이영역, 불안정층류(층류와 난류가 공존한다.)
- $R_e > 4,000$: 난류

해답 ④

078

도수(跳水)에 관한 설명으로 옳지 않은 것은?

① 상류에서 사류로 변화될 때 발생된다.
② 사류에서 상류로 변화될 때 발생된다.
③ 도수 전후의 충력치(비력)는 동일하다.
④ 도수로 인해 때로는 막대한 에너지 손실도 유발된다.

해설 도수란 사류에서 상류로 변할 때 불연속적으로 수면이 뛰는 현상으로 도수 후에는 유속은 느려지고 물의 깊이가 갑자기 증가하며 에너지의 급격한 손실이 있다.

해답 ①

079

절대속도 U[m/s]로 움직이고 있는 판에 같은 방향으로 절대속도 V[m/s]의 분류가 흘러 판에 충돌하는 힘을 계산하는 식으로 옳은 것은? (단, w_0는 물의 단위중량, A는 통수 단면적)

① $F = \dfrac{w_0}{g} A (V-U)^2$
② $F = \dfrac{w_0}{g} A (V+U)^2$
③ $F = \dfrac{w_0}{g} A (V-U)$
④ $F = \dfrac{w_0}{g} A (V+U)$

해설 판이 수맥과 같은 방향으로 U속도로 움직이는 경우 판에 작용하는 충격력

① $P_x = \dfrac{w}{g} Q(V_1 - V_2) = \dfrac{w}{g} Q[(V-U) - 0]$
$= \dfrac{w}{g} Q(V-U) = \dfrac{w}{g} A(V-U)^2$

② $P_y = 0$

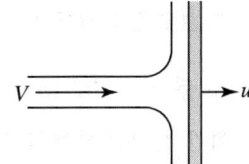

해답 ①

080 층류와 난류를 구분할 수 있는 것은?
① Reynolds수　　　　　　② 한계구배
③ 한계수심　　　　　　　④ Mach수

[해설] 층류와 난류를 구분하는 것은 레이놀즈수이다.
① $R_e < 2,000$: 층류($R_{ec} = 2,000$)
② $2,000 < R_e < 4,000$: 천이영역, 불안정층류(층류와 난류가 공존한다.)
③ $R_e > 4,000$: 난류

[해답] ①

081 오리피스에서 유출되는 실제유량은 $Q = C_a \cdot C_v \cdot A \cdot V$로 표현한다. 이 때 수축계수 C_a는? (단, A_O는 수맥의 최소 단면적, A는 오리피스의 단면적, V는 실제유속, V_o는 이론유속)

① $C_a = \dfrac{A_o}{A}$　　　　　② $C_a = \dfrac{V_o}{V}$

③ $C_a = \dfrac{A}{A_O}$　　　　　④ $C_a = \dfrac{V}{V_O}$

[해설] 수축계수(C_a)

$C_a = \dfrac{A_o}{A}$ (여기서, A : orifice의 단면적, A_o : 수축단면의 단면적)

[해답] ①

082 부체의 경심(M), 부심(C), 무게중심(G)에 대하여 부체가 안정되기 위한 조건은?
① $\overline{MG} > 0$　　　　　② $\overline{MG} = 0$
③ $\overline{MG} < 0$　　　　　④ $\overline{MG} = \overline{CG}$

[해설] 부체의 안정 조건식

$\overline{MG}(h) = \dfrac{I_X}{V} - \overline{GC}$

① 안　정 : $\overline{MG}(h) > 0$, $\dfrac{I_X}{V} > \overline{GC}$

② 불안정 : $\overline{MG}(h) < 0$, $\dfrac{I_X}{V} < \overline{GC}$

③ 중　립 : $\overline{MG}(h) = 0$, $\dfrac{I_X}{V} = \overline{GC}$

여기서, V : 부체의 수중부분의 체적, I_X : 최소 단면 2차 모멘트
$\overline{MG}$: 경심고, $\overline{GC}$: 중심과 부심 사이의 거리

[해답] ①

083

수면의 높이가 일정한 저수지의 일부에 길이 30m의 월류 위어를 만들어 40m³/s의 물을 취수하기 위한 위어 마루부로부터의 상류측 수심(H)은? (단, C=1.0이고, 접근 유속은 무시한다.)

① 0.70m ② 0.75m
③ 0.80m ④ 0.85m

해설 월류수심 h에 비해 위어 정부의 폭 l이 대단히 넓은 위어이므로 광정위어이다.

$$Q = 1.7 C b H^{\frac{3}{2}}$$

$40 = 1.7 \times 1.0 \times 30 \times H^{\frac{3}{2}}$ 에서 $H = 0.85$m

해답 ④

084

물의 성질에 대한 설명으로 옳지 않은 것은?

① 압력이 증가하면 물의 압축계수(C_w)는 감소하고 체적탄성계수(E_w)는 증가한다.
② 내부마찰력이 큰 것은 내부마찰력이 작은 것보다 그 점성계수의 값이 크다.
③ 물의 점성계수는 수온(℃)이 높을수록 그 값이 커진다.
④ 공기에 접촉하는 액체의 표면장력은 온도가 상승하면 감소한다.

해설 점성계수(μ 1poise=1g·/cm·sec)는 물체가 외력에 대해 계속해서 연속적으로 저항하는 성질로서 수온이 증가하면 감소한다.

해답 ③

085

그림과 같은 불투수층에 도달하는 집수암거의 집수량은? (단, 투수계수는 k, 암거의 길이는 l이며 양쪽 측면에서 유입됨.)

① $\dfrac{kl}{R}(h_0^2 - h_w^2)$
② $\dfrac{kl}{2R}(h_0^2 - h_w^2)$
③ $\dfrac{\pi k (h_0^2 - h_w^2)}{2.3 \log R}$
④ $\dfrac{2\pi k (h_0^2 - h_w^2)}{2.3 \log R}$

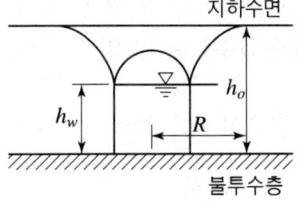

해설 암거 전체에 대한 유량

$$Q = \dfrac{kl}{R}(h_o^2 - h_w^2)$$

여기서, l : 암거의 길이

해답 ①

086

수리학적으로 유리한 단면에 관한 설명 중 옳지 않은 것은?

① 동수반지름(경심)을 최대로 하는 단면이다.
② 일정한 단면적에 최대 유량을 흐르게 하는 단면이다.
③ 가장 유리한 단면은 직각 이등변삼각형이다.
④ 직사각형 수로에서는 수로 폭이 수심의 2배인 단면이다.

해설 **수리학상 유리한 단면**
① 수리학적으로 유리한 단면의 특성
  ㉠ 일정한 단면적에 대하여 최대 유량이 흐르는 수로의 단면을 수리상 유리한 단면이라 한다.(주어진 유량에 대하여 단면적을 최소로 하는 단면)
  ㉡ 반원에 외접하는 단면(반원에 내접하는 단면)이 수리상 가장 유리한 단면이다.
  ㉢ 최대 유량이 흐르는 조건 : 경심(동수반경)이 최대이거나, 윤변이 최소일 때 성립한다.
② 직사각형 단면 수로
  $h = \dfrac{B}{2}$, $R_{max} = \dfrac{h}{2}$
③ 사다리꼴 단면 수로
  $l = \dfrac{B}{2}$, $R_{max} = \dfrac{h}{2}$
  가장 경제적인 제형 단면은 $\theta = 60°$로 정육각형의 절반일 때이다.
④ 원형 단면 수로
  Q_{max}일 때 수심은 $h = 0.94D$
  여기서, D : 관로 지름

해답 ③

087

Darcy-Weisbach의 마찰손실 공식에 대한 다음 설명 중 틀린 것은?

① 마찰손실수두는 관경에 반비례한다.
② 마찰손실수두는 관의 조도에 반비례한다.
③ 마찰손실수두는 물의 점성에 반비례한다.
④ 마찰손실수두는 관의 길이에 반비례한다.

해설 ① 마찰손실수두(Darcy-weisbach 공식) : 관수로의 최대손실
$$h_L = f \dfrac{l}{D} \dfrac{V^2}{2g}$$
여기서, f : 마찰손실계수, V : 평균유속, $\dfrac{V^2}{2g}$: 유속수두

② 난류의 경우 $f = \phi'' \left(\dfrac{1}{R_e}, \dfrac{e}{D} \right)$이므로
마찰손실수두(h_L)는 관의 조도와 비례관계이다.

여기서, $\frac{e}{D}$: 상대조도(relative roughness : 관직경과 관벽 요철과의 상대적 크기)
D : 관의 지름
e : 조도(관벽의 요철의 높이차를 말한다.)

해답 ②

088
모세관 현상에 의해서 물이 관내로 올라가는 높이(h)와 관의 직경(D)과의 관계로 옳은 것은?
① $h \propto D^2$
② $h \propto D$
③ $h \propto 1/D$
④ $h \propto 1/D^2$

해설 모세관 높이
$h = \frac{4T\cos\theta}{wd}$ 에서 $h \propto \frac{1}{d}$

해답 ③

2. 상하수도공학(상수도계획, 하수도계획)

089
응집제로서 가격이 저렴하고 탁도, 세균, 조류 등의 거의 모든 현탁성 물질 또는 부유물의 제거에 유효하며, 무독성 때문에 대량으로 주입할 수 있으며 부식성이 없는 결정을 갖는 응집제는?
① 황산알루미늄
② 암모늄 명반
③ 황산 제1철
④ 폴리염화 알루미늄

해설 황산알루미늄[황산반토 : $Al_2(SO_4)_3 \cdot 18H_2O$]은 저렴, 무독성 때문에 대량 첨가가 가능하고 거의 모든 수질에 적합하다.

해답 ①

090
하수도의 구성에 대한 설명으로 옳지 않은 것은?
① 배제방식은 합류식과 분류식으로 대별할 수 있다.
② 처리시설은 물리적, 생물학적, 화학적 시설로 대별할 수 있다.
③ 방류시설은 자연유하와 펌프시설에 의한 강제유하로 구분할 수 있다.
④ 슬러지 처리방법에는 침전, 여과, 소독 등이 주로 사용된다.

해설 ① 슬러지 처리 계통
슬러지 농축 → 소화 → 개량 → 탈수 → 소각(건조) → 최종 처분
② 침전, 여과, 소독 등은 정수 처리방법이다.

해답 ④

091 염소소독에 대한 설명으로 옳지 않은 것은?

① 유리잔류염소란 염소를 물에 주입하여 가수분해된 차아염소산(HOCl)을 말한다.
② 결합잔류염소는 유리염소보다 소독효과가 우수하다.
③ 차아염소산(HOCl)은 낮은 pH에서 많이 발생하고 살균력은 차아염소산 이온(OCl^-)보다 강하다.
④ 결합잔류염소란 유기성 질소화합물을 포함한 물에 염소를 주입할 때 발생되는 클로라민을 말한다.

해설 결합잔류염소 : 대표적인 형태가 클로라민(chloramine)이다.
① 살균 후 냄새와 맛을 나타내지 않는다.
② 살균에 지속성이 있다.
③ 유리잔류염소에 비해 살균력이 약하다.

해답 ②

092 우리나라 하수도 계획의 목표년도는 원칙적으로 몇 년을 기준으로 하는가?

① 20년 ② 15년
③ 10년 ④ 5년

해설 하수도 계획의 목표년도는 원칙적으로 20년으로 한다.

해답 ①

093 유입하수량 10000m³/day, 유입 BOD농도 120mg/L, 폭기조 내 MLSS농도 2000mg/L, BOD부하 0.5kgBOD/kgMLSS · day일 때 폭기조의 용적은?

① 240m³ ② 600m³
③ 1000m³ ④ 1200m³

해설 BOD 슬러지 부하[kgBOD/kgMLSS · day]

$$= \frac{\text{BOD 농도}[kg/m^3] \times \text{유입 하수량}[m^3/day]}{\text{MLSS 농도}[kg/m^3] \times \text{폭기조 용적}[m^3]}$$ 에서

폭기조 용적[m³]

$$= \frac{\text{BOD 농도}[kg/m^3] \times \text{유입 하수량}[m^3/day]}{\text{MLSS 농도}[kg/m^3] \times \text{BOD 슬러지 부하}[kgBOD/kgMLSS \cdot day]}$$

$$= \frac{\left(120mg/L \times \frac{1kg}{1,000,000mg} \times \frac{1,000L}{1m^3}\right) \times 10,000}{\left(2,000mg/L \times \frac{1kg}{1,000,000mg} \times \frac{1,000L}{1m^3}\right) \times 0.5}$$

$$= 1,200m^3$$

해답 ④

094 배수면적 0.35km², 강우강도 $I = \dfrac{5200}{t+40}$ mm/h, 유입시간 7분, 유출계수 $C =$ 0.7, 하수관내 유속 1m/s, 하수관 길이 500m인 경우 우수관의 통수 단면적은? (단, t의 단위는 [분]이고, 계획우수량은 합리식에 의함.)

① 8.5m² ② 6.4m²
③ 5.1m² ④ 4.2m²

해설 ① 유달시간

$$유달시간(t) = 유입시간(t_1) + 유하시간(t_2) = 7 + \dfrac{500\text{m}}{(1 \times 60)\text{m/min}} = 15.33 분$$

② 강우강도

$$I = \dfrac{5200}{t+40} = \dfrac{5200}{15.33+40} = 93.98 \text{mm/hr}$$

③ 우수유출량의 산정식(합리식)

$$Q = \dfrac{1}{3.6} C \cdot I \cdot A = \dfrac{1}{3.6} \times 0.7 \times 93.98 \times 0.35 = 6.4 \text{m}^3/\text{sec}$$

여기서, Q : 최대 계획우수유출량[m³/sec]
　　　　C : 유출계수[무차원]
　　　　I : 유달시간(T) 내의 평균 강우강도[mm/hr]
　　　　A : 배수면적[km²]

해답 ②

095 하수배제 방식에 대한 설명으로 옳은 것은?

① 합류식 하수배제 방식은 강우 초기에 도로 위의 오염물질이 직접 하천으로 유입된다.
② 합류식 하수관거는 청천시(晴天時) 관거 내 퇴적량이 분류식 하수관거에 비하여 많다.
③ 분류식 하수관거는 관거 내의 검사가 편리하고 환기가 잘 되는 이점이 있다.
④ 분류식 하수관거에서는 우천 시 일정한 유량 이상이 되면 오수가 월류한다.

해설 ① 분류식 하수관거는 우수 초기에 오염도가 비교적 큰 노면배수가 우수관거를 통해 공공수역으로 직접 방류되어 하천을 오염시킨다.
② 합류식 하수관거는 우천 시에 처리장으로 다량의 토사가 유입하여 장기간에 걸쳐 수로 바닥, 침전 시 및 슬러지 소화조 등에 퇴적한다.(퇴적량은 합류식이 분류식 보다 많다.)
③ 합류식이 분류식에 비해 청소 검사 등이 유리하다.
④ 합류식 하수관거에서는 강우 시 계획오수량의 일정 배율 이상의 것은 우수토실 또는 펌프장으로부터 하천 등 공공수역에 직접 방류된다.

해답 ②

096 펌프에 대한 설명으로 옳지 않은 것은?

① 펌프는 가능한 한 최고효율점 부근에서 운전하도록 대수 및 용량을 정한다.
② 펌프의 설치대수는 유지관리상 편리하도록 될 수 있는 대로 적게 하고 동일 용량의 것으로 한다.
③ 과잉운전방지와 과잉운전에 따른 에너지소비량이 절감될 수 있도록 한다.
④ 펌프의 용량이 작을수록 효율이 높으므로 가능한 한 소용량의 것으로 한다.

해설 펌프의 용량이 클수록 효율이 높다.

해답 ④

097 수원의 구비조건으로 옳지 않은 것은?

① 수질이 좋아야 한다.
② 가능한 한 높은 곳에 위치한 것이 좋다.
③ 계절적으로 수량 변동이 큰 것이 유리하다.
④ 소비지로부터 가까운 곳에 위치하여야 한다.

해설 **수원의 구비요건**(수원 선정 시 고려 사항)
① 수질 양호
② 수량 풍부
③ 가능하면 주위에 오염원이 없어야 한다.
④ 소비지로부터 가까운 곳에 위치
⑤ 계절적 수량·수질의 변동이 적은 곳
⑥ 가능하면 자연유하식을 이용할 수 있는 곳(가능한 한 높은 곳에 위치해야 한다.)
⑦ 연간 수량 변동이 적은 곳
⑧ 취수 및 관리가 용이할 것

해답 ③

098 펌프와 부속설비의 설치에 관한 설명으로 옳지 않은 것은?

① 펌프의 흡입관은 공기가 갇히지 않도록 배관한다.
② 필요에 따라 축봉용, 냉각용, 윤활용 등의 급수설비를 설치한다.
③ 펌프의 운전상태를 알기 위하여 펌프 흡입측에는 압력계를, 토출측에는 진공계를 설치한다.
④ 흡상식 펌프에서 풋밸브(foot valve)를 설치하지 않을 경우에는 마중물용의 진공펌프를 설치한다.

해설 펌프의 운전상태를 알기 위하여 펌프의 흡입측에는 진공계 또는 연성계(compound gauge), 토출측에는 압력계를 보기 쉬운 위치에 부착해야 한다.

해답 ③

099 상수의 도수방식에 관한 설명으로 옳지 않은 것은?

① 도수방식은 지형과 지세 등에 따라 자연유하식, 펌프가압식 및 병용식이 있다.
② 도수방식은 취수시설과 정수시설간의 표고, 노선의 입지조건 등을 종합적으로 고려하여 결정한다.
③ 수로의 형식은 관수로식과 개수로식이 있지만, 펌프가압식에서는 개수로식을 택한다.
④ 자연유하식은 지형과 지세가 비교적 평탄하고 시점과 종점간의 유효낙차가 충분한 경우에 주로 이용된다.

해설 펌프 압송식은 관수로에만 이용할 수 있고, 수압으로 인한 누수의 위험이 존재한다. **해답 ③**

100 상수도 계통도의 순서로 옳은 것은?

① 집수 및 취수 → 도수 → 정수 → 송수 → 배수 → 급수
② 집수 및 취수 → 배수 → 정수 → 송수 → 도수 → 급수
③ 집수 및 취수 → 도수 → 정수 → 급수 → 배수 → 송수
④ 집수 및 취수 → 배수 → 정수 → 급수 → 도수 → 송수

해설 상수도 시설 계통 : 수원(집수) → 취수 → 도수 → 정수 → 송수 → 배수 → 급수 **해답 ①**

101 활성슬러지법에서 MLSS에 대한 설명으로 옳은 것은?

① 방류수 중의 부유물질
② 폐수 중의 부유물질
③ 폭기조 중의 부유물질
④ 반송슬러지 중의 부유물질

해설 MLSS(Mixed Liquor Suspended Solids) : 혼합액 부유고형물(폭기조 내 부유물질) **해답 ③**

102 정수장 급속여과지에서 여과모래의 유효경이 0.45~0.7mm의 범위인 경우에 모래층의 표준 두께는?

① 1~5cm
② 10~20cm
③ 40~50cm
④ 60~70cm

해설 급속여과 유효경에 따른 모래층 두께
① 여과모래 유효경 0.4~0.7mm의 범위인 경우 : 모래층 두께 60~70cm 표준
② 여과모래 유효경 0.4~1.0mm의 범위인 경우 : 모래층 두께 60~120cm 표준 **해답 ④**

103 하수관거의 관정부식(crown corrosion)의 주된 원인물질은?

① N 화합물　　　　② S 화합물
③ Ca 화합물　　　 ④ Fe 화합물

해설 ① 하수 내 유기물(S화합물, 황화합물) 등이 혐기성 상태에서 분해되어 생성되는 황화수소(H_2S)가 하수관 내의 공기 중으로 솟아오르면 호기성 미생물에 의해서 SO_2나 SO_3가 된다. (용존산소 결핍으로 박테리아가 황산염을 환원시키기 때문에 황화수소 발생)
② 이들이 관정부(管頂部)의 물방울에 녹아서 황산(H_2SO_4)이 된다. 이 황산이 콘크리트관에 함유된 철(Fe), 칼슘(Ca), 알루미늄(Al) 등과 반응하여 황산염이 되어 콘크리트관을 부식 파괴하는 현상을 관정부식이라 한다.

해답 ②

104 토압 계산 시 널리 사용되는 마스톤(Marston) 공식에서 관이 받는 하중(W), 매설토의 깊이와 종류에 의하여 결정되는 상수(C), 매설토의 단위중량(γ), 폭요소(B)와의 관계식으로 옳은 것은? (단, B : 폭요소로서 관의 상부 90° 부분에서의 관매설을 위하여 굴토한 도랑의 폭)

① $W = C\gamma B$　　　　② $W = \dfrac{C\gamma}{B}$

③ $W = C\gamma B^2$　　　 ④ $W = \dfrac{CB}{\gamma}$

해설 **마스톤(Marston) 공식** : 토압 계산에 가장 널리 이용되는 공식
$W = C_1 \cdot \gamma \cdot B^2$
여기서, W : 관이 받는 하중[ton/m]
　　　　γ : 피토(被土)의 밀도[ton/m³]
　　　　C_1 : 지표에서 관 상단까지, 즉 피토의 깊이와 종류에 의하여 결정되는 상수
　　　　B : 폭요소[m](관의 상부 90° 부분에서의 관 매설을 위하여 굴착한 도랑의 폭)
　　　　d : 관의 외경[m]

해답 ③

105 슬러지 부피지수(SVI)가 150인 활성슬러지법에 의한 처리조건에서 슬러지 밀도지표(SDI)는?

① 0.67　　　　② 6.67
③ 66.67　　　 ④ 666.67

해설 $SDI = \dfrac{100}{SVI} = \dfrac{100}{150} = 0.67$

해답 ①

106
상수관망의 해석에 사용되는 방법과 가장 밀접한 관련이 있는 것은?
① 뉴톤 법칙 ② 토리첼리의 정리
③ 하디 크로스법 ④ 베르누이 정리

해설 배수관망의 해석
① 등치관법 : 수지상식이나 격자식의 예비 계산 시 좋다.
② Hardy-cross법[반복근사해법, 시산법(try and error method)] : 격자식 같은 관망이 복잡한 경우에 사용

해답 ③

107
상수도 시설 중 침사지에 대한 설명으로 옳지 않은 것은?
① 침사지의 길이는 폭의 3~8배를 표준으로 한다.
② 침사지 내에서의 평균유속은 10~20cm/s를 표준으로 한다.
③ 침사지의 위치는 가능한 한 취수구에 가까워야 한다.
④ 유입 및 유출구에는 제수밸브 혹은 슬루스 게이트를 설치한다.

해설 ① 상수도 시설 중 침사지 내 평균유속은 2~7cm/s를 표준으로 한다.
② 하수도 시설 중 침사지의 평균유속은 0.30m/s를 표준으로 한다.

해답 ②

108
오수관거 설계 시 계획시간 최대오수량에 대한 최소 및 최대 유속은?
① 최소 : 0.6m/s, 최대 : 3.0m/s ② 최소 : 0.6m/s, 최대 : 5.0m/s
③ 최소 : 0.8m/s, 최대 : 3.0m/s ④ 최소 : 0.8m/s, 최대 : 5.0m/s

해설 하수관의 유속

관 거	최소 유속	최대 유속	비 고
오수관거	0.6m/sec	3.0m/sec	이상적인 유속 : 1.0~1.8m/sec
우수관거 및 합류관거	0.8m/sec	3.0m/sec	

해답 ①

토목산업기사

2022년 5월 CBT 시행

2023 개정된 출제기준에 의거하여 불필요한 문제는 삭제하고 3과목으로 정리함

제1과목 구조설계(응용역학+철근콘크리트 및 강구조)

1. 응용역학(역학적인 개념 및 건설 구조물의 해석)

001 길이 10m, 지름 30mm의 철근이 5mm 늘어나기 위해서는 얼마의 하중이 필요한가? (단, $E=2\times10^5$MPa)

① 51.5kN   ② 62.2kN
③ 70.7kN   ④ 81.3kN

해설
$$P = \frac{E \cdot A \cdot \Delta l}{l} = \frac{2\times 10^5 \times \frac{\pi \times 30^2}{4} \times 5}{10000} = 70685.8\text{N} = 70.7\text{kN}$$

해답 ③

002 구조계산에서 자동차나 열차의 바퀴와 같은 차륜하중은 어떤 형태의 하중으로 계산하는가?

① 집중하중   ② 등분포하중
③ 모멘트하중   ④ 등변분포하중

해설 구조계산에서 자동차나 열차의 바퀴와 같은 차륜하중은 집중하중으로 계산한다.

해답 ①

003 지름이 D이고 길이가 $50D$인 원형 단면으로 된 기둥의 세장비를 구하면?

① 200   ② 150
③ 100   ④ 50

해설 $\lambda = \dfrac{l}{r_{\min}} = \dfrac{l}{D/4} = \dfrac{50D}{D/4} = 200$

해답 ①

004

그림과 같은 직사각형 단면의 단면계수는?

① 800cm³
② 1,000cm³
③ 1,200cm³
④ 1,400cm³

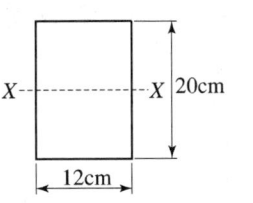

해설
$$Z_X = \frac{bh^2}{6} = \frac{12 \times 20^2}{6} = 800\text{cm}^3$$

해답 ①

005

그림과 같은 내민보에서 지점 A에 발생하는 수직반력은?

① 150kN
② 200kN
③ 250kN
④ 300kN

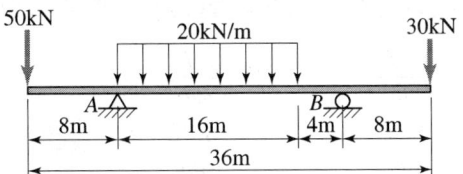

해설
$\sum M_B = 0(\curvearrowright)$
$V_A \times 20 - 50 \times 28 - (20 \times 16) \times (8+4) + 30 \times 8 = 0$
$V_A = 250\text{kN}(\uparrow)$

해답 ③

006

재료의 역학적 성질 중 탄성계수를 E, 전단탄성계수를 G, 푸아송수를 m이라 할 때 각 성질의 상호관계식으로 옳은 것은?

① $G = \dfrac{m}{2E(m+1)}$
② $G = \dfrac{mE}{2(m+1)}$
③ $G = \dfrac{E}{2(m-1)}$
④ $G = \dfrac{E}{2(m+1)}$

해설 탄성계수와 전단탄성계수의 관계
$$G = \frac{E}{2(1+\nu)} = \frac{E}{2\left(1+\dfrac{1}{m}\right)} = \frac{mE}{2(m+1)}$$

해답 ②

007

반지름 r 원형 단면 보에 휨모멘트 M이 작용할 때 최대 휨응력은?

① $\dfrac{4M}{\pi r^3}$ ② $\dfrac{8M}{\pi r^3}$

③ $\dfrac{16M}{\pi r^3}$ ④ $\dfrac{64M}{\pi r^3}$

해설 $\sigma_{\max} = \dfrac{M}{Z} = \dfrac{M}{\dfrac{\pi \cdot (2r)^3}{32}} = \dfrac{4M}{\pi \cdot r^3}$

해답 ①

008

그림과 같은 단순보에 발생하는 최대 전단응력($\tau_{\max}$)은?

① $\dfrac{4wL}{9bh}$ ② $\dfrac{wL}{2bh}$

③ $\dfrac{9wL}{16bh}$ ④ $\dfrac{3wL}{4bh}$

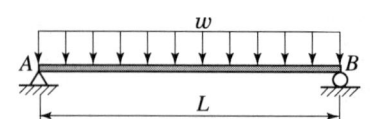
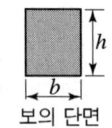

보의 단면

해설 ① 최대 전단력

$$S_{\max} = V_A = \dfrac{wL}{2}$$

② 최대 전단응력

$$\tau_{\max} = \dfrac{3}{2}\dfrac{S_{\max}}{A} = \dfrac{3}{2} \times \dfrac{wL/2}{bh} = \dfrac{3wL}{4bh}$$

해답 ④

009

그림과 같은 단순보에 연행하중이 작용할 경우 절대최대휨모멘트는 얼마인가?

① 65.0kN·m
② 70.4kN·m
③ 80.4kN·m
④ 88.2kN·m

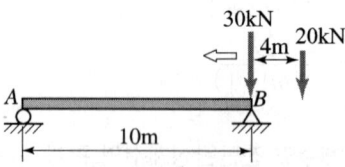

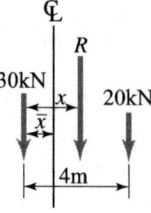

해설 ① 합력 $R = 30 + 20 = 50$kN

② 합력의 작용점

$$x = \dfrac{20 \times 4}{50} = 1.6\text{m}$$

③ 이등분점

$$\bar{x} = \dfrac{x}{2} = \dfrac{1.6}{2} = 0.8\text{m}$$

④ 하중재하(이등분점과 보의 중앙점을 일치)
⑤ 합력과 가장 가까운 하중 30kN의 작용점에서 절대 최대 휨모멘트가 생긴다.

$\sum M_B = 0$
$V_A \times 10 - 30 \times 5.8 - 20 \times (5-3.2) = 0$
$V_A = 21\text{kN}(\uparrow)$

⑥ $M_{abs \cdot max} = M_{30kN} = 21 \times 4.2 = 88.2\text{kN} \cdot \text{m}$

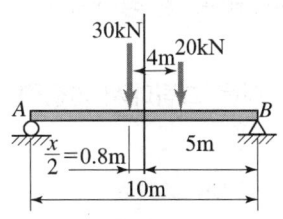

해답 ④

010
지름이 D인 원형 단면의 기둥에서 핵(core)의 직경은?

① $\dfrac{D}{2}$
② $\dfrac{D}{3}$
③ $\dfrac{D}{4}$
④ $\dfrac{D}{6}$

해설 ① 원형 단면의 핵거리
$x = \dfrac{D}{8}$

② 원형 단면의 핵폭(핵직경) $= 2x = \dfrac{D}{4}$

해답 ③

011
직경 50mm, 길이 2m의 봉이 힘을 받아 길이가 2mm 늘어나고, 직경은 0.015m가 줄어들었다면, 이 봉의 푸아송비는 얼마인가?

① 0.24
② 0.26
③ 0.28
④ 0.30

해설
$\nu = \dfrac{\varepsilon_{가로}}{\varepsilon_{세로}} = \dfrac{\dfrac{\Delta d}{d}}{\dfrac{\Delta l}{l}} = \dfrac{\Delta d \cdot l}{\Delta l \cdot d} = \dfrac{0.015 \times 2000}{2 \times 50} = 0.3$

해답 ④

012
다음 도형에서 x축에 대한 단면2차모멘트는?

① 376cm⁴
② 432cm⁴
③ 484cm⁴
④ 538cm⁴

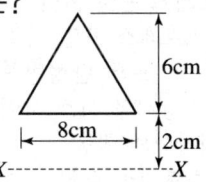

해설 $I_X = I_{도심} + A \cdot y^2 = \dfrac{8 \times 6^3}{36} + \left(\dfrac{1}{2} \times 8 \times 6\right) \times \left(\dfrac{6}{3} + 2\right)^2 = 432\text{cm}^4$

해답 ②

2. 철근콘크리트 및 강구조

013 다음 그림에서 인장력 $P=400$kN이 작용할 때 용접이음부의 응력은 얼마인가?

① 96.2MPa
② 101.2MPa
③ 105.3MPa
④ 108.6MPa

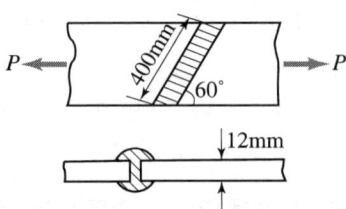

해설 $f = \dfrac{P}{\sum al} = \dfrac{400,000}{12 \times 400 \sin 60°} = 96.2\text{MPa}$

해답 ①

014 다음 중 유효깊이의 정의로 옳은 것은?

① 콘크리트의 인장 연단부터 모든 인장철근군의 도심까지 거리
② 콘크리트의 압축 연단부터 모든 인장철근군의 도심까지 거리
③ 콘크리트의 인장 연단부터 최외단 인장철근의 도심까지의 거리
④ 콘크리트의 압축 연단부터 최외단 인장철근의 도심까지 거리

해설 유효깊이란 콘크리트의 압축측 연단으로부터 모든 인장철근군의 도심까지의 거리를 말한다.

해답 ②

015 프리스트레스트 콘크리트에서 강재의 프리스트레스 도입 시 발생되는 즉시 손실에 해당되지 않는 것은?

① 정착장치의 활동에 의한 손실
② PS 강재와 긴장 덕트의 마찰에 의한 손실
③ PS 강재의 릴랙세이션 손실
④ 콘크리트의 탄성 수축에 의한 손실

해설 프리스트레스 손실 원인
 ① 프리스트레스 도입 시 : 즉시 손실
  ㉠ 콘크리트의 탄성변형(수축)
  ㉡ PS 강재와 시스 사이의 마찰(포스트텐션 방식에만 해당)
  ㉢ 정착단의 활동
 ② 프리스트레스 도입 후 : 시간적 손실
  ㉠ 콘크리트의 건조수축
  ㉡ 콘크리트의 크리프
  ㉢ PS 강재의 릴랙세이션(relaxation)

해답 ③

016

$b_w = 250mm$, $d = 500mm$, 압축연단에서 중립축까지의 거리$(c) = 200mm$, $f_{ck} = 24MPa$의 단철근 직사각형 균형보에서 콘크리트의 공칭 휨강도(M_n)는?

① 305.8kN·m ② 342.7kN·m
③ 364.3kN·m ④ 423.3kN·m

해설 ① 콘크리트의 등가압축응력깊이의 비 β_1은 $f_{ck} = 24MPa < 50MPa$이므로
$\beta_1 = 0.80$
② $a = \beta_1 c = 0.80 \times 200 = 160mm$
③ $M_n = \eta 0.85 f_{ck} ab \left(d - \dfrac{a}{2}\right) = 1 \times 0.85 \times 24 \times 160 \times 250 \times \left(500 - \dfrac{160}{2}\right)$
$= 342,720,000 N \cdot mm = 342.7 kN \cdot m$

해답 ②

017

휨 부재에서 철근의 장착에 대한 위험단면에 해당되지 않는 것은?

① 지간 내의 최대 응력점 ② 인장철근이 끝난 점
③ 인장철근의 절곡점 ④ 지점에서 d만큼 떨어진 점

해설 **정착에 대한 위험단면**(휨철근)
① 지간 내의 최대 응력점 ② 지간 내에서의 인장철근이 절단되는 점
③ 지지점 ④ 지간 내에서의 인장철근이 끝나는 점
⑤ 모멘트 부호가 바뀌는 반곡점 ⑥ 지간 내에서의 인장철근이 절곡되는 점

해답 ④

018

나선철근과 띠철근 기둥에서 축방향 철근의 순간격에 대한 설명으로 옳은 것은?

① 25mm 이상, 또한 철근 공칭지름의 0.5배 이상으로 하여야 한다.
② 30mm 이상, 또한 철근 공칭지름의 1배 이상으로 하여야 한다.
③ 40mm 이상, 또한 철근 공칭지름의 1.5배 이상으로 하여야 한다.
④ 50mm 이상, 또한 철근 공칭지름의 2.5배 이상으로 하여야 한다.

해설 **축방향**(종방향) **철근의 순간격**
① 40mm 이상
② 축방향(종방향) 철근 지름의 1.5배 이상
③ 굵은 골재 최대 치수의 4/3배 이상

해답 ③

019 아래 표와 같은 하중을 받는 지간 5m의 단순보를 설계할 때 계수휨모멘트(M_u)는? (단, 하중계수와 하중조합을 고려할 것.)

- 자중을 포함한 고정하중(D) : 20kN/m
- 활하중(L) : 30kN/m

① 225kN·m ② 307kN·m
③ 342kN·m ④ 387kN·m

해설 ① 계수하중
$w_u = 1.2w_D + 1.6w_L$ 와 $w_u = 1.4w_D$ 둘 중 큰 값
$w_u = 1.2 \times 20 + 1.6 \times 30 = 72\text{kN/m}$
$w_u = 1.4 \times 20 = 28\text{kN/m}$
둘 중 큰 값인 72kN/m로 한다.

② $M_u = \dfrac{w_u l^2}{8} = \dfrac{72 \times 5^2}{8} = 225\text{kN·m}$

해답 ①

020 이형철근이 인장을 받을 때 기본 정착길이(l_{db})를 구하는 식으로 옳은 것은? (단, 보통중량 콘크리트이고, d_s는 철근의 공칭지름)

① $\dfrac{0.6d_s f_s}{\sqrt{f_{ck}}}$ ② $0.6d_s f_s \sqrt{f_{ck}}$

③ $\dfrac{0.25d_s f_s}{\sqrt{f_{ck}}}$ ④ $0.25d_s f_s \sqrt{f_{ck}}$

해설 인장 이형철근 및 이형철선의 기본 정착길이
$l_{db} = \dfrac{0.6d_b f_y}{\lambda \sqrt{f_{ck}}} = \dfrac{0.6d_b f_y}{1.0\sqrt{f_{ck}}} = \dfrac{0.6d_b f_y}{\sqrt{f_{ck}}}$

해답 ①

021 용접변형(distortion)을 방지하기 위한 방법 중 틀린 것은?

① 용접길이를 가능하면 적게 설계한다.
② 용접변형이 작게 되는 이음을 선택한다.
③ 용접금속중량을 충분히 크게 하고, 용접속도를 천천히 한다.
④ 대칭용접이 되도록 용접 시 용접 순서를 선택한다.

해설 용접부 변형 방지책
용접부 변형을 방지하기 위한 방법은 변형의 원인을 정확하게 파악하고 있다면 쉽

게 여러 가지 대안이 제시될 수 있다.
① 용접길이를 가능하면 적게 실시한다.
② 용접변형이 작게 되는 이음을 선택한다.
③ 열 분포를 고르게 하기 위해 용접 순서를 조절(후퇴법, 대칭법 등)한다.
④ 이음의 모양이 가능한 한 용접부 단면이 대칭이 되도록 한다.
⑤ 용접속도가 느리면 그만큼 용융금속의 응고가 늦어지기 때문에 많은 용융금속이 발생하므로 가능한 용접속도를 빠르게 한다.
⑥ 이음의 크기가 요구되는 강도 이상이 되지 않도록 하여 용착량이 과다하지 않도록 설계한다.

해답 ③

022

그림과 같은 단순 PSC보에서 지간 중앙의 절곡점에서 상향력(U)와 외력(P)이 비기기 위한 PS강선 프리스트레스힘(F)의 크기는 얼마인가? (단, 손실은 무시한다.)

① 30kN
② 50kN
③ 70kN
④ 100kN

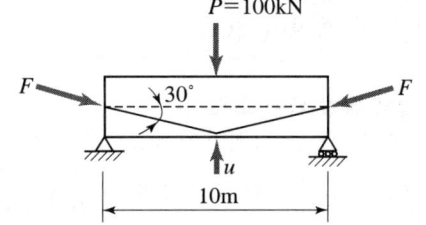

해설 상향력

$U = 2P\sin\theta$ 에서

$P = \dfrac{U}{2\sin\theta} = \dfrac{100}{2 \times \sin 30°} = 100\text{kN}$

해답 ④

023

철근콘크리트 부재에 사용할 수 있는 전단철근에 대한 설명으로 틀린 것은?

① 주인장 철근에 30° 이상의 각도로 설치되는 스터럽은 전단철근으로 사용할 수 있다.
② 주인장 철근에 30° 이상의 각도로 구부린 굽힘철근은 전단철근으로 사용할 수 있다.
③ 스터럽과 굽힘철근의 조합은 전단철근으로 사용할 수 있다.
④ 전단철근의 설계기준항복강도는 500MPa를 초과할 수 없다.

해설 전단철근의 종류
① 스터럽
  ㉠ 수직 스터럽 : 주철근에 직각 방향으로 배치한 스터럽
  ㉡ 경사 스터럽 : 주철근에 45° 이상의 경사로 배치한 스터럽
② 굽힘철근(절곡철근) : 주철근을 30° 이상의 경사로 구부린 철근
③ 전단철근의 병용 : 전단응력이 크게 작용되는 지점 부근에서 사용된다.

㉠ 수직 스터럽과 굽힘철근의 병용
㉡ 경사 스터럽과 굽힘철근의 병용
㉢ 수직 스터럽과 경사 스터럽을 굽힘철근과 병용
④ 용접철망 : 부재의 축에 직각으로 배치
⑤ 나선철근
⑥ 원형 띠철근
⑦ 후프 철근

해답 ①

024 PS 강재가 자져야 할 일반적인 성질로 틀린 것은?

① 적당한 연성과 인성이 있어야 한다.
② 어느 정도의 피로강도를 가져야 한다.
③ 직선성이 좋아야 한다.
④ 항복비가 작아야 한다.

해설 PS 강재 품질 요구 조건
① 고인장강도를 가져야 한다.
② 항복비가 커야 한다. 항복비 $= \dfrac{\text{항복응력}}{\text{인장강도}} \times 100(\%) \geq 80\%$
③ 릴랙세이션(relaxation)이 작아야 한다.
④ 직선성(신직성)이 좋아야 한다.
⑤ 높은 연성과 인성이 있어야 한다.
⑥ 피로강도가 커야 한다.
⑦ 콘크리트와의 부착강도가 커야 한다.
⑧ 응력 부식에 대한 저항성이 커야 한다.

해답 ④

025 강도설계법의 가정으로 틀린 것은?

① 철근과 콘크리트의 변형률은 중립축으로부터의 거리에 비례한다.
② 압축측 연단에서 콘크리트의 극한 변형률은 0.003으로 가정한다.
③ 휨응력 계산에서 콘크리트의 인장강도는 무시한다.
④ 극한강도 상태에서 콘크리트의 응력은 그 변형률에 비례한다.

해설 강도설계법 설계가정
① 변형률은 중립축으로부터의 거리에 비례한다. 깊은보 설계시 비선형 변형률 분포를 고려하여야 하며, 이때 대신 스트럿-타이 모델을 적용할 수 있다.
② 휨모멘트 또는 휨모멘트와 축력을 동시에 받는 부재의 콘크리트 압축연단의 극한변형률은 콘크리트의 설계기준압축강도가 40MPa 이하인 경우에는 0.0033으로 가정하며, 40MPa을 초과하는 경우에는 매 10MPa의 강도 증가에 대하여 0.0001씩 감소시킨다. 콘크리트의 설계기준압축강도가 90MPa을 초과하는 경

우에는 성능실험을 통한 조사연구에 의하여 콘크리트 압축연단의 극한변형률을 선정하고 근거를 명시하여야 한다.
③ 콘크리트의 인장강도는 철근콘크리트 부재 단면의 축강도와 휨강도 계산에서 무시할 수 있다.
④ $f_s \leq f_y$일 때 $f_s = \varepsilon_s E_s$, $f_s > f_y$일 때 $f_s = f_y$
⑤ 콘크리트의 압축응력 분포와 콘크리트의 변형률 사이의 관계는 직사각형, 사다리꼴, 포물선형 또는 강도의 예측에서 광범위한 실험의 결과와 실질적으로 일치하는 어떤 형상으로도 가정할 수 있다.
⑥ 포물선-직선 형상의 응력-변형률 관계에 의하여 콘크리트에 작용하는 압축응력의 평균값은 $\alpha(0.85 f_{ck})$로, 압축연단으로부터 합력의 작용위치는 중립축 깊이 c에 대한 β의 비율로 나타낸다.

해답 ④

026

아래 그림과 같은 보에 D13(1본 단면적 127mm²) 철근으로 수직 스터럽을 250mm의 간격으로 설치하였다면, 전단철근에 의한 전단강도(V_s)는?
(단, $f_{ck} = 28$MPa, $f_u = 400$MPa)

① 164.8kN
② 186.3kN
③ 208.6kN
④ 223.5kN

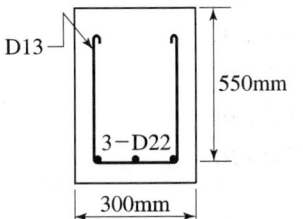

해설 전단철근이 부담하는 전단강도

$$V_s = n A_v f_y = \frac{d}{s} A_v f_y = \frac{550}{250} \times (2 \times 127) \times 400 = 223{,}520\text{N} = 223.5\text{kN}$$

해답 ④

027

단철근 직사각형 보에서 $f_{ck} = 28$MPa, $f_y = 400$MPa일 때 균형철근비(ρ_b)는 약 얼마인가?

① 0.02572
② 0.02964
③ 0.04317
④ 0.05243

해설
① $f_{ck} = 28$MPa < 40MPa이므로 $\epsilon_{cu} = 0.0033$
② 콘크리트의 등가압축응력깊이의 비
$f_{ck} = 28$MPa < 50MPa이므로 $\beta_1 = 0.80$
③ 단철근 직사각형보의 균형철근비

$$\rho_b = \eta 0.85 \frac{f_{ck}}{f_y} \beta_1 \frac{\epsilon_{cu}}{\epsilon_{cu} + \frac{f_y}{200000}} = 1 \times 0.85 \times \frac{28}{400} \times 0.80 \times \frac{0.0033}{0.0033 + \frac{400}{200000}}$$

$= 0.02964$

해답 ②

028 휨부재 단면에서 인장철근에 대한 최소 철근량을 규정한 이유로 옳은 것은?
① 부재의 취성파괴를 유도하기 위하여
② 부재의 급작스런 파괴를 방지하기 위하여
③ 사용 철근량을 줄이기 위하여
④ 콘크리트 단면을 최소화하기 위하여

해설 최소 철근비 이상으로 규정하는 이유는 인장부 콘크리트의 취성파괴를 막기 위해서이다.

해답 ②

029 그림과 같은 직사각형 보에서 압축상단에서 중립축까지의 거리(c)는 얼마인가? (단, 철근 D22 4본의 단면적은 1548mm², $f_{ck}=35$MPa, $f_y=350$MPa이다.)

① 60.7mm
② 71.4mm
③ 75.9mm
④ 80.9mm

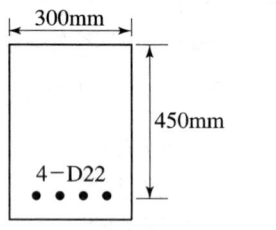

해설 ① 등가직사각형 응력분포의 깊이 : a
$$a = \frac{A_s f_y}{\eta \, 0.85 f_{ck} b} = \frac{1,548 \times 350}{1 \times 0.85 \times 35 \times 300} = 60.7\text{mm}$$
② 콘크리트의 등가압축응력 깊이의 비
$f_{ck} = 35\text{MPa} < 50\text{MPa}$이므로 $\beta_1 = 0.80$
③ $a = \beta_1 c$에서 $c = \frac{a}{\beta_1} = \frac{60.7}{0.80} = 75.9\text{mm}$

해답 ③

030 폭 300mm, 유효깊이는 500mm의 단철근 직사각형 보에서 콘크리트의 설계전단강도(ϕV_c)는? (단, $f_{ck}=28$MPa이고 전단과 휨만을 받는 부재이다.)

① 75.4kN
② 89.3kN
③ 99.2kN
④ 113.1kN

해설 **콘크리트가 부담하는 설계전단강도**
$$\phi V_c = \phi \frac{1}{6} \lambda \sqrt{f_{ck}} \, b_w d \, [\text{N}] = 0.75 \times \frac{1}{6} \times 1 \times \sqrt{28} \times 300 \times 500 = 99,216\text{N} = 99.2\text{kN}$$

해답 ③

제2과목 측량 및 토질(측량학+토질 및 기초)

1. 측량학(측량학 일반, 기준점 측량, 응용 측량)

031 하천의 연직선 내의 평균유속을 구할 때 3점법을 사용하는 경우, 평균유속(V_m)을 구하는 식은? (단, V_n : 수면으로부터 수심의 n에 해당되는 지점의 관측유속)

① $V_m = \dfrac{1}{2}(V_{0.2} + V_{0.8})$ ② $V_m = \dfrac{1}{3}(V_{0.2} + V_{0.6} + V_{0.8})$

③ $V_m = \dfrac{1}{4}(V_{0.2} + V_{0.6} + 2V_{0.8})$ ④ $V_m = \dfrac{1}{4}(V_{0.2} + 2V_{0.6} + V_{0.8})$

해설 3점법
$$V_m = \dfrac{1}{4}(V_{0.2} + 2V_{0.6} + V_{0.8})$$

해답 ④

032 토공작업을 수반하는 종단면도에서 계획선을 넣을 때 고려하여야 할 사항으로 옳지 않은 것은?

① 계획선은 될 수 있는 한 요구에 맞게 한다.
② 절토는 성토로 이용할 수 있도록 운반거리를 고려하여야 한다.
③ 경사와 곡선을 병설해야 하고 단조로움을 피하기 위하여 가능한 한 많이 설치한다.
④ 절토량과 성토량은 거의 같게 한다.

해설 토공의 계획선을 결정할 때 경사와 곡선은 가급적 피해야 한다.

해답 ③

033 측량에서 관측된 값에 포함되어 있는 오차를 조정하기 위해 최소제곱법을 이용하게 되는데, 이를 통하여 처리되는 오차는?

① 과실   ② 정오차
③ 우연오차   ④ 기계적 오차

해설 **정오차** : 누차, 정차, 자연적 오차, 상차
① 일어나는 원인이 명확
② 일정한 방향, 일정한 양의 오차 발생
③ 항상 같은 방향, 같은 크기로 발생
④ 간단히 조정 가능

⑤ 측정횟수(n)에 비례
$E = e \cdot n$

부정오차 : 우연오차, 우차, 추차, 확률오차
① 발생 원인이 분명하지 않음
② 예측 불가능, 처리방법 불확실
③ 불규칙한 성질, 발향이 일정치 않음
④ 완전히 조정 불가능, 통계학 처리(최소자승법, 오차론)로 소거
⑤ 측정횟수(n)의 제곱근에 비례
$E = \pm e \cdot \sqrt{n}$

해답 ③

034
축척 1 : 1,000의 도면에서 면적을 측정한 결과 5cm²이었다. 이 도면이 전체적으로 1% 신장되어 있었다면 실제면적은?

① 510m²
② 505m²
③ 495m²
④ 490m²

해설 $A_o = A(1-\varepsilon)^2 = (5 \times 1000^2) \times (1-0.01)^2 = 4{,}900{,}500 \text{cm}^2 = 490\text{m}^2$

해답 ④

035
축척 1 : 2,500의 도면에 등고선 간격을 2m로 할 때 육안으로 식별할 수 있는 등고선과 등고선 사이의 최소 거리가 0.4mm라 하면 등고선으로 표시할 수 있는 최대 경사각은?

① 52.1°
② 63.4°
③ 72.8°
④ 81.6°

해설 $\tan\theta = \dfrac{h}{D}$ 에서
$\theta = \tan^{-1}\dfrac{h}{D} = \tan^{-1}\dfrac{2}{2{,}500 \times 0.4 \times 10^{-3}} = 63.4°$

해답 ②

036
체적 계산에 있어서 양 단면의 면적이 $A_1 = 80\text{m}^2$, $A_2 = 40\text{m}^2$, 중간 단면적 $A_m = 70\text{m}^2$이다. A_1, A_2 단면 사이의 거리가 30m이면 체적은? (단, 각주 공식 사용)

① 2,000m³
② 2,060m³
③ 2,460m³
④ 2,640m³

해설 각주 공식(prismoidal formula)
$V = \dfrac{l}{6}(A_1 + 4A_m + A_2) = \dfrac{30}{6} \times (80 + 4 \times 70 + 40) = 2{,}000\text{m}^3$

해답 ①

037 타원체에 관한 설명으로 옳은 것은?

① 어느 지역의 측량좌표계의 기준이 되는 지구타원체를 준거타원체(또는 기준타원체)라 한다.
② 실제 지구와 가장 가까운 회전타원체를 지구타원체라 하며, 실제 지구의 모양과 같이 굴곡이 있는 곡면이다.
③ 타원의 주축을 중심으로 회전하여 생긴 지구물리학적 형상을 회전타원체라 한다.
④ 준거타원체는 지오이드와 일치한다.

해설
① 부피와 모양이 지구의 모양을 비교적 실제와 가깝게 나타낸 회전 타원체를 지구타원체라 하며, 지구타원체는 굴곡이 없이 매끈한 면이다.
② 어느 지역의 측량좌표계의 기준이 되는 지구타원체를 준거타원체(또는 기준타원체)라고 하며, 준거타원체는 지오이드와 거의 일치한다.

해답 ①

038 노선측량에서 평면곡선으로 공통접선의 반대방향에 반지름(R)의 중심을 갖는 곡선 형태는?

① 복심곡선   ② 포물선곡선
③ 반향곡선   ④ 횡단곡선

해설 원곡선
① 단곡선(simple curve)
② 복심곡선(compound curve) : 반지름이 다른 2개의 원곡선이 1개의 공통접선을 갖고 접선의 같은 쪽에서 연결
③ 반향곡선(reverse curve) : 반지름이 다른 2개의 원곡선이 1개의 공통접선의 양쪽에서 서로 곡선 중심을 가지고 연결
④ 배향곡선(hairpin curve) : 반향곡선을 연속시킨 형태로 산지에서 기울기를 낮추기 위해 사용

해답 ③

039 삼각망 중 조건식이 가장 많이 가장 높은 정확도를 얻을 수 있는 것은?

① 단열 삼각망   ② 사변형 삼각망
③ 유심 다각망   ④ 트래버스망

해설 사변형 삼각망은 조건식의 수가 가장 많아, 시간과 비용이 많이 들며 가장 정밀도가 높아 시가지와 같은 정밀을 요하는 골조 측량에 주로 이용한다.

해답 ②

040

우리나라의 축척 1 : 50,000 지형도에 있어서 등고선의 주곡선 간격은?

① 5m
② 10m
③ 20m
④ 100m

해설 등고선 종류

등고선 종류	기 호	$\frac{1}{10,000}$	$\frac{1}{25,000}$	$\frac{1}{50,000}$
계곡선	굵은 실선(————)	25m	50m	100m
주곡선	가는 실선(————)	5m	10m	20m
간곡선	가는 파선(-------)	2.5m	5m	10m
조곡선	가는 점선(…………)	1.25m	2.5m	5m

해답 ③

041

교각 $I=90°$, 곡선반지름 $R=200m$인 단곡선에서 노선기점으로부터 교점까지의 거리가 520m일 때 노선기점으로부터 곡선시점까지의 거리는?

① 280m
② 320m
③ 390m
④ 420m

해설
① 접선길이 $TL = R \cdot \tan\frac{I}{2} = 200 \times \tan\frac{90°}{2} = 200m$
② 곡선시점(B.C.) = I.P. − T.L. = 520 − 200 = 320m

해답 ②

042

트래버스 측량에서 발생된 폐합오차를 조정하는 방법 중의 하나인 컴퍼스 법칙(compass rule)의 오차배분 방법에 대한 설명으로 옳은 것은?

① 트래버스 내각의 크기에 비례하여 배분한다.
② 트래버스 외각의 크기에 비례하여 배분한다.
③ 각 변의 위·경거에 비례하여 배분한다.
④ 각 변의 측선 길이에 비례하여 배분한다.

해설 폐합오차의 조정
① 컴퍼스 법칙
  ㉠ 각 관측과 거리 관측의 정밀도가 비슷할 때 조정하는 방법
  ㉡ 각 측선길이에 비례하여 폐합오차를 배분
② 트랜싯 법칙
  ㉠ 각 관측의 정밀도가 거리 관측의 정밀도보다 높을 때 조정하는 방법
  ㉡ 위거, 경거의 크기에 비례하여 폐합오차를 배분

해답 ④

043

방위각 260°의 역방위는 얼마인가?

① N80°E
② N80°W
③ S80°E
④ S80°W

해설 ① 역방위각 260°−180°=80°
② 방위 N80°E

해답 ①

044

그림과 같은 터널의 천장에 대한 수준측량 결과에서 C점의 지반고는? (단, b_1=2.324m, f_1=3.246m, b_2=2.787m, f_2=2.938, A점 지반고=32.243m)

① 31.170m
② 32.088m
③ 33.316m
④ 37.964m

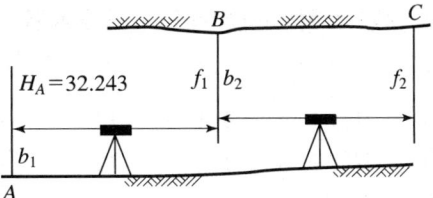

해설 $H_C = 32.243 + 2.324 + 3.246 - 2.787 + 2.938 = 37.964$m

해답 ④

045

아래와 같은 수준측량 성과에서 측점4의 지반고는? (단위 : m)

측점	후시	기계고	전시		지반고
			이기점	중간점	
1	1.500				100
2				2.300	
3	1.200		2.600		
4			1.400		
계					

① 98.7m
② 98.9m
③ 100.1m
④ 100.3m

해설 ① 1측점 기계고=100+1.5=101.5m
② 3측점 지반고=101.5−2.6=98.9m
③ 3측점 기계고=98.9+1.2=100.1m
④ 4측점 지반고=100.1−1.4=98.7m

해답 ①

046
삼각측량을 위한 삼각점의 위치 선정에 있어서 피해야 할 장소로서 중요도가 가장 적은 것은?

① 편심관측을 하여야 하는 곳
② 나무를 벌목하여야 하는 곳
③ 습지와 같은 연약지반인 곳
④ 측표의 높이를 높게 설치하여야 되는 곳

해설 편심관측장소도 가급적 피하는 것이 좋으나 피치 못할 경우에는 가능하다.

해답 ①

047
그림과 같은 결합 트래버스의 관측오차를 구하는 공식은?
(단, $[\alpha] = \alpha_1 + \alpha_2 + \cdots + \alpha_{n-1} + \alpha_n$이다.)

① $(W_a - W_b) + [\alpha] - 180°(n+1)$
② $(W_a - W_b) + [\alpha] - 180°(n-1)$
③ $(W_a - W_b) + [\alpha] - 180°(n-2)$
④ $(W_a - W_b) + [\alpha] - 180°(n-3)$

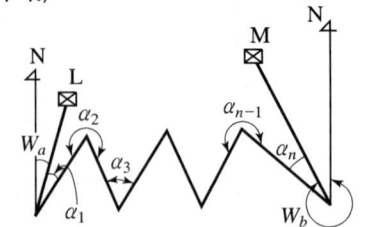

해설
① $W_a > W_b$인 경우 : $E = W_a - W_b + [\alpha] - 180°(n+1)$
② $W_a ⋛ W_b$인 경우 : $E = W_a - W_b + [\alpha] - 180°(n-1)$
③ $W_a < W_b$인 경우 : $E = W_a - W_b + [\alpha] - 180°(n-3)$

해답 ④

048
캔트(cant) 계산에서 속도 및 반지름이 모두 2배로 증가하면 캔트는?

① 1/2로 감소한다.   ② 2배로 증가한다.
③ 4배로 증가한다.   ④ 8배로 증가한다.

해설 캔트 $C = \dfrac{SV^2}{Rg}$에서 $C \propto \dfrac{V^2}{R} = \dfrac{2^2}{2} = 2$배

해답 ②

2. 토질 및 기초(토질역학, 기초공학)

049 다음은 지하수 흐름의 기본 방정식인 Laplace 방정식을 유도하기 위한 기본 가정이다. 틀린 것은?

① 물의 흐름은 Darcy의 법칙을 따른다.
② 흙과 물은 압축성이다.
③ 흙은 포화되어 있고 모세관 현상은 무시한다.
④ 흙은 등방성이고 균질하다.

해설 유선망의 기본 가정에서 흙이나 물은 비압축성이고 물이 흐르는 동안 압축이나 팽창은 생기지 않는다.

해답 ②

050 압밀 비배수 전단시험에 대한 설명으로 옳은 것은?

① 시험 중 간극수를 자유로 출입시킨다.
② 시험 중 전응력을 구할 수 없다.
③ 시험 전 압밀할 때 비배수로 한다.
④ 간극수압을 측정하면 압밀배수와 같은 전단강도 값을 얻을 수 있다.

해설 **압밀 비배수 전단시험**(Consolidated Undrain test, CU−test 또는 $\overline{CU}$−test)
① 시료에 구속압력(σ_3)을 가하고 간극수압이 0이 될 때까지 압밀시킨 후 비배수 상태에서 축차응력($\sigma_1-\sigma_3$)을 가하여 전단시키는 시험
② 간극수압계를 이용하여 공극수압을 측정하고 이를 통해 유효응력으로 전단강도 정수를 결정한다.
③ 삼축압축시험의 가장 일반적인 시험방법
④ 압밀 배수 전단시험에서 구한 전단강도정수와 거의 동일하므로 $\overline{CU}$−test로 대체 가능하다.

해답 ④

051 다음 중에서 정지토압 P_o, 주동토압 P_A, 수동토압 P_p의 크기 순서가 옳은 것은?

① $P_p < P_o < P_A$
② $P_o < P_A < P_p$
③ $P_o < P_p < P_A$
④ $P_A < P_o < P_p$

해설 토압의 크기 순서
수동토압(P_P) > 정지토압(P_o) > 주동토압(P_A)

해답 ④

052

다음 그림과 같은 모래지반에서 $X-X$ 단면의 전단강도는? (단, $\phi=30°$, $c=0$)

① 15.6kN/m^2
② 21.4kN/m^2
③ 31.2kN/m^2
④ 42.7kN/m^2

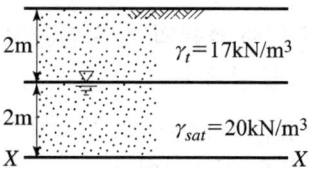

해설 ① 유효응력
$$\sigma' = r_t h_1 + r_{sub} h_2 = r_t h_1 + (r_{sat} - r_w) h_2 = 17 \times 2 + (20-10) \times 2 = 54\text{kN/m}^2$$
② 전단강도
$\tau_f = c + \sigma' \tan\phi$에서 $c=0$, $\phi \neq 0$이므로
$\tau = \sigma' \tan\phi = 54 \times \tan 30° = 31.2\text{kN/m}^2$

해답 ③

053

다음의 연약지반 처리공법에서 일시적인 공법은?

① 웰 포인트 공법
② 치환 공법
③ 컴포저 공법
④ 샌드 드레인 공법

해설 **일시적 지반 개량 공법**
① 웰 포인트(Well point) 공법
② Deep well 공법(깊은 우물 공법)
③ 대기압 공법(진공압밀공법)
④ 동결 공법

해답 ①

054

선행압밀하중은 다음 중 어느 곡선에서 구하는가?

① 압밀하중($\log p$) − 간극비(e) 곡선
② 압밀하중(p) − 간극비(e) 곡선
③ 압밀시간($\sqrt{t}$) − 압밀침하량(d) 곡선
④ 압밀시간($\log t$) − 압밀침하량(d) 곡선

해설 **압밀곡선으로부터 구할 수 있는 요소**

구분 \ 곡선	시간−침하량 곡선	하중−간극비 곡선
공 통	① 압축계수 ② 체적변화계수	① 압축계수 ② 체적변화계수
차이점	① 압밀계수 ② 투수계수 ③ 1차 압밀비 ④ 압밀시간 산정 ⑤ 각 하중 단계마다 작성	① 압축지수 ② 선행압밀하중 ③ 압밀 침하량 산정 ④ 전 하중 단계에서 작성

해답 ①

055 다음 점토질 흙 위에 강성이 큰 사각형 독립 기초가 놓여졌을 때 기초 바닥 면에서의 응력의 상태를 설명한 것 중 옳은 것은?

① 기초 밑면에서의 응력은 일정하다.
② 기초의 중앙부분에서 최대 응력이 발생한다.
③ 기초의 모서리 부분에서 최대 응력이 발생한다.
④ 기초 밑면에서의 응력은 점토질과 모래질의 흙 모두 동일하다.

해설 **점토지반**
① 연성기초
 ㉠ 접지압 : 일정
 ㉡ 침하량 : 기초 중앙부에서 최대
② 강성기초
 ㉠ 접지압 : 양단부에서 최대
 ㉡ 침하량 : 일정

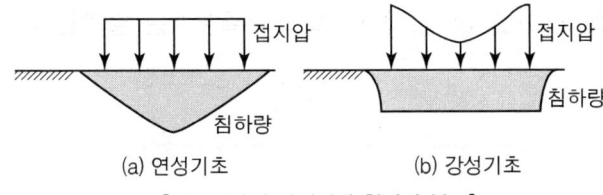

[점토지반의 접지압과 침하량 분포]

해답 ③

---

056 토층 두께 20m의 견고한 점토지반 위에 설치된 건축물의 침하량을 관측한 결과 완성 후 어떤 기간이 경과하여 그 침하량은 5.5cm에 달한 후 침하는 정지되었다. 이 점토 지반 내에서 건축물에 의해 증가되는 평균압력이 0.6kg/cm²이라면 이 점토층의 체적압축계수(m_c)는?

① 4.58×10^{-3} cm²/kg
② 3.25×10^{-3} cm²/kg
③ 2.15×10^{-2} cm²/kg
④ 1.15×10^{-2} cm²/kg

해설 ① 체적 변화
$$\frac{\Delta V}{V_o} = \frac{\Delta H}{H_o} = \frac{5.5}{2,000} = 2.75 \times 10^{-3}$$
② 체적변화율계수
$$m_o = \frac{\frac{\Delta V}{V_o}}{\Delta \sigma'} = \frac{2.75 \times 10^{-3}}{0.6} = 4.58 \times 10^{-3} \text{cm}^2/\text{kg}$$

해답 ①

057

흙이 동상작용을 받았다면 이 흙은 동상작용을 받기 전에 비해 함수비는?

① 증가한다. ② 감소한다.
③ 동일하다. ④ 증가할 때도 있고 감소할 때도 있다.

해설 흙의 동상과 연화
① 흙의 동상현상은 대기의 온도가 0℃ 이하로 내려가면 지표면의 물이 얼기 시작하여 추위가 계속되면 땅 속의 물도 얼기 시작하면서 땅이 얼어 지표면이 부풀어 오르는 현상을 말한다.
② 흙의 연화현상은 동결된 지반이 기온이 상승하면 아이스 렌즈(ice lens)가 녹기 시작하며, 녹은 물이 적절하게 배수되지 않으면 녹은 흙의 함수비는 얼기 전보다 훨씬 증가하여 지반이 연약해지고 강도가 떨어지는 현상을 말한다.

해답 ①

058

체적이 19.65cm³인 포화토의 무게가 36g이다. 이 흙이 건조되었을 때 체적과 무게는 각각 13.50cm³과 25g이었다. 이 흙의 수축한계는 얼마인가?

① 7.4% ② 13.4%
③ 19.4% ④ 25.4%

해설 ① 함수비(w)

$$w = \frac{W_w}{W_s} \times 100 = \frac{W - W_s}{W_s} \times 100 = \frac{36 - 25}{25} \times 100 = 44\%$$

② 수축한계(w_s)

$$w_s = w - \Delta w = w - \left[\frac{(V - V_0)}{W_s} \cdot \gamma_w \times 100\right] = 44 - \left[\frac{(19.65 - 13.5)}{25} \times 1 \times 100\right]$$
$$= 19.4\%$$

해답 ③

059

다음 중 표준관입 시험으로 구할 수 없는 것은?

① 사질토의 투수계수 ② 점성토의 비배수점착력
③ 점성토의 일축압축강도 ④ 사질토의 내부마찰각

해설 N값의 이용

모래 지반	점토 지반
① 상대밀도	① 연경도(컨시스턴시)
② 내부마찰각	② 일축압축강도
③ 침하에 대한 허용지지력	③ 점착력
④ 지지력계수	④ 파괴에 대한 극한지지력
⑤ 탄성계수	⑤ 파괴에 대한 허용지지력

해답 ①

060
원주상의 공시체에 수직응력이 0.1MPa, 수평응력이 0.05MPa일 때 공시체의 각도 30° 경사면에 작용하는 전단응력은?

① 0.017MPa 　　② 0.022MPa
③ 0.035MPa 　　④ 0.043MPa

해설 전단응력 $\tau_f = \dfrac{\sigma_1 - \sigma_3}{2}\sin 2\theta = \dfrac{0.1 - 0.05}{2} \times \sin(2 \times 30°) = 0.022\text{MPa}$

해답 ②

061
5m×10m의 장방형 기초 위에 $q=6\text{t/m}^2$의 등분포하중이 작용할 때 지표면 아래 5m에서의 증가 유효수직응력을 2 : 1분포법으로 구한 값은?

① 1t/m^2　　② 2t/m^2
③ 3t/m^2　　④ 4t/m^2

해설 $\Delta\sigma_z = \dfrac{Q}{(B+z)\cdot(L+z)} = \dfrac{q_s\cdot B\cdot L}{(B+z)\cdot(L+z)} = \dfrac{6\times 5\times 10}{(5+5)\times(10+5)} = 2\text{t/m}^2$

해답 ②

062
통일분류법에 의한 흙의 분류에서 조립토와 세립토를 구분할 때 기준이 되는 체의 호칭번호와 통과율로 옳은 것은?

① No.4(4.75mm)체, 35%　　② No.10(2mm)체, 50%
③ No.200(0.075mm)체, 35%　　④ No.200(0.075mm)체, 50%

해설 통일분류법에 의한 조립토와 세립토 구분
① No.200체(0.075mm) 통과율 50% 미만 : 조립토
② No.200체(0.075mm) 통과율 50% 이상 : 세립토

해답 ④

063
Terzaghi의 극한지지력 공식에 대한 다음 설명 중 틀린 것은?

① 사질지반은 기초폭이 클수록 지지력은 증가한다.
② 기초 부분에 지하수위가 상승하면 지지력은 증가한다.
③ 기초 바닥 위쪽의 흙은 등가의 상재하중으로 대치하여 식을 유도하였다.
④ 점토지반에서 기초폭은 지지력에 큰 영향을 끼치지 않는다.

해설 지하수위의 영향
① 기초 하중면 아래쪽의 경우 기초 폭보다 깊으면 지지력에 영향이 없다.
② 기초 하중면 위에 있는 경우 지하수위 아래쪽 흙의 밀도를 고려하여 평균밀도를 사용하며, 기초 부분에 지하수위가 상승하면 지지력은 감소한다.

해답 ②

064 다음 중 사면의 안정 해석 방법이 아닌 것은?

① 마찰원법 ② 비숍(Bishop)의 방법
③ 펠레니우스(Fellenius) 방법 ④ 카사그란데(Casagrande)의 방법

해설 사면의 안정 해석 방법
① 질량법(mass procedure)
  ㉠ $\Phi_u = 0$ 해석법
  ㉡ 마찰원법
② 절편법(slice method, 분할법)
  ㉠ Fellenius의 간편법
  ㉡ Bishop의 간편법
  ㉢ Janbu의 간편법
  ㉣ Spencer 방법

해답 ④

065 어느 모래층의 간극률이 20%, 비중이 2.65이다. 이 모래의 한계 동수경사는?

① 1.32 ② 1.38
③ 1.42 ④ 1.48

해설 ① 공극비
$$e = \frac{V_v}{V_s} = \frac{n}{100-n} = \frac{20}{100-20} = 0.25$$
② 한계동수경사
$$i_c = \frac{\gamma_{sub}}{\gamma_w} = \frac{G_s - 1}{1+e} = \frac{2.65-1}{1+0.25} = 1.32$$

해답 ①

066 표준관입 시험에 대한 아래 표의 설명에서 (   )에 적합한 것은?

질량 63.5±0.5kg의 드라이브 해머를 76±1cm 자유낙하시키고 보링로드 머리부에 부착한 노킹 블록을 타격하여 보링로드 앞 끝에 부착한 표준관입 시험용 샘플러를 지반에 (   )mm 박아넣는 데 필요한 타격횟수를 N값이라고 한다.

① 200 ② 250
③ 300 ④ 350

해설 표준관입시험(SPT)은 지름 5.1cm, 길이 81cm의 중공식 샘플러를 드릴 로드(drill rod)에 연결시켜 시추공 속에 넣고 처음 15cm는 교란되지 않은 원지반에 도달하도록 관입시킨 후 (63.5±0.5)kg의 해머를 (760±10)mm의 높이에서 자유낙하시켜 지반에 sampler를 300mm 관입시키는 데 필요한 타격횟수 N치를 구한다.

해답 ③

067 그림과 같은 다짐곡선을 보고 다음 설명 중 틀린 것은?

① A는 일반적으로 사질토이다.
② B는 일반적으로 점성토이다.
③ C는 과잉 간극 수압곡선이다.
④ D는 최적함수비를 나타낸다.

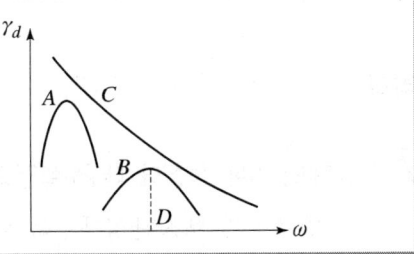

해설 C는 영공극곡선이다.

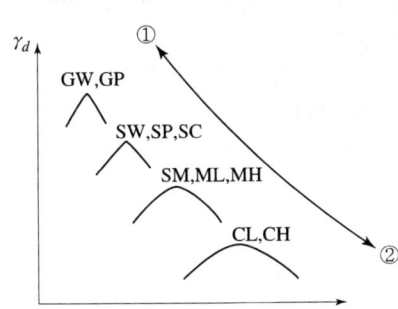

①방향일수록	조립토 양입도 다짐에너지가 커진다. 다짐곡선의 기울기가 급해진다. 최대건조단위중량이 증가한다. 최적함수비가 감소한다.
②방향일수록	세립토 빈입도 다짐에너지가 작아진다. 다짐곡선의 기울기가 완만해진다. 최대건조단위중량이 감소한다. 최적함수비가 증가한다.

해답 ③

068 흙의 다짐시험에서 다짐에너지를 증가시킬 때 일어나는 변화로 옳은 것은?

① 최적함수비와 최대건조밀도가 모두 증가한다.
② 최적함수비와 최대건조밀도가 모두 감소한다.
③ 최적함수비가 증가하고 최대건조밀도는 감소한다.
④ 최적함수비는 감소하고 최대건조밀도는 증가한다.

해설 다짐에너지가 커지면, 다짐곡선의 기울기가 급해지고, 최대건조단위중량이 증가하며, 최적함수비는 감소한다.

해답 ④

제3과목 수자원설계 (수리학+상하수도공학)

1. 수리학

069 유체의 기본 성질에 대한 설명으로 틀린 것은?
① 압축률과 체적탄성계수는 비례관계에 있다.
② 압력변화와 체적변화율의 비를 체적탄성계수라 한다.
③ 액체와 기체의 경계면에 작용하는 분자 인력을 표면장력이라 한다.
④ 액체 내부에서 유체분자가 상대적인 운동을 할 때, 이에 저항하는 전단력이 작용한다. 이 성질을 점성이라 한다.

해설 압축률과 체적탄성계수는 반비례 관계에 있다.
$$E = \frac{\Delta P}{\frac{\Delta V}{V}} = \frac{1}{C}$$
여기서, E : 체적탄성계수
　　　　C : 압축률

해답 ①

070 그림과 같은 사다리꼴 수로에 등류가 흐를 때 유량은? (단, 조도계수 $n = 0.013$, 수로경사 $i = \frac{1}{1000}$, 측벽의 경사 = 1 : 1이며, Manning 공식 이용)

① $16.21 \text{m}^3/\text{s}$
② $18.16 \text{m}^3/\text{s}$
③ $20.04 \text{m}^3/\text{s}$
④ $22.16 \text{m}^3/\text{s}$

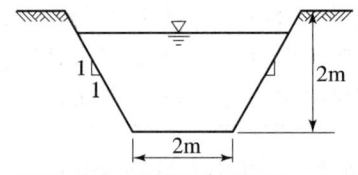

해설 Manning의 평균유속공식이 $V = \frac{1}{n} R^{\frac{2}{3}} I^{\frac{1}{2}}$ [m/sec]이므로

$$Q = AV = A \frac{1}{n} R^{\frac{2}{3}} I^{\frac{1}{2}}$$

① $A = \frac{2 + (2 + 2 \times 2)}{2} \times 2 = 8 \text{m}^2$

② $R = \frac{A}{P} = \frac{8}{2 + 2 \times \sqrt{2^2 + 2^2}} = 1.045$

③ $Q = AV = A \frac{1}{n} R^{\frac{2}{3}} I^{\frac{1}{2}} = 8 \times \frac{1}{0.013} \times 1.045^{\frac{2}{3}} \times \left(\frac{1}{1,000}\right)^{\frac{1}{2}} = 20.04 \text{m}^3/\text{sec}$

해답 ③

071

그림에서 (a), (b) 바닥이 받는 총수압을 각각 P_a, P_b라 표시할 때 두 총수압의 관계로 옳은 것은? (단, 바닥 및 상면의 단면적은 그림과 같고, (a), (b)의 높이는 같다.)

① $P_a = 2P_b$
② $P_a = P_b$
③ $2P_a = P_b$
④ $4P_a = P_b$

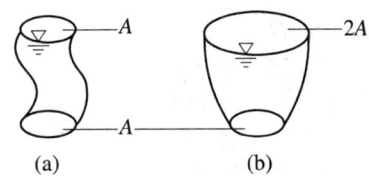

해설 수압은 수심에 비례하므로, (a)와 (b)의 수심이 동일하기 때문에 $P_a = P_b$이다.

해답 ②

072

그림과 같이 불투수층까지 미치는 암거에서의 용수량(湧水量) Q는? (단, 투수계수 $k = 0.009$m/s)

① 0.36m³/s
② 0.72m³/s
③ 36m³/s
④ 72m³/s

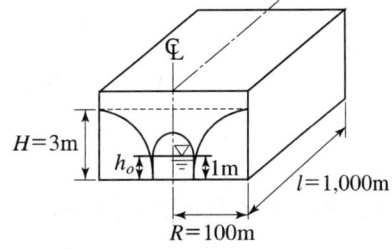

해설 양쪽 측면에서 용수가 유입되므로

$$Q = \frac{kl}{R}(H^2 - h_o^2) = \frac{0.009 \times 1,000}{100} \times (3^2 - 1^2) = 0.72 \text{m}^3/\text{sec}$$

해답 ②

073

그림과 같은 오리피스에서 유출되는 유량은? (단, 이론 유량을 계산한다.)

① 0.12m³/s
② 0.22m³/s
③ 0.32m³/s
④ 0.42m³/s

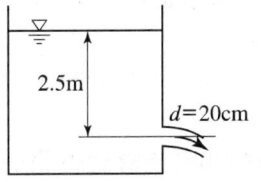

해설 이론 유량

$$Q = AV_r = A\sqrt{2gh} = \frac{\pi \times 0.2^2}{4} \times \sqrt{2 \times 9.8 \times 2.5} = 0.22 \text{m}^3/\text{sec}$$

[참고] 실제 유량

$$Q = CAV_r = C_a C_l A \sqrt{2gh} = CA\sqrt{2gh}$$

해답 ②

074

그림은 두 개의 수조를 연결하는 등단면 단일 관수로이다. 관의 유속을 나타낸 식은? (단, f : 마찰손실계수, $f_o = 1.0$, $f_e = 0.5$, $\dfrac{L}{D} < 3000$)

① $V = \sqrt{2gH}$

② $V = \sqrt{\dfrac{2gH}{f} \cdot \left(\dfrac{L}{D}\right)}$

③ $V = \sqrt{\dfrac{2gH}{1.5 + f\left(\dfrac{L}{D}\right)}}$

④ $V = \sqrt{\dfrac{2gH}{1.0 + f\left(\dfrac{L}{D}\right)}}$

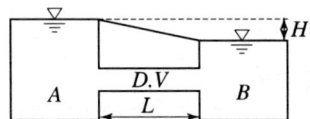

해설 두 수조를 연결하는 등단면 단일 관수로 평균유속

$$V = \sqrt{\dfrac{2gH}{f_e + f\dfrac{l}{D} + f_o}} = \sqrt{\dfrac{2gH}{0.5 + f\dfrac{l}{D} + 1.0}} = \sqrt{\dfrac{2gH}{1.5 + f\dfrac{l}{D}}}$$

해답 ③

075

Darcy의 법칙을 층류에만 적용하여야 하는 이유는?

① 유속과 손실수두가 비례하기 때문이다.
② 지하수 흐름은 항상 층류이기 때문이다.
③ 투수계수의 물리적 특성 때문이다.
④ 레이놀즈수가 크기 때문이다.

해설 Darcy의 법칙은 지하수의 유속(V)은 동수경사$\left(i = \dfrac{\Delta h}{\Delta l}\right)$에 비례한다는 법칙으로 지하수에 적용시킬 때는 유속과 손실수두가 비례하는 층류 흐름에서 가장 잘 일치한다.

해답 ①

076

지름 100cm의 원형 단면 관수로에 물이 만수되어 흐를 때의 동수반경(hydraulic radius)은?

① 50cm ② 75cm
③ 25cm ④ 20cm

해설 $R = \dfrac{A}{P} = \dfrac{D}{4} = \dfrac{100}{4} = 25\text{cm}$

해답 ③

077 그림과 같은 완전 수중 오리피스에서 유속을 구하려고 할 때 사용되는 수두는?

① $H_2 - H_1$
② $H_1 - H_o$
③ $H_2 - H_0$
④ $H_1 + \dfrac{H_2}{2}$

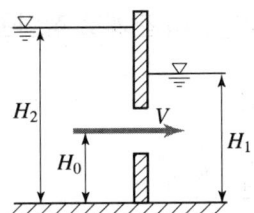

해설 $Q = AV = A\sqrt{2gh}$ 에서 $h = H_2 - H_1$

해답 ①

078 개수로의 특성에 대한 설명으로 옳지 않은 것은?

① 배수곡선은 완경사 흐름의 하천에서 장애물에 의해 발생한다.
② 상류에서 사류로 바뀔 때 한계수심이 생기는 단면을 지배단면이라 한다.
③ 사류에서 상류로 바뀌어도 흐름의 에너지선은 변하지 않는다.
④ 한계수심으로 흐를 때의 경사를 한계경사라 한다.

해설 도수란 사류에서 상류로 변할 때 불연속적으로 수면이 뛰는 현상으로 도수 후에는 유속은 느려지고 물의 깊이가 갑자기 증가하며 에너지의 급격한 손실이 있다.

해답 ③

079 유체의 연속방정식에 대한 설명으로 옳은 것은?

① 뉴턴(Newton)의 제2법칙을 만족시키는 방정식이다.
② 에너지와 일의 관계를 나타내는 방정식이다.
③ 유선 상 두 점간의 단위체적당의 운동량에 관한 방정식이다.
④ 질량 보존의 법칙을 만족시키는 방정식이다.

해설 연속방정식은 질량 보존의 법칙에서 유도된 방정식이다.

해답 ④

080 베르누이 정리를 압력의 항으로 표시할 때, 동압력(dynamic pressure) 항에 해당되는 것은?

① P
② $\rho g z$
③ $\dfrac{1}{2}\rho V^2$
④ $\dfrac{V^2}{2g}$

해설 동압력 $= \dfrac{\rho V^2}{2}$

해답 ③

081
유량이 일정한 직사각형 수로의 흐름에서 한계류일 경우, 한계수심(y_c)과 최소 비에너지($E_{\min}$)의 관계로 적절한 것은?

① $y_c = E_{\min}$
② $y_c = \dfrac{1}{2} E_{\min}$
③ $y_c = \dfrac{\sqrt{3}}{2} E_{\min}$
④ $y_c = \dfrac{2}{3} E_{\min}$

해설 $h_c = \dfrac{2}{3} H_e$ 이므로 $y_c = \dfrac{2}{3} E_{\min}$

해답 ④

082
에너지선과 동수경사선이 항상 평행하게 되는 흐름은?

① 등류
② 부등류
③ 난류
④ 상류

해설 등류(등속정류)는 정류 중에서 어느 단면에서나 유속과 수심이 변하지 않는 흐름으로 에너지선과 동수경사선이 항상 평행하게 된다.

해답 ①

083
부체의 안정성을 판단할 때 관계가 없는 것은?

① 경심(metacenter)
② 수심(water depth)
③ 부심(center of buoyancy)
④ 무게중심(center of gravity)

해설 ① 부체의 안정 조건식

$$\overline{MG}(h) = \dfrac{I_X}{V} - \overline{GC}$$

㉠ 안 정 : $\overline{MG}(h) > 0$, $\dfrac{I_X}{V} > \overline{GC}$

㉡ 불안정 : $\overline{MG}(h) < 0$, $\dfrac{I_X}{V} < \overline{GC}$

㉢ 중 립 : $\overline{MG}(h) = 0$, $\dfrac{I_X}{V} = \overline{GC}$

여기서, V : 부체의 수중부분의 체적, I_X : 최소 단면 2차 모멘트,
$\overline{MG}$: 경심고, $\overline{GC}$: 중심과 부심 사이의 거리

② 수심과 부체의 안정성과는 관계가 없다.

해답 ②

084

직사각형 단면수로에서 폭 $B=2m$, 수심 $H=6m$이고 유량 $Q=10m^3/s$일 때 Froude수와 흐름의 종류는?

① 0.217, 사류
② 0.109, 사류
③ 0.217, 상류
④ 0.109, 상류

해설 푸르너 수

$$F_r = \frac{V}{\sqrt{gh}} = \frac{\frac{Q}{A}}{\sqrt{gh}} = \frac{\frac{10}{2 \times 6}}{\sqrt{9.8 \times 6}} = 0.109 < 1$$ 이므로 상류이다.

[참고] ① $F_r < 1$: 상류
② $F_r = 1$: 한계류(한계수심, 한계유속)
③ $F_r > 1$: 사류

해답 ④

085

레이놀즈수가 1500인 관수로 흐름에 대한 마찰손실계수 f의 값은?

① 0.030
② 0.043
③ 0.054
④ 0.066

해설 ① $R_e = 1,500 < 2,000$이므로 층류이다.
② 층류에서의 마찰손실계수

$$f = \frac{64}{R_e} = \frac{64}{1,500} = 0.043$$

[참고] **Reynold수** : 점성력에 대한 관성력

$R_e = \frac{VD}{\nu}$ (여기서, V : 유속, D : 관경, ν : 동점성계수)

① $R_e < 2,000$: 층류($R_{ec} = 2,000$)
② $2,000 < R_e < 4,000$: 천이영역, 불안정층류(층류와 난류가 공존한다.)
③ $R_e > 4,000$: 난류

해답 ②

086

어떤 액체의 밀도가 $1.0 \times 10^{-5} N \cdot s^2/cm^4$이라면 이 액체의 단위 중량은?

① $9.8 \times 10^{-3} N/cm^3$
② $1.02 \times 10^{-3} N/cm^3$
③ $1.02 N/cm^3$
④ $9.8 N/cm^3$

해설 $w = \rho g = 1.0 \times 10^{-5} N \cdot sec^2/cm^4 \times 980 cm/sec^2 = 9.8 \times 10^{-3} N/cm^3$

해답 ①

087

폭 1.2m인 양단수축 직사각형 위어 정상부로부터의 평균수심이 42cm일 때 Francis의 공식으로 계산한 유량은? (단, 접근유속은 무시한다.)

[참고 : Francis의 공식]
$Q = 1.84(b - nh/10)h^{3/2}$

① $0.427 \text{m}^3/\text{s}$
② $0.462 \text{m}^3/\text{s}$
③ $0.504 \text{m}^3/\text{s}$
④ $0.559 \text{m}^3/\text{s}$

해설 Francis 공식(미국, 1883년)
① 양단수축이므로 $n = 2$
② $Q = 1.840 b_o h^{\frac{3}{2}} = 1.84(b - 0.1nh)h^{\frac{3}{2}} = 1.84 \times (1.2 - 0.1 \times 2 \times 0.42) \times 0.42^{\frac{3}{2}}$
   $= 0.559 \text{m}^3/\text{sec}$

해답 ④

088

그림과 같이 수평으로 놓은 원형관의 안지름이 A에서 50cm이고 B에서 25cm로 축소되었다가 다시 C에서 50cm로 되었다. 물이 340l/s의 유량으로 흐를 때 A와 B의 압력차($P_A - P_B$)는? (단, 에너지 손실은 무시한다.)

① 0.225N/cm^2
② 2.25N/cm^2
③ 22.5N/cm^2
④ 225N/cm^2

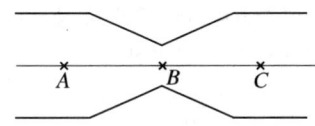

해설 ① 유량
$Q = 340 l/\text{sec} = 340,000 \text{cm}^3/\text{sec}$

② 연속방정식
$Q = A_A V_A = A_B V_B$
$340,000 = \dfrac{\pi \times 50^2}{4} \times V_A = \dfrac{\pi \times 25^2}{4} \times V_B$ 에서
$V_A = 173.16 \text{cm/sec}$
$V_B = 692.64 \text{cm/sec}$

③ 베르누이 정리
에너지 손실은 무시하므로
$H_t = \dfrac{V_A^2}{2g} + \dfrac{P_A}{w} + Z_A = \dfrac{V_B^2}{2g} + \dfrac{P_B}{w} + Z_B$
$= \dfrac{173.16^2}{2 \times 980} + \dfrac{P_A}{1\text{g/cm}^3} + 0 = \dfrac{692.64^2}{2 \times 980} + \dfrac{P_B}{1\text{g/cm}^3} + 0$
$P_A - P_B = 229.47 \text{g/cm}^2 = 0.22947 \text{kg/cm}^2 \times 9.8 \text{N/kg} = 2.25 \text{N/cm}^2$

해답 ②

2. 상하수도공학(상수도계획, 하수도계획)

089 지름이 0.2m, 길이 50m의 주철관으로 하수유량 2.4m³/min을 15m의 높이까지 양수하기 위한 펌프의 축동력은? (단, 전체 손실수두는 1.0m이고, 펌프의 효율은 85%)

① 9.9kW
② 7.4kW
③ 6.3kW
④ 5.4kW

해설 ① 하수유량

$$Q = 2.4 \text{m}^3/\text{min} \times \frac{1\text{min}}{60\text{sec}} = 0.04 \text{m}^3/\text{sec}$$

② 전양정 : 손실수두와 관 내의 유속에 의한 마찰손실수두와의 총합

$$H = h_a + \sum h_f + h_0 = 15 + 1 = 16\text{m}$$

여기서, H : 전양정[m]
h_a : 실양정[m] (배출수위와 흡입수위와의 차)
$\sum h_f$: 관로의 손실수두 합(pump, 관, valve)
h_0 : 관로 말단의 잔류속도수두 $\left(\frac{V^2}{2g}\right)$[m]

③ 축동력 : 펌프의 운전에 필요한 동력

$$P_S = \frac{1,000 \, QH_p}{102\eta} = \frac{9.8 \, QH_P}{\eta} = \frac{9.8 \times 0.04 \times 16}{0.85} = 7.4\text{kW}$$

여기서, P_S : 펌프의 축동력[HP] 또는 [kW]
Q : 양수량[m³/sec]
H_p : 펌프의 전양정[m]
η_p : 펌프의 효율[%]

해답 ②

090 계획취수량의 결정에 대한 설명으로 옳은 것은?

① 계획 1일 평균급수량에 10% 정도 증가된 수량으로 결정한다.
② 계획 1일 최대급수량에 10% 정도 증가된 수량으로 결정한다.
③ 계획 1일 평균급수량에 30% 정도 증가된 수량으로 결정한다.
④ 계획 1일 최대급수량에 30% 정도 증가된 수량으로 결정한다.

해설 계획 취수량
① 계획 1일 최대급수량을 기준으로 하며, 기타 필요한 작업용수를 포함한 손실수량 등을 고려한다.
② 지하수의 침투나 누수 등을 고려하여 계획 1일 최대급수량의 10% 정도 증가된 수량으로 결정한다.

해답 ②

091 2000ton/d의 하수를 처리할 수 있는 원형 방사류식 침전지에서 체류시간은?
(단, 평균수심 3m, 직경 8m)

① 1.6hr ② 1.7hr
③ 1.8hr ④ 1.9hr

해설 체류시간

$$t = \frac{V}{Q} = \frac{\frac{\pi D^2}{4} \cdot h}{Q} = \frac{\frac{\pi \times 8^2}{4} \times 3}{2000} = 0.075 \text{day} \times 24 = 1.8 \text{hr}$$

해답 ③

092 공동현상(cavitation)의 방지책에 대한 설명으로 옳지 않은 것은?

① 펌프 회전수를 높여 준다. ② 손실수두를 작게 한다.
③ 펌프의 설치위치를 낮게 한다. ④ 흡입관의 손실을 작게 한다.

해설 공동현상의 방지법
① 펌프의 설치위치를 되도록 낮게 하고, 흡입양정을 작게 한다.
② 흡입관은 되도록 짧은 것이 좋으며 부득이할 때는 흡입관을 크게 하여 손실을 감소시킨다.
③ 흡입측에서 펌프의 토출량을 감소시키는 일은 절대로 피한다.
④ 총 양정의 규정에 있어서 적합하도록 계획한다.
⑤ 양정 변화가 클 때는 상용의 최저 양정에 대하여도 공동현상이 생기지 않도록 충분히 주의해야 한다.
⑥ 공동현상을 피할 수 없을 때는 임펠러 재질을 cavitation 파손에 강한 것을 사용한다.
⑦ 펌프의 공동현상을 방지하려면 펌프의 회전수를 낮게 해야 한다.
⑧ 가용 유효 흡입수두를 필요 유효 흡입수두보다 크게 하여 손실수두를 줄인다.

해답 ①

093 상수도에서 펌프가압으로 배수할 경우에 펌프의 급정지, 급기동 등으로 수격작용이 일어날 경우 배수관의 손상을 방지하기 위하여 설치하는 밸브는?

① 안전밸브 ② 배수밸브
③ 가압밸브 ④ 자동지밸브

해설 안전밸브(safety valve)는 관수로 내에 이상수압이 발생하였을 때 관의 파열을 막기 위하여 자동적으로 물을 배출하여 관로의 안전을 도모하기 위한 밸브이다.

해답 ①

094 하수관거의 각 관거별 계획하수량 산정 기준으로 옳지 않은 것은?

① 우수관거는 계획우수량으로 한다.
② 차집관거는 우천 시 계획우수량으로 한다.
③ 오수관거는 계획시간 최대오수량으로 한다.
④ 합류식 관거는 계획시간 최대오수량에 계획우수량을 합한 것으로 한다.

해설 계획하수량
① 분류식
 ㉠ 오수관거 : 계획시간 최대오수량
 ㉡ 우수관거 : 계획우수량
② 합류식
 ㉠ 합류관거 : 계획시간 최대오수량 + 계획우수량
 ㉡ 차집관거 : 우천 시 계획오수량(계획시간 최대오수량의 3배 이상)
  우천 시 계획오수량 산정 시 생활오수량 외에 우천 시 오수관거에 유입되는 빗물의 양과 지하수의 침입량을 측정하여 합산하여 구한다.

해답 ②

095 어느 도시의 인구가 500000명이고, 1인당 폐수발생량이 300L/d, 1인당 배출 BOD가 60g/d인 경우, 발생 폐수의 BOD 농도는?

① 150mg/L
② 200mg/L
③ 250mg/L
④ 300mg/L

해설 BOD 총량 = BOD 농도 × 유량에서

$$\text{BOD 농도} = \frac{\text{BOD 총량}}{\text{유량}} = \frac{\text{1인당 배출 BOD}}{\text{1인당 폐수발생량}} = \frac{60\text{g/day}}{300\text{L/d} \times \frac{1\text{m}^3}{1000\text{L}}} = 200\text{mg/L}$$

해답 ②

096 하수펌프장 시설이 필요한 경우로 가장 거리가 먼 것은?

① 방류하수의 수위가 방류수면의 수위보다 항상 낮은 경우
② 종말처리장의 방류구 수면을 방류하는 하해(河海)의 고수위보다 높게 할 경우
③ 저지대에서 자연유하식을 취하면 공사비의 증대와 공사의 위험이 따르는 경우
④ 관거의 매설깊이가 낮고 유량 조정이 필요 없는 경우

해설 하수펌프장은 자연유하식으로 수송할 수 없는 경우와 관거의 매설깊이가 깊고 유량 조절이 필요한 경우에 사용된다.

해답 ④

097 다음 중 상수의 일반적인 정수과정 순서로서 옳은 것은?

① 침전 → 응집 → 소독 → 여과
② 침전 → 여과 → 응집 → 소독
③ 응집 → 여과 → 침전 → 소독
④ 응집 → 침전 → 여과 → 소독

해설 **정수** : 원수의 수질을 사용목적에 적합하게 개선하는 과정(가장 핵심 공정)

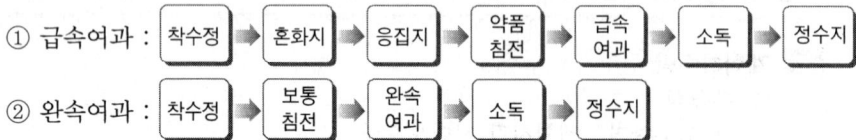

① 급속여과 : 착수정 → 혼화지 → 응집지 → 약품침전 → 급속여과 → 소독 → 정수지
② 완속여과 : 착수정 → 보통침전 → 완속여과 → 소독 → 정수지

해답 ④

098 급속여과에 대한 설명 중 틀린 것은?

① 탁질의 제거가 완속여과보다 우수하여 탁한 원수의 여과에 적합하다.
② 여과속도는 120~150m/d를 표준으로 한다.
③ 여과지 1지의 여과면적은 $250m^2$ 이상으로 한다.
④ 급속여과지의 형식에는 중력식과 압력식이 있다.

해설 급속여과지 1지의 여과면적은 $150m^2$ 이하로 한다.

해답 ③

099 수원의 구비조건으로 옳지 않은 것은?

① 수질이 양호해야 한다.
② 최대 갈수기에도 계획수량의 확보가 가능해야 한다.
③ 오염 회피를 위하여 도심에서 멀리 떨어진 곳일수록 좋다.
④ 수리권의 획득이 용이하고, 건설비 및 유지관리가 경제적이어야 한다.

해설 **수원의 구비요건**(수원 선정 시 고려 사항)
① 수질 양호
② 수량 풍부
③ 가능하면 주위에 오염원이 없어야 한다.
④ 소비지로부터 가까운 곳에 위치
⑤ 계절적 수량·수질의 변동이 적은 곳
⑥ 가능하면 자연유하식을 이용할 수 있는 곳(가능한 한 높은 곳에 위치해야 한다.)
⑦ 연간 수량 변동이 적은 곳
⑧ 취수 및 관리가 용이할 것.

해답 ③

100 함수율 99%인 침전 슬러지를 농축하여 함수율 94%로 만들었다. 원 슬러지(함수율 99%)의 유입량이 1500m³/d일 때 농축 후 슬러지의 양은? (단, 농축 전후 슬러지의 비중은 모두 1.0으로 가정)

① 200m³/d
② 250m³/d
③ 750m³/d
④ 960m³/d

해설 함수율과 슬러지 부피의 관계

$$\frac{V_1}{V_2} = \frac{100 - W_2}{100 - W_1}$$

$\frac{1,500}{V_2} = \frac{100 - 94}{100 - 99}$ 에서 $V_2 = 250 \text{m}^3/\text{day}$

해답 ②

101 다음의 정수처리 공정별 설명으로 틀린 것은?

① 침전지는 응집된 플록을 침전시키는 시설이다.
② 여과지는 침전지에서 처리된 물을 여재를 통하여 여과하는 시설이다.
③ 플록 형성지는 플록 형성을 위해 응집제를 주입하는 시설이다.
④ 소독의 주목적은 미생물의 사멸이다.

해설 ① 플록 형성지는 침전성이 양호한 플록을 형성하기 위한 시설로 혼화지와 침전지 사이에 위치하고 침전지에 붙여서 설치하며, 플록 형성은 응집된 미소플록을 크게 성장시키는 것이다.
② 플록 형성을 위해 응집제를 주입하는 시설은 혼화지이다. 일반적인 처리에서 혼화지에 응집제를 주입한 다음 여과지까지 유로가 길어서 플록이 성장할 경우에는 여과지 직전에 응집제를 주입하여 혼화한다.

해답 ③

102 우수관과 오수관의 최소유속을 비교한 설명으로 옳은 것은?

① 우수관의 최소유속이 오수관의 최소유속보다 크다.
② 오수관의 최소유속이 우수관의 최소유속보다 크다.
③ 세척방법에 따라 최소유속은 달라진다.
④ 최소유속에는 차이가 없다.

해설 하수관의 유속

관 거	최소 유속	최대 유속	비 고
오수관거	0.6m/sec	3.0m/sec	이상적인 유속
우수관거 및 합류관거	0.8m/sec	3.0m/sec	: 1.0~1.8m/sec

해답 ①

103
합류식 하수배제 방식과 분류식 하수배제 방식에 대한 설명으로 옳지 않은 것은?

① 합류식은 우천 시 일정량 이상이 되면 월류현상이 발생한다.
② 분류식은 오수를 오수관으로 처분하므로 방류수역의 오염을 줄일 수 있다.
③ 도시의 여건상 분류식 채용이 어려우면 합류식으로 한다.
④ 합류식은 강우 발생 시 오수가 우수에 의해 희석되므로 하수처리장 운영에 도움이 된다.

해설 합류식은 하수처리장으로 유입되는 오수부하량이 크므로 처리비용이 많이 소요된다.

해답 ④

104
총인구 20000명인 어느 도시의 급수인구는 18600명이며 일년간 총 급수량이 1860000톤이었다. 급수보급률과 1인 1일당 평균급수량(L)으로 옳은 것은?

① 93%, 274L
② 93%, 295L
③ 107%, 274L
④ 107%, 295L

해설 ① 급수보급률[%] = $\dfrac{급수인구}{급수구역 \ 내 \ 총인구} \times 100 = \dfrac{18{,}600}{20{,}000} \times 100 = 93\%$

② 1인 1일당 평균급수량 = $\dfrac{1일당 \ 총급수량}{급수인구} = \dfrac{\dfrac{1년간 \ 총급수량}{365일}}{급수인구} = \dfrac{\dfrac{1{,}860{,}000\text{ton}}{365\text{day}}}{18{,}600인}$
= 0.274ton

③ $\dfrac{0.274\text{ton}}{1\text{t/m}^3} = 0.274\text{m}^3 \times \dfrac{1{,}000\text{L}}{1\text{m}^3} = 274\text{L}$

해답 ①

105
집수매거(infiltration galleries)의 유출단에서 매거내 평균유속의 최대 기준은?

① 0.5m/s
② 1m/s
③ 1.5m/s
④ 2m/s

해설 **집수매거의 경사 및 유속**
① 집수매거는 수평 또는 흐름방향으로 향하여 완경사로 하고 집수매거의 유출단에서 매거 내의 평균유속은 1m/s 이하로 한다.
② 전체적으로 균형 있게 취수하기 위하여 집수매거의 경사는 될 수 있으면 수평 또는 1/500 이하의 완경사로 하는 것이 좋다.
③ 또한 집수매거 내의 유속은 집수매거의 크기와 집수개구부에서의 유입속도 등과의 관계로부터 집수매거의 유출단에서 평균유속은 1m/s 이하로 한다.

해답 ②

106 송수관에 대한 설명으로 옳은 것은?

① 배수지에서 수도계량기까지의 관 ② 취수장과 정수장 사이의 관
③ 배수지에서 주도로까지의 관 ④ 정수장과 배수지 사이의 관

해설 송수는 정수된 물을 배수지까지 수송하는 과정을 말하므로, 정수관은 정수장과 배수지 사이의 관이다.

해답 ④

107 계획 1일 최대 오수량과 계획 1일 평균 오수량 사이에는 일정한 관계가 있다. 계획 1일 평균 오수량은 대체로 계획 1일 최대 오수량의 몇 %를 표준으로 하는가?

① 45~60% ② 60~75%
③ 70~80% ④ 80~90%

해설 계획 1일 평균 오수량 = 계획 1일 최대 오수량 × 70~80%
① 중소도시 : 70%
② 대도시, 공업도시 : 80%

해답 ③

108 하수처리방법의 선정 기준과 가장 거리가 먼 것은?

① 유입하수의 수량 및 수질부하 ② 수질환경기준 설정 현황
③ 처리장 입지조건 ④ 불명수 유입량

해설 **하수처리방법의 선정 기준**(고려사항)
① 유입하수의 수량 및 수질부하
② 처리수의 목표 수질 및 수질환경기준 설정 현황
③ 처리장 입지조건, 건설비, 유지관리비, 운전의 난이도
④ 방류수역의 현재 및 장래 이용 상황
⑤ 법규 등에 의한 규제

해답 ④

토목산업기사

2022년 9월 CBT 시행

2023 개정된 출제기준에 의거하여 불필요한 문제는 삭제하고 3과목으로 정리함

제1과목 구조설계(응용역학+철근콘크리트 및 강구조)

1. 응용역학(역학적인 개념 및 건설 구조물의 해석)

001 그림과 같은 내민보에서 C점의 전단력(V_C)과 휨모멘트(M_C)는 각각 얼마인가?

① $V_C = P$, $M_C = -\dfrac{PL}{2}$

② $V_C = -P$, $M_C = -\dfrac{PL}{2}$

③ $V_C = 2P$, $M_C = PL$

④ $V_C = -P$, $M_C = \dfrac{PL}{2}$

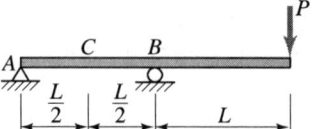

해설
① $\sum M_B = 0 (㉡)$
  $V_A \times L + P \times L = 0$
  $V_A = -P = P(\downarrow)$
② $M_C = V_A \times \dfrac{L}{2} = -P \times \dfrac{L}{2} = -\dfrac{PL}{2}$

해답 ②

002 일단고정 타단자유로 된 장주의 좌굴하중이 100kN일 때 양단힌지이고 기타 조건은 같은 장주의 좌굴하중은?

① 25kN
② 200kN
③ 400kN
④ 1600kN

해설 강도(내력)
① 일단고정 타단자유 장주 : $n = \dfrac{1}{4}$
② 양단힌지 장주 : $n = 1$
③ 양단힌지의 장주가 일단고정 타단자유 장주보다 같은 조건에서는 4배의 하중을 더 받을 수 있으므로 $4 \times 100\text{kN} = 400\text{kN}$의 하중을 받을 수 있다.

해답 ③

003

그림과 같이 네 개의 힘이 평형 상태에 있다면 A점에 작용하는 힘 P와 AB 사이의 거리 x는?

① $P=0.4\text{kN}, x=2.5\text{m}$
② $P=0.4\text{kN}, x=3.6\text{m}$
③ $P=0.5\text{kN}, x=2.5\text{m}$
④ $P=0.5\text{kN}, x=3.2\text{m}$

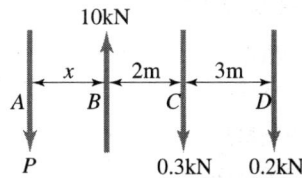

해설 힘이 평형상태이므로
① $\Sigma V = 0 (\uparrow +)$
$-P+10-0.3-0.2=0$
$P=0.5\text{kN}(\downarrow)$
② $\Sigma M_B = 0 (\curvearrowright)$
$-P \times x + 0.3 \times 2 + 0.2 \times 5 = -0.5 \times x + 0.3 \times 2 + 0.2 \times 5 = 0$ 에서
$x = 3.2\text{m}$ (B점으로부터 좌측)

해답 ④

004

그림에서 지점 C의 반력이 영(零)이 되기 위해 B점에 작용시킬 집중하중의 크기는?

① 80kN
② 100kN
③ 120kN
④ 140kN

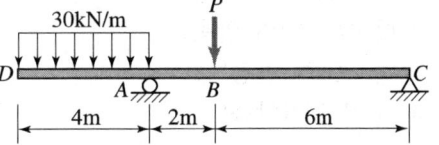

해설 $\Sigma M_A = 0 (\curvearrowright)$
$-(30 \times 4) \times 2 + P \times 2 - V_C \times 8 = -(30 \times 4) \times 2 + P \times 2 - 0 \times 8$ 에서
$P = 120\text{kN}$

해답 ③

005

경간 10m, 폭 20cm, 높이 30cm인 직사각형 단면의 단순보에서 전 경간에 등분포하중 $w=20\text{kN/m}$가 작용할 때 최대 전단응력은?

① 2.5MPa
② 3.0MPa
③ 3.5MPa
④ 4.0MPa

해설 ① 최대 전단력
$$S_{\max} = V_A = \frac{wL}{2} = \frac{20 \times 10}{2} = 100\text{kN}$$
② 최대 전단응력
$$\tau_{\max} = \frac{3}{2}\frac{S_{\max}}{A} = \frac{3}{2} \times \frac{100,000}{200 \times 300} = 2.5\text{MPa}$$

해답 ①

006

다음과 같은 단순보에서 최대 휨응력은? (단, 단면은 폭 40cm, 높이 50cm의 직사각형이다.)

① 7.2MPa
② 8.7MPa
③ 13.5MPa
④ 15.0MPa

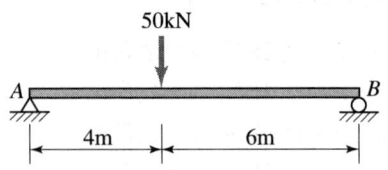

해설
① $V_A = \dfrac{50 \times 6}{10} = 30\text{kN}(\uparrow)$
② $M_{\max} = V_A \times 4 = 30 \times 4 = 120\text{kN} \cdot \text{m}$
③ $\sigma_{\max} = \dfrac{M_{\max}}{Z} = \dfrac{M_{\max}}{\dfrac{b \cdot h^2}{6}} = \dfrac{120,000,000}{\dfrac{4000 \times 500^2}{6}} = 7.2\text{MPa}$

해답 ①

007

$P = 120\text{kN}$의 무게를 매달은 그림과 같은 구조물에서 T_1이 받는 힘은?

① 103.9kN(인장)
② 103.9kN(압축)
③ 60kN(인장)
④ 60kN(압축)

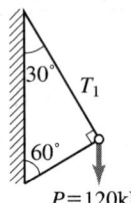

해설
$\dfrac{T_1(\text{인장})}{\sin 60°} = \dfrac{120\text{kN}}{\sin 90°}$

$T_1 = \dfrac{120\text{kN}}{\sin 90°} \times \sin 60° = 103.9\text{kN}(\text{인장})$

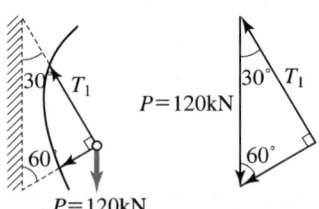

해답 ①

008

"여러 힘의 모멘트는 그 합력의 모멘트와 같다."라는 것은 무슨 원리인가?

① 가상(假想)일의 원리
② 모멘트 분배법
③ Varignon의 원리
④ 모어(Mohr)의 정리

해설 바리논의 정리 : 여러 개의 평면력들의 1점에 대한 모멘트의 합은 이들 평면력의 합력이 그 점에 대한 모멘트와 같다.

해답 ③

009

단면적 $A=20\text{cm}^2$, 길이 $L=100\text{cm}$인 강봉에 인장력 $P=80\text{kN}$를 가하였더니 길이가 1cm 늘어났다. 이 강봉의 푸아송수 $m=3$이라면 전단탄성계수 G는?

① 1500MPa　　② 4500MPa
③ 7500MPa　　④ 9500MPa

해설
① 탄성계수
$$E=\frac{PL}{A\,\Delta L}=\frac{80{,}000\times 1000}{2000\times 10}=4000\text{MPa}$$
② 전단탄성계수
$$G=\frac{mE}{2(m+1)}=\frac{3\times 4000}{2\times(3+1)}=1500\text{MPa}$$

해답 ①

010

다음 그림과 같이 직교좌표계 위에 있는 사다리꼴 도형 OABC 도심의 좌표 $(\bar{x},\,\bar{y})$는? (단, 좌표의 단위는 cm)

① (2.54, 3.46)
② (2.77, 3.31)
③ (3.34, 3.21)
④ (3.54, 2.74)

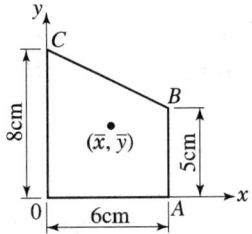

해설
① $\bar{x}=\dfrac{G_y}{A}=\dfrac{\left(\dfrac{1}{2}\times 3\times 6\right)\times\dfrac{6}{3}+(5\times 6)\times 3}{\dfrac{1}{2}\times 3\times 6+5\times 6}=2.77\text{cm}$

② $\bar{y}=\dfrac{G_x}{A}=\dfrac{\left(\dfrac{1}{2}\times 3\times 6\right)\times\left(\dfrac{3}{3}+5\right)+(5\times 6)\times 2.5}{\dfrac{1}{2}\times 3\times 6+5\times 6}$
$=3.31\text{cm}$

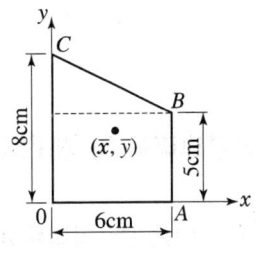

해답 ②

011

폭 12cm, 높이 20cm인 직사각형 단면의 최소 회전반지름 r은?

① 5.81cm　　② 3.46cm
③ 6.92cm　　④ 7.35cm

해설
$$r_{\min}=\sqrt{\frac{I_{\min}}{A}}=\sqrt{\frac{\dfrac{20\times 12^3}{12}}{20\times 12}}=3.464\text{cm}$$

해답 ②

012

다음 인장부재의 변위를 구하는 식으로 옳은 것은? (단, 단면적은 A, 탄성계수는 E)

① $\dfrac{PL}{EA}$ ② $\dfrac{2PL}{EA}$
③ $\dfrac{3PL}{EA}$ ④ $\dfrac{4PL}{EA}$

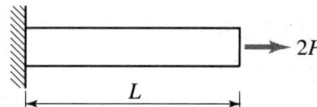

해설 기본식 $\Delta L = \dfrac{PL}{EA}$ 에서 $\Delta L = \dfrac{(2P)L}{EA} = \dfrac{2PL}{EA}$

해답 ②

013

그림과 같은 단주에서 편심거리 e에 $P=300$kN가 작용할 때 단면에 인장력이 생기지 않기 위한 e의 한계는?

① 3.3cm ② 5cm
③ 6.7cm ④ 10cm

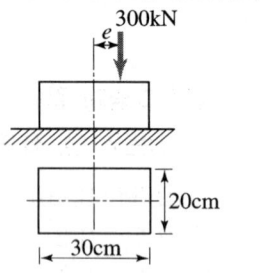

해설 $\sigma = \dfrac{P}{A} - \dfrac{M}{I}y = \dfrac{300{,}000}{200 \times 300} - \dfrac{300{,}000 \times e}{\dfrac{20 \times 30^3}{12}} \times \dfrac{300}{2} = 0$ 에서

$e = 50\text{mm} = 5\text{cm}$

해답 ②

2. 철근콘크리트 및 강구조

014

다음 중 '피복두께'에 대한 설명으로 적합한 것은?

① 콘크리트 표면과 그에 가장 가까이 배치된 주철근 표면 사이의 콘크리트 두께
② 콘크리트 표면과 그에 가장 가까이 배치된 부철근 표면 사이의 콘크리트 두께
③ 콘크리트 표면과 그에 가장 가까이 배치된 가외철근 표면 사이의 콘크리트 두께
④ 콘크리트 표면과 그에 가장 가까이 배치된 철근 표면 사이의 콘크리트 두께

해설 철근의 피복두께(덮개)란 콘크리트 표면과 그에 가장 가까이 배근된 철근 표면 사이의 콘크리트 두께를 말한다.

해답 ④

015
강도설계법에서 1방향 슬래브(slab)의 구조세목에 관한 사항 중 틀린 것은?

① 1방향 슬래브의 두께는 최소 100mm 이상이어야 한다.
② 슬래브의 정모멘트 철근 및 부모멘트 철근의 중심 간격은 위험단면에서는 슬래브 두께의 2배 이하이어야 하고, 또한 300mm 이하로 하여야 한다.
③ 슬래브의 정모멘트 철근 및 부모멘트 철근의 중심 간격은 위험단면 이외의 단면에서는 슬래브 두께의 3배 이하이어야 하고, 또한 600mm 이하로 하여야 한다.
④ 1방향 슬래브에서는 정모멘트 철근 및 부모멘트 철근에 직각방향으로 수축·온도철근을 배치하여야 한다.

해설 슬래브
① 주철근(정철근, 부철근) 중심간격
  ㉠ 최대 휨모멘트 발생 단면 : 슬래브 두께의 2배 이하, 300mm 이하
  ㉡ 기타 단면 : 슬래브 두께의 3배 이하, 450mm 이하
② 수축 및 온도철근(배력 철근) : 슬래브 두께의 5배 이하, 450mm 이하

해답 ③

016
철근의 간격제한에 대한 설명으로 틀린 것은?

① 동일 평면에서 평행한 철근 사이의 수평 순간격은 25mm 이상, 철근의 공칭지름 이상으로 하여야 한다.
② 상단과 하단에 2단 이상으로 배치된 경우 상하 철근은 동일 연직면 내에 배치되어야 하고, 이때 상하 철근의 순간격은 25mm 이상으로 하여야 한다.
③ 나선철근 또는 띠철근이 배근된 압축부재에서 축방향 철근의 순간격은 40mm 이상, 또한 철근 공칭지름의 1.5배 이상으로 하여야 한다.
④ 벽체 또는 슬래브에서 휨 주철근의 간격은 벽체나 슬래브 두께의 5배 이하로 하여야 하고, 또한 800mm 이하로 하여야 한다.

해설 벽체 또는 슬래브에서 휨 주철근의 간격은 벽체나 슬래브 두께의 3배 이하로 하여야 하고, 또한 450mm 이하로 하여야 한다.

해답 ④

017
강도설계법으로 철근콘크리트 부재의 설계 시에 사용되는 강도감소계수가 잘못된 것은?

① 인장지배단면 : 0.85
② 전단력을 받는 부재 : 0.70
③ 무근 콘크리트의 휨모멘트 : 0.55
④ 압축지배 단면 중 나선 철근으로 보강된 철근콘크리트 부재 : 0.70

해설 강도감소계수(ϕ)

부재 또는 하중의 종류		ϕ
① 인장지배단면		0.85
② 전단력과 비틀림모멘트		0.75
③ 압축지배단면	나선철근으로 보강된 철근콘크리트 부재	0.70
	그 외의 철근콘크리트 부재	0.65
④ 콘크리트의 지압력(포스트텐션 정착부나 스트럿-타이 모델은 제외)		0.65
⑤ 포스트텐션 정착구역		0.85
⑥ 스트럿-타이 모델과 그 모델에서	스트럿, 절점부 및 지압부	0.75
	타이	0.85
⑦ 긴장재 묻힘길이가 정착길이보다 작은 프리텐션 부재의 휨 단면	부재의 단부에서 전달길이 단부까지	0.75
⑧ 무근 콘크리트의 휨모멘트, 압축력, 전단력, 지압력		0.55

해답 ②

018

f_{ck}=24MPa, f_y=300MPa, b_w=400mm, d=500mm인 직사각형 철근콘크리트보에서 콘크리트가 부담하는 공칭전단강도(V_c)는 얼마인가?

① 105.7kN   ② 110.1kN
③ 142.7kN   ④ 163.3kN

해설 $V_c = \dfrac{1}{6}\lambda\sqrt{f_{ck}}\,b_w d = \dfrac{1}{6} \times 1 \times \sqrt{24} \times 400 \times 500 = 163,299\text{N} = 163.3\text{kN}$

해답 ④

019

다음 중 용접이음을 한 경우 용접부의 결함을 나타내는 용어가 아닌 것은?

① 언더컷(undercut)   ② 필릿(fillet)
③ 크랙(crack)   ④ 오버랩(overlap)

해설 필릿(fillet)은 용접의 일종이다.

해답 ②

020

보통 강재의 용접에서 용접봉을 사용할 경우 용접자세에 대하여 적당한 것은?

① 상향 용접자세   ② 하향 용접자세
③ 횡방향 용접자세   ④ 눈높이와 같은 자세

해설 용접봉을 사용한 보통강재 용접 시 용접자세는 작업 편의와 안정상 하향자세가 좋다.

해답 ②

021

보의 휨파괴에 대한 설명 중 틀린 것은?

① 과소철근보는 철근이 먼저 항복하게 되지만 철근은 연성이 크기 때문에 파괴는 단계적으로 일어난다.
② 과다철근보는 철근량이 많기 때문에 더욱 느린 속도로 파괴되고 위험예측이 가능하다.
③ 인장철근이 항복강도 f_y에 도달함과 동시에 콘크리트도 극한변형률에 도달하여 파괴되는 보를 균형철근보라 한다.
④ 인장으로 인한 파괴 시 중립축은 위로 이동한다.

해설 **취성파괴**(압축파괴)
① 과보강보
② 과다철근보
③ 압축지배단면
④ $\rho > \rho_{max}$: 압축측 콘크리트의 취성파괴가 일어난다.
⑤ $\rho < \rho_{min}$: 인장측 콘크리트의 취성파괴가 일어난다.
⑥ 콘크리트가 먼저 갑작스럽게 파괴되는 형태
⑦ 사전 징후 없이 갑자기 파괴되는 형태

해답 ②

022

f_{ck}=24MPa, f_y=300MPa일 때 다음 그림과 같은 보의 균형 철근량은?

① 5254mm²
② 5842mm²
③ 6732mm²
④ 7254mm²

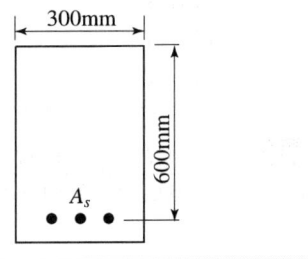

해설
① $f_{ck} = 24\text{MPa} < 40\text{MPa}$이므로 $\epsilon_{cu} = 0.0033$
② 콘크리트의 등가압축응력깊이의 비
 $f_{ck} = 24\text{MPa} \leq 50\text{MPa}$이므로 $\beta_1 = 0.80$
③ 단철근 직사각형보의 균형철근비(ρ_b)

$$\rho_b = \eta 0.85 \frac{f_{ck}}{f_y} \beta_1 \frac{\epsilon_{cu}}{\epsilon_u + \frac{f_y}{200000}} = 1 \times 0.85 \times \frac{24}{300} \times 0.80 \times \frac{0.0033}{0.0033 + \frac{300}{200000}}$$

$= 0.0374$

④ 균형철근량
 $A_{sb} = \rho_b \cdot b_w \cdot d = 0.0374 \times 300 \times 600 = 6,732\text{mm}^2$

해답 ③

023

단면이 300×500mm이고, 150mm²의 PS 강선 6개를 강선군의 도심과 부재 단면의 도심축이 일치하도록 배치된 프리텐션 PC 부재가 있다. 강선의 초기 긴장력이 1000MPa일 때 콘크리트의 탄성변형에 의한 프리스트레스의 감소량은? (단, $n=6$)

① 36MPa
② 30MPa
③ 6MPa
④ 4.8MPa

해설 프리텐션 부재의 탄선변형에 의한 프리스트레스 감소량(손실량)

$$\Delta f_{Pe} = n \cdot f_c = n \cdot \frac{P_p}{A_g} = n \cdot \frac{f_p \cdot (N \cdot A_p)}{A_g}$$
$$= 6 \times \frac{1{,}000 \times (6 \times 150)}{300 \times 500} = 36\text{MPa}$$

해답 ①

024

다음 그림과 같은 직사각형 단철근 보에서 강도설계법을 사용할 때 콘크리트의 등가직사각형 응력블록의 깊이(a)는 얼마인가?
(단, $f_{ck}=21$MPa, $f_y=300$MPa)

① 84mm
② 102mm
③ 153mm
④ 200mm

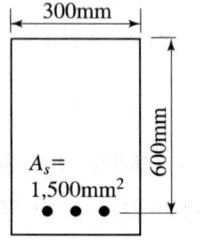

해설 $a = \dfrac{A_s f_y}{0.85 f_{ck} b} = \dfrac{1{,}500 \times 300}{0.85 \times 21 \times 300} = 84\text{mm}$

해답 ①

025

깊은 보는 주로 어느 작용에 의하여 전단력에 저항하는가?

① 장부작용(dowel action)
② 골재 맞물림(aggregate interaction)
③ 전단마찰(shear friction)
④ 아치작용(arch action)

해설 깊은 보는 아치작용에 의해 전단력에 저항하므로 이를 고려하여 스트럿-타이 모델을 이용 설계한다.

해답 ④

026

PSC 부재의 프리스트레스 감소 원인 중 프리스트레스를 도입한 후 시간의 경과에 의해 발생하는 것은?

① PS 강재의 릴랙세이션으로 인한 손실
② PS 강재와 쉬스의 마찰로 인한 손실
③ 정착장치의 활동으로 인한 손실
④ 콘크리트의 탄성변형으로 인한 손실

해설 **프리스트레스 손실 원인**
① 프리스트레스 도입 시 : 즉시 손실
  ㉠ 콘크리트의 탄성변형(수축)
  ㉡ PS 강재와 시스 사이의 마찰(포스트텐션 방식에만 해당)
  ㉢ 정착단의 활동
② 프리스트레스 도입 후 : 시간적 손실
  ㉠ 콘크리트의 건조수축
  ㉡ 콘크리트의 크리프
  ㉢ PS 강재의 릴랙세이션(relaxation)

해답 ①

027

복철근 단면으로 설계해야 할 경우를 설명한 것으로 틀린 것은?

① 경제성을 우선적으로 고려해야 할 경우
② 정(+), 부(−)의 모멘트를 번갈아 받는 구조의 경우
③ 처짐의 증가를 방지해야 할 경우
④ 구조상의 사정으로 보의 높이가 제한을 받는 경우

해설 **복철근보를 사용하는 이유**
① 단면의 치수(특히 유효높이)가 제한되어 설계모멘트가 외력에 의한 작용모멘트를 견딜 수 없는 경우($M_d < M_u$)
  ㉠ 복철근보로 함으로써 저항모멘트의 증가로 보강성을 증대
  ㉡ 취성을 줄인다.
  ㉢ 연성을 키워준다.
② 정(+)·부(−)의 휨모멘트를 교대로 받는 경우
  ㉠ 정모멘트는 단철근보로도 충분하나
  ㉡ 부의 휨모멘트 작용 시 복철근보로 하여 부의 휨모멘트 작용 시 압축철근이 인장철근의 역할을 하도록 하여야 한다.
③ 보의 강성을 증대시키기 위해
④ 연성을 키우기 위해
⑤ 처짐을 작게 해야 하는 경우
⑥ 건조수축과 크리프의 영향을 감소시키기 위해
⑦ 비틀림모멘트를 받을 때

해답 ①

028

$b_w = 300\text{mm}$, $d = 500\text{mm}$이고, $A_s = 3\text{-}D25(=1520\text{mm}^2)$가 1열로 배치된 단철근 직사각형 단면의 설계휨강도(ϕM_a)는? (단, $f_{ck} = 24\text{MPa}$, $f_y = 400\text{MPa}$이고, 이 단면은 인장지배단면이다.)

① 207.9kN·m ② 232.7kN·m
③ 256.2kN·m ④ 294.8kN·m

해설
① 등가직사각형 응력분포의 깊이
$$a = \frac{A_s f_y}{\eta 0.85 f_{ck} b} = \frac{1,520 \times 400}{1 \times 0.85 \times 24 \times 300} = 99.35\text{mm}$$

② 콘크리트의 등가압축응력깊이의 비
$f_{ck} = 24\text{MPa} \leq 50\text{MPa}$이므로 $\beta_1 = 0.80$

③ 중립축깊이
$a = \beta_1 c$에서 $c = \dfrac{a}{\beta_1} = \dfrac{99.35}{0.80} = 124.1875\text{mm}$

④ $f_{ck} = 24\text{MPa} < 40\text{MPa}$이므로 $\varepsilon_{cu} = 0.0033$

⑤ 최외단 인장측 철근의 변형량
$$\frac{\varepsilon_t + 0.0033}{d} = \frac{0.0033}{c} \text{에서}$$
$$\varepsilon_t = \frac{0.0033}{c}d - 0.003 = \frac{0.0033}{124.1875} \times 500 - 0.0033 = 0.0010$$

⑤ 강도감소계수
$\varepsilon_t = 0.0010 > 0.005$이므로 인장지배단면이므로 $\phi = 0.85$

⑥ 설계휨강도
$$M_d = \phi M_n = \phi A_s f_y \left(d - \frac{a}{2}\right) = 0.85 \times 1,520 \times 400 \times \left(500 - \frac{99.35}{2}\right)$$
$$= 232,727,960\text{N} \cdot \text{mm} = 232.7\text{kN} \cdot \text{m}$$

해답 ②

029

D-25(공칭직경 : 25.4mm)를 사용하는 압축이형철근의 기본정착길이는? (단, $f_{ck} = 30\text{MPa}$, $f_y = 400\text{MPa}$이다.)

① 413mm ② 447mm
③ 464mm ④ 487mm

해설 압축이형철근의 기본정착길이 : l_{db}
$$l_{db} = \frac{0.25 d_b f_y}{\lambda \sqrt{f_{ck}}} \geq 0.043 d_b f_y$$

① $l_{db} = \dfrac{0.25 d_b f_y}{\lambda \sqrt{f_{ck}}} = \dfrac{0.25 \times 25.4 \times 400}{1 \times \sqrt{30}} = 464\text{mm}$

② $0.043 d_b f_y = 0.043 \times 25.4 \times 400 = 437 \text{mm}$
③ 압축이형철근의 기본정착길이는 둘 중 큰 값인 464mm로 한다.

해답 ③

030
그림과 같이 경간 20m인 PSC 보가 프리스트레스힘(P) 1000kN을 받고 있을 때 중앙 단면에서의 상향력(U)을 구하면?

① 30kN
② 40kN
③ 50kN
④ 60kN

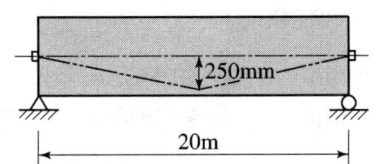

해설 $U = 2P\sin\theta = 2 \times 1,000 \times \sin\theta = 2 \times 1,000 \times \dfrac{0.25}{\sqrt{0.25^2 + 10^2}} = 50 \text{kN}$

해답 ③

031
다음 중 일반적인 철근의 정착 방법 종류가 아닌 것은?
① 묻힘길이에 의한 정착
② 갈고리에 의한 정착
③ 약품에 의한 정착
④ 철근의 가로 방향에 T형이 되도록 철근을 용접해 붙이는 정착

해설 **철근의 정착방법**
① 묻힘길이(매입길이)에 의한 방법
② 표준 갈고리에 의한 방법 : 압축철근의 정착에는 유효하지 않다.
③ 확대머리 이형철근 및 기계적 인장 정착
④ 이들을 조합하는 방법

해답 ③

제2과목 측량 및 토질(측량학+토질 및 기초)

1. 측량학(측량학 일반, 기준점 측량, 응용 측량)

032 그림에서 B점의 지반고는?
(단, H_A = 39.695m)

① 39.405m ② 39.985m
③ 42.985m ④ 46.305m

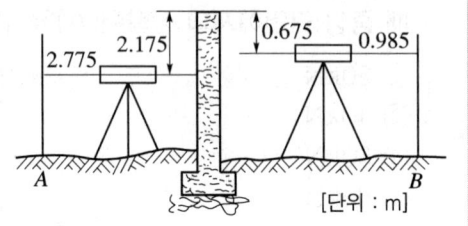

해설 $H_B = 39.695 + 2.775 + 2.175 - 0.675 - 0.985 = 42.985\text{m}$

해답 ③

033 완화곡선 중 주로 고속도로에 사용되는 것은?

① 3차 포물선 ② 클로소이드(clothoid) 곡선
③ 반파장 사인(sine) 체감곡선 ④ 렘니스케이트(lemniscate) 곡선

해설 **완화곡선**
① 3차 포물선(cubic spiral) : 곡률반경이 경거에 반비례하는 곡선으로 주로 철도에 이용
② 클로소이드(clothoid) : 고속도로 IC
③ 렘니스케이트(lemniscate) : 시가지 지하철

해답 ②

034 기초 터파기 공사를 하기 위해 가로, 세로, 깊이를 줄자로 관측하여 다음과 같은 결과를 얻었다. 토공량과 여기에 포함된 오차는?

가로 40±0.05m, 세로 20±0.03m, 깊이 15±0.02m

① 6,000±28.4m³ ② 6,000±48.9m³
③ 12,000±28.4m³ ④ 12,000±48.9m³

해설 ① 토공량 $V = 40 \times 20 \times 15 = 12{,}000\text{m}^3$
② 가로 $a \pm m_a$, 세로 $b \pm m_b$, 높이 $h \pm m_h$ 라고 하면,
$M = \pm \sqrt{(bh)^2 \cdot m_a^2 + (ah)^2 \cdot m_b^2 + (ab)^2 \cdot m_h^2}$
$= \pm \sqrt{(20 \times 15)^2 \times 0.05^2 + (40 \times 15)^2 \times 0.03^2 + (40 \times 20)^2 \times 0.02^2} = \pm 28.4\text{m}^3$
③ 토공량과 오차 : 12,000±28.4m³

해답 ③

035
수준측량에서 전시와 후시의 거리를 같게 하여도 제거되지 않는 오차는?
① 시준선과 기포관축이 평행하지 않을 때 생기는 오차
② 표척 눈금의 읽음오차
③ 광선의 굴절오차
④ 지구곡률 오차

해설 전시와 후시 거리를 같게 함으로써 제거되는 오차
① 시준축 오차 소거 : 기포관축≠시준선(레벨 조정의 불안정으로 생기는 오차 소거)
② 자연적 오차 소거
   ㉠ 구차 : 지구의 곡률에 의한 오차
   ㉡ 기차 : 광선의 굴절에 의한 오차
   ㉢ 양차 : 구차와 기차의 합
③ 조준나사 작동에 의한 오차 소거

해답 ②

036
축척 1 : 1,200 지형도 상에서 면적을 측정하는데 축척을 1 : 1,000으로 잘못 알고 면적을 산출한 결과 12,000m²를 얻었다면 정확한 면적은?
① 8,333m²
② 12,368m²
③ 15,806m²
④ 17,280m²

해설 $\dfrac{A_1}{A_2} = \dfrac{m_1^2}{m_2^2}$

$\dfrac{A_1}{12,000} = \dfrac{1,200^2}{1,000^2}$ 에서 $A_1 = \dfrac{1,200^2}{1,000^2} \times 12,000 = 17,280 \text{m}^2$

해답 ④

037
지형도를 작성할 때 지형 표현을 위한 원칙과 거리가 먼 것은?
① 기복을 알기 쉽게 할 것.
② 표현을 간결하게 할 것.
③ 정량적 계획을 엄밀하게 할 것.
④ 기호 및 도식을 많이 넣어 세밀하게 할 것.

해설 지형도를 작성할 때 기복을 알기 쉽게 하고 표현을 간결하게 하는 것이 원칙이므로 기호 및 도식은 가급적 적게 넣어야 한다.

해답 ④

038 경중률에 대한 설명으로 틀린 것은?

① 관측횟수에 비례한다. ② 관측거리에 반비례한다.
③ 관측값의 오차에 비례한다. ④ 사용기계의 정밀도에 비례한다.

해설 경중률(P : 무게)

$$P \propto n(측정횟수) \propto \frac{1}{L(거리)}[직접수준측량] \propto \frac{1}{L^2}[간접수준측량]$$
$$\propto \frac{1}{m(오차)^2} \propto h^2[정밀도]$$

해답 ③

039 평균유속 관측방법 중 3점법을 사용하기 위한 관측 유속으로 짝지어진 것은? (단, h는 전체 수심)

① 수면에서 $0.1h$, $0.4h$, $0.9h$ 지점의 유속
② 수면에서 $0.1h$, $0.4h$, $0.8h$ 지점의 유속
③ 수면에서 $0.2h$, $0.4h$, $0.8h$ 지점의 유속
④ 수면에서 $0.2h$, $0.6h$, $0.8h$ 지점의 유속

해설 3점법

$$V_m = \frac{1}{4}(V_{0.2} + 2V_{0.6} + V_{0.8})$$

여기서, V_m : 평균유속
$V_{0.2}$: 수심 $0.2H$ 되는 곳의 유속
$V_{0.6}$: 수심 $0.6H$ 되는 곳의 유속
$V_{0.8}$: 수심 $0.8H$ 되는 곳의 유속

해답 ④

040 폐합다각측량에서 각 관측보다 거리 관측 정밀도가 높을 때 오차를 배분하는 방법으로 옳은 것은?

① 해당 측선 길이에 비례하여 배분한다.
② 해당 측선 길이에 반비례하여 배분한다.
③ 해당 측선의 위·경거의 크기에 비례하여 배분한다.
④ 해당 측선의 위·경거의 크기에 반비례하여 배분한다.

해설 트랜싯 법칙
① 각 관측의 정밀도가 거리 관측의 정밀도보다 높을 때 조정하는 방법
② 위거, 경거의 크기에 비례하여 폐합오차를 배분

해답 ③

041

A점에서 출발하여 다시 A점에 되돌아오는 다각측량을 실시하여 위거오차 20cm, 경거오차 30cm가 발생하였다. 전 측선길이가 800m일 때 다각측량의 정밀도는?

① $\dfrac{1}{1,000}$ ② $\dfrac{1}{1,730}$

③ $\dfrac{1}{2,220}$ ④ $\dfrac{1}{2,630}$

해설 정밀도 = 폐합비

$$R = \frac{E}{\sum l} = \frac{\sqrt{\Delta L^2 + \Delta D^2}}{\sum l} = \frac{\sqrt{0.2^2 + 0.3^2}}{800} = \frac{1}{2,218.8} \fallingdotseq \frac{1}{2,220}$$

해답 ③

042

그림과 같이 A점에서 B점에 대하여 장애물이 있어 시준을 못하고 B'점을 시준하였다. 이때 B점의 방향각 T_B를 구하기 위한 보정각(x)을 구하는 식으로 옳은 것은? (단, $e < 1.0m$, $\rho = 206,265''$, $S = 4km$)

① $x = \rho \dfrac{e}{S} \sin\phi$ ② $x = \rho \dfrac{e}{S} \cos\phi$

③ $x = \rho \dfrac{S}{e} \sin\phi$ ④ $x = \rho \dfrac{S}{e} \cos\phi$

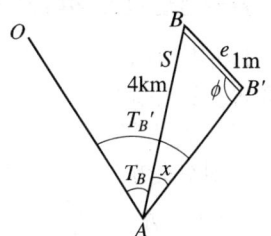

해설 $\dfrac{\sin x}{e} = \dfrac{\sin\phi}{S}$ 에서 $x = \rho \dfrac{e}{S} \sin\phi$

해답 ①

043

철도에 완화곡선을 설치하고자 할 때 캔트(cant)의 크기 결정과 직접적인 관계가 없는 것은?

① 레일간격 ② 곡선반지름
③ 원곡선의 교각 ④ 주행속도

해설 캔트

$$C = \frac{SV^2}{Rg}$$

여기서, C : 캔트, S : 궤간(레일간격), V : 차량속도,
R : 곡선반경, g : 중력가속도

해답 ③

044
원곡선에서 장현 L과 그 중앙종거 M을 관측하여 반지름 R을 구하는 식으로 옳은 것은?

① $\dfrac{L^2}{8M}$ ② $\dfrac{L^2}{4M}$

③ $\dfrac{L^2}{2M}$ ④ $\dfrac{L^2}{M}$

해설 중앙종거와 곡률반경의 관계

$$R = \dfrac{L^2}{8M}$$

① 중앙종거(M) $M = R\left(1 - \cos\dfrac{I}{2}\right)$

② 장현 $L = 2R \cdot \sin\dfrac{I}{2}$

해답 ①

045
교점(I.P)의 위치가 기점으로부터 143.25m, 곡선반지름 150m, 교각 58°14′24″인 단곡선을 설치한다면 곡선시점의 위치는? (단, 중심말뚝 간격 20m)

① No.2+3.25 ② No.2+19.69
③ No.3+9.69 ④ No.4+3.56

해설 ① 접선길이

$$TL = R \cdot \tan\dfrac{I}{2} = 150 \times \tan\dfrac{58°14′24″}{2} = 83.56\text{m}$$

② 곡선시점
B.C = I.P. − T.L. = 143.25 − 83.56 = 59.69m

③ B.C. 측점번호 = No.$\dfrac{40}{2}$ + 19.69 = No.20 + 19.69m

해답 ②

046
어떤 측선의 길이를 3군으로 나누어 관측하여 표와 같은 결과를 얻었을 때 측선 길이의 최확값은?

관측군	관측값[m]	측정횟수
I	100.350	2
II	100.340	5
III	100.353	3

① 100.344m ② 100.346m
③ 100.348m ④ 100.350m

해설 ① 경중률(P : 무게)
$P \propto n$(측정횟수)이므로
$P_1 : P_2 : P_3 = n_1 : n_2 : n_3 = 2 : 5 : 3$
② 최확값
$$L_o = \frac{P_1 L_1 + P_2 L_2 + P_3 L_3}{P_1 + P_2 + P_3} = \frac{2 \times 100.350 + 5 \times 100.340 + 3 \times 100.353}{2+5+3}$$
$= 100.346\text{m}$

해답 ②

047

삼각측량에서 B점의 좌표 $X_B = 50.000\text{m}$, $Y_B = 200.000\text{m}$, BC의 길이 25.478m, BC의 방위각 77°11′56″일 때 C점의 좌표는?

① $X_C = 55.645\text{m}$, $Y_C = 175.155\text{m}$
② $X_C = 55.645\text{m}$, $Y_C = 224.845\text{m}$
③ $X_C = 74.845\text{m}$, $Y_C = 194.355\text{m}$
④ $X_C = 74.845\text{m}$, $Y_C = 205.645\text{m}$

해설 ① $X_C = X_B + l_{BC} \cos \alpha_{BC} = 50 + 25.478 \times \cos 77°11′56″ = 55.645\text{m}$
② $Y_C = Y_B + l_{BC} \sin \alpha_{BC} = 200 + 25.478 \times \sin 77°11′56″ = 224.845\text{m}$

해답 ②

048

등고선에 관한 설명으로 틀린 것은?

① 간곡선은 계곡선보다 가는 실선으로 나타낸다.
② 주곡선 간격이 10m이면 간곡선 간격은 5m이다.
③ 계곡선은 주곡선보다 굵은 실선으로 나타낸다.
④ 계곡선 간격은 주곡선 간격의 5배이다.

해설 등고선 종류

등고선 종류	기 호	$\frac{1}{10,000}$	$\frac{1}{25,000}$	$\frac{1}{50,000}$
계곡선	굵은 실선(————)	25m	50m	100m
주곡선	가는 실선(————)	5m	10m	20m
간곡선	가는 파선(- - - -)	2.5m	5m	10m
조곡선	가는 점선(··········)	1.25m	2.5m	5m

해답 ①

2. 토질 및 기초(토질역학, 기초공학)

049 흙의 투수계수에 관한 설명으로 틀린 것은?

① 흙의 투수계수는 흙 유효입경의 제곱에 비례한다.
② 흙의 투수계수는 물의 점성계수에 비례한다.
③ 흙의 투수계수는 물의 단위중량에 비례한다.
④ 흙의 투수계수는 형상계수에 따라 변화한다.

해설 흙의 투수계수와 물의 점성계수는 반비례한다.

$$K = D_s^2 \cdot \frac{\gamma_w}{\eta} \cdot \frac{e^3}{1+e} \cdot C$$

여기서, D_s : 흙입자의 입경(보통 D_{10})
γ_w : 물의 단위중량[g/cm^3]
η : 물의 점성계수[g/cm · sec]]
e : 공극비
C : 합성형상계수(composite shape factor)
K : 투수계수[cm/sec]

해답 ②

050 어떤 퇴적지반의 수평방향의 투수계수가 4.0×10^{-3}cm/s이고, 수직방향의 투수계수가 3.0×10^{-3}cm/s일 때 등가투수계수는 얼마인가?

① 3.46×10^{-3}cm/s
② 5.0×10^{-3}cm/s
③ 6.0×10^{-3}cm/s
④ 6.93×10^{-3}cm/s

해설 등가등방성 투수계수(K')

$K' = \sqrt{K_h \cdot K_z} = \sqrt{4.0 \times 10^{-3} \times 3.0 \times 10^{-3}} = 3.46 \times 10^{-3}$ cm/s

해답 ①

051 어떤 흙의 중량이 450g이고 함수비가 20%인 경우 이 흙을 완전히 건조시켰을 때 중량은 얼마인가?

① 360g ② 425g
③ 400g ④ 375g

해설 $W_s = \dfrac{W}{1+w} = \dfrac{450}{1+0.2} = 375$g

해답 ④

052

어떤 흙의 비중이 2.65, 간극률이 36%일 때 다음 중 분사현상이 일어나지 않을 동수경사는?

① 1.9
② 1.2
③ 1.1
④ 0.9

해설 ① 공극비(e)
$$e = \frac{V_v}{V_s} = \frac{n}{100-n} = \frac{36}{100-36} = 0.5625$$
② 분사현상이 일어나지 않을 조건
$$i < i_c = \frac{\gamma_{sub}}{\gamma_w} = \frac{G_s - 1}{1+e} = \frac{2.65-1}{1+0.5625} = 1.056$$
③ 위 조건을 만족하는 동수경사 i 는 4번 0.9이다.

해답 ④

053

현장 토질조사를 위하여 베인 테스트(vane test)를 행하는 경우가 종종 있다. 이 시험은 다음 중 어느 경우에 많이 쓰이는가?

① 연약한 점토의 점착력을 알기 위해서
② 모래질 흙의 다짐도를 측정하기 위해서
③ 모래질 흙의 내부마찰각을 알기 위해서
④ 모래질 흙의 투수계수를 측정하기 위해서

해설 베인 시험은 극히 연약한 점토층에서 시료를 채취하지 않고 원위치에서 전단강도(점착력)를 측정한다.

해답 ①

054

유효입경이 0.1mm이고 통과백분율 80%에 대응하는 입경이 0.5mm, 60%에 대응하는 입경이 0.4mm, 40%에 대응하는 입경이 0.3mm, 20%에 대응하는 입경이 0.2mm일 때 이 흙의 균등계수는?

① 2
② 3
③ 4
④ 5

해설 ① 유효입경(D_{10})
통과중량 백분율 10%에 해당되는 입자의 지름 $D_{10} = 0.1$mm
② 통과중량 백분율 60%에 해당되는 입자의 지름 $D_{60} = 0.4$mm
③ 균등계수(C_u)
입도분포가 좋고 나쁜 정도를 나타내는 계수
$$C_u = \frac{D_{60}}{D_{10}} = \frac{0.4}{0.1} = 4$$

해답 ③

055 흙의 다짐 시험에 대한 설명으로 옳은 것은?

① 다짐에너지가 크면 최적함수비가 크다.
② 다짐에너지와 관계없이 최대건조단위중량은 일정하다.
③ 다짐에너지와 관계없이 최적함수비는 일정하다.
④ 몰드 속에 있는 흙의 함수비는 다짐에너지에 거의 영향을 받지 않는다.

해설 ① 다짐에너지가 커지면, 다짐곡선의 기울기가 급해지고, 최대건조단위중량이 증가하며, 최적함수비는 감소한다.
② 몰드 속에 있는 흙의 함수비는 다짐에너지에 거의 영향을 받지 않는다.

해답 ④

056 연약지반에 말뚝을 시공한 후, 부의 주면마찰력이 발생되면 말뚝의 지지력은?

① 증가된다.   ② 감소된다.
③ 변함이 없다.   ④ 증가할 수도 있고 감소할 수도 있다.

해설 주면마찰력은 보통 상향으로 작용하여 지지력에 가산되었으나 말뚝 주위의 지반이 말뚝보다 더 많이 침하하게 되면 주면마찰력이 하향으로 발생하여 하중 역할을 하게 되는 주면마찰력을 부마찰력이라 하며, 부마찰력 발생 시 말뚝의 지지력이 감소한다.

해답 ②

057 말뚝의 분류 중 지지상태에 따른 분류에 속하지 않는 것은?

① 다짐 말뚝   ② 마찰 말뚝
③ Pedestal 말뚝   ④ 선단 지지 말뚝

해설 지지방법에 의한 분류(지지력 전달상태에 따른 분류)
① 선단지지 말뚝 ② 마찰말뚝 ③ 하부지반지지 말뚝

[참고] **현장 콘크리트 말뚝**(cast-in-place concrete pile)
[타격] ① Franky pile ② Pedestal pile ③ Raymond pile
[굴착] ① 베노트 공법 ② 이스 드릴 공법 ③ 역순환 공법

해답 ③

058 단위중량이 $16kN/m^3$인 연약지반($\phi=0°$)에서 연직으로 2m까지 보강 없이 절취할 수 있다고 한다. 이 점토지반의 점착력은?

① $4kN/m^2$ ② $8kN/m^2$
③ $14kN/m^2$ ④ $18kN/m^2$

해설 한계고 $H_c = 2Z_c = \dfrac{4c}{\gamma} \tan\left(45° + \dfrac{\phi}{2}\right) = \dfrac{4c}{16} \times \tan\left(45° + \dfrac{0°}{2}\right) = 2\text{m}$ 에서

$c = 8\text{kN/m}^2$

해답 ②

059

지표면이 수평이고 옹벽의 뒷면과 흙과의 마찰각이 0인 연직옹벽에서 Coulomb의 토압과 Rankine의 토압은 어떻게 되는가?

① Coulomb의 토압은 항상 Rankine의 토압보다 크다.
② Coulomb의 토압은 Rankine의 토압보다 클 때도 있고, 작을 때도 있다.
③ Coulomb의 토압과 Rankine의 토압은 같다.
④ Coulomb의 토압은 항상 Rankine의 토압보다 작다.

해설 연직옹벽에서 지표면의 경사각과 옹벽 배면과 흙과의 마찰각이 같은 경우는 Coulomb의 토압과 Rankine의 토압은 같다.

해답 ③

060

다음 중 표준관입시험으로부터 추정하기 어려운 항목은?

① 극한지지력
② 상대밀도
③ 점성토의 연경도
④ 투수성

해설 N 값의 이용

모래 지반	점토 지반
① 상대밀도	① 연경도(컨시스턴시)
② 내부마찰각	② 일축압축강도
③ 침하에 대한 허용지지력	③ 점착력
④ 지지력계수	④ 파괴에 대한 극한지지력
⑤ 탄성계수	⑤ 파괴에 대한 허용지지력

해답 ④

061

어떤 점토의 액성한계 값이 40%이다. 이 점토의 불교란 상태의 압축지수 C_c를 Skempton 공식으로 구하면 얼마인가?

① 0.27
② 0.29
③ 0.36
④ 0.40

해설 불교란 시료이므로
$C_c = 0.009(W_L - 10) = 0.009 \times (40 - 10) = 0.27$

[참고] 교란된 시료 $C_c = 0.007(W_L - 10)$

해답 ①

062 지표면에 집중하중이 작용할 때, 연직응력에 관한 다음 사항 중 옳은 것은? (단, Boussinesq 이론을 사용, E는 Young계수이다.)

① E에 무관하다. ② E에 정비례한다.
③ E의 제곱에 정비례한다. ④ E의 제곱에 반비례한다.

해설 ① 집중하중에 의한 응력 증가
  ㉠ 연직응력 증가량($\Delta\sigma_z$)
  $$\Delta\sigma_z = \frac{3 \cdot Q \cdot Z^3}{2 \cdot \pi \cdot R^5} = \frac{Q}{z^2} \cdot I \quad (여기서,\ R = \sqrt{r^2 + z^2})$$
  ㉡ 영향계수(I)
  $$I = \frac{3 \cdot z^5}{2 \cdot \pi \cdot R^5}$$
② 집중하중에 의한 연직응력과 E와는 무관하다.

해답 ①

063 어떤 흙의 최대 및 최소 건조단위중량이 18kN/m³과 16kN/m³이다. 현장에서 이 흙의 상대밀도(relative density)가 60%라면 이 시료의 현장 상대다짐도(relative compaction)는?

① 82% ② 87%
③ 91% ④ 95%

해설 ① 현장의 건조단위중량
 상대밀도(사질토의 다짐 정도 표시)
 $$D_r = \frac{\gamma_{d\max}}{\gamma_d} \frac{\gamma_d - \gamma_{d\min}}{\gamma_{d\max} - \gamma_{d\min}} \times 100 = \frac{18}{\gamma_d} \times \frac{\gamma_d - 16}{18 - 16} \times 100 = 60 에서$$
 $(18\gamma_d - 16 \times 18) \times 100 = (18\gamma_d - 16\gamma_d) \times 60$
 $1800\gamma_d - 2880 = 120\gamma_d$
 $1680\gamma_d = 2880$
 $\gamma_d = 17.14 \text{kN/m}^3$
② 다짐도(C_d)
 $$C_d = \frac{현장의\ \gamma_d}{실내\ 다짐시험에\ 의한\ \gamma_{d\max}} \times 100[\%] = \frac{17.14}{18} \times 100 = 95.2\%$$

해답 ④

064

흙댐에서 수위가 급강하한 경우 사면안정해석을 위한 강도정수 값을 구하기 위하여 어떠한 조건의 삼축압축시험을 하여야 하는가?

① Quick 시험 ② CD 시험
③ CU 시험 ④ UU 시험

해설 압밀 비배수(CU-test)
① 성토 하중으로 어느 정도 압밀된 후 급속한 파괴가 예상되는 경우
② 기존의 제방, 흙 댐에서 수위가 급강하할 때의 안정해석하는 경우
③ 사전압밀(pre-loading) 후 급격한 재하 시의 안정해석하는 경우

해답 ③

065

자연상태 흙의 일축압축강도가 0.5kg/cm²이고 이 흙을 교란시켜 일축압축강도 시험을 하니 강도가 0.1kg/cm²이었다. 이 흙의 예민비는 얼마인가?

① 50 ② 10
③ 5 ④ 1

해설 $S_t = \dfrac{q_u}{q_{ur}} = \dfrac{0.5}{0.1} = 5$

여기서, q_u : 자연상태의 일축압축강도
q_{ur} : 흐트러진 상태의 일축압축강도

해답 ③

066

직경 30cm의 평판을 이용하여 점토 위에서 평판재하 시험을 실시하고 극한지지력 150kN/m²를 얻었다고 할 때 직경이 2m인 원형 기초의 총 허용하중을 구하면? (단, 안전율은 3을 적용한다.)

① 83kN ② 157kN
③ 242kN ④ 326kN

해설
① 허용지지력 $q_a = \dfrac{q_u}{F_s} = \dfrac{150}{3} = 50 \text{kN/m}^2$

② 총 허용하중 $Q_a = q_a \cdot A = q_a \cdot \dfrac{\pi D^2}{4} = 50 \times \dfrac{\pi \times 2^2}{4} = 157.1 \text{kN}$

해답 ②

067

어떤 점토시료를 일축압축 시험한 결과 수평면과 파괴면이 이루는 각이 48°였다. 점토 시료의 내부마찰각은?

① 3° ② 6°
③ 18° ④ 30°

해설 파괴면과 최대 주응력면이 이루는 각은 θ 이다.
$\theta = 45° + \dfrac{\phi}{2} = 48°$에서 $\phi = 6°$

해답 ②

068

20kN의 무게를 가진 낙추로서 낙하고 2m로 말뚝을 박을 때 최종적으로 1회 타격당 말뚝의 침하량이 20mm였다. Sander 공식에 의하면 이 때 말뚝의 허용지지력은?

① 100kN ② 200kN
③ 670kN ④ 250kN

해설 Sander 공식
① 극한지지력 $R_u = \dfrac{W_h h}{S}$
② 허용지지력 $R_a = \dfrac{R_u}{F_s}(F_s = 8) = \dfrac{W_h h}{8S} = \dfrac{20 \times 2000}{8 \times 20} = 250\text{kN}$

해답 ④

제3과목 수자원설계 (수리학+상하수도공학)

1. 수리학

069

직경 20cm인 원형 오리피스로 0.1m³/s의 유량을 유출시키려 할 때 필요한 수심(오리피스 중심으로부터 수면까지의 높이)은? (단, 유량계수 $c = 0.6$)

① 1.24m ② 1.44m
③ 1.56m ④ 2.00m

해설 $Q = CAV_r = C_a C_v A\sqrt{2gh} = CA\sqrt{2gh}$
$0.1 = 0.6 \times \dfrac{\pi \times 0.2^2}{4} \times \sqrt{2 \times 9.8 \times h}$ 에서 $h = 1.44\text{m}$

해답 ②

070

등류의 마찰속도 u_*를 구하는 공식으로 옳은 것은? (단, H : 수심, I : 수면경사, g : 중력가속도)

① $u_* = \sqrt{gHI}$　　② $u_* = gHI$
③ $u_* = gH^2I$　　④ $u_* = gHI^2$

해설 마찰속도(전단속도)

$$U_* = \sqrt{\frac{\tau}{\rho}} = V\sqrt{\frac{f}{8}} = \sqrt{gRI}$$

여기서, 등류(등속정류)는 정류 중에서 어느 단면에서나 유속과 수심이 변하지 않는 흐름이므로, $R = H$이다. 고로, $U_* = \sqrt{gHI}$

해답 ①

071

2초에 10m를 흐르는 물의 속도수두는?

① 1.18m　　② 1.28m
③ 1.38m　　④ 1.48m

해설
① 속도　　$v = \dfrac{L}{t} = \dfrac{10}{2} = 5\text{m/sec}$

② 속도수두　$\dfrac{v^2}{2g} = \dfrac{5^2}{2 \times 9.8} = 1.28\text{m}$

해답 ②

072

그림과 같이 지름 3m, 길이 8m인 수문에 작용하는 수평분력의 작용점까지 수심 (h_c)은?

① 2.00m　　② 2.12m
③ 2.34m　　④ 2.43m

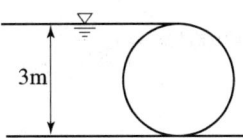

해설 ① 수평분력 : P_H

$$P_H = wh_G A = 1 \times \frac{3}{2} \times (3 \times 8) = 36\text{ton}$$

여기서, A : 연직투영면적($A'B' \times b$)
　　　　h_G : 연직투영면적의 도심까지 거리

② 수면으로부터 전수압 작용위치까지의 깊이(h_C)

$$h_C = h_G + \frac{I_X}{h_G A} = \frac{3}{2} + \frac{\frac{8 \times 3^3}{12}}{\frac{3}{2} \times (3 \times 8)} = 2.00\text{m}$$

여기서, I_G : 물체 단면의 중립축에 대한 단면2차모멘트

해답 ①

073 개수로에 대한 설명으로 옳은 것은?

① 동수경사선과 에너지경사선은 항상 평행하다.
② 에너지경사선은 자유수면과 일치한다.
③ 동수경사선은 에너지경사선과 항상 일치한다.
④ 동수경사선과 자유수면은 일치한다.

해설
① 동수경사선(수두경사선)은 기준수평면에서 $\left(Z+\dfrac{P}{w}\right)$의 점들을 연결한 선이다.
② 개수로는 유수 표면이 대기와 접하는 자유수면을 가지는 흐름으로, 중력에 의해 흐름이 발생하며 압력의 영향을 받지 않으므로, 개수로의 동수경사선은 자유수면과 일치하게 된다.

해답 ④

074 유량 147.6L/s를 송수하기 위하여 내경 0.4m의 관을 700m 설치하였을 때의 관로 경사는? (단, 조도계수 $n=0.012$, Manning 공식 적용)

① $\dfrac{3}{700}$ ② $\dfrac{2}{700}$

③ $\dfrac{3}{500}$ ④ $\dfrac{2}{500}$

해설
$$Q = AV = A\frac{1}{n}R^{\frac{2}{3}}I^{\frac{1}{2}}$$

$0.1476 = \dfrac{\pi \times 0.4^2}{4} \times \dfrac{1}{0.012} \times \left(\dfrac{0.4}{4}\right)^{\frac{2}{3}} \times I^{\frac{1}{2}}$ 에서

$I = 0.00428 ≒ \dfrac{3}{700}$

해답 ①

075 레이놀즈수가 갖는 물리적인 의미는?

① 점성력에 대한 중력의 비(중력/점성력)
② 관성력에 대한 중력의 비(중력/관성력)
③ 점성력에 대한 관성력의 비(관성력/점성력)
④ 관성력에 대한 점성력의 비(점성력/관성력)

해설 레이놀즈수는 흐르는 유체입자의 점성을 나타내는 것으로 점성력에 대한 관성력의 비로 나타낸다.
레이놀즈수=관성력/점성력

해답 ③

076

정수압의 성질에 대한 설명으로 옳지 않은 것은?

① 정수압은 수중의 가상면에 항상 직각방향으로 존재한다.
② 대기압을 압력의 기준(0)으로 잡은 정수압은 반드시 절대압력으로 표시된다.
③ 정수압의 강도는 단위면적에 작용하는 압력의 크기로 표시한다.
④ 정수 중의 한 점에 작용하는 수압의 크기는 모든 방향에서 같은 크기를 갖는다.

해설 정수압강도

① 수면에서 h 깊이의 정수압강도
  ㉠ 계기압력 : 대기압을 기준($p_a = 0$)으로 한 압력
   $p = wh$
  ㉡ 절대압력
   절대압력 = 계기압력 + 대기압력
   $p = p_a + wh$
② 표준 대기압 : 공기층의 무게에 의하여 지구표면이 받는 압력
  ㉠ 1기압은 0℃에서 1cm² 당 76cm의 수은기둥의 무게와 같다.
  ㉡ 1기압(표준대기압) = 76cmHg = 13.5951 × 76 = 1033.23g/cm²
   = 10.33t/m² = 10.33t/m² = 1.013 × 10⁵N/m²
   = 1.013bar = 1,013milibar

해답 ②

077

관망 문제해석에서 손실수두를 유량의 함수로 표시하여 사용할 경우 지름 D인 원형 단면 관에 대하여 $h_L = kQ^2$으로 표시할 수 있다. 관의 특성 제원에 따라 결정되는 상수 k의 값은? (단, f는 마찰손실계수이고, l은 관의 길이이며 다른 손실은 무시함.)

① $\dfrac{0.0827f \cdot l}{D^3}$
② $\dfrac{0.0827l \cdot D}{f}$
③ $\dfrac{0.0827f \cdot l}{D^5}$
④ $\dfrac{0.0827f \cdot D}{l^2}$

해설 $h_L = kV^n = kQ^2 = f\dfrac{l}{D}\dfrac{V^2}{2g} = f\dfrac{l}{D}\left(\dfrac{Q}{A}\right)^2\dfrac{1}{2g} = f\dfrac{l}{D}Q^2\left(\dfrac{4}{\pi D^2}\right)^2\dfrac{1}{2 \times 9.8}$ 에서

$k = f\dfrac{l}{D}\left(\dfrac{4}{\pi D^2}\right)^2\dfrac{1}{2 \times 9.8} = \dfrac{0.0827fl}{D^5}$

해답 ③

078

지름이 20cm인 A관에서 지름이 10cm인 B관으로 축소되었다가 다시 지름이 15cm인 C관으로 단면이 변화되었다. B관의 평균유속이 3m/s일 때 A관과 C관의 유속은? (단, 유체는 비압축성이며, 에너지 손실은 무시한다.)

① A관의 $V_A = 0.75$m/s, C관의 $V_C = 2.00$m/s
② A관의 $V_A = 1.50$m/s, C관의 $V_C = 1.33$m/s
③ A관의 $V_A = 0.75$m/s, C관의 $V_C = 1.33$m/s
④ A관의 $V_A = 1.50$m/s, C관의 $V_C = 0.75$m/s

해설 $Q = A_A V_A = A_B V_B = A_C V_C$ 이므로

$$\frac{\pi 0.2^2}{4} V_A = \frac{\pi 0.1^2}{4} \times 3 = \frac{\pi 0.15^2}{4} V_C$$ 에서

$V_A = 0.75$m/sec
$V_C = 1.33$m/sec

해답 ③

079

한계 프루드수(Froude number)를 사용하여 구분할 수 있는 흐름 특성은?

① 등류와 부등류
② 정류와 부정류
③ 층류와 난류
④ 상류와 사류

해설 Froude number(푸르너 수, 후루드수)에 의한 상류와 사류의 판정

$$F_r = \frac{V}{\sqrt{gh}}$$

여기서, V : 물의 유속, $\sqrt{gh}$: 장파의 전달속도

① $F_r < 1$: 상류
② $F_r = 1$: 한계류(한계수심, 한계유속)
③ $F_r > 1$: 사류

해답 ④

080

대수층의 두께 2m, 폭 1.2m이고 지하수 흐름의 상·하류 두 점 사이의 수두차는 1.5m, 두 점 사이의 평균거리 300m, 지하수 유량이 2.4m³/d일 때 투수계수는?

① 200m/d
② 225m/d
③ 267m/d
④ 360m/d

해설 $Q = Av = Aki = Ak\frac{\Delta h}{L}$

$2.4 = (2 \times 1.2) \times k \times \frac{1.5}{300}$ 에서 $k = 200$m/day

해답 ①

081

단면적 2.5cm², 길이 1.5m인 강철봉이 공기중에서 무게가 28N이었다면 물(비중=1.0) 속에서 강철봉의 무게는?

① 2.37N
② 2.43N
③ 23.72N
④ 24.32N

해설 물체가 물 속에 잠겨 있을 때

$$W' = W - B = W - w_o V' = 28N - 1t/m^3 \times \left(\frac{2.5}{10000} \times 1.5\right) \times \frac{1000kg}{1t} \times \frac{9.8N}{1kg}$$

$$= 24.325N$$

여기서, W' : 물 속 물체의 무게
W : 물체의 무게
B : 부력

해답 ④

082

한계수심 h_c와 비에너지 h_e와의 관계로 옳은 것은? (단, 광폭 직사각형 단면인 경우)

① $h_c = \dfrac{1}{2} h_e$
② $h_c = \dfrac{1}{3} h_e$
③ $h_c = \dfrac{2}{3} h_e$
④ $h_c = 2 h_e$

해설 한계수심 $h_c = \dfrac{2}{3} H_e$

해답 ③

083

다음 설명 중 옳지 않은 것은?

① 베르누이 정리는 에너지 보존의 법칙을 의미한다.
② 연속 방정식은 질량보존의 법칙을 의미한다.
③ 부정류(unsteady flow)란 시간에 대한 변화가 없는 흐름이다.
④ Darcy 법칙의 적용은 레이놀즈수에 대한 제한을 받는다.

해설 시간에 따른 분류
① 정류(정상류) : 시간에 따라 유동특성(유량, 속도, 압력, 밀도, 유적 등)이 변하지 않는 흐름

$$\frac{\partial Q}{\partial t} = 0, \ \frac{\partial v}{\partial t} = 0, \ \frac{\partial \rho}{\partial t} = 0$$

② 부정류 : 시간에 따라 유동특성(유량, 속도, 압력, 밀도, 유적 등)이 변하는 흐름

$$\frac{\partial Q}{\partial t} \neq 0, \ \frac{\partial v}{\partial t} \neq 0, \ \frac{\partial \rho}{\partial t} \neq 0$$

해답 ③

084

물의 성질에 대한 설명으로 옳지 않은 것은? (단, C_w : 물의 압축률, E_w : 물의 체적탄성률, 0℃에서의 일정한 수온 상태)

① 물의 압축률이란 압력변화에 대한 부피의 감소율을 단위부피당으로 나타낸 것이다.
② 기압이 증가함에 따라 E_w는 감소하고 C_w는 증가한다.
③ C_w와 E_w의 상관식은 $C_w = 1/E_w$이다.
④ E_w는 C_w 값보다 대단히 크다.

해설 체적탄성계수(E)

$$E = \frac{\Delta P}{\frac{\Delta V}{V}} = \frac{1}{C}$$ 에서

압력증가량이 커지면 체적탄성계수(E)는 증가하고 압축률(C)은 감소한다.
여기서, C : 압축률(압축계수 cm²/kg, cm²/g)
ΔP : 압력의 변화량($P_2 - P_1$)
ΔV : 체적의 변화량($V_2 - V_1$)

해답 ②

085

뉴턴 유체(Newtonian fluid)에 대한 설명으로 옳은 것은?

① 전단속도 $\left(\dfrac{dv}{dy}\right)$의 크기에 따라 선형으로 점도가 변한다.
② 전단응력(τ)과 전단속도 $\left(\dfrac{dv}{dy}\right)$의 관계는 원점을 지나는 직선이다.
③ 물이나 공기 등 보통의 유체는 비뉴턴 유체이다.
④ 유체가 압력의 변화에 따라 밀도의 변화를 무시할 수 없는 상태가 된 유체를 의미한다.

해설 ① 전단응력(내부마찰력 : 단위면적당 마찰력의 크기 g/cm², kg/cm²)

$$\tau = \mu \frac{dv}{dy}$$

여기서, μ : 점성계수
$\dfrac{dv}{dy}$: 속도의 변화율(속도계수)

② 뉴턴 유체(Newtonian fluid)란 전단응력과 속도구배와 정비례하는 관계를 갖는 유체를 말한다.

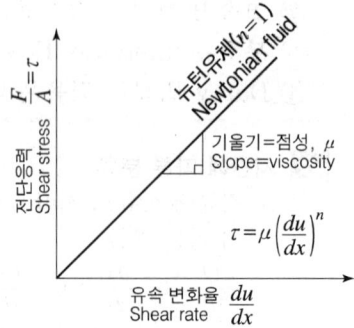

해답 ②

086
지름 20cm, 길이가 100m인 관수로 흐름에서 손실수두가 0.2m라면 유속은? (단, 마찰손실계수 $f=0.03$이다.)

① 0.61m/s ② 0.57m/s
③ 0.51m/s ④ 0.48m/s

해설 Chézy의 평균유속공식

$$V = C\sqrt{RI} = \sqrt{\frac{8g}{f}}\sqrt{\frac{D}{4}\cdot\frac{\Delta h}{L}} = \sqrt{\frac{8\times 9.8}{0.03}}\times\sqrt{\frac{0.2}{4}\times\frac{0.2}{100}} = 0.51\text{m/sec}$$

해답 ③

087
4각 위어 유량(Q)과 수심(h)의 관계가 $Q \propto h^{3/2}$일 때, 3각 위어의 유량(Q)과 수심(h)의 관계로 옳은 것은?

① $Q \propto h^{1/2}$ ② $Q \propto h^{3/2}$
③ $Q \propto h^2$ ④ $Q \propto h^{5/2}$

해설 위어 유량
① 예연 위어(구형 위어)

$$Q = \frac{2}{3}Cb\sqrt{2g}\,h^{\frac{3}{2}}$$

접근유속을 고려하면

$$Q = \frac{2}{3}Cb\sqrt{2g}\left[(h+h_a)^{\frac{3}{2}} - h_a^{\frac{3}{2}}\right]$$

② 삼각위어

$$Q = \frac{4}{15}C\cdot 2h\tan\frac{\theta}{2}\cdot\sqrt{2g}\,h^{\frac{3}{2}} = \frac{8}{15}C\tan\frac{\theta}{2}\sqrt{2g}\,h^{\frac{5}{2}}$$

③ 사각위어의 경우 $Q \propto h^{\frac{3}{2}}$, 삼각위어의 경우는 $Q \propto h^{\frac{5}{2}}$이다.

해답 ④

2. 상하수도공학(상수도계획, 하수도계획)

088
펌프의 임펠러 입구에서 정압이 그 수온에 상당하는 포화증기압 이하가 되면 그 부분의 물이 증발해서 공동이 생기거나 흡입관으로부터 공기가 흡입되어 공동이 생기는 현상은?

① Characteristic curves ② Specific speed
③ Positive head ④ Cavitation

해설 펌프의 임펠러 입구에서 가장 압력이 저하하게 되는데, 이때의 압력이 포화증기압 이하가 되었을 때 그 부분의 물이 증발하여 공동(空洞)을 발생하든가 흡입관으로부터 공기가 혼입해서 공동이 발생하는 현상을 공동현상(cavitation)이라고 한다.

해답 ④

089 상수의 응집침전에서 응집제의 주입률을 시험하는 시험법은?

① Sedimentation test   ② Column test
③ Water quality test   ④ Jar test

해설 응집제 주입량은 실험실에서 원수에 대한 자 테스트(jar test) 실험을 통하여 적정 주입량을 결정한다.

해답 ④

090 활성슬러지법 중 아래와 같은 특징을 갖는 방법은?

- 일차 침전지를 생략하고, 유기물 부하를 낮게 하여 잉여슬러지의 발생을 제한하는 방법으로 잉여슬러지의 발생량이 표준활성슬러지법에 비해 적다.
- 질산화가 진행되면서 pH의 저하가 발생한다.

① 계단식 포기법   ② 심층 포기법
③ 장기 포기법   ④ 산화구법

해설 장기 포기법은 활성슬러지법의 변법으로 플러그 흐름 형태의 반응조에 HRT와 SRT를 길게 유지하고 동시에 MLSS 농도를 높게 유지하면서 오수를 처리하는 방법으로 특징은 다음과 같다.
① 활성슬러지가 자산화되기 때문에 잉여슬러지의 발생량은 표준활성슬러지법에 비해 적다.
② 과잉 포기로 인하여 슬러지의 분산이 야기되거나 슬러지의 활성도가 저하되는 경우가 있다.
③ 질산화가 진행되면서 pH의 저하가 발생한다.

해답 ③

091 하천의 자정작용 중에서 가장 큰 작용을 하는 것은?

① 침전   ② 투과
③ 화학적 작용   ④ 생물학적 작용

해설 **자정작용**
① 생활하수나 공장폐수로 인해 수질이 악화된 하천이나 호소가 상당기간이 지남에 따라 수질이 서서히 양호해져서 원래의 상태로 회복되는 현상
② 하천 등의 자정작용은 미생물 등에 의한 생물학적 자정작용이 주 역할을 한다.

해답 ④

092

하수처리장 부지 선정에 관한 설명으로 옳지 않은 것은?

① 홍수로 인한 침수 위험이 없어야 한다.
② 방류수가 충분히 희석, 혼합되어야 하며 상수도 수원 등에 오염되지 않는 곳을 선택한다.
③ 처리장의 부지는 장래 확장을 고려해서 넓게 하며 주거 및 상업지구에 인접한 곳이어야 한다.
④ 오수 또는 폐수가 하수처리장까지 가급적 자연유하식으로 유입하고 또한 자연유하로 방류하는 곳이 좋다.

해설 처리장 위치는 방류수역의 이수상황 및 계획구역의 지형적 조건에 의해서 대부분 정해져 왔으나, 처리장 부지의 확보는 처리장 계획 또는 하수도 계획 전체를 좌우하는 가장 중요한 요건이 된다. 그러므로 처리장 위치의 결정은 오수를 자연유하로 수집할 수 있어 건설비와 유지관리비가 경제적으로 되고 주변 환경과 조화되며, 침수피해가 없는 위치이어야 하므로 주거 및 상업지구에 인접한 곳은 적당하지 않다. **해답 ③**

093

Talbot 공식의 a(분자상수) 값이 1800, b(분모상수) 값이 15일 때, 지속시간 15분에 대한 강우강도는?

① 2.64mm/h
② 9.92mm/h
③ 10.67mm/h
④ 60.00mm/h

해설 **강우강도**(Talbot형)
$$I = \frac{a}{t+b} = \frac{1800}{15+15} = 60\,\text{mm/hr}$$
해답 ④

094

하수관거가 갖추어야 할 특성에 대한 설명으로 옳지 않은 것은?

① 외압에 대한 강도가 충분하고 파괴에 대한 저항이 커야 한다.
② 유량의 변동에 대해서 유속의 변동이 큰 수리특성을 지닌 단면형이 좋다.
③ 산 및 알칼리의 부식성에 대해서 강해야 한다.
④ 이음의 시공이 용이하고, 그 수밀성과 신축성이 높아야 한다.

해설 **하수관거가 갖추어야 할 특성**
① 관거 내면이 매끈하고 조도 계수가 작아야 한다.
② 가격이 저렴해야 한다.
③ 산·알칼리에 대한 내구성이 양호해야 한다.
④ 외압에 대한 강도가 높고 파괴에 대한 저항력이 커야 한다.
⑤ 유량의 변동에 대해서 유속의 변동이 적은 수리특성을 가진 단면형이어야 한다.
⑥ 이음 시공이 용이하고 수밀성과 신축성이 높아야 한다. **해답 ②**

095 우수조정지를 설치하는 위치로서 적절하지 않은 것은?
① 오수발생량이 많은 곳
② 하류관거 유하능력이 부족한 곳
③ 방류수로 유하능력이 부족한 곳
④ 하류지역 펌프장 능력이 부족한 곳

해설 우수조정지의 위치
① 하수관거의 유하능력이 부족한 곳
② 하류지역의 펌프장 능력이 부족한 곳
③ 방류수로의 통수능력이 부족한 곳

해답 ①

096 5000m³/d의 화학 침전 처리수를 여과지에서 여과속도 5m³/m² · h로 여과하고 있다. 역세척은 1일 8회, 1회 역세척 시간은 15분일 경우 1지에 소요되는 이론적인 여과면적은? (단, 여과지 수는 5지이다.)
① 8.333m²
② 9.091m²
③ 20.647m²
④ 41.667m²

해설 ① 총 여과면적

$$A = \frac{Q}{V} = \frac{5000\text{m}^3/\text{day}}{5\text{m/hr} \times \frac{24\text{hr}}{1\text{day}}}[\text{m}^2]$$

여기서, Q : 계획정수량[m³/day], V : 여과속도[m/day]
A : 총 여과면적[m²]

② 1개(지)의 여과지 면적[m²]

$$a = \frac{A}{N} = \frac{5000\text{m}^3/\text{day}}{5\text{m/hr} \times \frac{24\text{hr}}{1\text{day}} \times 5}[\text{m}^2]$$

여기서, A : 총 여과지 면적[m²], a : 1지 여과지 면적[m²]
N : 여과지 개수(지수)(단, 예비지 불포함)

③ 역세척에 따른 효율 고려
㉠ 역세척 1일 8회, 1회 역세척 시간 15분이므로 총 역세척 시간은

$$8 \times 15 = 120\text{분} \times \frac{1}{60 \times 24}$$

㉡ 역세척에 따른 효율 $= \frac{120}{60 \times 24}$

㉢ 효율을 고려한 1개(지)의 여과지 면적

$$\frac{\frac{5000\text{m}^3/\text{day}}{5\text{m/hr} \times \frac{24\text{hr}}{1\text{day}} \times 5}}{1 - \left(\frac{120}{60 \times 24}\right)} = 9.091[\text{m}^2]$$

해답 ②

097
다음 중 맛과 냄새의 제거에 주로 사용되는 것은?
① PAC(고분자 응집제)   ② 황산반토
③ 활성탄   ④ $CuSO_4$

해설 맛과 냄새 제거는 맛과 냄새의 종류에 따라 폭기, 염소처리, 분말 또는 입상활성탄 처리, 오존처리 및 오존·입상활성탄 처리를 하며, 활성탄 처리가 맛과 냄새의 제거에 주로 사용된다.

해답 ③

098
하수관거의 유속 및 경사에 대한 설명으로 옳지 않은 것은?
① 유속은 일반적으로 하류로 유하함에 따라 점차 크게 한다.
② 경사는 하류로 감에 따라 점차 작아지도록 한다.
③ 유속이 느리면 관거의 바닥에 오물이 침전하여 세척비 등 유지관리비가 많이 든다.
④ 유속이 빠르면 관거 손상의 우려가 작아지므로 내용년수가 길어진다.

해설 유속이 빠른 경우 관거의 마모와 손상이 우려되며 도달시간 단축으로 지체현상이 발생되지 않아 하수처리장의 부담이 가중된다.

해답 ④

099
급수방식을 직결식과 저수조식으로 구분할 때, 저수조식의 적용이 바람직한 경우가 아닌 것은?
① 일시에 다량의 물을 사용하거나 사용수량의 변동이 클 경우
② 배수관의 수압이 급수장치의 사용수량에 대하여 충분한 경우
③ 배수관의 압력변동에 관계없이 상시 일정한 수량과 압력을 필요로 하는 경우
④ 재해 시나 사고 등에 의한 수도의 단수나 감수 시에도 물을 반드시 확보해야 할 경우

해설 **저수조식 급수방식** : 급수관으로부터 수돗물을 일단 저수조에 받아서 급수
① 배수관의 수압이 낮아 직접 급수가 불가능할 경우
② 일시에 많은 수량 또는 항상 일정한 수량을 필요로 하는 경우
③ 급수관의 고장에 따른 단수나 감수 시에도 어느 정도의 급수를 지속시킬 필요가 있을 경우
④ 배수관 수압이 과대하여 급수장치에 고장을 일으킬 염려가 있을 경우
⑤ 약품을 사용하는 공장 등으로부터 역류에 의하여 배수관의 수질을 오염시킬 우려가 있는 경우

해답 ②

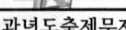

100
분류식 하수관거 계통(separated system)의 특징에 대한 설명으로 옳지 않은 것은?

① 오수는 처리장으로 도달, 처리된다.
② 우수관과 오수관이 잘못 연결될 가능성이 있다.
③ 관거매설비가 큰 것이 단점이다.
④ 강우 시 오수가 처리되지 않은 채 방류되는 단점이 있다.

해설 합류식 하수관거의 경우 강우 시 미처리 오수 일부가 하천 등 공공수역에 방류되는 문제점이 있으며, 이에 대한 대책은 다음과 같다.
① 실시간으로 제어하는 방법
② 스월 조절조(swirl regulator) 설치
③ 우수체수지 설치

해답 ④

101
취수시설을 선정할 때 수원(水源)이 하천, 호소, 댐(저수지)인 경우에 적용할 수 있으며 보통 대량 취수에 적합하고 비교적 안정된 취수가 가능한 것은?

① 취수탑
② 깊은 우물
③ 취수틀
④ 취수관거

해설 **취수탑**
① 연간의 수위 변화가 크거나 또는 적당한 깊이에서의 취수가 요구될 때 사용
② 여러 개의 취수구를 설치하여 수위의 변화에 대응
③ 여러 수위에서 취수가 가능
④ 취수탑은 수심이 적어도 2m 정도가 되지 않으면 설치하기가 어렵다.
⑤ 건설비가 많이 소요되는 단점이 있다.

해답 ①

102
슬러지 반송비가 0.4, 반송슬러지의 농도가 1%일 때 포기조 내의 MLSS 농도는?

① 1234mg/L
② 2857mg/L
③ 3325mg/L
④ 4023mg/L

해설 ① %농도와 ppm의 관계

$$1\% = \frac{x}{1,000,000} \times 100 \text{에서 } x = 10,000\text{ppm}$$

즉, $1\% = 10,000\text{ppm}$의 관계가 있으므로,
반송슬러지 농도 $X_r = 1\% = 10,000\text{ppm} = 10,000\text{mg/L}$
② 슬러지 반송
폭기조 내의 MLSS 농도를 일정하게 유지하기 위해서는 침강 슬러지의 일부를

다시 폭기조에 반송

$r = \dfrac{X}{X_r - X} = \dfrac{X}{10,000 - X} = 0.4$ 에서

$X = 0.4(10,000 - X)$ $X = 4,000 - 0.4X$ $1.4X = 4,000$

$X = 2,857.14 \text{mg/L}$

여기서, X : 폭기조의 MLSS 농도, X_r : 반송 슬러지 농도

[참고] 유입수의 SS농도(SS)가 있을 경우

$r = \dfrac{X - SS}{X_r - X}$

해답 ②

103

하천에 오염원 투여 시 시간 또는 거리에 따른 오염지표(BOD, DO, N)와 미생물의 변화 4단계(Whipple의 4단계)의 순서로 옳은 것은?

| ㉠ 분해지대 | ㉡ 활발한 분해지대(부패지대) |
| ㉢ 회복지대 | ㉣ 정수지대(청수지대) |

① ㉠ - ㉡ - ㉢ - ㉣
② ㉠ - ㉢ - ㉡ - ㉣
③ ㉡ - ㉠ - ㉢ - ㉣
④ ㉡ - ㉢ - ㉠ - ㉣

해설 **하천의 자정단계**(Whipple의 4단계)
분해지대 → 활발한 분해지대 → 회복지대 → 정수지대
① 분해지대 : 물이 오염되면서 최초의 분해지대에서 시작되는 단계이다.
  ㉠ 세균의 수가 증가한다.(미생물의 번식으로 BOD가 감소하게 된다.)
  ㉡ 유기물을 많이 함유하는 슬러지의 침전이 많아진다.
  ㉢ 용존산소의 양이 크게 줄어든다.
  ㉣ pH가 감소하면서 탄산가스 양이 많아진다.
② 활발한 분해지대 : 호기성 미생물의 활발에 의해 용존산소가 없게 되어 부패상태에 도달하게 된다.
③ 회복지대 : 물리적으로 물이 깨끗해져 분해물이 없어지고 용존산소가 증가
④ 정수지대 : 마치 오염되지 않은 자연수처럼 보이며, 용존산소가 풍부하다.

해답 ①

104

펌프에 대한 설명으로 틀린 것은?

① 수격현상은 펌프의 급정지 시 발생한다.
② 손실수두가 작을수록 실양정은 전양정과 비슷해진다.
③ 비속도(비교회전도)가 클수록 같은 시간에 많은 물을 송수할 수 있다.
④ 흡입구경은 토출량과 흡입구의 유속에 의해 결정된다.

해설 ① 수격현상은 관수로에서 정전에 의하여 펌프가 급정지하는 경우 관로유속의 급격한 변화에 따라 관 내 압력이 급상승이나 급하강하는 현상이다.
② 실양정은 전양정에서 모든 손실수두를 뺀 것이므로 손실수두가 작을수록 실양정은 전양정과 비슷해진다.
③ 토출량과 전양정이 동일하면 회전속도가 클수록 N_s가 크고, 따라서 소형으로 되며 일반적으로 가격이 저렴하게 된다.
④ 펌프의 흡입구경은 토출량과 흡입구의 유속에 따라 결정

$$D = 146\sqrt{\frac{Q}{V}}$$

여기서, D : 펌프의 흡입구경[mm]
Q : 펌프의 토출유량[m³/min]
V : 흡입구의 유속[m/sec]

해답 ③

105 계획오수량 산정방법에 대한 설명으로 틀린 것은?

① 생활오수량의 1인 1일 최대오수량은 상수도계획상의 1인 1일 최대급수량을 감안하여 결정한다.
② 지하수량은 1인 1일 평균오수량의 5~10%로 한다.
③ 계획시간 최대오수량은 계획 1일 최대오수량의 1시간당 수량의 1.3~1.8배를 표준으로 한다.
④ 합류식에서 우천 시 계획오수량은 원칙적으로 계획시간 최대오수량의 3배 이상으로 한다.

해설 지하수량 = 1인 1일 최대오수량의 10~20%

해답 ②

106 처리수량이 5000m³/d인 정수장에서 8mg/L의 농도로 염소를 주입하였다. 잔류염소농도가 0.3mg/L이었다면 염소요구량은? (단, 염소의 순도는 75%이다.)

① 38.5kg/d
② 51.3kg/d
③ 63.3kg/d
④ 69.5kg/d

해설 ① 염소요구(량) 농도 = 염소주입량 농도 - 잔류염소농도
$= 8 - 0.3 = 7.7\text{mg/L} = 7.7\text{g/m}^3$

② 염소요구량 = 염소요구 농도 × 유량 × $\dfrac{1}{\text{순도}}$ = $7.7 \times 5,000 \times \dfrac{1}{0.75}$
$= 51,333.33\text{g/day} = 51.33\text{kg/day}$

해답 ②

107 계획급수량에 대한 설명으로 옳지 않은 것은?

① 계획 1일 평균급수량은 계획 1일 최대급수량의 50%이다.
② 계획 1일 최대급수량은 계획 1일 평균급수량 × 계획첨두율로 나타낼 수 있다.
③ 계획 1일 평균급수량은 계획 1일 평균급수량 × 계획급수인구로 나타낼 수 있다.
④ 계획 1일 최대급수량을 구하기 위한 첨두율은 소규모의 도시일수록 급수량의 변동폭이 커서 값이 커진다.

해설 **계획 1일 평균급수량**

① 계획 1일 평균급수량 = $\dfrac{1년간\ 총\ 급수량}{365}$
   = 계획 1인 1일 평균급수량 × 급수인구 × 보급률
② 재정계획(財政計劃)에 필요한 수량 : 약품, 전력사용량의 산정, 유지관리비, 상수도요금의 산정 등
③ 계획 1일 최대급수량의 70~85%를 표준
④ 계획 1일 평균급수량
   = 계획 1일 최대급수량 × [0.7(중소도시), 0.8(대도시, 공업도시)]
   = 계획 1일 최대급수량 × 계획부하율
⑤ 계획 1일 평균급수량은 계획 1일 평균 사용수량을 기반으로 산출된다.

해답 ①

무료 동영상과 함께하는 **토목산업기사 필기**

2023

2023년 3월 CBT 시행
2023년 5월 CBT 시행
2023년 9월 CBT 시행

무료 동영상과 함께하는
토목산업기사 필기

2023년 3월 CBT 시행

본 문제는 복원 기출문제입니다. 실제 문제와 다를 수 있으니 양해바랍니다.

제1과목 구조설계

001 기둥에서 단면의 핵이란 단주(短柱)에서 인장응력이 발생되지 않도록 재하되는 편심거리로 정의된다. 반지름 20cm인 원형 단면의 핵은 중심에서 얼마인가?

① 2.5cm
② 4cm
③ 5cm
④ 7.5cm

해설 $e = \dfrac{D}{8} = \dfrac{r}{4} = \dfrac{20}{4} = 5\text{cm}$

해답 ③

002 다음 단순보에서 지점 반력을 계산한 값은?

① $R_A = 10\text{kN},\ R_B = 10\text{kN}$
② $R_A = 19\text{kN},\ R_B = 1\text{kN}$
③ $R_A = 14\text{kN},\ R_B = 6\text{kN}$
④ $R_A = 1\text{kN},\ R_B = 19\text{kN}$

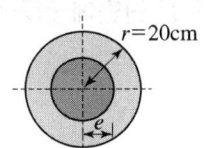

 해설 ① $\Sigma H = 0 : H_A = 0$
② $\Sigma M_B = 0$
   $V_A \times 10 - 10 \times 8 - 30 \times 5 + 20 \times 2 = 0$
   $\therefore V_A = 19\text{kN}(\uparrow)$
③ $R_A = V_A = 19\text{kN}(\uparrow)$
④ $\Sigma V = 0 \quad V_A + V_B - 10 - 30 + 20 = 0$
   $R_B = V_B = 1\text{kN}(\uparrow)$

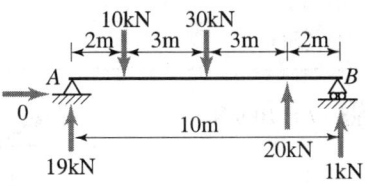

해답 ②

003

정사각형의 중앙에 지름 20cm의 원이 있는 그림과 같은 도형에서 x축에 대한 단면2차모멘트를 구한 값은?

① 205.479cm⁴
② 215.479cm⁴
③ 225.479cm⁴
④ 235.479cm⁴

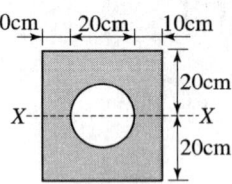

해설 $I_x = \dfrac{bh^3}{12} - \dfrac{\pi D^4}{64} = \dfrac{40 \times 40^3}{12} - \dfrac{\pi 20^4}{64} = 205,479\text{cm}^4$

해답 ①

004

지름 D인 원형 단면에 전단력 S가 작용할 때 최대 전단응력의 값은?

① $\dfrac{4S}{3\pi D^2}$
② $\dfrac{2S}{3\pi D^2}$
③ $\dfrac{16S}{3\pi D^2}$
④ $\dfrac{3S}{3\pi D^2}$

해설 $\tau_{\max} = \dfrac{4}{3} \cdot \dfrac{V_{\max}}{A} = \dfrac{4}{3} \cdot \dfrac{S}{\dfrac{\pi D^2}{4}} = \dfrac{16S}{3\pi D^2}$

해답 ③

005

그림과 같이 ABC의 중앙점에 100kN의 하중을 달았을 때 정지하였다면 장력 T의 값은 몇 kN인가?

① 100
② 86.6
③ 50
④ 150

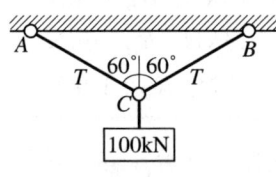

해설 $T = 100\text{kN}$

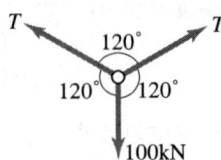

해답 ①

006 다음 그림에서와 같은 평행력(平行力)에 있어서 P_1, P_2, P_3, P_4의 합력의 위치는 O점에서 얼마의 거리에 있겠는가?

① 4.8m
② 5.4m
③ 5.8m
④ 6.0m

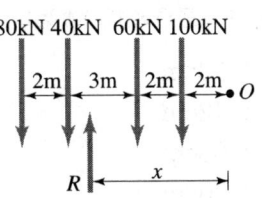

 ① 합력 : $R = -80 - 40 + 60 - 100 = -160\text{kN} = 160\text{kN}(\downarrow)$
② $M_O = -160 \times x = -80 \times 9 - 40 \times 7 + 60 \times 4 - 100 \times 2$에서 $x = 6\text{m}$

해답 ④

007 그림에서 (A)의 장주(長柱)가 40kN에 견딜 수 있다면 (B)의 장주가 견딜 수 있는 하중은?

① 40kN
② 80kN
③ 160kN
④ 640kN

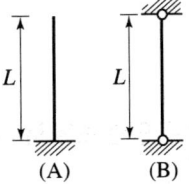

 ① 일단고정 타단자유 $\dfrac{1}{K^2} = \dfrac{1}{2.0^2} = \dfrac{1}{4}$

② 양단힌지 $\dfrac{1}{K^2} = \dfrac{1}{1.0^2} = 1$

③ 좌굴하중의 비율은 강성도의 비율과 비례하므로
$\dfrac{1}{4} : 1 = 1 : 4 = 40\text{kN} : P$ $P = 160\text{kN}$

해답 ③

008 그림과 같은 직사각형 단면의 보가 휨모멘트 $M_{\max} = 45\text{kN} \cdot \text{m}$를 받을 때 상단에서 떨어진 $a - a$의 단면에서의 휨응력은?

① 9.23MPa
② 10MPa
③ 11.26MPa
④ 12.14MPa

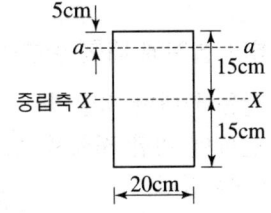

 $\sigma_{a-a} = \dfrac{M}{I} \cdot y = \dfrac{45 \times 10^6}{\dfrac{200 \times 300^3}{12}} \cdot (150 - 50) = 10\text{MPa}$

해답 ②

009

단면이 300mm² 인 강봉이 그림과 같이 힘을 받을 때 강봉이 늘어난 길이는?
(단, $E = 2.0 \times 10^5$ MPa)

① 1.13cm
② 1.42cm
③ 1.68cm
④ 1.76cm

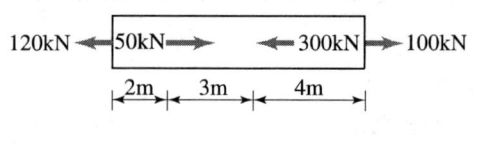

해설
$\Delta L = \Delta L_1 + \Delta L_2 + \Delta L_3$
$= +\left(\dfrac{120 \times 2}{EA}\right) + \left(\dfrac{70 \times 3}{EA}\right) + \left(\dfrac{100 \times 4}{EA}\right)$
$= \dfrac{850}{EA} = \left(\dfrac{850 \times 10^6}{2.0 \times 10^5 \times 300}\right)$
$= 14.16\text{mm} = 1.42\text{cm}$

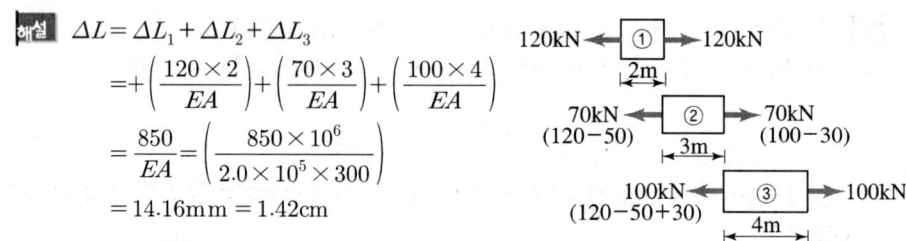

해답 ②

010

다음과 같은 단순보에서 A점 반력(R_A)으로 옳은 것은?

① 5kN(↓)
② 20kN(↓)
③ 5kN(↑)
④ 20kN(↑)

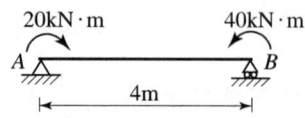

해설
① $\Sigma H = 0$에서 $H_A = 0$
② $\Sigma M_B = 0$에서
  $V_A \times 4 + 20 - 40 = 0$
  $\therefore V_A = 5\text{kN}(\uparrow)$
③ $R_A = V_A = 5\text{kN}(\uparrow)$

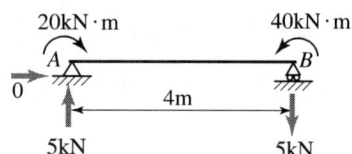

해답 ③

011

옹벽의 설계에 대한 일반적인 설명으로 틀린 것은?

① 활동에 대한 저항력은 옹벽에 작용하는 수평력의 1.5배 이상이어야 한다.
② 전도에 대한 저항휨모멘트는 횡토압에 의한 전도모멘트의 2.0배 이상이어야 한다.
③ 캔틸레버식 옹벽의 전면벽은 저판에 지지된 캔틸레버로 설계할 수 있다.
④ 뒷부벽은 직사각형보로 설계하여야 한다.

해설 뒷부벽은 T형보의 복부로 설계한다.

해답 ④

012

강도 설계법으로 그림과 같은 단철근 T형단면 설계할 때의 설명 중 옳은 것은? (단, f_{ck}=21MPa, f_y=400MPa, A_s=6000mm²이다.)

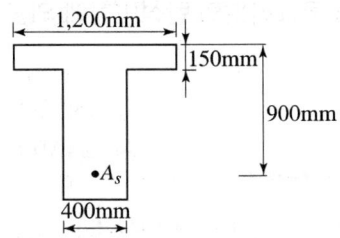

① 폭이 1200mm인 직사각형 단면보로 계산한다.
② 폭이 400m인 직사각형 단면보로 계산한다.
③ T형 단면보로 계산한다.
④ T형 단면보나 직사각형 단면보나 상관없이 같은 값이 나온다.

해설
$$a = \frac{A_s f_y}{0.85 f_{ck} b} = \frac{6000 \times 4000}{0.85 \times 21 \times 1200} = 112.04\text{mm} < t_f = 150\text{mm}$$ 이므로
폭이 1200mm인 직사각형 단면보로 계산한다.

해답 ①

013

경간이 8m인 캔틸레버 보에서 처짐을 계산하지 않는 경우 보의 최소 두께로서 옳은 것은?(단, 보통중량 콘크리트를 사용한 경우로서 f_{ck}=28MPa, f_y=400MPa이다.)

① 1000mm ② 800mm
③ 600mm   ④ 500mm

해설 처짐 계산을 하지 않는 경우 캔틸레버 보의 최소두께
$$h = \frac{l}{8} = \frac{8000}{8} = 1000\text{mm}$$

해답 ①

014

휨부재에서 f_{ck}=28MPa, f_y=400MPa일 때 인장철근 D29(공칭지름 28.6mm, 공칭단면적 642mm²)의 기본정착길이(l_{db})는 약 얼마인가?

① 1200mm ② 1250mm
③ 1300mm ④ 1350mm

해설 인장철근의 기본정착길이
$$l_{db} = \frac{0.6 d_b f_y}{\lambda \sqrt{f_{ck}}} = \frac{0.6 \times 28.6 \times 400}{1.0\sqrt{28}} = 1297.17\text{mm} \fallingdotseq 1300\text{mm}$$

해답 ③

015

단면이 300×500mm이고, 100mm²의 PS 강선 6개를 강선군의 도심과 부재단면의 도심축이 일치하도록 배치된 프리텐션 PSC 보가 있다. 강선의 초기 긴장력이 1000MPa일 때 콘크리트의 탄성변형에 의한 프리스트레스의 감소량은? (단, $n=6$)

① 42MPa
② 36MPa
③ 30MPa
④ 24MPa

해설
$$\Delta f_p = nf_c = n\left(\frac{F_p A_p N}{A_g}\right) = 6\left(\frac{1000 \times 100 \times 6}{300 \times 500}\right) = 24\text{N}\cdot\text{mm}^2 = 24\text{MPa}$$

해답 ④

016

철근콘크리트의 전단철근에 관한 다음 설명 중 틀린 것은?

① $0.2\left(1 - \dfrac{f_{ck}}{250}\right)f_{ck}b_w d \geq V_s > \dfrac{1}{3}\sqrt{f_{ck}}b_w d$ 인 경우에 수직 스터럽의 간격은 $\dfrac{d}{5}$ 이하, 또 200mm 이하로 한다.

② $V_S \leq \dfrac{1}{3}\sqrt{f_{ck}}b_w d$ 의 경우에 수직 스터럽의 간격은 $\dfrac{d}{2}$ 이하, 또 600mm 이하로 한다.

③ $\dfrac{1}{2}\phi V_c < V_u \leq \phi V_c$ 의 구간에 최소전단철근을 배치한다.

④ 전단설계 $V_u \leq \phi V_n$ 의 관계식에 기초한다.

해설
① 보통중량콘크리트의 경량콘크리트계수 $\lambda = 1.0$
② $0.2\left(1 - \dfrac{f_{ck}}{250}\right)f_{ck}b_w d \geq V_s > \dfrac{1}{3}\sqrt{f_{ck}b_w d}$ 의 경우 수직 스터럽의 간격은 $d/4$, 300mm 이하로 한다.

해답 ①

017

다음 그림은 필렛(Fillet) 용접한 것이다. 목두께 a를 표시한 것으로 옳은 것은?

① $a = S_2 \times 0.707$
② $a = S_1 \times 0.707$
③ $a = S_2 \times 0.606$
④ $a = S_1 \times 0.606$

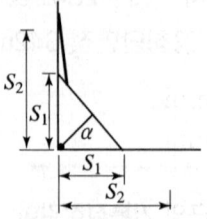

해설 $a = S_1 \sin 45° = 0.707 S_1$

해답 ②

018

철근콘크리트 부재를 설계할 때 철근의 설계기준항복강도 f_y는 다음 어느 값을 초과하지 않아야 하는가?

① 400MPa
② 500MPa
③ 550MPa
④ 600MPa

해설 철근콘크리트 부재를 설계할 때 철근의 설계기준항복강도 f_y는 600MPa를 초과할 수 없다.

해답 ④

019

그림에 나타난 직사각형 단철근보의 공칭 전단강도 V_n을 계산하면? (단, 철근 D10을 수직스터럽(stirrup)으로 사용하며, 스터럽 간격은 200mm, 철근 D10 1본의 단면적은 71mm², f_{ck}=28MPa, f_y=350MPa이다.)

① 119kN
② 176kN
③ 231kN
④ 287kN

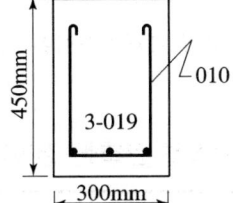

해설
$$V_n = V_c + V_s = \left(\frac{\lambda\sqrt{f_{ck}}}{6}\right)b_w d + \frac{A_v f_y d}{s}$$
$$= \left(\frac{1.0\sqrt{28}}{6}\right) \times 300 \times 450 + \frac{(2 \times 71) \times 350 \times 450}{200} = 230,883,809\text{N} \fallingdotseq 231\text{kN}$$

해답 ③

020

아래의 표에서 설명하고 있는 프리스트레스트 콘크리트의 개념은?

콘크리트에 프리스트레스를 도입하면 콘크리트가 탄성체로 전환된다는 생각으로서, 가장 널리 통용되고 있는 PSC의 기본적인 개념이다.

① 내력 모멘트의 개념
② 외력 모멘트의 개념
③ 균등질 보의 개념
④ 하중 평형의 개념

해답 ③

제2과목 측량 및 토질

021 지형도 제작에 주로 사용되는 측량방법으로 가장 거리가 먼 것은?
① 항공사진측량에 의한 방법
② GPS측량에 의한 방법
③ 토털스테이션을 이용한 방법
④ 시거측량에 의한 방법

해설 시거측량은 과거의 지형측량에 이용되었으나 지금은 거의 사용하지 않는다. **해답** ④

022 하천측량의 고저측량에 해당되지 않는 것은?
① 종단측량
② 유량관측
③ 횡단관측
④ 심천측량

해설 하천 측량의 고저측량에는 종단측량, 횡단측량, 심천측량 등이 있다. **해답** ②

023 2점간의 거리를 관측한 결과가 아래의 표와 같을 때 최확값은?

구분	관측값	측정횟수
A	150.18m	3
B	150.25m	3
C	150.22m	5
D	150.20m	4

① 150.18m
② 150.21m
③ 150.23m
④ 150.25m

해설 ① $P \propto n$ $P_A : P_B : P_C : P_D = 3 : 3 : 5 : 4$
② 최확값 $= \dfrac{P \cdot L}{P} = 150 + \dfrac{0.18 \times 3 + 0.25 \times 3 + 0.22 \times 5 + 0.20 \times 4}{3+3+5+4} = 150.213\text{m}$ **해답** ②

024 수준측량에서 도로의 종단측량과 같이 중간시가 많은 경우에 현장에서 주로 사용하는 야장기입법은?
① 기고식
② 고차식
③ 승강식
④ 회귀식

해설 수준측량에서 중간시가 많을 경우에는 기고식 야장이 좋다. **해답** ①

025
삼각측량의 선점을 위한 고려사항으로 옳지 않은 것은?

① 삼각점은 측량구역 내에서 한 쪽에 편중되지 않도록 고른 밀도로 배치하는 것이 좋다.
② 배치는 정삼각형의 형태로 하는 것이 좋다.
③ 삼각점은 발견이 쉽고 견고한 지점, 항공사진에 판별될 수 있는 위치에 선정하는 것이 좋다.
④ 측점의 수는 될 수 있는 대로 많게 하고 이동이 편리한 구조로 설치하는 것이 좋다.

해설 측점의 수는 될 수 있는 한 적게 하여 오차를 줄이고 견고하게 설치한다.

해답 ④

026
각 점의 좌표가 표와 같을 때 △ABC의 면적은?

점명	X(m)	Y(m)
A	7	5
B	8	10
C	3	3

① 9m^2
② 12m^2
③ 15m^2
④ 18m^2

해설 $\begin{pmatrix} 7 & 8 & 3 & 7 \\ 5 & 10 & 3 & 5 \end{pmatrix}$

① $2A = (7 \times 10 + 8 \times 3 + 3 \times 5) - (8 \times 5 + 3 \times 10 + 7 \times 3) = 18\text{m}^2$
② $A = 9\text{m}^2$

해답 ①

027
면적 1km^2인 지역이 도상면적 16cm^2의 도면으로 제작되었을 경우 이 도면의 축척은?

① $\dfrac{1}{2,500}$
② $\dfrac{1}{6,250}$
③ $\dfrac{1}{25,000}$
④ $\dfrac{1}{62,500}$

해설 면적비 = (축척비)^2

$\dfrac{\frac{16}{100^2}}{10^6} = \left(\dfrac{1}{m}\right)^2$ 에서 $\dfrac{1}{m} = \sqrt{\dfrac{0.04^2}{1000^2}} = \dfrac{1}{25,000}$

해답 ③

028
산지에서 동일한 각관측의 정확도로 폐합트래버스를 관측한 결과 관측점수가 11개이고 측각오차는 1′15″이었다면 어떻게 처리해야 하는가? (단, 산지의 오차한계는 $±90″\sqrt{n}$을 적용한다.)

① 오차가 1′ 이상이므로 재측하여야 한다.
② 관측각의 크기에 반비례하여 배분한다.
③ 관측각의 크기에 비례하여 배분한다.
④ 관측각의 크기에 상관없이 등분하여 배분한다.

해설 산지의 오차한계=$±90″\sqrt{11}=±298″$ ≥ 측각오차 1′15″(75″)이고 동일한 정확도로 관측되었으므로 관측각의 크기에 상관없이 등배분한다.

해답 ④

029
축척 1 : 25000 지형도에서 어느 산정으로부터 산 밑까지의 수평거리가 5.6cm이고 산정의 표고가 335.75m, 산 밑의 표고가 102.50m이었다면 경사는?

① $\frac{1}{3}$ ② $\frac{1}{4}$
③ $\frac{1}{6}$ ④ $\frac{1}{7}$

해설 ① 수평거리 = $25,000 \times 5.6cm = 1400m$
② 경사도 = $\frac{H}{D} = \frac{(335.75-102.50)}{1400} = \frac{1}{6}$

해답 ③

030
노선측량의 완화곡선에 대한 설명 중 옳지 않은 것은?

① 완화곡선의 접선은 시점에서 원호에, 종점에서 직선에 접한다.
② 완화곡선의 반지름은 시점에서 무한대, 종점에서 원곡선 R로 된다.
③ 클로소이드의 조합형식에는 S형, 복합형, 기본형 등이 있다.
④ 모든 클로소이드들은 닮은꼴이며, 클로소이드 요소는 길이의 단위를 가진 것과 단위가 없는 것이 있다.

해설 완화곡선의 접점은 시점에서 직선에 종점에서 원호에 접한다.

해답 ①

031
다음 중 사질지반의 개량공법에 속하지 않는 것은?

① 다짐말뚝 공법 ② 다짐모래말뚝 공법
③ 생석회말뚝 공법 ④ 폭파다짐 공법

해설 생석회말뚝 공법은 점토지반에 적용하는 개량공법이다.

해답 ③

032
모래 등과 같은 점성이 없는 흙의 전단강도 특성에 대한 설명 중 잘못된 것은?

① 조밀한 모래는 변형의 증가에 따라 간극비가 계속 감소하는 경향을 나타낸다.
② 느슨한 모래의 전단과정에서는 응력의 피크(peak)점이 없이 계속 응력이 증가하여 최대 전단응력에 도달한다.
③ 조밀한 모래의 전단과정에서는 전단응력의 피크(peak)점이 나타난다.
④ 느슨한 모래의 전단과정에서는 전단파괴될 때까지 체적이 계속 감소한다.

해설 조밀한 모래는 초기 간주비가 감소할 수 있으나 점차 체적이 팽창하게 되며 이러한 현상을 Dilatancy현상이라 한다.

해답 ①

033
다음 그림에서 점토 중앙 단면에 작용하는 유효압력은?

① $12kN/m^2$
② $25kN/m^2$
③ $28kN/m^2$
④ $44kN/m^2$

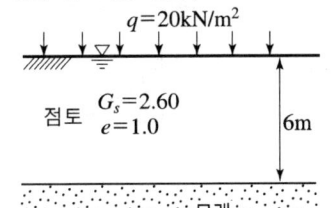

해설
① 포화단위중량 : $\gamma_{sat} = \dfrac{G_s + e}{1+e}\gamma_w = \dfrac{2.60+1.0}{1+1.0} \times 10 = 18kN/m^3$
② 수중단위중량 : $\gamma_{sub} = \gamma_{sat} - \gamma_w = 18 - 10 = 8kN/m^3$
③ 유효압력 : 점토 중앙단면까지의 깊이는 3m이므로
$\sigma' = q + \gamma_{sub} \cdot z = 20 + 8 \times 3 = 44kN/m^2$

해답 ④

034
다음의 기초형식 중 직접기초가 아닌 것은?

① 말뚝기초 ② 독립기초
③ 연속기초 ④ 전면기초

해설 말뚝기초는 기초의 일종이다.

해답 ①

035

어떤 흙의 직접전단 시험에서 수직하중이 50kg일 때 전단력이 23kg이었다. 수직응력(σ)과 전단응력(τ)은 얼마인가? (단, 공시체의 단면적은 20cm²이다.)

① $\sigma=1.5\text{kg/cm}^2$, $\tau=0.90\text{kg/cm}^2$
② $\sigma=2.0\text{kg/cm}^2$, $\tau=0.05\text{kg/cm}^2$
③ $\sigma=2.5\text{kg/cm}^2$, $\tau=1.15\text{kg/cm}^2$
④ $\sigma=1.0\text{kg/cm}^2$, $\tau=0.65\text{kg/cm}^2$

해설
① 수직응력 $\sigma = \dfrac{N}{A} = \dfrac{50}{20} = 2.5\text{kg/cm}^2$
② 전단응력 $\gamma = \dfrac{S}{A} = \dfrac{23}{20} = 1.15\text{kg/cm}^2$

해답 ②

036

포화점토에 대해 베인전단실험을 실시하였다. 베인의 직경과 높이는 각각 7.5cm와 15cm이고 시험 중 사용한 최대회전모멘트는 300kg·cm이다. 점성토의 비배수전단 강도(C_u)는?

① 1.94kg/cm^2
② 1.62t/m^2
③ 1.94t/m^2
④ 1.62kg/cm^2

해설
$$S = c_u = \dfrac{T}{\pi \cdot D^2 \cdot \left(\dfrac{H}{2} + \dfrac{D}{6}\right)} = \dfrac{300}{\pi \cdot 7.5^2 \times \left(\dfrac{15}{2} + \dfrac{7.5}{6}\right)} = 0.194\text{kg/cm}^2 = 1.94\text{t/m}^2$$

해답 ③

037

포화도가 100%인 시료의 체적이 1,000cm³이었다. 노건조 후에 무게를 측정한 결과 물의 무게(W_w)가 400g이었다면 이 시료의 간극률(n)은 얼마인가?

① 15%
② 20%
③ 40%
④ 60%

해설
① 물의 체적 : $\gamma_w = \dfrac{W_w}{V_w} = 1\text{g/cm}^3$이므로 $V_w = \dfrac{W_w}{R_w} = \dfrac{400}{1} = 400\text{cm}^3$
② 공극의 체적 : 포화도 $S=100\%$이므로 $S = \dfrac{V_w}{V_v} \times 100$에서 $V_w = V_v = 400\text{cm}^3$
③ 간극률 : $n = \dfrac{V_v}{V} \times 100 = \dfrac{400}{1000} \times 100 = 40\%$

해답 ③

038 흙의 다짐에서 최적함수비는?

① 다짐에너지가 커질수록 커진다.
② 다짐에너지가 커질수록 작아진다.
③ 다짐에너지와 상관없이 일정하다.
④ 다짐에너지와 상관없이 클 때도 있고 작을 때도 있다.

해설 다짐에너지를 증가시키면 최대건조단위중량은 커지고 최적 함수비는 작아진다.

해답 ②

039 어떤 점토지반($\phi=0$)을 연직으로 굴착하였더니 높이 5m에서 파괴되었다. 이 흙의 단위중량이 18kN/m³이라면 이 흙의 점착력은?

① 22.5kN/m²
② 20kN/m²
③ 18kN/m²
④ 14.5kN/m²

해설 $H_c = 2Z_0 = \dfrac{4c}{\gamma_t} \cdot \tan\left(45° + \dfrac{\phi}{2}\right)$ 에서

$c = \dfrac{\gamma_t \cdot H_c}{4\tan\left(45° + \dfrac{\phi}{2}\right)} = \dfrac{18 \times 5}{4\tan\left(45° + \dfrac{0}{2}\right)} = 22.5\text{kN/m}^2$

해답 ①

040 아래 표의 Terzaghi의 극한 지지력 공식에 대한 설명으로 틀린 것은?

$$q_u = a \cdot c \cdot N_c + \beta \cdot \gamma_1 \cdot B \cdot N_r + \gamma_2 \cdot D_f \cdot N_q$$

① α, β는 기초 형상계수이다.
② 원형기초에서는 B는 원의 직경이다.
③ 정사각형 기초에서 α의 값은 1.3이다.
④ N_c, N_r, N_q는 지지력 계수로서 흙의 점착력에 의해 결정된다.

해설 N_c, N_r, N_q는 내부마찰각에 의해 구해지는 지지력계수이며, 흙의 점착력과는 관계가 없다.

해답 ④

제3과목 수자원설계

041 길이 100m의 관에서 양단의 압력 수두차가 20m인 조건에서 0.5m³/s 를 송수하기 위한 관경은? (단, 마찰손실계수 $f=0.03$)

① 21.5cm
② 23.5cm
③ 29.5m
④ 31.5m

해설
$$Q = AV = \frac{\pi \cdot D^2}{4} \times \sqrt{\frac{2gh}{1+f\frac{l}{D}+0.5}}$$

$$0.5 = \frac{\pi \cdot D^2}{4} \times \sqrt{\frac{2 \times 9.8 \times 20}{0.03\frac{100}{D}}} = 0.785 D^2 \times \sqrt{130.6D}$$

$D^{5/2} = 0.0557$
$D = 0.315\text{m} = 31.5\text{cm}$

해답 ④

042 수리학적으로 유리한 단면의 조건으로 옳은 것은?

① 경심(R)이 최소이어야 한다.
② 윤변(P)이 최대가 되어야 한다.
③ 경심(R)과 윤변(P)의 곱이 최대가 되어야 한다.
④ 경심(R)이 최대가 되거나 윤변이 최소가 되어야 한다.

해답 ④

043 유체 내부 임의의 점(x, y, z)에서의 시간 t에 대한 속도성분을 각각 u, v, w로 표시하면, 정류이며 비압축성인 유체에 대한 연속방정식으로 옳은 것은?

① $\frac{\partial u}{\partial x} + \frac{\partial v}{\partial y} + \frac{\partial w}{\partial z} = 0$

② $\frac{\partial \rho u}{\partial x} + \frac{\partial \rho v}{\partial y} + \frac{\partial \rho w}{\partial z} = 0$

③ $\frac{\partial \rho}{\partial t} + p\left(\frac{\partial u}{\partial x} + \frac{\partial v}{\partial y} + \frac{\partial w}{\partial z}\right) = 0$

④ $\frac{\partial \rho}{\partial t} + \frac{\partial (\rho u)}{\partial x} + \frac{\partial (\rho v)}{\partial y} + \frac{\partial (\rho w)}{\partial z} = 0$

해설 정류는 시간에 따른 변화가 없으며, 비압축성은 압력에 변화가 없다.

해답 ①

044
지름이 D인 관수로에서 만관으로 흐를 때 경심 R은?

① 0
② $D/2$
③ $D/4$
④ $2D$

해설 $R = \dfrac{A}{P} = \dfrac{\pi D^2/4}{\pi D} = \dfrac{D}{4}$

해답 ③

045
개수로에서 한계수심에 대한 설명으로 옳은 것은?

① 최대 비에너지에 대한 수심이다.
② 최소 비에너지에 대한 수심이다.
③ 상류 흐름에 대한 수심이다.
④ 사류 흐름에 대한 수심이다.

해설 한계수심은 최소 에너지비일 때의 수심이다.

해답 ③

046
면적이 A인 평판(平板)이 수면으로부터 h가 되는 깊이에 수평으로 놓여있을 경우 이 면에 작용하는 전수압은? (단, 물의 단위 중량은 w이다)

① $P = whA$
② $P = wh^2 A$
③ $P = \dfrac{1}{2} wh^2 A$
④ $P = \dfrac{1}{2} whA$

해설 $P = wh_G A = w \times h \times A$

해답 ①

047
개수로에서 도수가 발생하게 될 때 도수 전의 수심이 0.5m, 유속이 7m/s이면 도수 후의 수심(h)은?

① 0.5
② 1.0
③ 1.5
④ 2.0m

해설
① $Fr_1 = \dfrac{V_1}{\sqrt{gh_1}} = \dfrac{7}{\sqrt{9.8 \times 0.5}} = 3.16$
② $h_2 = \dfrac{h_1}{2}(-1 + \sqrt{1 + 8Fr_1^2}) = \dfrac{0.5}{2}(-1 + \sqrt{1 + 8 \times 3.16^2}) = 2.0\text{m}$

해답 ④

048

그림과 같은 배의 무게가 882kN일 때 이 배가 운항하는데 필요한 최소수심은?
(단, 물의 비중=1, 무게 1kg=9.8N)

① 1.2m
② 1.5cm
③ 1.8m
④ 2.0m

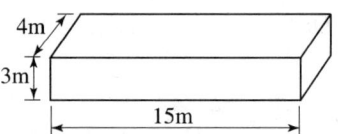

해설
① 배 무게 $W = 882\text{kN} \times \dfrac{1\text{kg}}{0.098\text{kN}} = 90000\text{kg} = 90t$
② 배의 단위중량 $W = w \cdot V$
　　　　　　　$90t = W \times (3 \times 4 \times 15)$에서 $W = 0.5\text{t/m}^3$
③ $W = B$
　$W \cdot V = V^1 \cdot W^1$
　$0.5 \times 3 \times 4 \times 15 = 1 \times 4 \times 15 \times h$　　　$h = 1.5\text{m}$

해답 ②

049

물의 성질에 대한 설명으로 옳지 않은 것은?

① 물의 점성계수는 수온이 높을수록 작아진다.
② 동점성계수는 수온에 따라 변하며 온도가 낮을수록 그 값은 크다.
③ 물은 일정한 체적을 갖고 있으나 온도와 압력의 변화에 따라 어느 정도 팽창 또는 수축을 한다.
④ 물의 단위중량은 0℃에서 최대이고 밀도는 4℃에서 최대이다.

해설 수온이 4℃일 때 물의 밀도와 단위 중량이 최대가 된다.

해답 ④

050

후르드(Froude)수와 한계경사 및 흐름의 상태 중 상류일 조건으로 옳은 것은?
(단, Fr : 후르드수, I : 수면경사, I_c : 한계경사, V : 유속, V_c : 한계유속, y : 수심, y_c : 한계수심)

① $V > V_c$　　　　　　　　② $Fr > 1$
③ $I < I_c$　　　　　　　　④ $y < y_c$

해설 **상류조건**
① $Fr < 1$　　② $I < I_C$

해답 ③

051

도수관로 매설 깊이는 관종에 따라 다르지만 일반적으로 관경 1000mm 이상은 얼마 이상으로 하여야 하는가?

① 90cm
② 100cm
③ 150cm
④ 200cm

해설 관경 1000mm 이상의 경우 도수관로의 매설깊이는 150cm 이상으로 하여야 한다.

해답 ③

052

도시하수가 하천으로 유입할 때 하천 내에서 발생하는 변화로서 틀린 것은?

① 부유물질의 증가
② COD의 증가
③ BOD의 증가
④ Do의 증가

해설 도시하수 유입시 하천의 변화
① SS(부유물질) ② COD 증가
③ BOD 증가   ④ DO 감소

해답 ④

053

지름 300mm, 길이 100m인 주철관을 사용하여 0.15m³/sec의 물을 20m 높이로 양수하기 위한 펌프의 소요동력은 얼마인가? (단, 펌프의 효율은 70%이다)

① 21kW
② 42kW
③ 60kW
④ 86kW

해설 $P_s = \dfrac{9.8\,QH}{\eta} = \dfrac{9.8 \times 0.15 \times 20}{0.70} = 42[kW]$

해답 ②

054

유량 10m³/sec, BOD 30mg/L인 하천에 유량 300m³/day, BOD 100mg/L인 하수가 유입되고 있다. 하류의 완전 혼합지점에서 BOD 농도는 얼마인가?

① 10mg/L
② 20mg/L
③ 30mg/L
④ 40mg/L

해설 $C_m = \dfrac{Q_1 C_1 + Q_2 C_2}{Q_1 + Q_2} = \dfrac{(10 \times 60 \times 60 \times 24) + 300 \times 100}{(10 \times 60 \times 60 \times 24) + 300} = 30.02[mg/L]$

해답 ③

055 하수관의 접합방법 중 유수의 흐름은 원활하지만 굴착깊이가 증가되어 공사비가 증대되고 펌프배수 지역에서는 양정이 높게 되는 단점이 있는 방법은 어느 것인가?

① 관중심 접합
② 관저 접합
③ 관정 접합
④ 수면 접합

해답 ③

056 분류식 하수관거 계통과 비교하여 합류식 하수관거 계통의 특징에 대한 설명으로 다음 중 옳지 않은 것은?

① 검사 및 관리가 비교적 용이하다.
② 청천시 관내에 오염물이 침전되기 쉽다.
③ 하수처리장에서 오수 처리비용이 이 소요된다.
④ 오수와 우수를 별개의 관거계통으로 건설하는 것보다 건설비용이 크게 소요된다.

해설 합류식 하수관거는 오수와 우수를 1개의 관거 계통으로 건설하는 것으로 건설비용이 적게 소요된다.

해답 ④

057 슬러지 농축조에서 함수율 98%인 생슬러지를 투입하여 함수율 96%의 농축 슬러지를 얻었다면 농축 슬러지의 부피는 얼마인가? (단, 생슬러지의 부피는 V로 가정한다.)

① $\dfrac{1}{2}V$
② $\dfrac{1}{3}V$
③ $\dfrac{1}{4}V$
④ $\dfrac{1}{5}V$

해설 $\dfrac{V_1}{V_2} = \dfrac{100-W_2}{100-W_1} = \dfrac{100-96}{100-98} = 2$에서 $V_2 = \dfrac{1}{2}V_1$

해답 ①

058 계획취수량의 기준이 되는 수량으로서 다음 중 옳은 것은?

① 계획 1일 평균급수량
② 계획 1일 최대급수량
③ 계획 시간 최대급수량
④ 계획 1일 1인 평균급수량

해설 계획취수량은 계획 1일 최대급수량을 기준으로 한다.

해답 ②

059 어떤 도시의 총인구가 5만 명, 급수인구는 4만 명일 때 1년간 총수급량이 200만 m^3이었다. 이 도시의 급수보급률(%)과 1인 1일 평균급수량(m^3/인·일)은 얼마인가?

① 125%, 0.110m^3/인·일
② 125%, 0.137m^3/인·일
③ 80%, 0.110m^3/인·일
④ 80%, 0.137m^3/인·일

해설
① 급수보급률 = $\dfrac{급수인구}{총인구} \times 100\% = \dfrac{40000}{50000} \times 100\% = 80\%$

② 1인 1일 평균 급수량 = $\dfrac{1년간\ 총급수량}{365일} \div 급수인구$

$= \dfrac{2000000 m^3}{365일} \div 40000인 \fallingdotseq 0.137 m^3/인·일$

해답 ④

---

060 침전지에서 침전효율을 크게 하기 위한 조건으로서 다음 중 옳은 것은?

① 유량을 적게하거나 표면적을 크게 한다.
② 유량을 많게하거나 표면적을 크게 한다.
③ 유량을 적게하거나 표면적을 적게 한다.
④ 유량을 많게하거나 표면적을 적게 한다.

해설 침전지의 침전효율(E) 증대방법

침전효율(E) = $\dfrac{V_s}{V_0} = \dfrac{V_s}{Q/A} = \dfrac{V_s A}{Q}$ 이므로 유량(Q)을 적게 하거나 표면적(A)을 크게 한다.

해답 ①

2023년 5월 CBT 시행

본 문제는 복원 기출문제입니다. 실제 문제와 다를 수 있으니 양해바랍니다.

제1과목 구조설계

001 다음 그림과 같은 구조물에서 부재 AB가 받는 힘은 약 얼마인가?

① 2.00kN
② 2.15kN
③ 2.35kN
④ 2.83kN

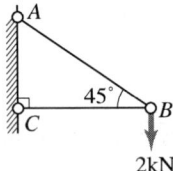

해설 $\dfrac{2}{\sin 45°} = \dfrac{F_{AB}}{\sin 90°}$

$F_{AB} = 2.83\text{kN}(인장)$

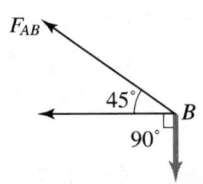 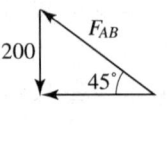

해답 ④

002 그림과 같은 단주에서 편심하중이 작용할 때 발생하는 최대인장응력은? (단, 편심거리는 $e = 100\text{mm}$)

① 3MPa
② 5MPa
③ 7MPa
④ 9MPa

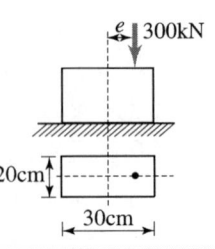

해설 **휨인장** $\sigma_{\min} = -\dfrac{P}{A} + \dfrac{M_{\max}}{Z} = \dfrac{300 \times 10^3}{200 \times 300} + \dfrac{300 \times 10^3 \times 100}{\dfrac{200 \times 300^2}{6}} = 5\text{MPa}$

해답 ②

003

아래 그림과 같은 보의 단면에 발생하는 최대 휨응력은?

① 15MPa
② 20MPa
③ 25MPa
④ 30MPa

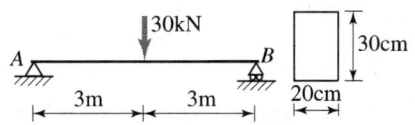

해설

① $M_{\max} = \dfrac{PL}{4}$

② $\sigma_{\max} = \dfrac{M_{\max}}{Z} = \dfrac{\dfrac{(30 \times 10^3) \times (6000)}{4}}{\dfrac{200 \times 300^2}{6}} = 15\text{MPa}$

해답 ①

004

단순보에 있어서 원형 단면에 분포되는 최대 전단응력은 평균 전단응력($\dfrac{V}{A}$)의 몇 배가 되는가?

① 1.0배
② $\dfrac{4}{3}$배
③ $\dfrac{2}{3}$배
④ 1.5배

해설 원형단면 $\tau_{\max} = \dfrac{4}{4} \cdot \dfrac{V_{\max}}{A}$

해답 ②

005

중심축 하중을 받는 장주에서 좌굴하중은 Euler 공식 $P_{cr} = n \cdot \dfrac{\pi^2 EI}{L^2}$ 로 구한다. 여기서 n은 기둥의 지지상태에 따르는 계수인데 n 값이 틀린 것은?

① 일단 고정, 일단 자유단일 때 $n = \dfrac{1}{4}$
② 일단 고정, 일단 힌지일 때 $n = 3$
③ 양단 고정일 때 $n = 4$
④ 양단 힌지일 때 $n = 1$

해설 일단 고정, 일단 힌지일 때 $n = 2$

해답 ②

006 그림과 같은 내민보에서 A지점에서 5m 떨어진 C지점의 전단력 V_C와 휨모멘트 M_C는?

① $V_C = -14\text{kN}$, $M_C = -170\text{kN} \cdot \text{m}$
② $V_C = -18\text{kN}$, $M_C = -240\text{kN} \cdot \text{m}$
③ $V_C = +14\text{kN}$, $M_C = -240\text{kN} \cdot \text{m}$
④ $V_C = +18\text{kN}$, $M_C = -170\text{kN} \cdot \text{m}$

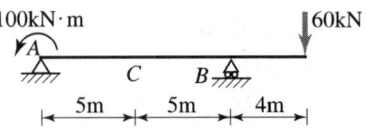

해설 ① $\Sigma M_B = 0$
$V_A \times 10 - 100 + 60 \times 4 = 0$
$V_A = -14\text{kN} = 14\text{kN}(\downarrow)$
② $V_C = -14\text{kN}$
③ $M_C = -14 \times 5 - 100 = -170\text{kN} \cdot \text{m}$

해답 ①

007 그림과 같은 보에서 C점의 전단력은?

① -5kN
② 5kN
③ -10kN
④ 10kN

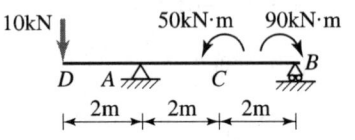

해설 ① $\Sigma M_B = 0$
$-10 \times 6 + V_A = +5\text{kN}(\uparrow)$
② $V_C = -10 + 5 = -5\text{kN}$

해답 ①

008 다음 그림에서 지점 A의 반력이 0이 되기 위해 C에 작용시킬 집중하중 P의 크기는?

① 120kN
② 160kN
③ 200kN
④ 240kN

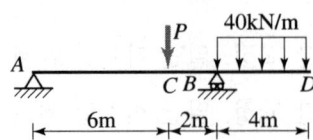

해설 $\Sigma M_B = 0$
$V_A \times 8 - P \times 2 + 40 \times 4 \times 4 = 128\text{cm}^3$ $P = 160\text{kN}$

해답 ②

009

그림과 같은 단면의 x축에 대한 단면1차모멘트는 얼마인가?

① 128cm³
② 138cm³
③ 148cm³
④ 158cm³

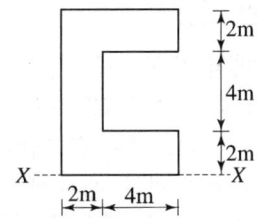

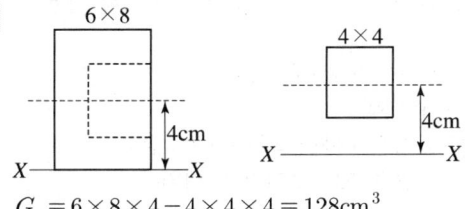

$G_x = 6 \times 8 \times 4 - 4 \times 4 \times 4 = 128\text{cm}^3$

해답 ①

010

길이 1m 지름 1.5cm 강봉을 80kN으로 당길 때 이 강봉은 얼마나 늘어나겠는가? (단, 2.1×10^5MPa)

① 2.2mm
② 2.6mm
③ 2.8mm
④ 3.1mm

① $\sigma = E \cdot \epsilon$에서 $n\dfrac{P}{A} = E \cdot \dfrac{\Delta L}{L}$

② $\Delta L = \dfrac{P \cdot L}{E \cdot A} = \dfrac{80000 \times 1000}{(2.1 \times 10^5) \times \left(\dfrac{\pi \times 15^2}{4}\right)} = 2.15\text{mm}$

해답 ①

011

PSC에서 프리텐션 방식의 장점이 아닌 것은?

① PS 강재를 곡선으로 배치하기 쉽다.
② 정착장치가 필요하지 않다.
③ 제품의 품질에 대한 신뢰도가 높다.
④ 대량 제조가 가능하다.

프리텐션 방식은 먼저 긴장하므로 곡선배치가 어렵다.

해답 ①

012 강도설계법에서 계수하중 U를 사용하여 구조물 설계시 안전을 도모하는 이유와 가장 거리가 먼 것은?

① 구조해석 할 때의 가정으로 인한 것을 보완하기 위하여
② 하중의 변경에 대비하기 위하여
③ 활하중 작용시의 충격 흡수를 위하여
④ 예상하지 않은 초과 하중 때문에

해설 활하중(L)에 의한 충격(I)을 고려하는 경우는 L 대신 ($L+I$)를 사용
- **하중계수를 고려하는 이유**
  ① 하중의 공칭값과 실제 하중 사이의 차이 보완
  ② 사용하중을 초과하는 하중에 대비
  ③ 하중을 작용외력으로 변환시키는 해석상의 불확성 대비
  ④ 구조해석의 단순화가정으로 발생되는 초과요인 대비

해답 ③

013 아래 그림과 같은 판형에서 stiffener(보강재)의 사용목적은?

① web plate의 좌굴을 방지하기 위하여
② flange angle의 간격을 넓게 하기 위하여
③ flange의 강성을 보강하기 위하여
④ 보 전체의 비틀림에 대한 강도를 크게 하기 위하여

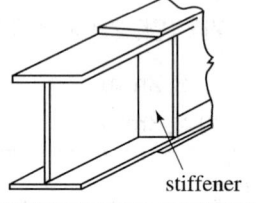

해설 판형에서 보강재는 복부판의 좌굴 방지를 위해 사용한다.

해답 ①

014 다음 중 전단철근에 대한 설명으로 틀린 것은?

① 철근콘크리트 부재의 경우 주인장 철근에 45° 이상의 각도로 설치되는 스터럽을 전단철근으로 사용할 수 있다.
② 철근콘크리트 부재의 경우 주인장 철근에 30° 이상의 각도로 구부린 굽힘철근을 전단철근으로 사용할 수 있다.
③ 전단철근의 설계기준항복강도는 500MPa를 초과할 수 없다.
④ 전단철근으로 사용하는 스터럽과 기타 철근 또는 철선은 콘크리트 압축연단으로부터 거리 $d/2$만큼 연장하여야 한다.

해설 전단철근으로 사용하는 스터럽과 기타 철근 또는 철선은 콘크리트 압축연단으로부터 거리 d만큼 연장하여야 한다.

해답 ④

015
옹벽설계시의 안정 조건이 아닌 것은?

① 전도에 대한 안정 ② 지반 지지력에 안정
③ 활동에 대한 안정 ④ 마찰력에 대한 안정

해설 옹벽의 안정조건 3가지
① 전도에 대한 안전
② 활동에 대한 안정
③ 지반 지지력에 대한 안정

해답 ④

016
압축이형철근의 정착에 대한 설명으로 틀린 것은?

① 정착길이는 기본정착길이에 작용 가능한 모든 보정계수를 곱하여 구한다.
② 정착길이는 항상 200mm 이상이어야 한다.
③ 해석결과 요구되는 철근량을 초과하여 배근한 경우 보정계수는 (소요 A_s/배근 A_s)이다.
④ 표준 갈고리를 갖는 압축이형철근의 보정계수는 0.80이다.

해설 표준갈고리는 압축에 유효하지 않으므로 압축이형철근에 사용하지 않는다.

해답 ④

017
아래 그림과 같은 단면의 보에서 해당 지속 하중에 대한 탄성 처짐이 30mm이었다면 크리프 및 건조 수축에 따른 처짐을 고려한 최종 전체 처짐을 고려한 최종 전체 처짐량은 몇 mm인가? (단, 하중 재하 기간은 10년으로 $\xi=2.0$이다.)

① 42.6mm
② 54.7mm
③ 67.5mm
④ 78.3mm

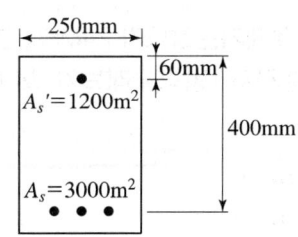

해설 **총처짐량** = 탄성처짐 + 장기처짐 = 탄성처짐 $\times \dfrac{\xi}{1+50\rho'}$

$$= 30 + 30 \times \dfrac{2}{1+50 \times \dfrac{1200}{250 \times 400}} = 67.5\text{mm}$$

해답 ③

018

대칭 T형보에서 플랜지 두께(t)는 100mm, 복부폭(b_w)은 400mm, 보의 경간이 6m이고 슬래브의 중심간 거리가 3m일 때 플랜지 유효폭은 얼마인가?

① 1000mm
② 1500mm
③ 2000mm
④ 3000mm

해설 대형 T형보의 유효폭
① $16t_f + b_w = 16 \times 100 + 400 = 2,000$mm
② 양쪽 슬래브 중심간 거리 = 3,000mm
③ 보의 경간의 $\dfrac{1}{4} = \dfrac{6000}{4} = 1500$mm
④ 이 중 작은 값인 1500mm를 유효폭으로 한다.

해답 ②

019

다음 그림의 고장력 볼트 마찰이음에서 필요한 볼트수는 몇 개인가? (단, 볼트는 M24(=φ24mm), F10T를 사용하며, 마찰이음의 허용력은 56kN이다.)

① 5개
② 6개
③ 7개
④ 8개

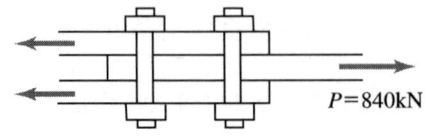

해설 2면 마찰이므로 $n = \dfrac{P}{2\rho_a} = \dfrac{840}{2 \times 56} = 7.5 ≒ 8$개

해답 ④

020

콘크리트 설계기준강도가 24MPa, 철근의 항복강도가 300MPa로 설계된 지간 5m인 단순지지 1방향슬래브가 있다. 처짐을 계산하지 않는 경우의 최소 두께는?

① 200mm
② 215mm
③ 250mm
④ 500mm

해설 ① 보통중량 콘크리트이며 f_y가 400MPa인 경우 1방향 슬래브에서 처짐을 계산하지 않는 경우의 최소두께 $t = \dfrac{l}{20} \geq 100$mm $t = \dfrac{5000}{20} = 250$mm

② 철근의 항복강도(f_y)가 300MPa이므로 보정계수 $\left(0.43 + \dfrac{f_y}{700}\right)$를 곱해야 한다.
$t = 250 \times \left(0.43 + \dfrac{300}{700}\right) = 214.64$mm ≒ 215mm

해답 ②

제2과목 측량 및 토질

021 토공량을 계산하기 위해 대상구역을 사각형으로 분할하여 각 교점에 대한 성토고를 계산한 결과 그림과 같다면 성토량은?

① 54.5m³
② 55.5m³
③ 58.5m³
④ 60m³

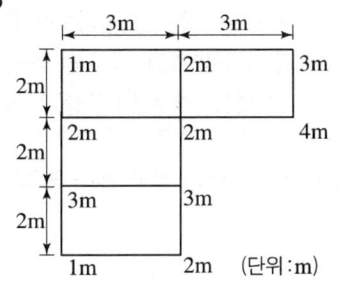

해설
① $\sum h_1 = 1+3+4+2+1 = 11$
② $2\sum h_2 = 2(2+3+3+2) = 20$
③ $3\sum h_3 = 3 \times 2 = 6$
④ $4\sum h_4 = 0$
⑤ $V = \dfrac{a}{4}(\sum h_1 + 2\sum h_2 + 3\sum h_3 + 4\sum h_4) = \dfrac{2\times 3}{4}(11+20+6) = 55.5\text{m}^3$

해답 ②

022 GPS 측량으로 측량의 표고를 구하였더니 89.123m이었다. 이 지점의 지오이드 높이가 40.150m라면 실제표고(정표고)는?

① 129.273m
② 48.973m
③ 69.048m
④ 89.123m

해설 높이의 기준은 지오이드이므로 정표고는 89.123 − 40.150 = 48.973m

해답 ②

023 하천측량에 관한 설명으로 옳지 않은 것은?

① 홍수 유속의 측정에 알맞은 것은 막대기 부자이다.
② 심천측량을 하여 지형을 표시하는 방법에는 점고법이 이용된다.
③ 횡단측량은 1km마다의 거리표를 기준으로 하며 우안을 기준으로 한다.
④ 무제부에서의 측량범위는 홍수가 영향을 주는 구역보다 약간 넓게 한다.

해설 횡단측량은 200m마다 양안에 설치한 거리표를 기준으로 실시한다.

해답 ③

024 측지학 및 측지측량에 대한 설명 중 옳지 않은 것은?

① 측지학이란 지구 내부의 특성, 지구의 형상, 지구 표면의 상호위치 관계를 정하는 학문이다.
② 기하학적 측지학에는 천문측량, 위성측지, 높이결정 등이 있다.
③ 지오이드는 평균해수면으로 위치에너지가 1인면이다.
④ 측지측량이란 지구의 곡률을 고려하는 측량으로서 거리허용오차를 $1/10^6$로 했을 경우 반지름 11km 이내를 평면으로 취급한다.

해설 지오이드는 평균 해수면으로 높이가 0이므로 위치에너지가 '0'이다.

해답 ③

025 노선측량, 하천측량, 철도측량 등에 많이 사용하며 동일한 도달거리에 대하여 측점 수가 가장 적으므로 측량이 간단하고 경제적이나 정확도가 낮은 삼각망은?

① 사변형 삼각망
② 유심 삼각망
③ 기선 삼각망
④ 단열 삼각망

해설 정확도 순서
사변형 삼각망 > 유심 삼각망 > 단열 삼각망

해답 ④

026 다각측량에서 A점의 좌표가 (100, 200)이고 측선 $\overline{AB}$의 방위각이 240°, 길이가 100m일 때 B점의 좌표는? (단, 좌표의 단위는 m이다.)

① (−50, 113.4)
② (50, 113.4)
③ (−50, 13.4)
④ (50, −113.4)

해설 ① $\overline{AB}$의 위거 $L_{AB} = l \times \cos$방위각 $= -50$
$\overline{AB}$의 경거 $D_{AB} = l \times \sin$방위각 $= -86.6$
② $X_B = X_A + L_{AB} = 100 + (-50) = 50\text{m}$
$Y_B = Y_A + D_{AB} = 200 + 86.6 = 113.4\text{m}$

해답 ②

027 지형측량에서 등고선 간의 최단거리를 잇는 선이 의미하는 것은?

① 분수선
② 등경사선
③ 최대경사선
④ 경사변환선

해답 ③

028
구면삼각형에 대한 설명으로 옳지 않은 것은?
① 구면삼각형은 좁은 지역을 측량할 때 고려한다.
② 구면삼각형 내각의 합은 180°를 넘는다.
③ 구과량은 구면삼각형의 면적에 비례한다.
④ 구과량은 평면삼각형 내각의 합과 구면삼각형 내각의 합에 대한 차이다.

해설 구면 삼각형은 지구의 곡률을 고려해야 하는 넓은 지역에서 사용하며, 구면 삼각형의 내각의 합은 180°가 넘는다.

해답 ①

029
축척 1 : 25000 지형도상에서 면적을 측정한 결과가 84cm²이었을 때 실제면적은?
① $6.25km^2$
② $5.25km^2$
③ $4.25km^2$
④ $3.25km^2$

해설 $A = A_0 \times 25,000^2 = 84 \times 2,5000^2 = 5.25 \times 10^{10} cm^2 = 5.25 km^2$

해답 ②

030
교호수준측량을 실시하여 A점 근처에 레벨을 세우고 A점을 관측하여 1.57m, 강 건너편 B점을 관측하여 2.15m를 얻고 B점 근처에 레벨을 세워 B점의 관측값 1.25m, A점의 관측값 0.69m를 얻었다. A점의 지반고가 100m라면 B점의 지반고는?
① 98.86m
② 99.43m
③ 100.57m
④ 101.14m

해설 $h = \dfrac{1}{2}(a_1 - b_1) + (a_2 - b_2) = -0.570m$
∴ $H_B = H_A + h = 99.430m$

해답 ②

031
지반의 전단파괴 종류에 속하지 않는 것은?
① 극한전단파괴
② 전반전단파괴
③ 국부전단파괴
④ 관입전단파괴

해설 **전단파괴 종류**
① 전반전단파괴 ② 국부전단파괴 ③ 펀칭전단파괴(관입전단파괴)

해답 ①

032

간극률 50%, 비중이 2.50인 흙에 있어서 한계동수경사는?

① 1.25 ② 1.50
③ 0.50 ④ 0.75

해설
① 공극비 $e = \dfrac{n}{100-n} = \dfrac{50}{100-50} = 1.0$

② 한계동수경사 $i_e = \dfrac{G_s-1}{1+e} = \dfrac{2.5-1}{1+1.0} = 0.75$

해답 ④

033

흐트러지지 않는 시료의 정규압밀점토의 압축지수(C_c)값은? (단, 액성한계는 45%이다.)

① 0.25 ② 0.27
③ 0.30 ④ 0.315

해설 Terzaghi와 Peak의 경험식
$C_c = 0.009(w_L - 10) = 0.009 \times (45-10) = 0.315$

해답 ④

034

아래 그림에서 점토 중앙 단면에 작용하는 유효응력은 얼마인가?

① 12.5kN/m²
② 23.7kN/m²
③ 32.5kN/m²
④ 40.6kN/m²

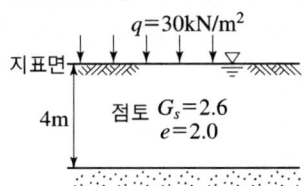

해설
① 포화단위중량
$\gamma_{sat} = \dfrac{G_s + e}{1+e}\gamma_w = \dfrac{2.60+2.0}{1+2.0} \times 10 = 15.3 \text{kN/m}^3$

② 수중단위중량
$\gamma_{sub} = \dfrac{G_s - 1}{1+e}\gamma_w = \dfrac{2.60-1}{1+2.0} \times 10 = 5.3 \text{kN/m}^3$

$\gamma_{sub} = \gamma_{sat} - \gamma_w = 15.3 - 10 = 5.3 \text{kN/m}^3$

③ 유효압력
점토 중앙단면까지의 깊이는 2m이므로
$\sigma' = q + \gamma_{sub} \cdot z = 30 + 5.3 \times 2 = 40.6 \text{kN/m}^2$

해답 ④

035

높이 6m의 옹벽이 그림과 같이 수중 속에 있다 이 옹벽에 작용하는 전 주동토압은 얼마인가?

① 48kN/m
② 228kN/m
③ 108kN/m
④ 288kN/m

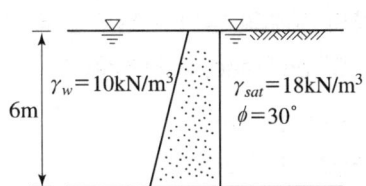

해설
① 주동토압계수 $K_A = \dfrac{1-\sin 30°}{1+\sin 30°} = \dfrac{1}{3}$

② 전주동토압 $P_A = \dfrac{1}{2} \cdot K_A \cdot \gamma_{sub} \cdot H^2 = \dfrac{1}{2} \times \dfrac{1}{3} \times 8 \times 6^2 = 48\text{kN/m}$

해답 ①

036

현장도로 토공에서 모래치환에 의한 흙의 단위무게 시험을 했다 파낸 구멍의 부피가 1,980cm³이었고 이 구멍에서 파낸 흙무게가 3,420g이었다. 이 흙의 토질 실험결과 함수비가 10%, 비중이 2.7, 최대 건조단위무게가 1.65g/cm³이었을 때 이 현장의 다짐도는?

① 약 85% ② 약 87%
③ 약 91% ④ 약 95%

해설
① 습윤단위중량 $\gamma_t = \dfrac{W}{V} = \dfrac{3,420}{1,980} = 1,727\text{g/cm}^3$

② 건조단위중량 $\gamma_d = \dfrac{\gamma_t}{1+\dfrac{w}{100}} = \dfrac{1,727}{1+\dfrac{10}{100}} = 1.57\text{g/cm}^3$

③ 다짐도 $R = \dfrac{\text{현장의 } \gamma_d}{\text{실내다짐시험에 의한 } \gamma_{dmax}} \times 100 = \dfrac{1.57}{1.65} \times 100 = 95.15\%$

해답 ④

037

직경 60mm, 폰이 20mm인 점토시료의 습윤중량이 250g, 건조로에서 건조시킨 후의 중량이 20g이었다. 함수비는?

① 20% ② 25%
③ 30% ④ 40%

해설
① 물의 중량 $W_w = 250 - 200 = 50\text{g}$

② 함수비 $w = \dfrac{W_w}{W_s} \times 100 = \dfrac{50}{200} \times 100 = 25\%$

해답 ②

038

두께 2m의 포화 점토층의 상하가 모래층으로 되어있을 때 이 점토층이 최종 침하량의 90%의 침하가 일으킬 때까지 걸리는 시간은? (단, 압밀계수(c_v)는 1.0×10^{-5} cm²/sec, 시간계수(T_{90})는 0.848이다.)

① 0.788×10^9 sec
② 0.197×10^9 sec
③ 3.392×10^9 sec
④ 0.848×10^9 sec

해설
① 배수거리 양면배수이므로
$$d = \frac{200}{2} \text{cm} = 100 \text{cm}$$
② 압밀도 90%에 대한 시간계수
$$T_{90} = 0.848$$
③ 압밀도 90%에 대한 압밀시간
$$T_{90} = \frac{T_{90} \cdot d^2}{C_v} = \frac{0.848 \times 100^2}{1.0 \times 10^{-5}} = 0.848 \times 10^9 \text{sec}$$

해답 ④

039

다짐에 관한 다음 사항 중 옳지 않은 것은?

① 최대건조단위중량은 사질토에서 크고 점성토일수록 작다.
② 다짐에너지가 클수록 최적함수비는 커진다.
③ 양입도에서는 빈입도보다 최대건조단위중량이 크다.
④ 다짐에 영향을 주는 것은 토질, 함수비, 다짐방법 및 에너지 등이다.

해설 다짐에너지를 증가시키면, 최대건조단위중량은 커지고 최적함수비는 작아진다.

해답 ②

040

직접전단시험에서 수직응력이 1MPa일 때 전단저항이 0.5MPa이었고, 수직응력을 2MPa로 증가하였더니 전단저항이 0.7MPa이었다. 이 흙의 점착력 값은?

① 0.2MPa
② 0.3MPa
③ 0.5MPa
④ 0.7MPa

해설 전단강도
$\tau = c' + ' \cdot \tan\phi$
$5 = c + 0.1\tan\phi$ ⋯⋯⋯⋯ ⓐ식
$7 = c + 0.2\tan\phi$ ⋯⋯⋯⋯ ⓑ식
연립방정식을 풀면 즉, 식ⓐ에 2를 곱하여 식 ⓑ를 빼면
ⓐ식−ⓑ식에서 $c = 0.3$MPa

해답 ②

제3과목 수자원설계

041 폭이 4m, 수심 2m인 직사각형 수로에 등류가 흐르고 있을 때 조도계수 $n = 0.02$라면 Chezy의 평균유속계수 C는?

① 0.05　　② 0.5
③ 5　　④ 50

해설 $C = \dfrac{1}{n} \cdot R^{1/6} = \dfrac{1}{0.02} \times \left(\dfrac{4 \times 2}{4 + 2 \times 2}\right)^{1/6} = 50^{1/6}$

해답 ④

042 관수로에서 최대유속이 $V_{\max}$이고 평균유속이 V_m이라고 하면, 최대유속 $V_{\max}$와 평균유속 V_m의 관계에 가장 가까운 것은? (단, 층류로 흐르는 경우)

① 평균유속 V_m은 최대유속 $V_{\max}$의 1/2이다.
② 평균유속 V_m은 최대유속 $V_{\max}$의 1/3이다.
③ 평균유속 V_m은 최대유속 $V_{\max}$의 1/4이다.
④ 평균유속 V_m은 최대유속 $V_{\max}$의 1/6이다.

해설 $V_m = \dfrac{1}{2} V_{\max}$

해답 ①

043 힘의 차원을 MLT계로 표시한 것으로 옳은 것은?

① $[\text{MLT}^{-2}]$　　② $[\text{MLT}^{-1}]$
③ $[\text{ML}^{-2}\text{T}^2]$　　④ $[\text{ML}^{-1}\text{T}^{-2}]$

해설 힘의 차원 $[\text{MLT}^2]$

해답 ①

044 개수로의 흐름을 상류(常流)와 사류(射流)로 구분할 때 기준으로 사용할 수 없는 것은?

① 후루드 수(Froude Number)　　② 한계유속(critical celocity)
③ 한계수심(critical depth)　　④ 렝놀즈 수(Reynolds number)

해설 레이놀드 수는 관로에서의 층류와 난류를 구분하는 기준이 된다.

해답 ④

045 그림과 같이 물이 수문의 최상단까지 차있을 때, 높이 6m, 폭 1m의 수문에 작용하는 전수압의 작용점(h_c)은?

① 3m
② 3.5m
③ 4m
④ 4.3m

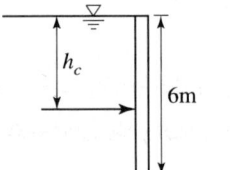

해설 $h_c = h_G + \dfrac{I_G}{h_G A} = \dfrac{6}{2} + \dfrac{1 \times 6^3/12}{3 \times 6 \times 1} = 4\text{m}$

해답 ③

046 물이 흐르는 동일한 직경의 관로에서 두 단면의 위치수두가 각각 50cm 및 20cm, 압력이 각각 1.2kg/cm² 및 0.9kg/cm²일 때 두 단면 사이의 손실수두는? (단, 무게 1kg=9.8N, 기타 조건은 동일하다.)

① 5.5m   ② 3.3m
③ 2.0m   ④ 1.2m

해설 $\dfrac{P_1}{w} + \dfrac{V_1^2}{2g} + Z_1 = \dfrac{P_2}{w} + \dfrac{V_2^2}{2g} + Z_2 + h_L$ 에서 $h_L = 3.3\text{m}$

해답 ②

047 내경 15cm의 관에 10℃의 물이 유속 3.2m/s로 흐르고 있을 때 흐름의 상태는? (단, 10℃ 물의 동점성계수 $\nu = 0.0131\text{cm}^2/\text{s}$이다.)

① 층류   ② 한계류
③ 난류   ④ 부정류

해설 $R_e = \dfrac{V \cdot D}{\nu} = \dfrac{3.2 \times 0.15}{0.0131 \times 10^{-4}} = 366412 > 2000$ 이므로 난류이다.

해답 ③

048 그림과 같은 오리피스를 통과하는 유량은? (단, 오리피스 단면적 $A = 0.2\text{m}^2$, 손실계수 $C = 0.78$이다.)

① 0.36m³/s
② 0.46m³/s
③ 0.56m³/s
④ 0.66m³/s

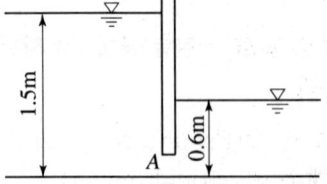

해설 $Q = CAV = 0.78 \times 0.2 \times \sqrt{2 \times 9.8 \times (1.5 - 0.6)} = 0.655\text{m}^3/\text{sec}$

해답 ④

049
두 개의 평행한 평판 사이에 점성유체가 흐를 때 전단응력에 대한 설명으로 옳은 것은?

① 전 단면에 걸쳐 일정하다.
② 포물선분포의 형상을 갖는다.
③ 벽면에서는 0이고, 중심까지 직선적으로 변화한다.
④ 중심에서는 0이고, 중심으로부터의 거리에 비례하여 증가한다.

해설 전단응력은 중심에서는 0이고 벽면으로 갈수록 직선분포로 증가한다.

해답 ④

050
물에 대한 성질을 설명한 것 중 틀린 것은?

① 물의 밀도는 4℃에서 가장 크며 4℃보다 작거나 높아지면 밀도는 점점 감소한다.
② 물의 압축률(C_w)과 체적탄성계수(E_w)는 서로 역수의 관계가 있다.
③ 물의 점성계수는 수온(℃)이 높을수록 그 값이 커지고 수온이 낮을수록 작아진다.
④ 물은 특별한 경우를 제외하고는 일반적으로 비압축성 유체로 취급한다.

해설 물의 점성은 온도가 올라가면 작아지고, 온도가 내려가면 커진다.

해답 ③

051
배수관망 계산시 Hardy Corss방법의 사용에서 바탕이 되는 가정 사항이 아닌 것은?

① 마찰 이외의 손실은 고려하지 않는다.
② 각 폐합관로 내에서의 손실수두 합은 0(zero)이다.
③ 관의 교차점에서 유량은 정지하지 않고 모두 유출된다.
④ 관의 교차점에서의 수압은 관의 지름에 비례한다.

해설 배수관망 계산시 Hardy Corss방법의 기본 가정
① 마찰 이외의 손실은 고려하지 않는다.
② 각 폐합관로 내에서의 손실수두 합은 0(zero)이다.
③ 관의 교차점에서 유량은 정지하지 않고 모두 유출된다.

해답 ④

052

취수구를 상하에 설치하여 수위에 따라 양호한 수질을 선택 및 취수할 수 있으며, 수심이 일정 이상 되는 지점에 설치하면 연간 안정적인 취수가 가능한 시설은?

① 취수보
② 취수탑
③ 취수문
④ 취수관거

해설 취수탑은 취수구를 상하에 설치하여 수위에 따라 양호한 수질의 물을 선택 취수가 가능하며, 수심이 일정이상 되는 지점에 설치하면 연간 안정적인 취수가 가능한 시설

해답 ②

053

하천이나 호소에서 부영양화(Eutrophication)의 주된 원인물질은 다음 중 어느 것인가?

① 질소 및 인
② 탄소 및 유황
③ 중금속
④ 염소 및 질산화물

해설 부여양화의 주된 원인물질은 질소(N)은 인(P)이다.

해답 ①

054

활성슬러지 공정의 2차 침전지를 설계하는데 다음과 같은 기준을 사용하였다. 이 침전지의 수리학적 체류시간은 얼마인가? (단, 유입수량 : 5000m³/day, 표면부하율 : 30m³/m² · day, 수심 : 5.4m)

① 2.8hr
② 3.5hr
③ 4.3hr
④ 5.2hr

해설 표면부하율 $= \dfrac{Q}{A} = \dfrac{h}{t}$ 에서

체류시간 $t = \dfrac{h}{Q/A} = \dfrac{5.4\text{m}}{30\text{m/day}} = 0.18\text{day} = 4.32\text{hr}$

해답 ③

055

분류식 하수배제 방식에 대한 다음 설명 중 옳지 않은 것은?

① 강우시의 오수처리에 유리하다.
② 합류식보다 관거의 부설비가 많이 소요된다.
③ 분류식은 오수관과 우수관을 별도로 설치한다.
④ 합류식보다 우수처리 비용이 많이 소요된다.

해설 분류식 하수배제 방식은 오수와 우수를 2개의 배수계통으로 각각 배제하므로 합류식보다 우수처리 비용이 저렴하다.

해답 ④

056

용존산소(DO)에 대한 설명으로 다음 중 옳지 않은 것은?

① 오염된 물은 용존산소량이 적다.
② BOD가 큰 물은 용존산소량도 많다.
③ 용존산소량이 적은 물은 혐기성 분해가 일어나기 쉽다.
④ 용존산소량이 극히 적은 물은 어류의 생존에 적합하지 않다.

해설 BOD가 큰 물은 용존산소량(DO)이 적다.

해답 ②

057

배수면적이 $0.05km^2$, 하수관거의 길이 480m, 유입시간이 4min, 유출계수 C=0.6, 재현기간 7년에 대한 강우강도 $I=3250/(t+18.2)$mm/hr, 하수관내 유속이 27m/min일 때 이 하수관거내의 우수량은 얼마인가? (단, 강우지속시간 t의 단위 : min)

① $0.68m^3/sec$
② $2.45m^3/sec$
③ $3.65m^3/sec$
④ $6.77m^3/sec$

해설
① 유달시간(T)=유입시간(t_1)+유하시간(t_2)=$t_1 + \dfrac{L}{v} = 4 + \dfrac{480}{27}$
 =21.78[min] ⇒ 강우지속시간(t)
② 강우강도
 $I = \dfrac{3250}{t+18.2} = \dfrac{3250}{21.78+18.2} = 81.29[mm/hr]$
③ $Q = \dfrac{1}{3.6} CIA = \dfrac{1}{3.6} \times 0.6 \times 81.29 \times 0.05 = 0.68[m^3/sec]$

해답 ①

058

급수인구 추정방법에서 등비급수법에 해당되는 공식은? (단, P_n : n년 후 추정인구, P_o : 현재인구, n : 경과년수, a, b : 상수, K : 포화인구, r : 연평균 인구증가율)

① $P_n = P_o + rn^a$
② $P_n = \dfrac{K}{1+e^{(a-b^n)}}$
③ $P_n = P_o + rn$
④ $P_n = P_o(1+r)^n$

해설 등비급수법
 $P_n = P_o(1+r)^n$
 여기서, P_n : n년 후 추정인구 P_o : 현재인구
  n : 경과년수 r : 연평균 인구증가율

해답 ④

059 우수조정지에 대한 설명으로서 다음 중 옳지 않은 것은?

① 하수관거의 유하능력이 부족한 곳에 설치한다.
② 용량은 방류하천의 유하능력을 고려하여 결정한다.
③ 합류식 하수도에만 설치한다.
④ 우천시의 우수를 저장하여 침수를 방지할 수 있다.

해설 우수조정지(유수지)는 합류식과 분류식 하수도에 설치하는 우수유출량 조절시설이며 하수관거 및 방류수역의 유하능력이 부족한 곳에 설치한다.

해답 ③

060 하수의 소독방법 선정시 고려사항으로서 다음 중 틀린 것은?

① 소독방법은 방류수역의 이수특성, 경제성, 효율성을 종합적으로 검토하여 선정한다.
② 염소계 소독방법 이외의 방법을 선정할 경우에는 THM 문제를 해소할 수 있는 대책을 강구하여야 한다.
③ 오존 소독방법을 선정할 경우에는 잔여오존 해소대책 및 경제성 비교에 신중을 기하여야 한다.
④ 자외선 소독방법을 선정할 경우에는 처리장의 시설용량을 감안하여 시설비 및 유지관리비가 적게 소요되는 방식을 채택하여야 한다.

해설 염소계 소독시 발암물질인 THM이 생성되므로 해소대책이 필요하다.

해답 ②

2023년 9월 CBT 시행

본 문제는 복원 기출문제입니다. 실제 문제와 다를 수 있으니 양해바랍니다.

제1과목 구조설계

001 다음 중 힘의 3요소가 아닌 것은?
① 크기
② 방향
③ 작용점
④ 모멘트

해설 힘의 3요소

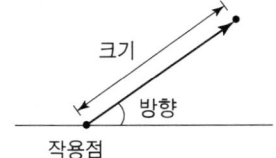

해답 ④

002 단면적이 1000mm²인 강봉이 그림과 같은 힘을 받을 때 이 강봉의 늘어난 길이는? (단, $E=2.0\times10^5$MPa)
① 0.05cm
② 0.04cm
③ 003cm
④ 0.02cm

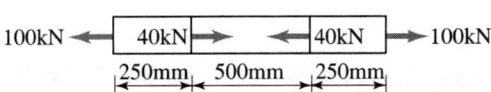

해설 $\Delta L = \Delta L_1 + \Delta L_2 + \Delta L_3$
$= \dfrac{100\times 250}{EA} + \dfrac{60\times 500}{EA}$
$\quad + \dfrac{100\times 250}{EA}$
$= \dfrac{80000}{EA} = \dfrac{80000}{2.0\times 10^5}$
$= 0.4\text{mm} = 0.04\text{cm}$

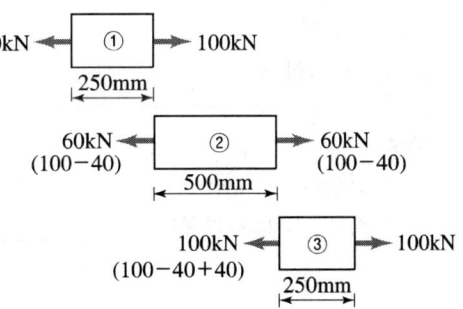

해답 ②

2023년도 출제문제

003 직경 20mm, 길이 2m인 봉에 200kN의 인장력을 작용시켰더니 길이가 2.08m, 직경이 19.8mm로 되었다면 포아송비는 얼마인가?

① 0.5　　　② 2
③ 0.25　　④ 4

해설
$$\nu = \frac{\epsilon'}{\epsilon} = \frac{\frac{\Delta D}{D}}{\frac{\Delta L}{L}} = \frac{L \cdot \Delta D}{D \cdot \Delta L} = \frac{200 \times 0.02}{2 \times 8} = 0.25$$

해답 ③

004 그림과 같은 단순보에서 최대 휨모멘트가 발생하는 위치는? (단, A점으로부터의 거리 X로 나타낸다.)

① 6m
② 7m
③ 8m
④ 9m

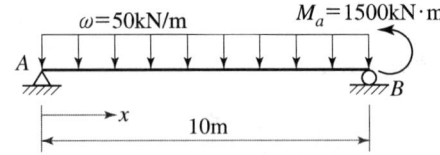

해설
① $\sum M_B = 0$
　$V_A \times 10 - 50 \times 10 \times 5 - 1500 = 0$
　$V_A = 400\text{kN}(\uparrow)$
② $S_x = 400 - 50 \times x = 0$
　$x = 8\text{m}$

해답 ③

005 다음 그림과 같은 AB 부재의 부재력은?

① 43kN
② 50kN
③ 75kN
④ 100kN

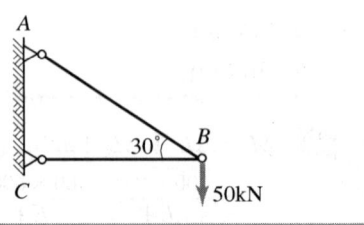

해설
$\dfrac{50}{\sin 30°} = \dfrac{F_{AB}}{\sin 90°}$
$F_{AC} = 100\text{kN}(인장)$

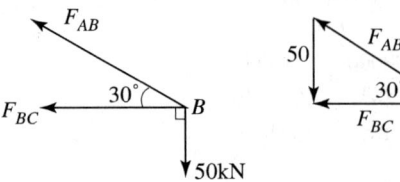

해답 ④

006 단면이 300mm×300mm인 정사각형 단면의 보에 18kN의 전단력이 작용할 때 이 단면에 작용하는 최대전단응력은?

① 0.15MPa ④ 0.3MPa
③ 0.45MPa ④ 0.6MPa

해설 $\tau_{\max} = \frac{3}{2} \cdot \frac{V_{\max}}{A} = \frac{3}{2} \times \frac{18000}{300 \times 300} = 0.3\text{MPa}$

해답 ②

007 그림과 같이 2차 포물선 OAB가 이루는 면적의 y축으로부터 도심 위치는?

① 30cm
② 31cm
③ 32cm
④ 33cm

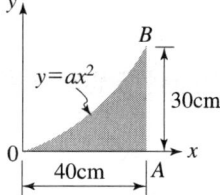

해설 $\bar{x} = \frac{3b}{4} = \frac{3 \times 40}{4} = 30\text{cm}$

해답 ①

008 장주의 좌굴하중(P)을 나타내는 아래의 식에서 양단고정인 장주인 경우 n값으로 옳은 것은? (단, E : 탄성계수, A : 단면적, λ : 세장비)

$$P = \frac{\eta \pi^2 EA}{\lambda^2}$$

① 4 ② 2
③ 1 ④ $\frac{1}{4}$

해설
	양단힌지	1단고정 1단힌지	양단고정	1단고정 1단자유
지지 상태				
좌굴 강도	$n=1$	$n=2$	$n=4$	$n=\frac{1}{4}$

해답 ①

009 단면이 원형(지름 D)인 보에 휨모멘트 M이 작용할 때 이 보에 작용하는 최대 휨응력은?

① $\dfrac{12M}{\pi D^3}$ ② $\dfrac{16M}{\pi D^3}$

③ $\dfrac{32M}{\pi D^3}$ ④ $\dfrac{64M}{\pi D^3}$

해설) $\sigma_{\max} = \dfrac{M}{Z} = \dfrac{M}{\dfrac{\pi D^3}{32}} = \dfrac{32M}{\pi D^3}$

해답 ③

010 반지름이 r인 원형단면의 단주에서 도심에서의 핵거리 e는?

① $\dfrac{r}{2}$ ② $\dfrac{r}{4}$

③ $\dfrac{r}{6}$ ④ $\dfrac{r}{8}$

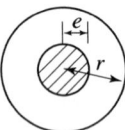

해설) $k_o = e = \dfrac{Z}{A} = \dfrac{\dfrac{\pi D^3}{32}}{\dfrac{\pi D^2}{4}} = \dfrac{D}{8} = \dfrac{r}{4}$

해답 ②

011 강도설계법에서 $f_{ck}=21\text{MPa}$, $f_y=300\text{MPa}$일 때 다음 그림과 같은 보의 등가 직사각형 응력블록의 깊이 a는? (단, $A_s=2400\text{mm}^2$이다.)

① 264mm
② 248mm
③ 144mm
④ 127mm

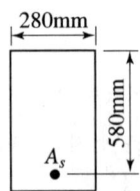

해설) $a = \dfrac{A_s f_y}{0.85 f_{ck} b} = \dfrac{2400 \times 300}{0.85 \times 21 \times 280} \fallingdotseq 144\text{mm}$

해답 ③

012

프리스트레스의 손실원인 중 프리스트레스 도입 후에 시간의 경과에 따라 생기는 것은?

① 콘크리트의 탄성변형 ② 정착단의 활동
③ 콘크리트의 크리프 ④ PS강재와 쉬스 사이의 마찰

해설 **즉시손실**(프리스트레스 도입 시 생기는 손실)
① 콘크리트 탄성변형에 의한 손실
② 정착단 활동에 의한 손실
③ PS 강재와 시스 사이의 마찰에 의한 손실
시간적 손실(프리스트레스 도입 후 생기는 손실)
① 콘크리트의 건조수축
② 콘크리트 크리프
③ PS 강재의 릴랙세이션

해답 ①

013

강도설계법에서 강도감소계수에 관한 규정 중 틀린 것은?

① 인장지배단면 : 0.85
② 나선철근으로 보강된 철근콘크리트 부재의 압축지배 단면 : 0.70
③ 전단력 : 0.75
④ 콘크리트의 지압력 : 0.70

해설 콘크리트의 지압력에 대한 강도감소계수는 0.65이다.

해답 ④

014

아래 그림과 같은 맞대기 용접의 용접부에 생기는 인장응력은?

① 180MPa
② 141MPa
③ 200MPa
④ 223MPa

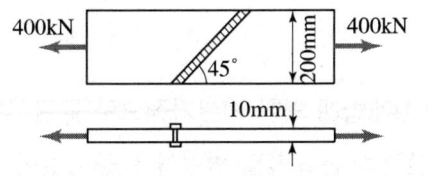

해설
$$v = \frac{P}{\sum al} = \frac{400 \times 10^3}{10 \times 200} = 200\text{N/mm}^2 = 200\text{MPa}$$

해답 ④

015

아래 그림과 같이 경간 $L=9\mathrm{m}$인 연속 슬래브에서 빗금친 반T형보의 유효폭(b)은?

① 900mm
② 1050mm
③ 1100mm
④ 1200mm

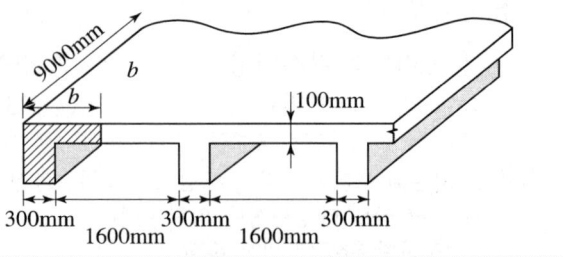

해설 반T형 비대칭T형 단면의 유효폭
① $6t_f + b_w = 6 \times 100 + 400 = 1,000\mathrm{mm}$
② 인접 보와의 내면간 거리 + $b_w = 1,600 + 300 = 3,000\mathrm{mm}$
③ 보의 경간의 $\dfrac{1}{12} + b_w = \dfrac{9,000}{12} + 300 = 1,050\mathrm{mm}$
④ 이 중 작은 값인 1,500mm를 유효폭으로 한다.

해답 ②

016

D-25(공칭직경 : 25.4mm)를 사용하는 압축이형철근의 기본정착길이는?
(단, $f_{ck}=27\mathrm{MPa}$, $f_y=400\mathrm{MPa}$이다)

① 357mm
② 489mm
③ 745mm
④ 1174mm

해설
$$l_{bd} = \frac{0.25 d_b f_y}{\lambda \sqrt{f_{ck}}} = \frac{0.25 \times 25.4 \times 400}{\sqrt{27}} \fallingdotseq 489\mathrm{mm}$$
$\geq 0.043 d_b f_y = 0.043 \times 25.5 \times 400 \times 438.6\mathrm{mm}$ 이므로
기본정착길이는 489mm이다.

해답 ②

017

강도설계법에 의한 기본가정으로 틀린 것은?

① 압축측 콘크리트 변형률은 등가깊이 $\alpha = \beta_1 c$까지 직사각형 분포이다.
② 콘크리트 압축연단 최대 변형률은 0.003으로 한다.
③ 콘크리트의 인장강도는 휨계산에서 무시한다.
④ 항복강도 f_y 이하에서의 철근 응력은 그 변형률의 E_s배를 취한다.

해설 변형률 선도는 중립축으로부터의 수직거리에 비례한다.

해답 ①

018 전단철근으로 사용될 수 있는 것이 아닌 것은?

① 스터럽과 굽힘철근의 조합
② 부재축에 직각인 스터럽
③ 부재의 축에 직각으로 배치된 용접철망
④ 주인장 철근에 15°의 각도로 구부린 굽힘철근

해설 전단 철근의 종류
① 부재축에 직각인 스터럽
② 부재축에 직각으로 배치한 용접철망
③ 나선철근, 원형 띠철근 또는 후프철근
④ 주인장 철근에 45° 이상의 각도로 설치되는 스터럽
⑤ 주인장 철근에 30° 이상의 각도로 구부린 굽힘 철근
⑥ 스터럽과 굽힘철근의 병용

해답 ④

019 옹벽의 안정조건에 대한 설명으로 틀린 것은?

① 활동에 대한 저항력은 옹벽에 작용하는 수평력의 1.5배 이상이어야 한다.
② 지반에 유발되는 최대 지반반력이 지반의 허용지지력의 1.5배 이상이어야 한다.
③ 전도 및 지반지지력에 대한 안정조건은 만족하지만 활동에 대한 안정조건만을 만족하지 못할 경우에는 활동방지벽 혹은 횡방향 앵커 등을 설치하여 활동저항력을 증대시킬 수 있다.
④ 전도에 대한 저항휨모멘트는 횡토압에 의한 전도휨모멘트의 2.0배 이상이어야 한다.

해설 지반에 유발되는 최대 지반반력이 지반의 허용지지력 이하라야 한다.
$q_{max} \leq q_a$

해답 ②

020 인장부재의 볼트 연결부를 설계할 때 고려되지 않는 항목은?

① 지압응력
② 볼트의 전단응력
③ 부재의 항복응력
④ 부재의 좌굴응력

해설 좌굴은 압축을 받는 경우에 고려하며 인장부재의 볼트 연결부에서 좌굴응력에 대해 검토할 필요는 없다.

해답 ④

제2과목 측량 및 토질

021 삼각측량을 통해 삼각망의 내각을 측정하니 각각 다음과 같은 각도를 얻었다면 각 내각의 최확값은? ($\angle A=32°13'29''$, $\angle B=55°32'19''$, $\angle C=92°14'30''$)

① $\angle A=32°13'24''$, $\angle B=55°32'12''$, $\angle C=92°14'24''$
② $\angle A=32°13'23''$, $\angle B=55°32'12''$, $\angle C=92°14'25''$
③ $\angle A=32°13'23''$, $\angle B=55°32'13''$, $\angle C=92°14'24''$
④ $\angle A=32°13'24''$, $\angle B=55°32'12''$, $\angle C=92°14'23''$

해설 ① 측각오차 $w = \angle A + \angle B + \angle C - 180° = 0°0'18''$
② 조정량 $=-\dfrac{W}{3}=-6''$ 각각에 $-6''$씩 조정한다.
③ $\angle A = 32°13'29'' - 6'' = 32°13'23''$
　$\angle B = 55°32'19'' - 6 = 55°32'13''$
　$\angle C = 92°14'30'' - 6'' = 92°14'24''$

해답 ③

022 곡선반지름 $R=250$m, 곡선길이 $L=40$m인 클로소이드에서 매개변수 A는?

① 20m　　② 50m
③ 100m　　④ 120m

해설 $A^2 = R \cdot L$에서 $A = \sqrt{250 \times 40} = 100$m

해답 ③

023 교호수준측량의 결과가 그림과 같을 때 A점의 표고가 55.423m라면 B점의 표고는?

① 52.930m
② 54.130m
③ 54.132m
④ 54.137m

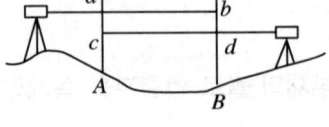

해설 ① $h = \dfrac{1}{2}(a-b)+(c-d) = -1.293$m
② $H_B = H_A + h = 55.423 - 1.293 = 54.130$m

해답 ②

024 양수표의 설치장소로 적합하지 않은 곳은?

① 상·하류 최소 300m 정도 곡선인 장소
② 교각이나 기타 구조물에 의한 수위변동이 없는 장소
③ 홍수시 유실 또는 이동이 없는 장소
④ 지천의 합류점에서 상당히 상류에 위치한 장소

해설 양수표의 설치장소는 상·하류 100m 정도 직선인 장소이어야 한다.

해답 ①

025 그림과 같은 지역의 면적은?

① 246.5m²
② 268.4m²
③ 275.2m²
④ 288.9m²

해설
① $A_1 = \dfrac{1}{2}(12 \times 15) = 90\text{m}^2$
② $A_2 = \sqrt{s(s-a)(s-b)(s-c)}$
  ㉠ $a = \sqrt{12^2 + 15^2} = 19.21\text{m}$
  ㉡ $s = \dfrac{19.21 + 18 + 20}{2} = 28.6\text{m}$
  ㉢ $A_2 = \sqrt{(28.6(28.6-19.2)(28.6-18)(28.6-20)} = 156.5$
③ $A = A_1 + A_2 = 246.5\text{m}^2$

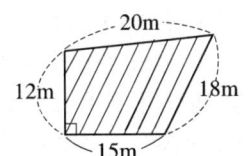

해답 ①

026 캔트(C)인 원곡선에서 곡선반지름을 3배로 하면 변화된 캔트(C')는?

① $\dfrac{C}{9}$
② $\dfrac{C}{3}$
③ $3C$
④ $9C$

해설 $C = \dfrac{SV^2}{gR}$ 에서 $C \propto \dfrac{1}{R}$ 이므로 $C' = \dfrac{C}{3}$

해답 ②

027 어떤 측선의 배횡거를 구하는 방법으로 옳은 것은?

① 전 측선의 배횡거+전 측선의 경거+그 측선의 경거
② 전 측선의 횡거+전 측선의 경거+그 측선의 횡거
③ 전 측선의 횡거+전 측선의 경거+그 측선의 경거
④ 전 측선의 배횡거+전 측선의 경거+그 측선의 횡거

해답 ①

028 삼각점에서 행해지는 모든 각관측 및 조정에 대한 설명으로 옳지 않은 것은?

① 한 측점의 둘레에 있는 모든 각을 합한 것은 360°가 되어야 한다.
② 삼각망 중 어느 1변의 길이는 계산순서에 관계없이 동일해야 한다.
③ 삼각형 내각의 합은 180°가 되어야 한다.
④ 각 관측방법은 단측법을 사용하여 최대한 정확히 한다.

해설 삼각측량은 정밀한 각관측법이나 반복법을 사용한다.

해답 ④

029 축척 1:10000 지형도 상에서 주곡선 1개 간격의 두 점 A점과 B점 사이에 수평거리 2.0cm인 도로를 설계하려 할 때 도로의 경사는?

① 2.5%   ② 5%
③ 15%   ④ 20%

해설 ① 1/10,000 지형도의 주곡선 간격 $h=5\text{m}$
② 1/10,000 실제길이 $D=0.02\times 10000=200\text{m}$
③ 경사도 $=\dfrac{h}{D}=\dfrac{5}{200}=2.5\%$

해답 ①

030 수준측량에 대한 설명으로 옳지 않은 것은?

① 측량은 전시로 시작하여 후시로 종료하게 된다.
② 표척을 전후로 기울여 최소읽음값을 관측한다.
③ 수준측량은 왕복측량을 원칙으로 한다.
④ 이기점(turning point)은 중요하므로 1mm 단위까지 읽도록 한다.

해설 수준측량은 후시로 시작하여 전시로 종료하게 된다.

해답 ①

031

어떤 흙의 전단시험결과 $c = 0.18$MPa, $\phi = 35°$, 토립자에 작용하는 수직응력 $\sigma = 0.36$MPa일 때 전단강도는?

① 0.489MPa
② 0.432MPa
③ 0.633MPa
④ 0.386MPa

해설 $\tau = c + \sigma \cdot \tan\phi = 0.18 + 0.36 \times \tan 35° = 0.432$MPa

해답 ②

032

입도시험결과 균등계수가 6이고, 입자가 둥근 모래흙의 강도시험 결과 내부마찰각이 32°이었다. 이 모래지반의 N치는 대략 얼마나 되겠는가? (단, Dunham의 식 사용)

① 12
② 18
③ 24
④ 30

해설 **모래의 양입도 조건**
① 균등계수 $C_u > 6$
② 곡률계수 $C_g = 1 \sim 3$

Dunham 공식
균등계수가 6이므로 입도분포가 나쁜 모래지반이며 입자가 둥근 경우이므로
$\phi = \sqrt{12N} + 15$
$32 = \sqrt{12N} + 15$
$\sqrt{12N} = 17 \quad N = 24$

해답 ③

033

말뚝의 직경이 50cm, 지중에 관입된 말뚝의 길이가 10cm인 경우 무리말뚝의 영향을 고려하지 않아도 되는 말뚝의 최소간격은?

① 2.37m
② 2.75m
③ 3.35m
④ 3.75m

해설 ① 말뚝의 반지름
$r = \dfrac{50}{2}$cm $= 0.25$
② 무리말뚝의 최대중심간격
$D_0 = 1.5\sqrt{r \cdot L} = 1.5\sqrt{0.25 \cdot 10} = 2.37$m

해답 ①

034

모래 치환법에 의한 현장 흙의 단위무게 실험결과가 아래와 같다. 현장 흙의 건조단위 중량은?

- 실험구멍에서 파낸 흙의 무게 1,600g
- 실험구멍에서 파낸 흙의 함수비 20%
- 실험구멍에서 채운 표준모래의 무게 1,350g
- 실험구멍에서 채운 표준모래의 단위중량 1.35g/cm³

① 0.93g/cm³   ② 1.13g/cm³
③ 1.33g/cm³   ④ 1.53g/cm³

해설

① 구멍의 부피 $V = \dfrac{W_{sand}}{\gamma_{sand}} = \dfrac{1,350}{1.35} = 1,000 \text{cm}^3$

② 습윤단위중량 $\gamma_t = \dfrac{W}{V} = \dfrac{1,600}{1,000} = 1.6 \text{g/cm}^3$

③ 현장의 건조단위중량 $\gamma_d = \dfrac{\gamma_t}{1+\dfrac{w}{100}} = \dfrac{1.6}{1+\dfrac{20}{100}} = 1.33 \text{g/cm}^3$

해답 ③

035

사질토 지반에서 직경 30cm의 평판 재하시험결과 300kN/m²의 압력이 작용할 때 침하량이 5mm라면 직경 1.5m의 실제 기초에 300kN/m²의 하중이 작용할 때 침하량의 크기는?

① 28mm   ② 50m
③ 14mm   ④ 25mm

해설 기초의 침하량

$S_{(기초)} = S_{(재하)} \cdot \left[\dfrac{2B_{(기초)}}{B_{(기초)} + B_{(기초)}}\right]^2 = 5 \times \left[\dfrac{2 \times 1.5}{1.5 + 0.3}\right]^2 = 13.89 \text{mm}$

해답 ③

036

부피 10cm³의 시료가 있다. 젖은 흙의 무게가 180g인데 노건조 후 무게를 측정하니 140g이었다. 이 흙의 간극비는? (단, 이 흙의 비중은 2.65이다.)

① 1.472   ② 0.893
③ 0.627   ④ 0.470

해설

① 건조단위중량 $\gamma_d = \dfrac{W_s}{V} = \dfrac{140}{100} = 1.4 \text{g/cm}^3$

② 공극비 $e = \dfrac{G_s \cdot \gamma_w}{\gamma_d} - 1 = \dfrac{2.65 \times 1}{1.4} - 1 = 0.893$

해답 ②

037

연약점토지반에서(내부마찰각이 0°임)의 단위중량이 16kN/m³, 점착력이 20kN/m²이다. 이 지반을 연직으로 2m 굴착하였을 때 연직사면의 안전율은?

① 1.5
② 2.0
③ 2.5
④ 3.0

해설 ① 한계고
$$H_c = 2Z_0 = \frac{4c}{\gamma_t} \cdot \tan\left(45° + \frac{\phi}{2}\right) = \frac{4 \times 20}{16} \tan\left(45° + \frac{0°}{2}\right) = 5\text{m}$$
② 안전율
$$F_s = \frac{H_c}{H} = \frac{5}{2} = 2.5$$

해답 ③

038

다음 그림에 보인 바와 같이 지하수위면은 지표면 아래 2.0m의 깊이에 있고 흙의 단위중량은 지하수위면 위에서 19kN/m³, 지하수위면 아래에서 20kN/m³이다. 요소 A가 받는 연직유효응력은?

① 198kN/m²
② 190kN/m²
③ 138kN/m²
④ 130kN/m²

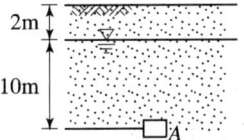

해설 ① 전응력
$$\sigma = \gamma_t \cdot h_1 + \gamma_{sat} \cdot h_2 = 19 \times 2 + 20 \times 10 = 238\text{kN/m}^2$$
② 간극수압(중립응력)
$$u = \gamma_w \cdot h_2 = 10 \times 10 = 100\text{kN/m}^2$$
③ 연직유효응력
$$\sigma' = \sigma - u = 238 - 100 = 138\text{kN/m}^2$$

해답 ③

039

점성토 지반에 있어서 강성기초의 접지압 분포에 관한 다음 설명 중 옳은 것은?

① 기초의 모서리 부분에서 최대응력이 발생한다.
② 기초의 중앙부에서 최대 응력이 발생한다.
③ 기초의 밑면 부분에서는 어느 부분이나 동일하다.
④ 기초의 모서리 및 중앙부에서 최대응력이 발생한다.

해설 점토의 지반의 강성초기는 접지압 분포가 기초 모서리에서 최대이다.

해답 ①

040

그림에서 주동토압의 크기를 구한 값은? (단, 흙의 단위중량은 18kN/m³이고 내부마찰각은 30°이다.)

① 56kN/m
② 108kN/m
③ 158kN/m
④ 236kN/m

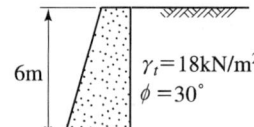

해설
① 주동토압계수 $K_A = \dfrac{1-\sin 30°}{1+\sin 30°} = \dfrac{1}{3}$

② 전주동토압 $P_A = \cdot K_A \cdot \gamma \cdot H^2 = \dfrac{1}{2} \times \dfrac{1}{3} \times 18 \times 6^2 = 108\text{kN/m}$

해답 ②

제3과목 수자원설계

041

체적이 10m³인 물체가 물속에 잠겨있다. 물속에서의 물체가 무게가 13t이었다면 물체의 비중은?

① 2.6   ② 2.3
③ 1.6   ④ 1.6

해설
$wV + M = w'V' + M'$
$w \times 10 + 0 = 1 \times 10 + 13$
$w = \dfrac{23}{10} = 2.3\text{t/m}^3$

해답 ②

042

수심이 3m, 유속이 2m/s인 개수로의 비에너지 값은? (단, 에너지 보정계수는 1.1)이다.

① 1.22m   ② 2.22m
③ 3.22m   ④ 4.22m

해설
$He = h + \dfrac{aV^2}{2g} = 3 + \dfrac{1.1 \times 2^2}{2 \times 9.8} = 3.22\text{m}$

해답 ③

043
직사각형 위어(weir)로 유량을 측정할 때 수두 H를 측정함에 있어 1%의 오차가 생길 경우, 유량에 생기는 오차는?

① 0.5% ② 1.0%
③ 1.5% ④ 2.5%

해설 직사각형 위어
$$\frac{dQ}{Q} = 1.5\%$$

해답 ③

044
Manning의 평균유속공식 중 마찰손실계수 f로 옳은 것은? (단, g : 중력가속도, C : Chezy의 평균유속계수, n : Manning의 조도계수, D : 관의 지름)

① $f = \dfrac{8g}{C}$ ② $f = \dfrac{124.5n^2}{D^{1/3}}$

③ $f = \dfrac{124.5n}{D^3}$ ④ $f = \sqrt{\dfrac{C}{8g}}$

해설 $f = \dfrac{124.5n^2}{D^{1/3}}$

해답 ②

045
층류에서 속도 분포는 포물선을 그리게 된다. 이때 전단응력의 분포형태는?

① 포물선 ② 쌍곡선
③ 직선 ④ 반원

해설 전단응력은 직선분포, 유속은 포물선 분포를 갖는다.

해답 ③

046
도수(Hydraulic jump)현상에 관한 설명으로 옳지 않은 것은?

① 운동량 방정식으로부터 유도할 수 있다.
② 상류에서 사류로 급변할 경우 발생한다.
③ 도수로 인한 에너지 손실이 발생한다.
④ 파상도수와 완전도수는 Froude 수로 구분한다.

해설 도수는 사류의 흐름이 상류의 흐름으로 변화할 때 수면이 튀면서 불연속면이 발생하는 현상을 말한다.

해답 ②

047

정상적인 흐름 내의 1개의 유선상의 유체입자에 대하여 그 속도수두 $\frac{V^2}{2g}$, 압력수두 $\frac{P}{w_o}$, 위치수두 Z에 대하여 동수경사로 옳은 것은?

① $\frac{V^2}{2g} + \frac{P}{w_o}$
② $\frac{V^2}{2g} + Z + \frac{P}{w_o}$
③ $\frac{V^2}{2g} + Z$
④ $\frac{P}{w_o} + Z$

해설 동수경사 = 위치수두 + 압력수두 = $Z + \frac{P}{w_o}$

해답 ④

048

단위시간에 있어서 속도변화가 V_1에서 V_2로 되며 이때 질량 m인 유체의 밀도를 ρ라 할 때 운동량 방정식은? (단, Q : 유량, w : 유체의 단위중량, g : 중력 가속도)

① $F = \frac{wQ}{\rho}(V_2 - V_1)$
② $F = wQ(V_2 - V_1)$
③ $F = \frac{Qg}{w}(V_1 - V_2)$
④ $F = \frac{w}{g}Q(V_2 - V_1)$

해설 $F = m \cdot \Delta V = \frac{w}{g}Q(V_2 - V_1)$

해답 ④

049

내경 2cm의 관내를 수온 20℃의 물이 25cm/s의 유속을 갖고 흐를 때 이 흐름의 상태는? (단, 20℃일 때의 물의 동점성계수 $\nu = 0.01 cm^2/s$)

① 층류
② 난류
③ 상류
④ 불완전 층류

해설 $Re = \frac{V \cdot D}{\nu} = \frac{25 \times 2}{0.01} = 5000 > 4000$이므로 난류이다.

해답 ②

050

면적이 A인 평판이 수면으로부터 h가 되는 깊이에 수평으로 놓여있을 경우 이 평판에 작용하는 전수압 P는? (단, 물의 단위중량은 w이다.)

① $P = whA$
② $P = wh^2 A$
③ $P = w^2 hA$
④ $P = whA^2$

해설 $P = wh_G A = w \cdot h \cdot A$

해답 ①

051

합류식 관거에서의 계획하수량으로 옳은 것은?

① 계획시간 최대오수량
② 계획오수량
③ 계획평균오수량
④ 계획시간 최대오수량 + 계획우수량

해설 합류식 하수관거의 계획하수량 = 계획 시간 최대오수량 + 계획 우수량

해답 ④

052

그림에서 간선하수거 DA의 길이는 600m이고 유역내 가장 먼 지점 E에서 간선하수거의 입구까지 우수가 유하하는데 걸리는 시간은 5분이다. 간선하수거 내 유속이 1m/s라면 유달 시간은?

① 5분
② 11분
③ 15분
④ 20분

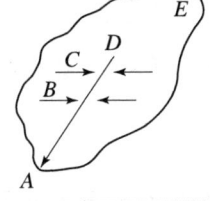

해설 유달시간 T = 유입시간(t_1) + 유하시간(t_2)
$= t_1 + \dfrac{L(\text{하수관거 길이})}{v(\text{유속})} = 5\min + \dfrac{600\text{m}}{1 \times 60\text{m/min}}$
$= 15\min$

해답 ③

053

하천을 수원으로 하는 경우에 하천에 직접 설치할 수 있는 취수시설과 가장 거리가 먼 것은?

① 취수탑
② 취수틀
③ 집수매거
④ 취수문

해설 하천수의 취수시설은 취수관, 취수문, 취수탑, 취수보(취수언), 취수틀 등이 있으며, 집수매거는 복류수(지하수)의 취수시설이다.

해답 ③

054 상수도 배수시설에 대한 설명으로 옳은 것은?

① 계획배수량은 해당 배수구역의 계획 1일 최대급수량을 의미한다.
② 소규모의 수도 및 배수량이 적은 지역에서는 소화용수량은 무시한다.
③ 배수지에서 배수는 펌프가압식을 원칙으로 한다.
④ 대용량 배수지 설치보다 다수의 배수지를 분산시키는 편이 안정급수 관점에서 효과적이다.

해설
① 계획배수량은 계획 시간 최대배수량(급수량)을 원칙으로 한다.
② 소화 용수량은 소규모 수도 및 수량 배수지역에서 배수지 용량에 인구별로 추가한다.
③ 배수방식은 건설비 및 유지관리비 등의 경제성을 고려하여 자연유하식을 원칙으로 한다.
④ 배수지의 배치는 대용량보다 여러 배수지의 분산 설치가 안정적 급수에 효과적이다.

해답 ④

055 정수시설의 계획정수량을 결정하는 기준이 되는 것은?

① 계획 시간 최대급수량
② 계획 1일 최대급수량
③ 계획 시간 평균급수량
④ 계획 1일 평균급수량

해설 정수시설은 계획정수량, 계획 1일 최대급수량을 기준으로 결정한다.

해답 ②

056 MLSS 2000mg/L의 포기조 혼합액을 매스실린더에 1L를 정확히 취한 뒤 30분간 정치하였다. 이때 계면위치가 320mL를 가리켰다면 이 슬러지의 SVI는?

① 160mL/g
② 260mL/g
③ 440mL/g
④ 640mL/g

해설 슬러지 용적 지수

$$SVI = \frac{SV[\text{mL/L}] \times 10^3}{MLSS \text{농도}[\text{mg/L}]} = \frac{320 \times 10^3}{2000} = 160[\text{mL/g}]$$

해답 ①

057 상수도에서 맛, 냄새의 주된 원인에 해당하는 것은?

① pH
② 온도
③ 용존산소
④ 조류(Algae)

해답 ④

058
상수도에서 관수로의 관경설계시 일반적으로 가장 많이 사용되는 공식은?
① Horton 공식
② Manning 공식
③ Kutter 공식
④ Hazen-Willams공식

해설 상수도관경(D) 설계는
Hazen-Williams 공식 $v = 0.84935 CR^{0063} I^{0.54} = 0.35464 CD^{0.63} I^{0.54}$이 가장 널리 사용된다.

해답 ④

059
취수장에서부터 가정에 이르는 상수도 계통을 옳게 나열한 것은?
① 취수시설-정수시설-도수시설-송수시설-배수시설-급수시설
② 취수시설-도수시설-송수시설-정수시설-배수시설-급수시설
③ 취수시설-도수시설-정수시설-송수시설-배수시설-급수시설
④ 취수시설-도수시설-송수시설-배수시설-정수시설-급수시설

해설 상수도 계통 : 수원 → 취수시설 → 도수시설 → 정수시설 → 송수시설 → 배수시설 → 급수시설

해답 ③

060
상수도 펌프장에서 펌프를 병렬로 연결시켜 사용하여야 하는 경우는?
① 양정이 낮은 경우
② 양정이 대단히 큰 경우
③ 양수량의 변화가 작고 양정의 변화가 큰 경우
④ 양수량의 변화가 크고 양정의 변화가 작은 경우

해설 펌프의 병렬운전시 단독운전시보다 양수량이 최대 2배로 증가하며, 양수량(Q)의 변화가 크고, 양정(H)의 변화가 적은 경우에 실시한다.

해답 ④

무료 동영상과 함께하는 **토목산업기사 필기**

2024

2024년 2월 CBT 시행
2024년 5월 CBT 시행
2024년 7월 CBT 시행

무료 동영상과 함께하는
토목산업기사 필기

2024년 2월 CBT 시행

본 문제는 복원 기출문제입니다. 실제 문제와 다를 수 있으니 양해바랍니다.

제1과목 구조설계

001 다음 그림에서 힘들의 합력 R의 위치(x)는 몇 m인가?

① $5\dfrac{2}{3}$ ② $5\dfrac{1}{3}$
③ $4\dfrac{2}{3}$ ④ $4\dfrac{1}{3}$

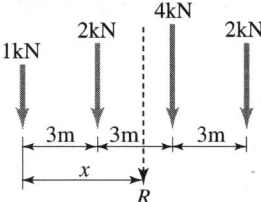

해설 $(1+2+4+2)\cdot x = 2\times 3 + 4\times 6 + 2\times 9$

$x = \dfrac{2\times 3 + 4\times 6 + 2\times 9}{1+2+4+2} = \dfrac{48}{9} = \dfrac{16}{3} = 5\dfrac{1}{3}$

해답 ②

002 지름 D, 길이 l인 원형 기둥의 세장비는?

① $\dfrac{4l}{D}$ ② $\dfrac{8l}{D}$
③ $\dfrac{40}{l}$ ④ $\dfrac{80}{l}$

해설 $\lambda = \dfrac{l}{r_{\min}} = \dfrac{l}{\dfrac{D}{4}} = \dfrac{4l}{D}$

해답 ①

003 양단이 고정되어 있는 지름 3cm 강봉을 처음 10℃에서 25℃까지 가열하였을 때 온도응력은? (단, 탄성계수는 2×10^5MPa, 선팽창계수는 1.2×10^{-5}이다.)

① 28MPa   ② 36MPa
③ 42MPa   ④ 48MPa

해설 $\sigma_t = E\cdot \epsilon = E\cdot \alpha\cdot \Delta T = 2\times 10^5 \times 1.2\times 10^{-5} \times (25-10) = 36$MPa

해답 ②

004

직사각형 단면인 단순보의 단면계수가 2000m³이고, 2×10⁶kN·m의 휨모멘트가 작용할 때 이 보의 최대 휨응력은?

① $500kN/m^2$
② $700kN/m^2$
③ $850kN/m^2$
④ $1000kN/m^2$

해설
① $M_{max} = 2000000 kN \cdot m$
② $\sigma_{max} = \dfrac{M_{max}}{Z_{min}} = \dfrac{2000000}{2000} = 1000 kN/m^2$

해답 ④

005

그림과 같은 단면의 도심거리 Y를 구한 값으로 옳은 것은?

① 50cm
② 40cm
③ 30cm
④ 20cm

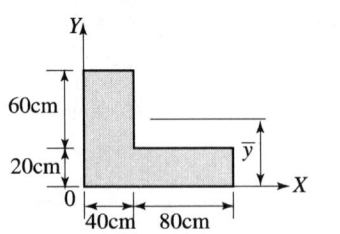

해설
$G_X = G_{X①} + G_{X②}$
$(40 \times 80 + 80 \times 20) \cdot Y$
$= (40 \times 80) \times 40 + (80 \times 20) \times 10$ 에서
$Y = \dfrac{(40 \times 80) \times 40 + (80 \times 20) \times 10}{(40 \times 80 + 80 \times 20)} = 30 cm$

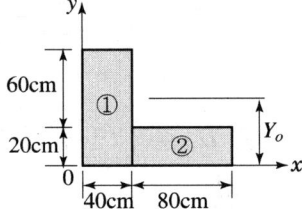

해답 ③

006

길이 10m, 지름 5mm의 강선을 10mm 늘리려 한다면 필요한 힘은? (단, $E = 2.0 \times 10^5 MPa$)

① 2.2kN
② 3.1kN
③ 3.9kN
④ 4.5kN

해설
$E = \dfrac{\sigma}{\epsilon} = \dfrac{\dfrac{P}{A}}{\dfrac{\Delta l}{l}} = \dfrac{Pl}{A\Delta l}$ 에서

$P = \dfrac{EA\Delta l}{l} = \dfrac{2 \times 10^5 \times \dfrac{\pi \times 5^2}{4} \times 10}{10000} = 3926.99 N = 3.9 kN$

해답 ③

007 그림과 같이 중량 3kN인 물체가 끈에 매달려 지지되어 있을 때, 끈 AB와 BC에 작용되는 힘은?

① $AB = 2.45$kN, $BC = 1.80$kN
② $AB = 2.60$kN, $BC = 1.50$kN
③ $AB = 2.75$kN, $BC = 2.40$kN
④ $AB = 2.30$kN, $BC = 2.10$kN

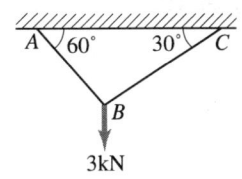

해설 $\dfrac{AB}{\sin 120°} = \dfrac{3}{\sin 90°} = \dfrac{BC}{\sin 150°}$ 에서

① $AB = \dfrac{3}{\sin 90°} \sin 120° = 2.6$kN
② $BC = \dfrac{3}{\sin 90°} \sin 150° = 1.5$kN

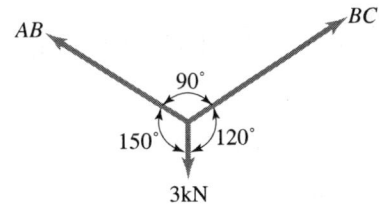

해답 ②

008 그림과 같은 보에서 D점의 전단력은?

① $+28$kN
② -28kN
③ $+32$kN
④ -32kN

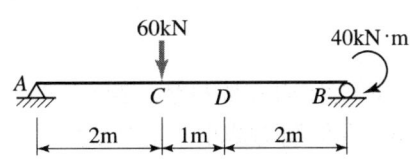

해설 ① $\Sigma M_A = 0$
  $-R_B \times 5 + 40 + 60 \times 2 = 0$
  $R_B = 32$kN$(\uparrow)$
② $S_D = -32$kN

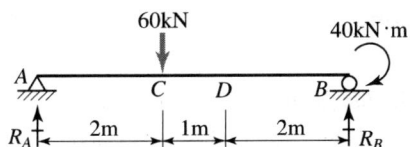

해답 ④

009 그림과 같은 게르버보의 C점에서 전단력의 절대값 크기는?

① 0kN   ② 0.5kN
③ 1kN   ④ 2kN

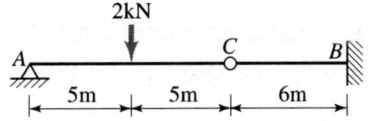

 ① $R_C = \dfrac{2}{2} = 1$kN
② $S_C = -1$kN
  $|S_C| = 1$kN

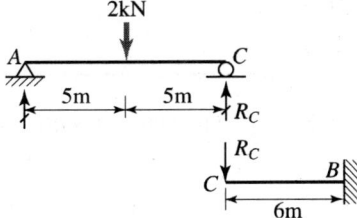

해답 ③

010

그림 (A)의 양단힌지 기둥의 탄성좌굴하중이 100kN이었다면, 그림 (B)기둥의 좌굴하중은?

① 25kN
② 100kN
③ 200kN
④ 400kN

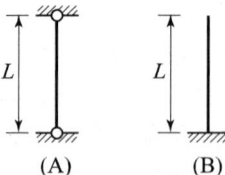

해설 $P_b = \dfrac{n\pi^2 EI}{l^2}$ 에서 기둥의 길이, 재질, 강성이 동일하므로

$P_b \propto n$

$P_{b(A)} : P_{b(B)} = n_{(A)} : n_{(B)}$

$100 : P_{b(B)} = 1 : \dfrac{1}{4}$

$P_{b(B)} = \dfrac{1}{4} \times 100 = 25\text{kN}$

해답 ①

011

일반 콘크리트에서 인장철근 D19(공칭직경 : 19.1mm)를 정착시키는데 필요한 기본 정착길이(l_{db})는? (단, f_{ck}=21MPa, f_y=300MPa이다.)

① 542mm
② 751mm
③ 987mm
④ 1125mm

해설 기본정착길이

$l_{db} = \dfrac{0.6 d_b \cdot f_y}{\sqrt{f_{ck}}} = \dfrac{0.6 \times 19.1 \times 300}{\sqrt{21}} = 750.2\text{mm} \fallingdotseq 751\text{mm}$

해답 ②

012

프리스트레스트콘크리트에서 콘크리트의 건조수축 변형률이 19×10^{-5}일 때 긴장재의 인장응력 감소는 얼마인가? (단, 긴장재의 탄성계수(E_{ps})=2.0×10^5 MPa)

① 38MPa
② 41MPa
③ 42MPa
④ 45MPa

해설 $\Delta f_p = E_p \cdot \epsilon_{cs} = 200,000 \times 19 \times 10^{-5} = 38\text{MPa}$

해답 ①

013

직사각형 단면의 철근 콘크리트 보에 전단력과 휨만이 작용할 때 콘크리트가 받을 수 있는 설계 전단강도(ϕV_c)는 약 얼마인가? (단, b_w=300mm, d=500mm, f_{ck}=28MPa)

① 99.2kN ② 124.1kN
③ 132.3kN ④ 143.5kN

해설
$$V_d = \phi V_c = \phi(\sqrt{f_{ck}}/6) b_w \cdot d$$
$$= 0.75 \times (\sqrt{28}/6) \times 300 \times 500 = 99215.67 \text{N} = 99.2 \text{kN}$$

해답 ①

014

지간 6m인 그림과 같은 단순보에 계수하중 w=30kN/m(자중포함)가 작용하고 있다. PS강재를 단면도심에 배치할 때 보의 하면에서 0.5MPa의 압축응력을 받을 수 있도록 한다면 PS강재에 얼마의 긴장력이 작용되어야 하는가?

① 1875kN
② 2085kN
③ 2325kN
④ 2883kN

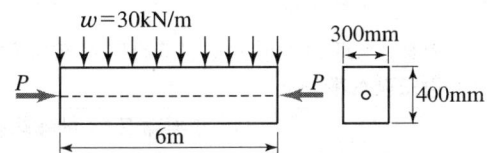

해설
① $M = \dfrac{w \cdot l^2}{8} = \dfrac{30 \times 6^2}{8} = 135 \text{kNm}$

② $f_{c\text{하연}} = \dfrac{P}{A} - \dfrac{M}{I}y = \dfrac{P}{300 \times 400} - \dfrac{135 \times 10^6}{\dfrac{300 \times 400^3}{12}} \times 200 = 0.5 \text{MPa}$에서

$P = 2,085,000 \text{N} = 2,085 \text{kN}$ (압축을 +로 인장을 -로 함)

해답 ②

015

철근콘크리트 보에 스터럽을 배근하는 가장 주된 이유는?

① 보에 작용하는 전단 응력에 의한 균열을 막기 위하여
② 콘크리트와 철근의 부착을 잘 되게 하기 위하여
③ 압축측의 좌굴을 방지하기 위하여
④ 인장철근의 응력을 분포시키기 위하여

해설 스터럽은 전단보강철근이다.

해답 ①

016

강도설계법에서 $f_{ck}=30\text{MPa}$일 때 등가높이 $a = \beta_1 c$ 중에서 β_1의 값은?

① 0.836
② 0.85
③ 0.822
④ 0.864

해설 $\beta_1 = 0.85 - (f_{ck} - 28)0.007 = 0.85 - (30 - 28)0.007 = 0.836$

해답 ①

017

강도감소계수(ϕ)에 대한 설명으로 틀린 것은?

① 인장지배단면의 경우 0.85를 적용한다.
② 비틀림 모멘트의 경우 0.75를 적용한다.
③ 띠철근으로 보강된 철근콘크리트 부재의 압축지배단면의 경우 0.70을 적용한다.
④ 포스트텐션 정착구역의 경우 0.85를 적용한다.

해설 ① 띠철근으로 보강된 철근콘크리트 부재의 압축지배단면의 경우 0.65를 적용한다.
② **강도감소계수(ϕ)**

부재 또는 하중의 종류		ϕ
① 인장지배단면		0.85
② 전단력과 비틀림모멘트		0.75
③ 압축지배단면	나선철근으로 보강된 철근콘크리트 부재	0.70
	그 외의 철근콘크리트 부재	0.65
④ 콘크리트의 지압력(포스트텐션 정착부나 스트럿-타이 모델은 제외)		0.65
⑤ 포스트텐션 정착구역		0.85
⑥ 스트럿-타이 모델과 그 모델에서 스트럿, 타이, 절점부 및 지압부		0.75
⑦ 긴장재 묻힘길이가 정착길이보다 작은 프리텐션 부재의 휨 단면	부재의 단부에서 전달길이 단부까지	0.75
⑧ 무근 콘크리트의 휨부재		0.55

해답 ③

018

강도설계법에서 휨모멘트 또는 휨모멘트와 축력을 동시에 받는 부재의 콘크리트 압축연단의 극한변형률은 얼마로 가정하는가?

① 0.001
② 0.002
③ 0.003
④ 0.004

해설 강도설계법의 경우 압축측 연단에서의 콘크리트의 최대 변형률은 0.003으로 가정한다.

019

아래 표의 조건과 같은 단철근 직사각형보의 공칭모멘트강도(M_n)는?

$b_n = 300\text{mm},\ d = 600\text{mm},\ A_s = 1200\text{mm}^2,\ f_{ck} = 27\text{MPa},\ f_y = 300\text{MPa}$

① 206.6kN·m
② 214.1kN·m
③ 227.4kN·m
④ 301.2kN·m

해설

① $a = \dfrac{A_s f_y}{0.85 f_{ck} b} = \dfrac{1200 \times 300}{0.85 \times 27 \times 300} = 52.29\text{mm}$

② $M_n = A_s f_y \left(d - \dfrac{a}{2}\right) = 1200 \times 300 \times \left(600 - \dfrac{52.29}{2}\right)$
$= 206{,}587{,}800\text{N}\cdot\text{mm} = 206.6\text{kN}\cdot\text{m}$

해답 ①

020

D13철근을 U형 스터럽으로 가공하여 300mm 간격으로 부재축에 직각이 되게 설치한 전단 철근의 강도(V_s)는? (단, $f_y = 400\text{MPa}$, $d = 600\text{mm}$, D13철근의 단면적은 127mm²)

① 101.6kN
② 203.2kN
③ 406.4kN
④ 812.8kN

해설 전단철근의 전단강도

$V_s = \dfrac{A_v \cdot f_y \cdot d}{s} = \dfrac{(2 \times 127) \times 400 \times 600}{300} = 203{,}200\text{N} = 203.2\text{kN}$

해답 ②

제2과목 측량 및 토질

021

100m²의 정사각형 토지면적을 0.1m²까지 정확하게 구하기 위하여 필요하고도 충분한 한 변의 측정거리는 몇 mm까지 측정하여야 하겠는가?

① 1mm
② 3mm
③ 5mm
④ 7mm

해설

① $l = \sqrt{A} = \sqrt{100} = 10\text{m}$

② $\dfrac{\Delta A}{A} = 2\dfrac{\Delta l}{l}$ 에서 $\Delta l = \dfrac{l \cdot \Delta A}{2A} = \dfrac{10 \times 0.1}{2 \times 100} = 0.005\text{m} = 5\text{mm}$

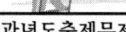

022
수준측량에서 전시와 후시를 등거리로 취하는 이유와 거리가 먼 것은?

① 표척기울음 오차를 줄이기 위해
② 시준선 오차를 없애기 위해
③ 대기굴절 오차를 없애기 위해
④ 지구곡률 오차를 없애기 위해

해설 전시와 후시 거리를 같게 함으로써 제거되는 오차
① 시준축 오차 소거 : 기포관축 ≠ 시준선(레벨조정의 불안정으로 생기는 오차 소거)
   전시와 후시거리를 같게 취하는 가장 중요한 이유이다.
② 자연적 오차 소거
   ㉠ 구차 : 지구의 곡률에 의한 오차
   ㉡ 기차 : 광선의 굴절에 의한 오차
   ㉢ 양차 : 구차와 기차의 합
③ 조준나사 작동에 의한 오차 소거

해답 ①

023
지형측량에서 등고선에 대한 설명 중 옳은 것은?

① 계곡선은 가는 실선으로 나타낸다.
② 간곡선은 가는 파선으로 나타낸다.
③ 축척 1/25000 지도에서 주곡선의 간격은 5m이다.
④ 축척 1/10000 지도에서 조곡선의 간격은 2.5m이다.

해설 등고선 종류

등고선 종류	기 호	$\frac{1}{10,000}$	$\frac{1}{25,000}$	$\frac{1}{50,000}$
계 곡 선	굵은 실선(————)	25m	50m	100m
주 곡 선	가는 실선(————)	5m	10m	20m
간 곡 선	가는 파선(------)	2.5m	5m	10m
조 곡 선	가는 점선(··········)	1.25m	2.5m	5m

해답 ②

024
반지름 500m인 단곡선에서 시단현 15m에 대한 편각은?

① 0°51′34″
② 1°4′27″
③ 1°13′33″
④ 1°17′42″

해설
① 시단현(l_1) = BC점부터 BC 다음 말뚝까지의 거리
   $l_1 = 15m$
② 시단편각
   $$\delta_1 = \frac{l_1}{R} \times \frac{90°}{\pi} = \frac{15}{500} \times \frac{90°}{\pi} = 0°51′34″$$

해답 ①

025

트래버스 측량에서 거리의 총합이 1250m, 위거오차 −0.12m, 경거오차 +0.23m 일 때 폐합비는?

① $\dfrac{1}{4970}$
② $\dfrac{1}{4810}$
③ $\dfrac{1}{4370}$
④ $\dfrac{1}{3970}$

해설

① 폐합오차
$$E = \sqrt{\Delta L^2 + \Delta D^2} = \sqrt{(-0.12)^2 + (0.23)^2} = \pm 0.26\text{m}$$
여기서, ΔL : 위거 오차
ΔD : 경거 오차

② 폐합비
$$R = \dfrac{E}{\sum l} = \dfrac{0.26}{1250} = \dfrac{1}{4808} \fallingdotseq \dfrac{1}{4810}$$
여기서, $\sum l$: 총 거리

해답 ②

026

그림과 같은 표고를 갖는 지형을 평탄하게 정지작업을 한다면 이 지역의 평균표고는? (단, 분할된 구역의 면적은 모두 동일하다.)

① 10.218m
② 10.916m
③ 10.188m
④ 10.175m

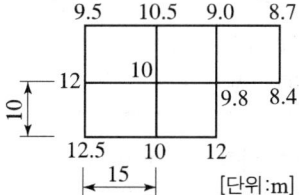

해설

① 면적
$$A = 15 \times 10 = 150\text{m}^2$$

② 토량
$$V_o = \dfrac{A}{4}(\sum h_1 + 2\sum h_2 + 3\sum h_3 + 4\sum h_4)$$
$$= \dfrac{150}{4}[(9.5 + 8.7 + 8.4 + 12 + 12.5)$$
$$\quad + 2 \times (10.5 + 9 + 10 + 12) + 3 \times 9.8 + 4 \times 10]$$
$$= 7631.25\text{m}^3$$

③ 평균표고
$$h = \dfrac{V_o}{5A} = \dfrac{7631.25}{5 \times 150} = 10.175\text{m}$$

해답 ④

027
도상에 표고를 숫자로 나타내는 방법으로 하천, 항만, 해안측량 등에서 수심측량을 하여 고저를 나타내는 경우에 주로 사용되는 것은?
① 음영법
② 등고선법
③ 영선법
④ 점고법

해설 점고법
① 임의 점의 표고를 도상에 숫자로 표시
② 하천, 항만, 해양 등의 심천을 나타내는 경우에 사용
③ 택지조성공사, 대단위 신도시 등 넓은 지형 정지공사의 토량 산정에 적합

해답 ④

028
단곡선 설치에서 교각 $I=50°$, 반지름 $R=350m$일 때 곡선길이(C.L.)는?
① 305.433m
② 268.116m
③ 224.976m
④ 150.000m

해설 $CL = \dfrac{\pi}{180°} \cdot R \cdot I = \dfrac{\pi}{180°} \times 350 \times 50° = 305.433m$

해답 ①

029
방위각 100°에 대한 역방위는?
① S 80° W
② N 60° W
③ N 80° W
④ S 60° W

해설 ① 역방위각 = 100° + 180° = 280°
② 역방위 = 360° − 280° = 80°(4상한)   ∴ N 80° W

해답 ③

030
A와 B 두 사람이 같은 측점을 수준 측량한 표고가 67.236m±9mm와 67.249m±14mm를 각각 얻었다면 최확값은?
① 67.236m
② 67.240m
③ 67.243m
④ 67.249m

해설 ① **경중률** : 오차의 제곱에 반비례하므로

$P_1 : P_2 = \dfrac{1}{m_1^2} : \dfrac{1}{m_2^2} = \dfrac{1}{0.009^2} : \dfrac{1}{0.014^2} = \dfrac{1}{81} : \dfrac{1}{196}$

② **최확치** $= \dfrac{P_1 H_1 + P_2 H_2}{P_1 + P_2} = \dfrac{\dfrac{1}{81} \times 67.236 + \dfrac{1}{196} \times 67.249}{\dfrac{1}{81} + \dfrac{1}{196}} = 67.240m$

해답 ②

031

그림에서 모관수에 의해 $A-A$면까지 완전히 포화되었다고 가정하면 $B-B$면에서의 유효응력은 얼마인가? (단, $\gamma_w=10\text{kN/m}^3$이다.)

① 63kN/m^2
② 72kN/m^2
③ 82kN/m^2
④ 122kN/m^2

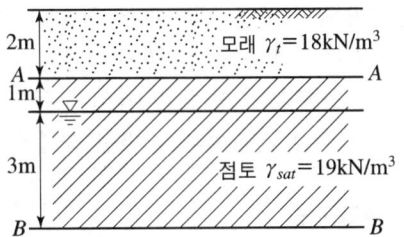

해설

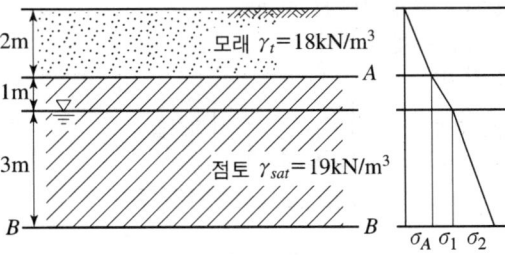

$B-B$면에서의 유효응력

$\sigma' = \sigma_A + \sigma_1 + \sigma_2 = r_t \cdot h_A + r_{sat} \cdot h_1 + r_{sub} \cdot h_A$
$= r_t \cdot h_A + r_{sat} \cdot h_1 + (r_{sat} - r_w) \cdot h_A$
$= 18 \times 2 + 19 \times 1 + (19-10) \times 3$
$= 82\text{kN/m}^2$

해답 ③

032

모래의 내부마찰각 ϕ와 N치와의 관계를 나타낸 Dunham의 식 $\phi = \sqrt{12N} + C$에서 상수 C의 값이 가장 큰 경우는?

① 토립자가 모나고 입도분포가 좋을 때
② 토립자가 모나고 균일한 입경일 때
③ 토립자가 둥글고 입도분포가 좋을 때
④ 토립자가 둥글고 균일한 입경일 때

해설 N, ϕ의 관계(Dunham 공식)

① 토립자가 모나고 입도가 양호 : $\phi = \sqrt{12N} + 25$
② 토립자가 모나고 입도가 불량 : $\phi = \sqrt{12N} + 20$
   토립자가 둥글고 입도가 양호 : $\phi = \sqrt{12N} + 20$
③ 토립자가 둥글고 입도가 불량 : $\phi = \sqrt{12N} + 15$
   토립자가 모나고 입도분포가 양호한 경우 C값이 25로 가장 크다.

해답 ①

033 점토질 지반에 있어서 강성기초의 접지압 분포에 관한 다음 설명 가운데 옳은 것은?

① 기초의 중앙 부분에서 최대의 응력이 발생한다.
② 기초의 모서리 부분에서 최대의 응력이 발생한다.
③ 기초부분의 응력은 어느 부분이나 동일하다.
④ 기초 밑면에서의 응력은 토질에 관계없이 일정하다.

해설 점토지반
① 연성기초 ㉠ 접지압 : 일정
         ㉡ 침하량 : 기초 중앙부에서 최대
② 강성기초 ㉠ 접지압 : 양단부에서 최대
         ㉡ 침하량 : 일정

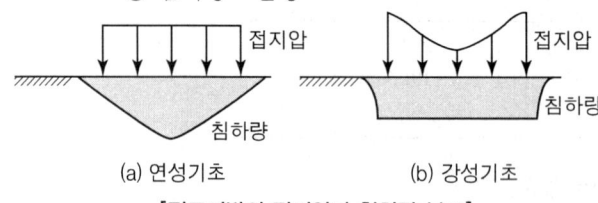

[점토지반의 접지압과 침하량 분포]

해답 ②

034 어떤 모래지반에서 단위시간에 흙속을 통과하는 물의 부피를 구하는 공식 $q = kiA = vA$에 의해 물의 유출속도 $v = 2\text{cm/sec}$를 얻었다. 이 흙에서의 실제 침투속도 v_s는? (단, 간극률이 40%인 모래지반이다.)

① 0.8cm/sec   ② 3.2cm/sec
③ 5.0cm/sec   ④ 7.6cm/sec

해설 $v_s = \dfrac{v}{\dfrac{n}{100}} = \dfrac{2}{0.4} = 5.0\text{cm/sec}$

해답 ③

035 어느 흙에 대하여 직접 전단시험을 하여 수직응력이 30MPa일 때 20MPa의 전단강도를 얻었다. 이 흙의 점착력이 10MPa이면 내부마찰각은 약 얼마인가?

① 15°   ② 18°
③ 21°   ④ 24°

해설 $\tau_f = c + \sigma' \tan\phi = 10 + 30 \times \tan\phi = 20$에서
$\phi = 18.4°$

해답 ②

036

점토의 예민비(銳敏比)를 알기위해 행하는 시험은?

① 직접전단시험 ② 삼축압축시험
③ 일축압축시험 ④ 표준관입시험

해설 예민비(예민비가 클수록 흙을 다시 이겼을 때 강도 변화가 큰 점토이다.)

$$S_t = \frac{q_u}{q_{ur}}$$

여기서, q_u : 자연상태의 일축압축강도
　　　　q_{ur} : 흐트러진 상태의 일축압축강도

해답 ③

037

다음의 지반 개량공법 중에서 점성토 지반에 사용하지 않는 것은?

① 샌드 드레인공법 ② 바이브로 플로테이션공법
③ 프리로딩공법　　④ 페이퍼 드레인공법

해설 **진동다짐공법**(바이브로 플로테이션(Vibroflotation) 공법)은 진동과 충격에 의한 사질토 지반 개량공법이다.

해답 ②

038

흙의 다짐에 관한 설명 중 틀린 것은?

① 사질토는 흙의 건조밀도-함수비 곡선의 경사가 완만하다.
② 최대 건조물도는 사질토가 크고, 점성토가 작다.
③ 모래질 흙은 진동 또는 진동을 동반하는 다짐방법이 유효하다.
④ 건조밀도-함수비곡선에서 최적함수비와 최대건조밀도를 구할 수 있다.

해설 ① 사질토는 흙의 건조밀도-함수비 곡선의 경사가 급하다.
　　　② 흙의 종류에 따른 다짐곡선의 성질

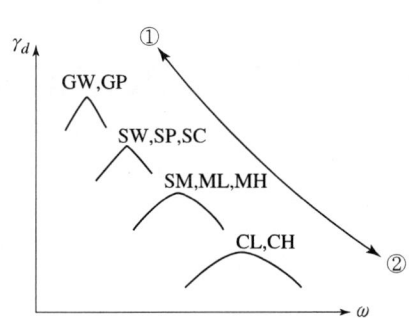

① 방향 일수록	조립토 양입도 다짐에너지가 커진다. 다짐곡선의 기울기가 급해진다. 최대건조단위중량이 증가한다. 최적함수비가 감소한다.
② 방향 일수록	세립토 빈입도 다짐에너지가 작아진다. 다짐곡선의 기울기가 완만해진다. 최대건조단위중량이 감소한다. 최적함수비가 증가한다.

해답 ①

039 무게 1kN인 해머로 2m 높이에서 말뚝을 박았더니 침하량이 20mm이었다. 이 말뚝의 허용 지지력을 Sander공식으로 구한 값은? (단, 안전율 $F_s=8$을 적용한다.)

① 12.5kN ② 25kN
③ 50kN   ④ 100kN

해설 Sander 공식

① 극한지지력 $R_u = \dfrac{W_h\, h}{S} = \dfrac{1 \times 2}{0.02} = 100\text{kN}$

② 허용지지력 $R_a = \dfrac{R_u}{F_s} = \dfrac{100}{8} = 12.5\text{kN}$

해답 ①

040 다음 그림에서 느슨한 모래의 전단거동 특성으로 옳은 것은?

① ①
② ②
③ ③
④ ④

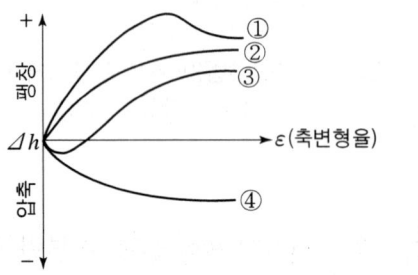

해설 사질토의 전단특성

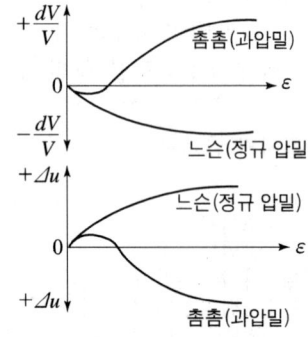

[체적변화 및 간극수압의 변화]

해답 ④

제3과목 수자원설계

041 반지름 a인 관수로에 물이 가득 차서 흐를 때, 경심 R는?

① $\dfrac{a}{4}$ ② $\dfrac{a}{3}$

③ $\dfrac{a}{2}$ ④ a

해설 원형 관수로의 경심(동수반경, 수리반경 ; R)
$$R = \frac{A}{P} = \frac{D}{4} = \frac{2a}{4} = \frac{a}{2}$$

해답 ③

042 수리학적으로 유리한 단면에 대한 설명으로 옳은 것은?

① 유수 단면적이 일정할 때 윤변과 경심이 최대가 되는 단면이다.
② 유수 단면적이 일정할 때 윤변과 경심이 최소가 되는 단면이다.
③ 유수 단면적이 일정할 때 윤변이 최소이거나 경심이 최대인 단면이다.
④ 유수 단면적이 일정할 때 윤변이 최대이거나 경심이 최소인 단면이다.

해설 수리학적으로 유리한 단면의 특성
① 일정한 단면적에 대하여 최대유량이 흐르는 수로의 단면을 수리상 유리한 단면이라 한다. (주어진 유량에 대하여 단면적을 최소로 하는 단면)
② 반원에 외접하는 단면(반원에 내접하는 단면)이 수리상 가장 유리한 단면이다.
③ 최대유량이 흐르는 조건
④ 경심(동수반경)이 최대이거나, 윤변이 최소일 때 성립한다.

해답 ③

043 부력에 대한 설명으로 옳지 않은 것은?

① 부력은 수심에 비례하는 압력을 받는다.
② 부체가 배제할 물의 무게와 같은 부력을 받는다.
③ 부력은 고체의 수중부분 부피와 같은 부피의 물 무게와 같다.
④ 유체에 떠 있는 물체는 그 자신의 무게와 같은 만큼의 유체를 배제한다.

해설 부력(B)은 물체가 수중에 있을 때 물체가 받는 연직상향 분력의 힘으로 수중 부분 부피만큼의 물의 무게로 나타내며 수심과는 관련이 없다.
$$B = w' V'$$
여기서, B : 부력, w' : 물의 단위중량, V' : 수중부분의 체적

해답 ①

044 관수로 내의 손실수두에 관한 설명으로 옳지 않은 것은?

① 마찰이외의 손실수두를 무시할 수 있는 것은 $l/D > 3000$일 때이다. (여기서 l : 길이, D : 관경)
② 관수로내의 모든 손실수두는 유속 수두에 비례한다.
③ 관수로의 입구손실계수(f_i)와 출구손실계수(f_o)는 일반적으로 각각 0.5, 1.0으로 본다.
④ 마찰손실수두는 모든 손실수두 가운데 가장 큰 것으로 마찰손실계수에 유속수두를 곱한 것이다.

해설 **마찰손실수두**(Darcy-weisbach 공식) : 관수로의 최대손실

$$h_L = f \frac{l}{D} \frac{V^2}{2g}$$

여기서, f : 마찰손실계수, V : 평균유속, $\frac{V^2}{2g}$: 유속수두

해답 ④

045 단면적이 200cm²인 90° 굽어진 관(1/4 원의 형태)을 따라 유량 $Q = 0.05\text{m}^3/\text{sec}$의 물이 흐르고 있다. 이 굽어진 면에 작용하는 힘(P)은? (단, 무게 1kg=9.8N)

① 157N
② 177N
③ 1570N
④ 1770N

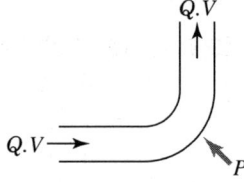

해설
① $V = \dfrac{Q}{A} = \dfrac{0.05}{0.02} = 2.5 \text{m/sec}$

② $P_x = \dfrac{w}{g} Q(V_1 - V_2) = \dfrac{w}{g} Q(V - V\cos\theta) = \dfrac{w}{g} AV^2(1-\cos\theta)$
$= \dfrac{1}{9.8} \times 0.02 \times 2.5^2 (1-\cos 90°) = 0.0128\text{t} = 12.8\text{kg} = 125.44\text{N}$

③ $P_y = \dfrac{w}{g} Q(V_1 - V_2) = \dfrac{w}{g} Q(0 - V\sin\theta) = -\dfrac{w}{g} AV^2 \sin\theta$
$= -\dfrac{1}{9.8} \times 0.02 \times 2.5^2 \times \sin 90° = 0.012755\text{t} = 12.755\text{kg} \times \dfrac{9.8}{1} \dfrac{\text{N}}{\text{kg}} = 125\text{N}$

④ $P = \sqrt{P_x^2 + P_y^2} = \sqrt{125.44^2 + 125^2} = 177\text{N}$

해답 ②

046

단위 폭에 대하여 유량 1m³/sec가 흐르는 직사각형 단면수로의 최소 비에너지 값은? (단, $\alpha = 1.1$이다.)

① 0.48m   ② 0.72m
③ 0.57m   ④ 0.81m

해설 ① 한계수심

$$h_c = \left(\frac{\alpha Q^2}{gb^2}\right)^{\frac{1}{3}} = \left(\frac{1.1 \times 1^2}{9.8 \times 1^2}\right)^{\frac{1}{3}} = 0.48238\text{m}$$

② 비에너지

$$h_c = \frac{2}{3}H_e \text{에서 } H_e = \frac{3}{2}h_c = \frac{3}{2} \times 0.48238 = 0.72\text{m}$$

해답 ②

047

물의 점성계수(粘性係數)에 대한 설명 중 옳은 것은?

① 점성계수와 동점성계수는 반비례한다.
② 수온이 낮을수록 점성계수는 크다.
③ 4℃에서의 점성계수가 가장 크다.
④ 수온에는 관계없이 점성계수는 일정하다.

해설 **점성계수**(μ, 1poise = 1go/cm · sec)는 물체가 외력에 대해 계속해서 연속적으로 저항하는 성질로서 수온이 증가하면 감소한다.
① **동점성계수**(ν, 1stokes = 1cm²/sec)는 점성계수를 밀도로 나눈 값이다.

$$\nu = \frac{\mu}{\rho}$$ (여기서, μ : 점성계수, ρ : 밀도)

② 물의 단위중량이 3.98℃(약 4℃)에서 최대이며 온도의 증감시 값이 작아진다.

해답 ②

048

레이놀즈의 실험장치(Reynolds 수)에 의해서 구별할 수 있는 흐름은?

① 층류와 난류   ② 정류와 부정류
③ 상류와 사류   ④ 등류와 부등류

해설 **Reynold수**(점성력에 대한 관성력)에 의한 층류와 난류의 판정

$$R_e = \frac{VD}{\nu}$$

여기서, V : 유속, D : 관경, ν : 동점성계수
① $R_e < 2,000$: 층류($R_{ec} = 2,000$)
② $2,000 < R_e < 4,000$: 천이영역, 불안정층류(층류와 난류가 공존한다.)
③ $R_e > 4,000$: 난류

해답 ①

049

안지름이 0.1m인 관에서 관마찰손실수두가 속도수두와 같을 때 관의 길이는? (단, $f=0.03$이다.)

① 1.33m
② 2.33m
③ 3.33m
④ 4.33m

해설

① $h_L = \dfrac{V^2}{2g}$

여기서, h_L : 마찰손실수두

② $h_L = f \dfrac{l}{D} \dfrac{V^2}{2g}$

$\dfrac{h_L}{\dfrac{V^2}{2g}} = 1 = f\dfrac{l}{D}$ 에서 $l = \dfrac{D}{f} = \dfrac{0.1}{0.03} = 3.33\text{m}$

해답 ③

050

수심에 대한 측정오차(%)가 같을 때 사각형위어 : 삼각형위어 : 오리피스의 유량오차(%) 비는?

① 2 : 1 : 3
② 1 : 3 : 5
③ 2 : 3 : 5
④ 3 : 5 : 1

해설 유량오차 : 수심 측청 오류

① 사각형 위어

$Q = \dfrac{2}{3} C b \sqrt{2g}\, h^{\frac{3}{2}}$ $\qquad \dfrac{dQ}{Q} = \dfrac{3}{2}\dfrac{dh}{h}$

② 삼각형 위어

$Q = \dfrac{8}{15} C \tan\dfrac{\theta}{2} \sqrt{2g}\, h^{\frac{5}{2}}$ $\qquad \dfrac{dQ}{Q} = \dfrac{5}{2}\dfrac{dh}{h}$

③ 오리피스

$Q = CA\sqrt{2gh}$ $\qquad \dfrac{dQ}{Q} = \dfrac{1}{2}\dfrac{dh}{h}$

④ 유량오차 비

사각형위어 : 삼각형위어 : 오리피스 $= \dfrac{3}{2} : \dfrac{5}{2} : \dfrac{1}{2} = 3 : 5 : 1$

해답 ④

051 수원의 구비요건으로 옳지 않은 것은?

① 수질이 좋아야 한다.
② 수량이 풍부해야 한다.
③ 가능한 한 낮은 곳에 위치하여야 한다.
④ 상수소비지에서 가까운 곳에 위치하여야 한다.

해설 수원선정시 고려 사항
① 수질이 좋아야 한다.
② 수량이 풍부하여야 한다.
③ 가능한 한 정수장이나 도시보다 높은 곳에 위치하여야 한다.
④ 상수 소비지에서 가까운 곳에 위치하는 것이 좋다.

해답 ③

052 급수방식에 대한 설명으로 옳지 않은 것은?

① 급수방식에는 직결식, 저수조식 및 직결 · 저수조 병용식이 있다.
② 직결식에는 직결직압식과 직결가압식이 있다.
③ 급수관으로부터 수돗물을 일단 저수조에 받아서 급수하는 방식을 저수조식이라 한다.
④ 수도의 단수 시에도 물을 반드시 확보해야 하는 경우는 직결식을 적용하는 것이 바람직하다.

해설 급수방식
① 직결식 급수방식
  ㉠ 직결식(직결 직압식) : 배수관의 압력으로 직접 급수
  ㉡ 가압식(직결 가압식) : 급수관의 도중에 직결급수용 가압펌프설비(가압급수설비)를 설치하여 급수
  ㉢ 배수관의 최소동수압 : 3층 건물은 200kPa(약 2kgf/cm^2), 4층 건물은 250kPa(약 2.5kgf/cm^2), 5층 건물은 300kPa(약 3kgf/cm^2)이 필요하다.
② 저수조식 급수방식 : 급수관으로부터 수돗물을 일단 저수조에 받아서 급수
  ㉠ 배수관의 수압이 낮아 직접 급수가 불가능할 경우
  ㉡ 일시에 많은 수량 또는 항상 일정한 수량을 필요로 하는 경우
  ㉢ 급수관의 고장에 따른 단수나 감수 시에도 어느 정도의 급수를 지속시킬 필요가 있을 경우
  ㉣ 배수관 수압이 과대하여 급수장치에 고장을 일으킬 염려가 있을 경우
  ㉤ 약품을 사용하는 공장 등으로부터 역류에 의하여 배수관의 수질을 오염시킬 우려가 있는 경우
③ 직결 · 저수조 병용식

해답 ④

053

하수도 시설계획에서 오수관거, 우수관거 및 합류관거의 이상적인 유속 범위는?

① 0.1~0.3m/sec
② 0.3~0.8m/sec
③ 1.0~1.8m/sec
④ 3.0~4.0m/sec

해설 하수관의 유속

관거	최소유속	최대유속	비고
오수관거	0.6m/sec	3.0m/sec	이상적인 유속 : 1.0~1.8m/sec
우수관거 및 합류관거	0.8m/sec	3.0m/sec	

해답 ③

054

하천에 오수가 유입될 경우 최초의 분해지대에서 BOD가 감소하는 원인은?

① 미생물의 번식
② 유기물질의 침전
③ 온도의 변화
④ 탁도의 증가

해설 하천의 자정단계(Whipple의 4단계)

분해지대 → 활발한 분해지대 → 회복지대 → 정수지대

① 분해지대 : 물이 오염되면서 최초의 분해지대에서 시작되는 단계이다.
  ㉠ 세균의 수가 증가한다.(미생물의 번식으로 BOD가 감소하게 된다.)
  ㉡ 유기물을 많이 함유하는 슬러지의 침전이 많아진다.
  ㉢ 용존산소의 양이 크게 줄어든다.
  ㉣ pH가 감소하면서 탄산가스 양이 많아진다.
② 활발한 분해지대 : 호기성미생물의 활발에 의해 용존산소가 없게 되어 부패상태에 도달하게 된다.
③ 회복지대 : 물리적으로 물이 깨끗해져 분해물이 없어지고 용존산소가 증가
④ 정수지대 : 마치 오염되지 않은 자연수처럼 보이며, 용존산소가 풍부하다.

해답 ①

055

표준활성슬러지법의 공정도로 옳은 것은?

① 1차침전지 → 소독조 → 침사지 → 2차침전지 → 포기조 → 방류
② 침사지 → 1차침전지 → 2차침전지 → 소독조 → 포기조 → 방류
③ 포기조 → 1차침전지 → 침사지 → 2차침전지 → 소독조 → 방류
④ 침사지 → 1차침전지 → 포기조 → 2차침전지 → 소독조 → 방류

해설 표준활성슬러지법의 공정도

침사지 → 1차침전지 → 포기조 → 2차침전지 → 소독조 → 방류

해답 ④

056 강우강도 $I = 4000/(t+30)$mm/hr [t : 분], 유역면적 5km², 유입시간 420초, 유출계수 0.8, 하수관거 길이 1km, 관내유속 1.2m/sec인 경우의 최대우수유출량을 합리식에 의해 구하면?

① 873m³/sec
② 87.3m³/sec
③ 873m³/hr
④ 87.3m³/hr

해설
① $t = t_1 + \dfrac{l}{v} = \dfrac{420}{60} + \dfrac{1000}{1.2 \times \dfrac{60}{1}\dfrac{\sec}{\min}} = 20.9$분

② $I = \dfrac{4000}{t+30} = \dfrac{4000}{20.9+30} = 78.585$mm/hr

③ $Q = \dfrac{1}{3.6} C \cdot I \cdot A = \dfrac{1}{3.6} \times 0.8 \times 78.585 \times 5 = 87.3$m³/sec

해답 ②

---

057 하수관거의 길이가 1.8km인 하수관 내에 하수가 2m/sec로 이동시 유달 시간은? (단, 유입시간은 5분이다.)

① 10분
② 15분
③ 20분
④ 25분

해설 유달시간(T) = 유입시간(t_1) + 유하시간(t_2)
$= t_1 + \dfrac{L}{v} = 5 + \dfrac{1800}{2 \times \dfrac{60}{1}\dfrac{\sec}{\min}} = 20$분

해답 ③

---

058 1000m³/day 유량의 오수가 침전지에 유입되고 있다. 이 침전지에서 10m/day 이상의 침전속도를 갖는 입자를 100% 제거하려 한다면 이 침전지의 부피는? (단, 침전지의 계획 유효수심은 3m이다.)

① 100m³
② 200m³
③ 300m³
④ 400m³

해설
① 침전지에서 100% 제거될 수 있는 입자의 침강속도
$V_0 = \dfrac{Q}{A}$에서 $A = \dfrac{Q}{V_0} = \dfrac{1000}{10} = 100$m²

② 침전지의 부피
$V = A \cdot h_o = 100 \times 3 = 300$m³

해답 ③

059 펌프의 비교회전도(Ns)에 대한 설명으로 옳지 않은 것은?

① Ns가 클수록 높은 곳까지 양정할 수 있다.
② Ns가 클수록 유량은 많고 양정은 작은 펌프이다.
③ 유량과 양정이 동일하면 회전수가 클수록 Ns가 커진다.
④ Ns가 같으면 펌프의 크기에 관계없이 대체로 형식과 특성이 같다.

해설 비교회전도가 크다.
① 펌프가 많이 회전한다.
② 양정이 낮은 펌프
③ 대수량
④ 축류펌프
⑤ 토출량과 전양정이 동일하면 회전속도가 클수록 Ns가 크고, 따라서 소형으로 되며 일반적으로 가격이 저렴하게 된다.

해답 ①

060 합류식 하수관거의 설계시 사용하는 유량은?

① 계획우수량 + 계획시간 최대오수량의 3배
② 계획우수량 + 계획시간 최대오수량
③ 계획시간 최대오수량의 3배
④ 계획1일 최대오수량

해설 계획 하수량
① 분류식
  ㉠ 오수관거 : 계획시간 최대 오수량
  ㉡ 우수관거 : 계획 우수량
② 합류식
  ㉠ 합류관거 : 계획시간 최대 오수량 + 계획우수량
  ㉡ 차집관거 : 우천시 계획오수량(계획시간 최대 오수량의 3배 이상)
    우천시 계획오수량 산정시 생활 오수량 외에 우천시 오수관거에 유입되는 빗물의 양과 지하수의 침입량을 측정하여 합산하여 구한다.

해답 ②

토목산업기사

2024년 5월 CBT 시행

본 문제는 복원 기출문제입니다. 실제 문제와 다를 수 있으니 양해바랍니다.

제1과목 구조설계

001 다음 보에서 $D \sim B$구간의 전단력은?

① 7.8kN
② −36.5kN
③ −42.2kN
④ 50.5kN

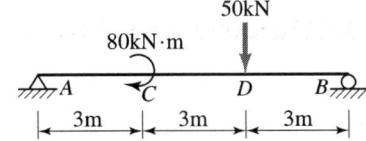

[해설]
① $R_A = \dfrac{50 \times 3 - 80}{9} = \dfrac{70}{9}(\uparrow)$

② $R_B = \dfrac{50 \times 6 + 80}{9} = \dfrac{380}{9}(\uparrow)$

③ $S_{DB} = -R_B = -\dfrac{380}{9} = -42.2 \text{kN}$

[해답] ③

002 길이 1.5m, 지름 3cm의 원형단면을 가진 1단고정, 타단 자유인 기둥의 좌굴하중을 Euler의 공식으로 구하면? (단, $E = 2.1 \times 10^5 \text{MPa}$)

① 9.15kN
② 7.85kN
③ 8.26kN
④ 6.97kN

[해설] ① 1단 고정, 타단 자유이므로
$n = \dfrac{1}{4}$

② 좌굴하중

$P_b = \dfrac{n \cdot \pi^2 \cdot E \cdot I}{l^2} = \dfrac{\dfrac{1}{4} \times \pi^2 \times 2.1 \times 10^5 \times \dfrac{\pi \times 30^4}{64}}{(1500)^2} = 9156.5\text{N} = 9.15\text{kN}$

[해답] ①

003

다음 그림과 같은 구조물에서 이 보의 단면이 받는 최대전단응력의 크기는?

① 1.0MPa
② 1.5MPa
③ 2.0MPa
④ 2.5MPa

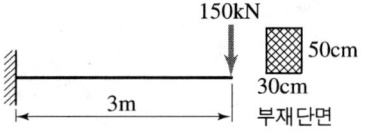

해설 ① $S_{\max} = 150\text{kN}$
② $\tau_{\max(중앙)} = \dfrac{3}{2}\dfrac{S}{A} = \dfrac{3}{2} \times \dfrac{150000}{300 \times 500} = 1.5\text{MPa}$

해답 ②

004

포와송비(Poisson's ratio)가 0.2일 때 포와송수는?

① 2   ② 3
③ 5   ④ 8

해설 $\nu = -\dfrac{1}{m}$ 에서 $m = -\dfrac{1}{\nu} = -\dfrac{1}{0.2} = -5$

여기서, ν : 프와송비, m : 프와송수

해답 ③

005

다음 그림의 캔틸레버에서 A점의 휨 모멘트는?

① $-\dfrac{wl^2}{8}$ ② $-\dfrac{2wl^2}{8}$
③ $-\dfrac{3wl^2}{4}$ ④ $-\dfrac{3wl^2}{8}$

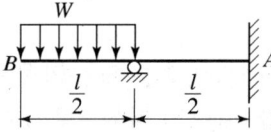

해설 $M_A = -w \times \dfrac{l}{2} \times \dfrac{3l}{4} = -\dfrac{3wl^2}{8}$

해답 ④

006

밑변 6cm, 높이 12cm인 삼각형의 밑변에 대한 단면 2차 모멘트의 값은?

① 216cm^4 ② 288cm^4
③ 864cm^4 ④ 1728cm^4

해설 $I_x = \dfrac{bh^3}{12} = \dfrac{6 \times 12^3}{12} = 864\text{cm}^4$

해답 ③

007

아래 그림과 같은 부정정 보에서 C점에 작용하는 휨 모멘트는?

① $\dfrac{1}{16}wl^2$ ② $\dfrac{1}{12}wl^2$

③ $\dfrac{3}{32}wl^2$ ④ $\dfrac{5}{24}wl^2$

해설 ① $R_B = \dfrac{3wl}{8}(\uparrow)$

② $M_C = R_B \times \dfrac{l}{4} - w \times \dfrac{l}{4} \times \dfrac{l}{8} = \dfrac{3wl}{8} \times \dfrac{l}{4} - w \times \dfrac{l}{4} \times \dfrac{l}{8} = \dfrac{3wl^2}{32} - \dfrac{wl^2}{32} = \dfrac{wl^2}{16}$

해답 ①

008

힘의 3요소에 대한 설명으로 옳은 것은?

① 벡터량으로 표시한다.
② 스칼라량으로 표시한다.
③ 벡터량과 스칼라량으로 표시한다.
④ 벡터량과 스칼라량으로 표시할 수 없다.

해설 ① **벡터량**
　㉠ 크기와 방향을 갖는 물리량
　㉡ 변위, 힘, 무게, 속도, 가속도, 모멘트, 운동량, 충격량, 전기장, 자기장 등
② **스칼라량**
　㉠ 크기만 갖는 물리량
　㉡ 길이, 시간, 질량, 속력, 일, 에너지, 면적, 부피, 시간, 온도 등

해답 ①

009

그림과 같이 무게 10kN의 물체가 두 부재 AC 및 BC로서 지지되어 있을 때 각 부재에 작용하는 장력 T는?

① 6.96kN
② 7.07kN
③ 7.96kN
④ 8.07kN

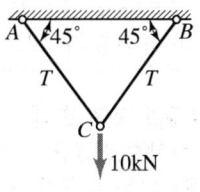

해설 $\dfrac{T}{\sin 135°} = \dfrac{10\text{kN}}{\sin 90°}$ 에서

$T = \dfrac{10\text{kN}}{\sin 90°} \times \sin 135° = 7.07\text{kN}$

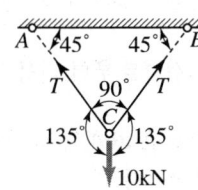

해답 ②

010 직경 D인 원형 단면의 단면계수는?

① $\dfrac{\pi D^3}{16}$ ② $\dfrac{\pi D}{16}$

③ $\dfrac{\pi D}{32}$ ④ $\dfrac{\pi D^3}{32}$

해설

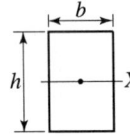 $Z_x = \dfrac{bh^2}{6}$

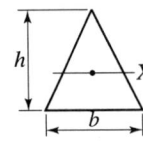 $Z_{x1} = \dfrac{bh^2}{24}$ $Z_{x2} = \dfrac{bh^2}{12}$

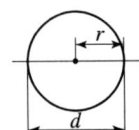 $Z_x = \dfrac{\pi d^3}{32}$

해답 ④

011 슬래브의 설계에서 직접설계법을 사용하고자 할 때 제한사항으로 틀린 것은?

① 각 방향으로 3경간 이상 연속되어야 한다.
② 슬래브 판들은 단변 경간에 대한 장변 경간의 비가 2 이하인 직사각형이어야 한다.
③ 연속한 기둥 중심선을 기준으로 기둥의 어긋남은 그 방향 경간의 10% 이하이어야 한다.
④ 모든 하중은 모멘트하중으로서 슬래브판 전체에 등분포되어야 하며, 활하중은 고정하중의 1/2 이상이어야 한다.

해설 **직접설계법 적용 조건**
① 각 방향으로 3경간 이상이 연속되어야 한다.
② 슬래브판들은 단변 경간에 대한 장변 경간의 비가 2 이하인 직사각형이어야 한다.
③ 각 방향으로 연속한 받침부 중심 간 경간 길이의 차이는 긴 경간의 1/3 이하이어야 한다.
④ 연속한 기둥 중심선으로부터 기둥의 어긋남은 그 방향 경간의 최대 10% 이하이어야 한다.
⑤ 모든 하중은 슬래브판 전체에 등분포 된 연직하중이어야 하며, 활하중은 고정하중의 2배 이하이어야 한다.

해답 ④

012

강도 설계에 의한 나선철근 기둥의 설계 축하중강도(ϕP_n)는 얼마인가? (단, 기둥의 $A_g=200000\text{mm}^2$, $A_{st}=6-\text{D}35=5700\text{mm}^2$, $f_{ck}=21\text{MPa}$, $f_y=300\text{MPa}$, 압축지배단면이다.)

① 2957kN
② 3000kN
③ 3081kN
④ 3201kN

해설 중심 축하중강도

$\phi P_n = \alpha\,\phi\,[0.85\,f_{ck}(A_g - A_{st}) + f_y\,A_{st}]$
$= 0.85 \times 0.7 \times [0.85 \times 21 \times (200000 - 5700) + 300 \times 5700]$
$= 3,081,062\text{N} = 3,081\text{kN}$

여기서, α : 수정 계수(시공상의 오차, 예상치 못한 편심하중 등을 고려)
  나선 철근 : $\alpha = 0.85$
  띠 철근 : $\alpha = 0.80$
  ϕ : 강도감소계수
  나선 철근 : $\phi = 0.70$
  띠 철근 : $\phi = 0.65$

해답 ③

013

PSC의 해석의 기본개념 중 아래의 표에서 설명하는 개념은?

> 프리스트레싱의 작용과 부재에 작용하는 하중을 비기도록 하자는데 목적을 둔 개념으로 등가하중의 개념이라고도 한다.

① 균등질 보의 개념
② 내력 모멘트의 개념
③ 하중평형의 개념
④ 변형률의 개념

해설 ① **균등질보개념**(응력개념법, 기본개념법)은 콘크리트에 프리스트레스트를 도입하면 콘크리트가 탄성 재료로 전환된다고 생각으로 전단면 유효 응력으로 설계하는 개념이다.
② **강도개념**(내력모멘트개념, C-선 개념)은 PSC보를 RC보처럼 생각하여 콘크리트는 압축력을 받고 긴장재는 인장력을 받게 하여 두 힘의 우력모멘트로 외력에 의한 휨모멘트에 저항시킨다는 개념이다.
③ **하중평형개념**(Load Balancing Concept)은 등가하중개념으로 포물선 또는 직선 절곡으로 배치된 PS강재에 의해 생긴 상향력이 보에 상향으로 작용하는 하중과 같다고 간주하는 개념이다.

해답 ③

014
고정하중(D)과 활하중(L)이 작용하는 경우 소요강도(U)를 얻는 일반적인 식은?

① $1.2D+1.8L$
② $1.2D+1.6L$
③ $1.4D+1.8L$
④ $1.4D+1.6L$

해설 소요강도는 $U=1.2D+1.6L$와 $U=1.4D$ 둘 중 큰 값으로 하는 데 일반적으로 $U=1.2D+1.6L$의 식이 사용된다.

해답 ②

015
전단을 받는 철근콘크리트 보의 단면의 설계에 기본이 되는 것은? (단, V_u : 단면의 계수전단력, V_c : 콘크리트가 부담하는 공칭전단강도, V_s : 전단철근이 부담하는 공칭전단강도, ϕ : 강도감소계수)

① $V_u \geq \phi(V_c + V_s)$
② $V_u \leq \phi(V_c + V_s)$
③ $V_s \geq \phi(V_c + V_u)$
④ $V_s \leq \phi(V_c + V_u)$

해설 설계원칙
$V_d = \phi V_n = \phi(V_c + V_s) \geq V_u$

해답 ②

016
강도설계법의 기본가정에 대한 설명으로 틀린 것은?

① 콘크리트의 응력은 변형률에 비례한다고 본다.
② 콘크리트의 인장 강도는 휨계산에서 무시한다.
③ 항복강도 f_y 이하에서 철근의 응력은 그 변형률의 E_s배로 본다.
④ 압축 측 연단에서 콘크리트의 극한 변형률은 0.003으로 본다.

해설 강도설계법 설계가정
① 변형률은 중립축으로부터의 거리에 비례한다 (훅크의 법칙 성립)
② 압축측 연단에서의 콘크리트의 최대 변형률은 0.003이다.
③ 콘크리트의 인장강도는 무시한다.
④ $f_s \leq f_y$일 때 $f_s = \epsilon_s E_s$
   $f_s > f_y$일 때 $f_s = f_y$
⑤ 콘크리트의 압축응력 분포와 콘크리트의 변형률 사이의 관계는 직사각형, 사다리꼴, 포물선형 또는 기타 어떤 형상으로도 가정이 가능하며 강도의 예측에서 광범위한 실험의 결과와 실질적으로 일치하는 형상이어야 한다.
⑥ 직사각형으로 가정할 경우 구조설계기준에서는 $0.85f_{ck}$로 균등하게 압축연단으로부터 $a=\beta_1 c$까지 등분포된 형태로 가정해서 설계하고 있다.

해답 ①

017
유효프리스트레스응력을 결정하기 위하여 고려하여야하는 프리스트레스의 손실원인이 아닌 것은?

① 포스트텐션의 긴장재와 덕트 사이의 마찰
② 정착장치의 활동
③ 콘크리트의 탄성수축
④ 콘크리트 응력의 릴랙세이션

해설 프리스트레스 손실 원인 : 유효프리스트레스응력 결정 시 고려
① 프리스트레스 도입 시 : 즉시 손실
 ㉠ 콘크리트의 탄성변형(수축)
 ㉡ PS강재와 시스 사이의 마찰(포스트텐션 방식에만 해당)
 ㉢ 정착단의 활동
② 프리스트레스 도입 후 : 시간적 손실
 ㉠ 콘크리트의 건조수축
 ㉡ 콘크리트의 크리프
 ㉢ PS강재의 리랙세이션(Relaxation)

해답 ④

018
보의 길이 $l=35m$, 활동량 $\Delta l=5mm$, 긴장재의 탄성계수 $E_{pa}=200000MPa$일 때 프리스트레스 강소량 Δf_p는?

① 12.5MPa
② 21.4MPa
③ 28.6MPa
④ 36.8MPa

해설 ① 정착단의 변형률 : 일단 정착이므로 $\epsilon = \dfrac{\Delta l}{l} = \dfrac{5}{35000}$
② 정착장치의 활동에 의한 손실
$$\Delta f_{Pi} = \epsilon \cdot E_P = \dfrac{5}{35000} \times 200000 = 28.6MPa$$

해답 ③

019
다음 그림과 같이 용접이음을 했을 경우 전단응력은?

① 78.9MPa
② 67.5MPa
③ 57.5MPa
④ 45.9MPa

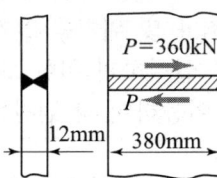

해설 $v = \dfrac{P}{\sum al} = \dfrac{360000}{12 \times 380} = 78.9MPa$

해답 ①

020 그림과 같은 T형 단면의 보에서 등가직사각형 응력블록의 깊이(a)는? (단, $f_{ck}=28\text{MPa}$, $f_y=400\text{MPa}$, $A_s=3855\text{mm}^2$)

① 81mm
② 98mm
③ 108mm
④ 116mm

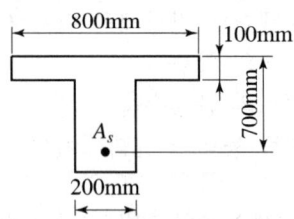

해설 T형보의 판별

$$a = \frac{A_s f_y}{0.85 f_{ck} b} = \frac{3,855 \times 400}{0.85 \times 28 \times 800} = 81\text{mm} < t_f = 100\text{mm} \text{이므로}$$

폭을 800mm로 하는 단철근 직사각형보로 계산하므로 등가직사각형깊이 $a = 81\text{mm}$ 이다.

해답 ①

제2과목 측량 및 토질

021 기하학적 측지학의 3차원 위치 결정 요소로 옳은 것은?

① 위도, 경도, 높이
② 위도, 경도, 방향각
③ 위도, 경도, 자오선 수차
④ 위도, 경도, 진북 방위각

해설 측지학의 3차원 위치결정 : 위도, 경도, 높이

해답 ①

022 삼각측량의 목적으로 가장 적합한 것은?

① 각 삼각형의 면적을 도출하기 위함이다.
② 미지점의 좌표 및 위치를 알기 위함이다.
③ 세부측량을 실시하기 위한 보조점을 만들기 위함이다.
④ sin법칙을 이용하여 각 점간의 거리를 산출하기 위함이다.

해설 삼각측량은 기준점의 위치를 정밀하게 결정하는 측량법이다.

해답 ②

023 그림과 같은 3개의 각 x_1, x_2, x_3를 같은 정밀도로 측정한 결과, $x_1 = 31°38'18''$, $x_2 = 33°04'31''$, $x_3 = 64°42'34''$이었다면 ∠AOB의 보정된 값은?

① 31°38'13''
② 31°38'15''
③ 31°38'18''
④ 31°38'23''

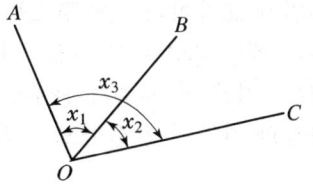

해설 ① 오차
$$e = (x_1 + x_2) - x_3$$
$$= (31°38'18'' + 33°04'31'') - 64°42'34'' = 15''$$
② 보정량
$$\theta = \frac{e}{3} = \frac{15''}{3} = 5''$$
③ x_1과 x_2는 (−)보정, x_3는 (+)보정해야 하므로
∠AOB = x_1 = 31°38'18'' − 5'' = 31°38'13''

해답 ①

024 교호수준측량으로 소거할 수 있는 오차가 아닌 것은?

① 시준축 오차
② 관측자의 과실
③ 기차에 의한 오차
④ 구차에 의한 오차

해설 ① 교호수준측량은 중앙에 기계를 세울 수 없을 때 전시와 후시의 거리를 같게 하는 효과를 주기위한 측량방법이다.
② 전시와 후시 거리를 같게 함으로써 제거되는 오차
　㉠ 시준축 오차 소거 : 기포관축≠시준선(레벨조정의 불안정으로 생기는 오차 소거)
　㉡ 자연적 오차 소거 : 구차, 기차
　㉢ 조준나사 작동에 의한 오차 소거

해답 ②

025 축척 1 : 1000의 지형도를 이용하여 축척 1 : 5000 지형도를 제작하려고 한다. 1 : 5000 지형도 1장의 제작을 위해서는 1 : 1000 지형도 몇 장이 필요한가?

① 25매
② 20매
③ 10매
④ 5매

해설 $\dfrac{5000^2}{1000^2} = 25$매

해답 ①

026

수위관측소의 설치장소 선정시 고려하여야 할 사항에 대한 설명으로 옳지 않은 것은?

① 수위가 교각이나 기타구조물에 의한 영향을 받지 않는 장소일 것
② 홍수 때는 관측소가 유실, 이동 및 파손될 염려가 없는 장소일 것
③ 잔류, 역류 및 저수가 풍부한 장소일 것
④ 하상과 하안이 안전하고 퇴적이 생기지 않는 장소일 것

해설 양수표(수위관측소) 설치
① 세굴이나 퇴적이 생기지 않는 장소
② 상·하류 약 100m 정도의 직선인 장소
③ 수위가 교각이나 기타 구조물에 의한 영향을 받지 않는 장소
④ 홍수시 유실이나 이동 또는 파손되지 않는 장소
⑤ 평상시는 물론 홍수시에도 용이하게 양수량을 관측할 수 있는 장소
⑥ 지천의 합류점에서는 불규칙한 수위변화가 없는 장소
⑦ 어떤 갈수시에도 양수표가 노출되지 않는 장소
⑧ 잔류 및 역류가 없는 장소

해답 ③

027

면적이 8100m²인 정4각형의 토지를 1 : 3000 축척으로 도면을 작성할 때, 도면에서의 한 변의 길이는?

① 3cm
② 5cm
③ 10cm
④ 15cm

해설
① $a = \dfrac{8100 \times 10^4}{3000^2} = 9\text{cm}^2$
② $l = \sqrt{a} = \sqrt{9} = 3\text{cm}$

해답 ①

028

$\overline{AB}$측선의 방위각이 50°30′이고 그림과 같이 트래버스 측량을 한 결과, $\overline{CD}$측선의 방위각은?

① 131°00′
② 141°00′
③ 151°00′
④ 161°00′

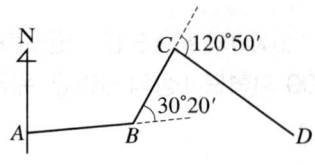

해설
① $\alpha_{BC} = \alpha_{AB} - 30°20′ = 50°30′ - 30°20′ = 20°10′$
② $\alpha_{CD} = \alpha_{BC} + 120°50′ = 20°10′ + 120°50′ = 141°$

해답 ②

029

지자기측량을 위한 관측의 요소가 아닌 것은?

① 편각
② 복각
③ 자오선수차
④ 수평분력

해설 지자기 3요소
① 편각 : 자북선과 진북선이 이루는 각(지자기의 방향과 자오선과의 각)
② 복각 : 자북선과 수평분력이 이루는 각(지자기의 방향과 수평면과의 각)
③ 수평분력 : 전자장의 수평성분(수평면 내에서의 자기장의 크기)
여기서, F : 전자장
H : 수평분력(X : 진북방향성분, Y : 동서방향성분)
Z : 연직분력
D : 편각
I : 복각

해답 ③

030

반지름 150m의 단곡선을 설치하기 위하여 교각을 측정한 값이 57°36′일 때 접선장($T.L$)과 곡선장($C.L$)은?

① 접선장=82.46m, 곡선장=150.80m
② 접선장=82.46m, 곡선장=75.40m
③ 접선장=236.36m, 곡선장=75.40m
④ 접선장=236.36m, 곡선장=150.80m

해설 ① 접선길이
$$TL = R \cdot \tan\frac{I}{2} = 150 \times \tan\frac{57°36′}{2} = 82.463\text{m}$$
② 곡선길이
$$CL = \frac{\pi}{180°} \cdot R \cdot I = \frac{\pi}{180°} \times 150 \times 57°36′ = 150.796\text{m}$$

해답 ①

031

어떤 모래층에서 수두가 3m일 때 한계동수경사가 1.0이었다. 모래층의 두께가 최소 얼마를 초과하면 분사현상이 일어나지 않겠는가?

① 1.5m
② 3.0m
③ 4.5m
④ 6.0m

해설 분사현상이 일어나지 않을 조건
$i = \frac{h}{L} < i_c \qquad \frac{3}{L} < 1.0 \qquad L > 3\text{m}$

해답 ②

032 점토지반의 단기간 안정을 검토하는 경우에 알맞은 시험법은?

① 비압밀 비배수 전단시험
② 압밀 배수 전단시험
③ 압밀 급속 전단시험
④ 압밀 비배수 전단시험

해설 배수방법에 따른 적용의 예

배수방법	적용
비압밀 비배수 (UU-test)	① 점토지반이 시공 중 또는 성토한 후 급속한 파괴가 예상되는 경우 ② 압밀이나 함수비의 변화 없이 급속한 파괴가 예상되는 경우 ③ 재하속도가 과잉공극수압의 소산속도보다 빠른 경우 ④ 즉각적인 함수비의 변화, 체적의 변화가 없는 경우 ⑤ 점토지반의 단기적 안정해석하는 경우
압밀 비배수 (CU-test)	① 성토 하중으로 어느 정도 압밀된 후 급속한 파괴가 예상되는 경우 ② 기존의 제방, 흙 댐에서 수위가 급강하할 때의 안정해석하는 경우 ③ 사전압밀(Pre-loading) 후 급격한 재하시의 안정해석하는 경우
압밀 배수 (CD-test)	① 성토 하중에 의하여 압밀이 서서히 진행되고 파괴도 극히 완만하게 진행될 때 ② 공극수압의 측정이 곤란한 경우 ③ 점토지반의 장기적 안정해석하는 경우 ④ 흙 댐의 정상류에 의한 장기적인 공극수압을 산정하는 경우 ⑤ 과압밀점토의 굴착이나 자연사면의 장기적 안정해석하는 경우 ⑥ 투수계수가 큰 모래지반의 사면 안정해석하는 경우

해답 ①

033 두께 10m의 점토층 상·하에 모래층이 있다. 점토층의 평균압밀계수가 0.11cm²/min일 때 최종 침하량의 50%의 침하가 일어나는데 며칠이 걸리겠는가? (단, 시간계수는 0.197을 적용한다.)

① 996일
② 448일
③ 311일
④ 224일

해설 log t 법

$$C_v = \frac{T_{50} \cdot d^2}{t_{50}} = \frac{0.197 d^2}{t_{50}} \text{ 에서}$$

$$t_{50} = \frac{0.197 d^2}{C_v} = \frac{0.197 \times \left(\frac{1000}{2}\right)^2}{0.11} = 447,727 \min \times \frac{1}{60 \times 24} = 311 \text{day}$$

여기서, T_{50} : 압밀도 50%에 해당되는 시간계수($T_{50} = 0.197$)
t_{50} : 압밀도 50%에 소요되는 압밀시간

해답 ③

034 어떤 흙의 최대 및 최소 건조단위중량이 18kN/m³과 16kN/m³이다. 현장에서 이 흙의 상대밀도(relative density)가 60%라면 이 시료의 현장 상대다짐도(relative compaction)는?

① 82%   ② 87%
③ 91%   ④ 95%

해설 ① **상대밀도** : 사질토의 다짐 정도를 표시

$$D_r = \frac{e_{max} - e}{e_{max} - e_{min}} \times 100 = \frac{\gamma_{dmax}}{\gamma_d} \frac{\gamma_d - \gamma_{dmin}}{\gamma_{dmax} - \gamma_{dmin}} \times 100$$

$$= \frac{18}{\gamma_d} \frac{\gamma_d - 16}{18 - 16} \times 100 = 60 \text{에서}$$

$\gamma_d - 16 = 0.067\gamma_d$ $(1 - 0.067)\gamma_d = 16$ $\gamma_d = 17.15 \text{kN/m}^3$

② **상대 다짐도**

$$U = \frac{\gamma_d}{\gamma_{dmax}} \times 100 = \frac{17.15}{18} \times 100 = 95.3\%$$

해답 ④

035 사질지반에 40cm×40cm 재하판으로 재하시험한 결과 160kN/m³의 극한지 지력을 얻었다. 2m×2m의 기초를 설치하면 이론상 지지력은 얼마나 되겠는가?

① 160tkN/m²   ② 320kN/m²
③ 400kN/m²   ④ 800kN/m²

해설 지지력은 모래지반일 때 재하판 폭에 비례하므로

$$q_{u(기초)} = q_{u(재하판)} \cdot \frac{B_{(기초)}}{B_{(재하판)}} = 160 \times \frac{2000}{400} = 800 \text{kN/m}^2$$

해답 ④

036 현장 습윤단위 중량(γ_t)이 17kN/m³, 내부마찰각(ϕ)이 10°, 점착력(c)이 0.015MPa인 지반에서 연직으로 굴착 가능한 깊이는?

① 0.4m   ② 2.7m
③ 3.5m   ④ 4.2m

해설 ① **점착력** $c = 0.015 \text{N/mm}^2 = 15 \text{kN/m}^2$

② **직립사면의 한계고**

$$H_c = 2Z_c = \frac{2q_u}{r_t} = \frac{4c}{r_t} \tan\left(45° + \frac{\Phi}{2}\right) = \frac{4 \times 15}{17} \tan\left(45° + \frac{10°}{2}\right) = 4.2\text{m}$$

해답 ④

037

어떤 모래지반의 입도시험 결과 토질입자가 둥글고 입도가 균등한 경우 이 흙의 내부마찰각은? (단, 이 모래지반의 N값은 24이고, Dunham식을 사용)

① 32°   ② 30°
③ 28°   ④ 26°

해설 ① 토립자가 둥글고 입도가 균등(불량)하므로
$\phi = \sqrt{12N} + 15 = \sqrt{12 \times 24} + 15 = 32°$

[참고] N, ϕ의 관계(Dunham 공식)
① 토립자가 모나고 입도가 양호 : $\phi = \sqrt{12N} + 25$
② 토립자가 모나고 입도가 불량 : $\phi = \sqrt{12N} + 20$
　토립자가 둥글고 입도가 양호 : $\phi = \sqrt{12N} + 20$
③ 토립자가 둥글고 입도가 불량 : $\phi = \sqrt{12N} + 15$

해답 ①

038

흙의 입경가적곡선에 대한 설명으로 틀린 것은?

① 입경가적곡선에서 균등한 입경의 흙은 완만한 구배를 나타낸다.
② 균등 계수가 증가되면 입도분포도 넓어진다.
③ 임경가적곡선에서 통과백분율 10%에 대응하는 입경을 유효입경이라 한다.
④ 입도가 양호한 흙의 곡률계수는 1~3사이에 있다.

해설

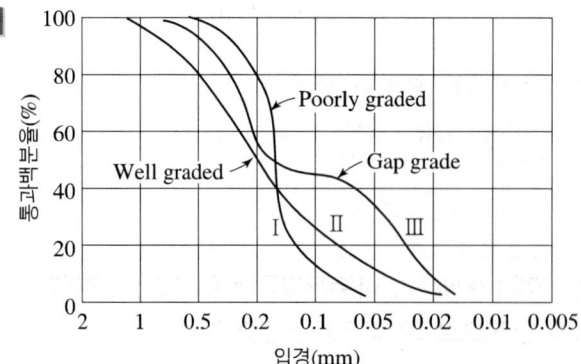

① 곡선 Ⅰ : 대부분의 입자가 거의 균등하여 입도분포가 불량하다.
　(빈입도, Poorly graded)
② 곡선 Ⅱ : 흙 입자가 크고 작은 것이 고루 섞여 있어 입도분포가 양호하다.
　(양입도, Well graded)
③ 곡선 Ⅲ : 2종류 이상의 흙들이 섞여 있어 균등계수는 크지만 곡률계수가 만족되지 않아 빈입도이다.(Gap graded)

해답 ①

039 다음 그림에서 흙속 6cm 깊이에서의 유효응력은? (단, 포화된 흙의 $\gamma_{sat}=19kN/m^3$, $\gamma_w=10kN/m^3$이다.)

① $1.58kN/m^2$
② $1.10kN/m^2$
③ $1.04kN/m^2$
④ $0.54kN/m^2$

해설 ① 전응력 $\sigma = \gamma_w h_1 + \gamma_{sat} h_2$
② 공극수압 $u = \gamma_w(h_1 + h_2)$
③ 유효응력 $\sigma' = \sigma - u = \gamma_{sub} h_2 = (19-10) \times 0.06 = 0.54 kN/m^2$

해답 ④

040 포화된 점토시료에 대해 삼축압축시험으로 얻어진 점착력, 내부마찰각은 각각 0.02MPa, 20°이다. 전단파괴시 연직응력 4MPa, 간극수압 1MPa이면 전단강도는 얼마인가?

① 0.55MPa
② 1.11MPa
③ 1.66MPa
④ 2.21MPa

해설 $\tau_f = c + \sigma' \tan\phi = 0.02 + (4-1) \times \tan 20° = 1.11 MPa$

해답 ②

제3과목 수자원설계

041 직사각형 단면수로에 물이 흐를 경우 한계수심(h_c)과 비에너지(H_e)의 관계식으로 옳은 것은?

① $h_c = \frac{2}{3} H_e$
② $h_c = \frac{3}{4} H_e$
③ $h_c = \frac{4}{5} H_e$
④ $h_c = \frac{5}{6} H_e$

해설 한계수심
$h_c = \frac{2}{3} H_e$

해답 ①

042 다음 중 차원이 틀리게 표시된 것은?

① 점성계수 $\mu = [ML^{-1}T^{-1}]$
② 운동량 $M = [MLT^{-1}]$
③ 표면장력 $T = [MT^{-1}]$
④ 에너지 $E = [ML^2T^{-2}]$

해설 주요 차원

물리량	공학단위	LMT계	LFT계
속도	m/sec	$[LT^{-1}]$	$[LT^{-1}]$
가속도	m/sec²	$[LT^{-2}]$	$[LT^{-2}]$
단위중량	t/m³	$[ML^{-2}T^{-2}]$	$[FL^{-3}]$
점성계수	g·sec/cm²	$[ML^{-1}T^{-1}]$	$[FL^{-2}T]$
동점성계수	cm²/sec	$[L^{-2}T^{-1}]$	$[L^2T^{-1}]$
운동량	kg·sec	$[MLT^{-1}]$	$[FT]$
표면장력	g/cm	$[MT^{-2}]$	$[FL^{-1}]$
에너지	kg·m	$[ML^2T^{-2}]$	$[FL]$
탄성계수	kg/cm²	$[ML^{-1}T^{-2}]$	$[FL^{-2}]$

해답 ③

043 수리학의 완전 유체(完全流體)에 대한 설명으로 옳은 것은?

① 불순물이 포함되어 있지 않은 유체를 말한다.
② 온도가 변해도 밀도가 변하지 않는 유체를 말한다.
③ 비압축성이고 동시에 비점성인 유체이다.
④ 자연계에 존재하는 물을 말한다.

해설 완전 유체(이상 유체)는 비압축성, 비점성 유체이다.

해답 ③

044 하천수를 펌프로 양수하여 이용하고자 한다. 유량 Q(m³/sec), 양정 H(m), 모든 손실수두의 합을 Σh_L(m), 그리고 펌프의 효율을 η라 할 때, 소요동력(kW)를 결정하는 식은?

① $13.33Q(H+\Sigma h_L)\eta$
② $9.8Q(H+\Sigma h_L)\eta$
③ $\dfrac{13.33Q(H+\Sigma h_L)}{\eta}$
④ $\dfrac{9.8Q(H+\Sigma h_L)}{\eta}$

해설 펌프의 동력

$$E = 9.8\frac{Q(H+\Sigma h_L)}{\eta}[\text{kW}] = \frac{1,000}{75}\frac{Q(H+\Sigma h_L)}{\eta}[\text{HP}]$$

여기서, Q : 양수량(m³/sec), H_p : 펌프의 전양정($H+\Sigma h_L$, m)
η : 펌프의 효율(%)

해답 ④

045
직사각형 위어(weir)의 월류수심의 측정에 2%의 오차가 있다면 유량에는 몇 %의 오차가 발생하는가? (단, 유량계산은 프란시스(Francis)공식을 사용하고 월류시 단면수축은 없는 것으로 가정한다.)

① 1% ② 2%
③ 3% ④ 4%

해설 ① Francis 공식(미국, 1883년)
$$Q = 1.84 b_o h^{\frac{3}{2}}$$
② $\dfrac{dQ}{Q} = \dfrac{3}{2}\dfrac{dh}{h} = \dfrac{3}{2} \times 2\% = 3\%$

해답 ③

046
부체가 수면에 의해 절단되는 면에서 최심부까지의 수심을 무엇이라 하는가?

① 부심 ② 흘수
③ 부력 ④ 부양면

해설
① **부심**(C) : 부체가 배제한 물의 무게 중심(배수용적의 중심)
② **경심**(M) : 부체의 중심선과 부력의 작용선과의 교점
③ **경심고** : 중심에서 경심까지의 거리($\overline{MG}$)
④ **부양면** : 부체가 수면에 의해 절단되는 가상면
⑤ **흘수** : 부양면에서 물체의 최하단까지의 깊이

해답 ②

047
10m/s로 움직이는 수직 평판에 동일한 방향으로 25m/s로 분류가 충돌하고 있을 때 평판에 미치는 힘은? (단, 분류의 지름은 10mm이다.)

① 11.76N ② 17.67N
③ 27.44N ④ 31.36N

해설 움직이는 판에 작용하는 충격력
① $P_x = \dfrac{w}{g} Q(V_1 - V_2) = \dfrac{w}{g} Q((V-u) - 0)$
$= \dfrac{w}{g} Q(V-u) = \dfrac{w}{g} A(V-u)^2$
$= \dfrac{1}{9.8} \times \dfrac{\pi \times 0.01^2}{4} \times (25-10)^2 = 0.0018 \text{ton} = 1.8 \text{kg}$
② $P_y = 0$
③ $P = P_x = 1.8 \text{kg} \times 9.8 \text{N/kg} = 17.67\text{N}$

해답 ②

048
동일한 단면과 수로 경사에 대하여 최대 유량이 흐르는 조건으로 옳은 것은?

① 윤변이 최대이거나 경심이 최소일 때
② 수심이 최대이거나 수로폭이 최소일 때
③ 수심이 최소이거나 경심이 최대일 때
④ 윤변이 최소이거나 경심이 최대일 때

해설 수리학적으로 유리한 단면의 특성
① 일정한 단면적에 대하여 최대유량이 흐르는 수로의 단면을 수리상 유리한 단면이라 한다. (주어진 유량에 대하여 단면적을 최소로 하는 단면)
② 반원에 외접하는 단면(반원에 내접하는 단면)이 수리상 가장 유리한 단면이다.
③ 최대유량이 흐르는 조건
④ 경심(동수반경)이 최대이거나, 윤변이 최소일 때 성립한다.

해답 ④

049
베르누이 정리에 대한 설명으로 옳지 않은 것은?

① $Z + \dfrac{P}{w} + \dfrac{V^2}{2g}$의 수두가 일정하다.
② 정류의 흐름을 말하며, 두 단면에서의 에너지 관계가 일정함을 말한다.
③ 동수경사선이 에너지선보다 위에 있다.
④ 동수경사선과 에너지선을 설명할 수 있다.

해설 ① **에너지선** : 기준수평면에서 $\left(Z + \dfrac{P}{w} + \dfrac{V^2}{2g}\right)$의 점들을 연결한 선이다.

② **동수경사선**(수두경사선) : 준수평면에서 $\left(Z + \dfrac{P}{w}\right)$의 점들을 연결한 선이다.

③ 에너지선이 동수경사선보다 속도수두만큼 더 위에 있다.

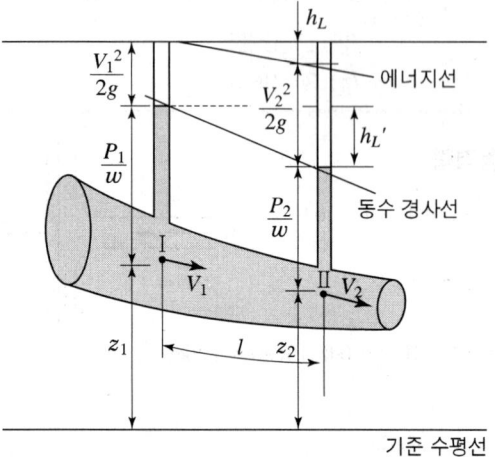

해답 ③

050

지름이 각각 10cm와 20cm인 관이 서로 연결되어 있다. 20cm인 관에서의 유속이 2m/s일 때 10cm관에서의 유속은?

① 0.8m/sec
② 8m/sec
③ 0.6m/sec
④ 6m/sec

해설 연속방정식(1차원 흐름)
$Q_1 = Q_2$, $A_1 v_1 = A_2 v_2$
$\dfrac{\pi \times 10^2}{4} \times v_1 = \dfrac{\pi \times 20^2}{4} \times 2$ 에서 $v_1 = 8\text{m/sec}$

해답 ②

051

자연유하식 도수관의 허용 최대 평균유속은?

① 0.3m/s
② 1.0m/s
③ 3.0m/s
④ 10.0m/s

해설 관의 평균유속
① 도·송수관의 평균유속의 최대한도 : 자연유하식인 경우에는 허용 최대한도를 3.0m/s로 하고, 펌프가압식인 경우에는 경제적인 관경에 대한 유속으로 한다.
② 도수관의 평균유속의 최소한도 : 원수를 수송하므로 모래입자 등의 침전을 방지하기 위하여 0.3m/sec 이상으로 한다.
③ 송수관의 평균유속의 최소한도 : 도수관의 유속에 준한다.

해답 ③

052

상수원수에 포함된 암모니아성 질소를 양이온 교환법에 의하여 제거하려고 한다. 양이온 교환수지의 암모니아 이온교환 능력이 1000g당량/m³일 때 암모니아성 질소가 5ppm, 유량이 10000m³/day인 원수를 처리하기 위한 양이온 교환수지의 용적(m³/day)은? (단, 암모니아 이온(NH_4^+)의 분자량은 18이다.)

① 1.5m³/day
② 2.8m³/day
③ 3.2m³/day
④ 4.0m³/day

해설 ① 발생하는 NH_4^+ 양
$= 5\text{mg/L} \times 1000 \dfrac{\text{L}}{1 \text{ m}^3} \times \dfrac{1\text{eg}}{18\text{g}(NH_4)} \times \dfrac{1}{1000} \dfrac{\text{g}}{\text{mg}} \times 10000 \text{m}^3/\text{day}$
$= 2,777.8 \text{eg/day}$
② 처리능력 $= 1000\text{g당량}/\text{m}^3 = 1000\text{eg}/\text{m}^3$
③ 양이온 교환수지 용적 $= \dfrac{\text{발생하는} NH_4^+ \text{양}}{\text{처리능력}} = \dfrac{2777.8}{1000} = 2.8 \text{m}^3/\text{day}$

해답 ②

053
호기성 소화가 혐기성 소화에 비하여 좋은 점에 대한 설명으로 옳지 않은 것은?

① 최초 공사비 절감
② 상징수의 수질 양호
③ 악취발생 감소
④ 소화슬러지의 탈수 우수

해설 ① 호기성 소화법 장점
  ㉠ 최초시공비 절감   ㉡ 악취발생 감소
  ㉢ 운전용이   ㉣ 상징수의 수질 양호
② 호기성 소화법 단점
  ㉠ 소화슬러지의 탈수불량 ㉡ 포기에 드는 동력비 과다
  ㉢ 유기물 감소율 저조   ㉣ 건설부지 과다
  ㉤ 저온시의 효율 저하   ㉥ 가치있는 부산물이 생성되지 않음.

해답 ④

054
여과지에서 처리되는 수량이 1500m³/day이고 여과지 면적이 200m²일 경우 여과속도는?

① 3.5m/day
② 7.5m/day
③ 15.5m/day
④ 30.5m/day

해설 $v = \dfrac{Q}{A} = \dfrac{1500}{200} = 7.5\text{m/day}$

해답 ②

055
강우량도 $I = \dfrac{280}{\sqrt{t}+0.28}$ mm/hr, 배수면적이 15000m², 유출계수가 0.7인 지역에 강우지속시간 t가 5분일 때 유출량 Q은?

① 0.325m³/day
② 0.65m³/day
③ 3.25m³/day
④ 6.5m³/day

해설 ① 강우강도
$I = \dfrac{280}{\sqrt{t}+0.28} = \dfrac{280}{\sqrt{5}+0.28} = 111.285\text{mm/hr}$

② 우수유출량의 산정식(합리식)
$Q = \dfrac{1}{3.6} C \cdot I \cdot A = \dfrac{1}{3.6} \times 0.7 \times 111.285 \times 0.015 = 0.325\text{m}^3/\text{sec}$

여기서, Q : 최대 계획우수유출량[m³/sec]
  C : 유출계수[무차원]
  I : 유달시간(T) 내의 평균 강우강도[mm/hr]
  A : 배수면적[km²]

해답 ①

056
정수시설의 설계기준이 되는 계획정수량의 기준이 되는 것은?

① 계획1일최소급수량　　② 계획1일평균급수량
③ 계획1일최대급수량　　④ 계획시간최대급수량

해설 계획급수량과 수도시설의 규모계획

계획급수량 종류	연평균 1일 사용 수량에 대한 비율(%)	수도구조물의 명칭
1일 평균급수량	100	수원지, 저수지, 유역면적의 결정
1일 최대급수량	150	취수, 도·송수, 정수(여과지 면적), 배수시설 중 송수관구경이나 배수지의 결정
시간 최대급수량	225	배수본관의 구경결정(배수시설의 기준)

해답 ③

057
( )안에 적당한 용어가 순서대로 나열된 것은?

펌프를 선정하려면 먼저 필요한 ( ), ( )를(을) 결정한 다음, 특성곡선을 이용하여 ( )를(을) 정하고 가장 적당한 형식을 선정한다.

① 토출량, 전양정, 회전수　　② 구경, 양정, 회전수
③ 동수두, 정수두, 토출량　　④ 전양정, 회전수, 동수두

해설 펌프를 선정하려면 먼저 필요한 토출량과 전양정을 결정한 다음, 특성곡선을 이용하여 회전수를 정하고 가장 적당한 형식을 선정한다.

해답 ①

058
계획1일평균오수량은 계획1일최대오수량의 약 몇 %를 표준으로 하는가?

① 70~80%　　② 40~50%
③ 30~40%　　④ 10~20%

해설
① **계획 1일 평균 오수량** = 계획 1일 최대 오수량 × 70~80%
② **계획시간 최대 오수량** = $\dfrac{\text{계획 1인 1일 최대오수량} \times \text{계획인구}}{24}$ × 증가배수(1.3~1.8)
③ **합류식에서 우천시 계획오수량** = 계획시간 최대 오수량 × 3배 이상

해답 ①

059 하수도계획의 목표연도는 원칙적으로 몇 년을 기준으로 하는가?

① 5년 ② 10년
③ 20년 ④ 30년

해설 하수도계획의 목표년도는 원칙적으로 20년으로 한다.

해답 ③

060 취수지점의 선정에 고려하여야 할 사항으로 옳지 않은 것은?

① 계획취수량을 안정적으로 취수할 수 있어야 한다.
② 강 하구로서 염수의 혼합이 충분하여야 한다.
③ 장래에도 양호한 수질을 확보할 수 있어야 한다.
④ 구조상의 안정을 확보할 수 있어야 한다.

해설 **취수지점의 선정**
① 취수시설을 완전하게 축조할 수 있도록 좋은 지질을 가진 곳
② 흐름이 완만하고, 바닥의 변동이나 유심의 이동이 일어나지 않는 곳
③ 하수 및 폐수의 유입이 없어야 하고, 바닷물의 역류에 의한 영향이 없는 곳
④ 추운지방에서는 결빙의 염려가 없는 지점
⑤ 선로에 가까이 한 지점은 피한다.
⑥ 호소나 저수지에서 취수할 때에는 바람이나 흐름에 의하여 호소나 저수지 바닥의 침전물이 교란될 가능성이 적은 지점이어야 하며 부유물이나 조류가 유입되지 않는 곳

[참고] 수원의 종류에 따른 취수지점을 선정하기 위해서는 다음에 열거된 각 항목을 비교 조사한다.
① 수원으로서의 구비요건을 갖추어야 한다.
② 수리권 확보가 가능한 곳이어야 한다.
③ 상수도시설의 건설 및 유지관리가 용이하며 안전하고 확실해야 한다.
④ 상수도시설의 건설비 및 유지관리비가 가능한 저렴해야 한다.
⑤ 장래의 확장을 고려할 때 유리한 곳이어야 한다.
⑥ 상수원보호구역의 지정, 수질의 오염방지 및 관리에 무리가 없는 지점이어야 한다.

해답 ②

토목산업기사

2024년 7월 CBT 시행

본 문제는 복원 기출문제입니다. 실제 문제와 다를 수 있으니 양해바랍니다.

제1과목　구조설계

001 다음과 같은 부재에 발생할 수 있는 최대 전단응력은?

① 0.75MPa
② 0.80MPa
③ 0.85MPa
④ 0.90MPa

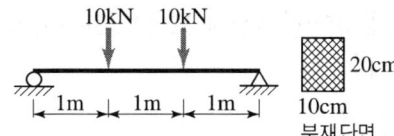

해설 ① 최대전단력 $S = 10\text{kN}$
② 구형단면 $\tau_{max}(\text{중앙}) = \dfrac{3}{2}\dfrac{S}{A} = \dfrac{3}{2} \times \dfrac{10000}{100 \times 200} = 0.75\text{MPa}$

해답 ①

002 다음 그림과 같은 봉(捧)이 천장에 매달려 B, C, D점에서 하중을 받고 있다. 전구간의 축강도 EA가 일정할 때 이같은 하중 하에서 BC구간이 늘어나는 길이는?

① $-\dfrac{2PL}{3EA}$
② $-\dfrac{PL}{3EA}$
③ $-\dfrac{3PL}{2EA}$
④ 0

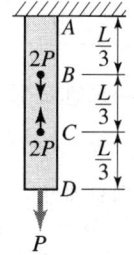

해설 ① 기본식
$$\Delta l = \dfrac{P \cdot l}{A \cdot E}$$
② BC 구간이 늘어나는 길이
$$\Delta l_{BC} = \dfrac{(P-2P) \cdot L/3}{A \cdot E} = -\dfrac{PL}{3EA}$$

해답 ②

003
단면이 10cm×10cm인 정사각형이고, 길이 1m인 강재에 100kN의 압축력을 가했더니 1mm가 줄어들었다. 이 강재의 탄성계수는?

① 5,000MPa
② 10,000MPa
③ 15,000MPa
④ 20,000MPa

해설
$$E = \frac{\sigma}{\epsilon} = \frac{\frac{P}{A}}{\frac{\Delta l}{l}} = \frac{Pl}{A\Delta l} = \frac{100000 \times 1000}{(100 \times 100) \times 1} = 10,000\text{MPa}$$

해답 ②

004
그림과 같은 단순보에 등분포 하중이 작용할 때 이 보의 단면에 발생하는 최대 휨응력은?

① $\dfrac{3wl^2}{64bh^2}$
② $\dfrac{23wl^2}{64bh^2}$
③ $\dfrac{25wl^2}{64bh^2}$
④ $\dfrac{27wl^2}{64bh^2}$

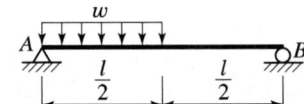

보의 단면

해설

① $R_A = \dfrac{w \times \dfrac{l}{2} \times \dfrac{3l}{4}}{l} = \dfrac{3wl}{8}(\uparrow)$

② 최대휨모멘트 발생 위치(A지점으로부터)
$\dfrac{3wl}{8} - w \times x = 0$에서 $x = \dfrac{3l}{8}$

③ 최대휨모멘트
$M_{\max} = \dfrac{3wl}{8} \times \dfrac{3l}{8} - w \times \dfrac{3l}{8} \times \dfrac{3l}{16} = \dfrac{9wl^2}{64} - \dfrac{9wl^2}{128} = \dfrac{9wl^2}{128}$

④ 최대 휨응력
$\sigma_{\max} = \dfrac{M_{\max}}{Z_{\min}} = \dfrac{6M_{\max}}{b \cdot h^2} = \dfrac{6 \times \dfrac{9wl^2}{128}}{bh^2} = \dfrac{54wl^2}{128bh^2} = \dfrac{27wl^2}{64bh^2}$

해답 ④

005

그림과 같은 음영 부분의 단면적 A인 단면에서 도심 y를 구한 값은?

① $\dfrac{5D}{12}$ ② $\dfrac{6D}{12}$

③ $\dfrac{7D}{12}$ ④ $\dfrac{8D}{12}$

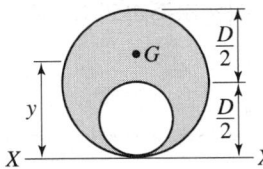

해설

$$y = \dfrac{\dfrac{\pi D^2}{4} \times \dfrac{D}{2} - \dfrac{\pi\left(\dfrac{D}{2}\right)^2}{4} \times \dfrac{D}{4}}{\dfrac{\pi D^2}{4} - \dfrac{\pi\left(\dfrac{D}{2}\right)^2}{4}} = \dfrac{7}{12}D$$

해답 ③

006

어떤 재료의 탄성계수가 E, 프와송비가 ν일 때 이 재료의 전단 탄성계수 G는?

① $G = \dfrac{E}{1+\nu}$ ② $G = \dfrac{E}{2(1+\nu)}$

③ $G = \dfrac{E}{1-\nu}$ ④ $G = \dfrac{E}{2(1-\nu)}$

해설 탄성계수와 전단탄성계수의 관계

$$G = \dfrac{E}{2(1+\nu)} = \dfrac{E}{2\left(1+\dfrac{1}{m}\right)} = \dfrac{mE}{2(m+1)}$$

해답 ②

007

1방향 편심을 갖는 한 변이 30cm인 정4각형 단주에서 1000kN의 편심하중이 작용할 때, 단면에 인장력이 생기지 않기 위한 편심(e)의 한계는 기둥의 중심에서 얼마가 떨어진 곳인가?

① 5.0cm   ② 6.7cm
③ 7.7cm   ④ 8.0cm

해설 정사각형이므로 인장응력이 생기지 않기 위한 편심인 핵거리는

$x = \dfrac{b}{6} = \dfrac{30}{6} = 5\text{cm}$

※ **핵거리**(x)

① 구형 : $\left(\dfrac{h}{6}, \dfrac{b}{6}\right)$ ② 원형 : $\dfrac{d}{8}$ ③ 삼각형 : $\left(\dfrac{b}{8}, \dfrac{h}{6}, \dfrac{h}{12}\right)$

해답 ①

008

재질과 단면적과 길이가 같은 장주에서 양단활절 기둥의 좌굴하중과 양단고정 기둥의 좌굴하중과의 비는?

① 1 : 16
② 1 : 8
③ 1 : 4
④ 1 : 2

해설 좌굴하중(P_b)

$P_b = \dfrac{\pi^2 EI}{l_k^2} = \dfrac{n\pi^2 EI}{l^2}$ 에서 재질과 단면적과 길이가 같으므로

$P_b \propto n$

$P_{b(양단활절)} : P_{b(양단고정)} = n_{(양단활절)} : n_{(양단고정)} = 1 : 4$

해답 ③

009

그림과 같은 보에서 C점의 휨모멘트는?

① 10kN · m
② −10kN · m
③ 20kN · m
④ −20kN · m

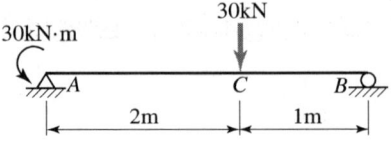

해설
① $\Sigma M_A = 0$
  $-R_B \times 3 + 30 \times 2 - 30 = 0$ 에서 $R_B = 10\text{kN}(\uparrow)$
② $M_C = R_B \times 1 = 10 \times 1 = 10\text{kN} \cdot \text{m}$

해답 ①

010

다음 그림과 같은 단순보에서 지점 A로부터 2m되는 C단면에서 발생하는 최대 전단응력은 얼마인가? (단, 이 보의 단면은 폭 100mm, 높이 200mm의 직사각형 단면이다.)

① 0.350MPa
② 0.475MPa
③ 0.525MPa
④ 0.600MPa

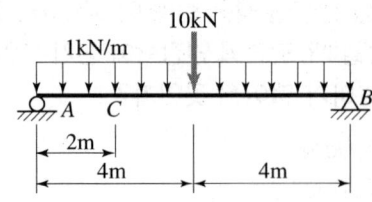

해설
① $R_A = \dfrac{1000 \times 8 + 10000}{2} = 9000\text{N}(\uparrow)$
② $S_C = 9000 - 1000 \times 2 = 7000\text{N}$
③ 구형단면
  $\tau_{\max}(중앙) = \dfrac{3}{2}\dfrac{S_C}{A} = \dfrac{3}{2} \times \dfrac{7000}{100 \times 200} = 0.525\text{MPa}$

해답 ③

011

강도설계법에서 그림과 같은 T형보의 사선 친 플랜지 단면에 작용하는 압축력과 균형을 이루는 가상 압축철근의 단면적은 얼마인가? (단, f_{ck}=21MPa, f_y=380MPa임.)

① 2011mm²
② 2349mm²
③ 4021mm²
④ 3525mm²

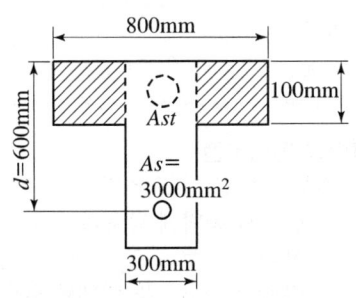

해설 $A_{sf} = \dfrac{0.85 f_{ck} t(b - b_w)}{f_y} = \dfrac{0.85 \times 21 \times 100 \times (800 - 300)}{380} = 2,348.7 \text{mm}^2$

해답 ②

012

f_{ck}=21MPa, f_y=300MPa일 때 강도설계법으로 인장을 받는 이형철근($D32 : d_b$=31.8mm, A_b=794.2mm²)의 기본정착길이 l_{ab}를 구한 값은?

① 1249mm
② 574mm
③ 762mm
④ 1000mm

해설 인장 이형철근 및 이형철선의 기본정착길이

$l_{db} = \dfrac{0.6\ d_b f_y}{\lambda \sqrt{f_{ck}}} = \dfrac{0.6 \times 31.8 \times 300}{1 \times \sqrt{21}} = 1,249 \text{mm}$

해답 ①

013

그림에 나타난 직사각형 단철근 보가 공칭 휨강도 M_n에 도달할 때 압축 측 콘크리트가 부담하는 압축력(C)은? (단, 철근 $D22$ 4본의 단면적은 1548mm², f_{ck}=28MPa, f_y=350MPa이다.)

① 542kN
② 637kN
③ 724kN
④ 833kN

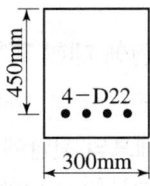

해설 ① 등가직사각형 응력분포의 깊이

$a = \dfrac{A_s f_y}{0.85 f_{ck} b} = \dfrac{1548 \times 350}{0.85 \times 28 \times 300} = 75.88 \text{mm}$

② $C = 0.85 f_{ck} ab = 0.85 \times 28 \times 75.88 \times 300 = 541,783\text{N} = 542\text{kN}$

해답 ①

014
옹벽에서 활동에 대한 저항력은 옹벽에 작용하는 수평력의 최소 몇 배 이상이어야 옹벽이 안정하다고 보는가?
① 1.5배
② 1.8배
③ 2.0배
④ 2.5배

해설 옹벽의 안정조건
① 전도에 대한 안정 조건
 ㉠ 반드시 옹벽에 작용하는 모든 외력의 합력이 저판의 중앙 1/3안에 들어와야 한다.
 ㉡ 합력이 중앙 1/3 이내에 들어오지 않을 경우 전도에 대해 불안정하게 된다.
  안전율 $F_S = \dfrac{M_r}{M_o} = \dfrac{\sum Wx}{Hy} \geq 2.0$
② 활동에 대한 안정 조건
  안전율 $F_S = \dfrac{H_r}{H} = \dfrac{f(\sum W)}{H} \geq 1.5$
③ 지반 지지력(침하)에 대한 안정 조건
  $F_S = \dfrac{q_a}{q_{\max}} \geq 1.0$

해답 ①

015
철근 콘크리트 보의 사인장 응력은 중립축과 약 몇 도의 각을 이루고 작용하는가?
① 15°
② 30°
③ 45°
④ 60°

해설 철근 콘크리트 보의 사인장 응력은 중립축과 약 45°의 각을 이루며 작용한다.

해답 ③

016
슬래브의 전단에 대한 위험단면을 설명한 것으로 옳은 것은?
① 2방향 슬래브의 전단에 대한 위험단면은 지점으로부터 d만큼 떨어진 주변
② 2방향 슬래브의 전단에 대한 위험단면은 지점으로부터 $2d$만큼 떨어진 주변
③ 1방향 슬래브의 전단에 대한 위험단면은 지점으로부터 d만큼 떨어진 주변
④ 1방향 슬래브의 전단에 대한 위험단면은 지점으로부터 $d/2$만큼 떨어진 주변

해설 전단에 대한 위험 단면
① 1방향 슬래브 : 지점으로부터 d만큼 떨어진 곳
② 2방향 슬래브 : 지지면 둘레에서 d(유효 깊이)/2만큼 떨어진 주변

해답 ③

017 콘크리트의 블리딩(bleeding)과 레이턴스(laitance)에 대한 설명 중에서 옳지 않은 것은?

① 블리딩은 콘크리트 속의 물입자가 모세관 현상으로 인하여 표면으로 상승하는 것을 말한다.
② 레이턴스란 블리딩으로 인하여 콘크리트 표면에 얇게 형성된 막을 말한다.
③ 블리딩은 골재나 철근 하부에 공극을 만들고, 이 공극 때문에 골재와 시멘트, 수평철근과 콘크리트의 부착이 약해진다.
④ 레이턴스는 콘크리트 강도에 양향을 주지 않기 때문에 수평시공 이음을 할 때 제거하지 않아도 된다.

해설 콘크리트를 이어 쳐 수평시공이음을 할 경우에는 구 콘크리트 표면의 레이턴스, 품질이 나쁜 콘크리트, 꽉 달라붙지 않은 골재알 등을 완전히 제거하고 충분히 흡수시켜야 한다.

해답 ④

018 PSC보의 휨 강도 계산 시 긴장재의 응력 f_{ps}의 계산은 강재 및 콘크리트의 응력-변형률 관계로부터 정확히 계산할 수도 있으나 시방서에서는 f_{ps}를 계산하기 위한 근사적 방법을 제시하고 있는데 그 이유는 무엇인가?

① PSC 구조물은 균열에 취약하므로 균열을 방지하기 위함이다.
② PSC보를 과보강 PSC보로부터 저보강 PSC보의 파괴상태로 유도하기 위함이다.
③ PS강재의 응력은 항복응력 도달 이후에도 파괴 시까지 점진적으로 증가하기 때문이다.
④ PSC구조물은 강재가 항복한 이후 파괴까지 도달함에 있어 강도의 증가량이 거의 없기 때문이다.

해설 **프리스트레스트콘크리트 보의 휨 강도 계산**
① 프리스트레스트콘크리트 휨부재의 설계휨강도는 평형 및 변형률 적합조건에 기초하여 긴장재의 응력-변형률 특성을 사용한 일반 해석에 의해 계산할 수 있다.
② 공칭강도를 발휘할 때 긴장재의 인장응력 f_{ps}는 변형률 적합조건을 기초로 하여 계산하여야 한다. 다만, 더 정확하게 f_{ps}를 계산하지 않는 경우에 긴장재의 유효프리스트레스 f_{pe}의 값이 $0.5f_{pu}$(긴장재의 설계기준인장강도의 0.5배) 이상이면 근사식으로 f_{ps}를 구할 수 있는데 그 이유는 PS 강재의 응력은 항복응력 도달 이후에도 파괴 시까지 점진적으로 증가하기 때문이다.

해답 ③

019 아래 조건에서 슬래브와 보가 일체로 타설된 대칭 T형보의 유효 폭은 얼마인가?

- 플랜지 두께 = 100mm
- 슬래브 중심간 거리 = 1600mm
- 복부 폭 = 300mm
- 보의 경간 = 6.0m

① 1500mm ② 1600mm
③ 1900mm ④ 2000mm

해설 대칭 T형보의 유효폭
① $8t_1 + 8t_2 + b_w = 8 \times 100 + 8 \times 100 + 300 = 1,900$mm
② 보경간의 $\dfrac{1}{4} = \dfrac{6000}{4} = 1,500$mm
③ 양슬래브 중심간 거리 = 1,600mm
④ 셋 중 가장 작은 값인 1,500mm를 유효폭으로 한다.

해답 ①

020 다음 띠철근 기둥이 받을 수 있는 최대 설계 축하중강도($\phi P_{n(\max)}$)는 얼마인가? (단, f_{ck} = 20MPa, f_y = 300MPa, A_{st} = 4000mm²이며 단주임)

① 2655kN
② 2406kN
③ 2157kN
④ 2003kN

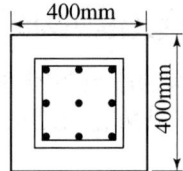

해설 중심 축하중을 받는 경우
$$P_u \leq P_{d\max} = \phi P_{n\max} = \alpha\phi[0.85f_{ck}(A_g - A_{st}) + f_y A_{st}]$$
$$= 0.80 \times 0.65 \times [0.85 \times 20 \times (400 \times 400 - 4000) + 300 \times 4000]$$
$$= 2,003,040\text{N} = 2,003\text{kN}$$

해답 ④

제2과목 측량 및 토질

021 직사각형의 면적을 구하기 위해 거리를 관측한 결과, 가로=50±0.01m, 세로=100.00±0.02m이었다면 면적과 발생오차는?

① 5000±1.41m²
② 5000±0.02m²
③ 5000±0.0141m²
④ 5000±0.0002m²

해설
① 면적 = 50×100 = 5,000m²
② 면적 오차 = ± $\sqrt{(y \cdot m_1)^2 + (x \cdot m_2)^2}$
 = ± $\sqrt{(50 \times 0.02)^2 + (100 \times 0.01)^2}$ = 1.41m²
③ 5,000 ± 1.41m²

해답 ①

022 하폭이 큰 하천의 홍수시 표면유속 측정에 가장 적합한 방법은?

① 표면부자에 의한 측정
② 수중부자에 의한 측정
③ 막대부자에 의한 측정
④ 유속계에 의한 측정

해설 홍수시에는 표면부자를 사용하여 표면유속을 측정한다.

해답 ①

023 B.M.의 표고가 98.760m일 때, B점의 지반고는? (단, 단위 : m)

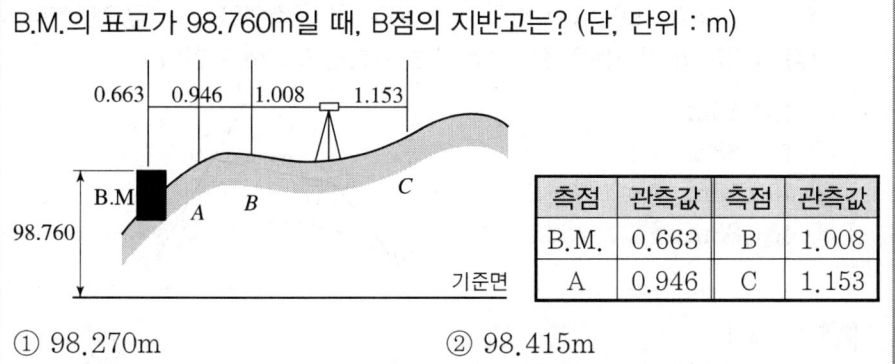

① 98.270m
② 98.415m
③ 98.477m
④ 99.768m

해설 $H_B = 98.760 + 0.663 - 1.008 = 98.415$m

해답 ②

2024년도 출제문제

024 매개변수(A)가 90m인 클로소이드 곡선상의 시점에서 곡선길이(L)가 30m일 때 곡선의 반지름(R)은?

① 120m
② 150m
③ 270m
④ 300m

해설 $A^2 = RL$에서 $R = \dfrac{A^2}{L} = \dfrac{90^2}{30} = 270\text{m}$

※ **클로소이드 곡선** : 곡률($\dfrac{1}{R}$)이 곡선장에 비례하는 곡선

$A^2 = RL$ [여기서, A : 매개변수(m), R : 곡선반경(m), L : 곡선장(m)]

해답 ③

025 유심삼각망에 관한 설명으로 옳은 것은?

① 삼각망 중 가장 정밀도가 높다.
② 대규모 농지, 단지 등 방대한 지역의 측량에 적합하다.
③ 기선을 확대하기 위한 기선삼각망측량에 주로 사용된다.
④ 하천, 철도, 도로와 같이 측량 구역의 폭이 좁고 긴 지형에 적합하다.

해설 유심 삼각망은 동일 측점에 비해 포함 면적이 가장 넓어 넓은 지역에 적합하다.

해답 ②

026 그림과 같이 원곡선을 설치하고자 할 때 교점(P)에 장애물이 있어 ∠ACD = 150°, ∠CDB = 90° 및 CD의 거리 400m를 관측하였다. C점으로부터 곡선시점 A까지의 거리는? (단, 곡선의 반지름은 500m로 한다.)

① 404.15m
② 425.88m
③ 453.15m
④ 461.88m

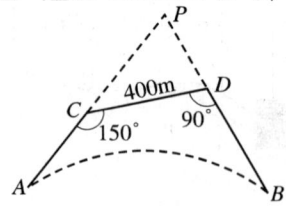

해설 ① 교각
$I = (180° - 150°) + (180° - 90°) = 120°$
② 접선길이
$TL = R \cdot \tan\dfrac{I}{2} = 500 \times \tan\dfrac{120°}{2} = 866.03\text{m}$
③ $\dfrac{CP}{\sin 90°} = \dfrac{400}{\sin 60°}$ 에서 $CP = 461.88\text{m}$
④ $AC = TL - CP = 866.03 - 461.88 = 404.15\text{m}$

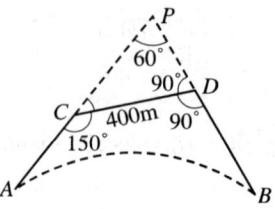

해답 ①

027

축척이 1/5000인 도면상에서 택지개발지구의 면적을 구하였더니 34.98cm² 이었다면 실면적은?

① 1749m²
② 87450m²
③ 174900m²
④ 8745000m²

해설 $A = am^2 = 34.98 \times 5000^2 = 874,500,000 cm^2 = 87,450 m^2$

해답 ②

028

도로설계에 있어서 곡선의 반지름과 설계속도가 모두 2배가 되면 캔트(cant)의 크기는 몇 배가 되는가?

① 2배
② 4배
③ 6배
④ 8배

해설 캔트

$C = \dfrac{SV^2}{Rg}$ 에서 V와 R이 모두 2배가 되면

캔트 C는 $\dfrac{V^2}{R}$ 배, 즉 $\dfrac{2^2}{2} = 2$배가 된다.

해답 ①

029

등고선에 대한 설명으로 틀린 것은?

① 등고선은 능선 또는 계곡선과 직교한다.
② 등고선은 최대경사선 방향과 직교한다.
③ 등고선은 지표의 경사가 급할수록 간격이 좁다.
④ 등고선은 어떤 경우라도 서로 교차하지 않는다.

해설 높이가 다른 등고선은 동굴이나 절벽을 제외하고는 교차하지 않는다.

해답 ④

030

트래버스측량에서는 각 관측의 정밀도와 거리 관측의 정밀도가 균형을 이루어야 한다. 거리 100m에 대한 관측 오차가 ±2mm일 때 각 관측 오차는?

① ±2″
② ±4″
③ ±6″
④ ±8″

해설 $\dfrac{\Delta l}{l} = \dfrac{\Delta \theta}{\rho}$ $\dfrac{\pm 0.002}{100} = \dfrac{\Delta \theta}{206265″}$ 에서 $\Delta \theta = \pm 4″$

해답 ②

031

사질토의 정수위 투수시험을 하여 다음의 결과를 얻었다. 이 흙의 투수계수는? (단, 시료의 단면적은 78.54cm², 수두차는 15cm, 투수량은 400cm³, 투수시간은 3분, 시료의 길이는 12cm이다.)

① 3.15×10^{-3} cm/sec
② 2.26×10^{-2} cm/sec
③ 1.78×10^{-2} cm/sec
④ 1.36×10^{-1} cm/sec

해설 $K = \dfrac{Q \cdot L}{A \cdot h \cdot t} = \dfrac{400 \times 12}{78.54 \times 15 \times (3 \times 60)} = 2.26 \times 10^{-2}$ cm/sec

해답 ②

032

다음 중 흙의 전단강도를 감소시키는 요인이 아닌 것은?

① 공극수압의 증가
② 수분증가에 의한 점토의 팽창
③ 수축 팽창 등으로 인하여 생긴 미세한 균열
④ 함수비 감소에 따른 흙의 단위중량 감소

해설
① 함수비가 감소할 경우 전단강도는 일반적으로 증가한다.
② **전단강도 감소 요인**
 ㉠ 수분증가에 의한 점토의 팽창 : 일반 점토보다는 몬모릴로나이트(montmorillonite) 점토광물이 많이 함유된 점토는 팽상청이 크게 되어 swelling, slaking과 같은 현상이 발생된다.
 ㉡ 수축 팽창, 인장으로 인해 생기는 미세한 균열 : 균열이 생겨 강도가 감소하게 되며, 지하수 유입경로가 생성됨에 따라 세굴이나 풍화가 급속하게 진행된다.
 ㉢ 예민한 흙 속의 변형 및 진행성 파괴 : 전단저항이 발휘되는 상태가 부분적으로 다르게 되면 취약부 등의 결함이 있는 경우 취약부에 응력이 집중되어 최대강도를 지나 잔류강동에 이르게 되며 이와 같은 현상이 인근지반으로 발달하여 파괴된다.
 ㉣ 공극수압 증가 : 강우가 지속되거나 강우 후 시간이 경과하면 상류측에서 지하수 유입등으로 지하수면이 위로 상승하게 되며, 공극수압이 (+)공극수압이 발생하게 되므로 사면 안정성은 급격히 저하된다.
 ㉤ 동결 및 융해
 ㉥ 흙다짐 불량
 ㉦ 느슨한 토립자의 이동
 ㉧ 결합재의 결합력 둔화, 용탈

해답 ④

033 유선망의 특징에 관한 다음 설명 중 옳지 않은 것은?

① 각 유로의 침투수량은 같다.
② 유선과 등수두선은 서로 직교한다.
③ 유선망으로 되는 사각형은 이론상으로 정사각형이다.
④ 침투속도 및 동수경사는 유선망의 폭에 비례한다.

해설 유선망 특성
① 각 유로의 침투유량은 같다.
② 각 등수두면 간의 손실수두는 같다.
③ 유선과 등수두선은 서로 직교한다.
④ 유선망으로 되는 사각형은 이론상 정사각형이므로 유선망의 폭과 길이는 같다.
⑤ 침투속도 및 동수구배는 유선망 폭에 반비례한다.

해답 ④

034 현장 다짐도 90%란 무엇을 의미하는가?

① 실내다짐 최대건조 밀도에 대한 90% 밀도를 말한다.
② 롤러로 다진 최대밀도에 대한 90% 밀도를 말한다.
③ 현장함수비의 90% 함수비에 대한 다짐밀도를 말한다.
④ 포화도가 90%인 때의 다짐밀도를 말한다.

해설 다짐도(C_d)란 다짐의 정도를 말하며, 보통 90~95%의 다짐도가 요구된다.
$$C_d = \frac{\text{현장의 } \gamma_d}{\text{실내 다짐시험에 의한 } \gamma_{d\max}} \times 100(\%)$$

해답 ①

035 말뚝기초에서 부마찰력(Negative skin friction)에 대한 설명으로 옳지 않은 것은?

① 지하수위 저하로 지반이 침하할 때 발생한다.
② 지반이 압밀진행중인 연약점토 지반인 경우에 발생한다.
③ 발생이 예상되면 대책으로 말뚝주면에 역청 등으로 코팅하는 것이 좋다.
④ 말뚝주면에 상방향으로 작용하는 마찰력이다.

해설 주면마찰력은 보통 상향으로 작용하여 지지력에 가산되었으나 말뚝 주위의 지반이 말뚝보다 더 많이 침하하게 되면 주면마찰력이 하향으로 발생하여 하중역할을 하게 되는 주면마찰력을 부마찰력이라 하며, 부마찰력 발생시 말뚝의 지지력이 감소한다.

해답 ④

036

얕은 기초의 극한 지지력을 결정하는 Terzaghi의 이론에서 하중 Q가 점차 증가하여 기초가 아래로 침하랄 때 다음 설명 중 옳지 않은 것은?

① Ⅰ의 △ACD구역은 탄성영역이다.
② Ⅱ의 △CDE구역은 방사방향의 전단영역이다.
③ Ⅲ의 △CEG구역은 Rankine의 주동영역이다.
④ 원호 DE와 FD는 대수 나선형의 곡선이다.

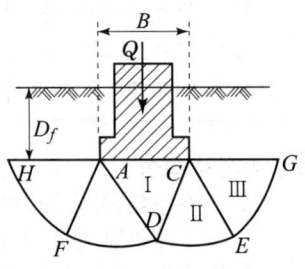

해설 Terzaghi의 기초 파괴 형상(전반전단파괴)

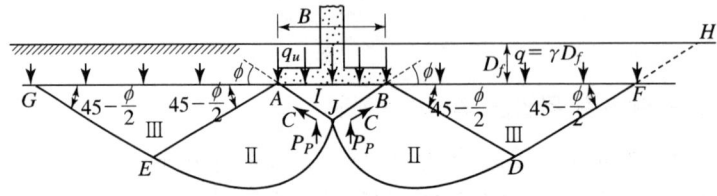

① 영역 Ⅰ
 ㉠ 기초 바로 밑 삼각형 영역 ABJ
 ㉡ 탄성영역(흙쐐기 이론)
 ㉢ 직선 AJ, BJ는 수평선과 ϕ의 각도를 이룬다.
② 영역 Ⅱ
 ㉠ 원호 JE, JD는 대수나선 원호이다.
 ㉡ 과도영역 또는 방사전단영역
③ 영역 Ⅲ
 ㉠ Rankine의 수동 영역
 ㉡ 흙의 선형 전단파괴 영역
 ㉢ EG, DF는 직선이다.
④ 파괴 순서
  Ⅰ → Ⅱ → Ⅲ
⑤ 영역 Ⅲ에서의 수평선과의 각은 $45° - \dfrac{\phi}{2}$이다.
⑥ FH선상의 전단강도는 무시한다.

해답 ③

037. Rankine의 주동토압계수에 관한 설명 중 틀린 것은?

① 주동토압계수는 내부마찰각이 크면 작아진다.
② 주동토압계수는 내부마찰각크기와 관계가 없다.
③ 주동토압계수는 수동토압계수보다 작다.
④ 정지토압계수는 주동토압계수보다 크고 수동토압계수보다 작다.

해설 주동토압계수

$$K_a = \frac{1-\sin\phi}{1+\sin\phi} = \tan^2\left(45° - \frac{\phi}{2}\right)$$

해답 ②

038. 점성토 개량 공법 중 이용도가 가장 낮은 공법은?

① Paper-drain 공법
② Pre-loading 공법
③ Sand-drain 공법
④ Soil-cement 공법

해설 주요 연약지반 개량공법

① **점성토 지반 개량공법** : 치환, 압밀, 탈수에 의한다.
  ㉠ 치환공법 : 기계적 굴착치환, 폭파치환, 강제치환, 동치환 공법
  ㉡ 강제 압밀공법 : Prelooding 공법(여성토 공법), 압성토 공법
  ㉢ 탈수공법 : Sand Drain Method, Paper Drain Method
  ㉣ 배수공법 : Well Point Method, Deep Well Method
  ㉤ 고결공법 : 생석회말뚝공법, 소결공법, 전기침투압(강제배수공법의 일종), 전기화학·용융공법
  ㉥ JSP(Jumbo Special Pile) : 연약지반 개량공법으로 초고압의 제트를 이용하여 연약지반의 내력을 증가시키는 지반고결제의 주입공법이며, Double Rod선단에 Jetting Nozzle을 장착하여 시멘트주입재를 분사하면서 회전하게하여 지반을 강화시키는 공법이다.

② **사질토 지반 개량공법** : 진동, 충격에 의한다.
  ㉠ 진동다짐공법(바이브로 플로테이션(Vibroflotation) 공법)
  ㉡ 다짐말뚝공법
  ㉢ 폭파다짐공법
  ㉣ 전기충격공법
  ㉤ 약액주입
  ㉥ 동압밀공법(동다짐공법)
  ㉦ 다짐 모래 말뚝 공법(Compozer 공법)

③ 소일네일링 시공은 비탈면이나 굴착면이 자립할 수 있는 높이까지 굴착과 동시에 숏크리트로 표면을 보호하고 굴착배면에 타입 또는 천공 등의 방법으로 보강재(강철봉)를 박아 넣어 보강토체를 형성하는 공법이다.

해답 ④

039

포화점토의 일축압축 시험 결과 자연상태 점토의 일축압축 강도와 흐트러진 상태의 일축압축 강도가 각각 0.18MPa, 0.04MPa였다. 이 점토의 예민비는?

① 0.72
② 0.22
③ 4.5
④ 6.4

해설

$$S_t = \frac{q_u}{q_{ur}} = \frac{0.18}{0.04} = 4.5$$

여기서, q_u : 자연상태의 일축압축강도
q_{ur} : 흐트러진 상태의 일축압축강도

해답 ③

040

다음의 유효응력에 관한 설명 중 옳은 것은?

① 전응력은 일정하고 간극수압이 증가된다면, 흙의 체적은 감소하고 강도는 증가된다.
② 유효응력은 전응력에 간극수압을 더한 값이다.
③ 토립자의 접촉면을 통해 전달되는 응력을 유효응력이라 한다.
④ 공학적 성질이 동일한 2종류 흙의 유효응력이 동일하면 공학적 거동이 다르다.

해설 흙입자가 부담하는 응력으로 흙입자의 접촉점에서 발생하는 단위면적당 작용하는 힘을 유효응력이라 한다.

해답 ③

제3과목 수자원설계

041

안지름 200mm의 관에 대한 조도계수 $n=0.012$일 때, 마찰손실계수(f)는?

① 0.0255
② 0.0307
③ 0.0410
④ 0.0442

해설 Manning 식

$$f = 124.5 n^2 D^{-\frac{1}{3}} = 124.5 \times 0.012^2 \times 0.2^{-\frac{1}{3}} = 0.0307$$

해답 ②

042 부체에 관한 설명 중 틀린 것은?

① 수면으로부터 부체의 최심부(가장 깊은 곳)까지의 수심을 홀수라 한다.
② 경심은 부력의 작용선과 물체의 중심선의 교점이다.
③ 수중에 있는 물체는 그 물체가 배제한 배수량만큼 가벼워진다.
④ 수면에 떠 있는 물체의 경우 경심이 중심보다 위에 있을 때는 불안정한 상태이다.

해설 부체의 안정조건
① 경심(M)이 중심(G)보다 위에 있으면 부체는 안정하다.[그림 (a)]
② 경심(M)이 중심(G)보다 아래에 있으면 부체는 불안정하다.[그림 (b)]
③ 경심(M)과 중심(G)이 일치하면 부체는 중립상태이다.[그림 (c)]

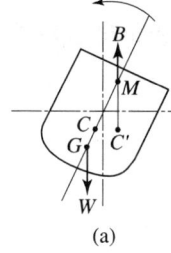
(a)
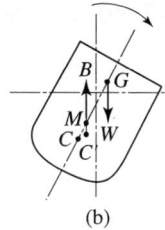
(b)
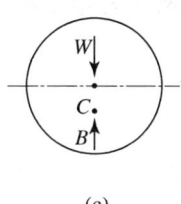
(c)

해답 ④

043 원형 오리피스의 지름을 d라 할 때 수축단면(vena contracta)의 위치는?

① 오리피스로부터 $\frac{d}{2}$ 정도의 위치에서 발생한다.
② 오리피스로부터 $\frac{d}{3}$ 정도의 위치에서 발생한다.
③ 오리피스로부터 $\frac{d}{4}$ 정도의 위치에서 발생한다.
④ 오리피스로부터 $\frac{d}{5}$ 정도의 위치에서 발생한다.

해설 원형 오리피스의 수축단면은 오리피스로부터 $\frac{d}{2}$ 정도의 위치에서 발생한다.

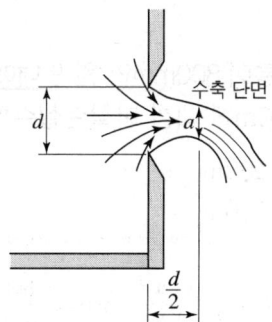

해답 ①

044
흐르는 유체에 대한 내부마찰력(전단응력)의 크기를 규정하는 뉴턴의 점성식에 영향을 주는 요소로만 짝지어진 것은?

① 점성계수, 속도경사
② 온도, 점성계수
③ 압력, 속도, 동점성계수
④ 각 변형률, 동점성계수

해설 **전단응력**(내부마찰력 ; 단위면적당 마찰력의 크기 g/cm², kg/cm²)

$$\tau = \mu \frac{dv}{dy}$$

여기서, μ : 점성계수, $\frac{dv}{dy}$: 속도의 변화율(속도계수)

해답 ①

045
물의 흐름에서 단면과 유속 등 유동특성이 시간에 따라 변하지 않는 흐름은?

① 층류
② 난류
③ 정류
④ 등류

해설 **흐름의 종류**
① 시간에 따른 분류
  ㉠ 정류(정상류) : 시간에 따라 유동특성(유량, 속도, 압력, 밀도, 유적 등)이 변하지 않는 흐름
  ㉡ 부정류 : 시간에 따라 유동특성(유량, 속도, 압력, 밀도, 유적 등)이 변하는 흐름
② 공간에 따른 분류
  ㉠ 등류(등속정류) : 정류 중에서 어느 단면에서나 유속과 수심이 변하지 않는 흐름
  ㉡ 부등류 : 정류 중에서 수류의 단면에 따라 유속과 수심이 변하는 흐름
③ 층류와 난류
  ㉠ 층류 : 유체입자가 흐름방향에 수직한 속도성분을 갖지 않고 서로 층을 이루면서 흐르는 흐름
  ㉡ 난류 : 유체입자가 상하좌우로 불규칙하게 뒤섞여 흐트러지면서 흐르는 흐름

해답 ③

046
지름이 800mm인 원관 내에 1.20m/sec의 유속으로 물이 흐르고 있다. 관길이 600m에 대한 마찰손실수두는? (단, 마찰손실계수(f)는 0.04)

① 2.2m
② 2.6m
③ 3.0m
④ 3.4m

해설 $h_L = f \frac{l}{D} \frac{V^2}{2g} = 0.04 \times \frac{600}{0.8} \times \frac{1.2^2}{2 \times 9.8} = 2.2\text{m}$

해답 ①

047 수로폭 4m, 수심 1.5m인 직사각형 수로에서 유량 24m³/sec가 흐를 때 후르드수(Froude number)와 흐름의 상태는?

① 1.04, 사류   ② 1.04, 상류
③ 0.74, 사류   ④ 0.74, 상류

해설 ① 유속

$$V = \frac{Q}{A} = \frac{24}{4 \times 1.5} = 4\text{m/sec}$$

② 후르드수

$$F_r = \frac{V}{\sqrt{gh}} = \frac{4}{\sqrt{9.8 \times 1.5}} = 1.04 > 1 \text{이므로 사류이다.}$$

※ 상류와 사류 판정
① $F_r < 1$: 상류
② $F_r = 1$: 한계류(한계수심, 한계유속)
③ $F_r > 1$: 사류

해답 ①

---

048 폭이 2m이고 수심이 1m인 직사각형 단면수로에서 수리반경(경심)은?

① 0.3m   ② 0.5m
③ 1m   ④ 2m

해설 경심(동수반경, 수리반경 ; R)

$$R = \frac{A}{P} = \frac{2 \times 1}{1 + 2 + 1} = 0.5\text{m}$$

여기서, A : 유수 단면적(통수 단면적, 관에 물이 흐르는 면적)

해답 ②

---

049 폭 10m인 직사각형 단면수로에 유량 16m³/sec가 수심 80cm로 흐를 때 비에너지는? (단, 에너지 보정계수 $\alpha = 1.1$)

① 0.82m   ② 1.02m
③ 1.52m   ④ 2.02m

해설 ① 유속

$$V = \frac{Q}{A} = \frac{16}{10 \times 0.8} = 2\text{m/sec}$$

② 비에너지(H_e) : 수로바닥을 기준으로 한 단위무게의 물이 가지는 흐름의 에너지

$$H_e = h + \alpha \frac{V^2}{2g} = 0.8 + 1.1 \times \frac{2^2}{2 \times 9.8} = 1.02\text{m}$$

해답 ②

050 도수에 대한 설명으로 틀린 것은?

① 도수란 흐름이 사류에서 상류로 변화할 때 수면이 불연속적으로 상승하는 현상을 말한다.
② 도수 전후의 수심에 대한 비는 흐름의 후르드수만의 함수로 표현할 수 있다.
③ 도수 전후의 비력은 같다. ($M_1 = M_2$)
④ 도수 전후에 구조물이 없는 경우 비에너지는 같다. ($E_1 = E_2$)

해설 ① 도수란 사류에서 상류로 변할 때 불연속적으로 수면이 뛰는 현상으로 도수 후에는 유속은 느려지고 물의 깊이가 갑자기 증가하며 에너지의 급격한 손실이 있다.
② **도수에 의한 에너지 손실**
$$\Delta H_e = \frac{(h_2 - h_1)^3}{4h_1 h_2}$$

해답 ④

051 도시하수가 하천으로 직접 유입되는 경우에 일어나는 현상으로 옳지 않은 것은?

① BOD의 증가
② SS의 증가
③ DO의 증가
④ 세균수의 증가

해설 하천에 하수가 유입되는 경우
① BOD 증가   ② SS 증가
③ DO 감소   ④ 세균수 증가

해답 ③

052 완속여과와 급속여과에 대한 설명으로 옳지 않은 것은?

① 완속여과는 모래층과 모래층 표면에 증식하는 미생물막에 의해 수중의 불순물을 포착하여 산화분해하는 정수방법이다.
② 급속여과는 원수 중의 현탁물질을 약품침전 시킨 후 분리하는 방법이다.
③ 완속여과는 유입수의 수질이 비교적 양호한 경우에 사용할 수 있다.
④ 대규모 처리시에는 급속여과가 적당하나 완속여과에 비해 시설면적이 매우 넓다.

해설 ① 완속여과(slow sand filtration)의 경우 여과지의 면적이 넓어 대규모에 적합하나, 건설비가 많이 든다.
② 급속여과(rapid sand filtration)의 경우 여과지의 면적이 작으므로 협소한 장소에도 시공 가능하며, 건설비도 적게 든다.

해답 ④

053
집수매거(infiltration galleries)에 대한 설명으로 옳은 것은?

① 복류수를 취수하기 위하여 지중(지중)에 매설한 유공관거 설비
② 관로의 수두를 감소시키기 위한 설비
③ 배수지의 유입수 수위조절과 양수를 위한 설비
④ 피압지하수를 취수하기 위하여 지하의 대수층까지 삽입한 관거설비

해설 집수매거는 하천부지의 하상 밑이나 구하천 부지 등의 땅속에 매설하여 집수기능을 갖는 관거이며 복류수나 자유수면을 갖는 지하수(자유지하수)를 취수하는 시설이다.

해답 ①

054
하수처리장의 계획에 있어서 처리시설은 일반적으로 무엇을 기준으로 계획하는가?

① 계획 1일 최대 오수량
② 계획 1일 평균 오수량
③ 계획 1시간 최대 오수량
④ 계획 1시간 평균 오수량

해설 계획 1일 최대 오수량은 하수처리 시설의 처리용량을 결정하는 기준이 된다.

해답 ①

055
현재 인구가 20만명이고 연평균 인구증가율이 4.5%인 도시의 10년 후 추정 인구는? (단, 등비급수법에 의한다.)

① 324,571명
② 310,594명
③ 290,000명
④ 226,202명

해설 $P_n = P_0(1+r)^n = 200000 \times (1+0.045)^{10} = 310,594$명

해답 ②

056
오수관거에서 계획하수량에 대하여 부유물 침전 등을 막기 위해 규정된 최소 유속은?

① 3.0m/sec
② 1.2m/sec
③ 0.6m/sec
④ 0.2m/sec

해설 하수관의 유속

관거	최소 유속	최대 유속	비 고
오수관거	0.6m/sec	3.0m/sec	이상적인 유속 : 1.0~1.8m/sec
우수관거 및 합류관거	0.8m/sec	3.0m/sec	

해답 ③

057 송수시설의 계획송수량의 원칙적 기준이 되는 것은?

① 계획1일평균급수량
② 계획1일최대급수량
③ 계획시간평균급수량
④ 계획시간최대급수량

해설 계획 도·송수량
① 계획도수량 : 계획취수량을 기준으로 한다.(계획취수량은 계획1일 최대급수량을 기준)
② 계획송수량 : 계획 1일 최대급수량을 기준으로 한다. 송수는 관수로로 하는 것을 원칙으로 하되 저수로로 할 경우에는 터널 또는 수밀성의 암거로 한다.

해답 ②

058 최종 침전지의 용량이 5m×25m×2m이고, 하수처리장의 유입유량이 650m³/day라고 하면 침전지의 체류시간은? (단, 슬러지의 반송류은 60%임)

① 3.57시간
② 4.48시간
③ 5.77시간
④ 6.59시간

해설 체류시간

$$t = \frac{\text{폭기조의용적}}{\text{유입수량}(1+\text{반송비})} = \frac{V}{Q(1+r)} = \frac{5 \times 25 \times 2}{\left(650 \times \frac{1}{24}\right) \times (1+0.6)} = 5.77\,\text{hr}$$

해답 ③

059 염소소독과 비교한 자외선소독의 장점이 아닌 것은?

① 인체에 위해성이 없다.
② 잔류효과가 크다.
③ 화학적 부작용이 적어 안전하다.
④ 접촉시간이 짧다.

해설 자외선 소독법은 약품을 주입하지 않는 자연 친화적 소독법이다.
① 장점
  ㉠ 인체에 위해성이 없다.
  ㉡ 화학적 부작용이 적어 안전하다.
  ㉢ 접촉시간이 짧다.
② 단점
  ㉠ 잔류 효과가 없어 일반화 되어 있지 않다.
  ㉡ 고가이며, 소독의 성공 여부를 즉시 측정할 수 없다.

해답 ②

060 펌프의 특성곡선은 펌프의 토출유량과 무엇과의 관계를 나타낸 그래프인가?
① 양정, 비속도, 수격압력
② 양정, 효율, 축동력
③ 양정, 손실수두, 수격압력
④ 양정, 효율, 공동현상

해설 펌프 특성 곡선(펌프 성능 곡선)은 펌프의 회전속도를 일정하게 고정하고 토출관의 밸브를 조절하여 펌프 용량을 변화시킬 때 나타나는 양정(H), 효율(η), 축동력(p)이 펌프용량(Q)의 변화에 따라 변하는 관계(축동력 요구량)를 각기의 최대 효율점에 대한 비율로 나타낸(입력과 출력) 곡선이다.

해답 ②

약 력	저 서
● 현) ENG엔지니어링(대한토목연구회 협약사) 토목대표강사 ● 현) 광주대학교 산업인력교육원 교수요원 ● 현) 광주대학교 특강강사, 목포해양대학교 특강강사 ● 현) 대한토목학회 광주전남지회 간사 ● 현) 신한국건축토목학원 대표강사 ● 현) 한솔아카데미 동영상 강사 ● 현) 성안당 동영상 강사 ● 현) 라카데미 동영상강사 ● 현) 광주서울고시학원 토목전담강사 ● 전) 광주건축토목학원 토목원장 ● 전) 대광건축토목기술학원 대표강사 ● 전) 연합고시학원 토목전담강사 외	● 손에 잡히는 토목설계(한솔아카데미, 2007, 2008, 2009, 2011) ● 손에 잡히는 응용역학(한솔아카데미, 2007, 2008, 2009, 2010, 2011) ● Zero선언 응용역학(성안당, 2009, 2010, 2011) ● Zero선언 측량학(성안당, 2009, 2010, 2011) ● Zero선언 수리학(성안당, 2009, 2010, 2011) ● Zero선언 철근콘크리트 및 강구조(성안당, 2009, 2010, 2011) ● Zero선언 상하수도공학(성안당, 2009, 2010, 2011) ● Zero선언 콘크리트 기사 · 산업기사(성안당, 2009) ● Zero선언 토목기사 실기(성안당, 2009) ● 재건축 재개발 시대적 트렌드(성안당, 2009, 2010) ● 총정리 응용역학(기공사, 1990)

토목산업기사 필기 최근 기출문제

초판 발행	2011년 2월 15일	
개정2판 발행	2012년 3월 5일	
개정3판 발행	2013년 1월 25일	
개정4판 발행	2014년 1월 25일	
개정5판 발행	2015년 2월 15일	
개정6판 발행	2016년 4월 10일	
개정7판 발행	2017년 1월 25일	
개정8판 발행	2018년 1월 30일	
개정9판 발행	2024년 1월 30일	
개정10판 발행	2025년 2월 20일	

지은이 ▪ 손영선
펴낸이 ▪ 홍세진
펴낸곳 ▪ 세진북스

주소 ▪ (우)10207 경기도 고양시 일산서구 산율길 56(구산동)
전화 ▪ 031-924-3092
팩스 ▪ 031-924-3093
홈페이지 ▪ http://www.sejinbooks.kr

출판등록 ▪ 제 315-2008-042호(2008.12.9)
ISBN ▪ 979-11-5745-705-2 13530

값 ▪ **30,000원**

▪ 이 책의 출판권은 도서출판 세진북스가 가지고 있습니다.
▪ 이 책의 일부 또는 전체에 대한 무단 복제와 전재를 금합니다.

 세진북스에는 당신과 나 그리고 우리의 미래가 있습니다.